自主研发工具——智能攻击渗透系统

智能攻击渗透系统，是北方实验室（沈阳）股份有限公司研发的一款用于渗透测试的核心技术产品，主要是为信息系统及其相关基础支撑和运行环境开展自动化安全性测试，目前已取得相关专利并完成科技成果转化，并应用到为用户提供的技术服务中。

主营业务

等级测评与风险评估服务

商用免密码应用安全性评估服务

系统测评服务

网络安全咨询设计

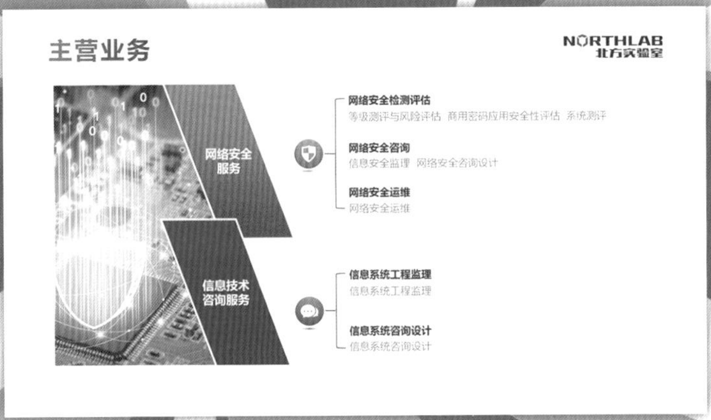

信息安全监理服务

主营业务

NORTHLAB 北方实验室

网络安全服务

- 网络安全检测评估
  等级测评与风险评估 商用密码应用安全性评估 系统测评
- 网络安全咨询
  信息安全监理 网络安全咨询设计
- 网络安全运维
  网络安全运维

信息技术咨询服务

- 信息系统工程监理
  信息系统工程监理
- 信息系统咨询设计
  信息系统咨询设计

网络安全运维

信息系统工程监理

信息系统咨询设计

工作产品

主营服务客户

网络安全等级保护标准汇编
（第3版）

中国标准出版社　编

中国标准出版社
北　京

图书在版编目(CIP)数据

网络安全等级保护标准汇编/中国标准出版社编.
3版--北京:中国质量标准出版传媒有限公司,
2024.7.--ISBN 978-7-5026-5390-3
Ⅰ.TP393.08-65
中国国家版本馆CIP数据核字第2024US6607号

中国标准出版社出版发行
北京市朝阳区和平里西街甲2号(100029)
北京市西城区三里河北街16号(100045)
网址 www.spc.net.cn
总编室:(010)68533533　发行中心:(010)51780238
读者服务部:(010)68523946
中国标准出版社秦皇岛印刷厂印刷
各地新华书店经销
*
开本 880×1230 1/16 印张 46.75 字数 1 139 千字
2024年7月第三版 2024年7月第三次印刷
*
定价 240.00 元

前　　言

网络安全等级保护制度是国家网络安全领域的基本制度、基本国策。《中华人民共和国网络安全法》规定国家实行网络安全等级保护制度。自2007年起，公安部牵头组织国内有关专家学者、信息安全企业和科研院所，研究制定了一系列等级保护国家标准，形成了比较完备的等级保护标准体系，为全国开展等级保护工作奠定了坚实基础。为进一步健全完善等级保护制度，着力解决重要行业部门和企事业单位在新技术、新应用环境下开展等级保护工作的迫切需求，2014年，公安部在全面总结等级保护国家标准应用实践基础上，深入研究云计算、移动互联、工业控制系统、物联网、大数据等新技术和新应用安全问题，并广泛进行研究论证、修改完善和试点试用，历时5年艰辛磨砺，于2019年5月，完成了对网络安全等级保护制度2.0国家标准的制修订和发布工作。

网络安全等级保护制度2.0国家标准的发布，是具有里程碑意义的一件大事，凝聚了一代从事网络安全等级保护工作人员的心血，是网络安全领域专家和学者集体智慧的结晶，也标志着国家网络安全等级保护工作步入新时代，对保障和促进国家信息化发展、提升国家网络安全保护能力、维护国家网络空间安全具有重要意义。

为方便各有关单位在工作中查阅和使用，中国标准出版社将截至2024年3月现行有效的与等级保护相关的GB 17859—1999《计算机信息系统　安全保护等级划分准则》、GB/T 22239—2019《信息安全技术　网络安全等级保护基本要求》、GB/T 22240—2020《信息安全技术　网络安全等级保护定级指南》、GB/T 25070—2019《信息安全技术　网络安全等级保护安全设计技术要求》、GB/T 28448—2019《信息安全技术　网络安全等级保护测评要求》、GB/T 28449—2018《信息安全技术　网络安全等级保护测评过程指南》、GB/T 36627—2018《信息安全技术　网络安全等级保护测试评估技术指南》、GB/T 36958—2018《信息安全技术　网络安全等级保护安全管理中心技术要求》、GB/T 36959—2018《信息安全技术　网络安全等级保护测评机构能力要求和评估规范》等共15项标准汇编出版，供大家学习、使用、参考。

编者

2024年3月

目　　录

前　　言

本标准主要有三个目的：一，为计算机信息系统安全法规的制定和执法部门的监督检查提供依据；二，为安全产品的研制提供技术支持；三，为安全系统的建设和管理提供技术指导。

本标准的制定参考了美国的可信计算机系统评估准则（DoD 5200.28-STD）和可信计算机网络系统说明（NCSC-TG-005）。

在本标准文本中，黑体字表示较低等级中没有出现或增强的性能要求。

本标准是计算机信息系统安全保护等级系列标准的第一部分。计算机信息系统安全保护等级系列标准包括以下部分：

计算机信息系统安全等级划分准则；

计算机信息系统安全等级划分准则应用指南；

计算机信息系统安全等级评估准则；

……

本标准的实施应遵循配套国家标准的具体规定。

本标准由中华人民共和国公安部提出并归口。

本标准起草单位：清华大学、北京大学、中国科学院。

本标准主要起草人：胡道元、王立福、卿斯汉、景乾元、那日松、李志鹏、蔡庆明、朱卫国、陈钟。

本标准于2001年1月1日起实施。

本标准委托中华人民共和国公安部负责解释。

中华人民共和国国家标准

计算机信息系统 安全保护等级划分准则

GB 17859—1999

Classified criteria for security protection of computer information system

1 范围

本标准规定了计算机信息系统安全保护能力的五个等级，即：

第一级：用户自主保护级；

第二级：系统审计保护级；

第三级：安全标记保护级；

第四级：结构化保护级；

第五级：访问验证保护级。

本标准适用于计算机信息系统安全保护技术能力等级的划分。计算机信息系统安全保护能力随着安全保护等级的增高，逐渐增强。

2 引用标准

下列标准所包含的条文，通过在本标准中引用而构成为本标准的条文。本标准出版时，所示版本均为有效。所有标准都会被修订，使用本标准的各方应探讨使用下列标准最新版本的可能性。

GB/T 5271　数据处理词汇

3 定义

除本章定义外，其他未列出的定义见 GB/T 5271。

3.1　计算机信息系统　computer information system

计算机信息系统是由计算机及其相关的和配套的设备、设施(含网络)构成的，按照一定的应用目标和规则对信息进行采集、加工、存储、传输、检索等处理的人机系统。

3.2　计算机信息系统可信计算基　trusted computing base of computer information system

计算机系统内保护装置的总体，包括硬件、固件、软件和负责执行安全策略的组合体。它建立了一个基本的保护环境并提供一个可信计算系统所要求的附加用户服务。

3.3　客体　object

信息的载体。

3.4　主体　subject

引起信息在客体之间流动的人、进程或设备等。

3.5　敏感标记　sensitivity label

表示客体安全级别并描述客体数据敏感性的一组信息，可信计算基中把敏感标记作为强制访问控制决策的依据。

国家质量技术监督局 1999-09-13 批准　　2001-01-01 实施

3.6 安全策略 security policy

有关管理、保护和发布敏感信息的法律、规定和实施细则。

3.7 信道 channel

系统内的信息传输路径。

3.8 隐蔽信道 covert channel

允许进程以危害系统安全策略的方式传输信息的通信信道。

3.9 访问监控器 reference monitor

监控主体和客体之间授权访问关系的部件。

4 等级划分准则

4.1 第一级 用户自主保护级

本级的计算机信息系统可信计算基通过隔离用户与数据，使用户具备自主安全保护的能力。它具有多种形式的控制能力，对用户实施访问控制，即为用户提供可行的手段，保护用户和用户组信息，避免其他用户对数据的非法读写与破坏。

4.1.1 自主访问控制

计算机信息系统可信计算基定义和控制系统中命名用户对命名客体的访问。实施机制(例如：访问控制表)允许命名用户以用户和(或)用户组的身份规定并控制客体的共享；阻止非授权用户读取敏感信息。

4.1.2 身份鉴别

计算机信息系统可信计算基初始执行时，首先要求用户标识自己的身份，并使用保护机制(例如：口令)来鉴别用户的身份；阻止非授权用户访问用户身份鉴别数据。

4.1.3 数据完整性

计算机信息系统可信计算基通过自主完整性策略，阻止非授权用户修改或破坏敏感信息。

4.2 第二级 系统审计保护级

与用户自主保护级相比，本级的计算机信息系统可信计算基实施了粒度更细的自主访问控制，它通过登录规程、审计安全性相关事件和隔离资源，使用户对自己的行为负责。

4.2.1 自主访问控制

计算机信息系统可信计算基定义和控制系统中命名用户对命名客体的访问。实施机制(例如：访问控制表)允许命名用户以用户和(或)用户组的身份规定并控制客体的共享；阻止非授权用户读取敏感信息。**并控制访问权限扩散。自主访问控制机制根据用户指定方式或默认方式，阻止非授权用户访问客体。访问控制的粒度是单个用户。没有存取权的用户只允许由授权用户指定对客体的访问权。**

4.2.2 身份鉴别

计算机信息系统可信计算基初始执行时，首先要求用户标识自己的身份，并使用保护机制(例如：口令)来鉴别用户的身份；阻止非授权用户访问用户身份鉴别数据。**通过为用户提供唯一标识，计算机信息系统可信计算基能够使用户对自己的行为负责。计算机信息系统可信计算基还具备将身份标识与该用户所有可审计行为相关联的能力。**

4.2.3 客体重用

在计算机信息系统可信计算基的空闲存储客体空间中，对客体初始指定、分配或再分配一个主体之前，撤销该客体所含信息的所有授权。当主体获得对一个已被释放的客体的访问权时，当前主体不能获得原主体活动所产生的任何信息。

4.2.4 审计

计算机信息系统可信计算基能创建和维护受保护客体的访问审计跟踪记录，并能阻止非授权的用户对它访问或破坏。

计算机信息系统可信计算基能记录下述事件：使用身份鉴别机制；将客体引入用户地址空间（例如：打开文件、程序初始化）；删除客体；由操作员、系统管理员或（和）系统安全管理员实施的动作，以及其他与系统安全有关的事件。对于每一事件，其审计记录包括：事件的日期和时间、用户、事件类型、事件是否成功。对于身份鉴别事件，审计记录包含请求的来源（例如：终端标识符）；对于客体引入用户地址空间的事件及客体删除事件，审计记录包含客体名。

对不能由计算机信息系统可信计算基独立分辨的审计事件，审计机制提供审计记录接口、可由授权主体调用。这些审计记录区别于计算机信息系统可信计算基独立分辨的审计记录。

4.2.5　数据完整性

计算机信息系统可信计算基通过自主完整性策略，阻止非授权用户修改或破坏敏感信息。

4.3　第三级　安全标记保护级

本级的计算机信息系统可信计算基具有系统审计保护级的所有功能。此外，还需提供有关安全策略模型、数据标记以及主体对客体强制访问控制的非形式化描述；具有准确地标记输出信息的能力；消除通过测试发现的任何错误。

4.3.1　自主访问控制

计算机信息系统可信计算基定义和控制系统中命名用户对命名客体的访问。实施机制（例如：访问控制表）允许命名用户以用户和（或）用户组的身份规定并控制客体的共享；阻止非授权用户读取敏感信息。并控制访问权限扩散。自主访问控制机制根据用户指定方式或默认方式，阻止非授权用户访问客体。访问控制的粒度是单个用户。没有存取权的用户只允许由授权用户指定对客体的访问权。阻止非授权用户读取敏感信息。

4.3.2　强制访问控制

计算机信息系统可信计算基对所有主体及其所控制的客体（例如：进程、文件、段、设备）实施强制访问控制。为这些主体及客体指定敏感标记，这些标记是等级分类和非等级类别的组合，它们是实施强制访问控制的依据。计算机信息系统可信计算基支持两种或两种以上成分组成的安全级。计算机信息系统可信计算基控制的所有主体对客体的访问应满足：仅当主体安全级中的等级分类高于或等于客体安全级中的等级分类，且主体安全级中的非等级类别包含了客体安全级中的全部非等级类别，主体才能读客体；仅当主体安全级中的等级分类低于或等于客体安全级中的等级分类，且主体安全级中的非等级类别包含于客体安全级中的非等级类别，主体才能写一个客体。计算机信息系统可信计算基使用身份和鉴别数据，鉴别用户的身份，并保证用户创建的计算机信息系统可信计算基外部主体的安全级和授权受该用户的安全级和授权的控制。

4.3.3　标记

计算机信息系统可信计算基应维护与主体及其控制的存储客体（例如：进程、文件、段、设备）相关的敏感标记。这些标记是实施强制访问的基础。为了输入未加安全标记的数据，计算机信息系统可信计算基向授权用户要求并接受这些数据的安全级别，且可由计算机信息系统可信计算基审计。

4.3.4　身份鉴别

计算机信息系统可信计算基初始执行时，首先要求用户标识自己的身份，而且，计算机信息系统可信计算基维护用户身份识别数据并确定用户访问权及授权数据。计算机信息系统可信计算基使用这些数据鉴别用户身份，并使用保护机制（例如：口令）来鉴别用户的身份；阻止非授权用户访问用户身份鉴别数据。通过为用户提供唯一标识，计算机信息系统可信计算基能够使用户对自己的行为负责。计算机信息系统可信计算基还具备将身份标识与该用户所有可审计行为相关联的能力。

4.3.5　客体重用

在计算机信息系统可信计算基的空闲存储客体空间中，对客体初始指定、分配或再分配一个主体之前，撤销客体所含信息的所有授权。当主体获得对一个已被释放的客体的访问权时，当前主体不能获得原主体活动所产生的任何信息。

4.3.6 审计

计算机信息系统可信计算基能创建和维护受保护客体的访问审计跟踪记录，并能阻止非授权的用户对它访问或破坏。

计算机信息系统可信计算基能记录下述事件：使用身份鉴别机制；将客体引入用户地址空间（例如：打开文件、程序初始化）；删除客体；由操作员、系统管理员或（和）系统安全管理员实施的动作，以及其他与系统安全有关的事件。对于每一事件，其审计记录包括：事件的日期和时间、用户、事件类型、事件是否成功。对于身份鉴别事件，审计记录包含请求的来源（例如：终端标识符）；对于客体引入用户地址空间的事件及客体删除事件，审计记录包含客体名及**客体的安全级别。此外，计算机信息系统可信计算基具有审计更改可读输出记号的能力。**

对不能由计算机信息系统可信计算基独立分辨的审计事件，审计机制提供审计记录接口，可由授权主体调用。这些审计记录区别于计算机信息系统可信计算基独立分辨的审计记录。

4.3.7 数据完整性

计算机信息系统可信计算基通过自主和强制完整性策略，阻止非授权用户修改或破坏敏感信息。**在网络环境中，使用完整性敏感标记来确信信息在传送中未受损。**

4.4 第四级 结构化保护级

本级的计算机信息系统可信计算基建立于一个明确定义的形式化安全策略模型之上，它要求将第三级系统中的自主和强制访问控制扩展到所有主体与客体。此外，还要考虑隐蔽通道。本级的计算机信息系统可信计算基必须结构化为关键保护元素和非关键保护元素。计算机信息系统可信计算基的接口也必须明确定义，使其设计与实现能经受更充分的测试和更完整的复审。加强了鉴别机制；支持系统管理员和操作员的职能；提供可信设施管理；增强了配置管理控制。系统具有相当的抗渗透能力。

4.4.1 自主访问控制

计算机信息系统可信计算基定义和控制系统中命名用户对命名客体的访问。实施机制（例如：访问控制表）允许命名用户和（或）以用户组的身份规定并控制客体的共享；阻止非授权用户读取敏感信息。并控制访问权限扩散。

自主访问控制机制根据用户指定方式或默认方式，阻止非授权用户访问客体。访问控制的粒度是单个用户。没有存取权的用户只允许由授权用户指定对客体的访问权。

4.4.2 强制访问控制

计算机信息系统可信计算基对外部主体能够直接或间接访问的所有资源（例如：主体、存储客体和输入输出资源）实施强制访问控制。为这些主体及客体指定敏感标记，这些标记是等级分类和非等级类别的组合，它们是实施强制访问控制的依据。计算机信息系统可信计算基支持两种或两种以上成分组成的安全级。**计算机信息系统可信计算基外部的所有主体对客体的直接或间接的访问应满足：**仅当主体安全级中的等级分类高于或等于客体安全级中的等级分类，且主体安全级中的非等级类别包含了客体安全级中的全部非等级类别，主体才能读客体；仅当主体安全级中的等级分类低于或等于客体安全级中的等级分类，且主体安全级中的非等级类别包含于客体安全级中的非等级类别，主体才能写一个客体。计算机信息系统可信计算基使用身份和鉴别数据，鉴别用户的身份，保证用户创建的计算机信息系统可信计算基外部主体的安全级和授权受该用户的安全级和授权的控制。

4.4.3 标记

计算机信息系统可信计算基维护与可被外部主体直接或间接访问到的计算机信息系统资源（例如：主体、存储客体、只读存储器）相关的敏感标记。这些标记是实施强制访问的基础。为了输入未加安全标记的数据，计算机信息系统可信计算基向授权用户要求并接受这些数据的安全级别，且可由计算机信息系统可信计算基审计。

4.4.4 身份鉴别

计算机信息系统可信计算基初始执行时，首先要求用户标识自己的身份，而且，计算机信息系统可信计算基维护用户身份识别数据并确定用户访问权及授权数据。计算机信息系统可信计算基使用这些数据,鉴别用户身份,并使用保护机制(例如:口令)来鉴别用户的身份;阻止非授权用户访问用户身份鉴别数据。通过为用户提供唯一标识,计算机信息系统可信计算基能够使用户对自己的行为负责。计算机信息系统可信计算基还具备将身份标识与该用户所有可审计行为相关联的能力。

4.4.5 客体重用

在计算机信息系统可信计算基的空闲存储客体空间中,对客体初始指定、分配或再分配一个主体之前,撤销客体所含信息的所有授权。当主体获得对一个已被释放的客体的访问权时,当前主体不能获得原主体活动所产生的任何信息。

4.4.6 审计

计算机信息系统可信计算基能创建和维护受保护客体的访问审计跟踪记录,并能阻止非授权的用户对它访问或破坏。

计算机信息系统可信计算基能记录下述事件:使用身份鉴别机制;将客体引入用户地址空间(例如:打开文件、程序初始化);删除客体;由操作员、系统管理员或(和)系统安全管理员实施的动作,以及其他与系统安全有关的事件。对于每一事件,其审计记录包括:事件的日期和时间、用户、事件类型、事件是否成功。对于身份鉴别事件,审计记录包含请求的来源(例如:终端标识符);对于客体引入用户地址空间的事件及客体删除事件,审计记录包含客体名及客体的安全级别。此外,计算机信息系统可信计算基具有审计更改可读输出记号的能力。

对不能由计算机信息系统可信计算基独立分辨的审计事件,审计机制提供审计记录接口,可由授权主体调用。这些审计记录区别于计算机信息系统可信计算基独立分辨的审计记录。

计算机信息系统可信计算基能够审计利用隐蔽存储信道时可能被使用的事件。

4.4.7 数据完整性

计算机信息系统可信计算基通过自主和强制完整性策略,阻止非授权用户修改或破坏敏感信息。在网络环境中,使用完整性敏感标记来确信信息在传送中未受损。

4.4.8 隐蔽信道分析

系统开发者应彻底搜索隐蔽存储信道,并根据实际测量或工程估算确定每一个被标识信道的最大带宽。

4.4.9 可信路径

对用户的初始登录和鉴别,计算机信息系统可信计算基在它与用户之间提供可信通信路径。该路径上的通信只能由该用户初始化。

4.5 第五级 访问验证保护级

本级的计算机信息系统可信计算基满足访问监控器需求。访问监控器仲裁主体对客体的全部访问。访问监控器本身是抗篡改的;必须足够小,能够分析和测试。为了满足访问监控器需求,计算机信息系统可信计算基在其构造时,排除那些对实施安全策略来说并非必要的代码;在设计和实现时,从系统工程角度将其复杂性降低到最小程度。支持安全管理员职能;扩充审计机制,当发生与安全相关的事件时发出信号;提供系统恢复机制。系统具有很高的抗渗透能力。

4.5.1 自主访问控制

计算机信息系统可信计算基定义并控制系统中命名用户对命名客体的访问。实施机制(例如:访问控制表)允许命名用户和(或)以用户组的身份规定并控制客体的共享;阻止非授权用户读取敏感信息。并控制访问权限扩散。

自主访问控制机制根据用户指定方式或默认方式,阻止非授权用户访问客体。访问控制的粒度是单个用户。**访问控制能够为每个命名客体指定命名用户和用户组,并规定他们对客体的访问模式。**没有存取权的用户只允许由授权用户指定对客体的访问权。

4.5.2 强制访问控制

计算机信息系统可信计算基对外部主体能够直接或间接访问的所有资源(例如:主体、存储客体和输入输出资源)实施强制访问控制。为这些主体及客体指定敏感标记,这些标记是等级分类和非等级类别的组合,它们是实施强制访问控制的依据。计算机信息系统可信计算基支持两种或两种以上成分组成的安全级。计算机信息系统可信计算基外部的所有主体对客体的直接或间接的访问应满足:仅当主体安全级中的等级分类高于或等于客体安全级中的等级分类,且主体安全级中的非等级类别包含了客体安全级中的全部非等级类别,主体才能读客体;仅当主体安全级中的等级分类低于或等于客体安全级中的等级分类,且主体安全级中的非等级类别包含于客体安全级中的非等级类别,主体才能写一个客体。计算机信息系统可信计算基使用身份和鉴别数据,鉴别用户的身份,保证用户创建的计算机信息系统可信计算基外部主体的安全级和授权受该用户的安全级和授权的控制。

4.5.3 标记

计算机信息系统可信计算基维护与可被外部主体直接或间接访问到的计算机信息系统资源(例如:主体、存储客体、只读存储器)相关的敏感标记。这些标记是实施强制访问的基础。为了输入未加安全标记的数据,计算机信息系统可信计算基向授权用户要求并接受这些数据的安全级别,且可由计算机信息系统可信计算基审计。

4.5.4 身份鉴别

计算机信息系统可信计算基初始执行时,首先要求用户标识自己的身份,而且,计算机信息系统可信计算基维护用户身份识别数据并确定用户访问权及授权数据。计算机信息系统可信计算基使用这些数据,鉴别用户身份,并使用保护机制(例如:口令)来鉴别用户的身份;阻止非授权用户访问用户身份鉴别数据。通过为用户提供唯一标识,计算机信息系统可信计算基能够使用户对自己的行为负责。计算机信息系统可信计算基还具备将身份标识与该用户所有可审计行为相关联的能力。

4.5.5 客体重用

在计算机信息系统可信计算基的空闲存储客体空间中,对客体初始指定、分配或再分配一个主体之前,撤销客体所含信息的所有授权。当主体获得对一个已被释放的客体的访问权时,当前主体不能获得原主体活动所产生的任何信息。

4.5.6 审计

计算机信息系统可信计算基能创建和维护受保护客体的访问审计跟踪记录,并能阻止非授权的用户对它访问或破坏。

计算机信息系统可信计算基能记录下述事件:使用身份鉴别机制;将客体引入用户地址空间(例如:打开文件、程序初始化);删除客体;由操作员、系统管理员或(和)系统安全管理员实施的动作,以及其他与系统安全有关的事件。对于每一事件,其审计记录包括:事件的日期和时间、用户、事件类型、事件是否成功。对于身份鉴别事件,审计记录包含请求的来源(例如:终端标识符);对于客体引入用户地址空间的事件及客体删除事件,审计记录包含客体名及客体的安全级别。此外,计算机信息系统可信计算基具有审计更改可读输出记号的能力。

对不能由计算机信息系统可信计算基独立分辨的审计事件,审计机制提供审计记录接口,可由授权主体调用。这些审计记录区别于计算机信息系统可信计算基独立分辨的审计记录。计算机信息系统可信计算基能够审计利用隐蔽存储信道时可能被使用的事件。

计算机信息系统可信计算基包含能够监控可审计安全事件发生与积累的机制,当超过阈值时,能够立即向安全管理员发出报警。并且,如果这些与安全相关的事件继续发生或积累,系统应以最小的代价中止它们。

4.5.7 数据完整性

计算机信息系统可信计算基通过自主和强制完整性策略,阻止非授权用户修改或破坏敏感信息。在网络环境中,使用完整性敏感标记来确信信息在传送中未受损。

4.5.8 隐蔽信道分析

系统开发者应彻底搜索隐蔽信道，并根据实际测量或工程估算确定每一个被标识信道的最大带宽。

4.5.9 可信路径

当连接用户时（如注册、更改主体安全级），计算机信息系统可信计算基提供它与用户之间的可信通信路径。可信路径上的通信只能由该用户或计算机信息系统可信计算基激活，且在逻辑上与其他路径上的通信相隔离，且能正确地加以区分。

4.5.10 可信恢复

计算机信息系统可信计算基提供过程和机制，保证计算机信息系统失效或中断后，可以进行不损害任何安全保护性能的恢复。

ICS 35.040
L 80

中华人民共和国国家标准

GB/T 22239—2019
代替 GB/T 22239—2008

信息安全技术 网络安全等级保护基本要求

Information security technology—
Baseline for classified protection of cybersecurity

2019-05-10 发布　　　　　　　　2019-12-01 实施

国家市场监督管理总局
中国国家标准化管理委员会　发布

前　言

本标准按照 GB/T 1.1—2009 给出的规则起草。

本标准代替 GB/T 22239—2008《信息安全技术　信息系统安全等级保护基本要求》，与 GB/T 22239—2008 相比，主要变化如下：

——将标准名称变更为《信息安全技术　网络安全等级保护基本要求》；

——调整分类为安全物理环境、安全通信网络、安全区域边界、安全计算环境、安全管理中心、安全管理制度、安全管理机构、安全管理人员、安全建设管理、安全运维管理；

——调整各个级别的安全要求为安全通用要求、云计算安全扩展要求、移动互联安全扩展要求、物联网安全扩展要求和工业控制系统安全扩展要求；

——取消了原来安全控制点的 S、A、G 标注，增加一个附录 A 描述等级保护对象的定级结果和安全要求之间的关系，说明如何根据定级结果选择安全要求；

——调整了原来附录 A 和附录 B 的顺序，增加了附录 C 描述网络安全等级保护总体框架，并提出关键技术使用要求。

请注意本文件的某些内容可能涉及专利。本文件的发布机构不承担识别这些专利的责任。

本标准由全国信息安全标准化技术委员会(SAC/TC 260)提出并归口。

本标准起草单位：公安部第三研究所(公安部信息安全等级保护评估中心)、国家能源局信息中心、阿里云计算有限公司、中国科学院信息工程研究所(信息安全国家重点实验室)、新华三技术有限公司、华为技术有限公司、启明星辰信息技术集团股份有限公司、北京鼎普科技股份有限公司、中国电子信息产业集团有限公司第六研究所、公安部第一研究所、国家信息中心、山东微分电子科技有限公司、中国电子科技集团公司第十五研究所(信息产业信息安全测评中心)、浙江大学、工业和信息化部计算机与微电子发展研究中心(中国软件评测中心)、浙江国利信安科技有限公司、机械工业仪器仪表综合技术经济研究所、杭州科技职业技术学院。

本标准主要起草人：马力、陈广勇、张振峰、郭启全、葛波蔚、祝国邦、陆磊、曲洁、于东升、李秋香、任卫红、胡红升、陈雪鸿、冯冬芹、王江波、张宗喜、张宇翔、毕马宁、沙淼淼、李明、黎水林、于晴、李超、刘之涛、袁静、霍珊珊、黄顺京、尹湘培、苏艳芳、陶源、陈雪秀、于俊杰、沈锡镛、杜静、周颖、吴薇、刘志宇、宫月、王昱镔、禄凯、章恒、高亚楠、段伟恒、马闽、贾驰千、陆耿虹、高梦州、赵泰、孙晓军、许凤凯、王绍杰、马红霞、刘美丽。

本标准所代替标准的历次版本发布情况为：

——GB/T 22239—2008。

引　言

为了配合《中华人民共和国网络安全法》的实施，同时适应云计算、移动互联、物联网、工业控制和大数据等新技术、新应用情况下网络安全等级保护工作的开展，需对GB/T 22239—2008进行修订，修订的思路和方法是调整原国家标准GB/T 22239—2008的内容，针对共性安全保护需求提出安全通用要求，针对云计算、移动互联、物联网、工业控制和大数据等新技术、新应用领域的个性安全保护需求提出安全扩展要求，形成新的网络安全等级保护基本要求标准。

本标准是网络安全等级保护相关系列标准之一。

与本标准相关的标准包括：

——GB/T 25058　信息安全技术　信息系统安全等级保护实施指南；

——GB/T 22240　信息安全技术　信息系统安全等级保护定级指南；

——GB/T 25070　信息安全技术　网络安全等级保护安全设计技术要求；

——GB/T 28448　信息安全技术　网络安全等级保护测评要求；

——GB/T 28449　信息安全技术　网络安全等级保护测评过程指南。

在本标准中，**黑体字部分**表示较高等级中增加或增强的要求。

信息安全技术
网络安全等级保护基本要求

1 范围

本标准规定了网络安全等级保护的第一级到第四级等级保护对象的安全通用要求和安全扩展要求。

本标准适用于指导分等级的非涉密对象的安全建设和监督管理。

注：第五级等级保护对象是非常重要的监督管理对象，对其有特殊的管理模式和安全要求，所以不在本标准中进行描述。

2 规范性引用文件

下列文件对于本文件的应用是必不可少的。凡是注日期的引用文件，仅注日期的版本适用于本文件。凡是不注日期的引用文件，其最新版本(包括所有的修改单)适用于本文件。

GB 17859 计算机信息系统 安全保护等级划分准则

GB/T 22240 信息安全技术 信息系统安全等级保护定级指南

GB/T 25069 信息安全技术 术语

GB/T 31167—2014 信息安全技术 云计算服务安全指南

GB/T 31168—2014 信息安全技术 云计算服务安全能力要求

GB/T 32919—2016 信息安全技术 工业控制系统安全控制应用指南

3 术语和定义

GB 17859、GB/T 22240、GB/T 25069、GB/T 31167—2014、GB/T 31168—2014 和 GB/T 32919—2016 界定的以及下列术语和定义适用于本文件。为了便于使用，以下重复列出了 GB/T 31167—2014、GB/T 31168—2014 和 GB/T 32919—2016 中的一些术语和定义。

3.1

网络安全 cybersecurity

通过采取必要措施，防范对网络的攻击、侵入、干扰、破坏和非法使用以及意外事故，使网络处于稳定可靠运行的状态，以及保障网络数据的完整性、保密性、可用性的能力。

3.2

安全保护能力 security protection ability

能够抵御威胁、发现安全事件以及在遭到损害后能够恢复先前状态等的程度。

3.3

云计算 cloud computing

通过网络访问可扩展的、灵活的物理或虚拟共享资源池，并按需自助获取和管理资源的模式。

注：资源实例包括服务器、操作系统、网络、软件、应用和存储设备等。

[GB/T 31167—2014，定义 3.1]

3.4

云服务商　cloud service provider

云计算服务的供应方。

注：云服务商管理、运营、支撑云计算的计算基础设施及软件，通过网络交付云计算的资源。

[GB/T 31167—2014，定义 3.3]

3.5

云服务客户　cloud service customer

为使用云计算服务同云服务商建立业务关系的参与方。

[GB/T 31168—2014，定义 3.4]

3.6

云计算平台/系统　cloud computing platform/system

云服务商提供的云计算基础设施及其上的服务软件的集合。

3.7

虚拟机监视器　hypervisor

运行在基础物理服务器和操作系统之间的中间软件层，可允许多个操作系统和应用共享硬件。

3.8

宿主机　host machine

运行虚拟机监视器的物理服务器。

3.9

移动互联　mobile communication

采用无线通信技术将移动终端接入有线网络的过程。

3.10

移动终端　mobile device

在移动业务中使用的终端设备，包括智能手机、平板电脑、个人电脑等通用终端和专用终端设备。

3.11

无线接入设备　wireless access device

采用无线通信技术将移动终端接入有线网络的通信设备。

3.12

无线接入网关　wireless access gateway

部署在无线网络与有线网络之间，对有线网络进行安全防护的设备。

3.13

移动应用软件　mobile application

针对移动终端开发的应用软件。

3.14

移动终端管理系统　mobile device management system

用于进行移动终端设备管理、应用管理和内容管理的专用软件，包括客户端软件和服务端软件。

3.15

物联网　internet of things

将感知节点设备通过互联网等网络连接起来构成的系统。

3.16

感知节点设备　sensor node

对物或环境进行信息采集和/或执行操作，并能联网进行通信的装置。

3.17

感知网关节点设备　sensor layer gateway

将感知节点所采集的数据进行汇总、适当处理或数据融合，并进行转发的装置。

3.18

工业控制系统　industrial control system

工业控制系统(ICS)是一个通用术语，它包括多种工业生产中使用的控制系统，包括监控和数据采集系统(SCADA)、分布式控制系统(DCS)和其他较小的控制系统，如可编程逻辑控制器(PLC)，现已广泛应用在工业部门和关键基础设施中。

[GB/T 32919—2016，定义 3.1]

4　缩略语

下列缩略语适用于本文件。

AP：无线访问接入点(Wireless Access Point)

DCS：集散控制系统(Distributed Control System)

DDoS：拒绝服务 (Distributed Denial of Service)

ERP：企业资源计划(Enterprise Resource Planning)

FTP：文件传输协议(File Transfer Protocol)

HMI：人机界面(Human Machine Interface)

IaaS：基础设施即服务(Infrastructure-as-a-Service)

ICS：工业控制系统(Industrial Control System)

IoT：物联网(Internet of Things)

IP：互联网协议(Internet Protocol)

IT：信息技术(Information Technology)

MES：制造执行系统(Manufacturing Execution System)

PaaS：平台即服务(Platform-as-a-Service)

PLC：可编程逻辑控制器(Programmable Logic Controller)

RFID：射频识别(Radio Frequency Identification)

SaaS：软件即服务(Software-as-a-Service)

SCADA：数据采集与监视控制系统(Supervisory Control and Data Acquisition System)

SSID：服务集标识(Service Set Identifier)

TCB：可信计算基(Trusted Computing Base)

USB：通用串行总线(Universal Serial Bus)

WEP：有线等效加密(Wired Equivalent Privacy)

WPS：WiFi 保护设置(WiFi Protected Setup)

5　网络安全等级保护概述

5.1　等级保护对象

等级保护对象是指网络安全等级保护工作中的对象，通常是指由计算机或者其他信息终端及相关设备组成的按照一定的规则和程序对信息进行收集、存储、传输、交换、处理的系统，主要包括基础信息网络、云计算平台/系统、大数据应用/平台/资源、物联网(IoT)、工业控制系统和采用移动互联技术的系统等。等级保护对象根据其在国家安全、经济建设、社会生活中的重要程度，遭到破坏后对国家安全、社会秩序、公共利益以及公民、法人和其他组织的合法权益的危害程度等，由低到高被划分为五个安全保护等级。

保护对象的安全保护等级确定方法见GB/T 22240。

5.2 不同级别的安全保护能力

不同级别的等级保护对象应具备的基本安全保护能力如下：

第一级安全保护能力：应能够防护免受来自个人的、拥有很少资源的威胁源发起的恶意攻击、一般的自然灾难，以及其他相当危害程度的威胁所造成的关键资源损害，在自身遭到损害后，能够恢复部分功能。

第二级安全保护能力：应能够防护免受来自外部小型组织的、拥有少量资源的威胁源发起的恶意攻击、一般的自然灾难，以及其他相当危害程度的威胁所造成的重要资源损害，能够发现重要的安全漏洞和处置安全事件，在自身遭到损害后，能够在一段时间内恢复部分功能。

第三级安全保护能力：应能够在统一安全策略下防护免受来自外部有组织的团体、拥有较为丰富资源的威胁源发起的恶意攻击、较为严重的自然灾难，以及其他相当危害程度的威胁所造成的主要资源损害，能够及时发现、监测攻击行为和处置安全事件，在自身遭到损害后，能够较快恢复绝大部分功能。

第四级安全保护能力：应能够在统一安全策略下防护免受来自国家级别的、敌对组织的、拥有丰富资源的威胁源发起的恶意攻击、严重的自然灾难，以及其他相当危害程度的威胁所造成的资源损害，能够及时发现、监测发现攻击行为和安全事件，在自身遭到损害后，能够迅速恢复所有功能。

第五级安全保护能力：略。

5.3 安全通用要求和安全扩展要求

由于业务目标的不同、使用技术的不同、应用场景的不同等因素，不同的等级保护对象会以不同的形态出现，表现形式可能称之为基础信息网络、信息系统(包含采用移动互联等技术的系统)、云计算平台/系统、大数据平台/系统、物联网、工业控制系统等。形态不同的等级保护对象面临的威胁有所不同，安全保护需求也会有所差异。为了便于实现对不同级别的和不同形态的等级保护对象的共性化和个性化保护，等级保护要求分为安全通用要求和安全扩展要求。

安全通用要求针对共性化保护需求提出，等级保护对象无论以何种形式出现，应根据安全保护等级实现相应级别的安全通用要求；安全扩展要求针对个性化保护需求提出，需要根据安全保护等级和使用的特定技术或特定的应用场景选择性实现安全扩展要求。安全通用要求和安全扩展要求共同构成了对等级保护对象的安全要求。安全要求的选择见附录A，整体安全保护能力的要求见附录B和附录C。

本标准针对云计算、移动互联、物联网、工业控制系统提出了安全扩展要求。云计算应用场景参见附录D，移动互联应用场景参见附录E，物联网应用场景参见附录F，工业控制系统应用场景参见附录G，大数据应用场景参见附录H。对于采用其他特殊技术或处于特殊应用场景的等级保护对象，应在安全风险评估的基础上，针对安全风险采取特殊的安全措施作为补充。

6 第一级安全要求

6.1 安全通用要求

6.1.1 安全物理环境

6.1.1.1 物理访问控制

机房出入口应安排专人值守或配置电子门禁系统，控制、鉴别和记录进入的人员。

6.1.1.2 防盗窃和防破坏

应将设备或主要部件进行固定，并设置明显的不易除去的标识。

6.1.1.3 防雷击

应将各类机柜、设施和设备等通过接地系统安全接地。

6.1.1.4 防火

机房应设置灭火设备。

6.1.1.5 防水和防潮

应采取措施防止雨水通过机房窗户、屋顶和墙壁渗透。

6.1.1.6 温湿度控制

应设置必要的温湿度调节设施，使机房温湿度的变化在设备运行所允许的范围之内。

6.1.1.7 电力供应

应在机房供电线路上配置稳压器和过电压防护设备。

6.1.2 安全通信网络

6.1.2.1 通信传输

应采用校验技术保证通信过程中数据的完整性。

6.1.2.2 可信验证

可基于可信根对通信设备的系统引导程序、系统程序等进行可信验证，并在检测到其可信性受到破坏后进行报警。

6.1.3 安全区域边界

6.1.3.1 边界防护

应保证跨越边界的访问和数据流通过边界设备提供的受控接口进行通信。

6.1.3.2 访问控制

本项要求包括：

a) 应在网络边界根据访问控制策略设置访问控制规则，默认情况下除允许通信外受控接口拒绝所有通信；
b) 应删除多余或无效的访问控制规则，优化访问控制列表，并保证访问控制规则数量最小化；
c) 应对源地址、目的地址、源端口、目的端口和协议等进行检查，以允许/拒绝数据包进出。

6.1.3.3 可信验证

可基于可信根对边界设备的系统引导程序、系统程序等进行可信验证，并在检测到其可信性受到破坏后进行报警。

6.1.4 安全计算环境

6.1.4.1 身份鉴别

本项要求包括：

a) 应对登录的用户进行身份标识和鉴别，身份标识具有唯一性，身份鉴别信息具有复杂度要求并定期更换；

b) 应具有登录失败处理功能，应配置并启用结束会话、限制非法登录次数和当登录连接超时自动退出等相关措施。

6.1.4.2 访问控制

本项要求包括：

a) 应对登录的用户分配账户和权限；

b) 应重命名或删除默认账户，修改默认账户的默认口令；

c) 应及时删除或停用多余的、过期的账户，避免共享账户的存在。

6.1.4.3 入侵防范

本项要求包括：

a) 应遵循最小安装的原则，仅安装需要的组件和应用程序；

b) 应关闭不需要的系统服务、默认共享和高危端口。

6.1.4.4 恶意代码防范

应安装防恶意代码软件或配置具有相应功能的软件，并定期进行升级和更新防恶意代码库。

6.1.4.5 可信验证

可基于可信根对计算设备的系统引导程序、系统程序等进行可信验证，并在检测到其可信性受到破坏后进行报警。

6.1.4.6 数据完整性

应采用校验技术保证重要数据在传输过程中的完整性。

6.1.4.7 数据备份恢复

应提供重要数据的本地数据备份与恢复功能。

6.1.5 安全管理制度

6.1.5.1 管理制度

应建立日常管理活动中常用的安全管理制度。

6.1.6 安全管理机构

6.1.6.1 岗位设置

应设立系统管理员等岗位，并定义各个工作岗位的职责。

6.1.6.2 人员配备

应配备一定数量的系统管理员。

6.1.6.3 授权和审批

应根据各个部门和岗位的职责明确授权审批事项、审批部门和批准人等。

6.1.7 安全管理人员

6.1.7.1 人员录用

应指定或授权专门的部门或人员负责人员录用。

6.1.7.2 人员离岗

应及时终止离岗人员的所有访问权限，取回各种身份证件、钥匙、徽章等以及机构提供的软硬件设备。

6.1.7.3 安全意识教育和培训

应对各类人员进行安全意识教育和岗位技能培训，并告知相关的安全责任和惩戒措施。

6.1.7.4 外部人员访问管理

应保证在外部人员访问受控区域前得到授权或审批。

6.1.8 安全建设管理

6.1.8.1 定级和备案

应以书面的形式说明保护对象的安全保护等级及确定等级的方法和理由。

6.1.8.2 安全方案设计

应根据安全保护等级选择基本安全措施，依据风险分析的结果补充和调整安全措施。

6.1.8.3 产品采购和使用

应确保网络安全产品采购和使用符合国家的有关规定。

6.1.8.4 工程实施

应指定或授权专门的部门或人员负责工程实施过程的管理。

6.1.8.5 测试验收

应进行安全性测试验收。

6.1.8.6 系统交付

本项要求包括：

a) 应制定交付清单，并根据交付清单对所交接的设备、软件和文档等进行清点；

b) 应对负责运行维护的技术人员进行相应的技能培训。

6.1.8.7 服务供应商选择

本项要求包括：

a) 应确保服务供应商的选择符合国家的有关规定；

b) 应与选定的服务供应商签订与安全相关的协议，明确约定相关责任。

6.1.9 安全运维管理

6.1.9.1 环境管理

本项要求包括：

a) 应指定专门的部门或人员负责机房安全，对机房出入进行管理，定期对机房供配电、空调、温湿度控制、消防等设施进行维护管理；

b) 应对机房的安全管理做出规定，包括物理访问、物品进出和环境安全等方面。

6.1.9.2 介质管理

应将介质存放在安全的环境中，对各类介质进行控制和保护，实行存储环境专人管理，并根据存档介质的目录清单定期盘点。

6.1.9.3 设备维护管理

应对各种设备（包括备份和冗余设备）、线路等指定专门的部门或人员定期进行维护管理。

6.1.9.4 漏洞和风险管理

应采取必要的措施识别安全漏洞和隐患，对发现的安全漏洞和隐患及时进行修补或评估可能的影响后进行修补。

6.1.9.5 网络和系统安全管理

本项要求包括：

a) 应划分不同的管理员角色进行网络和系统的运维管理，明确各个角色的责任和权限；

b) 应指定专门的部门或人员进行账户管理，对申请账户、建立账户、删除账户等进行控制。

6.1.9.6 恶意代码防范管理

本项要求包括：

a) 应提高所有用户的防恶意代码意识，对外来计算机或存储设备接入系统前进行恶意代码检查等；

b) 应对恶意代码防范要求做出规定，包括防恶意代码软件的授权使用、恶意代码库升级、恶意代码的定期查杀等。

6.1.9.7 备份与恢复管理

本项要求包括：

a) 应识别需要定期备份的重要业务信息、系统数据及软件系统等；

b) 应规定备份信息的备份方式、备份频度、存储介质、保存期等。

6.1.9.8 安全事件处置

本项要求包括：

a) 应及时向安全管理部门报告所发现的安全弱点和可疑事件；

b) 应明确安全事件的报告和处置流程，规定安全事件的现场处理、事件报告和后期恢复的管理职责。

6.2 云计算安全扩展要求

6.2.1 安全物理环境

6.2.1.1 基础设施位置

应保证云计算基础设施位于中国境内。

6.2.2 安全通信网络

6.2.2.1 网络架构

本项要求包括：

a) 应保证云计算平台不承载高于其安全保护等级的业务应用系统；

b) 应实现不同云服务客户虚拟网络之间的隔离。

6.2.3 安全区域边界

6.2.3.1 访问控制

应在虚拟化网络边界部署访问控制机制，并设置访问控制规则。

6.2.4 安全计算环境

6.2.4.1 访问控制

本项要求包括：

a) 应保证当虚拟机迁移时，访问控制策略随其迁移；

b) 应允许云服务客户设置不同虚拟机之间的访问控制策略。

6.2.4.2 数据完整性和保密性

应确保云服务客户数据、用户个人信息等存储于中国境内，如需出境应遵循国家相关规定。

6.2.5 安全建设管理

6.2.5.1 云服务商选择

本项要求包括：

a) 应选择安全合规的云服务商，其所提供的云计算平台应为其所承载的业务应用系统提供相应等级的安全保护能力；

b) 应在服务水平协议中规定云服务的各项服务内容和具体技术指标；

c) 应在服务水平协议中规定云服务商的权限与责任，包括管理范围、职责划分、访问授权、隐私保护、行为准则、违约责任等。

6.2.5.2 供应链管理

应确保供应商的选择符合国家有关规定。

6.3 移动互联安全扩展要求

6.3.1 安全物理环境

6.3.1.1 无线接入点的物理位置

应为无线接入设备的安装选择合理位置,避免过度覆盖和电磁干扰。

6.3.2 安全区域边界

6.3.2.1 边界防护

应保证有线网络与无线网络边界之间的访问和数据流通过无线接入安全网关设备。

6.3.2.2 访问控制

无线接入设备应开启接入认证功能,并且禁止使用 WEP 方式进行认证,如使用口令,长度不小于8位字符。

6.3.3 安全计算环境

6.3.3.1 移动应用管控

应具有选择应用软件安装、运行的功能。

6.3.4 安全建设管理

6.3.4.1 移动应用软件采购

应保证移动终端安装、运行的应用软件来自可靠分发渠道或使用可靠证书签名。

6.4 物联网安全扩展要求

6.4.1 安全物理环境

6.4.1.1 感知节点设备物理防护

本项要求包括:

a) 感知节点设备所处的物理环境应不对感知节点设备造成物理破坏,如挤压、强振动;
b) 感知节点设备在工作状态所处物理环境应能正确反映环境状态(如温湿度传感器不能安装在阳光直射区域)。

6.4.2 安全区域边界

6.4.2.1 接入控制

应保证只有授权的感知节点可以接入。

6.4.3 安全运维管理

6.4.3.1 感知节点管理

应指定人员定期巡视感知节点设备、网关节点设备的部署环境，对可能影响感知节点设备、网关节点设备正常工作的环境异常进行记录和维护。

6.5 工业控制系统安全扩展要求

6.5.1 安全物理环境

6.5.1.1 室外控制设备物理防护

本项要求包括：

a) 室外控制设备应放置于采用铁板或其他防火材料制作的箱体或装置中并紧固；箱体或装置具有透风、散热、防盗、防雨和防火能力等；
b) 室外控制设备放置应远离强电磁干扰、强热源等环境，如无法避免应及时做好应急处置及检修，保证设备正常运行。

6.5.2 安全通信网络

6.5.2.1 网络架构

本项要求包括：

a) 工业控制系统与企业其他系统之间应划分为两个区域，区域间应采用技术隔离手段；
b) 工业控制系统内部应根据业务特点划分为不同的安全域，安全域之间应采用技术隔离手段。

6.5.3 安全区域边界

6.5.3.1 访问控制

应在工业控制系统与企业其他系统之间部署访问控制设备，配置访问控制策略，禁止任何穿越区域边界的 E-Mail、Web、Telnet、Rlogin、FTP 等通用网络服务。

6.5.3.2 无线使用控制

本项要求包括：

a) 应对所有参与无线通信的用户(人员、软件进程或者设备)提供唯一性标识和鉴别；
b) 应对无线连接的授权、监视以及执行使用进行限制。

6.5.4 安全计算环境

6.5.4.1 控制设备安全

本项要求包括：

a) 控制设备自身应实现相应级别安全通用要求提出的身份鉴别、访问控制和安全审计等安全要求，如受条件限制控制设备无法实现上述要求，应由其上位控制或管理设备实现同等功能或通过管理手段控制；
b) 应在经过充分测试评估后，在不影响系统安全稳定运行的情况下对控制设备进行补丁更新、固件更新等工作。

7　第二级安全要求

7.1　安全通用要求

7.1.1　安全物理环境

7.1.1.1　物理位置选择

本项要求包括：

a)　**机房场地应选择在具有防震、防风和防雨等能力的建筑内；**

b)　**机房场地应避免设在建筑物的顶层或地下室，否则应加强防水和防潮措施。**

7.1.1.2　物理访问控制

机房出入口应安排专人值守或配置电子门禁系统，控制、鉴别和记录进入的人员。

7.1.1.3　防盗窃和防破坏

本项要求包括：

a)　应将设备或主要部件进行固定，并设置明显的不易除去的标识；

b)　**应将通信线缆铺设在隐蔽安全处。**

7.1.1.4　防雷击

应将各类机柜、设施和设备等通过接地系统安全接地。

7.1.1.5　防火

本项要求包括：

a)　**机房应设置火灾自动消防系统，能够自动检测火情、自动报警，并自动灭火；**

b)　**机房及相关的工作房间和辅助房应采用具有耐火等级的建筑材料。**

7.1.1.6　防水和防潮

本项要求包括：

a)　应采取措施防止雨水通过机房窗户、屋顶和墙壁渗透；

b)　**应采取措施防止机房内水蒸气结露和地下积水的转移与渗透。**

7.1.1.7　防静电

应采用防静电地板或地面并采用必要的接地防静电措施。

7.1.1.8　温湿度控制

应设置**温湿度自动调节设施**，使机房温湿度的变化在设备运行所允许的范围之内。

7.1.1.9　电力供应

本项要求包括：

a)　应在机房供电线路上配置稳压器和过电压防护设备；

b) **应提供短期的备用电力供应，至少满足设备在断电情况下的正常运行要求。**

7.1.1.10 电磁防护

电源线和通信线缆应隔离铺设，避免互相干扰。

7.1.2 安全通信网络

7.1.2.1 网络架构

本项要求包括：

a) **应划分不同的网络区域，并按照方便管理和控制的原则为各网络区域分配地址；**

b) **应避免将重要网络区域部署在边界处，重要网络区域与其他网络区域之间应采取可靠的技术隔离手段。**

7.1.2.2 通信传输

应采用校验技术保证通信过程中数据的完整性。

7.1.2.3 可信验证

可基于可信根对通信设备的系统引导程序、系统程序、重要配置参数和通信应用程序等进行可信验证，并在检测到其可信性受到破坏后进行报警，并将验证结果形成审计记录送至安全管理中心。

7.1.3 安全区域边界

7.1.3.1 边界防护

应保证跨越边界的访问和数据流通过边界设备提供的受控接口进行通信。

7.1.3.2 访问控制

本项要求包括：

a) 应在**网络边界或区域之间**根据访问控制策略设置访问控制规则，默认情况下除允许通信外受控接口拒绝所有通信；

b) 应删除多余或无效的访问控制规则，优化访问控制列表，并保证访问控制规则数量最小化；

c) 应对源地址、目的地址、源端口、目的端口和协议等进行检查，以允许/拒绝数据包进出；

d) **应能根据会话状态信息为进出数据流提供明确的允许/拒绝访问的能力。**

7.1.3.3 入侵防范

应在关键网络节点处监视网络攻击行为。

7.1.3.4 恶意代码防范

应在关键网络节点处对恶意代码进行检测和清除，并维护恶意代码防护机制的升级和更新。

7.1.3.5 安全审计

本项要求包括：

a) **应在网络边界、重要网络节点进行安全审计，审计覆盖到每个用户，对重要的用户行为和重要安全事件进行审计；**

b) **审计记录应包括事件的日期和时间、用户、事件类型、事件是否成功及其他与审计相关的信息；**
c) **应对审计记录进行保护，定期备份，避免受到未预期的删除、修改或覆盖等。**

7.1.3.6 可信验证

可基于可信根对边界设备的系统引导程序、系统程序、重要配置参数和边界防护应用程序等进行可信验证，并在检测到其可信性受到破坏后进行报警，并将验证结果形成审计记录送至安全管理中心。

7.1.4 安全计算环境

7.1.4.1 身份鉴别

本项要求包括：

a) 应对登录的用户进行身份标识和鉴别，身份标识具有唯一性，身份鉴别信息具有复杂度要求并定期更换；
b) 应具有登录失败处理功能，应配置并启用结束会话、限制非法登录次数和当登录连接超时自动退出等相关措施；
c) 当进行远程管理时，应采取必要措施防止鉴别信息在网络传输过程中被窃听。

7.1.4.2 访问控制

本项要求包括：

a) 应对登录的用户分配账户和权限；
b) 应重命名或删除默认账户，修改默认账户的默认口令；
c) 应及时删除或停用多余的、过期的账户，避免共享账户的存在；
d) **应授予管理用户所需的最小权限，实现管理用户的权限分离。**

7.1.4.3 安全审计

本项要求包括：

a) **应启用安全审计功能，审计覆盖到每个用户，对重要的用户行为和重要安全事件进行审计；**
b) **审计记录应包括事件的日期和时间、用户、事件类型、事件是否成功及其他与审计相关的信息；**
c) **应对审计记录进行保护，定期备份，避免受到未预期的删除、修改或覆盖等。**

7.1.4.4 入侵防范

本项要求包括：

a) 应遵循最小安装的原则，仅安装需要的组件和应用程序；
b) 应关闭不需要的系统服务、默认共享和高危端口；
c) **应通过设定终端接入方式或网络地址范围对通过网络进行管理的管理终端进行限制；**
d) **应提供数据有效性检验功能，保证通过人机接口输入或通过通信接口输入的内容符合系统设定要求；**
e) **应能发现可能存在的已知漏洞，并在经过充分测试评估后，及时修补漏洞。**

7.1.4.5 恶意代码防范

应安装防恶意代码软件或配置具有相应功能的软件，并定期进行升级和更新防恶意代码库。

7.1.4.6 可信验证

可基于可信根对计算设备的系统引导程序、系统程序、重要配置参数和应用程序等进行可信验证，并在检测到其可信性受到破坏后进行报警，并将验证结果形成审计记录送至安全管理中心。

7.1.4.7 数据完整性

应采用校验技术保证重要数据在传输过程中的完整性。

7.1.4.8 数据备份恢复

本项要求包括：

a) 应提供重要数据的本地数据备份与恢复功能；

b) **应提供异地数据备份功能，利用通信网络将重要数据定时批量传送至备用场地。**

7.1.4.9 剩余信息保护

应保证鉴别信息所在的存储空间被释放或重新分配前得到完全清除。

7.1.4.10 个人信息保护

本项要求包括：

a) **应仅采集和保存业务必需的用户个人信息；**

b) **应禁止未授权访问和非法使用用户个人信息。**

7.1.5 安全管理中心

7.1.5.1 系统管理

本项要求包括：

a) 应对系统管理员进行身份鉴别，只允许其通过特定的命令或操作界面进行系统管理操作，并对这些操作进行审计；

b) 应通过系统管理员对系统的资源和运行进行配置、控制和管理，包括用户身份、系统资源配置、系统加载和启动、系统运行的异常处理、数据和设备的备份与恢复等。

7.1.5.2 审计管理

本项要求包括：

a) 应对审计管理员进行身份鉴别，只允许其通过特定的命令或操作界面进行安全审计操作，并对这些操作进行审计；

b) 应通过审计管理员对审计记录进行分析，并根据分析结果进行处理，包括根据安全审计策略对审计记录进行存储、管理和查询等。

7.1.6 安全管理制度

7.1.6.1 安全策略

应制定网络安全工作的总体方针和安全策略，阐明机构安全工作的总体目标、范围、原则和安全框架等。

7.1.6.2 管理制度

本项要求包括：

a) 应对安全管理活动中的主要管理内容建立安全管理制度；

b) **应对管理人员或操作人员执行的日常管理操作建立操作规程。**

7.1.6.3 制定和发布

本项要求包括：

a) **应指定或授权专门的部门或人员负责安全管理制度的制定；**

b) **安全管理制度应通过正式、有效的方式发布，并进行版本控制。**

7.1.6.4 评审和修订

应定期对安全管理制度的合理性和适用性进行论证和审定，对存在不足或需要改进的安全管理制度进行修订。

7.1.7 安全管理机构

7.1.7.1 岗位设置

本项要求包括：

a) **应设立网络安全管理工作的职能部门，设立安全主管、安全管理各个方面的负责人岗位，并定义各负责人的职责；**

b) 应设立系统管理员、审计管理员和安全管理员等岗位，并**定义部门**及各个工作岗位的职责。

7.1.7.2 人员配备

应配备一定数量的系统管理员、审计管理员和安全管理员等。

7.1.7.3 授权和审批

本项要求包括：

a) 应根据各个部门和岗位的职责明确授权审批事项、审批部门和批准人等；

b) **应针对系统变更、重要操作、物理访问和系统接入等事项执行审批过程。**

7.1.7.4 沟通和合作

本项要求包括：

a) **应加强各类管理人员、组织内部机构和网络安全管理部门之间的合作与沟通，定期召开协调会议，共同协作处理网络安全问题；**

b) **应加强与网络安全职能部门、各类供应商、业界专家及安全组织的合作与沟通；**

c) **应建立外联单位联系列表，包括外联单位名称、合作内容、联系人和联系方式等信息。**

7.1.7.5 审核和检查

应定期进行常规安全检查，检查内容包括系统日常运行、系统漏洞和数据备份等情况。

7.1.8 安全管理人员

7.1.8.1 人员录用

本项要求包括：

a) 应指定或授权专门的部门或人员负责人员录用；

b) **应对被录用人员的身份、安全背景、专业资格或资质等进行审查。**

7.1.8.2 人员离岗

应及时终止离岗人员的所有访问权限，取回各种身份证件、钥匙、徽章等以及机构提供的软硬件设备。

7.1.8.3 安全意识教育和培训

应对各类人员进行安全意识教育和岗位技能培训，并告知相关的安全责任和惩戒措施。

7.1.8.4 外部人员访问管理

本项要求包括：

a) **应在外部人员物理访问受控区域前先提出书面申请，批准后由专人全程陪同，并登记备案；**

b) **应在外部人员接入受控网络访问系统前先提出书面申请，批准后由专人开设账户、分配权限，并登记备案；**

c) **外部人员离场后应及时清除其所有的访问权限。**

7.1.9 安全建设管理

7.1.9.1 定级和备案

本项要求包括：

a) 应以书面的形式说明保护对象的安全保护等级及确定等级的方法和理由；

b) **应组织相关部门和有关安全技术专家对定级结果的合理性和正确性进行论证和审定；**

c) **应保证定级结果经过相关部门的批准；**

d) **应将备案材料报主管部门和相应公安机关备案。**

7.1.9.2 安全方案设计

本项要求包括：

a) 应根据安全保护等级选择基本安全措施，依据风险分析的结果补充和调整安全措施；

b) **应根据保护对象的安全保护等级进行安全方案设计；**

c) **应组织相关部门和有关安全专家对安全方案的合理性和正确性进行论证和审定，经过批准后才能正式实施。**

7.1.9.3 产品采购和使用

本项要求包括：

a) 应确保网络安全产品采购和使用符合国家的有关规定；

b) **应确保密码产品与服务的采购和使用符合国家密码管理主管部门的要求。**

7.1.9.4 自行软件开发

本项要求包括：

a） **应将开发环境与实际运行环境物理分开，测试数据和测试结果受到控制；**

b） **应在软件开发过程中对安全性进行测试，在软件安装前对可能存在的恶意代码进行检测。**

7.1.9.5 外包软件开发

本项要求包括：

a） **应在软件交付前检测其中可能存在的恶意代码；**

b） **应保证开发单位提供软件设计文档和使用指南。**

7.1.9.6 工程实施

本项要求包括：

a） 应指定或授权专门的部门或人员负责工程实施过程的管理；

b） **应制定安全工程实施方案控制工程实施过程。**

7.1.9.7 测试验收

本项要求包括：

a） **应制订测试验收方案，并依据测试验收方案实施测试验收，形成测试验收报告；**

b） **应进行上线前的安全性测试，并出具安全测试报告。**

7.1.9.8 系统交付

本项要求包括：

a） 应制定交付清单，并根据交付清单对所交接的设备、软件和文档等进行清点；

b） 应对负责运行维护的技术人员进行相应的技能培训；

c） **应提供建设过程文档和运行维护文档。**

7.1.9.9 等级测评

本项要求包括：

a） **应定期进行等级测评，发现不符合相应等级保护标准要求的及时整改；**

b） **应在发生重大变更或级别发生变化时进行等级测评；**

c） **应确保测评机构的选择符合国家有关规定。**

7.1.9.10 服务供应商选择

本项要求包括：

a） 应确保服务供应商的选择符合国家的有关规定；

b） 应与选定的服务供应商签订相关协议，**明确整个服务供应链各方需履行的网络安全相关义务。**

7.1.10 安全运维管理

7.1.10.1 环境管理

本项要求包括：

a）应指定专门的部门或人员负责机房安全，对机房出入进行管理，定期对机房供配电、空调、温湿度控制、消防等设施进行维护管理；
b）应对机房的安全管理做出规定，包括物理访问、物品进出和环境安全等；
c）**应不在重要区域接待来访人员，不随意放置含有敏感信息的纸档文件和移动介质等。**

7.1.10.2 资产管理

应编制并保存与保护对象相关的资产清单，包括资产责任部门、重要程度和所处位置等内容。

7.1.10.3 介质管理

本项要求包括：
a）应将介质存放在安全的环境中，对各类介质进行控制和保护，实行存储环境专人管理，并根据存档介质的目录清单定期盘点；
b）**应对介质在物理传输过程中的人员选择、打包、交付等情况进行控制，并对介质的归档和查询等进行登记记录。**

7.1.10.4 设备维护管理

本项要求包括：
a）应对各种设备（包括备份和冗余设备）、线路等指定专门的部门或人员定期进行维护管理；
b）**应对配套设施、软硬件维护管理做出规定，包括明确维护人员的责任、维修和服务的审批、维修过程的监督控制等。**

7.1.10.5 漏洞和风险管理

应采取必要的措施识别安全漏洞和隐患，对发现的安全漏洞和隐患及时进行修补或评估可能的影响后进行修补。

7.1.10.6 网络和系统安全管理

本项要求包括：
a）应划分不同的管理员角色进行网络和系统的运维管理，明确各个角色的责任和权限；
b）应指定专门的部门或人员进行账户管理，对申请账户、建立账户、删除账户等进行控制；
c）**应建立网络和系统安全管理制度，对安全策略、账户管理、配置管理、日志管理、日常操作、升级与打补丁、口令更新周期等方面作出规定；**
d）**应制定重要设备的配置和操作手册，依据手册对设备进行安全配置和优化配置等；**
e）**应详细记录运维操作日志，包括日常巡检工作、运行维护记录、参数的设置和修改等内容。**

7.1.10.7 恶意代码防范管理

本项要求包括：
a）应提高所有用户的防恶意代码意识，对外来计算机或存储设备接入系统前进行恶意代码检查等；
b）应对恶意代码防范要求做出规定，包括防恶意代码软件的授权使用、恶意代码库升级、恶意代码的定期查杀等；
c）**应定期检查恶意代码库的升级情况，对截获的恶意代码进行及时分析处理。**

7.1.10.8 配置管理

应记录和保存基本配置信息，包括网络拓扑结构、各个设备安装的软件组件、软件组件的版本和补丁信息、各个设备或软件组件的配置参数等。

7.1.10.9 密码管理

本项要求包括：

a) 应遵循密码相关国家标准和行业标准；
b) 应使用国家密码管理主管部门认证核准的密码技术和产品。

7.1.10.10 变更管理

应明确变更需求，变更前根据变更需求制定变更方案，变更方案经过评审、审批后方可实施。

7.1.10.11 备份与恢复管理

本项要求包括：

a) 应识别需要定期备份的重要业务信息、系统数据及软件系统等；
b) 应规定备份信息的备份方式、备份频度、存储介质、保存期等；
c) 应根据数据的重要性和数据对系统运行的影响，制定数据的备份策略和恢复策略、备份程序和恢复程序等。

7.1.10.12 安全事件处置

本项要求包括：

a) 应及时向安全管理部门报告所发现的安全弱点和可疑事件；
b) 应制定安全事件报告和处置管理制度，明确不同安全事件的报告、处置和响应流程，规定安全事件的现场处理、事件报告和后期恢复的管理职责等；
c) 应在安全事件报告和响应处理过程中，分析和鉴定事件产生的原因，收集证据，记录处理过程，总结经验教训。

7.1.10.13 应急预案管理

本项要求包括：

a) 应制定重要事件的应急预案，包括应急处理流程、系统恢复流程等内容；
b) 应定期对系统相关的人员进行应急预案培训，并进行应急预案的演练。

7.1.10.14 外包运维管理

本项要求包括：

a) 应确保外包运维服务商的选择符合国家的有关规定；
b) 应与选定的外包运维服务商签订相关的协议，明确约定外包运维的范围、工作内容。

7.2 云计算安全扩展要求

7.2.1 安全物理环境

7.2.1.1 基础设施位置

应保证云计算基础设施位于中国境内。

7.2.2 安全通信网络

7.2.2.1 网络架构

本项要求包括：

a) 应保证云计算平台不承载高于其安全保护等级的业务应用系统；

b) 应实现不同云服务客户虚拟网络之间的隔离；

c) **应具有根据云服务客户业务需求提供通信传输、边界防护、入侵防范等安全机制的能力。**

7.2.3 安全区域边界

7.2.3.1 访问控制

本项要求包括：

a) 应在虚拟化网络边界部署访问控制机制，并设置访问控制规则；

b) **应在不同等级的网络区域边界部署访问控制机制，设置访问控制规则。**

7.2.3.2 入侵防范

本项要求包括：

a) **应能检测到云服务客户发起的网络攻击行为，并能记录攻击类型、攻击时间、攻击流量等；**

b) **应能检测到对虚拟网络节点的网络攻击行为，并能记录攻击类型、攻击时间、攻击流量等；**

c) **应能检测到虚拟机与宿主机、虚拟机与虚拟机之间的异常流量。**

7.2.3.3 安全审计

本项要求包括：

a) **应对云服务商和云服务客户在远程管理时执行的特权命令进行审计，至少包括虚拟机删除、虚拟机重启；**

b) **应保证云服务商对云服务客户系统和数据的操作可被云服务客户审计。**

7.2.4 安全计算环境

7.2.4.1 访问控制

本项要求包括：

a) 应保证当虚拟机迁移时，访问控制策略随其迁移；

b) 应允许云服务客户设置不同虚拟机之间的访问控制策略。

7.2.4.2 镜像和快照保护

本项要求包括：

a） 应针对重要业务系统提供加固的操作系统镜像或操作系统安全加固服务；

b） 应提供虚拟机镜像、快照完整性校验功能，防止虚拟机镜像被恶意篡改。

7.2.4.3 数据完整性和保密性

本项要求包括：

a） 应确保云服务客户数据、用户个人信息等存储于中国境内，如需出境应遵循国家相关规定；

b） 应确保只有在云服务客户授权下，云服务商或第三方才具有云服务客户数据的管理权限；

c） 应确保虚拟机迁移过程中重要数据的完整性，并在检测到完整性受到破坏时采取必要的恢复措施。

7.2.4.4 数据备份恢复

本项要求包括：

a） 云服务客户应在本地保存其业务数据的备份；

b） 应提供查询云服务客户数据及备份存储位置的能力。

7.2.4.5 剩余信息保护

本项要求包括：

a） 应保证虚拟机所使用的内存和存储空间回收时得到完全清除；

b） 云服务客户删除业务应用数据时，云计算平台应将云存储中所有副本删除。

7.2.5 安全建设管理

7.2.5.1 云服务商选择

本项要求包括：

a） 应选择安全合规的云服务商，其所提供的云计算平台应为其所承载的业务应用系统提供相应等级的安全保护能力；

b） 应在服务水平协议中规定云服务的各项服务内容和具体技术指标；

c） 应在服务水平协议中规定云服务商的权限与责任，包括管理范围、职责划分、访问授权、隐私保护、行为准则、违约责任等；

d） 应在服务水平协议中规定服务合约到期时，完整提供云服务客户数据，并承诺相关数据在云计算平台上清除。

7.2.5.2 供应链管理

本项要求包括：

a） 应确保供应商的选择符合国家有关规定；

b） 应将供应链安全事件信息或安全威胁信息及时传达到云服务客户。

7.2.6 安全运维管理

7.2.6.1 云计算环境管理

云计算平台的运维地点应位于中国境内，境外对境内云计算平台实施运维操作应遵循国家相关规定。

7.3 移动互联安全扩展要求

7.3.1 安全物理环境

7.3.1.1 无线接入点的物理位置

应为无线接入设备的安装选择合理位置，避免过度覆盖和电磁干扰。

7.3.2 安全区域边界

7.3.2.1 边界防护

应保证有线网络与无线网络边界之间的访问和数据流通过无线接入网关设备。

7.3.2.2 访问控制

无线接入设备应开启接入认证功能，并且禁止使用 WEP 方式进行认证，如使用口令，长度不小于 8 位字符。

7.3.2.3 入侵防范

本项要求包括：

a) **应能够检测到非授权无线接入设备和非授权移动终端的接入行为；**

b) **应能够检测到针对无线接入设备的网络扫描、DDoS 攻击、密钥破解、中间人攻击和欺骗攻击等行为；**

c) **应能够检测到无线接入设备的 SSID 广播、WPS 等高风险功能的开启状态；**

d) **应禁用无线接入设备和无线接入网关存在风险的功能，如：SSID 广播、WEP 认证等；**

e) **应禁止多个 AP 使用同一个认证密钥。**

7.3.3 安全计算环境

7.3.3.1 移动应用管控

本项要求包括：

a) 应具有选择应用软件安装、运行的功能；

b) **应只允许可靠证书签名的应用软件安装和运行。**

7.3.4 安全建设管理

7.3.4.1 移动应用软件采购

本项要求包括：

a) 应保证移动终端安装、运行的应用软件来自可靠分发渠道或使用可靠证书签名；

b) **应保证移动终端安装、运行的应用软件由可靠的开发者开发。**

7.3.4.2 移动应用软件开发

本项要求包括：

a) **应对移动业务应用软件开发者进行资格审查；**

b) **应保证开发移动业务应用软件的签名证书合法性。**

7.4 物联网安全扩展要求

7.4.1 安全物理环境

7.4.1.1 感知节点设备物理防护

本项要求包括：

a) 感知节点设备所处的物理环境应不对感知节点设备造成物理破坏，如挤压、强振动；

b) 感知节点设备在工作状态所处物理环境应能正确反映环境状态（如温湿度传感器不能安装在阳光直射区域）。

7.4.2 安全区域边界

7.4.2.1 接入控制

应保证只有授权的感知节点可以接入。

7.4.2.2 入侵防范

本项要求包括：

a) **应能够限制与感知节点通信的目标地址，以避免对陌生地址的攻击行为；**

b) **应能够限制与网关节点通信的目标地址，以避免对陌生地址的攻击行为。**

7.4.3 安全运维管理

7.4.3.1 感知节点管理

本项要求包括：

a) 应指定人员定期巡视感知节点设备、网关节点设备的部署环境，对可能影响感知节点设备、网关节点设备正常工作的环境异常进行记录和维护；

b) **应对感知节点设备、网关节点设备入库、存储、部署、携带、维修、丢失和报废等过程作出明确规定，并进行全程管理。**

7.5 工业控制系统安全扩展要求

7.5.1 安全物理环境

7.5.1.1 室外控制设备物理防护

本项要求包括：

a) 室外控制设备应放置于采用铁板或其他防火材料制作的箱体或装置中并紧固；箱体或装置具有透风、散热、防盗、防雨和防火能力等；

b) 室外控制设备放置应远离强电磁干扰、强热源等环境，如无法避免应及时做好应急处置及检修，保证设备正常运行。

7.5.2 安全通信网络

7.5.2.1 网络架构

本项要求包括：

a) 工业控制系统与企业其他系统之间应划分为两个区域，区域间应采用技术隔离手段；
b) 工业控制系统内部应根据业务特点划分为不同的安全域，安全域之间应采用技术隔离手段；
c) **涉及实时控制和数据传输的工业控制系统，应使用独立的网络设备组网，在物理层面上实现与其他数据网及外部公共信息网的安全隔离。**

7.5.2.2 通信传输

在工业控制系统内使用广域网进行控制指令或相关数据交换的应采用加密认证技术手段实现身份认证、访问控制和数据加密传输。

7.5.3 安全区域边界

7.5.3.1 访问控制

本项要求包括：
a) 应在工业控制系统与企业其他系统之间部署访问控制设备，配置访问控制策略，禁止任何穿越区域边界的 E-Mail、Web、Telnet、Rlogin、FTP 等通用网络服务；
b) **应在工业控制系统内安全域和安全域之间的边界防护机制失效时，及时进行报警。**

7.5.3.2 拨号使用控制

工业控制系统确需使用拨号访问服务的，应限制具有拨号访问权限的用户数量，并采取用户身份鉴别和访问控制等措施。

7.5.3.3 无线使用控制

本项要求包括：
a) 应对所有参与无线通信的用户（人员、软件进程或者设备）提供唯一性标识和鉴别；
b) **应对所有参与无线通信的用户（人员、软件进程或者设备）进行授权以及执行使用进行限制。**

7.5.4 安全计算环境

7.5.4.1 控制设备安全

本项要求包括：
a) 控制设备自身应实现相应级别安全通用要求提出的身份鉴别、访问控制和安全审计等安全要求，如受条件限制控制设备无法实现上述要求，应由其上位控制或管理设备实现同等功能或通过管理手段控制；
b) 应在经过充分测试评估后，在不影响系统安全稳定运行的情况下对控制设备进行补丁更新、固件更新等工作。

7.5.5 安全建设管理

7.5.5.1 产品采购和使用

工业控制系统重要设备应通过专业机构的安全性检测后方可采购使用。

7.5.5.2 外包软件开发

应在外包开发合同中规定针对开发单位、供应商的约束条款，包括设备及系统在生命周期内有关保

密、禁止关键技术扩散和设备行业专用等方面的内容。

8 第三级安全要求

8.1 安全通用要求

8.1.1 安全物理环境

8.1.1.1 物理位置选择

本项要求包括：

a) 机房场地应选择在具有防震、防风和防雨等能力的建筑内；

b) 机房场地应避免设在建筑物的顶层或地下室，否则应加强防水和防潮措施。

8.1.1.2 物理访问控制

机房出入口应**配置电子门禁系统**，控制、鉴别和记录进入的人员。

8.1.1.3 防盗窃和防破坏

本项要求包括：

a) 应将设备或主要部件进行固定，并设置明显的不易除去的标识；

b) 应将通信线缆铺设在隐蔽安全处；

c) **应设置机房防盗报警系统或设置有专人值守的视频监控系统。**

8.1.1.4 防雷击

本项要求包括：

a) 应将各类机柜、设施和设备等通过接地系统安全接地；

b) **应采取措施防止感应雷，例如设置防雷保安器或过压保护装置等。**

8.1.1.5 防火

本项要求包括：

a) 机房应设置火灾自动消防系统，能够自动检测火情、自动报警，并自动灭火；

b) 机房及相关的工作房间和辅助房应采用具有耐火等级的建筑材料；

c) **应对机房划分区域进行管理，区域和区域之间设置隔离防火措施。**

8.1.1.6 防水和防潮

本项要求包括：

a) 应采取措施防止雨水通过机房窗户、屋顶和墙壁渗透；

b) 应采取措施防止机房内水蒸气结露和地下积水的转移与渗透；

c) **应安装对水敏感的检测仪表或元件，对机房进行防水检测和报警。**

8.1.1.7 防静电

本项要求包括：

a) 应采用防静电地板或地面并采用必要的接地防静电措施；

b) **应采取措施防止静电的产生,例如采用静电消除器、佩戴防静电手环等。**

8.1.1.8 温湿度控制

应设置温湿度自动调节设施,使机房温湿度的变化在设备运行所允许的范围之内。

8.1.1.9 电力供应

本项要求包括:

a) 应在机房供电线路上配置稳压器和过电压防护设备;

b) 应提供短期的备用电力供应,至少满足设备在断电情况下的正常运行要求;

c) **应设置冗余或并行的电力电缆线路为计算机系统供电。**

8.1.1.10 电磁防护

本项要求包括:

a) 电源线和通信线缆应隔离铺设,避免互相干扰;

b) **应对关键设备实施电磁屏蔽。**

8.1.2 安全通信网络

8.1.2.1 网络架构

本项要求包括:

a) **应保证网络设备的业务处理能力满足业务高峰期需要;**

b) **应保证网络各个部分的带宽满足业务高峰期需要;**

c) 应划分不同的网络区域,并按照方便管理和控制的原则为各网络区域分配地址;

d) 应避免将重要网络区域部署在边界处,重要网络区域与其他网络区域之间应采取可靠的技术隔离手段;

e) **应提供通信线路、关键网络设备和关键计算设备的硬件冗余,保证系统的可用性。**

8.1.2.2 通信传输

本项要求包括:

a) 应采用校验技术**或密码技术**保证通信过程中数据的完整性;

b) **应采用密码技术保证通信过程中数据的保密性。**

8.1.2.3 可信验证

可基于可信根对通信设备的系统引导程序、系统程序、重要配置参数和通信应用程序等进行可信验证,**并在应用程序的关键执行环节进行动态可信验证**,在检测到其可信性受到破坏后进行报警,并将验证结果形成审计记录送至安全管理中心。

8.1.3 安全区域边界

8.1.3.1 边界防护

本项要求包括:

a) 应保证跨越边界的访问和数据流通过边界设备提供的受控接口进行通信;

b) **应能够对非授权设备私自联到内部网络的行为进行检查或限制;**

c) **应能够对内部用户非授权联到外部网络的行为进行检查或限制；**

d) **应限制无线网络的使用，保证无线网络通过受控的边界设备接入内部网络。**

8.1.3.2 访问控制

本项要求包括：

a) 应在网络边界或区域之间根据访问控制策略设置访问控制规则，默认情况下除允许通信外受控接口拒绝所有通信；

b) 应删除多余或无效的访问控制规则，优化访问控制列表，并保证访问控制规则数量最小化；

c) 应对源地址、目的地址、源端口、目的端口和协议等进行检查，以允许/拒绝数据包进出；

d) 应能根据会话状态信息为进出数据流提供明确的允许/拒绝访问的能力；

e) **应对进出网络的数据流实现基于应用协议和应用内容的访问控制。**

8.1.3.3 入侵防范

本项要求包括：

a) **应在关键网络节点处检测、防止或限制从外部发起的网络攻击行为；**

b) **应在关键网络节点处检测、防止或限制从内部发起的网络攻击行为；**

c) **应采取技术措施对网络行为进行分析，实现对网络攻击特别是新型网络攻击行为的分析；**

d) **当检测到攻击行为时，记录攻击源IP、攻击类型、攻击目标、攻击时间，在发生严重入侵事件时应提供报警。**

8.1.3.4 恶意代码和垃圾邮件防范

本项要求包括：

a) 应在关键网络节点处对恶意代码进行检测和清除，并维护恶意代码防护机制的升级和更新；

b) **应在关键网络节点处对垃圾邮件进行检测和防护，并维护垃圾邮件防护机制的升级和更新。**

8.1.3.5 安全审计

本项要求包括：

a) 应在网络边界、重要网络节点进行安全审计，审计覆盖到每个用户，对重要的用户行为和重要安全事件进行审计；

b) 审计记录应包括事件的日期和时间、用户、事件类型、事件是否成功及其他与审计相关的信息；

c) 应对审计记录进行保护，定期备份，避免受到未预期的删除、修改或覆盖等；

d) **应能对远程访问的用户行为、访问互联网的用户行为等单独进行行为审计和数据分析。**

8.1.3.6 可信验证

可基于可信根对边界设备的系统引导程序、系统程序、重要配置参数和边界防护应用程序等进行可信验证，**并在应用程序的关键执行环节进行动态可信验证**，在检测到其可信性受到破坏后进行报警，并将验证结果形成审计记录送至安全管理中心。

8.1.4 安全计算环境

8.1.4.1 身份鉴别

本项要求包括：

a) 应对登录的用户进行身份标识和鉴别，身份标识具有唯一性，身份鉴别信息具有复杂度要求并定期更换；
b) 应具有登录失败处理功能，应配置并启用结束会话、限制非法登录次数和当登录连接超时自动退出等相关措施；
c) 当进行远程管理时，应采取必要措施防止鉴别信息在网络传输过程中被窃听；
d) **应采用口令、密码技术、生物技术等两种或两种以上组合的鉴别技术对用户进行身份鉴别，且其中一种鉴别技术至少应使用密码技术来实现。**

8.1.4.2 访问控制

本项要求包括：
a) 应对登录的用户分配账户和权限；
b) 应重命名或删除默认账户，修改默认账户的默认口令；
c) 应及时删除或停用多余的、过期的账户，避免共享账户的存在；
d) 应授予管理用户所需的最小权限，实现管理用户的权限分离；
e) **应由授权主体配置访问控制策略，访问控制策略规定主体对客体的访问规则；**
f) **访问控制的粒度应达到主体为用户级或进程级，客体为文件、数据库表级；**
g) **应对重要主体和客体设置安全标记，并控制主体对有安全标记信息资源的访问。**

8.1.4.3 安全审计

本项要求包括：
a) 应启用安全审计功能，审计覆盖到每个用户，对重要的用户行为和重要安全事件进行审计；
b) 审计记录应包括事件的日期和时间、用户、事件类型、事件是否成功及其他与审计相关的信息；
c) 应对审计记录进行保护，定期备份，避免受到未预期的删除、修改或覆盖等；
d) **应对审计进程进行保护，防止未经授权的中断。**

8.1.4.4 入侵防范

本项要求包括：
a) 应遵循最小安装的原则，仅安装需要的组件和应用程序；
b) 应关闭不需要的系统服务、默认共享和高危端口；
c) 应通过设定终端接入方式或网络地址范围对通过网络进行管理的管理终端进行限制；
d) 应提供数据有效性检验功能，保证通过人机接口输入或通过通信接口输入的内容符合系统设定要求；
e) 应能发现可能存在的已知漏洞，并在经过充分测试评估后，及时修补漏洞；
f) **应能够检测到对重要节点进行入侵的行为，并在发生严重入侵事件时提供报警。**

8.1.4.5 恶意代码防范

应采用免受恶意代码攻击的技术措施或主动免疫可信验证机制及时识别入侵和病毒行为，并将其有效阻断。

8.1.4.6 可信验证

可基于可信根对计算设备的系统引导程序、系统程序、重要配置参数和应用程序等进行可信验证，**并在应用程序的关键执行环节进行动态可信验证**，在检测到其可信性受到破坏后进行报警，并将验证结果形成审计记录送至安全管理中心。

8.1.4.7 数据完整性

本项要求包括：

a) 应采用校验技术**或密码技术**保证重要数据在传输过程中的完整性，**包括但不限于鉴别数据、重要业务数据、重要审计数据、重要配置数据、重要视频数据和重要个人信息等**；

b) **应采用校验技术或密码技术保证重要数据在存储过程中的完整性，包括但不限于鉴别数据、重要业务数据、重要审计数据、重要配置数据、重要视频数据和重要个人信息等。**

8.1.4.8 数据保密性

本项要求包括：

a) **应采用密码技术保证重要数据在传输过程中的保密性，包括但不限于鉴别数据、重要业务数据和重要个人信息等；**

b) **应采用密码技术保证重要数据在存储过程中的保密性，包括但不限于鉴别数据、重要业务数据和重要个人信息等。**

8.1.4.9 数据备份恢复

本项要求包括：

a) 应提供重要数据的本地数据备份与恢复功能；

b) 应提供异地**实时备份功能**，利用通信网络将重要数据**实时备份至备份场地**；

c) **应提供重要数据处理系统的热冗余，保证系统的高可用性**。

8.1.4.10 剩余信息保护

本项要求包括：

a) 应保证鉴别信息所在的存储空间被释放或重新分配前得到完全清除；

b) **应保证存有敏感数据的存储空间被释放或重新分配前得到完全清除**。

8.1.4.11 个人信息保护

本项要求包括：

a) 应仅采集和保存业务必需的用户个人信息；

b) 应禁止未授权访问和非法使用用户个人信息。

8.1.5 安全管理中心

8.1.5.1 系统管理

本项要求包括：

a) 应对系统管理员进行身份鉴别，只允许其通过特定的命令或操作界面进行系统管理操作，并对这些操作进行审计；

b) 应通过系统管理员对系统的资源和运行进行配置、控制和管理，包括用户身份、系统资源配置、系统加载和启动、系统运行的异常处理、数据和设备的备份与恢复等。

8.1.5.2 审计管理

本项要求包括：

a） 应对审计管理员进行身份鉴别，只允许其通过特定的命令或操作界面进行安全审计操作，并对这些操作进行审计；

b） 应通过审计管理员对审计记录应进行分析，并根据分析结果进行处理，包括根据安全审计策略对审计记录进行存储、管理和查询等。

8.1.5.3 安全管理

本项要求包括：

a） **应对安全管理员进行身份鉴别，只允许其通过特定的命令或操作界面进行安全管理操作，并对这些操作进行审计；**

b） **应通过安全管理员对系统中的安全策略进行配置，包括安全参数的设置，主体、客体进行统一安全标记，对主体进行授权，配置可信验证策略等。**

8.1.5.4 集中管控

本项要求包括：

a） **应划分出特定的管理区域，对分布在网络中的安全设备或安全组件进行管控；**

b） **应能够建立一条安全的信息传输路径，对网络中的安全设备或安全组件进行管理；**

c） **应对网络链路、安全设备、网络设备和服务器等的运行状况进行集中监测；**

d） **应对分散在各个设备上的审计数据进行收集汇总和集中分析，并保证审计记录的留存时间符合法律法规要求；**

e） **应对安全策略、恶意代码、补丁升级等安全相关事项进行集中管理；**

f） **应能对网络中发生的各类安全事件进行识别、报警和分析。**

8.1.6 安全管理制度

8.1.6.1 安全策略

应制定网络安全工作的总体方针和安全策略，阐明机构安全工作的总体目标、范围、原则和安全框架等。

8.1.6.2 管理制度

本项要求包括：

a） 应对安全管理活动中的各类管理内容建立安全管理制度；

b） 应对管理人员或操作人员执行的日常管理操作建立操作规程；

c） **应形成由安全策略、管理制度、操作规程、记录表单等构成的全面的安全管理制度体系。**

8.1.6.3 制定和发布

本项要求包括：

a） 应指定或授权专门的部门或人员负责安全管理制度的制定；

b） 安全管理制度应通过正式、有效的方式发布，并进行版本控制。

8.1.6.4 评审和修订

应定期对安全管理制度的合理性和适用性进行论证和审定，对存在不足或需要改进的安全管理制度进行修订。

8.1.7 安全管理机构

8.1.7.1 岗位设置

本项要求包括：

a) **应成立指导和管理网络安全工作的委员会或领导小组，其最高领导由单位主管领导担任或授权；**

b) 应设立网络安全管理工作的职能部门，设立安全主管、安全管理各个方面的负责人岗位，并定义各负责人的职责；

c) 应设立系统管理员、审计管理员和安全管理员等岗位，并定义部门及各个工作岗位的职责。

8.1.7.2 人员配备

本项要求包括：

a) 应配备一定数量的系统管理员、审计管理员和安全管理员等；

b) **应配备专职安全管理员，不可兼任。**

8.1.7.3 授权和审批

本项要求包括：

a) 应根据各个部门和岗位的职责明确授权审批事项、审批部门和批准人等；

b) 应针对系统变更、重要操作、物理访问和系统接入等事项建立审批程序，按照审批程序执行审批过程，**对重要活动建立逐级审批制度；**

c) **应定期审查审批事项，及时更新需授权和审批的项目、审批部门和审批人等信息。**

8.1.7.4 沟通和合作

本项要求包括：

a) 应加强各类管理人员、组织内部机构和网络安全管理部门之间的合作与沟通，定期召开协调会议，共同协作处理网络安全问题；

b) 应加强与网络安全职能部门、各类供应商、业界专家及安全组织的合作与沟通；

c) 应建立外联单位联系列表，包括外联单位名称、合作内容、联系人和联系方式等信息。

8.1.7.5 审核和检查

本项要求包括：

a) 应定期进行常规安全检查，检查内容包括系统日常运行、系统漏洞和数据备份等情况；

b) **应定期进行全面安全检查，检查内容包括现有安全技术措施的有效性、安全配置与安全策略的一致性、安全管理制度的执行情况等；**

c) **应制定安全检查表格实施安全检查，汇总安全检查数据，形成安全检查报告，并对安全检查结果进行通报。**

8.1.8 安全管理人员

8.1.8.1 人员录用

本项要求包括：

a) 应指定或授权专门的部门或人员负责人员录用；

b) 应对被录用人员的身份、安全背景、专业资格或资质等进行审查，**对其所具有的技术技能进行考核；**

c) **应与被录用人员签署保密协议，与关键岗位人员签署岗位责任协议。**

8.1.8.2 人员离岗

本项要求包括：

a) 应及时终止离岗人员的所有访问权限，取回各种身份证件、钥匙、徽章等以及机构提供的软硬件设备；

b) **应办理严格的调离手续，并承诺调离后的保密义务后方可离开。**

8.1.8.3 安全意识教育和培训

本项要求包括：

a) 应对各类人员进行安全意识教育和岗位技能培训，并告知相关的安全责任和惩戒措施；

b) **应针对不同岗位制定不同的培训计划，对安全基础知识、岗位操作规程等进行培训；**

c) **应定期对不同岗位的人员进行技能考核。**

8.1.8.4 外部人员访问管理

本项要求包括：

a) 应在外部人员物理访问受控区域前先提出书面申请，批准后由专人全程陪同，并登记备案；

b) 应在外部人员接入受控网络访问系统前先提出书面申请，批准后由专人开设账户、分配权限，并登记备案；

c) 外部人员离场后应及时清除其所有的访问权限；

d) **获得系统访问授权的外部人员应签署保密协议，不得进行非授权操作，不得复制和泄露任何敏感信息。**

8.1.9 安全建设管理

8.1.9.1 定级和备案

本项要求包括：

a) 应以书面的形式说明保护对象的安全保护等级及确定等级的方法和理由；

b) 应组织相关部门和有关安全技术专家对定级结果的合理性和正确性进行论证和审定；

c) 应保证定级结果经过相关部门的批准；

d) 应将备案材料报主管部门和相应公安机关备案。

8.1.9.2 安全方案设计

本项要求包括：

a) 应根据安全保护等级选择基本安全措施，依据风险分析的结果补充和调整安全措施；

b) **应根据保护对象的安全保护等级及与其他级别保护对象的关系进行安全整体规划和安全方案设计，设计内容应包含密码技术相关内容，并形成配套文件；**

c) **应组织相关部门和有关安全专家对安全整体规划及其配套文件的合理性和正确性进行论证和审定，经过批准后才能正式实施。**

8.1.9.3 产品采购和使用

本项要求包括：

a) 应确保网络安全产品采购和使用符合国家的有关规定；

b) 应确保密码产品与服务的采购和使用符合国家密码管理主管部门的要求；

c) **应预先对产品进行选型测试，确定产品的候选范围，并定期审定和更新候选产品名单。**

8.1.9.4 自行软件开发

本项要求包括：

a) 应将开发环境与实际运行环境物理分开，测试数据和测试结果受到控制；

b) **应制定软件开发管理制度，明确说明开发过程的控制方法和人员行为准则；**

c) **应制定代码编写安全规范，要求开发人员参照规范编写代码；**

d) **应具备软件设计的相关文档和使用指南，并对文档使用进行控制；**

e) 应保证在软件开发过程中对安全性进行测试，在软件安装前对可能存在的恶意代码进行检测；

f) **应对程序资源库的修改、更新、发布进行授权和批准，并严格进行版本控制；**

g) **应保证开发人员为专职人员，开发人员的开发活动受到控制、监视和审查。**

8.1.9.5 外包软件开发

本项要求包括：

a) 应在软件交付前检测其中可能存在的恶意代码；

b) 应保证开发单位提供软件设计文档和使用指南；

c) **应保证开发单位提供软件源代码，并审查软件中可能存在的后门和隐蔽信道。**

8.1.9.6 工程实施

本项要求包括：

a) 应指定或授权专门的部门或人员负责工程实施过程的管理；

b) 应制定安全工程实施方案控制工程实施过程；

c) **应通过第三方工程监理控制项目的实施过程。**

8.1.9.7 测试验收

本项要求包括：

a) 应制订测试验收方案，并依据测试验收方案实施测试验收，形成测试验收报告；

b) 应进行上线前的安全性测试，并出具安全测试报告，**安全测试报告应包含密码应用安全性测试相关内容。**

8.1.9.8 系统交付

本项要求包括：

a) 应制定交付清单，并根据交付清单对所交接的设备、软件和文档等进行清点；

b) 应对负责运行维护的技术人员进行相应的技能培训；

c) 应提供建设过程文档和运行维护文档。

8.1.9.9 等级测评

本项要求包括：

a) 应定期进行等级测评，发现不符合相应等级保护标准要求的及时整改；

b) 应在发生重大变更或级别发生变化时进行等级测评；

c) 应确保测评机构的选择符合国家有关规定。

8.1.9.10 服务供应商选择

本项要求包括：

a) 应确保服务供应商的选择符合国家的有关规定；

b) 应与选定的服务供应商签订相关协议，明确整个服务供应链各方需履行的网络安全相关义务；

c) **应定期监督、评审和审核服务供应商提供的服务，并对其变更服务内容加以控制。**

8.1.10 安全运维管理

8.1.10.1 环境管理

本项要求包括：

a) 应指定专门的部门或人员负责机房安全，对机房出入进行管理，定期对机房供配电、空调、温湿度控制、消防等设施进行维护管理；

b) **应建立机房安全管理制度，对有关物理访问、物品带进出和环境安全等方面的管理作出规定；**

c) 应不在重要区域接待来访人员，不随意放置含有敏感信息的纸档文件和移动介质等。

8.1.10.2 资产管理

本项要求包括：

a) 应编制并保存与保护对象相关的资产清单，包括资产责任部门、重要程度和所处位置等内容；

b) **应根据资产的重要程度对资产进行标识管理，根据资产的价值选择相应的管理措施；**

c) **应对信息分类与标识方法作出规定，并对信息的使用、传输和存储等进行规范化管理。**

8.1.10.3 介质管理

本项要求包括：

a) 应将介质存放在安全的环境中，对各类介质进行控制和保护，实行存储环境专人管理，并根据存档介质的目录清单定期盘点；

b) 应对介质在物理传输过程中的人员选择、打包、交付等情况进行控制，并对介质的归档和查询等进行登记记录。

8.1.10.4 设备维护管理

本项要求包括：

a) 应对各种设备（包括备份和冗余设备）、线路等指定专门的部门或人员定期进行维护管理；

b) 应建立配套设施、软硬件维护方面的管理制度，对其维护进行有效的管理，包括明确维护人员的责任、维修和服务的审批、维修过程的监督控制等；

c) **信息处理设备应经过审批才能带离机房或办公地点，含有存储介质的设备带出工作环境时其中重要数据应加密；**

d) **含有存储介质的设备在报废或重用前，应进行完全清除或被安全覆盖，保证该设备上的敏感数据和授权软件无法被恢复重用。**

8.1.10.5 漏洞和风险管理

本项要求包括：

a) 应采取必要的措施识别安全漏洞和隐患，对发现的安全漏洞和隐患及时进行修补或评估可能的影响后进行修补；

b) **应定期开展安全测评，形成安全测评报告，采取措施应对发现的安全问题。**

8.1.10.6 网络和系统安全管理

本项要求包括：

a) 应划分不同的管理员角色进行网络和系统的运维管理，明确各个角色的责任和权限；

b) 应指定专门的部门或人员进行账户管理，对申请账户、建立账户、删除账户等进行控制；

c) 应建立网络和系统安全管理制度，对安全策略、账户管理、配置管理、日志管理、日常操作、升级与打补丁、口令更新周期等方面作出规定；

d) 应制定重要设备的配置和操作手册，依据手册对设备进行安全配置和优化配置等；

e) 应详细记录运维操作日志，包括日常巡检工作、运行维护记录、参数的设置和修改等内容；

f) **应指定专门的部门或人员对日志、监测和报警数据等进行分析、统计，及时发现可疑行为；**

g) **应严格控制变更性运维，经过审批后才可改变连接、安装系统组件或调整配置参数，操作过程中应保留不可更改的审计日志，操作结束后应同步更新配置信息库；**

h) **应严格控制运维工具的使用，经过审批后才可接入进行操作，操作过程中应保留不可更改的审计日志，操作结束后应删除工具中的敏感数据；**

i) **应严格控制远程运维的开通，经过审批后才可开通远程运维接口或通道，操作过程中应保留不可更改的审计日志，操作结束后立即关闭接口或通道；**

j) **应保证所有与外部的连接均得到授权和批准，应定期检查违反规定无线上网及其他违反网络安全策略的行为。**

8.1.10.7 恶意代码防范管理

本项要求包括：

a) 应提高所有用户的防恶意代码意识，对外来计算机或存储设备接入系统前进行恶意代码检查等；

b) **应定期验证防范恶意代码攻击的技术措施的有效性。**

8.1.10.8 配置管理

本项要求包括：

a) 应记录和保存基本配置信息，包括网络拓扑结构、各个设备安装的软件组件、软件组件的版本和补丁信息、各个设备或软件组件的配置参数等；

b) **应将基本配置信息改变纳入变更范畴，实施对配置信息改变的控制，并及时更新基本配置信息库。**

8.1.10.9 密码管理

本项要求包括：

a) 应遵循密码相关国家标准和行业标准；
b) 应使用国家密码管理主管部门认证核准的密码技术和产品。

8.1.10.10 变更管理

本项要求包括：

a) 应明确变更需求，变更前根据变更需求制定变更方案，变更方案经过评审、审批后方可实施；
b) **应建立变更的申报和审批控制程序，依据程序控制所有的变更，记录变更实施过程；**
c) **应建立中止变更并从失败变更中恢复的程序，明确过程控制方法和人员职责，必要时对恢复过程进行演练。**

8.1.10.11 备份与恢复管理

本项要求包括：

a) 应识别需要定期备份的重要业务信息、系统数据及软件系统等；
b) 应规定备份信息的备份方式、备份频度、存储介质、保存期等；
c) 应根据数据的重要性和数据对系统运行的影响，制定数据的备份策略和恢复策略、备份程序和恢复程序等。

8.1.10.12 安全事件处置

本项要求包括：

a) 应及时向安全管理部门报告所发现的安全弱点和可疑事件；
b) 应制定安全事件报告和处置管理制度，明确不同安全事件的报告、处置和响应流程，规定安全事件的现场处理、事件报告和后期恢复的管理职责等；
c) 应在安全事件报告和响应处理过程中，分析和鉴定事件产生的原因，收集证据，记录处理过程，总结经验教训；
d) **对造成系统中断和造成信息泄漏的重大安全事件应采用不同的处理程序和报告程序。**

8.1.10.13 应急预案管理

本项要求包括：

a) **应规定统一的应急预案框架，包括启动预案的条件、应急组织构成、应急资源保障、事后教育和培训等内容；**
b) 应制定重要事件的应急预案，包括应急处理流程、系统恢复流程等内容；
c) 应定期对系统相关的人员进行应急预案培训，并进行应急预案的演练；
d) **应定期对原有的应急预案重新评估，修订完善。**

8.1.10.14 外包运维管理

本项要求包括：

a) 应确保外包运维服务商的选择符合国家的有关规定；
b) 应与选定的外包运维服务商签订相关的协议，明确约定外包运维的范围、工作内容；
c) **应保证选择的外包运维服务商在技术和管理方面均应具有按照等级保护要求开展安全运维工作的能力，并将能力要求在签订的协议中明确；**
d) **应在与外包运维服务商签订的协议中明确所有相关的安全要求，如可能涉及对敏感信息的访问、处理、存储要求，对 IT 基础设施中断服务的应急保障要求等。**

8.2 云计算安全扩展要求

8.2.1 安全物理环境

8.2.1.1 基础设施位置

应保证云计算基础设施位于中国境内。

8.2.2 安全通信网络

8.2.2.1 网络架构

本项要求包括：

a) 应保证云计算平台不承载高于其安全保护等级的业务应用系统；

b) 应实现不同云服务客户虚拟网络之间的隔离；

c) 应具有根据云服务客户业务需求提供通信传输、边界防护、入侵防范等安全机制的能力；

d) **应具有根据云服务客户业务需求自主设置安全策略的能力，包括定义访问路径、选择安全组件、配置安全策略；**

e) **应提供开放接口或开放性安全服务，允许云服务客户接入第三方安全产品或在云计算平台选择第三方安全服务。**

8.2.3 安全区域边界

8.2.3.1 访问控制

本项要求包括：

a) 应在虚拟化网络边界部署访问控制机制，并设置访问控制规则；

b) 应在不同等级的网络区域边界部署访问控制机制，设置访问控制规则。

8.2.3.2 入侵防范

本项要求包括：

a) 应能检测到云服务客户发起的网络攻击行为，并能记录攻击类型、攻击时间、攻击流量等；

b) 应能检测到对虚拟网络节点的网络攻击行为，并能记录攻击类型、攻击时间、攻击流量等；

c) 应能检测到虚拟机与宿主机、虚拟机与虚拟机之间的异常流量；

d) **应在检测到网络攻击行为、异常流量情况时进行告警。**

8.2.3.3 安全审计

本项要求包括：

a) 应对云服务商和云服务客户在远程管理时执行的特权命令进行审计，至少包括虚拟机删除、虚拟机重启；

b) 应保证云服务商对云服务客户系统和数据的操作可被云服务客户审计。

8.2.4 安全计算环境

8.2.4.1 身份鉴别

当远程管理云计算平台中设备时，管理终端和云计算平台之间应建立双向身份验证机制。

8.2.4.2 访问控制

本项要求包括：

a) 应保证当虚拟机迁移时，访问控制策略随其迁移；

b) 应允许云服务客户设置不同虚拟机之间的访问控制策略。

8.2.4.3 入侵防范

本项要求包括：

a) **应能检测虚拟机之间的资源隔离失效，并进行告警；**

b) **应能检测非授权新建虚拟机或者重新启用虚拟机，并进行告警；**

c) **应能够检测恶意代码感染及在虚拟机间蔓延的情况，并进行告警。**

8.2.4.4 镜像和快照保护

本项要求包括：

a) 应针对重要业务系统提供加固的操作系统镜像或操作系统安全加固服务；

b) 应提供虚拟机镜像、快照完整性校验功能，防止虚拟机镜像被恶意篡改；

c) **应采取密码技术或其他技术手段防止虚拟机镜像、快照中可能存在的敏感资源被非法访问。**

8.2.4.5 数据完整性和保密性

本项要求包括：

a) 应确保云服务客户数据、用户个人信息等存储于中国境内，如需出境应遵循国家相关规定；

b) 应确保只有在云服务客户授权下，云服务商或第三方才具有云服务客户数据的管理权限；

c) 应**使用校验码或密码技术**确保虚拟机迁移过程中重要数据的完整性，并在检测到完整性受到破坏时采取必要的恢复措施；

d) **应支持云服务客户部署密钥管理解决方案，保证云服务客户自行实现数据的加解密过程。**

8.2.4.6 数据备份恢复

本项要求包括：

a) 云服务客户应在本地保存其业务数据的备份；

b) 应提供查询云服务客户数据及备份存储位置的能力；

c) **云服务商的云存储服务应保证云服务客户数据存在若干个可用的副本，各副本之间的内容应保持一致；**

d) **应为云服务客户将业务系统及数据迁移到其他云计算平台和本地系统提供技术手段，并协助完成迁移过程。**

8.2.4.7 剩余信息保护

本项要求包括：

a) 应保证虚拟机所使用的内存和存储空间回收时得到完全清除；

b) 云服务客户删除业务应用数据时，云计算平台应将云存储中所有副本删除。

8.2.5 安全管理中心

8.2.5.1 集中管控

本项要求包括：

a) **应能对物理资源和虚拟资源按照策略做统一管理调度与分配；**

b) **应保证云计算平台管理流量与云服务客户业务流量分离；**

c) **应根据云服务商和云服务客户的职责划分，收集各自控制部分的审计数据并实现各自的集中审计；**

d) **应根据云服务商和云服务客户的职责划分，实现各自控制部分，包括虚拟化网络、虚拟机、虚拟化安全设备等的运行状况的集中监测。**

8.2.6 安全建设管理

8.2.6.1 云服务商选择

本项要求包括：

a) 应选择安全合规的云服务商，其所提供的云计算平台应为其所承载的业务应用系统提供相应等级的安全保护能力；

b) 应在服务水平协议中规定云服务的各项服务内容和具体技术指标；

c) 应在服务水平协议中规定云服务商的权限与责任，包括管理范围、职责划分、访问授权、隐私保护、行为准则、违约责任等；

d) 应在服务水平协议中规定服务合约到期时，完整提供云服务客户数据，并承诺相关数据在云计算平台上清除；

e) **应与选定的云服务商签署保密协议，要求其不得泄露云服务客户数据。**

8.2.6.2 供应链管理

本项要求包括：

a) 应确保供应商的选择符合国家有关规定；

b) 应将供应链安全事件信息或安全威胁信息及时传达到云服务客户；

c) **应将供应商的重要变更及时传达到云服务客户，并评估变更带来的安全风险，采取措施对风险进行控制。**

8.2.7 安全运维管理

8.2.7.1 云计算环境管理

云计算平台的运维地点应位于中国境内，境外对境内云计算平台实施运维操作应遵循国家相关规定。

8.3 移动互联安全扩展要求

8.3.1 安全物理环境

8.3.1.1 无线接入点的物理位置

应为无线接入设备的安装选择合理位置，避免过度覆盖和电磁干扰。

8.3.2 安全区域边界

8.3.2.1 边界防护

应保证有线网络与无线网络边界之间的访问和数据流通过无线接入网关设备。

8.3.2.2 访问控制

无线接入设备应开启接入认证功能，**并支持采用认证服务器认证或国家密码管理机构批准的密码模块进行认证**。

8.3.2.3 入侵防范

本项要求包括：

a) 应能够检测到非授权无线接入设备和非授权移动终端的接入行为；

b) 应能够检测到针对无线接入设备的网络扫描、DDoS 攻击、密钥破解、中间人攻击和欺骗攻击等行为；

c) 应能够检测到无线接入设备的 SSID 广播、WPS 等高风险功能的开启状态；

d) 应禁用无线接入设备和无线接入网关存在风险的功能，如：SSID 广播、WEP 认证等；

e) 应禁止多个 AP 使用同一个认证密钥；

f) **应能够阻断非授权无线接入设备或非授权移动终端**。

8.3.3 安全计算环境

8.3.3.1 移动终端管控

本项要求包括：

a) **应保证移动终端安装、注册并运行终端管理客户端软件**；

b) **移动终端应接受移动终端管理服务端的设备生命周期管理、设备远程控制，如：远程锁定、远程擦除等**。

8.3.3.2 移动应用管控

本项要求包括：

a) 应具有选择应用软件安装、运行的功能；

b) 应只允许**指定证书签名**的应用软件安装和运行；

c) **应具有软件白名单功能，应能根据白名单控制应用软件安装、运行**。

8.3.4 安全建设管理

8.3.4.1 移动应用软件采购

本项要求包括：

a) 应保证移动终端安装、运行的应用软件来自可靠分发渠道或使用可靠证书签名；

b) 应保证移动终端安装、运行的应用软件由**指定的**开发者开发。

8.3.4.2 移动应用软件开发

本项要求包括：

a) 应对移动业务应用软件开发者进行资格审查；

b) 应保证开发移动业务应用软件的签名证书合法性。

8.3.5 安全运维管理

8.3.5.1 配置管理

应建立合法无线接入设备和合法移动终端配置库，用于对非法无线接入设备和非法移动终端的识别。

8.4 物联网安全扩展要求

8.4.1 安全物理环境

8.4.1.1 感知节点设备物理防护

本项要求包括：

a) 感知节点设备所处的物理环境应不对感知节点设备造成物理破坏，如挤压、强振动；

b) 感知节点设备在工作状态所处物理环境应能正确反映环境状态（如温湿度传感器不能安装在阳光直射区域）；

c) **感知节点设备在工作状态所处物理环境应不对感知节点设备的正常工作造成影响，如强干扰、阻挡屏蔽等；**

d) **关键感知节点设备应具有可供长时间工作的电力供应（关键网关节点设备应具有持久稳定的电力供应能力）。**

8.4.2 安全区域边界

8.4.2.1 接入控制

应保证只有授权的感知节点可以接入。

8.4.2.2 入侵防范

本项要求包括：

a) 应能够限制与感知节点通信的目标地址，以避免对陌生地址的攻击行为；

b) 应能够限制与网关节点通信的目标地址，以避免对陌生地址的攻击行为。

8.4.3 安全计算环境

8.4.3.1 感知节点设备安全

本项要求包括：

a) **应保证只有授权的用户可以对感知节点设备上的软件应用进行配置或变更；**

b) **应具有对其连接的网关节点设备（包括读卡器）进行身份标识和鉴别的能力；**

c) **应具有对其连接的其他感知节点设备（包括路由节点）进行身份标识和鉴别的能力。**

8.4.3.2 网关节点设备安全

本项要求包括：

a) **应具备对合法连接设备（包括终端节点、路由节点、数据处理中心）进行标识和鉴别的能力；**

b) **应具备过滤非法节点和伪造节点所发送的数据的能力；**

c) **授权用户应能够在设备使用过程中对关键密钥进行在线更新；**

d) **授权用户应能够在设备使用过程中对关键配置参数进行在线更新。**

8.4.3.3 抗数据重放

本项要求包括：

a) **应能够鉴别数据的新鲜性，避免历史数据的重放攻击；**

b) **应能够鉴别历史数据的非法修改，避免数据的修改重放攻击。**

8.4.3.4 数据融合处理

应对来自传感网的数据进行数据融合处理，使不同种类的数据可以在同一个平台被使用。

8.4.4 安全运维管理

8.4.4.1 感知节点管理

本项要求包括：

a) 应指定人员定期巡视感知节点设备、网关节点设备的部署环境，对可能影响感知节点设备、网关节点设备正常工作的环境异常进行记录和维护；

b) 应对感知节点设备、网关节点设备入库、存储、部署、携带、维修、丢失和报废等过程作出明确规定，并进行全程管理；

c) **应加强对感知节点设备、网关节点设备部署环境的保密性管理，包括负责检查和维护的人员调离工作岗位应立即交还相关检查工具和检查维护记录等。**

8.5 工业控制系统安全扩展要求

8.5.1 安全物理环境

8.5.1.1 室外控制设备物理防护

本项要求包括：

a) 室外控制设备应放置于采用铁板或其他防火材料制作的箱体或装置中并紧固；箱体或装置具有透风、散热、防盗、防雨和防火能力等；

b) 室外控制设备放置应远离强电磁干扰、强热源等环境，如无法避免应及时做好应急处置及检修，保证设备正常运行。

8.5.2 安全通信网络

8.5.2.1 网络架构

本项要求包括：

a) 工业控制系统与企业其他系统之间应划分为两个区域，区域间应采用**单向的技术隔离手段；**

b) 工业控制系统内部应根据业务特点划分为不同的安全域，安全域之间应采用技术隔离手段；

c) 涉及实时控制和数据传输的工业控制系统，应使用独立的网络设备组网，在物理层面上实现与其他数据网及外部公共信息网的安全隔离。

8.5.2.2 通信传输

在工业控制系统内使用广域网进行控制指令或相关数据交换的应采用加密认证技术手段实现身份认证、访问控制和数据加密传输。

8.5.3 安全区域边界

8.5.3.1 访问控制

本项要求包括：

a) 应在工业控制系统与企业其他系统之间部署访问控制设备，配置访问控制策略，禁止任何穿越区域边界的 E-Mail、Web、Telnet、Rlogin、FTP 等通用网络服务；

b) 应在工业控制系统内安全域和安全域之间的边界防护机制失效时，及时进行报警。

8.5.3.2 拨号使用控制

本项要求包括：

a) 工业控制系统确需使用拨号访问服务的，应限制具有拨号访问权限的用户数量，并采取用户身份鉴别和访问控制等措施；

b) **拨号服务器和客户端均应使用经安全加固的操作系统，并采取数字证书认证、传输加密和访问控制等措施。**

8.5.3.3 无线使用控制

本项要求包括：

a) 应对所有参与无线通信的用户(人员、软件进程或者设备)提供唯一性标识和鉴别；

b) 应对所有参与无线通信的用户(人员、软件进程或者设备)进行授权以及执行使用进行限制；

c) **应对无线通信采取传输加密的安全措施，实现传输报文的机密性保护；**

d) **对采用无线通信技术进行控制的工业控制系统，应能识别其物理环境中发射的未经授权的无线设备，报告未经授权试图接入或干扰控制系统的行为。**

8.5.4 安全计算环境

8.5.4.1 控制设备安全

本项要求包括：

a) 控制设备自身应实现相应级别安全通用要求提出的身份鉴别、访问控制和安全审计等安全要求，如受条件限制控制设备无法实现上述要求，应由其上位控制或管理设备实现同等功能或通过管理手段控制；

b) 应在经过充分测试评估后，在不影响系统安全稳定运行的情况下对控制设备进行补丁更新、固件更新等工作；

c) **应关闭或拆除控制设备的软盘驱动、光盘驱动、USB 接口、串行口或多余网口等，确需保留的应通过相关的技术措施实施严格的监控管理；**

d) **应使用专用设备和专用软件对控制设备进行更新；**

e) **应保证控制设备在上线前经过安全性检测，避免控制设备固件中存在恶意代码程序。**

8.5.5 安全建设管理

8.5.5.1 产品采购和使用

工业控制系统重要设备应通过专业机构的安全性检测后方可采购使用。

8.5.5.2 外包软件开发

应在外包开发合同中规定针对开发单位、供应商的约束条款，包括设备及系统在生命周期内有关保密、禁止关键技术扩散和设备行业专用等方面的内容。

9 第四级安全要求

9.1 安全通用要求

9.1.1 安全物理环境

9.1.1.1 物理位置选择

本项要求包括：

a) 机房场地应选择在具有防震、防风和防雨等能力的建筑内；

b) 机房场地应避免设在建筑物的顶层或地下室，否则应加强防水和防潮措施。

9.1.1.2 物理访问控制

本项要求包括：

a) 机房出入口应配置电子门禁系统，控制、鉴别和记录进入的人员；

b) **重要区域应配置第二道电子门禁系统，控制、鉴别和记录进入的人员。**

9.1.1.3 防盗窃和防破坏

本项要求包括：

a) 应将设备或主要部件进行固定，并设置明显的不易除去的标识；

b) 应将通信线缆铺设在隐蔽安全处；

c) 应设置机房防盗报警系统或设置有专人值守的视频监控系统。

9.1.1.4 防雷击

本项要求包括：

a) 应将各类机柜、设施和设备等通过接地系统安全接地；

b) 应采取措施防止感应雷，例如设置防雷保安器或过压保护装置等。

9.1.1.5 防火

本项要求包括：

a) 机房应设置火灾自动消防系统，能够自动检测火情、自动报警，并自动灭火；

b) 机房及相关的工作房间和辅助房应采用具有耐火等级的建筑材料；

c) 应对机房划分区域进行管理，区域和区域之间设置隔离防火措施。

9.1.1.6 防水和防潮

本项要求包括：

a) 应采取措施防止雨水通过机房窗户、屋顶和墙壁渗透；

b) 应采取措施防止机房内水蒸气结露和地下积水的转移与渗透；

c) 应安装对水敏感的检测仪表或元件，对机房进行防水检测和报警。

9.1.1.7 防静电

本项要求包括：

a) 应采用防静电地板或地面并采用必要的接地防静电措施；

b) 应采取措施防止静电的产生，例如采用静电消除器、佩戴防静电手环等。

9.1.1.8 温湿度控制

应设置温湿度自动调节设施，使机房温湿度的变化在设备运行所允许的范围之内。

9.1.1.9 电力供应

本项要求包括：

a) 应在机房供电线路上配置稳压器和过电压防护设备；

b) 应提供短期的备用电力供应，至少满足设备在断电情况下的正常运行要求；

c) 应设置冗余或并行的电力电缆线路为计算机系统供电；

d) **应提供应急供电设施**。

9.1.1.10 电磁防护

本项要求包括：

a) 电源线和通信线缆应隔离铺设，避免互相干扰；

b) 应对关键设备**或关键区域**实施电磁屏蔽。

9.1.2 安全通信网络

9.1.2.1 网络架构

本项要求包括：

a) 应保证网络设备的业务处理能力满足业务高峰期需要；

b) 应保证网络各个部分的带宽满足业务高峰期需要；

c) 应划分不同的网络区域，并按照方便管理和控制的原则为各网络区域分配地址；

d) 应避免将重要网络区域部署在边界处，重要网络区域与其他网络区域之间应采取可靠的技术隔离手段；

e) 应提供通信线路、关键网络设备和关键计算设备的硬件冗余，保证系统的可用性；

f) **应按照业务服务的重要程度分配带宽，优先保障重要业务**。

9.1.2.2 通信传输

本项要求包括：

a) 应采用密码技术保证通信过程中数据的完整性；

b) 应采用密码技术保证通信过程中数据的保密性；

c) **应在通信前基于密码技术对通信的双方进行验证或认证**；

d) **应基于硬件密码模块对重要通信过程进行密码运算和密钥管理**。

9.1.2.3 可信验证

可基于可信根对通信设备的系统引导程序、系统程序、重要配置参数和通信应用程序等进行可信验证，**并在应用程序的所有执行环节进行动态可信验证**，在检测到其可信性受到破坏后进行报警，并将验证结果形成审计记录送至安全管理中心，**并进行动态关联感知**。

9.1.3 安全区域边界

9.1.3.1 边界防护

本项要求包括：

a) 应保证跨越边界的访问和数据流通过边界设备提供的受控接口进行通信；

b) 应能够对非授权设备私自联到内部网络的行为进行检查或限制；

c) 应能够对内部用户非授权联到外部网络的行为进行检查或限制；

d) 应限制无线网络的使用，保证无线网络通过受控的边界设备接入内部网络；

e) **应能够在发现非授权设备私自联到内部网络的行为或内部用户非授权联到外部网络的行为时，对其进行有效阻断**；

f) **应采用可信验证机制对接入到网络中的设备进行可信验证，保证接入网络的设备真实可信**。

9.1.3.2 访问控制

本项要求包括：

a) 应在网络边界或区域之间根据访问控制策略设置访问控制规则，默认情况下除允许通信外受控接口拒绝所有通信；

b) 应删除多余或无效的访问控制规则，优化访问控制列表，并保证访问控制规则数量最小化；

c) 应对源地址、目的地址、源端口、目的端口和协议等进行检查，以允许/拒绝数据包进出；

d) 应能根据会话状态信息为进出数据流提供明确的允许/拒绝访问的能力；

e) **应在网络边界通过通信协议转换或通信协议隔离等方式进行数据交换**。

9.1.3.3 入侵防范

本项要求包括：

a) 应在关键网络节点处检测、防止或限制从外部发起的网络攻击行为；

b) 应在关键网络节点处检测、防止或限制从内部发起的网络攻击行为；

c) 应采取技术措施对网络行为进行分析，实现对网络攻击特别是新型网络攻击行为的分析；

d) 当检测到攻击行为时，记录攻击源 IP、攻击类型、攻击目标、攻击时间，在发生严重入侵事件时应提供报警。

9.1.3.4 恶意代码和垃圾邮件防范

本项要求包括：

a) 应在关键网络节点处对恶意代码进行检测和清除，并维护恶意代码防护机制的升级和更新；

b) 应在关键网络节点处对垃圾邮件进行检测和防护，并维护垃圾邮件防护机制的升级和更新。

9.1.3.5 安全审计

本项要求包括：

a) 应在网络边界、重要网络节点进行安全审计，审计覆盖到每个用户，对重要的用户行为和重要安全事件进行审计；

b) 审计记录应包括事件的日期和时间、用户、事件类型、事件是否成功及其他与审计相关的信息；

c) 应对审计记录进行保护，定期备份，避免受到未预期的删除、修改或覆盖等。

9.1.3.6 可信验证

可基于可信根对边界设备的系统引导程序、系统程序、重要配置参数和边界防护应用程序等进行可信验证，**并在应用程序的所有执行环节进行动态可信验证**，在检测到其可信性受到破坏后进行报警，并将验证结果形成审计记录送至安全管理中心，**并进行动态关联感知**。

9.1.4 安全计算环境

9.1.4.1 身份鉴别

本项要求包括：

a) 应对登录的用户进行身份标识和鉴别，身份标识具有唯一性，身份鉴别信息具有复杂度要求并定期更换；

b) 应具有登录失败处理功能，应配置并启用结束会话、限制非法登录次数和当登录连接超时自动退出等相关措施；

c) 当进行远程管理时，应采取必要措施防止鉴别信息在网络传输过程中被窃听；

d) 应采用口令、密码技术、生物技术等两种或两种以上组合的鉴别技术对用户进行身份鉴别，且其中一种鉴别技术至少应使用密码技术来实现。

9.1.4.2 访问控制

本项要求包括：

a) 应对登录的用户分配账户和权限；

b) 应重命名或删除默认账户，修改默认账户的默认口令；

c) 应及时删除或停用多余的、过期的账户，避免共享账户的存在；

d) 应授予管理用户所需的最小权限，实现管理用户的权限分离；

e) 应由授权主体配置访问控制策略，访问控制策略规定主体对客体的访问规则；

f) 访问控制的粒度应达到主体为用户级或进程级，客体为文件、数据库表级；

g) **应对主体、客体设置安全标记，并依据安全标记和强制访问控制规则确定主体对客体的访问**。

9.1.4.3 安全审计

本项要求包括：

a) 应启用安全审计功能，审计覆盖到每个用户，对重要的用户行为和重要安全事件进行审计；

b) 审计记录应包括事件的日期和时间、事件类型、**主体标识**、**客体标识**和结果等；

c) 应对审计记录进行保护，定期备份，避免受到未预期的删除、修改或覆盖等；

d) 应对审计进程进行保护，防止未经授权的中断。

9.1.4.4 入侵防范

本项要求包括：

a) 应遵循最小安装的原则，仅安装需要的组件和应用程序；

b) 应关闭不需要的系统服务、默认共享和高危端口；

c) 应通过设定终端接入方式或网络地址范围对通过网络进行管理的管理终端进行限制；

d) 应提供数据有效性检验功能，保证通过人机接口输入或通过通信接口输入的内容符合系统设定要求；

e) 应能发现可能存在的已知漏洞，并在经过充分测试评估后，及时修补漏洞；

f) 应能够检测到对重要节点进行入侵的行为，并在发生严重入侵事件时提供报警。

9.1.4.5 恶意代码防范

应采用主动免疫可信验证机制及时识别入侵和病毒行为，并将其有效阻断。

9.1.4.6 可信验证

可基于可信根对计算设备的系统引导程序、系统程序、重要配置参数和应用程序等进行可信验证，**并在应用程序的所有执行环节进行动态可信验证**，在检测到其可信性受到破坏后进行报警，并将验证结果形成审计记录送至安全管理中心，**并进行动态关联感知**。

9.1.4.7 数据完整性

本项要求包括：

a) 应采用密码技术保证重要数据在传输过程中的完整性，包括但不限于鉴别数据、重要业务数据、重要审计数据、重要配置数据、重要视频数据和重要个人信息等；

b) 应采用密码技术保证重要数据在存储过程中的完整性，包括但不限于鉴别数据、重要业务数据、重要审计数据、重要配置数据、重要视频数据和重要个人信息等；

c) **在可能涉及法律责任认定的应用中，应采用密码技术提供数据原发证据和数据接收证据，实现数据原发行为的抗抵赖和数据接收行为的抗抵赖。**

9.1.4.8 数据保密性

本项要求包括：

a) 应采用密码技术保证重要数据在传输过程中的保密性，包括但不限于鉴别数据、重要业务数据和重要个人信息等；

b) 应采用密码技术保证重要数据在存储过程中的保密性，包括但不限于鉴别数据、重要业务数据和重要个人信息等。

9.1.4.9 数据备份恢复

本项要求包括：

a) 应提供重要数据的本地数据备份与恢复功能；

b) 应提供异地实时备份功能，利用通信网络将重要数据实时备份至备份场地；

c) 应提供重要数据处理系统的热冗余，保证系统的高可用性；

d) **应建立异地灾难备份中心，提供业务应用的实时切换。**

9.1.4.10 剩余信息保护

本项要求包括：

a) 应保证鉴别信息所在的存储空间被释放或重新分配前得到完全清除；

b) 应保证存有敏感数据的存储空间被释放或重新分配前得到完全清除。

9.1.4.11 个人信息保护

本项要求包括：

a) 应仅采集和保存业务必需的用户个人信息；

b) 应禁止未授权访问和非法使用用户个人信息。

9.1.5 安全管理中心

9.1.5.1 系统管理

本项要求包括：

a) 应对系统管理员进行身份鉴别，只允许其通过特定的命令或操作界面进行系统管理操作，并对这些操作进行审计；

b) 应通过系统管理员对系统的资源和运行进行配置、控制和管理，包括用户身份、系统资源配置、系统加载和启动、系统运行的异常处理、数据和设备的备份与恢复等。

9.1.5.2 审计管理

本项要求包括：

a) 应对审计管理员进行身份鉴别，只允许其通过特定的命令或操作界面进行安全审计操作，并对这些操作进行审计；

b) 应通过审计管理员对审计记录应进行分析，并根据分析结果进行处理，包括根据安全审计策略对审计记录进行存储、管理和查询等。

9.1.5.3 安全管理

本项要求包括：

a) 应对安全管理员进行身份鉴别，只允许其通过特定的命令或操作界面进行安全管理操作，并对这些操作进行审计；

b) 应通过安全管理员对系统中的安全策略进行配置，包括安全参数的设置，主体、客体进行统一安全标记，对主体进行授权，配置可信验证策略等。

9.1.5.4 集中管控

本项要求包括：

a) 应划分出特定的管理区域，对分布在网络中的安全设备或安全组件进行管控；

b) 应能够建立一条安全的信息传输路径，对网络中的安全设备或安全组件进行管理；

c) 应对网络链路、安全设备、网络设备和服务器等的运行状况进行集中监测；

d) 应对分散在各个设备上的审计数据进行收集汇总和集中分析，并保证审计记录的留存时间符合法律法规要求；

e) 应对安全策略、恶意代码、补丁升级等安全相关事项进行集中管理；

f) 应能对网络中发生的各类安全事件进行识别、报警和分析；

g) **应保证系统范围内的时间由唯一确定的时钟产生，以保证各种数据的管理和分析在时间上的一致性。**

9.1.6 安全管理制度

9.1.6.1 安全策略

应制定网络安全工作的总体方针和安全策略，阐明机构安全工作的总体目标、范围、原则和安全框架等。

9.1.6.2 管理制度

本项要求包括：

a) 应对安全管理活动中的各类管理内容建立安全管理制度；

b) 应对管理人员或操作人员执行的日常管理操作建立操作规程；

c) 应形成由安全策略、管理制度、操作规程、记录表单等构成的全面的安全管理制度体系。

9.1.6.3 制定和发布

本项要求包括：

a) 应指定或授权专门的部门或人员负责安全管理制度的制定；

b) 安全管理制度应通过正式、有效的方式发布，并进行版本控制。

9.1.6.4 评审和修订

应定期对安全管理制度的合理性和适用性进行论证和审定，对存在不足或需要改进的安全管理制度进行修订。

9.1.7 安全管理机构

9.1.7.1 岗位设置

本项要求包括：

a) 应成立指导和管理网络安全工作的委员会或领导小组，其最高领导由单位主管领导担任或授权；

b) 应设立网络安全管理工作的职能部门，设立安全主管、安全管理各个方面的负责人岗位，并定义各负责人的职责；

c) 应设立系统管理员、审计管理员和安全管理员等岗位，并定义部门及各个工作岗位的职责。

9.1.7.2 人员配备

本项要求包括：

a) 应配备一定数量的系统管理员、审计管理员和安全管理员等；

b) 应配备专职安全管理员，不可兼任；

c) **关键事务岗位应配备多人共同管理。**

9.1.7.3 授权和审批

本项要求包括：

a) 应根据各个部门和岗位的职责明确授权审批事项、审批部门和批准人等；
b) 应针对系统变更、重要操作、物理访问和系统接入等事项建立审批程序，按照审批程序执行审批过程，对重要活动建立逐级审批制度；
c) 应定期审查审批事项，及时更新需授权和审批的项目、审批部门和审批人等信息。

9.1.7.4 沟通和合作

本项要求包括：
a) 应加强各类管理人员、组织内部机构和网络安全管理部门之间的合作与沟通，定期召开协调会议，共同协作处理网络安全问题；
b) 应加强与网络安全职能部门、各类供应商、业界专家及安全组织的合作与沟通；
c) 应建立外联单位联系列表，包括外联单位名称、合作内容、联系人和联系方式等信息。

9.1.7.5 审核和检查

本项要求包括：
a) 应定期进行常规安全检查，检查内容包括系统日常运行、系统漏洞和数据备份等情况；
b) 应定期进行全面安全检查，检查内容包括现有安全技术措施的有效性、安全配置与安全策略的一致性、安全管理制度的执行情况等；
c) 应制定安全检查表格实施安全检查，汇总安全检查数据，形成安全检查报告，并对安全检查结果进行通报。

9.1.8 安全管理人员

9.1.8.1 人员录用

本项要求包括：
a) 应指定或授权专门的部门或人员负责人员录用；
b) 应对被录用人员的身份、安全背景、专业资格或资质等进行审查，对其所具有的技术技能进行考核；
c) 应与被录用人员签署保密协议，与关键岗位人员签署岗位责任协议；
d) **应从内部人员中选拔从事关键岗位的人员。**

9.1.8.2 人员离岗

本项要求包括：
a) 应及时终止离岗人员的所有访问权限，取回各种身份证件、钥匙、徽章等以及机构提供的软硬件设备；
b) 应办理严格的调离手续，并承诺调离后的保密义务后方可离开。

9.1.8.3 安全意识教育和培训

本项要求包括：
a) 应对各类人员进行安全意识教育和岗位技能培训，并告知相关的安全责任和惩戒措施；
b) 应针对不同岗位制定不同的培训计划，对安全基础知识、岗位操作规程等进行培训；
c) 应定期对不同岗位的人员进行技术技能考核。

9.1.8.4 外部人员访问管理

本项要求包括：

a) 应在外部人员物理访问受控区域前先提出书面申请，批准后由专人全程陪同，并登记备案；

b) 应在外部人员接入受控网络访问系统前先提出书面申请，批准后由专人开设账户、分配权限，并登记备案；

c) 外部人员离场后应及时清除其所有的访问权限；

d) 获得系统访问授权的外部人员应签署保密协议，不得进行非授权操作，不得复制和泄露任何敏感信息；

e) **对关键区域或关键系统不允许外部人员访问。**

9.1.9 安全建设管理

9.1.9.1 定级和备案

本项要求包括：

a) 应以书面的形式说明保护对象的安全保护等级及确定等级的方法和理由；

b) 应组织相关部门和有关安全技术专家对定级结果的合理性和正确性进行论证和审定；

c) 应保证定级结果经过相关部门的批准；

d) 应将备案材料报主管部门和相应公安机关备案。

9.1.9.2 安全方案设计

本项要求包括：

a) 应根据安全保护等级选择基本安全措施，依据风险分析的结果补充和调整安全措施；

b) 应根据保护对象的安全保护等级及与其他级别保护对象的关系进行安全整体规划和安全方案设计，设计内容应包含密码技术相关内容，并形成配套文件；

c) 应组织相关部门和有关安全专家对安全整体规划及其配套文件的合理性和正确性进行论证和审定，经过批准后才能正式实施。

9.1.9.3 产品采购和使用

本项要求包括：

a) 应确保网络安全产品采购和使用符合国家的有关规定；

b) 应确保密码产品与服务的采购和使用符合国家密码管理主管部门的要求；

c) 应预先对产品进行选型测试，确定产品的候选范围，并定期审定和更新候选产品名单；

d) **应对重要部位的产品委托专业测评单位进行专项测试，根据测试结果选用产品。**

9.1.9.4 自行软件开发

本项要求包括：

a) 应将开发环境与实际运行环境物理分开，测试数据和测试结果受到控制；

b) 应制定软件开发管理制度，明确说明开发过程的控制方法和人员行为准则；

c) 应制定代码编写安全规范，要求开发人员参照规范编写代码；

d) 应具备软件设计的相关文档和使用指南，并对文档使用进行控制；

e) 应在软件开发过程中对安全性进行测试，在软件安装前对可能存在的恶意代码进行检测；

f) 应对程序资源库的修改、更新、发布进行授权和批准，并严格进行版本控制；
g) 应保证开发人员为专职人员，开发人员的开发活动受到控制、监视和审查。

9.1.9.5 外包软件开发

本项要求包括：

a) 应在软件交付前检测其中可能存在的恶意代码；
b) 应保证开发单位提供软件设计文档和使用指南；
c) 应保证开发单位提供软件源代码，并审查软件中可能存在的后门和隐蔽信道。

9.1.9.6 工程实施

本项要求包括：

a) 应指定或授权专门的部门或人员负责工程实施过程的管理；
b) 应制定安全工程实施方案控制工程实施过程；
c) 应通过第三方工程监理控制项目的实施过程。

9.1.9.7 测试验收

本项要求包括：

a) 应制订测试验收方案，并依据测试验收方案实施测试验收，形成测试验收报告；
b) 应进行上线前的安全性测试，并出具安全测试报告，安全测试报告应包含密码应用安全性测试相关内容。

9.1.9.8 系统交付

本项要求包括：

a) 应制定交付清单，并根据交付清单对所交接的设备、软件和文档等进行清点；
b) 应对负责运行维护的技术人员进行相应的技能培训；
c) 应提供建设过程文档和运行维护文档。

9.1.9.9 等级测评

本项要求包括：

a) 应定期进行等级测评，发现不符合相应等级保护标准要求的及时整改；
b) 应在发生重大变更或级别发生变化时进行等级测评；
c) 应确保测评机构的选择符合国家有关规定。

9.1.9.10 服务供应商选择

本项要求包括：

a) 应确保服务供应商的选择符合国家的有关规定；
b) 应与选定的服务供应商签订相关协议，明确整个服务供应链各方需履行的网络安全相关义务；
c) 应定期监督、评审和审核服务供应商提供的服务，并对其变更服务内容加以控制。

9.1.10 安全运维管理

9.1.10.1 环境管理

本项要求包括：

a） 应指定专门的部门或人员负责机房安全，对机房出入进行管理，定期对机房供配电、空调、温湿度控制、消防等设施进行维护管理；
b） 应建立机房安全管理制度，对有关物理访问、物品进出和环境安全等方面的管理作出规定；
c） 应不在重要区域接待来访人员，不随意放置含有敏感信息的纸档文件和移动介质等；
d） **应对出入人员进行相应级别的授权，对进入重要安全区域的人员和活动实时监视等。**

9.1.10.2 资产管理

本项要求包括：
a） 应编制并保存与保护对象相关的资产清单，包括资产责任部门、重要程度和所处位置等内容；
b） 应根据资产的重要程度对资产进行标识管理，根据资产的价值选择相应的管理措施；
c） 应对信息分类与标识方法作出规定，并对信息的使用、传输和存储等进行规范化管理。

9.1.10.3 介质管理

本项要求包括：
a） 应将介质存放在安全的环境中，对各类介质进行控制和保护，实行存储环境专人管理，并根据存档介质的目录清单定期盘点；
b） 应对介质在物理传输过程中的人员选择、打包、交付等情况进行控制，并对介质的归档和查询等进行登记记录。

9.1.10.4 设备维护管理

本项要求包括：
a） 应对各种设备（包括备份和冗余设备）、线路等指定专门的部门或人员定期进行维护管理；
b） 应建立配套设施、软硬件维护方面的管理制度，对其维护进行有效的管理，包括明确维护人员的责任、维修和服务的审批、维修过程的监督控制等；
c） 信息处理设备应经过审批才能带离机房或办公地点，含有存储介质的设备带出工作环境时其中重要数据应加密；
d） 含有存储介质的设备在报废或重用前，应进行完全清除或被安全覆盖，保证该设备上的敏感数据和授权软件无法被恢复重用。

9.1.10.5 漏洞和风险管理

本项要求包括：
a） 应采取必要的措施识别安全漏洞和隐患，对发现的安全漏洞和隐患及时进行修补或评估可能的影响后进行修补；
b） 应定期开展安全测评，形成安全测评报告，采取措施应对发现的安全问题。

9.1.10.6 网络和系统安全管理

本项要求包括：
a） 应划分不同的管理员角色进行网络和系统的运维管理，明确各个角色的责任和权限；
b） 应指定专门的部门或人员进行账户管理，对申请账户、建立账户、删除账户等进行控制；
c） 应建立网络和系统安全管理制度，对安全策略、账户管理、配置管理、日志管理、日常操作、升级与打补丁、口令更新周期等方面作出规定；
d） 应制定重要设备的配置和操作手册，依据手册对设备进行安全配置和优化配置等；

e) 应详细记录运维操作日志，包括日常巡检工作、运行维护记录、参数的设置和修改等内容；
f) 应指定专门的部门或人员对日志、监测和报警数据等进行分析、统计，及时发现可疑行为；
g) 应严格控制变更性运维，经过审批后才可改变连接、安装系统组件或调整配置参数，操作过程中应保留不可更改的审计日志，操作结束后应同步更新配置信息库；
h) 应严格控制运维工具的使用，经过审批后才可接入进行操作，操作过程中应保留不可更改的审计日志，操作结束后应删除工具中的敏感数据；
i) 应严格控制远程运维的开通，经过审批后才可开通远程运维接口或通道，操作过程中应保留不可更改的审计日志，操作结束后立即关闭接口或通道；
j) 应保证所有与外部的连接均得到授权和批准，应定期检查违反规定无线上网及其他违反网络安全策略的行为。

9.1.10.7 恶意代码防范管理

本项要求包括：
a) 应提高所有用户的防恶意代码意识，对外来计算机或存储设备接入系统前进行恶意代码检查等；
b) 应定期验证防范恶意代码攻击的技术措施的有效性。

9.1.10.8 配置管理

本项要求包括：
a) 应记录和保存基本配置信息，包括网络拓扑结构、各个设备安装的软件组件、软件组件的版本和补丁信息、各个设备或软件组件的配置参数等；
b) 应将基本配置信息改变纳入系统变更范畴，实施对配置信息改变的控制，并及时更新基本配置信息库。

9.1.10.9 密码管理

本项要求包括：
a) 应遵循密码相关的国家标准和行业标准；
b) 应使用国家密码管理主管部门认证核准的密码技术和产品；
c) **应采用硬件密码模块实现密码运算和密钥管理。**

9.1.10.10 变更管理

本项要求包括：
a) 应明确变更需求，变更前根据变更需求制定变更方案，变更方案经过评审、审批后方可实施；
b) 应建立变更的申报和审批控制程序，依据程序控制所有的变更，记录变更实施过程；
c) 应建立中止变更并从失败变更中恢复的程序，明确过程控制方法和人员职责，必要时对恢复过程进行演练。

9.1.10.11 备份与恢复管理

本项要求包括：
a) 应识别需要定期备份的重要业务信息、系统数据及软件系统等；
b) 应规定备份信息的备份方式、备份频度、存储介质、保存期等；
c) 应根据数据的重要性和数据对系统运行的影响，制定数据的备份策略和恢复策略、备份程序和恢复程序等。

9.1.10.12 安全事件处置

本项要求包括：

a） 应及时向安全管理部门报告所发现的安全弱点和可疑事件；

b） 应制定安全事件报告和处置管理制度，明确不同安全事件的报告、处置和响应流程，规定安全事件的现场处理、事件报告和后期恢复的管理职责等；

c） 应在安全事件报告和响应处理过程中，分析和鉴定事件产生的原因，收集证据，记录处理过程，总结经验教训；

d） 对造成系统中断和造成信息泄漏的重大安全事件应采用不同的处理程序和报告程序；

e） **应建立联合防护和应急机制，负责处置跨单位安全事件。**

9.1.10.13 应急预案管理

本项要求包括：

a） 应规定统一的应急预案框架，包括启动预案的条件、应急组织构成、应急资源保障、事后教育和培训等内容；

b） 应制定重要事件的应急预案，包括应急处理流程、系统恢复流程等内容；

c） 应定期对系统相关的人员进行应急预案培训，并进行应急预案的演练；

d） 应定期对原有的应急预案重新评估，修订完善；

e） **应建立重大安全事件的跨单位联合应急预案，并进行应急预案的演练。**

9.1.10.14 外包运维管理

本项要求包括：

a） 应确保外包运维服务商的选择符合国家的有关规定；

b） 应与选定的外包运维服务商签订相关的协议，明确约定外包运维的范围、工作内容；

c） 应保证选择的外包运维服务商在技术和管理方面均具有按照等级保护要求开展安全运维工作的能力，并将能力要求在签订的协议中明确；

d） 应在与外包运维服务商签订的协议中明确所有相关的安全要求，如可能涉及对敏感信息的访问、处理、存储要求，对 IT 基础设施中断服务的应急保障要求等。

9.2 云计算安全扩展要求

9.2.1 安全物理环境

9.2.1.1 基础设施位置

应保证云计算基础设施位于中国境内。

9.2.2 安全通信网络

9.2.2.1 网络架构

本项要求包括：

a） 应保证云计算平台不承载高于其安全保护等级的业务应用系统；

b） 应实现不同云服务客户虚拟网络之间的隔离；

c） 应具有根据云服务客户业务需求提供通信传输、边界防护、入侵防范等安全机制的能力；

d) 应具有根据云服务客户业务需求自主设置安全策略的能力，包括定义访问路径、选择安全组件、配置安全策略；
e) 应提供开放接口或开放性安全服务，允许云服务客户接入第三方安全产品或在云计算平台选择第三方安全服务；
f) **应提供对虚拟资源的主体和客体设置安全标记的能力，保证云服务客户可以依据安全标记和强制访问控制规则确定主体对客体的访问；**
g) **应提供通信协议转换或通信协议隔离等的数据交换方式，保证云服务客户可以根据业务需求自主选择边界数据交换方式；**
h) **应为第四级业务应用系统划分独立的资源池。**

9.2.3 安全区域边界

9.2.3.1 访问控制

本项要求包括：
a) 应在虚拟化网络边界部署访问控制机制，并设置访问控制规则；
b) 应在不同等级的网络区域边界部署访问控制机制，设置访问控制规则。

9.2.3.2 入侵防范

本项要求包括：
a) 应能检测到云服务客户发起的网络攻击行为，并能记录攻击类型、攻击时间、攻击流量等；
b) 应能检测到对虚拟网络节点的网络攻击行为，并能记录攻击类型、攻击时间、攻击流量等；
c) 应能检测到虚拟机与宿主机、虚拟机与虚拟机之间的异常流量；
d) 应在检测到网络攻击行为、异常流量情况时进行告警。

9.2.3.3 安全审计

本项要求包括：
a) 应对云服务商和云服务客户在远程管理时执行的特权命令进行审计，至少包括虚拟机删除、虚拟机重启；
b) 应保证云服务商对云服务客户系统和数据的操作可被云服务客户审计。

9.2.4 安全计算环境

9.2.4.1 身份鉴别

当远程管理云计算平台中设备时，管理终端和云计算平台之间应建立双向身份验证机制。

9.2.4.2 访问控制

本项要求包括：
a) 应保证当虚拟机迁移时，访问控制策略随其迁移；
b) 应允许云服务客户设置不同虚拟机之间的访问控制策略。

9.2.4.3 入侵防范

本项要求包括：
a) 应能检测虚拟机之间的资源隔离失效，并进行告警；
b) 应能检测非授权新建虚拟机或者重新启用虚拟机，并进行告警；

c) 应能够检测恶意代码感染及在虚拟机间蔓延的情况,并进行告警。

9.2.4.4 镜像和快照保护

本项要求包括:

a) 应针对重要业务系统提供加固的操作系统镜像或操作系统安全加固服务;
b) 应提供虚拟机镜像、快照完整性校验功能,防止虚拟机镜像被恶意篡改;
c) 应采取密码技术或其他技术手段防止虚拟机镜像、快照中可能存在的敏感资源被非法访问。

9.2.4.5 数据完整性和保密性

本项要求包括:

a) 应确保云服务客户数据、用户个人信息等存储于中国境内,如需出境应遵循国家相关规定;
b) 应保证只有在云服务客户授权下,云服务商或第三方才具有云服务客户数据的管理权限;
c) 应使用校验技术或密码技术保证虚拟机迁移过程中重要数据的完整性,并在检测到完整性受到破坏时采取必要的恢复措施;
d) 应支持云服务客户部署密钥管理解决方案,保证云服务客户自行实现数据的加解密过程。

9.2.4.6 数据备份恢复

本项要求包括:

a) 云服务客户应在本地保存其业务数据的备份;
b) 应提供查询云服务客户数据及备份存储位置的能力;
c) 云服务商的云存储服务应保证云服务客户数据存在若干个可用的副本,各副本之间的内容应保持一致;
d) 应为云服务客户将业务系统及数据迁移到其他云计算平台和本地系统提供技术手段,并协助完成迁移过程。

9.2.4.7 剩余信息保护

本项要求包括:

a) 应保证虚拟机所使用的内存和存储空间回收时得到完全清除;
b) 云服务客户删除业务应用数据时,云计算平台应将云存储中所有副本删除。

9.2.5 安全管理中心

9.2.5.1 集中管控

本项要求包括:

a) 应能对物理资源和虚拟资源按照策略做统一管理调度与分配;
b) 应保证云计算平台管理流量与云服务客户业务流量分离;
c) 应根据云服务商和云服务客户的职责划分,收集各自控制部分的审计数据并实现各自的集中审计;
d) 应根据云服务商和云服务客户的职责划分,实现各自控制部分,包括虚拟化网络、虚拟机、虚拟化安全设备等的运行状况的集中监测。

9.2.6 安全建设管理

9.2.6.1 云服务商选择

本项要求包括:

a) 应选择安全合规的云服务商，其所提供的云计算平台应为其所承载的业务应用系统提供相应等级的安全保护能力；
b) 应在服务水平协议中规定云服务的各项服务内容和具体技术指标；
c) 应在服务水平协议中规定云服务商的权限与责任，包括管理范围、职责划分、访问授权、隐私保护、行为准则、违约责任等；
d) 应在服务水平协议中规定服务合约到期时，完整提供云服务客户数据，并承诺相关数据在云计算平台上清除；
e) 应与选定的云服务商签署保密协议，要求其不得泄露云服务客户数据。

9.2.6.2 供应链管理

本项要求包括：
a) 应确保供应商的选择符合国家有关规定；
b) 应将供应链安全事件信息或安全威胁信息及时传达到云服务客户；
c) 应保证供应商的重要变更及时传达到云服务客户，并评估变更带来的安全风险，采取措施对风险进行控制。

9.2.7 安全运维管理

9.2.7.1 云计算环境管理

云计算平台的运维地点应位于中国境内，境外对境内云计算平台实施运维操作应遵循国家相关规定。

9.3 移动互联安全扩展要求

9.3.1 安全物理环境

9.3.1.1 无线接入点的物理位置

应为无线接入设备的安装选择合理位置，避免过度覆盖和电磁干扰。

9.3.2 安全区域边界

9.3.2.1 边界防护

应保证有线网络与无线网络边界之间的访问和数据流通过无线接入网关设备。

9.3.2.2 访问控制

无线接入设备应开启接入认证功能，并支持采用认证服务器认证或国家密码管理机构批准的密码模块进行认证。

9.3.2.3 入侵防范

本项要求包括：
a) 应能够检测到非授权无线接入设备和非授权移动终端的接入行为；
b) 应能够检测到针对无线接入设备的网络扫描、DDoS 攻击、密钥破解、中间人攻击和欺骗攻击等行为；
c) 应能够检测到无线接入设备的 SSID 广播、WPS 等高风险功能的开启状态；
d) 应禁用无线接入设备和无线接入网关存在风险的功能，如：SSID 广播、WEP 认证等；
e) 应禁止多个 AP 使用同一个认证密钥；

f) 应能够阻断非授权无线接入设备或非授权移动终端。

9.3.3 安全计算环境

9.3.3.1 移动终端管控

本项要求包括：

a) 应保证移动终端安装、注册并运行终端管理客户端软件；

b) 移动终端应接受移动终端管理服务端的设备生命周期管理、设备远程控制，如：远程锁定、远程擦除等；

c) **应保证移动终端只用于处理指定业务。**

9.3.3.2 移动应用管控

本项要求包括：

a) 应具有选择应用软件安装、运行的功能；

b) 应只允许指定证书签名的应用软件安装和运行；

c) 应具有软件白名单功能，应能根据白名单控制应用软件安装、运行；

d) **应具有接受移动终端管理服务端推送的移动应用软件管理策略，并根据该策略对软件实施管控的能力。**

9.3.4 安全建设管理

9.3.4.1 移动应用软件采购

本项要求包括：

a) 应保证移动终端安装、运行的应用软件来自可靠分发渠道或使用可靠证书签名；

b) 应保证移动终端安装、运行的应用软件由指定的开发者开发。

9.3.4.2 移动应用软件开发

本项要求包括：

a) 应对移动业务应用软件开发者进行资格审查；

b) 应保证开发移动业务应用软件的签名证书合法性。

9.3.5 安全运维管理

9.3.5.1 配置管理

应建立合法无线接入设备和合法移动终端配置库，用于对非法无线接入设备和非法移动终端的识别。

9.4 物联网安全扩展要求

9.4.1 安全物理环境

9.4.1.1 感知节点设备物理防护

本项要求包括：

a) 感知节点设备所处的物理环境应不对感知节点设备造成物理破坏，如挤压、强振动；

b) 感知节点设备在工作状态所处物理环境应能正确反映环境状态（如温湿度传感器不能安装在阳光直射区域）；

c) 感知节点设备在工作状态所处物理环境应不对感知节点设备的正常工作造成影响,如强干扰、阻挡屏蔽等;
d) 关键感知节点设备应具有可供长时间工作的电力供应(关键网关节点设备应具有持久稳定的电力供应能力)。

9.4.2 安全区域边界

9.4.2.1 接入控制

应保证只有授权的感知节点可以接入。

9.4.2.2 入侵防范

本项要求包括:
a) 应能够限制与感知节点通信的目标地址,以避免对陌生地址的攻击行为;
b) 应能够限制与网关节点通信的目标地址,以避免对陌生地址的攻击行为。

9.4.3 安全计算环境

9.4.3.1 感知节点设备安全

本项要求包括:
a) 应保证只有授权的用户可以对感知节点设备上的软件应用进行配置或变更;
b) 应具有对其连接的网关节点设备(包括读卡器)进行身份标识和鉴别的能力;
c) 应具有对其连接的其他感知节点设备(包括路由节点)进行身份标识和鉴别的能力。

9.4.3.2 网关节点设备安全

本项要求包括:
a) 应具备对合法连接设备(包括终端节点、路由节点、数据处理中心)进行标识和鉴别的能力;
b) 应具备过滤非法节点和伪造节点所发送的数据的能力;
c) 授权用户应能够在设备使用过程中对关键密钥进行在线更新;
d) 授权用户应能够在设备使用过程中对关键配置参数进行在线更新。

9.4.3.3 抗数据重放

本项要求包括:
a) 应能够鉴别数据的新鲜性,避免历史数据的重放攻击;
b) 应能够鉴别历史数据的非法修改,避免数据的修改重放攻击。

9.4.3.4 数据融合处理

本项要求包括:
a) 应对来自传感网的数据进行数据融合处理,使不同种类的数据可以在同一个平台被使用;
b) 应对不同数据之间的依赖关系和制约关系等进行智能处理,如一类数据达到某个门限时可以影响对另一类数据采集终端的管理指令。

9.4.4 安全运维管理

9.4.4.1 感知节点管理

本项要求包括:

a) 应指定人员定期巡视感知节点设备、网关节点设备的部署环境，对可能影响感知节点设备、网关节点设备正常工作的环境异常进行记录和维护；
b) 应对感知节点设备、网关节点设备入库、存储、部署、携带、维修、丢失和报废等过程作出明确规定，并进行全程管理；
c) 应加强对感知节点设备、网关节点设备部署环境的保密性管理，包括负责检查和维护的人员调离工作岗位应立即交还相关检查工具和检查维护记录等。

9.5 工业控制系统安全扩展要求

9.5.1 安全物理环境

9.5.1.1 室外控制设备物理防护

本项要求包括：

a) 室外控制设备应放置于采用铁板或其他防火材料制作的箱体或装置中并紧固；箱体或装置具有透风、散热、防盗、防雨和防火能力等；
b) 室外控制设备放置应远离强电磁干扰、强热源等环境，如无法避免应及时做好应急处置及检修，保证设备正常运行。

9.5.2 安全通信网络

9.5.2.1 网络架构

本项要求包括：

a) 工业控制系统与企业其他系统之间应划分为两个区域，区域间**应采用符合国家或行业规定的专用产品实现单向安全隔离；**
b) 工业控制系统内部应根据业务特点划分为不同的安全域，安全域之间应采用技术隔离手段；
c) 涉及实时控制和数据传输的工业控制系统，应使用独立的网络设备组网，在物理层面上实现与其他数据网及外部公共信息网的安全隔离。

9.5.2.2 通信传输

在工业控制系统内使用广域网进行控制指令或相关数据交换的应采用加密认证技术手段实现身份认证、访问控制和数据加密传输。

9.5.3 安全区域边界

9.5.3.1 访问控制

本项要求包括：

a) 应在工业控制系统与企业其他系统之间部署访问控制设备，配置访问控制策略，禁止任何穿越区域边界的 E-Mail、Web、Telnet、Rlogin、FTP 等通用网络服务；
b) 应在工业控制系统内安全域和安全域之间的边界防护机制失效时，及时进行报警。

9.5.3.2 拨号使用控制

本项要求包括：

a) 工业控制系统确需使用拨号访问服务的，应限制具有拨号访问权限的用户数量，并采取用户身份鉴别和访问控制等措施；
b) 拨号服务器和客户端均应使用经安全加固的操作系统，并采取数字证书认证、传输加密和访问控制等措施；

c) **涉及实时控制和数据传输的工业控制系统禁止使用拨号访问服务。**

9.5.3.3 无线使用控制

本项要求包括：

a) 应对所有参与无线通信的用户(人员、软件进程或者设备)提供唯一性标识和鉴别；

b) 应对所有参与无线通信的用户(人员、软件进程或者设备)进行授权以及执行使用进行限制；

c) 应对无线通信采取传输加密的安全措施，实现传输报文的机密性保护；

d) 对采用无线通信技术进行控制的工业控制系统，应能识别其物理环境中发射的未经授权的无线设备，报告未经授权试图接入或干扰控制系统的行为。

9.5.4 安全计算环境

9.5.4.1 控制设备安全

本项要求包括：

a) 控制设备自身应实现相应级别安全通用要求提出的身份鉴别、访问控制和安全审计等安全要求，如受条件限制控制设备无法实现上述要求，应由其上位控制或管理设备实现同等功能或通过管理手段控制；

b) 应在经过充分测试评估后，在不影响系统安全稳定运行的情况下对控制设备进行补丁更新、固件更新等工作；

c) 应关闭或拆除控制设备的软盘驱动、光盘驱动、USB接口、串行口或多余网口等，确需保留的应通过相关的技术措施实施严格的监控管理；

d) 应使用专用设备和专用软件对控制设备进行更新；

e) 应保证控制设备在上线前经过安全性检测，避免控制设备固件中存在恶意代码程序。

9.5.5 安全建设管理

9.5.5.1 产品采购和使用

工业控制系统重要设备应通过专业机构的安全性检测后方可采购使用。

9.5.5.2 外包软件开发

应在外包开发合同中规定针对开发单位、供应商的约束条款，包括设备及系统在生命周期内有关保密、禁止关键技术扩散和设备行业专用等方面的内容。

10 第五级安全要求

略。

附 录 A
（规范性附录）
关于安全通用要求和安全扩展要求的选择和使用

由于等级保护对象承载的业务不同，对其的安全关注点会有所不同，有的更关注信息的安全性，即更关注对搭线窃听、假冒用户等可能导致信息泄密、非法篡改等；有的更关注业务的连续性，即更关注保证系统连续正常的运行，免受对系统未授权的修改、破坏而导致系统不可用引起业务中断。

不同级别的等级保护对象，其对业务信息的安全性要求和系统服务的连续性要求是有差异的，即使相同级别的等级保护对象，其对业务信息的安全性要求和系统服务的连续性要求也有差异。

等级保护对象定级后，可能形成的定级结果组合见表A.1。

表 A.1　等级保护对象定级结果组合

安全保护等级	定级结果的组合
第一级	S1A1
第二级	S1A2，S2A2，S2A1
第三级	S1A3，S2A3，S3A3，S3A2，S3A1
第四级	S1A4，S2A4，S3A4，S4A4，S4A3，S4A2，S4A1
第五级	S1A5，S2A5，S3A5，S4A5，S5A4，S5A3，S5A2，S5A1

安全保护措施的选择应依据上述定级结果，本标准中的技术安全要求进一步细分为：保护数据在存储、传输、处理过程中不被泄漏、破坏和免受未授权的修改的信息安全类要求（简记为S）；保护系统连续正常的运行，免受对系统的未授权修改、破坏而导致系统不可用的服务保证类要求（简记为A）；其他安全保护类要求（简记为G）。本标准中所有安全管理要求和安全扩展要求均标注为G，安全要求及属性标识见表A.2。

表 A.2　安全要求及属性标识

技术/管理	分类	安全控制点	属性标识
安全技术要求	安全物理环境	物理位置选择	G
		物理访问控制	G
		防盗窃和防破坏	G
		防雷击	G
		防火	G
		防水和防潮	G
		防静电	G
		温湿度控制	G
		电力供应	A
		电磁防护	S

表 A.2（续）

技术/管理	分类	安全控制点	属性标识
安全技术要求	安全通信网络	网络架构	G
		通信传输	G
		可信验证	S
	安全区域边界	边界防护	G
		访问控制	G
		入侵防范	G
		可信验证	S
		恶意代码防范	G
		安全审计	G
	安全计算环境	身份鉴别	S
		访问控制	S
		安全审计	G
		可信验证	S
		入侵防范	G
		恶意代码防范	G
		数据完整性	S
		数据保密性	S
		数据备份恢复	A
		剩余信息保护	S
		个人信息保护	S
	安全管理中心	系统管理	G
		审计管理	G
		安全管理	G
		集中管控	G
安全管理要求	安全管理制度	安全策略	G
		管理制度	G
		制定和发布	G
		评审和修订	G
	安全管理机构	岗位设置	G
		人员配备	G
		授权和审批	G
		沟通和合作	G
		审核和检查	G

表 A.2（续）

技术/管理	分类	安全控制点	属性标识
安全管理要求	安全管理人员	人员录用	G
		人员离岗	G
		安全意识教育和培训	G
		外部人员访问管理	G
	安全建设管理	定级和备案	G
		安全方案设计	G
		产品采购和使用	G
		自行软件开发	G
		外包软件开发	G
		工程实施	G
		测试验收	G
		系统交付	G
		等级测评	G
		服务供应商管理	G
	安全运维管理	环境管理	G
		资产管理	G
		介质管理	G
		设备维护管理	G
		漏洞和风险管理	G
		网络与系统安全管理	G
		恶意代码防范管理	G
		配置管理	G
		密码管理	G
		变更管理	G
		备份与恢复管理	G
		安全事件处置	G
		应急预案管理	G
		外包运维管理	G

对于确定了级别的等级保护对象，应依据表 A.1 的定级结果，结合表 A.2 使用安全要求，应按照以下过程进行安全要求的选择：

a） 根据等级保护对象的级别选择安全要求。方法是根据本标准，第一级选择第一级安全要求，第二级选择第二级安全要求，第三级选择第三级安全要求，第四级选择第四级安全要求，以此作为出发点。

b） 根据定级结果，基于表 A.1 和表 A.2 对安全要求进行调整。根据系统服务保证性等级选择相应级别的系统服务保证类(A类)安全要求;根据业务信息安全性等级选择相应级别的业务信息安全类(S类)安全要求;根据系统安全等级选择相应级别的安全通用要求(G类)和安全扩展要求(G类)。

c) 根据等级保护对象采用新技术和新应用的情况,选用相应级别的安全扩展要求作为补充。采用云计算技术的选用云计算安全扩展要求,采用移动互联技术的选用移动互联安全扩展要求,物联网选用物联网安全扩展要求,工业控制系统选用工业控制系统安全扩展要求。

d) 针对不同行业或不同对象的特点,分析可能在某些方面的特殊安全保护能力要求,选择较高级别的安全要求或其他标准的补充安全要求。对于本标准中提出的安全要求无法实现或有更加有效的安全措施可以替代的,可以对安全要求进行调整,调整的原则是保证不降低整体安全保护能力。

总之,保证不同安全保护等级的对象具有相应级别的安全保护能力,是安全等级保护的核心。选用本标准中提供的安全通用要求和安全扩展要求是保证等级保护对象具备一定安全保护能力的一种途径和出发点,在此出发点的基础上,可以参考等级保护的其他相关标准和安全方面的其他相关标准,调整和补充安全要求,从而实现等级保护对象在满足等级保护安全要求基础上,又具有自身特点的保护。

附 录 B
（规范性附录）
关于等级保护对象整体安全保护能力的要求

网络安全等级保护的核心是保证不同安全保护等级的对象具有相适应的安全保护能力。本标准第5章提出了不同级别的等级保护对象的安全保护能力要求，第6章～第10章分别针对不同安全保护等级的对象应该具有的安全保护能力提出了相应的安全通用要求和安全扩展要求。

依据本标准分层面采取各种安全措施时，还应考虑以下总体性要求，保证等级保护对象的整体安全保护能力。

a) 构建纵深的防御体系

本标准从技术和管理两个方面提出安全要求，在采取由点到面的各种安全措施时，在整体上还应保证各种安全措施的组合从外到内构成一个纵深的安全防御体系，保证等级保护对象整体的安全保护能力。应从通信网络、网络边界、局域网络内部、各种业务应用平台等各个层次落实本标准中提到的各种安全措施，形成纵深防御体系。

b) 采取互补的安全措施

本标准以安全控制的形式提出安全要求，在将各种安全控制落实到特定等级保护对象中时，应考虑各个安全控制之间的互补性，关注各个安全控制在层面内、层面间和功能间产生的连接、交互、依赖、协调、协同等相互关联关系，保证各个安全控制共同综合作用于等级保护对象上，使得等级保护对象的整体安全保护能力得以保证。

c) 保证一致的安全强度

本标准将安全功能要求，如身份鉴别、访问控制、安全审计、入侵防范等内容，分解到等级保护对象的各个层面，在实现各个层面安全功能时，应保证各个层面安全功能实现强度的一致性。应防止某个层面安全功能的减弱导致整体安全保护能力在这个安全功能上削弱。例如，要实现双因子身份鉴别，则应在各个层面的身份鉴别上均实现双因子身份鉴别；要实现基于标记的访问控制，则应保证在各个层面均实现基于标记的访问控制，并保证标记数据在整个等级保护对象内部流动时标记的唯一性等。

d) 建立统一的支撑平台

本标准针对较高级别的等级保护对象，提到了使用密码技术、可信技术等，多数安全功能（如身份鉴别、访问控制、数据完整性、数据保密性等）为了获得更高的强度，均要基于密码技术或可信技术，为了保证等级保护对象的整体安全防护能力，应建立基于密码技术的统一支撑平台，支持高强度身份鉴别、访问控制、数据完整性、数据保密性等安全功能的实现。

e) 进行集中的安全管理

本标准针对较高级别的等级保护对象，提到了实现集中的安全管理、安全监控和安全审计等要求，为了保证分散于各个层面的安全功能在统一策略的指导下实现，各个安全控制在可控情况下发挥各自的作用，应建立集中的管理中心，集中管理等级保护对象中的各个安全控制组件，支持统一安全管理。

附 录 C
（规范性附录）
等级保护安全框架和关键技术使用要求

在开展网络安全等级保护工作中应首先明确等级保护对象，等级保护对象包括通信网络设施、信息系统（包含采用移动互联等技术的系统）、云计算平台/系统、大数据平台/系统、物联网、工业控制系统等；确定了等级保护对象的安全保护等级后，应根据不同对象的安全保护等级完成安全建设或安全整改工作；应针对等级保护对象特点建立安全技术体系和安全管理体系，构建具备相应等级安全保护能力的网络安全综合防御体系。应依据国家网络安全等级保护政策和标准，开展组织管理、机制建设、安全规划、安全监测、通报预警、应急处置、态势感知、能力建设、监督检查、技术检测、安全可控、队伍建设、教育培训和经费保障等工作。等级保护安全框架见图 C.1。

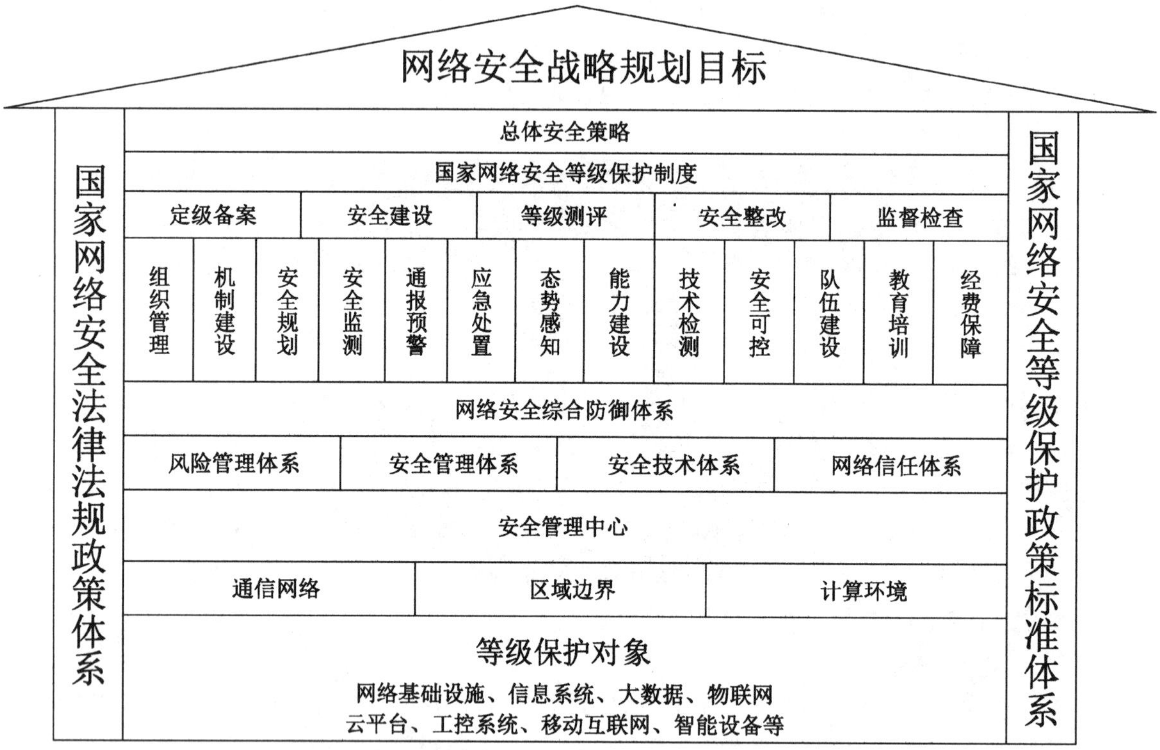

网络安全战略规划目标

国家网络安全法律法规政策体系

总体安全策略

国家网络安全等级保护制度

定级备案 | 安全建设 | 等级测评 | 安全整改 | 监督检查

组织管理 | 机制建设 | 安全规划 | 安全监测 | 通报预警 | 应急处置 | 态势感知 | 能力建设 | 技术检测 | 安全可控 | 队伍建设 | 教育培训 | 经费保障

网络安全综合防御体系

风险管理体系 | 安全管理体系 | 安全技术体系 | 网络信任体系

安全管理中心

通信网络 | 区域边界 | 计算环境

等级保护对象

网络基础设施、信息系统、大数据、物联网

云平台、工控系统、移动互联网、智能设备等

国家网络安全等级保护政策标准体系

图 C.1 等级保护安全框架

应在较高级别等级保护对象的安全建设和安全整改中注重使用一些关键技术：

a) 可信计算技术

应针对计算资源构建保护环境，以可信计算基（TCB）为基础，实现软硬件计算资源可信；针对信息资源构建业务流程控制链，基于可信计算技术实现访问控制和安全认证，密码操作调用和资源的管理等，构建以可信计算技术为基础的等级保护核心技术体系。

b) 强制访问控制

应在高等级保护对象中使用强制访问控制机制，强制访问控制机制需要总体设计、全局考虑，在通信网络、操作系统、应用系统各个方面实现访问控制标记和策略，进行统一的主客体安全标记，安全标记随数据全程流动，并在不同访问控制点之间实现访问控制策略的关联，构建各个层面强度一致的访问控制体系。

c) 审计追查技术

应立足于现有的大量事件采集、数据挖掘、智能事件关联和基于业务的运维监控技术，解决海量数据处理瓶颈，通过对审计数据快速提取，满足信息处理中对于检索速度和准确性的需求；同时，还应建立事件分析模型，发现高级安全威胁，并追查威胁路径和定位威胁源头，实现对攻击行为的有效防范和追查。

d) 结构化保护技术

应通过良好的模块结构与层次设计等方法来保证具有相当的抗渗透能力，为安全功能的正常执行提供保障。高等级保护对象的安全功能可以形式表述、不可被篡改、不可被绕转，隐蔽信道不可被利用，通过保障安全功能的正常执行，使系统具备源于自身结构的、主动性的防御能力，利用可信技术实现结构化保护。

e) 多级互联技术

应在保证各等级保护对象自治和安全的前提下，有效控制异构等级保护对象间的安全互操作，从而实现分布式资源的共享和交互。随着对结构网络化和业务应用分布化动态性要求越来越高，多级互联技术应在不破坏原有等级保护对象正常运行和安全的前提下，实现不同级别之间的多级安全互联、互通和数据交换。

附 录 D
（资料性附录）
云计算应用场景说明

本标准中将采用了云计算技术的信息系统，称为云计算平台/系统。云计算平台/系统由设施、硬件、资源抽象控制层、虚拟化计算资源、软件平台和应用软件等组成。软件即服务（SaaS）、平台即服务（PaaS）、基础设施即服务（IaaS）是三种基本的云计算服务模式。如图 D.1 所示，在不同的服务模式中，云服务商和云服务客户对计算资源拥有不同的控制范围，控制范围则决定了安全责任的边界。在基础设施即服务模式下，云计算平台/系统由设施、硬件、资源抽象控制层组成；在平台即服务模式下，云计算平台/系统包括设施、硬件、资源抽象控制层、虚拟化计算资源和软件平台；在软件即服务模式下，云计算平台/系统包括设施、硬件、资源抽象控制层、虚拟化计算资源、软件平台和应用软件。不同服务模式下云服务商和云服务客户的安全管理责任有所不同。

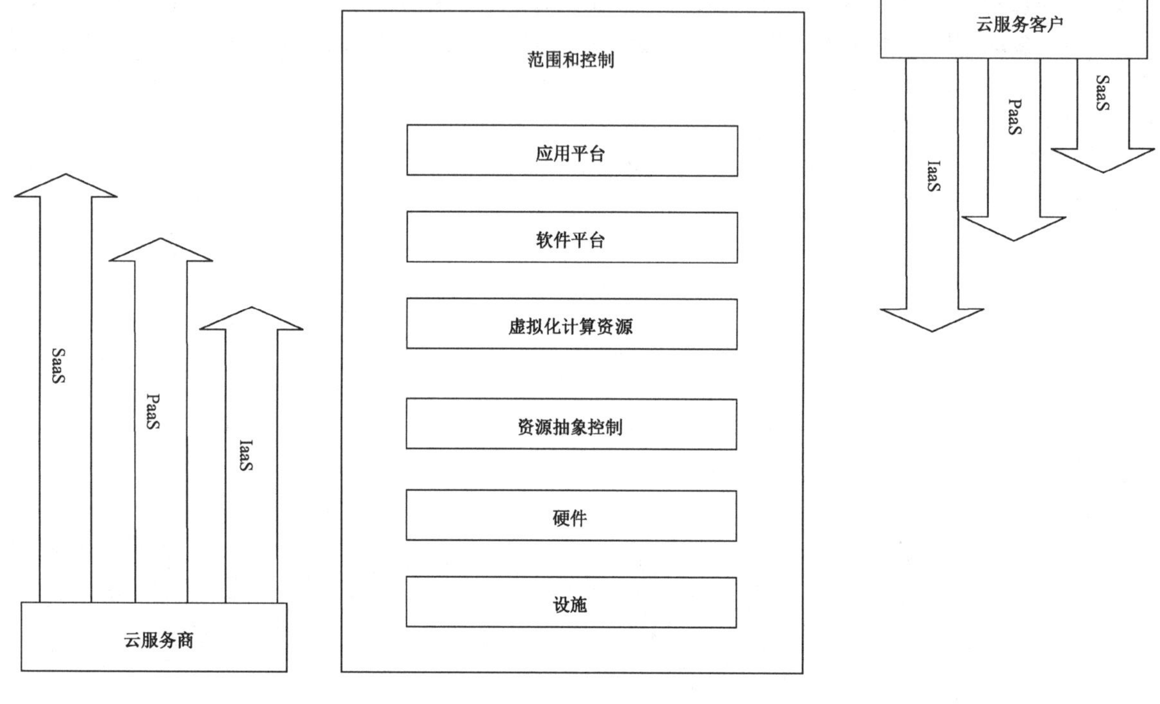

图 D.1 云计算服务模式与控制范围的关系

附 录 E
（资料性附录）
移动互联应用场景说明

采用移动互联技术的等级保护对象其移动互联部分由移动终端、移动应用和无线网络三部分组成，移动终端通过无线通道连接无线接入设备接入，无线接入网关通过访问控制策略限制移动终端的访问行为，如图 E.1 所示，后台的移动终端管理系统负责对移动终端的管理，包括向客户端软件发送移动设备管理、移动应用管理和移动内容管理策略等。本标准的移动互联安全扩展要求主要针对移动终端、移动应用和无线网络部分提出特殊安全要求，与安全通用要求一起构成对采用移动互联技术的等级保护对象的完整安全要求。

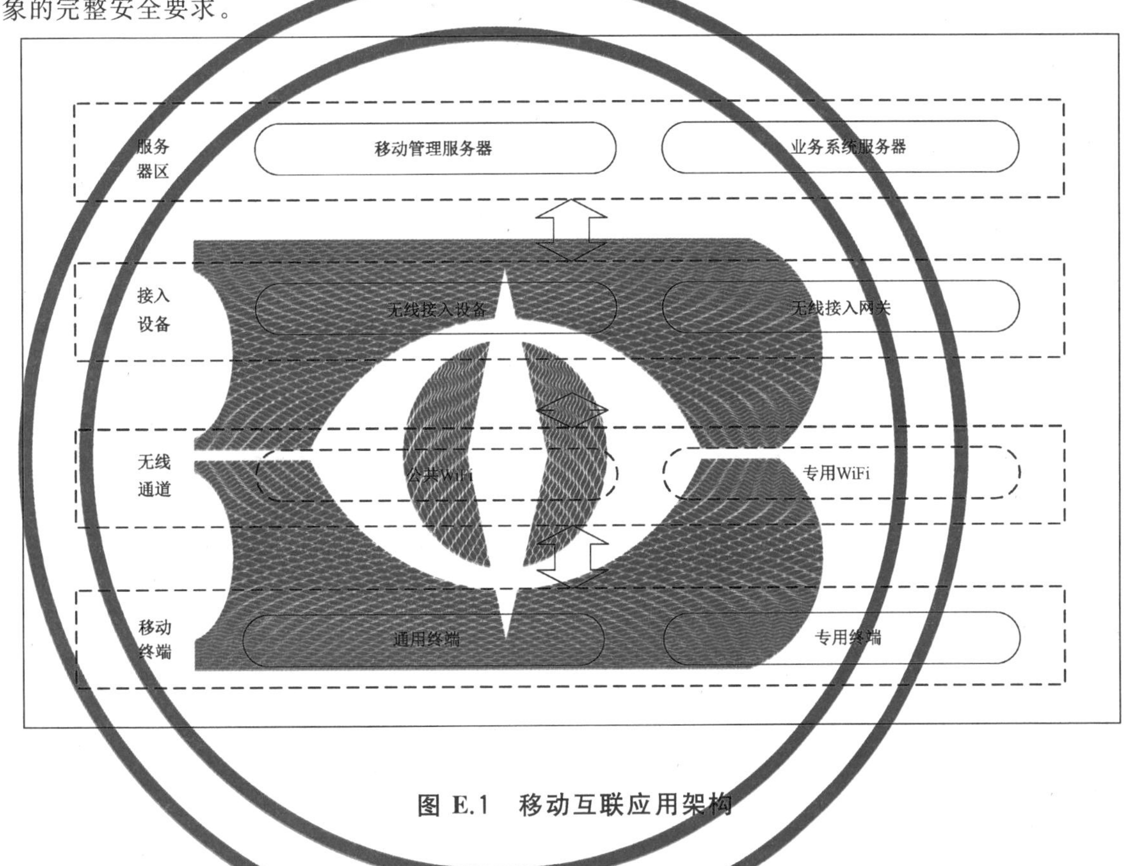

图 E.1 移动互联应用架构

附 录 F
（资料性附录）
物联网应用场景说明

物联网通常从架构上可分为三个逻辑层，即感知层、网络传输层和处理应用层。其中感知层包括传感器节点和传感网网关节点，或 RFID 标签和 RFID 读写器，也包括这些感知设备及传感网网关、RFID 标签与阅读器之间的短距离通信（通常为无线）部分；网络传输层包括将这些感知数据远距离传输到处理中心的网络，包括互联网、移动网等，以及几种不同网络的融合；处理应用层包括对感知数据进行存储与智能处理的平台，并对业务应用终端提供服务。对大型物联网来说，处理应用层一般是云计算平台和业务应用终端设备。物联网构成示意图如图 F.1 所示。对物联网的安全防护应包括感知层、网络传输层和处理应用层，由于网络传输层和处理应用层通常是由计算机设备构成，因此这两部分按照安全通用要求提出的要求进行保护，本标准的物联网安全扩展要求针对感知层提出特殊安全要求，与安全通用要求一起构成对物联网的完整安全要求。

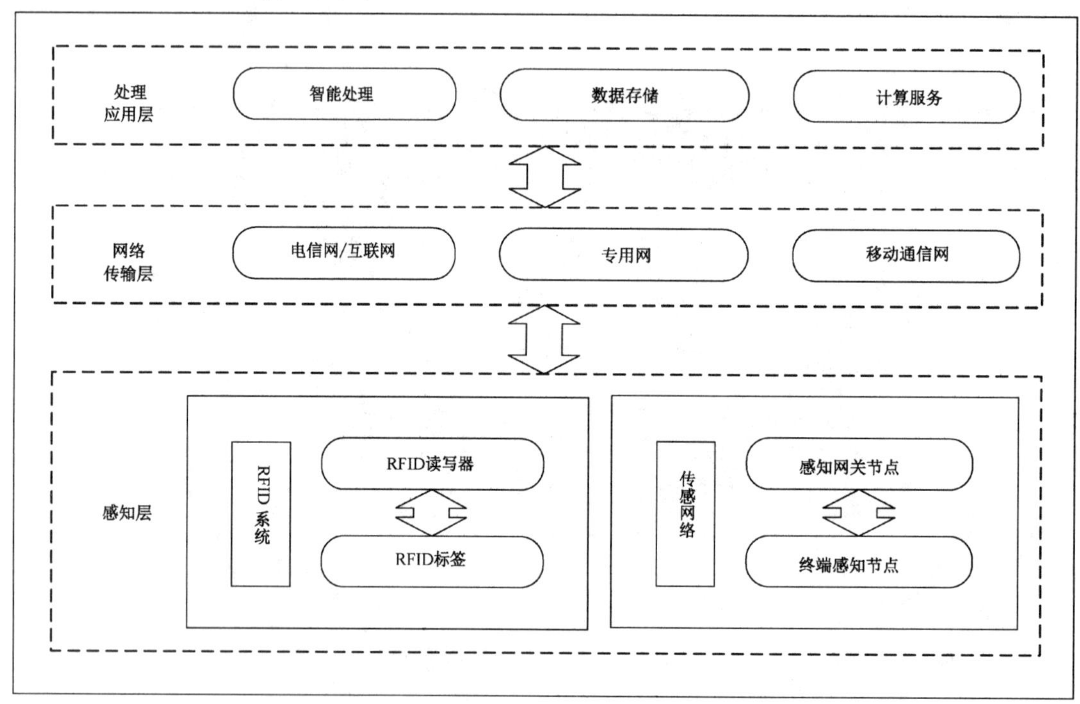

图 F.1 物联网构成

附　录　G
（资料性附录）
工业控制系统应用场景说明

G.1　工业控制系统概述

工业控制系统(ICS)是几种类型控制系统的总称，包括数据采集与监视控制系统(SCADA)、集散控制系统(DCS)和其他控制系统，如在工业部门和关键基础设施中经常使用的可编程逻辑控制器(PLC)。工业控制系统通常用于诸如电力、水和污水处理、石油和天然气、化工、交通运输、制药、纸浆和造纸、食品和饮料以及离散制造(如汽车、航空航天和耐用品)等行业。工业控制系统主要由过程级、操作级以及各级之间和内部的通信网络构成，对于大规模的控制系统，也包括管理级。过程级包括被控对象、现场控制设备和测量仪表等，操作级包括工程师和操作员站、人机界面和组态软件、控制服务器等，管理级包括生产管理系统和企业资源系统等，通信网络包括商用以太网、工业以太网、现场总线等。

G.2　工业控制系统层次模型

本标准参考 IEC 62264-1 的层次结构模型划分，同时将 SCADA 系统、DCS 系统和 PLC 系统等模型的共性进行抽象，对工业控制系统采用层次模型进行说明。

图 G.1 给出了功能层次模型。层次模型从上到下共分为 5 个层级，依次为企业资源层、生产管理层、过程监控层、现场控制层和现场设备层，不同层级的实时性要求不同。企业资源层主要包括 ERP 系统功能单元，用于为企业决策层员工提供决策运行手段；生产管理层主要包括 MES 系统功能单元，用于对生产过程进行管理，如制造数据管理、生产调度管理等；过程监控层主要包括监控服务器与 HMI 系统功能单元，用于对生产过程数据进行采集与监控，并利用 HMI 系统实现人机交互；现场控制层主要包括各类控制器单元，如 PLC、DCS 控制单元等，用于对各执行设备进行控制；现场设备层主要包括各类过程传感设备与执行设备单元，用于对生产过程进行感知与操作。

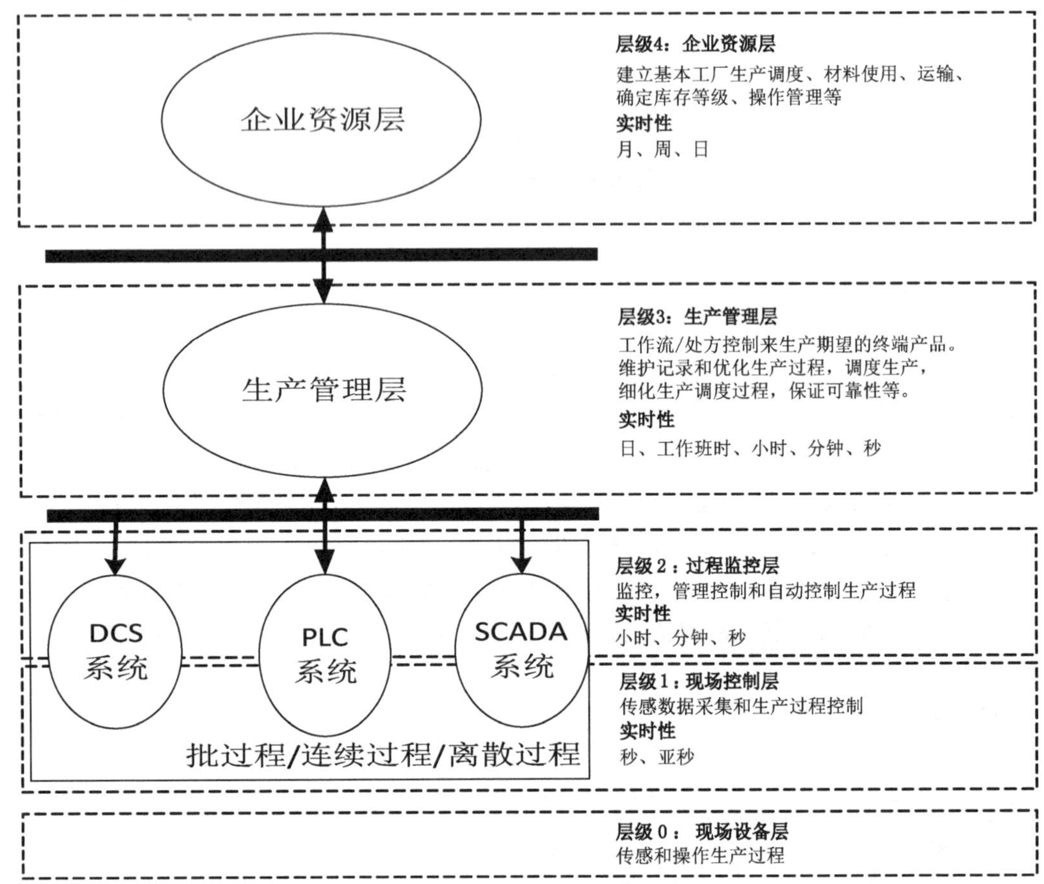

注：该图为工业控制系统经典层次模型参考 IEC 62264-1，但随着工业 4.0、信息物理系统的发展，已不能完全适用，因此对于不同的行业企业实际发展情况，允许部分层级合并。

图 G.1 功能层次模型

G.3 各个层次实现等级保护基本要求的差异

工业控制系统构成的复杂性，组网的多样性，以及等级保护对象划分的灵活性，给网络安全等级保护基本要求的使用带来了选择的需求。表 G.1 按照上述描述的功能层次模型和各层次功能单元映射模型给出了各个层次使用本标准相关内容的映射关系。

表 G.1 各层次与等级保护基本要求的映射关系

功能层次	技术要求
企业资源层	安全通用要求(安全物理环境)
	安全通用要求(安全通信网络)
	安全通用要求(安全区域边界)
	安全通用要求(安全计算环境)
	安全通用要求(安全管理中心)

表 G.1（续）

功能层次	技术要求
生产管理层	安全通用要求(安全物理环境)
	安全通用要求(安全通信网络)＋安全扩展要求(安全通信网络)
	安全通用要求(安全区域边界)＋安全扩展要求(安全区域边界)
	安全通用要求(安全计算环境)
	安全通用要求(安全管理中心)
过程监控层	安全通用要求(安全物理环境)
	安全通用要求(安全通信网络)＋安全扩展要求(安全通信网络)
	安全通用要求(安全区域边界)＋安全扩展要求(安全区域边界)
	安全通用要求(安全计算环境)
	安全通用要求(安全管理中心)
现场控制层	安全通用要求(安全物理环境)＋安全扩展要求(安全物理环境)
	安全通用要求(安全通信网络)＋安全扩展要求(安全通信网络)
	安全通用要求(安全区域边界)＋安全扩展要求(安全区域边界)
	安全通用要求(安全计算环境)＋安全扩展要求(安全计算环境)
现场设备层	安全通用要求(安全物理环境)＋安全扩展要求(安全物理环境)
	安全通用要求(安全通信网络)＋安全扩展要求(安全通信网络)
	安全通用要求(安全区域边界)＋安全扩展要求(安全区域边界)
	安全通用要求(安全计算环境)＋安全扩展要求(安全计算环境)

G.4　实现等级保护要求的一些约束条件

工业控制系统通常是对可用性要求较高的等级保护对象，工业控制系统中的一些装置如果实现特定类型的安全措施可能会终止其连续运行，原则上安全措施不应对高可用性的工业控制系统基本功能产生不利影响。例如用于基本功能的账户不应被锁定，甚至短暂的也不行；安全措施的部署不应显著增加延迟而影响系统响应时间；对于高可用性的控制系统，安全措施失效不应中断基本功能等。

经评估对可用性有较大影响而无法实施和落实安全等级保护要求的相关条款时，应进行安全声明，分析和说明此条款实施可能产生的影响和后果，以及使用的补偿措施。

附 录 H
（资料性附录）
大数据应用场景说明

H.1 大数据概述

本标准中将采用了大数据技术的信息系统，称为大数据系统。大数据系统通常由大数据平台、大数据应用以及处理的数据集合构成，图 H.1 给出了大数据系统的模型。大数据系统的特征是数据体量大、种类多、聚合快、价值高，受到破坏、泄露或篡改会对国家安全、社会秩序或公共利益造成影响，大数据安全涉及大数据平台的安全和大数据应用的安全。

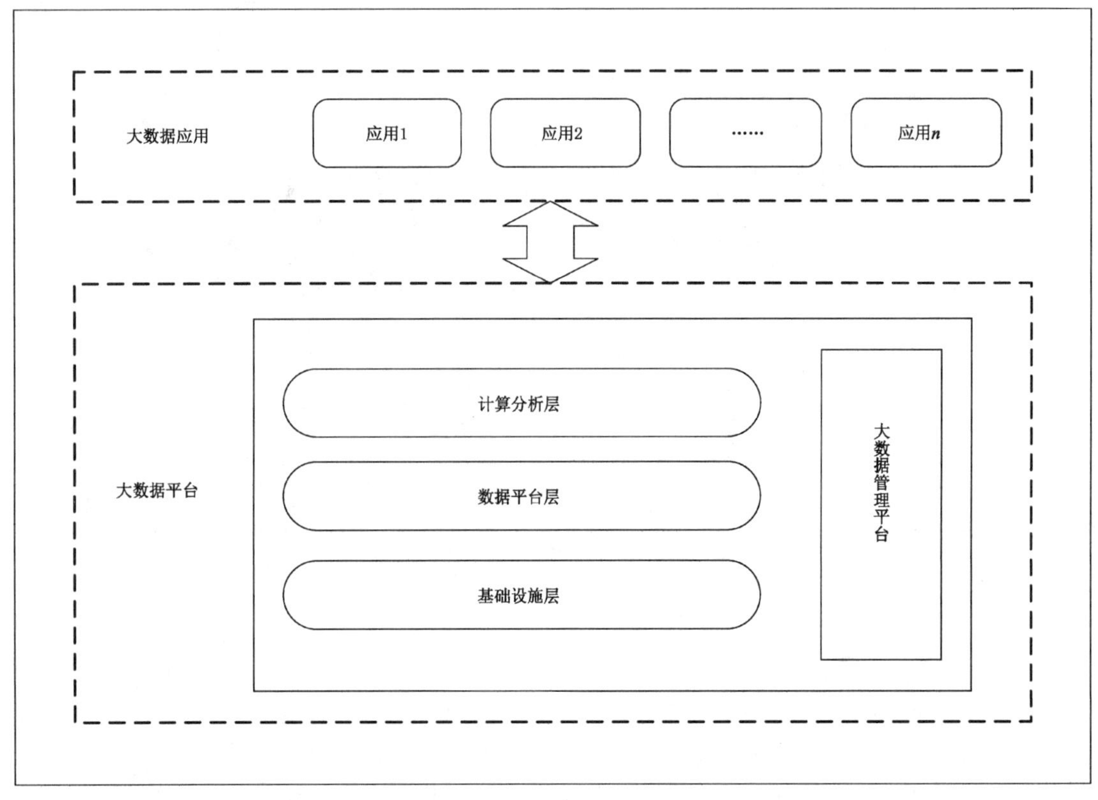

图 H.1 大数据系统构成

大数据应用是基于大数据平台对数据的处理过程，通常包括数据采集、数据存储、数据应用、数据交换和数据销毁等环节，上述各个环节均需要对数据进行保护，通常需考虑的安全控制措施包括数据采集授权、数据真实可信、数据分类标识存储、数据交换完整性、敏感数据保密性、数据备份和恢复、数据输出脱敏处理、敏感数据输出控制以及数据的分级分类销毁机制等。大数据平台是为大数据应用提供资源和服务的支撑集成环境，包括基础设施层、数据平台层和计算分析层。大数据系统除按照本标准的要求进行保护外，还需要考虑其特点，参照本附录补充和完善安全控制措施。

以下给出大数据系统可补充的安全控制措施供参考。

H.2 第一级可参考安全控制措施

H.2.1 安全通信网络

应保证大数据平台不承载高于其安全保护等级的大数据应用。

H.2.2 安全计算环境

大数据平台应对数据采集终端、数据导入服务组件、数据导出终端、数据导出服务组件的使用实施身份鉴别。

H.2.3 安全建设管理

应选择安全合规的大数据平台，其所提供的大数据平台服务应为其所承载的大数据应用提供相应等级的安全保护能力。

H.3 第二级可参考安全控制措施

H.3.1 安全物理环境

应保证承载大数据存储、处理和分析的设备机房位于中国境内。

H.3.2 安全通信网络

应保证大数据平台不承载高于其安全保护等级的大数据应用。

H.3.3 安全计算环境

本方面控制措施包括：

a) 大数据平台应对数据采集终端、数据导入服务组件、数据导出终端、数据导出服务组件的使用实施身份鉴别；
b) 大数据平台应能对不同客户的大数据应用实施标识和鉴别；
c) 大数据平台应为大数据应用提供管控其计算和存储资源使用状况的能力；
d) 大数据平台应对其提供的辅助工具或服务组件，实施有效管理；
e) 大数据平台应屏蔽计算、内存、存储资源故障，保障业务正常运行；
f) 大数据平台应提供静态脱敏和去标识化的工具或服务组件技术；
g) 对外提供服务的大数据平台，平台或第三方只有在大数据应用授权下才可以对大数据应用的数据资源进行访问、使用和管理。

H.3.4 安全建设管理

本方面控制措施包括：

a) 应选择安全合规的大数据平台，其所提供的大数据平台服务应为其所承载的大数据应用提供相应等级的安全保护能力；
b) 应以书面方式约定大数据平台提供者的权限与责任、各项服务内容和具体技术指标等，尤其是安全服务内容。

H.3.5　安全运维管理

应建立数字资产安全管理策略，对数据全生命周期的操作规范、保护措施、管理人员职责等进行规定，包括并不限于数据采集、存储、处理、应用、流动、销毁等过程。

H.4　第三级可参考安全控制措施

H.4.1　安全物理环境

应保证承载大数据存储、处理和分析的设备机房位于中国境内。

H.4.2　安全通信网络

本方面控制措施包括：

a）应保证大数据平台不承载高于其安全保护等级的大数据应用；

b）应保证大数据平台的管理流量与系统业务流量分离。

H.4.3　安全计算环境

本方面控制措施包括：

a）大数据平台应对数据采集终端、数据导入服务组件、数据导出终端、数据导出服务组件的使用实施身份鉴别；

b）大数据平台应能对不同客户的大数据应用实施标识和鉴别；

c）大数据平台应为大数据应用提供集中管控其计算和存储资源使用状况的能力；

d）大数据平台应对其提供的辅助工具或服务组件，实施有效管理；

e）大数据平台应屏蔽计算、内存、存储资源故障，保障业务正常运行；

f）大数据平台应提供静态脱敏和去标识化的工具或服务组件技术；

g）对外提供服务的大数据平台，平台或第三方只有在大数据应用授权下才可以对大数据应用的数据资源进行访问、使用和管理；

h）大数据平台应提供数据分类分级安全管理功能，供大数据应用针对不同类别级别的数据采取不同的安全保护措施；

i）大数据平台应提供设置数据安全标记功能，基于安全标记的授权和访问控制措施，满足细粒度授权访问控制管理能力要求；

j）大数据平台应在数据采集、存储、处理、分析等各个环节，支持对数据进行分类分级处置，并保证安全保护策略保持一致；

k）涉及重要数据接口、重要服务接口的调用，应实施访问控制，包括但不限于数据处理、使用、分析、导出、共享、交换等相关操作；

l）应在数据清洗和转换过程中对重要数据进行保护，以保证重要数据清洗和转换后的一致性，避免数据失真，并在产生问题时能有效还原和恢复；

m）应跟踪和记录数据采集、处理、分析和挖掘等过程，保证溯源数据能重现相应过程，溯源数据满足合规审计要求；

n）大数据平台应保证不同客户大数据应用的审计数据隔离存放，并提供不同客户审计数据收集汇总和集中分析的能力。

H.4.4 安全建设管理

本方面控制措施包括：

a) 应选择安全合规的大数据平台，其所提供的大数据平台服务应为其所承载的大数据应用提供相应等级的安全保护能力；

b) 应以书面方式约定大数据平台提供者的权限与责任、各项服务内容和具体技术指标等，尤其是安全服务内容；

c) 应明确约束数据交换、共享的接收方对数据的保护责任，并确保接收方有足够或相当的安全防护能力。

H.4.5 安全运维管理

本方面控制措施包括：

a) 应建立数字资产安全管理策略，对数据全生命周期的操作规范、保护措施、管理人员职责等进行规定，包括并不限于数据采集、存储、处理、应用、流动、销毁等过程；

b) 应制定并执行数据分类分级保护策略，针对不同类别级别的数据制定不同的安全保护措施；

c) 应在数据分类分级的基础上，划分重要数字资产范围，明确重要数据进行自动脱敏或去标识的使用场景和业务处理流程；

d) 应定期评审数据的类别和级别，如需要变更数据的类别或级别，应依据变更审批流程执行变更。

H.5 第四级可参考安全控制措施

H.5.1 安全物理环境

应保证承载大数据存储、处理和分析的设备机房位于中国境内。

H.5.2 安全通信网络

本方面控制措施包括：

a) 应保证大数据平台不承载高于其安全保护等级的大数据应用；

b) 应保证大数据平台的管理流量与系统业务流量分离。

H.5.3 安全计算环境

本方面控制措施包括：

a) 大数据平台应对数据采集终端、数据导入服务组件、数据导出终端、数据导出服务组件的使用实施身份鉴别；

b) 大数据平台应能对不同客户的大数据应用实施标识和鉴别；

c) 大数据平台应为大数据应用提供集中管控其计算和存储资源使用状况的能力；

d) 大数据平台应对其提供的辅助工具或服务组件，实施有效管理；

e) 大数据平台应屏蔽计算、内存、存储资源故障，保障业务正常运行；

f) 大数据平台应提供静态脱敏和去标识化的工具或服务组件技术；

g) 对外提供服务的大数据平台，平台或第三方只有在大数据应用授权下才可以对大数据应用的数据资源进行访问、使用和管理；

h) 大数据平台应提供数据分类分级安全管理功能，供大数据应用针对不同类别级别的数据采取不同的安全保护措施；

i) 大数据平台应提供设置数据安全标记功能，基于安全标记的授权和访问控制措施，满足细粒度授权访问控制管理能力要求；

j) 大数据平台应在数据采集、存储、处理、分析等各个环节，支持对数据进行分类分级处置，并保证安全保护策略保持一致；

k) 涉及重要数据接口、重要服务接口的调用，应实施访问控制，包括但不限于数据处理、使用、分析、导出、共享、交换等相关操作；

l) 应在数据清洗和转换过程中对重要数据进行保护，以保证重要数据清洗和转换后的一致性，避免数据失真，并在产生问题时能有效还原和恢复；

m) 应跟踪和记录数据采集、处理、分析和挖掘等过程，保证溯源数据能重现相应过程，溯源数据满足合规审计要求；

n) 大数据平台应保证不同客户大数据应用的审计数据隔离存放，并提供不同客户审计数据收集汇总和集中分析的能力；

o) 大数据平台应具备对不同类别、不同级别数据全生命周期区分处置的能力。

H.5.4 安全建设管理

本方面控制措施包括：

a) 应选择安全合规的大数据平台，其所提供的大数据平台服务应为其所承载的大数据应用提供相应等级的安全保护能力；

b) 应以书面方式约定大数据平台提供者的权限与责任、各项服务内容和具体技术指标等，尤其是安全服务内容；

c) 应明确约束数据交换、共享的接收方对数据的保护责任，并确保接收方有足够或相当的安全防护能力。

H.5.5 安全运维管理

本方面控制措施包括：

a) 应建立数字资产安全管理策略，对数据全生命周期的操作规范、保护措施、管理人员职责等进行规定，包括并不限于数据采集、存储、处理、应用、流动、销毁等过程；

b) 应制定并执行数据分类分级保护策略，针对不同类别级别的数据制定不同的安全保护措施；

c) 应在数据分类分级的基础上，划分重要数字资产范围，明确重要数据进行自动脱敏或去标识的使用场景和业务处理流程；

d) 应定期评审数据的类别和级别，如需要变更数据的类别或级别，应依据变更审批流程执行变更。

参 考 文 献

[1] GB/T 18336.1—2015 信息技术 安全技术 信息技术安全评估准则 第1部分:简介和一般模型

[2] GB/T 22080—2016 信息技术 安全技术 信息安全管理体系 要求

[3] GB/T 22081—2016 信息技术 安全技术 信息安全控制实践指南

[4] NIST Special Publication 800-53 Security and Privacy Controls for Federal Information Systems and Organizations

ICS 35.040
L 80

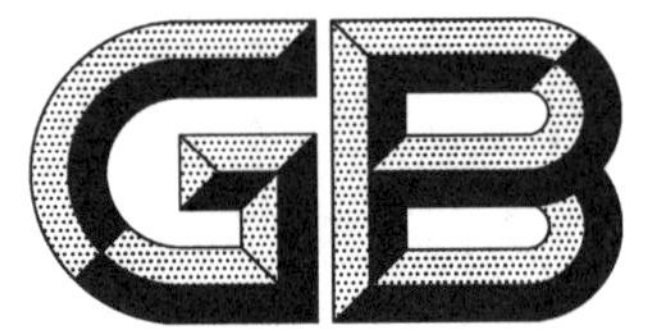

中华人民共和国国家标准

GB/T 22240—2020
代替 GB/T 22240—2008

信息安全技术
网络安全等级保护定级指南

**Information security technology—
Classification guide for classified protection of cybersecurity**

2020-04-28 发布　　2020-11-01 实施

国家市场监督管理总局
国家标准化管理委员会　发布

前　言

本标准按照 GB/T 1.1—2009 给出的规则起草。

本标准代替 GB/T 22240—2008《信息安全技术　信息系统安全等级保护定级指南》，与 GB/T 22240—2008 相比，主要技术变化如下：

——修改了等级保护对象、信息系统的定义，增加了网络安全、通信网络设施、数据资源的术语和定义（见第 3 章，2008 年版的第 3 章）；

——增加了通信网络设施和数据资源的定级对象确定方法（见 5.2、5.3）；

——增加了特定定级对象定级说明（见第 7 章）；

——修改了定级流程（见 4.4，2008 年版的 5.1）。

请注意本文件的某些内容可能涉及专利。本文件的发布机构不承担识别这些专利的责任。

本标准由全国信息安全标准化技术委员会（SAC/TC 260）提出并归口。

本标准起草单位：公安部第三研究所、亚信科技（成都）有限公司、阿里云计算有限公司、深圳市腾讯计算机系统有限公司、启明星辰信息技术集团股份有限公司、审计署计算机技术中心。

本标准主要起草人：曲洁、尚旭光、黄顺京、李明、黎水林、张振峰、郭启全、葛波蔚、祝国邦、陆磊、袁静、任卫红、朱建平、马力、李升、刘东红、孙中和、王欢、沈锡镛、杨晓光、马闽、陈雪秀。

本标准所代替标准的历次版本发布情况为：

——GB/T 22240—2008。

引　　言

为了配合《中华人民共和国网络安全法》的实施，同时适应云计算、移动互联、物联网、工业控制和大数据等新技术、新应用情况下网络安全等级保护工作的开展，需对 GB/T 22240—2008 进行修订，从等级保护对象定义和定级流程等方面进行补充、细化和完善，形成新的网络安全等级保护定级指南标准。

与本标准相关的国家标准包括：

——GB/T 22239　信息安全技术　网络安全等级保护基本要求；

——GB/T 25058　信息安全技术　网络安全等级保护实施指南；

——GB/T 25070　信息安全技术　网络安全等级保护安全设计技术要求；

——GB/T 28448　信息安全技术　网络安全等级保护测评要求；

——GB/T 28449　信息安全技术　网络安全等级保护测评过程指南。

信息安全技术
网络安全等级保护定级指南

1 范围

本标准给出了非涉及国家秘密的等级保护对象的安全保护等级定级方法和定级流程。

本标准适用于指导网络运营者开展非涉及国家秘密的等级保护对象的定级工作。

2 规范性引用文件

下列文件对于本文件的应用是必不可少的。凡是注日期的引用文件，仅注日期的版本适用于本文件。凡是不注日期的引用文件，其最新版本（包括所有的修改单）适用于本文件。

GB 17859—1999 计算机信息系统 安全保护等级划分准则

GB/T 22239—2019 信息安全技术 网络安全等级保护基本要求

GB/T 25069 信息安全技术 术语

GB/T 29246—2017 信息技术 安全技术 信息安全管理体系 概述和词汇

GB/T 31167—2014 信息安全技术 云计算服务安全指南

GB/T 32919—2016 信息安全技术 工业控制系统安全控制应用指南

GB/T 35295—2017 信息技术 大数据 术语

3 术语和定义

GB 17859—1999、GB/T 22239—2019、GB/T 25069、GB/T 29246—2017、GB/T 31167—2014、GB/T 32919—2016 和 GB/T 35295—2017 界定的以及下列术语和定义适用于本文件。为了便于使用，以下重复列出了上述标准中的某些术语和定义。

3.1

网络安全 cybersecurity

通过采取必要措施，防范对网络的攻击、侵入、干扰、破坏和非法使用以及意外事故，使网络处于稳定可靠运行的状态，以及保障网络数据的完整性、保密性、可用性的能力。

[GB/T 22239—2019，定义 3.1]

3.2

等级保护对象 target of classified protection

网络安全等级保护工作直接作用的对象。

注：主要包括信息系统、通信网络设施和数据资源等。

3.3

信息系统 information system

应用、服务、信息技术资产或其他信息处理组件。

[GB/T 29246—2017，定义 2.39]

注 1：信息系统通常由计算机或者其他信息终端及相关设备组成，并按照一定的应用目标和规则进行信息处理或过程控制。

注2：典型的信息系统如办公自动化系统、云计算平台/系统、物联网、工业控制系统以及采用移动互联技术的系统等。

3.4

通信网络设施 network infrastructure

为信息流通、网络运行等起基础支撑作用的网络设备设施。

注：主要包括电信网、广播电视传输网和行业或单位的专用通信网等。

3.5

数据资源 data resources

具有或预期具有价值的数据集合。

注：数据资源多以电子形式存在。

3.6

受侵害的客体 object of infringement

受法律保护的、等级保护对象受到破坏时所侵害的社会关系。

注：本标准中简称"客体"。

3.7

客观方面 objective

对客体造成侵害的客观外在表现，包括侵害方式和侵害结果等。

4 定级原理及流程

4.1 安全保护等级

根据等级保护对象在国家安全、经济建设、社会生活中的重要程度，以及一旦遭到破坏、丧失功能或者数据被篡改、泄露、丢失、损毁后，对国家安全、社会秩序、公共利益以及公民、法人和其他组织的合法权益的侵害程度等因素，等级保护对象的安全保护等级分为以下五级：

a) 第一级，等级保护对象受到破坏后，会对相关公民、法人和其他组织的合法权益造成损害，但不危害国家安全、社会秩序和公共利益；
b) 第二级，等级保护对象受到破坏后，会对相关公民、法人和其他组织的合法权益造成严重损害或特别严重损害，或者对社会秩序和公共利益造成危害，但不危害国家安全；
c) 第三级，等级保护对象受到破坏后，会对社会秩序和公共利益造成严重危害，或者对国家安全造成危害；
d) 第四级，等级保护对象受到破坏后，会对社会秩序和公共利益造成特别严重危害，或者对国家安全造成严重危害；
e) 第五级，等级保护对象受到破坏后，会对国家安全造成特别严重危害。

4.2 定级要素

4.2.1 定级要素概述

等级保护对象的定级要素包括：

a) 受侵害的客体；
b) 对客体的侵害程度。

4.2.2 受侵害的客体

等级保护对象受到破坏时所侵害的客体包括以下三个方面：

a) 公民、法人和其他组织的合法权益；

b） 社会秩序、公共利益；

c） 国家安全。

4.2.3 对客体的侵害程度

对客体的侵害程度由客观方面的不同外在表现综合决定。由于对客体的侵害是通过对等级保护对象的破坏实现的，因此对客体的侵害外在表现为对等级保护对象的破坏，通过侵害方式、侵害后果和侵害程度加以描述。

等级保护对象受到破坏后对客体造成侵害的程度归结为以下三种：

a） 造成一般损害；

b） 造成严重损害；

c） 造成特别严重损害。

4.3 定级要素与安全保护等级的关系

定级要素与安全保护等级的关系如表1所示。

表1 定级要素与安全保护等级的关系

受侵害的客体	对客体的侵害程度		
	一般损害	严重损害	特别严重损害
公民、法人和其他组织的合法权益	第一级	第二级	第二级
社会秩序、公共利益	第二级	第三级	第四级
国家安全	第三级	第四级	第五级

4.4 定级流程

等级保护对象定级工作的一般流程如图1所示。

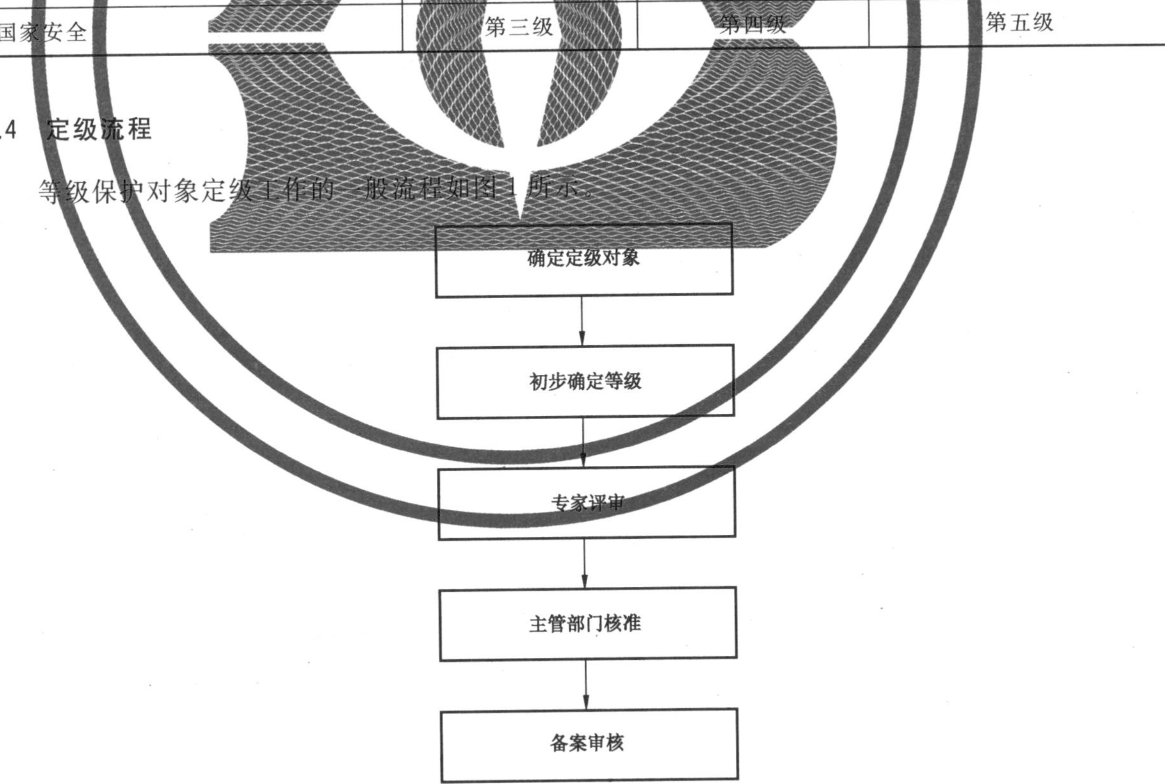

图1 等级保护对象定级工作一般流程

安全保护等级初步确定为第二级及以上的等级保护对象，其网络运营者依据本标准组织进行专家评审、主管部门核准和备案审核，最终确定其安全保护等级。

注：安全保护等级初步确定为第一级的等级保护对象，其网络运营者可依据本标准自行确定最终安全保护等级，可不进行专家评审、主管部门核准和备案审核。

5 确定定级对象

5.1 信息系统

5.1.1 定级对象的基本特征

作为定级对象的信息系统应具有如下基本特征：

a) 具有确定的主要安全责任主体；

b) 承载相对独立的业务应用；

c) 包含相互关联的多个资源。

注1：主要安全责任主体包括但不限于企业、机关和事业单位等法人，以及不具备法人资格的社会团体等其他组织。

注2：避免将某个单一的系统组件，如服务器、终端或网络设备作为定级对象。

在确定定级对象时，云计算平台/系统、物联网、工业控制系统以及采用移动互联技术的系统在满足以上基本特征的基础上，还需分别遵循5.1.2、5.1.3、5.1.4、5.1.5的相关要求。

5.1.2 云计算平台/系统

在云计算环境中，云服务客户侧的等级保护对象和云服务商侧的云计算平台/系统需分别作为单独的定级对象定级，并根据不同服务模式将云计算平台/系统划分为不同的定级对象。

对于大型云计算平台，宜将云计算基础设施和有关辅助服务系统划分为不同的定级对象。

5.1.3 物联网

物联网主要包括感知、网络传输和处理应用等特征要素，需将以上要素作为一个整体对象定级，各要素不单独定级。

5.1.4 工业控制系统

工业控制系统主要包括现场采集/执行、现场控制、过程控制和生产管理等特征要素。其中，现场采集/执行、现场控制和过程控制等要素需作为一个整体对象定级，各要素不单独定级；生产管理要素宜单独定级。

对于大型工业控制系统，可根据系统功能、责任主体、控制对象和生产厂商等因素划分为多个定级对象。

5.1.5 采用移动互联技术的系统

采用移动互联技术的系统主要包括移动终端、移动应用和无线网络等特征要素，可作为一个整体独立定级或与相关联业务系统一起定级，各要素不单独定级。

5.2 通信网络设施

对于电信网、广播电视传输网等通信网络设施，宜根据安全责任主体、服务类型或服务地域等因素将其划分为不同的定级对象。

当安全责任主体相同时，跨省的行业或单位的专用通信网可作为一个整体对象定级；当安全责任主体不同时,需根据安全责任主体和服务区域划分为若干个定级对象。

5.3 数据资源

数据资源可独立定级。

当安全责任主体相同时,大数据、大数据平台/系统宜作为一个整体对象定级;当安全责任主体不同时,大数据应独立定级。

6 初步确定等级

6.1 定级方法概述

定级对象的定级方法按照以下描述进行。对于通信网络设施、云计算平台/系统等起支撑作用的定级对象和数据资源,还需参照第7章。

定级对象的安全主要包括业务信息安全和系统服务安全,与之相关的受侵害客体和对客体的侵害程度可能不同,因此,安全保护等级由业务信息安全和系统服务安全两方面确定。从业务信息安全角度反映的定级对象安全保护等级称为业务信息安全保护等级;从系统服务安全角度反映的定级对象安全保护等级称为系统服务安全保护等级。

定级方法流程示意图如图2所示。

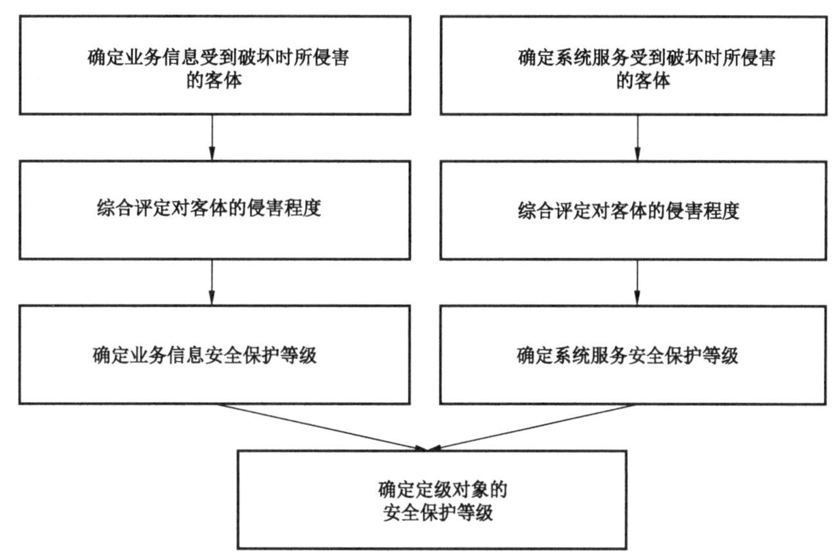

图2 定级方法流程示意图

具体流程如下:

a) 确定受到破坏时所侵害的客体
   1) 确定业务信息受到破坏时所侵害的客体;
   2) 确定系统服务受到侵害时所侵害的客体。
b) 确定对客体的侵害程度
   1) 根据不同的受侵害客体,分别评定业务信息安全被破坏对客体的侵害程度;
   2) 根据不同的受侵害客体,分别评定系统服务安全被破坏对客体的侵害程度。
c) 确定安全保护等级
   1) 确定业务信息安全保护等级;
   2) 确定系统服务安全保护等级;

3） 将业务信息安全保护等级和系统服务安全保护等级的较高者确定为定级对象的安全保护等级。

6.2 确定受侵害的客体

定级对象受到破坏时所侵害的客体包括国家安全、社会秩序、公共利益以及公民、法人和其他组织的合法权益。

侵害国家安全的事项包括以下方面：

——影响国家政权稳固和领土主权、海洋权益完整；

——影响国家统一、民族团结和社会稳定；

——影响国家社会主义市场经济秩序和文化实力；

——其他影响国家安全的事项。

侵害社会秩序的事项包括以下方面：

——影响国家机关、企事业单位、社会团体的生产秩序、经营秩序、教学科研秩序、医疗卫生秩序；

——影响公共场所的活动秩序、公共交通秩序；

——影响人民群众的生活秩序；

——其他影响社会秩序的事项。

侵害公共利益的事项包括以下方面：

——影响社会成员使用公共设施；

——影响社会成员获取公开数据资源；

——影响社会成员接受公共服务等方面；

——其他影响公共利益的事项。

侵害公民、法人和其他组织的合法权益是指受法律保护的公民、法人和其他组织所享有的社会权利和利益等受到损害。

确定受侵害的客体时，首先判断是否侵害国家安全，然后判断是否侵害社会秩序或公共利益，最后判断是否侵害公民、法人和其他组织的合法权益。

6.3 确定对客体的侵害程度

6.3.1 侵害的客观方面

在客观方面，对客体的侵害外在表现为对定级对象的破坏，其侵害方式表现为对业务信息安全的破坏和对系统服务安全的破坏。其中，业务信息安全是指确保定级对象中信息的保密性、完整性和可用性等，系统服务安全是指确保定级对象可以及时、有效地提供服务，以完成预定的业务目标。由于业务信息安全和系统服务安全受到破坏所侵害的客体和对客体的侵害程度可能会有所不同，在定级过程中，需要分别处理这两种侵害方式。

业务信息安全和系统服务安全受到破坏后，可能产生以下侵害后果：

——影响行使工作职能；

——导致业务能力下降；

——引起法律纠纷；

——导致财产损失；

——造成社会不良影响；

——对其他组织和个人造成损失；

——其他影响。

6.3.2 综合判定侵害程度

侵害程度是客观方面的不同外在表现的综合体现，因此，首先根据不同的受侵害客体、不同侵害后果分别确定其侵害程度。对不同侵害后果确定其侵害程度所采取的方法和所考虑的角度可能不同,例如,系统服务安全被破坏导致业务能力下降的程度,可以从定级对象服务覆盖的区域范围、用户人数或业务量等不同方面确定;业务信息安全被破坏导致的财物损失,可以从直接的资金损失大小、间接的信息恢复费用等方面进行确定。

在针对不同的受侵害客体进行侵害程度的判断时,参照以下不同的判别基准:

——如果受侵害客体是公民、法人或其他组织的合法权益,则以本人或本单位的总体利益作为判断侵害程度的基准;

——如果受侵害客体是社会秩序、公共利益或国家安全,则以整个行业或国家的总体利益作为判断侵害程度的基准。

不同侵害后果的三种侵害程度描述如下:

——一般损害:工作职能受到局部影响,业务能力有所降低但不影响主要功能的执行,出现较轻的法律问题,较低的财产损失,有限的社会不良影响,对其他组织和个人造成较低损害;

——严重损害:工作职能受到严重影响,业务能力显著下降且严重影响主要功能执行,出现较严重的法律问题,较高的财产损失,较大范围的社会不良影响,对其他组织和个人造成较高损害;

——特别严重损害:工作职能受到特别严重影响或丧失行使能力,业务能力严重下降且或功能无法执行,出现极其严重的法律问题,极高的财产损失,大范围的社会不良影响,对其他组织和个人造成非常高损害。

通过对不同侵害后果的侵害程度进行综合评定得出对客体的侵害程度。由于各行业定级对象所处理的信息种类和系统服务特点各不相同,业务信息安全和系统服务安全受到破坏后关注的侵害结果、侵害程度的计算方式均可能不同,各行业可根据本行业业务信息和系统服务特点制定侵害程度的综合评定方法,并给出一般损害、严重损害、特别严重损害的具体定义。

6.4 综合判定等级

根据业务信息安全被破坏时所侵害的客体以及对相应客体的侵害程度,依据表2可得到业务信息安全保护等级。

表2 业务信息安全保护等级矩阵表

业务信息安全被破坏时所侵害的客体	对相应客体的侵害程度		
	一般损害	严重损害	特别严重损害
公民、法人和其他组织的合法权益	第一级	第二级	第二级
社会秩序、公共利益	第二级	第三级	第四级
国家安全	第三级	第四级	第五级

根据系统服务安全被破坏时所侵害的客体以及对相应客体的侵害程度,依据表3可得到系统服务安全保护等级。

表3 系统服务安全保护等级矩阵表

系统服务安全被破坏时所侵害的客体	对相应客体的侵害程度		
	一般损害	严重损害	特别严重损害
公民、法人和其他组织的合法权益	第一级	第二级	第二级
社会秩序、公共利益	第二级	第三级	第四级
国家安全	第三级	第四级	第五级

定级对象的安全保护等级由业务信息安全保护等级和系统服务安全保护等级的较高者决定。

7　确定安全保护等级

安全保护等级初步确定为第二级及以上的，定级对象的网络运营者需组织网络安全专家和业务专家对定级结果的合理性进行评审，并出具专家评审意见。有行业主管(监管)部门的，还需将定级结果报请行业主管(监管)部门核准，并出具核准意见。最后，网络运营者按照相关管理规定，将定级结果提交公安机关进行备案审核。审核不通过，其网络运营者需组织重新定级；审核通过后最终确定定级对象的安全保护等级。

对于通信网络设施、云计算平台/系统等定级对象，需根据其承载或将要承载的等级保护对象的重要程度确定其安全保护等级，原则上不低于其承载的等级保护对象的安全保护等级。

对于数据资源，综合考虑其规模、价值等因素，及其遭到破坏后对国家安全、社会秩序、公共利益以及公民、法人和其他组织的合法权益的侵害程度确定其安全保护等级。涉及大量公民个人信息以及为公民提供公共服务的大数据平台/系统，原则上其安全保护等级不低于第三级。

8　等级变更

当等级保护对象所处理的业务信息和系统服务范围发生变化，可能导致业务信息安全或系统服务安全受到破坏后的受侵害客体和对客体的侵害程度发生变化时，需根据本标准重新确定定级对象和安全保护等级。

参 考 文 献

[1] GB/T 31168—2014 信息安全技术 云计算服务安全能力要求

[2] National Institute of Standards and Technology Special Publication 800-60, Revision 1, Guide for Mapping Types of Information and Information Systems to Security Categories, August 2008.

ICS 35.040
L 80

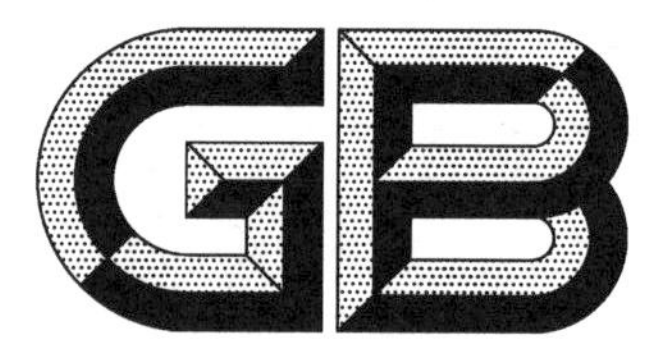

中华人民共和国国家标准

GB/T 25058—2019
代替 GB/T 25058—2010

信息安全技术 网络安全等级保护实施指南

Information security technology—Implementation guide for classified protection of cybersecurity

2019-08-30 发布

2020-03-01 实施

国家市场监督管理总局
中国国家标准化管理委员会
发布

前　言

本标准按照 GB/T 1.1—2009 给出的规则起草。

本标准代替 GB/T 25058—2010《信息安全技术　信息系统安全等级保护实施指南》，与 GB/T 25058—2010 相比，主要变化如下：

——标准名称变更为《信息安全技术　网络安全等级保护实施指南》。

——全文将“信息系统”调整为“等级保护对象”或“定级对象”，将国家标准“信息系统安全等级保护基本要求”调整为“网络安全等级保护基本要求”。

——考虑到云计算等新技术新应用在实施过程中的特殊处理，根据需要，相关章条增加云计算、移动互联、大数据等相关内容(见 5.3.2、6.3.2、7.2.1、7.3.2)。

——将各部分已有内容进一步细化，使其能够指导单位针对新建等级保护对象的等级保护工作(见 6.3.2、7.4.3)。

——在等级保护对象定级阶段，增加了行业/领域主管单位的工作过程(见 5.2)；增加了云计算、移动互联、物联网、工控、大数据定级的特殊关注点(见 5.3，2010 年版的 5.2)。

——在总体安全规划阶段，增加了行业等级保护管理规范和技术标准相关内容，即明确了基本安全需求既包括国家等级保护管理规范和技术标准提出的要求，也包括行业等级保护管理规范和技术标准提出的要求(见 6.2.1，2010 年版的 6.2.1)。

——在总体安全规划阶段，增加了“设计等级保护对象的安全技术体系架构”内容，要求根据机构总体安全策略文件、GB/T 22239 和机构安全需求，设计安全技术体系架构，并提供了安全技术体系架构图。此外，增加了云计算、移动互联等新技术的安全保护技术措施(见 6.3.2，2010 年版的 6.3.2)。

——在总体安全规划阶段，增加了“设计等级保护对象的安全管理体系框架”内容，要求根据 GB/T 22239、安全需求分析报告等，设计安全管理体系框架，并提供了安全管理体系框架(见 6.3.3，2010 年版的 6.3.3)。

——在安全设计与实施阶段，将“技术措施实现”与“管理措施实现”调换顺序(见 7.3、7.4，2010 年版的 7.3、7.4)；将“人员安全技能培训”合并到“安全管理机构和人员的设置”中(见 7.4.2，2010 年版的 7.3.1、7.3.3)；将“安全管理制度的建设和修订”与“安全管理机构和人员的设置”调换顺序(见 7.4.1、7.4.2，2010 年版的 7.4.1、7.4.2)。

——在安全设计与实施阶段，在技术措施实现中增加了对于云计算、移动互联等新技术的风险分析、技术防护措施实现等要求(见 7.2.1，2010 年版的 7.2.1)；在测试环节中，更侧重安全漏洞扫描、渗透测试等安全测试内容(见 7.3.2，2010 年版的 7.3.2)。

——在安全设计与实施阶段，在原有信息安全产品供应商的基础上，增加网络安全服务机构的评价和选择要求(见 7.3.1)；安全控制集成中，增加安全态势感知、监测通报预警、应急处置追踪溯源等安全措施的集成(见 7.3.3)；安全管理制度的建设和修订要求中，增加要求总体安全方针、安全管理制度、安全操作规程、安全运维记录和表单四层体系文件的一致性(见 7.4.1)；安全实施过程管理中，增加整体管理过程的活动内容描述(见 7.4.3)。

——在安全运行与维护阶段，增加“服务商管理和监控”(见 8.6)；删除了“安全事件处置和应急预案”(2010 年版的 8.5)；删除了“系统备案”(2010 年版的 8.8)；修改了“监督检查”的内容(8.8，2012 年版的 8.9)，增加了“应急响应与保障”(见 8.9)。

请注意本文件的某些内容可能涉及专利。本文件的发布机构不承担识别这些专利的责任。

本标准由全国信息安全标准化技术委员会(SAC/TC 260)提出并归口。

本标准起草单位:公安部第三研究所(公安部信息安全等级保护评估中心)、中国电子科技集团公司第十五研究所(信息产业信息安全测评中心)、北京安信天行科技有限公司。

本标准主要起草人:袁静、任卫红、毕马宁、黎水林、刘健、翟建军、王然、张益、江雷、赵泰、李明、马力、于东升、陈广勇、沙森森、朱建平、曲洁、李升、刘静、罗峥、彭海龙、徐爽亮。

本标准所代替标准的历次版本发布情况为:

——GB/T 25058—2010。

信息安全技术 网络安全等级保护实施指南

1 范围

本标准规定了等级保护对象实施网络安全等级保护工作的过程。

本标准适用于指导网络安全等级保护工作的实施。

2 规范性引用文件

下列文件对于本文件的应用是必不可少的。凡是注日期的引用文件，仅注日期的版本适用于本文件。凡是不注日期的引用文件，其最新版本(包括所有的修改单)适用于本文件。

GB 17859 计算机信息系统 安全保护等级划分准则

GB/T 22239 信息安全技术 网络安全等级保护基本要求

GB/T 22240 信息安全技术 信息系统安全等级保护定级指南

GB/T 25069 信息安全技术 术语

GB/T 28448 信息安全技术 网络安全等级保护测评要求

3 术语和定义

GB 17859、GB/T 22239、GB/T 25069 和 GB/T 28448 界定的术语和定义适用于本文件。

4 等级保护实施概述

4.1 基本原则

安全等级保护的核心是将等级保护对象划分等级，按标准进行建设、管理和监督。安全等级保护实施过程中应遵循以下基本原则：

a) 自主保护原则

等级保护对象运营、使用单位及其主管部门按照国家相关法规和标准，自主确定等级保护对象的安全保护等级，自行组织实施安全保护。

b) 重点保护原则

根据等级保护对象的重要程度、业务特点，通过划分不同安全保护等级的等级保护对象，实现不同强度的安全保护，集中资源优先保护涉及核心业务或关键信息资产的等级保护对象。

c) 同步建设原则

等级保护对象在新建、改建、扩建时应同步规划和设计安全方案，投入一定比例的资金建设网络安全设施，保障网络安全与信息化建设相适应。

d) 动态调整原则

应跟踪定级对象的变化情况，调整安全保护措施。由于定级对象的应用类型、范围等条件的变化及其他原因,安全保护等级需要变更的,应根据等级保护的管理规范和技术标准的要求,重新确定定级对象的安全保护等级,根据其安全保护等级的调整情况,重新实施安全保护。

4.2 角色和职责

等级保护对象实施网络安全等级保护过程中涉及的各类角色和职责如下:

a) 等级保护管理部门

等级保护管理部门依照等级保护相关法律、行政法规的规定,在各自职责范围内负责网络安全保护和监督管理工作。

b) 主管部门

负责依照国家网络安全等级保护的管理规范和技术标准,督促、检查和指导本行业、本部门或者本地区等级保护对象运营、使用单位的网络安全等级保护工作。

c) 运营、使用单位

负责依照国家网络安全等级保护的管理规范和技术标准,确定其等级保护对象的安全保护等级,有主管部门的,应报其主管部门审核批准;根据已经确定的安全保护等级,到公安机关办理备案手续;按照国家网络安全等级保护管理规范和技术标准,进行等级保护对象安全保护的规划设计;使用符合国家有关规定,满足等级保护对象安全保护等级需求的信息技术产品和网络安全产品,开展安全建设或者改建工作;制定、落实各项安全管理制度,定期对等级保护对象的安全状况、安全保护制度及措施的落实情况进行自查,选择符合国家相关规定的等级测评机构,定期进行等级测评;制定不同等级网络安全事件的响应、处置预案,对网络安全事件分等级进行应急处置。

d) 网络安全服务机构

负责根据运营、使用单位的委托,依照国家网络安全等级保护的管理规范和技术标准,协助运营、使用单位完成等级保护的相关工作,包括确定其等级保护对象的安全保护等级、进行安全需求分析、安全总体规划、实施安全建设和安全改造、提供服务支撑平台等。

e) 网络安全等级测评机构

负责根据运营、使用单位的委托或根据等级保护管理部门的授权,协助运营、使用单位或等级保护管理部门,按照国家网络安全等级保护的管理规范和技术标准,对已经完成等级保护建设的等级保护对象进行等级测评;对网络安全产品供应商提供的网络安全产品进行安全测评。

f) 网络安全产品供应商

负责按照国家网络安全等级保护的管理规范和技术标准,开发符合等级保护相关要求的网络安全产品,接受安全测评;按照等级保护相关要求销售网络安全产品并提供相关服务。

4.3 实施的基本流程

对等级保护对象实施等级保护的基本流程包括等级保护对象定级与备案阶段、总体安全规划阶段、安全设计与实施阶段、安全运行与维护阶段和定级对象终止阶段,见图 1。

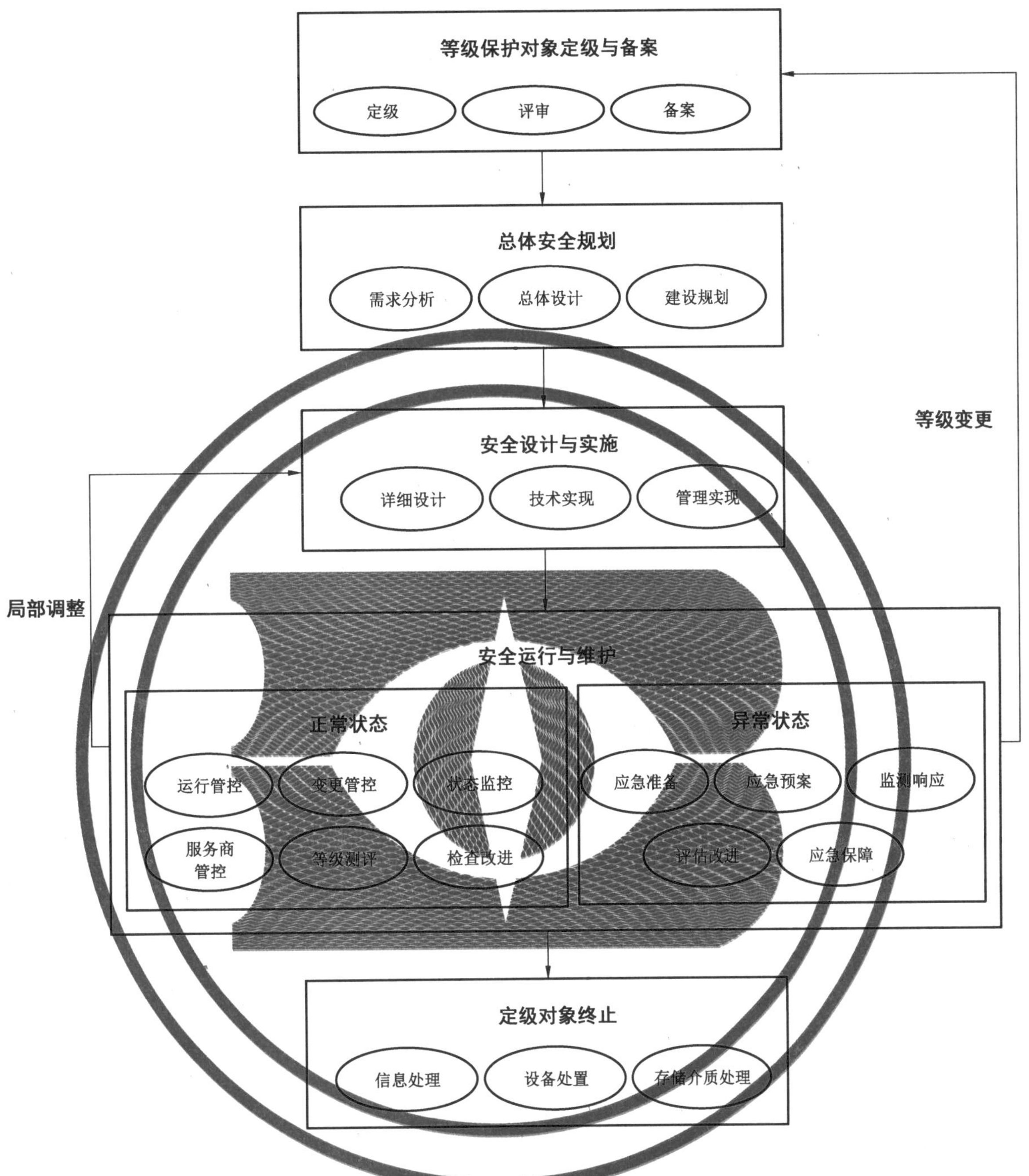

图1　安全等级保护工作实施的基本流程

在安全运行与维护阶段，等级保护对象因需求变化等原因导致局部调整，而其安全保护等级并未改变，应从安全运行与维护阶段进入安全设计与实施阶段，重新设计、调整和实施安全措施，确保满足等级保护的要求；当等级保护对象发生重大变更导致安全保护等级变化时，应从安全运行与维护阶段进入等级保护对象定级与备案阶段，重新开始一轮网络安全等级保护的实施过程。等级保护对象在运行与维护过程中，发生安全事件时可能会发生应急响应与保障。

等级保护对象安全等级保护实施的基本流程中各个阶段的主要过程、活动、输入和输出见附录A。

5 等级保护对象定级与备案

5.1 定级与备案阶段的工作流程

等级保护对象定级阶段的目标是运营、使用单位按照国家有关管理规范和定级标准，确定等级保护对象及其安全保护等级，并经过专家评审。运营、使用单位有主管部门的，应经主管部门审核、批准，并报公安机关备案审查。

等级保护对象定级与备案阶段的工作流程见图2。

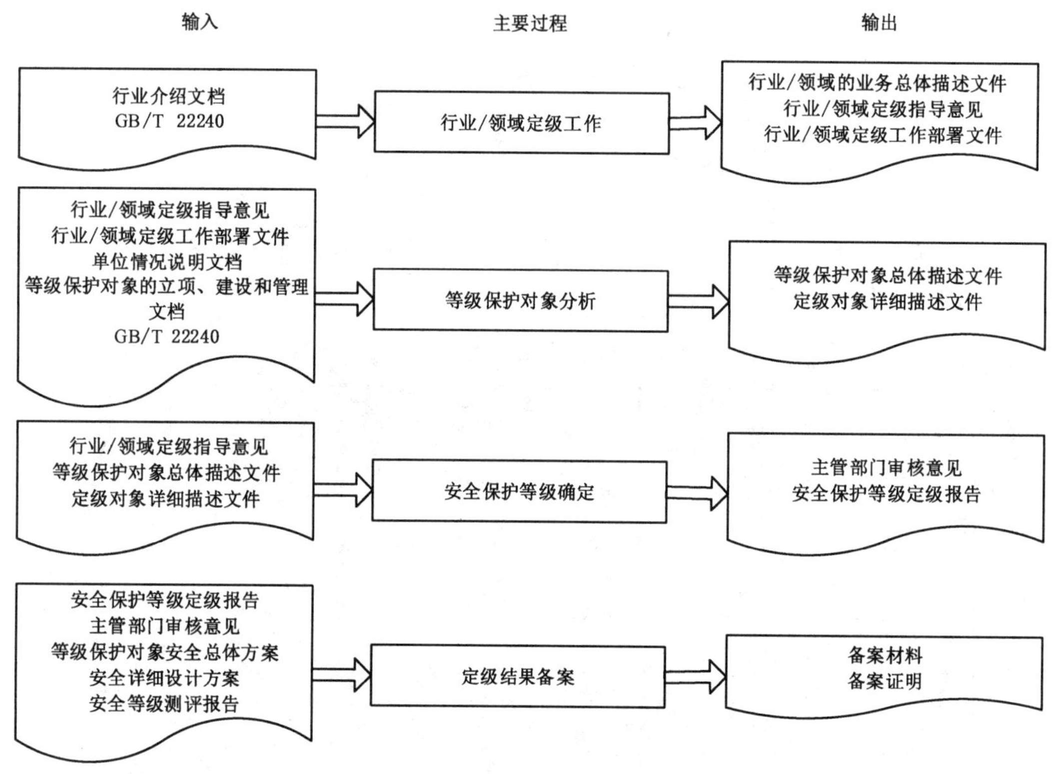

图2 定级与备案阶段工作流程

5.2 行业/领域定级工作

活动目标：

行业/领域主管部门在必要时可组织梳理行业/领域的主要社会功能/职能及作用，分析履行主要社会功能/职能所依赖的主要业务及服务范围，最后依据分析和整理的内容形成行业/领域的业务总体描述性文档。

参与角色：主管部门，网络安全服务机构。

活动输入：行业介绍文档，GB/T 22240。

活动描述：

本活动主要包括以下子活动内容：

a) 识别、分析行业/领域重要性

主管部门可组织梳理本行业/领域的行业特征、业务范围、主要社会功能/职能和生产产值等信息，分析主要社会功能/职能在保障国家安全、经济发展、社会秩序、公共服务等方面发挥的重要作用。

b) 识别行业/领域的主要业务

主管部门可组织梳理本行业/领域内主要依靠信息化处理的业务情况，并按照业务承载的社会功能/职能的重要程度、其他行业对其的依赖程度等方面确定本行业/领域内的主要业务。

c) 定级指导

主管部门可组织分析本行业/领域内的主要业务，并根据业务信息重要性和业务服务重要性分析各主要业务的安全保护要求，结合行业/领域自身情况，形成针对主要业务的行业/领域定级指导意见。跨省或者全国统一联网运行的等级保护对象可以由主管部门统一确定安全保护等级。

d) 定级工作部署

主管部门可制定本行业/领域的定级指导意见，并统一部署全行业/领域的定级工作。行业/领域主管部门应对下属单位的定级结果进行审核、批准。

活动输出：行业/领域的业务总体描述文件，行业/领域定级指导意见，行业/领域定级工作部署文件。

5.3 等级保护对象分析

5.3.1 对象重要性分析

活动目标：

通过收集了解有关等级保护对象的信息，并对信息进行综合分析和整理，分析单位的主要社会功能/职能及作用，确定履行主要社会功能/职能所依赖的等级保护对象，整理等级保护对象处理的业务及服务范围，最后依据分析和整理的内容，有行业/领域定级指导意见的还应依据行业/领域定级指导意见，形成单位内等级保护对象的总体描述性文档。

参与角色：运营、使用单位，网络安全服务机构。

活动输入：单位情况说明文档，等级保护对象的立项、建设和管理文档，行业/领域定级指导意见。

活动描述：

本活动主要包括以下子活动内容：

a) 识别单位的基本信息

调查了解等级保护对象所属单位的业务范围、主要社会功能/职能和生产产值等信息，分析主要社会功能/职能在保障国家安全、经济发展、社会秩序、公共服务等方面发挥的重要作用。

b) 识别单位的等级保护对象基本信息

了解单位内主要依靠信息化处理的业务情况，这些业务各自的社会属性和业务内容，确定单位的等级保护对象。并确定等级保护对象的业务范围、地理位置以及其他基本情况，获得等级保护对象的背景信息和联络方式。

c) 识别等级保护对象的管理框架

了解等级保护对象的组织管理结构、管理策略、部门设置和部门在业务运行中的作用、岗位职责，获得支撑等级保护对象业务运营的管理特征和管理框架方面的信息，从而明确等级保护对象的安全责任主体。

d) 识别等级保护对象的网络及设备部署

了解等级保护对象的物理环境、网络拓扑结构和硬件设备的部署情况，在此基础上明确等级保护对象的边界，即确定等级保护对象及其范围。

e) 识别等级保护对象的业务特性

了解单位内主要依靠信息化处理的各种业务及业务流程，从中明确支撑单位业务运营的等级保护对象的业务特性。

f) 识别等级保护对象处理的信息资产

了解等级保护对象处理的信息资产的类型，这些信息资产在保密性、完整性和可用性等方面的重要性程度。

g) 识别用户范围和用户类型

根据用户或用户群的分布范围了解等级保护对象的服务范围、作用以及业务连续性方面的要求等。

h) 等级保护对象描述

对收集的信息进行整理、分析，形成对等级保护对象的总体描述文件。一个典型的等级保护对象的总体描述文件应包含以下内容：

1) 等级保护对象概述；
2) 等级保护对象重要性分析；
3) 等级保护对象边界描述；
4) 网络拓扑；
5) 设备部署；
6) 支撑的业务应用的种类和特性；
7) 处理的信息资产；
8) 用户的范围和用户类型；
9) 等级保护对象的管理框架。

活动输出：等级保护对象总体描述文件。

5.3.2 定级对象确定

活动目标：

依据单位的等级保护对象总体描述文件(有行业/领域定级指导意见的还应依据行业/领域定级指导意见)，在综合分析的基础上将单位内运行的等级保护对象进行合理分解，确定所包含的定级对象及其个数。

参与角色：运营、使用单位，网络安全服务机构。

活动输入：行业/领域定级指导意见，行业/领域定级工作部署文件，等级保护对象总体描述文件，GB/T 22240。

活动描述：

本活动主要包括以下子活动内容：

a) 划分方法的选择

为了突出重点保护的等级保护原则，运营、使用单位应对大型等级保护对象进行划分，划分的方法可以有多种，可以考虑管理机构、业务类型、物理位置等因素，运营、使用单位应根据本单位的具体情况确定等级保护对象的分解原则。

b) 等级保护对象划分

依据选择的等级保护对象划分原则，参考行业/领域定级指导意见(若有行业/领域定级指导意见)，运营、使用单位应将大型等级保护对象进行划分，划分出相对独立的对象作为定级对象，应保证每个相对独立的对象具备定级对象的基本特征。在等级保护对象划分的过程中，应首先考虑组织管理的要素，然后考虑业务类型、物理区域等要素。承载比较单一的业务应用或者承载相对独立的业务应用的对象应作为单独的定级对象。

对于电信网、广播电视传输网等通信网络设施，应分别依据安全责任主体、服务类型或服务地域等因素将其划分为不同的定级对象。跨省的行业或单位的专用通信网可作为一个整体对象定级，或分区域划分为若干个定级对象。

在云计算环境中，应将云服务客户侧的等级保护对象和云服务商侧的云计算平台/系统分别作为单独的定级对象定级，并根据不同服务模式将云计算平台/系统划分为不同的定级对象。对于大型云计算平台，宜将云计算基础设施和有关辅助服务系统划分为不同的定级对象。

物联网主要包括感知、网络传输和处理应用等特征要素，应将以上要素作为一个整体对象定级，各要素不单独定级。

对于工业控制系统，其一般包含现场采集/执行、现场控制、过程控制和生产管理等特征要素。其中，现场采集/执行、现场控制、过程控制等要素应作为一个整体对象定级，各要素不单独定级；生产管理要素宜单独定级。对于大型工业控制系统，可以根据系统功能、责任主体、控制对象和生产厂商等因素划分为多个定级对象。

采用移动互联技术的等级保护对象主要包括移动终端、移动应用和无线网络等特征要素，可作为一个整体独立定级或与相关联业务系统一起定级，各要素不单独定级。

c) 定级对象详细描述

在对等级保护对象进行划分并确定定级对象后，应在等级保护对象总体描述文件的基础上，进一步增加定级对象的描述，准确描述一个大型等级保护对象中包括的定级对象的个数。

进一步的定级对象详细描述文件应包含以下内容：

1) 相对独立的定级对象列表；
2) 每个定级对象的概述；
3) 每个定级对象的边界；
4) 每个定级对象的设备部署；
5) 每个定级对象支撑的业务应用及其处理的信息资产类型；
6) 每个定级对象的服务范围和用户类型；
7) 其他内容。

活动输出：定级对象详细描述文件。

5.4 安全保护等级确定

5.4.1 定级、审核和批准

活动目标：

按照国家有关管理规范和定级标准，确定定级对象的安全保护等级，并对定级结果进行评审、审核和审查，保证定级结果的准确性。

参与角色：主管部门，运营、使用单位，网络安全服务机构。

活动输入：行业/领域定级指导意见，等级保护对象总体描述文件，定级对象详细描述文件。

活动描述：

本活动主要包括以下子活动内容：

a) 定级对象安全保护等级初步确定

根据国家有关管理规范、行业/领域定级指导意见(若有则作为依据)以及定级方法，运营、使用单位对每个定级对象确定初步的安全保护等级。

b) 定级结果评审

运营、使用单位初步确定了安全保护等级后，必要时可以组织网络安全专家和业务专家对初步定级结果的合理性进行评审，并出具专家评审意见。

c) 定级结果审核、批准

运营、使用单位初步确定了安全保护等级后，有明确主管部门的，应将初步定级结果上报行业/领域主管部门或上级主管部门进行审核、批准。行业/领域主管部门或上级主管部门应对初步定级结果的合理性进行审核，出具审核意见。

运营、使用单位应定期自查等级保护对象等级变化情况以及新建系统定级情况，并及时上报主管部门进行审核、批准。

活动输出:定级结果,主管部门审批意见。

5.4.2 形成定级报告

活动目标:

对定级过程中产生的文档进行整理,形成等级保护对象定级结果报告。

参与角色:主管部门,运营、使用单位。

活动输入:定级对象详细描述文件,定级结果。

活动描述:

对等级保护对象的总体描述文档、详细描述文件、定级结果等内容进行整理,形成文件化的定级结果报告。

定级结果报告可以包含以下内容:

a) 单位信息化现状概述;
b) 管理模式;
c) 定级对象列表;
d) 每个定级对象的概述;
e) 每个定级对象的边界;
f) 每个定级对象的设备部署;
g) 每个定级对象支撑的业务应用;
h) 定级对象列表、安全保护等级以及保护要求组合;
i) 其他内容。

活动输出:安全保护等级定级报告。

5.5 定级结果备案

活动目标:

根据等级保护管理部门对备案的要求,整理相关备案材料,并向受理备案的单位提交备案材料。

参与角色:主管部门,运营、使用单位,等级保护管理部门。

活动输入:定级报告,主管部门审核意见,等级保护对象安全总体方案,安全详细设计方案,安全等级测评报告(第三级及以上等级系统需要提供)。

活动描述:

本活动主要包括以下子活动内容:

a) 备案材料整理

运营、使用单位在等级保护对象建设之初根据其将要承载的业务信息及系统服务的重要性确定等级保护对象的安全保护等级,并针对备案材料的要求,整理、填写备案材料。

b) 备案材料提交

根据等级保护管理部门的要求办理定级备案手续,提交备案材料(新建等级保护对象可在等级测评实施完毕补充提交等级测评报告);等级保护管理部门接收备案材料,出具备案证明。

活动输出:备案材料,备案证明。

6 总体安全规划

6.1 总体安全规划阶段的工作流程

总体安全规划阶段的目标是根据等级保护对象的划分情况、等级保护对象的定级情况、等级保护对象承载业务情况,通过分析明确等级保护对象安全需求,设计合理的、满足等级保护要求的总体安全方案，并制定出安全实施计划，以指导后续的等级保护对象安全建设工程实施。

总体安全规划阶段的工作流程见图3。

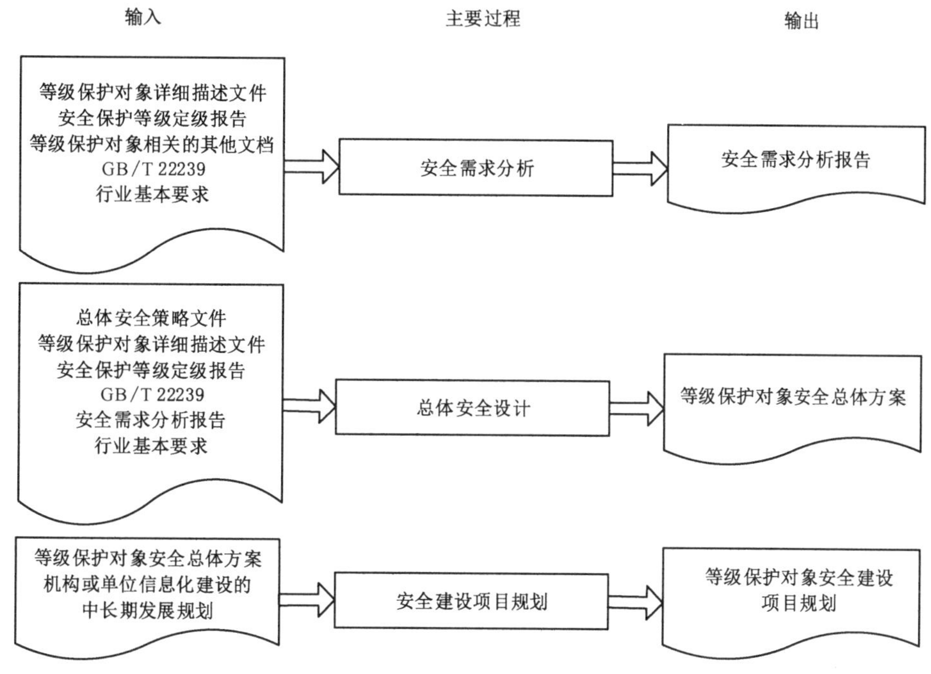

图3 总体安全规划阶段工作流程

6.2 安全需求分析

6.2.1 基本安全需求的确定

活动目标：

根据等级保护对象的安全保护等级，提出等级保护对象的基本安全保护需求。

参与角色：运营、使用单位，网络安全服务机构。

活动输入：等级保护对象详细描述文件，安全保护等级定级报告，等级保护对象相关的其他文档，GB/T 22239，行业基本要求。

活动描述：

本活动主要包括以下子活动内容：

a) 确定等级保护对象范围和分析对象

明确不同等级的等级保护对象的范围和边界，通过调查或查阅资料的方式，了解等级保护对象的业务应用、业务流程等情况。

b) 形成基本安全需求

根据各个等级保护对象的安全保护等级从GB/T 22239、行业基本要求中选择相应等级的要求，形成基本安全需求。对于已建等级保护对象，应根据等级测评结果分析整改需求，形成基本安全需求。

活动输出：基本安全需求。

6.2.2 特殊安全需求的确定

活动目标：

通过分析重要资产的特殊保护要求，采用需求分析或风险分析的方法，确定可能的安全风险，判断实施特殊安全措施的必要性，提出等级保护对象的特殊安全保护需求。

参与角色：运营、使用单位，网络安全服务机构。

活动输入:等级保护对象详细描述文件,安全保护等级定级报告,等级保护对象相关的其他文档。

活动描述:

确定特殊安全需求可以采用目前成熟或流行的需求分析或风险分析方法,或者采用下面介绍的活动:

a) 重要资产分析

明确等级保护对象中的重要部件,如边界设备、网关设备、核心网络设备、重要服务器设备、重要应用系统等。

b) 重要资产安全弱点评估

检查或判断上述重要部件可能存在的弱点(包括技术和管理两方面),分析安全弱点被利用的可能性。

c) 重要资产面临威胁评估

分析和判断上述重要部件可能面临的威胁,包括外部、内部的威胁,威胁发生的可能性或概率。

d) 综合风险分析

分析威胁利用弱点可能产生的结果,结果产生的可能性或概率,结果造成的损害或影响的大小,以及避免上述结果产生的可能性、必要性和经济性。按照重要资产的排序和风险的排序确定安全保护的要求。

活动输出:重要资产的特殊保护要求。

6.2.3 形成安全需求分析报告

活动目标:

总结基本安全需求和特殊安全需求,形成安全需求分析报告。

参与角色:运营、使用单位,网络安全服务机构。

活动输入:等级保护对象详细描述文件,安全保护等级定级报告,基本安全需求,重要资产的特殊保护要求。

活动描述:

本活动主要的子活动是完成安全需求分析报告。根据基本安全需求和特殊的安全保护需求等形成安全需求分析报告。

安全需求分析报告可以包含以下内容:

a) 等级保护对象描述;

b) 基本安全需求描述;

c) 特殊安全需求描述。

活动输出:安全需求分析报告。

6.3 总体安全设计

6.3.1 总体安全策略设计

活动目标:

形成机构纲领性的安全策略文件,包括确定安全方针,制定安全策略,以便结合等级保护基本要求系列标准、行业基本要求和安全保护特殊要求,构建机构等级保护对象的安全技术体系结构和安全管理体系结构。对于新建的等级保护对象,应在立项时明确其安全保护等级,并按照相应的保护等级要求进行总体安全策略设计。

参与角色:运营、使用单位,网络安全服务机构。

活动输入:等级保护对象详细描述文件,安全保护等级定级报告,安全需求分析报告。

活动描述：

本活动主要包括以下子活动内容：

a） 确定安全方针

形成机构最高层次的安全方针文件，阐明安全工作的使命和意愿，定义网络安全的总体目标，规定网络安全责任机构和职责，建立安全工作运行模式等。

b） 制定安全策略

形成机构高层次的安全策略文件，说明安全工作的主要策略，包括安全组织机构划分策略、业务系统分级策略、数据信息分级策略、等级保护对象互连策略、信息流控制策略等。

活动输出：总体安全策略文件。

6.3.2 安全技术体系结构设计

活动目标：

根据GB/T 22239、行业基本要求、安全需求分析报告、机构总体安全策略文件等，提出等级保护对象需要实现的安全技术措施，形成机构特定的等级保护对象安全技术体系结构，用以指导等级保护对象分等级保护的具体实现。

参与角色：运营、使用单位，网络安全服务机构。

活动输入：总体安全策略文件，等级保护对象详细描述文件，安全保护等级定级报告，安全需求分析报告，GB/T 22239，行业基本要求。

活动描述：

本活动主要包括以下子活动内容：

a） 设计安全技术体系架构

根据机构总体安全策略文件、GB/T 22239、行业基本要求和安全需求，设计安全技术体系架构。安全技术防护体系由从外到内的"纵深防御"体系构成，"物理环境安全防护"保护服务器、网络设备以及其他设备设施免遭地震、火灾、水灾、盗窃等事故导致的破坏，"通信网络安全防护"保护暴露于外部的通信线路和通信设备，"网络边界安全防护"对等级保护对象实施边界安全防护，内部不同级别定级对象尽量分别部署在相应保护等级的内部安全区域，低级别定级对象部署在高等级安全区域时应遵循"就高保护"原则，内部安全区域即"计算环境安全防护"将实施"主机设备安全防护"和"应用和数据安全防护""安全管理中心"对整个等级保护对象实施统一的安全技术管理。

等级保护对象的安全技术体系架构见图4。

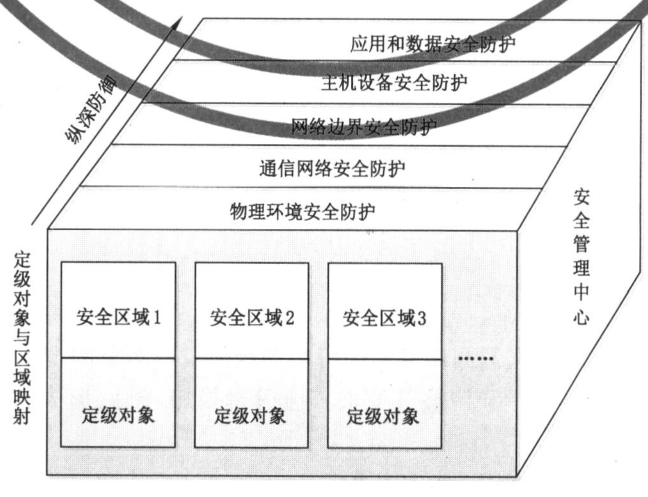

图4 等级保护对象的安全技术体系架构

b) 规定不同级别定级对象物理环境的安全保护技术措施

根据机构总体安全策略文件、等级保护基本要求和安全需求，提出不同级别定级对象物理环境的安全保护策略和安全技术措施。定级对象物理环境安全保护策略和安全技术措施提出时应考虑不同级别的定级对象共享物理环境的情况，如果不同级别的定级对象共享同一物理环境，物理环境的安全保护策略和安全技术措施应满足最高级别定级对象的等级保护基本要求。

c) 规定通信网络的安全保护技术措施

根据机构总体安全策略文件、等级保护基本要求和安全需求，提出通信网络的安全保护策略和安全技术措施。通信网络的安全保护策略和安全技术措施提出时应考虑网络线路和网络设备共享的情况，如果不同级别的定级对象通过通信网络的同一线路和设备传输数据，线路和设备的安全保护策略和安全技术措施应满足最高级别定级对象的等级保护基本要求。

d) 规定不同级别定级对象的边界保护技术措施

根据机构总体安全策略文件、等级保护基本要求和安全需求，提出不同级别定级对象边界的安全保护策略和安全技术措施。如果不同级别的定级对象共享同一设备进行边界保护，则该边界设备的安全保护策略和安全技术措施应满足最高级别定级对象的等级保护基本要求。

e) 规定定级对象之间互联的安全技术措施

根据机构总体安全策略文件、等级保护基本要求和安全需求，提出跨局域网互联的定级对象之间的信息传输保护策略要求和具体的安全技术措施，包括同级互联的策略、不同级别互联的策略等；提出局域网内部互联的定级对象之间的信息传输保护策略要求和具体的安全技术保护措施，包括同级互联的策略、不同级别互联的策略等。

f) 规定不同级别定级对象内部的安全保护技术措施

根据机构总体安全策略文件、等级保护基本要求和安全需求，提出不同级别定级对象内部网络平台、系统平台、业务应用和数据的安全保护策略和安全技术保护措施。如果低级别定级对象部署在高级别定级对象的网络区域，则低级别定级对象的系统平台、业务应用和数据的安全保护策略和安全技术措施应满足高级别定级对象的等级保护基本要求。

g) 规定云计算、移动互联等新技术的安全保护技术措施

根据机构总体安全策略文件、等级保护基本要求、行业基本要求和安全需求，提出云计算、移动互联等新技术的安全保护策略和安全技术措施。云计算平台应至少满足其承载的最高级别定级对象的等级保护基本要求。

h) 形成等级保护对象安全技术体系结构

将骨干网或城域网、通过骨干网或城域网的定级对象互联、局域网内部的定级对象互联、定级对象的边界、定级对象内部各类平台、机房以及其他方面的安全保护策略和安全技术措施进行整理、汇总，形成等级保护对象的安全技术体系结构。

活动输出：等级保护对象安全技术体系结构。

6.3.3 整体安全管理体系结构设计

活动目标：

根据等级保护基本要求系列标准、行业基本要求、安全需求分析报告、机构总体安全策略文件等，调整原有管理模式和管理策略，既从全局高度考虑为每个等级的定级对象制定统一的安全管理策略，又从每个定级对象的实际需求出发，选择和调整具体的安全管理措施，最后形成统一的整体安全管理体系结构。

参与角色：运营、使用单位，网络安全服务机构。

活动输入：总体安全策略文件，等级保护对象详细描述文件，安全保护等级定级报告，安全需求分析报告，GB/T 22239，行业基本要求。

活动描述：

本活动主要包括以下子活动内容：

a） 设计等级保护对象的安全管理体系框架

根据等级保护基本要求系列标准、行业基本要求、安全需求分析报告等，设计等级保护对象安全管理体系框架。等级保护对象安全管理体系框架分为四层。第一层为总体方针、安全策略，通过网络安全总体方针、安全策略明确机构网络安全工作的总体目标、范围、原则等。第二层为网络安全管理制度，通过对网络安全活动中的各类内容建立管理制度，约束网络安全相关行为。第三层为安全技术标准、操作规程，通过对管理人员或操作人员执行的日常管理行为建立操作规程，规范网络安全管理制度的具体技术实现细节。第四层为记录、表单，网络安全管理制度、操作规程实施时需填写和需保留的表单、操作记录。

等级保护对象的安全管理体系框架见图5。

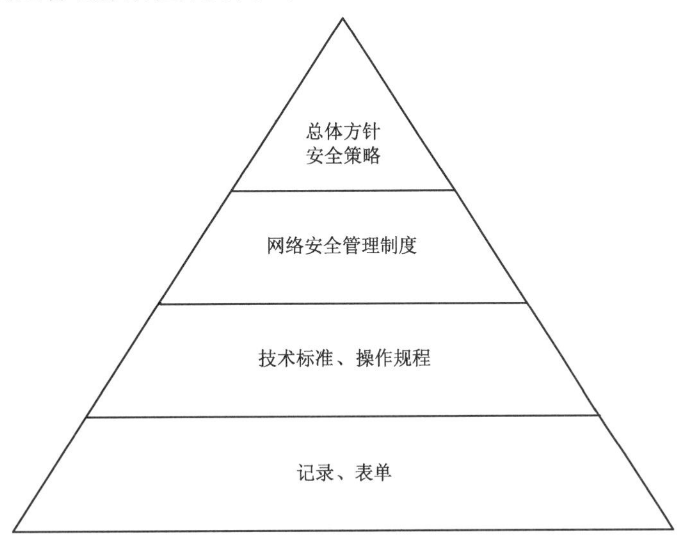

图5　等级保护对象的安全管理体系框架

b） 规定网络安全的组织管理体系和对不同级别定级对象的安全管理职责

根据机构总体安全策略文件、等级保护基本要求系列标准、行业基本要求和安全需求，提出机构的安全组织管理机构框架，分配不同级别定级对象的安全管理职责、规定不同级别定级对象的安全管理策略等。

c） 规定不同级别定级对象的人员安全管理策略

根据机构总体安全策略文件、等级保护基本要求系列标准、行业基本要求和安全需求，提出不同级别定级对象的管理人员框架，分配不同级别定级对象的管理人员职责、规定不同级别定级对象的人员安全管理策略等。

d） 规定不同级别定级对象机房及办公区等物理环境的安全管理策略

根据机构总体安全策略文件、等级保护基本要求系列标准、行业基本要求和安全需求，提出各个不同级别定级对象的机房和办公环境的安全策略。

e） 规定不同级别定级对象介质、设备等的安全管理策略

根据机构总体安全策略文件、等级保护基本要求系列标准、行业基本要求和安全需求，提出各个不同级别定级对象的介质、设备等的安全策略。

f） 规定不同级别定级对象运行安全管理策略

根据机构总体安全策略文件、等级保护基本要求系列标准、行业基本要求和安全需求，提出各个不同级别定级对象的安全运行与维护框架和运维安全策略等。

g） 规定不同级别定级对象安全事件处置和应急管理策略

根据机构总体安全策略文件、等级保护基本要求系列标准、行业基本要求和安全需求，提出各个不同级别定级对象的安全事件处置和应急管理策略等。

h） 形成等级保护对象安全管理策略框架

将上述各个方面的安全管理策略进行整理、汇总，形成等级保护对象的整体安全管理体系结构。

活动输出：等级保护对象安全管理体系结构。

6.3.4 设计结果文档化

活动目标：

将总体安全设计工作的结果文档化，最后形成一套指导机构网络安全工作的指导性文件。

参与角色：运营、使用单位，网络安全服务机构。

活动输入：安全需求分析报告，等级保护对象安全技术体系结构，等级保护对象安全管理体系结构。

活动描述：

对安全需求分析报告、等级保护对象安全技术体系结构和安全管理体系结构等文档进行整理，形成等级保护对象总体安全方案。

等级保护对象总体安全方案包含以下内容：

a） 等级保护对象概述；

b） 总体安全策略；

c） 等级保护对象安全技术体系结构；

d） 等级保护对象安全管理体系结构。

活动输出：等级保护对象安全总体方案。

6.4 安全建设项目规划

6.4.1 安全建设目标确定

活动目标：

依据等级保护对象安全总体方案（一个或多个文件构成）、单位信息化建设的中长期发展规划和机构的安全建设资金状况确定各个时期的安全建设目标。

参与角色：运营、使用单位，网络安全服务机构。

活动输入：等级保护对象安全总体方案、机构或单位信息化建设的中长期发展规划。

活动描述：

本活动主要包括以下子活动内容：

a） 信息化建设中长期发展规划和安全需求调查

了解和调查单位信息化建设的现况、中长期信息化建设的目标、主管部门对信息化的投入，对比信息化建设过程中阶段状态与安全策略规划之间的差距，分析急迫和关键的安全问题，考虑可以同步进行的安全建设内容等。

b） 提出等级保护对象安全建设分阶段目标

制定等级保护对象在规划期内（一般安全规划期为 3 年）所要实现的总体安全目标；制定等级保护对象短期（1 年以内）要实现的安全目标，主要解决目前急迫和关键的问题，争取在短期内安全状况有大幅度提高。

活动输出：等级保护对象分阶段安全建设目标。

6.4.2 安全建设内容规划

活动目标：

根据安全建设目标和等级保护对象安全总体方案的要求，设计分期分批的主要建设内容，并将建设内容组合成不同的项目，阐明项目之间的依赖或促进关系等。

参与角色：运营、使用单位，网络安全服务机构。

活动输入：等级保护对象安全总体方案，等级保护对象分阶段安全建设目标。

活动描述：

本活动主要包括以下子活动内容：

a) 确定主要安全建设内容

根据等级保护对象安全总体方案明确主要的安全建设内容，并将其适当的分解。主要建设内容可能分解为但不限于以下内容：

1) 安全基础设施建设；
2) 网络安全建设；
3) 系统平台和应用平台安全建设；
4) 数据系统安全建设；
5) 安全标准体系建设；
6) 人才培养体系建设；
7) 安全管理体系建设。

b) 确定主要安全建设项目

将安全建设内容组合为不同的安全建设项目，描述项目所解决的主要安全问题及所要达到的安全目标，对项目进行支持或依赖等相关性分析，对项目进行紧迫性分析，对项目进行实施难易程度分析，对项目进行预期效果分析，描述项目的具体工作内容、建设方案，形成安全建设项目列表。

活动输出：安全建设项目列表(含安全建设内容)。

6.4.3 形成安全建设项目规划

活动目标：

根据建设目标和建设内容，在时间和经费上对安全建设项目列表进行总体考虑，分到不同的时期和阶段，设计建设顺序，进行投资估算，形成安全建设项目规划。

参与角色：运营、使用单位，网络安全服务机构。

活动输入：等级保护对象安全总体方案，等级保护对象分阶段安全建设目标，安全建设内容等。

活动描述：

对等级保护对象分阶段安全建设目标、安全总体方案和安全建设内容等文档进行整理，形成等级保护对象安全建设项目规划。

安全建设项目规划可包含以下内容：

a) 规划建设的依据和原则；
b) 规划建设的目标和范围；
c) 等级保护对象安全现状；
d) 信息化的中长期发展规划；
e) 等级保护对象安全建设的总体框架；
f) 安全技术体系建设规划；
g) 安全管理与安全保障体系建设规划；
h) 安全建设投资估算(含测试及运维估算等内容)；
i) 等级保护对象安全建设的实施保障等内容。

活动输出：等级保护对象安全建设项目规划。

7 安全设计与实施

7.1 安全设计与实施阶段的工作流程

安全设计与实施阶段的目标是按照等级保护对象安全总体方案的要求，结合等级保护对象安全建设项目规划，分期分步落实安全措施。

安全设计与实施阶段的工作流程见图6。

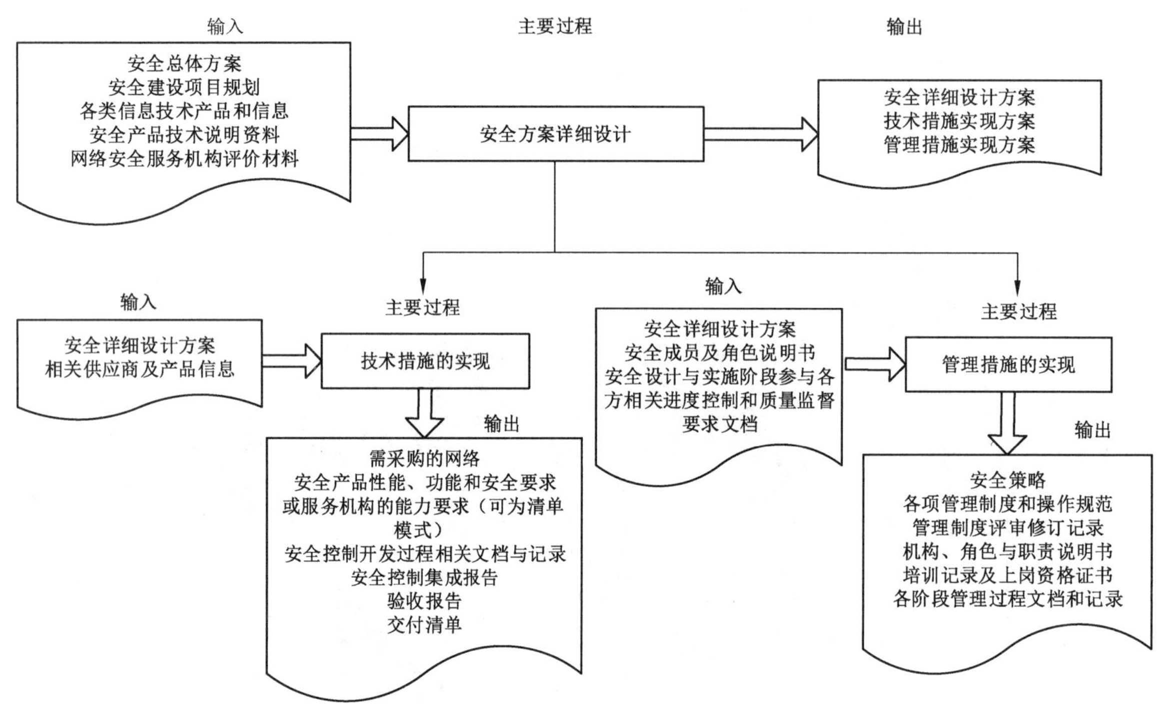

图6 安全设计与实施阶段工作流程

7.2 安全方案详细设计

7.2.1 技术措施实现内容的设计

活动目标：

根据建设目标和建设内容将等级保护对象安全总体方案中要求实现的安全策略、安全技术体系结构、安全措施和要求落实到产品功能或物理形态上，提出能够实现的产品或组件及其具体规范，并将产品功能特征整理成文档，使得在网络安全产品采购和安全控制的开发阶段具有依据。

参与角色：运营、使用单位，网络安全服务机构，网络安全产品供应商。

活动输入：安全总体方案，安全建设项目规划，各类信息技术产品和网络安全产品技术说明资料、网络安全服务机构评价材料。

活动描述：

本活动主要包括以下子活动内容：

a) 结构框架的设计

依据本次实施项目的建设内容和等级保护对象的实际情况，给出与总体安全规划阶段的安全体系结构一致的安全实现技术框架，内容至少包括安全防护的层次、网络安全产品的使用、网络子系统划分、IP 地址规划、云计算模式的选取(如有)、移动互联的接入方式(如有)等。

b) 安全功能要求的设计

对安全实现技术框架中使用到的相关网络安全产品，如防火墙、VPN、网闸、认证网关、代理服务器、网络防病毒、PKI、云安全防护产品、移动终端应用软件与防护产品等提出安全功能指标要求。对需要开发的安全控制组件，提出安全功能指标要求。

c) 性能要求的设计

对安全实现技术框架中使用到的相关网络安全产品，如防火墙、VPN、网闸、认证网关、代理服务器、网络防病毒、PKI、云安全防护产品、移动终端应用软件与防护产品等提出性能指标要求。对需要开发的安全控制组件，提出性能指标要求。

d) 部署方案的设计

结合目前等级保护对象网络拓扑，以图示的方式给出安全技术实现框架的实现方式，包括网络安全产品或安全组件的部署位置、连线方式、IP 地址分配等。对于需对原有网络进行调整的，给出网络调整的图示方案等。

e) 制定安全策略的实现计划

依据等级保护对象安全总体方案中提出的安全策略的要求，制定设计和设置网络安全产品或安全组件的安全策略实现计划。

活动输出：技术措施实施方案。

7.2.2 管理措施实现内容的设计

活动目标：

根据等级保护对象运营、使用单位当前安全管理需要和安全技术保障需要提出与等级保护对象安全总体方案中管理部分相适应的本期安全实施内容，以保证在安全技术建设的同时，安全管理得以同步建设。

参与角色：运营、使用单位，网络安全服务机构。

活动输入：安全总体方案，安全建设项目规划。

活动描述：

结合等级保护对象实际安全管理需要和本次技术建设内容，确定本次安全管理建设的范围和内容，同时注意与等级保护对象安全总体方案的一致性。安全管理设计的内容主要考虑：安全策略和管理制度制定、安全管理机构和人员的配套、安全建设过程管理等。

活动输出：管理措施实施方案。

7.2.3 设计结果的文档化

活动目标：

将技术措施实施方案、管理措施实施方案汇总，同时考虑工时和成本，最后形成指导安全实施的指导性文件。

参与角色：运营、使用单位，网络安全服务机构。

活动输入：技术措施实施方案，管理措施实施方案。

活动描述：

对技术措施实施方案中技术实施内容和管理措施实施方案中管理实施内容等文档进行整理，形成等级保护对象安全建设详细设计方案。

安全详细设计方案包含以下内容：

a) 建设目标和建设内容；

b) 技术实现方案；

c) 网络安全产品或组件安全功能及性能要求；

d） 网络安全产品或组件部署；

e） 安全控制策略和配置；

f） 配套的安全管理建设内容；

g） 工程实施计划；

h） 项目投资概算。

活动输出：安全详细设计方案。

7.3 技术措施的实现

7.3.1 网络安全产品或服务采购

活动目标：

按照安全详细设计方案中对于产品或服务的具体指标要求进行采购，根据产品、产品组合或服务实现的功能、性能和安全性满足安全设计要求的情况来选购所需的网络安全产品或服务。

参与角色：网络安全产品供应商，网络安全服务机构，运营、使用单位，测试机构。

活动输入：安全详细设计方案，相关供应商及产品信息。

活动描述：

本活动主要包括以下子活动内容：

a） 制定产品或服务采购说明书

网络安全产品或服务选型过程首先依据安全详细设计方案的设计要求，制定产品或服务采购说明书，对产品或服务的采购原则、采购范围、技术指标要求、采购方式等方面进行说明。对于产品的功能、性能和安全性指标，可以依据第三方测试机构所出具的产品测试报告，也可以依据用户自行组织的网络安全产品功能、性能和安全性选型测试结果。对于安全服务的采购需求，应具有内部或外部针对网络安全服务机构的评价结果作为参考。

b） 选择产品或服务

在依据产品或服务采购说明书对现有产品或服务进行选择时，不仅要考虑产品或服务的使用环境、安全功能、成本（包括采购和维护成本）、易用性、可扩展性、与其他产品或服务的互动和兼容性等因素，还要考虑产品或服务的质量和可信性。产品或服务可信性是保证系统安全的基础，用户在选择网络安全产品时应确保符合国家关于网络安全产品使用的有关规定。对于密码产品的使用，应按照国家密码管理的相关规定进行选择和使用。对于网络安全服务，应选取有相关领域资质的网络安全服务机构。

活动输出：需采购的网络安全产品性能、功能和安全要求或服务机构的能力要求（可为清单模式）。

7.3.2 安全控制的开发

活动目标：

对于一些不能通过采购现有网络安全产品来实现的安全措施和安全功能，通过专门进行的设计、开发来实现。安全控制的开发应与系统的应用开发同步设计、同步实施，而应用系统一旦开发完成后，再增加安全措施会造成很大的成本投入。因此，在应用系统开发的同时，要依据安全详细设计方案进行安全控制的开发设计，保证系统应用与安全控制同步建设。

参与角色：运营、使用单位，网络安全服务机构。

活动输入：安全详细设计方案。

活动描述：

本活动主要包括以下子活动内容：

a） 安全措施需求分析

以规范的形式准确表达安全方案设计中的指标要求，在采用云计算、移动互联等新技术情况下分析特有的安全威胁，确定对应的安全措施及其同其他系统相关的接口细节。

b) 概要设计

概要设计要考虑安全方案中关于身份鉴别、访问控制、安全审计、软件容错、资源控制、数据完整性、数据保密性、数据备份恢复、剩余信息保护和个人信息保护等方面的指标要求，设计安全措施模块的体系结构，定义开发安全措施的模块组成，定义每个模块的主要功能和模块之间的接口。

c) 详细设计

依据概要设计说明书，将安全控制的开发进一步细化，对每个安全功能模块的接口，函数要求，各接口之间的关系，各部分的内在实现机理都要进行详细的分析和细化设计。

按照功能的需求和模块划分进行各个部分的详细设计，包含接口设计和管理方式设计等。详细设计是设计人员根据概要设计书进行模块设计，将总体设计所获得的模块按照单元、程序、过程的顺序逐步细化，详细定义各个单元的数据结构、程序的实现算法以及程序、单元、模块之间的接口等，作为以后编码工作的依据。

d) 编码实现

按照设计进行硬件调试和软件的编码，在编码和开发过程中，要关注硬件组合的安全性和编码的安全性，开展论证和测试，并保留论证和测试记录。

e) 测试

开发基本完成要进行功能和安全性测试，保证功能和安全性的实现。安全性测试需要涵盖基线安全配置扫描和渗透测试，第三级以上系统应进行源代码安全审核。如有行业内或新技术专项要求，应开展专项测试，如国家电子政务领域的网络安全等级保护三级测评、云计算环境安全控制措施测评、移动终端应用软件安全测试等。

f) 安全控制的开发过程文档化

安全控制的开发过程需要将概要设计说明书、详细设计说明书、开发测试报告以及开发说明书等整理归档。

活动输出：安全控制的开发过程相关文档与记录。

7.3.3 安全控制集成

活动目标：

将不同的软硬件产品进行集成，依据安全详细设计方案，将网络安全产品、系统软件平台和开发的安全控制模块与各种应用系统综合、整合成为一个系统。安全控制集成的过程可以运营、使用单位与网络安全服务机构共同参与、相互配合，把安全实施、风险控制、质量控制等有机结合起来，实现安全态势感知、监测通报预警、应急处置追踪溯源等安全措施，构建统一安全管理平台。

参与角色：运营、使用单位，网络安全服务机构。

活动输入：安全详细设计方案。

活动描述：

本活动主要包括以下子活动内容：

a) 集成实施方案制定

主要工作内容是制定集成实施方案，集成实施方案的目标是具体指导工程的建设内容、方法和规范等，实施方案有别于安全设计方案的一个显著特征是其可操作性很强，要具体落实到产品的安装、部署和配置中，实施方案是工程建设的具体指导文件。

b) 集成准备

主要工作内容是对实施环境进行准备，包括硬件设备准备、软件系统准备、环境准备。为了保证系统实施的质量，网络安全服务机构应依据系统设计方案，制定一套可行的系统质量控制方案，以便有效地指导系统实施过程。该质量控制方案应确定系统实施各个阶段的质量控制目标、控制措施、工程质量问题的处理流程、系统实施人员的职责要求等，并提供详细的安全控制集成进度表。

c) 集成实施

主要工作内容是将配置好策略的网络安全产品和开发控制模块部署到实际的应用环境中，并调整相关策略。集成实施应严格按照集成进度安排进行，出现问题各方应及时沟通。系统实施的各个环节应遵照质量控制方案的要求，分别进行系统集成测试，逐步实现质量控制目标。例如：综合布线系统施工过程中，应及时利用网络测试仪测定线路质量，及早发现并解决质量问题。

d) 培训

等级保护对象建设完成后，安全服务提供商应向运营、使用单位提供等级保护对象使用说明书及建设过程文档，同时需要对系统维护人员进行必要培训，培训效果的好坏将直接影响到今后系统能否安全运行。

e) 形成安全控制集成报告

应将安全控制集成过程相关内容文档化，并形成安全控制集成报告，其包含集成实施方案、质量控制方案、集成实施报告以及培训考核记录等内容。

活动输出：安全控制集成报告。

7.3.4 系统验收

活动目标：

检验系统是否严格按照安全详细设计方案进行建设，是否实现了设计的功能、性能和安全性。在安全控制集成工作完成后，系统测试及验收是从总体出发，对整个系统进行集成性安全测试，包括对系统运行效率和可靠性的测试，也包括管理措施落实内容的验收。

参与角色：运营、使用单位，网络安全服务机构，测试机构。

活动输入：安全详细设计方案，安全控制集成报告。

活动描述：

本活动主要包括以下子活动内容：

a) 系统验收准备

安全控制的开发、集成完成后，要根据安全设计方案中需要达到的安全目标，准备验收方案。验收方案应立足于合同条款、需求说明书和安全设计方案，充分体现用户的安全需求。

成立验收工作组对验收方案进行审核，组织制定验收计划、定义验收的方法和验收通过准则。

b) 组织验收

由验收工作组按照验收计划负责组织实施，组织测试人员根据已通过评审的系统验收方案对等级保护对象进行验收测试。验收测试内容结合详细设计方案，对等级保护对象的功能、性能和安全性进行测试，其中功能测试涵盖功能性、可靠性、易用性、维护性、可移植性等，性能测试涵盖时间特性和资源特性，安全性测试涵盖计算环境、区域边界和通信网络的安全机制验证。

c) 验收报告

在测试完成后形成验收报告，验收报告需要用户与建设方进行确认。验收报告将明确给出验收的结论，安全服务提供商应根据验收意见尽快修正有关问题，重新进行验收或者转入合同争议处理程序。如果是网络安全等级保护三级(含)以上的等级保护对象，需提交等级保护测评报告作为验收必要文档。

d) 系统交付

在等级保护对象验收通过以后，要进行等级保护对象的交付，需要安全服务机构提交系统建设过程中的文档、指导用户进行系统运行维护的文档、服务承诺书等。

活动输出：验收报告、交付清单。

7.4 管理措施的实现

7.4.1 安全管理制度的建设和修订

活动目标：

依据国家网络安全相关政策、标准、规范，制定、修订并落实与等级保护对象安全管理相配套的、包括等级保护对象的建设、开发、运行、维护、升级和改造等各个阶段和环节所应遵循的行为规范和操作规程。

参与角色：运营、使用单位，网络安全服务机构。

活动输入：安全详细设计方案。

活动描述：

本活动主要包括以下子活动内容：

a) 应用范围明确

管理制度建立首先要明确制度的应用范围，如机房管理、账户管理、远程访问管理、特殊权限管理、设备管理、变更管理、资源管理等方面。

b) 行为规范规定

管理制度是通过制度化、规范化的流程和行为约束，来保证各项管理工作的规范性。

c) 评估与完善

制度在发布、执行过程中，要定期进行评估，保留评估或评审记录。根据实际环境和情况的变化，对制度进行修改和完善，规范总体安全方针、安全管理制度、安全操作规程、安全运维记录和表单四层体系文件的一致性，必要时考虑管理制度的重新制定，并保留版本修订记录。

活动输出：安全策略、各项管理制度和操作规范、管理制度评审修订记录。

7.4.2 安全管理机构和人员的设置

活动目标：

建立配套的安全管理职能部门，通过管理机构的岗位设置、人员的分工和岗位培训以及各种资源的配备，保证人员具有与其岗位职责相适应的技术能力和管理能力，为等级保护对象的安全管理提供组织上的保障。

参与角色：运营、使用单位，等级保护对象管理人员，网络安全服务机构。

活动输入：安全详细设计方案，安全成员及角色说明书，各项管理制度和操作规范。

活动描述：

本活动主要包括以下子活动内容：

a) 安全组织确定

识别与网络安全管理有关的组织成员及其角色，例如：操作人员、文档管理员、系统管理员、安全管理员等，形成安全组织结构表。

b) 角色说明

以书面的形式详细描述每个角色与职责，明确相关岗位人员的责任和权限范围，并要征求相关人员的意见，要保证责任明确，确保所有的风险都有人负责应对。

c) 人员安全管理

针对普通员工、管理员、开发人员、主管人员以及安全人员开展特定技能培训和安全意识培训，培训后进行考核，合格者颁发上岗资格证书等。

活动输出：机构、角色与职责说明书，培训记录及上岗资格证书等。

7.4.3 安全实施过程管理

活动目标：

在等级保护对象定级、规划设计、实施过程中，对工程的质量、进度、文档和变更等方面的工作进行监督控制和科学管理。

参与角色：运营、使用单位，网络安全服务机构，网络安全产品供应商。

活动输入：安全设计与实施阶段参与各方相关进度控制和质量监督要求文档。

活动描述：

本活动主要包括以下子活动内容：

a) 整体管理

整体管理需要在等级保护对象建设的整个生命周期内，围绕等级保护对象安全级别的确定、整体计划制定、执行和控制，通过资源的整合将等级保护对象建设过程中所有的组成要素在恰当的时间、正确的地方、合适的人物结合在一起，在相互影响的具体目标和方案中权衡和选择，尽可能地消除各单项管理的局限性，保证各要素（进度、成本、质量和资源等）相互协调。

b) 质量管理

在创建等级保护对象的过程中，要建立一个不断测试和改进质量的过程，在整个等级保护对象的生命周期中，通过测量、分析和修正活动，保证所完成目标和过程的质量。

c) 风险管理

为了识别、评估和减低风险，以保证工程活动和全部技术工作项目均得到成功实施。在整个等级保护对象建设过程中，风险管理要贯穿始终。

d) 变更管理

在等级保护对象建设的过程中，由于各种条件的变化，会导致变更的出现，变更发生在工程的范围、进度、质量、成本、人力资源、沟通和合同等多方面。每一次的变更处理，应遵循同样的程序，即相同的文字报告、相同的管理办法、相同的监控过程。应确定每一次变更对系统成本、进度、风险和技术要求的影响。一旦批准变更，应设定一个程序来执行变更。

e) 进度管理

等级保护对象建设的实施必须要有一组明确的可交付成果，同时也要求有结束的日期。因此在建设等级保护对象的过程中，应制订项目进度计划，绘制进度网络图，将系统分解为不同的子任务，并进行时间控制确保项目的如期完成。

f) 文档管理

文档是记录项目整个过程的书面资料，在等级保护对象建设的过程中，针对每个环节都有大量的文档输出，文档管理涉及等级保护对象建设的各个环节，主要包括：系统定级、规划设计、方案设计、安全实施、系统验收、人员培训等方面。

活动输出：各阶段管理过程文档和记录。

8 安全运行与维护

8.1 安全运行与维护阶段的工作流程

安全运行与维护是等级保护实施过程中确保等级保护对象正常运行的必要环节，涉及的内容较多，包括安全运行与维护机构和安全运行与维护机制的建立，环境、资产、设备、介质的管理，网络、系统的管理，密码、密钥的管理，运行、变更的管理，安全状态监控和安全事件处置，安全审计和安全检查等内容。本标准并不对上述所有的管理过程进行描述，希望全面了解和控制安全运行与维护阶段各类过程的本标准使用者可以参见其他标准或指南。

本标准关注安全运行与维护阶段的运行管理和控制、变更管理和控制、安全状态监控、安全自查和持续改进、服务商管理和监控、等级测评以及监督检查等过程,安全运行与维护阶段的主要过程见图7。

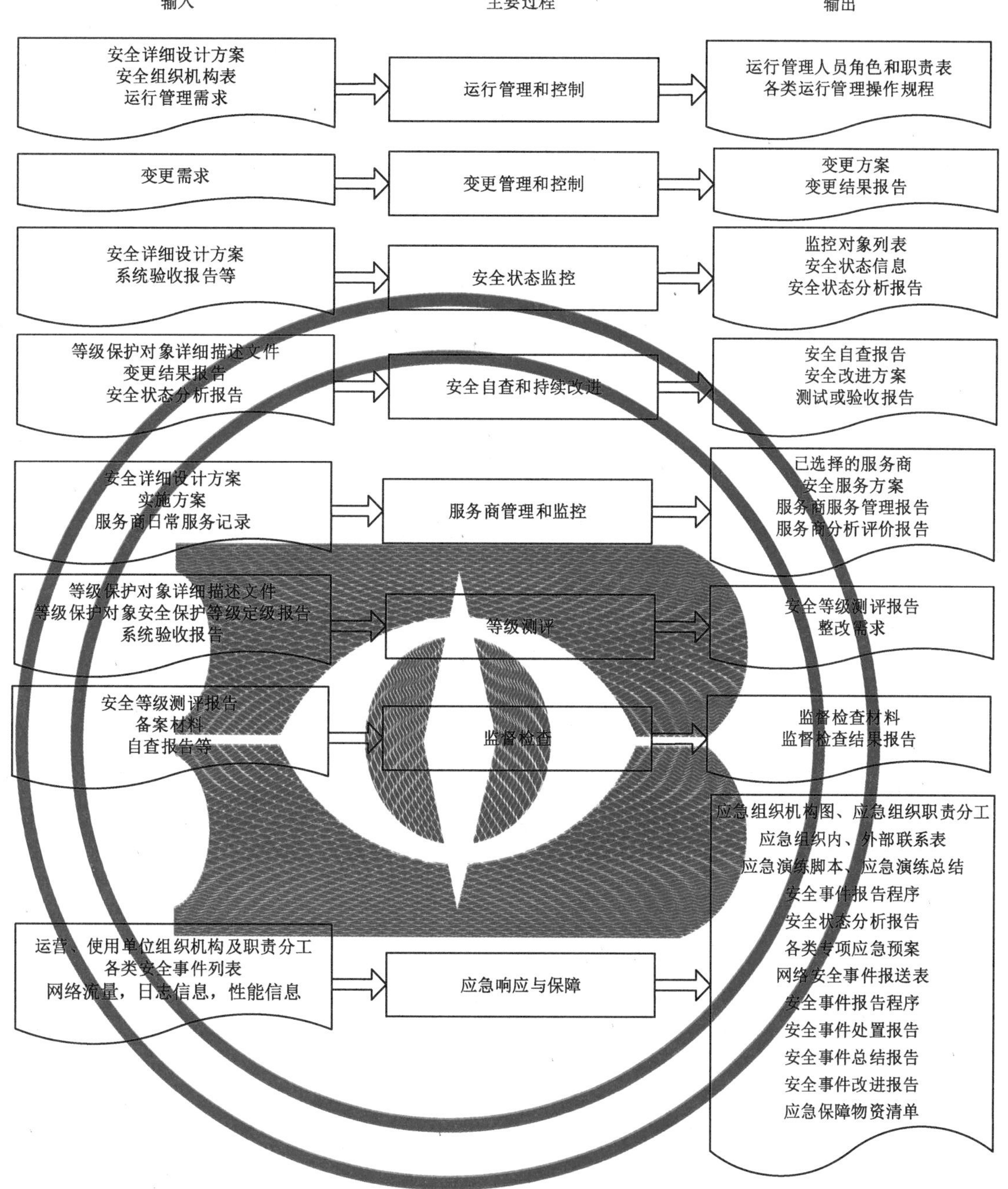

图7　安全运行与维护阶段工作流程

8.2　运行管理和控制

8.2.1　运行管理职责确定

活动目标:

通过对运行管理活动或任务的角色划分,并授予相应的管理权限,来确定安全运行管理的具体人员和职责。应至少划分为系统管理员、安全管理员和安全审计员。

参与角色:运营、使用单位。

活动输入：安全详细设计方案，安全组织机构表。

活动描述：

本活动主要包括以下子活动内容：

a） 划分运行管理角色

根据管理制度和实际运行管理需求，划分运行管理需要的角色及用户，并由系统管理员创建角色及用户。越高安全保护等级的运行管理角色划分越细。

b） 授予管理权限

根据管理制度和实际运行管理需要，由安全管理员授予每一个运行管理角色及用户不同的管理权限。安全保护等级越高的系统管理权限的划分也越细。

c） 定义人员职责

根据不同的安全保护等级要求的控制粒度，分析所需要运行管理控制内容，并以此定义不同运行管理角色的职责。由安全审计员对系统管理员、安全管理员操作日志进行审计。

活动输出：运行管理人员角色和职责表。

8.2.2 运行管理过程控制

活动目标：

通过制定运行管理操作规程，确定运行管理人员的操作目的、操作内容、操作时间和地点、操作方法和流程等，并进行操作过程记录，确保对操作过程进行控制。

参与角色：运营、使用单位。

活动输入：运行管理需求，运行管理人员角色和职责表。

活动描述：

本活动主要包括以下子活动内容：

a） 建立操作规程

将操作过程或流程规范化，并形成指导运行管理人员工作的操作规程，操作规程作为正式文件处理。操作规程应至少覆盖运维人员、使用用户等的各类操作，如：移动介质使用规程、终端使用规程、数据库操作规程等。安全保护等级越高的系统，对更多的操作要形成操作规程文件。

b） 操作过程记录

对运行管理人员按照操作规程执行的操作过程形成相关的记录文件，可能是日志文件，记录操作的时间和人员、正常或异常等信息。

活动输出：各类运行管理操作规程。

8.3 变更管理和控制

8.3.1 变更需求和影响分析

活动目标：

通过对运行与维护过程中的变更需求和变更影响的分析，来确定变更的类别，计划后续的活动内容。

参与角色：运营、使用单位。

活动输入：变更需求。

活动描述：

本活动主要包括以下子活动内容：

a） 变更需求分析

对运行与维护过程中的变更需求进行分析，确定变更的内容、变更资源需求和变更范围等，判断变更的必要性和可行性。

b) 变更影响分析

对运行与维护过程中的变更可能引起的后果进行判断和分析、确定可能产生的影响大小、确定进行变更的先决条件和后续活动等。

c) 明确变更的类别

确定等级保护对象是局部调整还是重大变更。如果是由等级保护对象类型发生变化、承载的信息资产类型发生变化、等级保护对象服务范围发生变化和业务处理自动化程度发生变化等原因引起等级保护对象安全保护等级发生变化的重大变更,则需要重新确定等级保护对象安全保护等级,返回到等级保护实施过程的等级保护对象定级阶段。如果是局部调整,则确定需要配套进行的其他工作内容。

d) 制定变更方案

根据 a)、b)、c)的结果制定变更方案。

活动输出:变更方案。

8.3.2 变更过程控制

活动目标:

确保运行与维护过程中的变更实施过程受到控制,各项变化内容进行记录,保证变更对业务的影响最小。

参与角色:运营、使用单位。

活动输入:变更方案。

活动描述:

本活动主要包括以下子活动内容:

a) 变更内容审核和审批

对变更目的、内容、影响、时间和地点以及人员权限进行审核,以确保变更合理、科学的实施。按照机构建立的审批流程对变更方案进行审批。

b) 建立变更过程日志

按照批准的变更方案实施变更,对变更过程各类系统状态、各种操作活动等建立操作记录或日志。

c) 形成变更结果报告

收集变更过程的各类相关文档,整理、分析和总结各类数据,形成变更结果报告,并归档保存。

活动输出:变更结果报告。

8.4 安全状态监控

8.4.1 监控对象确定

活动目标:

确定可能会对等级保护对象安全造成影响的因素,即确定安全状态监控的对象。

参与角色:运营、使用单位。

活动输入:安全详细设计方案,系统验收报告等。

活动描述:

本活动主要包括以下子活动内容:

a) 安全关键点分析

对影响系统、业务安全性的关键要素进行分析,确定安全状态监控的对象,这些对象可能包括防火墙、入侵检测、防病毒、核心路由器、核心交换机、主要通信线路、关键服务器或客户端等系统范围内的对象;也可能包括安全标准和法律法规等外部对象。

b） 形成监控对象列表

根据确定的监控对象，分析监控的必要性和可行性、监控的开销和成本等因素，形成监控对象列表。

活动输出：监控对象列表。

8.4.2 监控对象状态信息收集

活动目标：

选择状态监控工具，收集安全状态监控的信息，识别和记录入侵行为，对等级保护对象的安全状态进行监控。

参与角色：运营、使用单位。

活动输入：监控对象列表。

活动描述：

本活动主要包括以下子活动内容：

a） 选择监控工具

根据监控对象的特点、监控管理的具体要求、监控工具的功能、性能特点等，选择合适的监控工具。监控工具也可能不是自动化的工具，而只是由各类人员构成的，遵循一定规则进行操作的组织或者是两者的综合。

b） 状态信息收集

收集来自监控对象的各类状态信息，可能包括网络流量、日志信息、安全报警和性能状况等；或者是来自外部环境的安全标准和法律法规的变更信息。

活动输出：安全状态信息。

8.4.3 监控状态分析和报告

活动目标：

通过对安全状态信息进行分析，及时发现安全事件或安全变更需求，并对其影响程度和范围进行分析，形成安全状态结果分析报告。

参与角色：运营、使用单位。

活动输入：安全状态信息。

活动描述：

本活动主要包括以下子活动内容：

a） 状态分析

对安全状态信息进行分析，及时发现险情、隐患或安全事件，并记录这些安全事件，分析其发展趋势。

b） 影响分析

根据对安全状况变化的分析，分析这些变化对安全的影响，通过判断他们的影响决定是否有必要作出响应。

c） 形成安全状态分析报告

根据安全状态分析和影响分析的结果，形成安全状态分析报告，上报安全事件或提出变更需求。

活动输出：安全状态分析报告。

8.5 安全自查和持续改进

8.5.1 安全状态自查

活动目标：

通过对等级保护对象的安全状态进行自查，为等级保护对象的持续改进过程提供依据和建议，确保等级保护对象的安全保护能力满足相应等级安全要求。关于等级测评见8.7，关于监督检查见8.8。

参与角色：运营、使用单位。

活动输入：等级保护对象详细描述文件，变更结果报告，安全状态分析报告。

活动描述：

本活动主要包括以下子活动内容：

a) 确定自查对象和自查方法

确定检查的对象和方法，确定本次安全自查的范围及安全自查工具、调研表格等。

b) 制定自查计划和自查方案

确定自查工作的角色和职责，确定自查工作的方法，成立安全自查工作组。制定安全自查工作计划和安全自查方案，说明安全自查的范围、对象、工作方法等，准备安全自查需要的各类表单和工具。

c) 安全自查实施

根据安全自查计划，通过询问、检查和测试等多种手段，进行安全状况自查，记录各种自查活动的结果数据，分析安全措施的有效性、安全事件产生的可能性和定级对象的实际改进需求等。

d) 安全自查结果和报告

总结安全自查的结果，提出改进的建议，并产生安全自查报告。将安全自查过程的各类文档、资料归档保存。

活动输出：安全自查报告。

8.5.2 改进方案制定

活动目标：

依据安全检查的结果，调整等级保护对象的安全状态，保证等级保护对象安全防护的有效性。

参与角色：运营、使用单位。

活动输入：安全自查报告。

活动描述：

本活动主要包括以下子活动内容：

a) 安全改进的立项

根据安全检查结果确定安全改进的策略，如果涉及安全保护等级的变化，则应进入安全保护等级保护实施的一个新的循环过程；如果安全保护等级不变，但是调整内容较多、涉及范围较大，则应对安全改进项目进行立项，重新开始安全实施/实现过程，参见第7章；如果调整内容较小，则可以直接进行安全改进实施。

b) 制定安全改进方案

确定安全改进的工作方法、工作内容、人员分工、时间计划等，制定安全改进方案。安全改进方案只适用于小范围内的安全改进，如安全加固、配置加强、系统补丁等。

活动输出：安全改进方案。

8.5.3 安全改进实施

活动目标：

保证按照安全改进方案实现各项补充安全措施，并确保原有的技术措施和管理措施与各项补充的安全措施一致有效地工作。

参与角色：运营、使用单位。

活动输入：安全改进方案。

活动描述：

本活动主要包括以下子活动内容：

a） 安全方案实施控制

见 7.4.3。

b） 安全措施测试与验收

见 7.3.4。

c） 配套技术文件和管理制度的修订

按照安全改进方案实施和落实各项补充的安全措施后，要调整和修订各类相关的技术文件和管理制度，保证原有体系完整性和一致性。

活动输出：测试或验收报告。

8.6 服务商管理和监控

8.6.1 服务商选择

活动目标：

确定符合国家规定或行业规定的设计、测评、建设资质的服务商，为后续的管理和监控奠定基础。

参与角色：运营、使用单位，网络安全服务机构。

活动输入：安全详细设计方案，实施方案等。

活动描述：

本活动主要包括以下子活动内容：

a） 服务能力分析

从影响系统、业务安全性等关键要素层面分析服务商服务能力，根据国家招投标相关要求，选择最佳服务商，这些要素可能包括服务商的基本情况、企业资质和人员资质、信誉、技术力量和行业经验、内部控制和管理能力、持续经营状况、服务水平及人员配备情况等。

b） 网络安全风险分析

在选择服务商时，需要识别服务商的网络安全风险，防止高风险、不合格服务商承担安全运行维护项目，网络安全风险点包括但不限于以下几点：

——服务商可能的泄密行为。

——服务商服务能力及行业经验。

——物理访问、信息资料丢失、系统越权访问、误操作等。

——服务商企业资质、人员资质及网络安全口碑、业绩。

——服务商以往服务项目案例。

c） 服务内容互斥分析

在选择服务商时，需要识别服务商提供的服务与之前或后续提供的服务之间没有互斥性。承担等级保护对象安全建设服务的机构应具备等级保护安全建设服务机构资质。承担等级测评服务的机构具备等级测评机构资质。

活动输出：已选择的服务商，安全服务方案。

8.6.2 服务商管理

活动目标：

对服务商从多维度进行切实有效管理，使得服务商在约定范围内开展服务工作。

参与角色：运营、使用单位，网络安全服务机构。

活动输入：已选择的服务商，安全服务方案。

活动描述：

本活动主要包括以下子活动内容：

a) 人员管理

为确保服务商服务工作符合约定要求，使用单位对服务人员的管理措施应至少包括但不限于：

——使用单位需制定服务商人员管理规定，包含但不限于上岗资质审核机制、保密协议、品行管理、服务技能考核、行为管理、系统权限管理、口令管理等。

——使用单位负责对服务商核心人员的确定和变更进行备案。

——服务商人员在为使用单位提供服务的过程中，严格遵守使用单位的各项规定、管理要求，服从使用单位安排。

——如因服务商人员原因，给使用单位或第三方造成人员人身伤害或财产损失的，服务商应承担赔偿责任。

——使用单位督促服务商对服务人员开展培训及安全教育工作。

b) 服务管理

为确保服务商服务工作符合约定要求，服务商应满足但不限于：

——服务商提供齐全进场相关资料(如企业资质、人员资质、人员名单、物资资料等)，并接受使用单位的审核。

——服务商基本信息发生变更，如：法人、单位名称、银行账户等，应提前通知使用单位。

——按照约定要求服务商提供各项服务，保质保量完成服务目标；如因服务商未完成服务目标给使用单位造成损失的，应予赔偿。

——服务商确保所提供服务不存在任何侵犯第三方著作权、商标权、专利权等合法权益的情形；服务商保护好对服务过程中产生的研究成果及知识产权，未经使用单位许可，服务商不得以任何形式向任何第三方转让权利义务。

——服务商提供项目验收和考核的相关材料，配合使用单位组织开展项目结题验收和考核工作。

——使用单位根据约定的售后服务内容及标准，实时跟踪服务商售后服务考核情况，作为后续服务商选择参考。

活动输出：服务商服务管理报告。

8.6.3 服务商监控

活动目标：

通过对服务商及其人员在服务过程中的行为进行有效监控，若发现不合规行为，限时保质整改，确保服务商服务工作持续、规范、高效。

参与角色：运营、使用单位，网络安全服务机构。

活动输入：服务商日常服务记录，安全服务方案。

活动描述：

本活动主要包括以下子活动内容：

a) 使用单位负责组织制定服务评审标准及办法，并依据办法对服务质量进行评审；服务商应接受使用单位对其提供服务情况进行的监督和检查，并应及时按照使用单位要求对所提供的服务进行改进或调整，使服务质量符合使用单位要求。

b) 使用单位对服务商日常工作进行指导，当发现服务商工作中存在问题时，要求服务商及时纠正，因服务商原因(故意或过失)给使用单位造成损失的，服务商应承担全部赔偿责任。

c) 使用单位监管项目进展情况期间，对于重大情况服务商应及时主动报告。

d) 使用单位负责对服务商人员定期进行考核评价，考核方式可采用日常考核、季度考核和年度考核，也可采用适合使用单位的考核方式；如发生严重违反合作原则、伤害使用单位利益、影响服务质量等行为，使用单位有权随时向服务商提出人员撤换要求。

e) 服务过程中，服务商如因正当理由需要调整、变更人员的，应提前通知使用单位，做好工作交接，并获得使用单位同意后方可进行。

活动输出：服务商分析评价报告。

8.7 等级测评

活动目标：

通过网络安全等级测评机构对已经完成等级保护建设的等级保护对象定期进行等级测评，确保等级保护对象的安全保护措施符合相应等级的安全要求。

参与角色：主管部门，运营、使用单位，网络安全等级测评机构。

活动输入：等级保护对象详细描述文件，等级保护对象安全保护等级定级报告，系统验收报告。

活动描述：

a) 网络安全等级测评机构依据有关等级保护对象安全保护等级测评的规范或标准对等级保护对象开展等级测评。

b) 运营、使用单位参考等级测评出具的安全等级测评报告，分析确定整改需求。

活动输出：安全等级测评报告，整改需求。

8.8 监督检查

活动目标：

根据等级保护管理部门对等级保护对象定级、规划设计、建设实施和运行管理等过程的监督检查要求，等级保护管理部门应按照国家、行业相关等级保护监督检查要求及标准，开展监督检查工作。

主管部门，运营、使用单位准备相应的监督检查材料，配合等级保护管理部门检查，确保等级保护对象符合安全保护相应等级的要求。

参与角色：主管部门，运营、使用单位，等级保护管理部门。

活动输入：安全等级测评报告，备案材料，自查报告等。

活动描述：

等级保护管理部门、主管部门依据国家网络安全等级保护、行业监管要求等制定监督检查方案及表格；运营、使用单位根据网络安全保护等级保护监督检查、行业监管的规范或标准，准备相应的监督检查所需材料。

活动输出：监督检查材料，监督检查结果报告。

8.9 应急响应与保障

8.9.1 应急准备

活动目标：

建立完善的应急组织体系，保证应急救援工作反应迅速、协调有序。通过分析安全事件的等级，在统一的应急预案框架下制定不同安全事件的应急预案。通过组织针对等级保护对象的应急演练，可以有效检验网络安全应急能力，并为消除或减小这些隐患与问题提供有价值的参考信息，检验应急预案体系的完整性、应急预案的可操作性、机构和应急人员的执行、协调能力以及应急保障资源的准备情况等，从而有助于提高整体应急能力。

参与角色：主管部门，运营、使用单位。

活动输入：运营、使用单位组织机构及职责分工，各类安全事件列表。

活动描述：

本活动主要包括以下子活动内容：

a） 建立应急组织

按照应急救援的需要，建立应急组织。应急组织一般分为五个核心应急功能机构，即指挥、行动、策划、后勤和财务。

b） 明确应急工作职责

明确应急管理的领导机构、办事机构、专项应急指挥机构、基层应急机构、应急专家组组成部门或人员、职责和权限。

c） 安全事件分类分级

参考《国家网络安全事件应急预案》和GB/Z 20986—2007，根据安全事件的类型、安全事件对业务的影响范围和程度以及安全事件的敏感程度等，对等级保护对象可能发生的安全事件进行分类分级，针对不同类别和等级制定相应的安全事件报告程序。

d） 确定应急预案对象

针对安全事件的不同类别和等级，考虑其发生的可能性及其对系统和业务产生的影响，确定需制定应急预案的对象。

e） 确定职责和应急协调方式

在统一的应急预案框架下，明确应急预案中各部门的职责，以及各部门间的合作和分工协调方式。

f） 制定应急预案程序及其执行条件

针对不同等级、不同类别的安全事件制定相应的应急预案程序，确定不同等级、不同类别事件的响应和处置范围、程度以及适用的管理制度，说明应急预案启动的条件，发生安全事件后要采取的流程和措施。

g） 培训宣贯

针对应急预案涉及的部门和人员制定专项培训计划，培训宣贯内容包括应急职责、合作和分工、应急预案启动条件和流程等。

h） 应急演练

明确应急预案演练的规模、方式、范围、内容、组织、评估、总结等内容，并按照预案定期开展演练。

活动输出：应急组织机构图，应急组织职责分工，应急组织内、外部联系表，安全事件报告程序，各类专项应急预案，应急演练脚本，应急演练总结。

8.9.2 应急监测与响应

活动目标：

收集异常安全状态监控的信息，识别和记录入侵行为，对等级保护对象的安全状态进行监控，并根据应急预案启动条件研判是否启动应急程序。对监控到的安全事件采取适当的方法进行预处置，分析安全事件的影响程度和等级，启动相应级别的应急预案，开展应急响应处置工作。

参与角色：运营、使用单位。

活动输入：网络流量，日志信息，性能信息，安全事件报告程序，各类专项应急预案，网络安全事件报送表，安全事件报告程序等。

活动描述：

本活动主要包括以下子活动内容：

a） 异常状态信息收集

收集来自监控对象的各类状态信息，可能包括网络流量、日志信息、安全报警和性能状况等，或者来自外部环境的安全标准和法律法规的变更信息。

b） 异常状态分析

对安全状态信息进行分析，及时发现险情、隐患或安全事件，并记录这些安全事件，分析其发展趋势及这些变化对安全状态的影响，通过判断他们的影响决定是否有必要作出响应。

c） 安全事件上报和共享

根据安全状态分析和影响分析的结果，分析可能发生的安全事件，明确安全事件等级、影响程度以及优先级等，形成安全状态分析报告和网络安全事件报送表，按照安全事件等级以及安全事件报告程序上报，需要共享的按照规定向特定对象共享安全事件。

d） 安全事件处置

对于应启动应急预案的安全事件按照应急预案响应机制进行安全事件处置。对未知安全事件的处置，应根据安全事件的等级，制定安全事件处置方案，包括安全事件处置方法以及应采取的措施等，并按照安全事件处置流程和方案对安全事件进行处置。

e） 安全事件总结和报告

一旦安全事件得到解决，对于未知的安全事件进行事件记录，分析记录信息并补充所需信息，使安全事件成为已知事件，并文档化；对安全事件处置过程进行总结，制定安全事件处置报告，并保存。

活动输出：网络安全事件报送表，安全状态分析报告，安全事件处置报告。

8.9.3 后期评估与改进

活动目标：

对安全事件原因、处置过程进行调查分析，并根据分析结果进行责任认定及制定改进预防措施。

参与角色：运营、使用单位。

活动输入：安全事件报告程序，各类专项应急预案，安全事件处置报告。

活动描述：

本活动主要包括以下子活动内容：

a） 调查评估

对于应急响应过程进行调查，评估应急过程合规性、处置及时性等。通过事件重现调查网络安全事件原因，追溯安全责任，并形成网络安全调查评估报告。

b） 改进预防

根据网络安全事件调查评估报告，制定改进预防措施，修改相应应急预案，结合实际情况进行落实，并组织开展应急预案相关培训。

活动输出：安全事件总结报告，安全事件改进报告，应急预案。

8.9.4 应急保障

活动目标：

建立健全应急保障体系，实现应急预案保障工作科学化。

参与角色：运营、使用单位。

活动输入：总体应急预案，各类专项应急预案。

活动描述：

针对各类专项应急预案进行分析，制定应急预案执行所需通信、装备、数据、队伍、交通运输、经费和治安保障内容。

活动输出：应急保障物资清单。

9 定级对象终止

9.1 定级对象终止阶段的工作流程

定级对象终止阶段是等级保护实施过程中的最后环节。当定级对象被转移、终止或废弃时，正确处理其中的敏感信息对于确保机构信息资产的安全是至关重要的。在等级保护对象生命周期中，有些定级对象并不是真正意义上的废弃,而是改进技术或转变业务到新的定级对象,对于这些定级对象在终止处理过程中应确保信息转移、设备迁移和介质销毁等方面的安全。

本标准在定级对象终止阶段关注信息转移、暂存和清除,设备迁移或废弃,存储介质的清除或销毁等活动。

定级对象终止阶段的工作流程见图8。

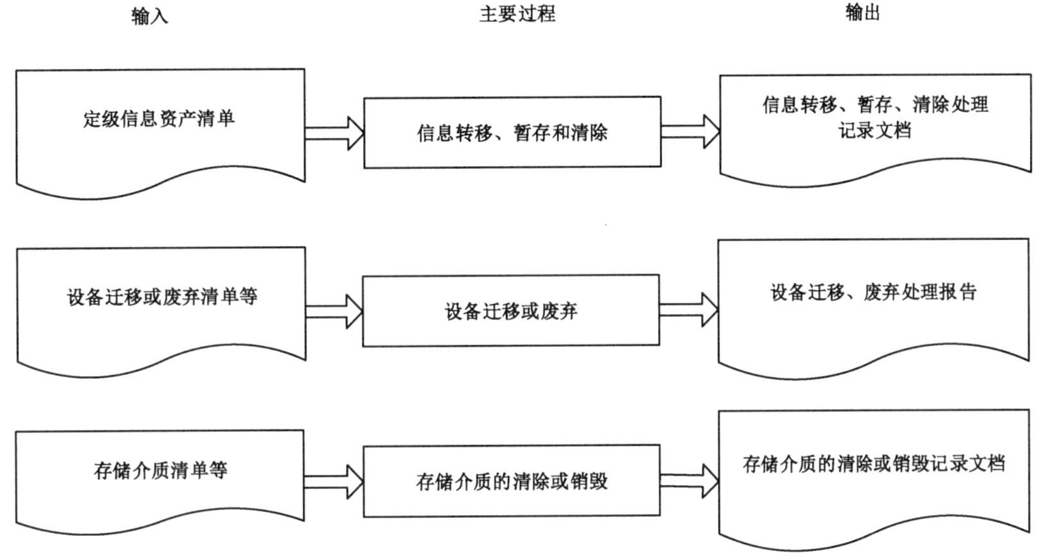

图8 定级对象终止阶段工作流程

9.2 信息转移、暂存和清除

活动目标:

在定级对象终止处理过程中,对于可能会在另外的定级对象中使用的信息采取适当的方法将其安全地转移或暂存到可以恢复的介质中,确保将来可以继续使用,同时采用安全的方法清除要终止的定级对象中的信息。

参与角色:运营、使用单位。

活动输入:定级对象信息资产清单。

活动描述:

本活动主要包括以下子活动内容:

a) 识别要转移、暂存和清除的信息资产

根据要终止的定级对象的信息资产清单,识别重要信息资产、所处的位置以及当前状态等,列出需转移、暂存和清除的信息资产的清单。

b) 信息资产转移、暂存和清除

根据信息资产的重要程度制定信息资产的转移、暂存、清除的方法和过程。如果是涉密信息,应按照国家相关部门的规定进行转移、暂存和清除。

c) 处理过程记录

记录信息转移、暂存和清除的过程,包括参与的人员,转移、暂存和清除的方式以及目前信息所处的位置等。

活动输出:信息转移、暂存、清除处理记录文档。

9.3 设备迁移或废弃

活动目标:

确保定级对象终止后，迁移或废弃的设备内不包括敏感信息，对设备的处理方式应符合国家相关部门的要求。

参与角色：运营、使用单位。

活动输入：设备迁移或废弃清单等。

活动描述：

本活动主要包括以下子活动内容：

a） 软硬件设备识别

根据要终止的定级对象的设备清单，识别要被迁移或废弃的硬件设备、所处的位置以及当前状态等，列出需迁移、废弃的设备的清单。

b） 制定硬件设备处理方案

根据规定和实际情况制定设备处理方案，包括重用设备、废弃设备、敏感信息的清除方法等。

c） 处理方案审批

包括重用设备、废弃设备、敏感信息的清除方法等的设备处理方案应经过主管领导审查和批准。

d） 设备处理和记录

根据设备处理方案对设备进行处理，如果是涉密信息的设备，其处理过程应符合国家相关部门的规定；记录设备处理过程，包括参与的人员、处理的方式、是否有残余信息的检查结果等。

活动输出：设备迁移、废弃处理报告。

9.4 存储介质的清除或销毁

活动目标：

通过采用合理的方式对计算机介质(包括磁带、磁盘、打印结果和文档)进行信息清除或销毁处理，防止介质内的敏感信息泄露。

参与角色：运营、使用单位。

活动输入：存储介质清单等。

活动描述：

本活动主要包括以下子活动内容：

a） 识别要清除或销毁的介质

根据要终止的定级对象的存储介质清单，识别载有重要信息的存储介质、所处的位置以及当前状态等，列出需清除或销毁的存储介质清单。

b） 确定存储介质处理方法和流程

根据存储介质所承载信息的敏感程度确定对存储介质的处理方式和处理流程。存储介质的处理包括数据清除和存储介质销毁等。对于存储涉密信息的介质应按照国家相关部门的规定进行处理。

c） 处理方案审批

包括存储介质的处理方式和处理流程等的处理方案应经过主管领导审查和批准。

d） 存储介质处理和记录

根据存储介质处理方案对存储介质进行处理，记录处理过程，包括参与的人员、处理的方式、是否有残余信息的检查结果等。

活动输出：存储介质的清除或销毁记录文档。

附　录　A
（规范性附录）
主要过程及其活动和输入输出

等级保护对象实施网络安全等级保护工作的主要过程及其活动和输入输出见表 A.1。

表 A.1　等级保护对象实施网络安全等级保护工作的主要过程及其活动和输入输出

主要阶段	主要过程	活动	活动输入	活动输出
等级保护对象定级与备案	行业/领域定级工作		行业介绍文档 GB/T 22240	行业/领域的业务总体描述文件 行业/领域定级指导意见 行业/领域定级工作部署文件
	等级保护对象分析	对象重要性分析	单位情况说明文档 等级保护对象的立项、建设和管理文档 行业/领域定级指导意见	等级保护对象总体描述文件
		定级对象确定	行业/领域定级指导意见 行业/领域定级工作部署文件 等级保护对象总体描述文件 GB/T 22240	定级对象详细描述文件
	安全保护等级确定	定级、审核和批准	行业/领域定级指导意见 等级保护对象总体描述文件 定级对象详细描述文件	定级结果 主管部门审批意见
		形成定级报告	定级对象详细描述文件 定级结果	安全保护等级定级报告
	定级结果备案		安全保护等级定级报告 主管部门审核意见 等级保护对象安全总体方案 安全详细设计方案 安全等级测评报告	备案材料 备案证明

表 A.1（续）

主要阶段	主要过程	活动	活动输入	活动输出
总体安全规划	安全需求分析	基本安全需求的确定	等级保护对象详细描述文件 安全保护等级定级报告 等级保护对象相关的其他文档 GB/T 22239 行业基本要求	基本安全需求
		特殊安全需求的确定	等级保护对象详细描述文件 安全保护等级定级报告 等级保护对象相关的其他文档	重要资产的特殊保护要求
		形成安全需求分析报告	等级保护对象详细描述文件 安全保护等级定级报告 基本安全需求 重要资产的特殊保护要求	安全需求分析报告
	安全总体设计	总体安全策略设计	等级保护对象详细描述文件 安全保护等级定级报告 安全需求分析报告	总体安全策略文件
		安全技术体系结构设计	总体安全策略文件 等级保护对象详细描述文件 安全保护等级定级报告 安全需求分析报告 GB/T 22239 行业基本要求	等级保护对象安全技术体系结构
		整体安全管理体系结构设计	总体安全策略文件 等级保护对象详细描述文件 安全保护等级定级报告 安全需求分析报告 GB/T 22239 行业基本要求	等级保护对象安全管理体系结构
		设计结果文档化	安全需求分析报告 等级保护对象安全技术体系结构 等级保护对象安全管理体系结构	等级保护对象安全总体方案

表 A.1（续）

主要阶段	主要过程	活动	活动输入	活动输出
总体安全规划	安全建设项目规划	安全建设目标确定	等级保护对象安全总体方案 机构或单位信息化建设的中长期发展规划	等级保护对象分阶段安全建设目标
总体安全规划	安全建设项目规划	安全建设内容规划	等级保护对象安全总体方案 等级保护对象分阶段安全建设目标	安全建设项目列表（含安全建设内容）
总体安全规划	安全建设项目规划	形成安全建设项目规划	等级保护对象安全总体方案 等级保护对象分阶段安全建设目标 安全建设内容等	等级保护对象安全建设项目规划
安全设计与实施	安全方案详细设计	技术措施实现内容设计	安全总体方案 安全建设项目规划 各类信息技术产品和网络安全产品技术说明资料 网络安全服务机构评价材料	技术措施实施方案
安全设计与实施	安全方案详细设计	管理措施实现内容设计	安全总体方案 安全建设项目规划	管理措施实施方案
安全设计与实施	安全方案详细设计	设计结果文档化	技术措施实施方案 管理措施实施方案	安全详细设计方案
安全设计与实施	技术措施的实现	网络安全产品或服务采购	安全详细设计方案 相关供应商及产品信息	需采购的网络安全产品性能、功能和安全要求或服务机构的能力要求（可为清单模式）
安全设计与实施	技术措施的实现	安全控制的开发	安全详细设计方案	安全控制的开发过程相关文档与记录
安全设计与实施	技术措施的实现	安全控制集成	安全详细设计方案	安全控制集成报告
安全设计与实施	技术措施的实现	系统验收	安全详细设计方案 安全控制集成报告	验收报告 交付清单
安全设计与实施	管理措施的实现	安全管理制度的建设和修订	安全详细设计方案	安全策略 各项管理制度和操作规范 管理制度评审修订记录
安全设计与实施	管理措施的实现	安全管理机构和人员的设置	安全详细设计方案 安全成员及角色说明书 各项管理制度和操作规范	机构、角色与职责说明书 培训记录及上岗资格证书等
安全设计与实施	管理措施的实现	安全实施过程管理	安全设计与实施阶段参与各方相关进度控制和质量监督要求文档	各阶段管理过程文档和记录

表 A.1（续）

主要阶段	主要过程	活动	活动输入	活动输出
安全运行与维护	运行管理和控制	运维管理职责确定	安全详细设计方案 安全组织机构表	运行管理人员角色和职责表
		运维管理过程控制	运行管理需求 运行管理人员角色和职责表	各类运行管理操作规程
	变更管理和控制	变更需求和影响分析	变更需求	变更方案
		变更过程控制	变更方案	变更结果报告
	安全状态监控	监控对象确定	安全详细设计方案 系统验收报告等	监控对象列表
		监控对象状态信息收集	监控对象列表	安全状态信息
		监控状态分析和报告	安全状态信息	安全状态分析报告
	安全自查和持续改进	安全状态自查	等级保护对象详细描述文件 变更结果报告 安全状态分析报告	安全自查报告
		改进方案制定	安全自查报告	安全改进方案
		安全改进实施	安全改进方案	测试或验收报告
	服务商管理和监控	服务商选择	安全详细设计方案 实施方案等	选择的最佳服务商
		服务商管理	已选择的服务商	服务商服务管理报告
		服务商监控	服务商日常服务记录	服务商分析评价报告
	等级测评		等级保护对象详细描述文件 等级保护对象安全保护等级定级报告 系统验收报告	安全等级测评报告 整改需求
	监督检查		安全等级测评报告 备案材料 自查报告等	监督检查材料 监督检查结果报告
	应急响应与保障	应急准备	运营、使用单位组织机构及职责分工	应急组织机构图 应急组织职责分工 应急组织内、外部联系表 安全事件报告程序 各类专项应急预案 应急演练脚本 应急演练总结

表 A.1（续）

主要阶段	主要过程	活动	活动输入	活动输出
安全运行与维护	应急响应与保障	应急监测与响应	网络流量，日志信息，性能信息等 安全事件报告程序 各类专项应急预案 网络安全事件报送表 安全事件报告程序等	网络安全事件报送表 安全状态分析报告 安全事件处置报告
		后期评估与改进	安全事件报告程序 各类专项应急预案 安全事件处置报告	安全事件总结报告 安全事件改进报告 应急预案
		应急保障	总体应急预案 各类专项应急预案	应急保障物资清单
定级对象终止	信息转移、暂存和清除		定级对象信息资产清单	信息转移、暂存、清除处理记录文档
	设备迁移或废弃		设备迁移或废弃清单等	设备迁移、废弃处理报告
	存储介质的清除或销毁		存储介质清单等	存储介质的清除或销毁记录文档

ICS 35.040
L 80

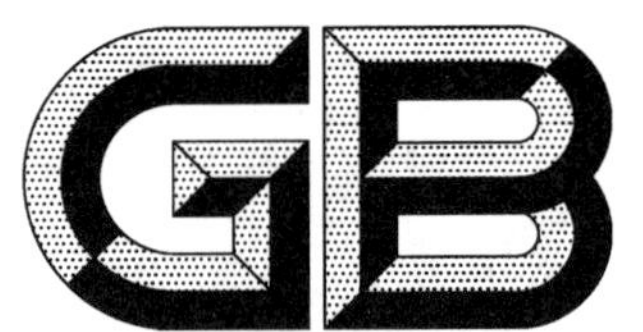

中华人民共和国国家标准

GB/T 25070—2019
代替 GB/T 25070—2010

信息安全技术 网络安全等级保护安全设计技术要求

Information security technology—
Technical requirements of security design for classified protection of cybersecurity

2019-05-10 发布　　2019-12-01 实施

国家市场监督管理总局
中国国家标准化管理委员会 发布

前　　言

本标准按照 GB/T 1.1—2009 给出的规则起草。

本标准代替 GB/T 25070—2010《信息安全技术　信息系统等级保护安全设计技术要求》，与 GB/T 25070—2010 相比，主要变化如下：

——将标准名称变更为《信息安全技术　网络安全等级保护安全设计技术要求》；

——各个级别的安全计算环境设计技术要求调整为通用安全计算环境设计技术要求、云安全计算环境设计技术要求、移动互联安全计算环境设计技术要求、物联网系统安全计算环境设计技术要求和工业控制系统安全计算环境设计技术要求；

——各个级别的安全区域边界设计技术要求调整为通用安全区域边界设计技术要求、云安全区域边界设计技术要求、移动互联安全区域边界设计技术要求、物联网系统安全区域边界设计技术要求和工业控制系统安全区域边界设计技术要求；

——各个级别的安全通信网络设计技术要求调整为通用安全通信网络设计技术要求、云安全通信网络设计技术要求、移动互联安全通信网络设计技术要求、物联网系统安全通信网络设计技术要求和工业控制系统安全通信网络设计技术要求；

——删除了附录 B 中的 B.2“子系统间接口”和 B.3“重要数据结构”，增加了 B.4“第三级系统可信验证实现机制”。

请注意本文件的某些内容可能涉及专利。本文件的发布机构不承担识别这些专利的责任。

本标准由全国信息安全标准化技术委员会(SAC/TC 260)提出并归口。

本标准起草单位：公安部第一研究所、北京工业大学、北京中软华泰信息技术有限责任公司、中国电子信息产业集团有限公司第六研究所、中国信息通信研究院、阿里云计算技术有限公司、中国银行股份有限公司软件中心、公安部第三研究所、国家能源局信息中心、中国电力科学研究院有限公司、中国科学院软件研究所、工业和信息化部计算机与微电子发展研究中心(中国软件评测中心)、中国科学院信息工程研究所、启明星辰信息技术集团股份有限公司、浙江中烟工业有限责任公司、中央电视台、北京江南天安科技有限公司、华为技术有限公司、北京航空航天大学、北京理工大学、北京天融信网络安全技术有限公司、北京和利时系统工程有限公司、青岛海天炜业过程控制技术股份有限公司、北京力控华康科技有限公司、石化盈科信息技术有限责任公司、北京华大智宝电子系统有限公司、山东微分电子科技有限公司、北京中电瑞铠科技有限公司、北京广利核系统工程有限公司、北京神州绿盟科技有限公司。

本标准主要起草人：蒋勇、李超、李秋香、赵勇、袁静、徐晓军、宫月、吴薇、黄学臻、陈翠云、刘志宇、陈彦如、王昱镔、张森、卢浩、吕由、林莉、徐进、傅一帆、丰大军、龚炳铮、贡春燕、霍玉鲜、范文斌、魏亮、田慧蓉、李强、李艺、沈锡镛、陈雪秀、任卫红、孙利民、朱红松、阎兆腾、段伟恒、孟雅辉、章志华、李健俊、李威、顾军、陈卫平、琚宏伟、陈冠直、胡红升、陈雪鸿、高昆仑、张锎、张敏、李昊、王宝会、汤世平、雷晓锋、王弢、王晓鹏、刘美丽、陈聪、刘安正、刘利民、龚亮华、方亮、石宝臣、孙郁熙、巩金亮、周峰、郝鑫、梁猛、姜红勇、冯坚、黄敏、张旭武、石秦、孙洪涛。

本标准所代替标准的历次版本发布情况为：

——GB/T 25070—2010。

引　言

GB/T 25070—2010《信息安全技术　信息系统等级保护安全设计技术要求》在开展网络安全等级保护工作的过程中起到了非常重要的作用，被广泛应用于指导各个行业和领域开展网络安全等级保护建设整改等工作，但是随着信息技术的发展，GB/T 25070—2010 在适用性、时效性、易用性、可操作性上需要进一步完善。

为了配合《中华人民共和国网络安全法》的实施，同时适应云计算、移动互联、物联网、工业控制和大数据等新技术、新应用情况下网络安全等级保护工作的开展，需对 GB/T 25070—2010 进行修订，修订的思路和方法是调整原国家标准 GB/T 25070—2010 的内容，针对共性安全保护目标提出通用的安全设计技术要求，针对云计算、移动互联、物联网、工业控制和大数据等新技术、新应用领域的特殊安全保护目标提出特殊的安全设计技术要求。

本标准是网络安全等级保护相关系列标准之一。

与本标准相关的标准包括：

——GB/T 25058　信息安全技术　信息系统安全等级保护实施指南；

——GB/T 22240　信息安全技术　信息系统安全等级保护定级指南；

——GB/T 22239　信息安全技术　网络安全等级保护基本要求；

——GB/T 28448　信息安全技术　网络安全等级保护测评要求。

在本标准中，**黑体字部分**表示较低等级中没有出现或增强的要求。

信息安全技术
网络安全等级保护安全设计技术要求

1 范围

本标准规定了网络安全等级保护第一级到第四级等级保护对象的安全设计技术要求。

本标准适用于指导运营使用单位、网络安全企业、网络安全服务机构开展网络安全等级保护安全技术方案的设计和实施，也可作为网络安全职能部门进行监督、检查和指导的依据。

注：第五级等级保护对象是非常重要的监督管理对象，对其有特殊的管理模式和安全设计技术要求，所以不在本标准中进行描述。

2 规范性引用文件

下列文件对于本文件的应用是必不可少的。凡是注日期的引用文件，仅注日期的版本适用于本文件。凡是不注日期的引用文件，其最新版本(包括所有的修改单)适用于本文件。

GB 17859—1999 计算机信息系统 安全保护等级划分准则

GB/T 22240—2008 信息安全技术 信息系统安全等级保护定级指南

GB/T 25069—2010 信息安全技术 术语

GB/T 31167—2014 信息安全技术 云计算服务安全指南

GB/T 31168—2014 信息安全技术 云计算服务安全能力要求

GB/T 32919—2016 信息安全技术 工业控制系统安全控制应用指南

3 术语和定义

GB 17859—1999、GB/T 22240—2008、GB/T 25069—2010、GB/T 31167—2014、GB/T 31168—2014 和 GB/T 32919—2016 界定的以及下列术语和定义适用于本文件。为了便于使用，以下重复列出了 GB/T 31167—2014 中的一些术语和定义。

3.1

网络安全 cybersecurity

通过采取必要措施，防范对网络的攻击、侵入、干扰、破坏和非法使用以及意外事故，使网络处于稳定可靠运行的状态，以及保障网络数据的完整性、保密性、可用性的能力。

[GB/T 22239—2019，定义 3.1]

3.2

定级系统 classified system

已确定安全保护等级的系统。定级系统分为第一级、第二级、第三级、第四级和第五级系统。

3.3

定级系统安全保护环境 security environment of classified system

由安全计算环境、安全区域边界、安全通信网络和(或)安全管理中心构成的对定级系统进行安全保护的环境。

3.4

安全计算环境　security computing environment

对定级系统的信息进行存储、处理及实施安全策略的相关部件。

3.5

安全区域边界　security area boundary

对定级系统的安全计算环境边界，以及安全计算环境与安全通信网络之间实现连接并实施安全策略的相关部件。

3.6

安全通信网络　security communication network

对定级系统安全计算环境之间进行信息传输及实施安全策略的相关部件。

3.7

安全管理中心　security management center

对定级系统的安全策略及安全计算环境、安全区域边界和安全通信网络上的安全机制实施统一管理的平台或区域。

3.8

跨定级系统安全管理中心　security management center for cross classified system

对相同或不同等级的定级系统之间互联的安全策略及安全互联部件上的安全机制实施统一管理的平台或区域。

3.9

定级系统互联　classified system interconnection

通过安全互联部件和跨定级系统安全管理中心实现的相同或不同等级的定级系统安全保护环境之间的安全连接。

3.10

云计算　cloud computing

一种通过网络将可伸缩、弹性的共享物理和虚拟资源池以按需自服务的方式供应和管理的模式。

注： 资源包括服务器、操作系统、网络、软件、应用和存储设备等。

[GB/T 32400—2015，定义 3.2.5]

3.11

云计算平台　cloud computing platform

云服务商提供的云计算基础设施及其上的服务层软件的集合。

[GB/T 31167—2014，定义 3.7]

3.12

云计算环境　cloud computing environment

云服务商提供的云计算平台及客户在云计算平台之上部署的软件及相关组件的集合。

[GB/T 31167—2014，定义 3.8]

3.13

移动互联系统　mobile interconnection system

采用了移动互联技术，以移动应用为主要发布形式，用户通过 mobile internet system 移动终端获取业务和服务的信息系统。

3.14

物联网　internet of things

将感知节点设备通过互联网等网络连接起来构成的系统。

[GB/T 22239—2019，定义 3.15]

3.15

感知层网关　sensor layer gateway

将感知节点所采集的数据进行汇总、适当处理或数据融合，并进行转发的装置。

3.16

感知节点设备　sensor node

对物或环境进行信息采集和/或执行操作，并能联网进行通信的装置。

3.17

数据新鲜性　data freshness

对所接收的历史数据或超出时限的数据进行识别的特性。

3.18

现场设备　field device

连接到ICS现场的设备，现场设备的类型包括RTU、PLC、传感器、执行器、人机界面以及相关的通讯设备等。

3.19

现场总线　fieldbus

一种处于工业现场底层设备(如传感器、执行器、控制器和控制室设备等)之间的数字串行多点双向数据总线或通信链路。利用现场总线技术不需要在控制器和每个现场设备之间点对点布线。总线协议是用来定义现场总线网络上的消息，每个消息标识了网络上特定的传感器。

4　缩略语

下列缩略语适用于本文件。

3G：第三代移动通信技术(3rd Generation Mobile Communication Technology)

4G：第四代移动通信技术(4th Generation Mobile Communication Technology)

API：应用程序编程接口(Application Programming Interface)

BIOS：基本输入输出系统(Basic Input Output System)

CPU：中央处理器(Central Processing Unit)

DMZ：隔离区(Demilitarized Zone)

GPS：全球定位系统(Global Positioning System)

ICS：工业控制系统(Industrial Control System)

IoT：物联网(Internet of Things)

NFC：近场通信/近距离无线通信技术(Near Field Communication)

OLE：对象连接与嵌入(Object Linking and Embedding)

OPC：用于过程控制的OLE(OLE for Process Control)

PLC：可编程逻辑控制器(Programmable Logic Controller)

RTU：远程终端单元(Remote Terminal Units)

VPDN：虚拟专用拨号网(Virtual Private Dial-up Networks)

SIM：用户身份识别模块(Subscriber Identification Module)

WiFi：无线保真(Wireless Fidelity)

5 网络安全等级保护安全技术设计概述

5.1 通用等级保护安全技术设计框架

网络安全等级保护安全技术设计包括各级系统安全保护环境的设计及其安全互联的设计，如图1所示。各级系统安全保护环境由相应级别的安全计算环境、安全区域边界、安全通信网络和(或)安全管理中心组成。定级系统互联由安全互联部件和跨定级系统安全管理中心组成。

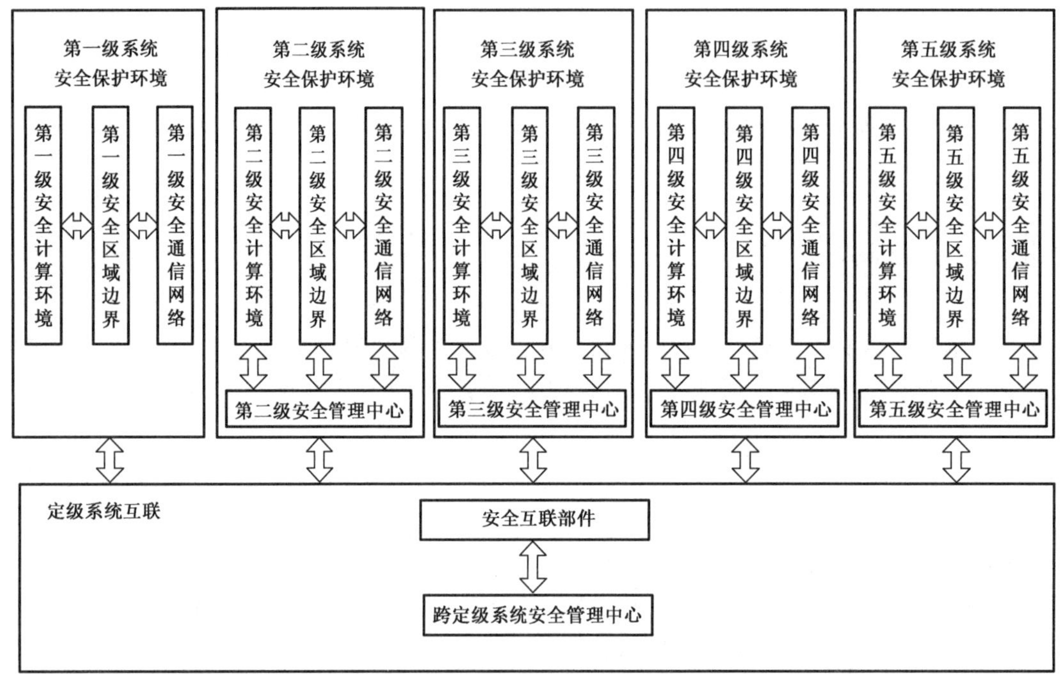

图1 网络安全等级保护安全技术设计框架

本标准第6章～第11章，对图1各个部分提出了相应的设计技术要求(第五级网络安全保护环境的设计要求除外)。附录A给出了访问控制机制设计，附录B给出了第三级系统安全保护环境设计示例。此外，附录C给出大数据设计技术要求。

在对定级系统进行等级保护安全保护环境设计时，可以结合系统自身业务需求，将定级系统进一步细化成不同的子系统，确定每个子系统的等级，对子系统进行安全保护环境的设计。

5.2 云计算等级保护安全技术设计框架

结合云计算功能分层框架和云计算安全特点，构建云计算安全设计防护技术框架，包括云用户层、访问层、服务层、资源层、硬件设施层和管理层(跨层功能)。其中一个中心指安全管理中心，三重防护包括安全计算环境、安全区域边界和安全通信网络，具体如图2所示。

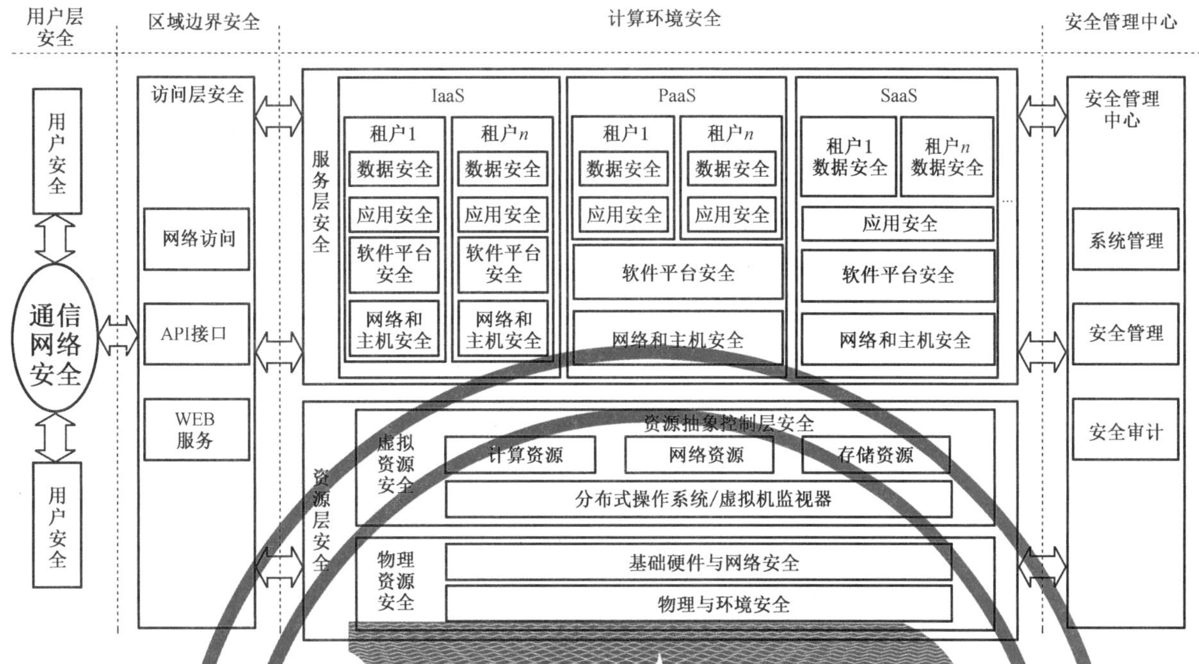

图2　云计算等级保护安全技术设计框架

用户通过安全的通信网络以网络直接访问、API接口访问和WEB服务访问等方式安全地访问云服务商提供的安全计算环境，其中用户终端自身的安全保障不在本部分范畴内。安全计算环境包括资源层安全和服务层安全。其中，资源层分为物理资源和虚拟资源，需要明确物理资源安全设计技术要求和虚拟资源安全设计要求，其中物理与环境安全不在本部分范畴内。服务层是对云服务商所提供服务的实现，包含实现服务所需的软件组件，根据服务模式不同，云服务商和云租户承担的安全责任不同。服务层安全设计需要明确云服务商控制的资源范围内的安全设计技术要求，并且云服务商可以通过提供安全接口和安全服务为云租户提供安全技术和安全防护能力。云计算环境的系统管理、安全管理和安全审计由安全管理中心统一管控。结合本框架对不同等级的云计算环境进行安全技术设计，同时通过服务层安全支持对不同等级云租户端(业务系统)的安全设计。

5.3　移动互联等级保护安全技术设计框架

移动互联系统安全防护参考架构如图3，其中安全计算环境由核心业务域、DMZ域和远程接入域三个安全域组成，安全区域边界由移动互联系统区域边界、移动终端区域边界、传统计算终端区域边界、核心服务器区域边界、DMZ区域边界组成，安全通信网络由移动运营商或用户自己搭建的无线网络组成。

a)　核心业务域

核心业务域是移动互联系统的核心区域，该区域由移动终端、传统计算终端和服务器构成，完成对移动互联业务的处理、维护等。核心业务域应重点保障该域内服务器、计算终端和移动终端的操作系统安全、应用安全、网络通信安全、设备接入安全。

b)　DMZ域

DMZ域是移动互联系统的对外服务区域，部署对外服务的服务器及应用，如Web服务器、数据库服务器等，该区域和互联网相联，来自互联网的访问请求应经过该区域中转才能访问核心业务域。DMZ域应重点保障服务器操作系统及应用安全。

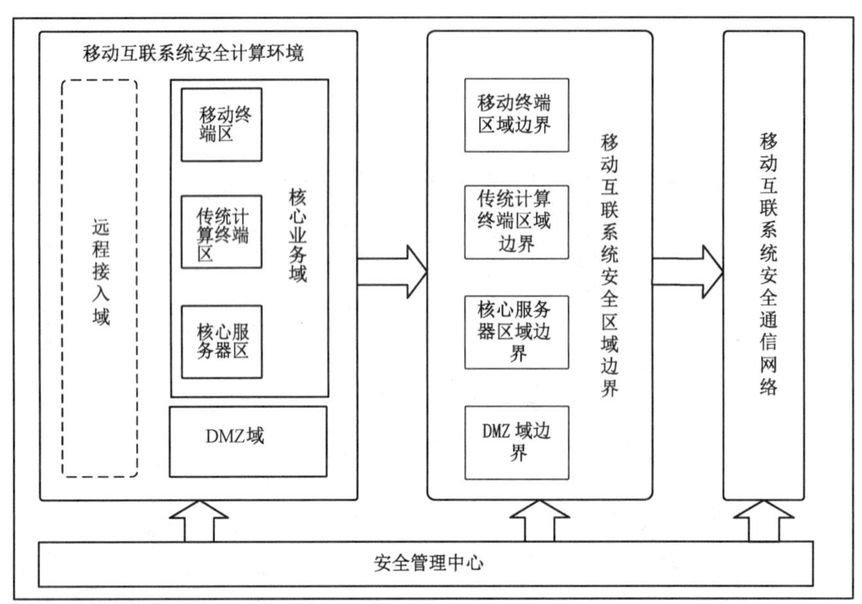

图3 移动互联等级保护安全技术设计框架

c) 远程接入域

远程接入域由移动互联系统运营使用单位可控的,通过VPN等技术手段远程接入移动互联系统运营使用单位网络的移动终端组成,完成远程办公、应用系统管控等业务。远程接入域应重点保障远程移动终端自身运行安全、接入移动互联应用系统安全和通信网络安全。

本标准将移动互联系统中的计算节点分为两类:移动计算节点和传统计算节点。移动计算节点主要包括远程接入域和核心业务域中的移动终端,传统计算节点主要包括核心业务域中的传统计算终端和服务器等。传统计算节点及其边界安全设计可参考通用安全设计要求,下文提到的移动互联计算环境、区域边界、通信网络的安全设计都是特指移动计算节点而言的。

5.4 物联网等级保护安全技术设计框架

结合物联网系统的特点,构建在安全管理中心支持下的安全计算环境、安全区域边界、安全通信网络三重防御体系。安全管理中心支持下的物联网系统安全保护设计框架如图4所示,物联网感知层和应用层都由完成计算任务的计算环境和连接网络通信域的区域边界组成。

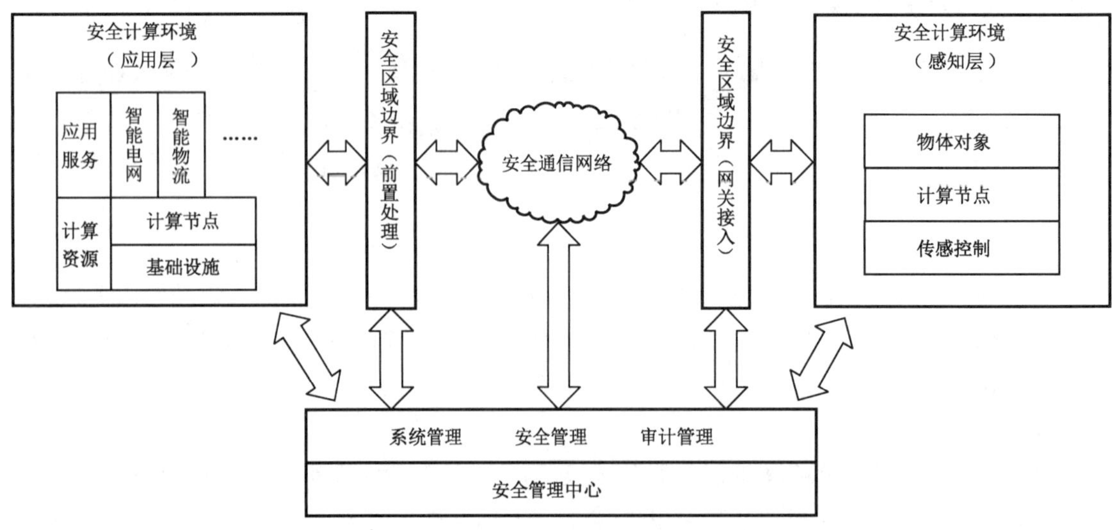

图4 物联网系统等级保护安全技术设计框架

a) 安全计算环境

包括物联网系统感知层和应用层中对定级系统的信息进行存储、处理及实施安全策略的相关部件,如感知层中的物体对象、计算节点、传感控制设备,以及应用层中的计算资源及应用服务等。

b) 安全区域边界

包括物联网系统安全计算环境边界,以及安全计算环境与安全通信网络之间实现连接并实施安全策略的相关部件,如感知层和网络层之间的边界、网络层和应用层之间的边界等。

c) 安全通信网络

包括物联网系统安全计算环境和安全区域之间进行信息传输及实施安全策略的相关部件,如网络层的通信网络以及感知层和应用层内部安全计算环境之间的通信网络等。

d) 安全管理中心

包括对物联网系统的安全策略及安全计算环境、安全区域边界和安全通信网络上的安全机制实施统一管理的平台,包括系统管理、安全管理和审计管理三部分,只有第二级及第二级以上的安全保护环境设计有安全管理中心。

5.5 工业控制等级保护安全技术设计框架

对于工业控制系统根据被保护对象业务性质分区,针对功能层次技术特点实施的网络安全等级保护设计,工业控制系统等级保护安全技术设计框架如图 5 所示。工业控制系统等级保护安全技术设计构建在安全管理中心支持下的计算环境、区域边界、通信网络三重防御体系,采用分层、分区的架构,结合工业控制系统总线协议复杂多样、实时性要求强、节点计算资源有限、设备可靠性要求高、故障恢复时间短、安全机制不能影响实时性等特点进行设计,以实现可信、可控、可管的系统安全互联、区域边界安全防护和计算环境安全。

工业控制系统分为 4 层,即第 0～3 层为工业控制系统等级保护的范畴,为设计框架覆盖的区域;横向上对工业控制系统进行安全区域的划分,根据工业控制系统中业务的重要性、实时性、业务的关联性、对现场受控设备的影响程度以及功能范围、资产属性等,形成不同的安全防护区域,系统都应置于相应的安全区域内,具体分区以工业现场实际情况为准(分区方式包括但不限于:第 0～2 层组成一个安全区域、第 0～1 层组成一个安全区域、同层中有不同的安全区域等)。

分区原则根据业务系统或其功能模块的实时性、使用者、主要功能、设备使用场所、各业务系统间的相互关系、广域网通信方式以及对工业控制系统的影响程度等。对于额外的安全性和可靠性要求,在主要的安全区还可以根据操作功能进一步划分成子区,将设备划分成不同的区域可以有效地建立"纵深防御"策略。将具备相同功能和安全要求的各系统的控制功能划分成不同的安全区域,并按照方便管理和控制为原则为各安全功能区域分配网段地址。

设计框架逐级增强,但防护类别相同,只是安全保护设计的强度不同。防护类别包括:安全计算环境,包括工业控制系统 0～3 层中的信息进行存储、处理及实施安全策略的相关部件;安全区域边界,包括安全计算环境边界,以及安全计算环境与安全通信网络之间实现连接并实施安全策略的相关部件;安全通信网络,包括安全计算环境和网络安全区域之间进行信息传输及实施安全策略的相关部件;安全管理中心,包括对定级系统的安全策略及安全计算环境、安全区域边界和安全通信网络上的安全机制实施统一管理的平台,包括系统管理、安全管理和审计管理三部分。

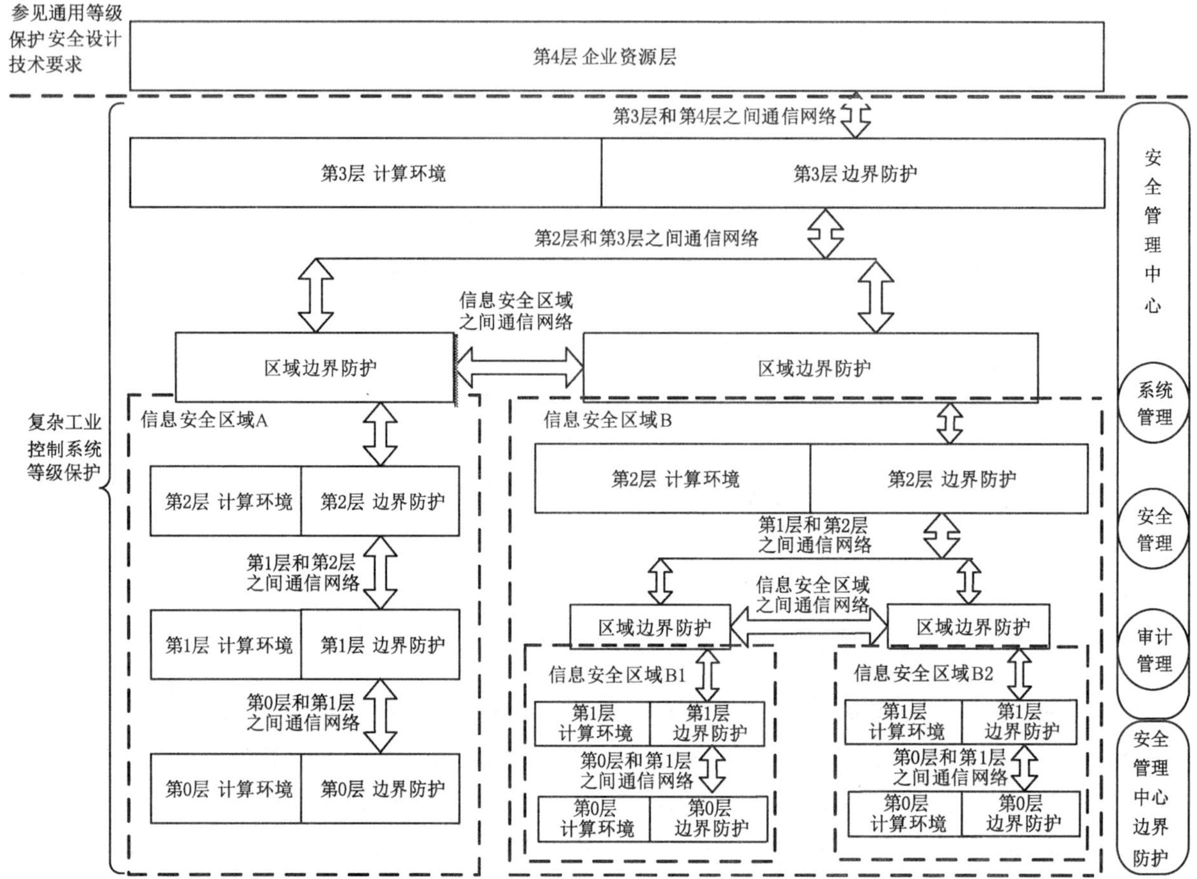

注 1：参照 IEC/TS 62443-1-1 工业控制系统按照功能层次划分为第 0 层：现场设备层，第 1 层：现场控制层，第 2 层：过程监控层，第 3 层：生产管理层，第 4 层：企业资源层。

注 2：一个信息安全区域可以包括多个不同等级的子区域。

注 3：纵向上分区以工业现场实际情况为准(图中分区为示例性分区)，分区方式包括但不限于：第 0～2 层组成一个安全区域、第 0～1 层组成一个安全区域等。

图 5 工业控制系统等级保护安全技术设计框架

6 第一级系统安全保护环境设计

6.1 设计目标

第一级系统安全保护环境的设计目标是：按照 GB 17859—1999 对第一级系统的安全保护要求，实现定级系统的自主访问控制，使系统用户对其所属客体具有自我保护的能力。

6.2 设计策略

第一级系统安全保护环境的设计策略是：遵循 GB 17859—1999 的 4.1 中相关要求，以身份鉴别为基础，提供用户和(或)用户组对文件及数据库表的自主访问控制，以实现用户与数据的隔离，使用户具备自主安全保护的能力；以包过滤手段提供区域边界保护；以数据校验和恶意代码防范等手段提供数据和系统的完整性保护。

第一级系统安全保护环境的设计通过第一级的安全计算环境、安全区域边界以及安全通信网络的设计加以实现。计算节点都应基于可信根实现开机到操作系统启动的可信验证。

6.3 设计技术要求

6.3.1 安全计算环境设计技术要求

6.3.1.1 通用安全计算环境设计技术要求

本项要求包括：

a) 用户身份鉴别

应支持用户标识和用户鉴别。在每一个用户注册到系统时，采用用户名和用户标识符标识用户身份；在每次用户登录系统时，采用口令鉴别机制进行用户身份鉴别，并对口令数据进行保护。

b) 自主访问控制

应在安全策略控制范围内，使用户/用户组对其创建的客体具有相应的访问操作权限，并能将这些权限的部分或全部授予其他用户/用户组。访问控制主体的粒度为用户/用户组级，客体的粒度为文件或数据库表级。访问操作包括对客体的创建、读、写、修改和删除等。

c) 用户数据完整性保护

可采用常规校验机制，检验存储的用户数据的完整性，以发现其完整性是否被破坏。

d) 恶意代码防范

应安装防恶意代码软件或配置具有相应安全功能的操作系统，并定期进行升级和更新，以防范和清除恶意代码。

e) 可信验证

可基于可信根对计算节点的BIOS、引导程序、操作系统内核等进行可信验证，并在检测到其可信性受到破坏后进行报警。

6.3.1.2 云安全计算环境设计技术要求

本项要求包括：

a) 用户账号保护

应支持建立云租户账号体系，实现主体对虚拟机、云数据库、云网络、云存储等客体的访问授权。

b) 虚拟化安全

应禁止虚拟机对宿主机物理资源的直接访问；应支持不同云租户虚拟化网络之间安全隔离。

c) 恶意代码防范

物理机和宿主机应安装经过安全加固的操作系统或进行主机恶意代码防范。

6.3.1.3 移动互联安全计算环境设计技术要求

本项要求包括：

a) 用户身份鉴别

应采用口令、解锁图案以及其他具有相应安全强度的机制进行用户身份鉴别。

b) 应用管控

应提供应用程序签名认证机制，拒绝未经过认证签名的应用软件安装和执行。

6.3.1.4 物联网系统安全计算环境设计技术要求

本项要求包括：

a) 感知层设备身份鉴别

应采用常规鉴别机制对感知设备身份进行鉴别，确保数据来源于正确的感知设备。

b) 感知层设备访问控制

应通过制定安全策略如访问控制列表，实现对感知设备的访问控制。

6.3.1.5 工业控制系统安全计算环境设计技术要求

本项要求包括：

a) 工业控制身份鉴别

现场控制层设备及过程监控层设备应实施唯一性的标志、鉴别与认证，保证鉴别认证与功能完整性状态随时能得到实时验证与确认。在控制设备及监控设备上运行的程序、相应的数据集合应有唯一性标识管理。

b) 现场设备访问控制

应对通过身份鉴别的用户实施基于角色的访问控制策略，现场设备收到操作命令后，应检验该用户绑定的角色是否拥有执行该操作的权限，拥有权限的该用户获得授权，用户未获授权应向上层发出报警信息。

c) 控制过程完整性保护

应在规定的时间内完成规定的任务，数据应以授权方式进行处理，确保数据不被非法篡改、不丢失、不延误，确保及时响应和处理事件。

6.3.2 安全区域边界设计技术要求

6.3.2.1 通用安全区域边界设计技术要求

本项要求包括：

a) 区域边界包过滤

可根据区域边界安全控制策略，通过检查数据包的源地址、目的地址、传输层协议和请求的服务等，确定是否允许该数据包通过该区域边界。

b) 区域边界恶意代码防范

可在安全区域边界设置防恶意代码软件，并定期进行升级和更新，以防止恶意代码入侵。

c) **可信验证**

可基于可信根对区域边界计算节点的 BIOS、引导程序、操作系统内核等进行可信验证，并在检测到其可信性受到破坏后进行报警。

6.3.2.2 云安全区域边界设计技术要求

本项要求包括：

a) 区域边界结构安全

应保证虚拟机只能接收到目的地址包括自己地址的报文或业务需求的广播报文，同时限制广播攻击。

b) 区域边界访问控制

应保证当虚拟机迁移时，访问控制策略随其迁移。

6.3.2.3 移动互联安全区域边界设计技术要求

应遵守 6.3.2.1。

6.3.2.4 物联网系统安全区域边界设计技术要求

应遵守 6.3.2.1。

6.3.2.5 工业控制系统区域边界设计技术要求

应遵守 6.3.2.1。

6.3.3 安全通信网络设计技术要求

6.3.3.1 通用安全通信网络设计技术要求

本项要求包括：

a) 通信网络数据传输完整性保护

可采用由密码等技术支持的完整性校验机制，以实现通信网络数据传输完整性保护。

b) 可信连接验证

通信节点应采用具有网络可信连接保护功能的系统软件或可信根支撑的信息技术产品，在设备连接网络时，对源和目标平台身份进行可信验证。

6.3.3.2 云安全通信网络设计技术要求

应遵守 6.3.3.1。

6.3.3.3 移动互联安全通信网络设计技术要求

应遵守 6.3.3.1。

6.3.3.4 物联网系统安全通信网络设计技术要求

应遵守 6.3.3.1。

6.3.3.5 工业控制系统安全通信网络设计技术要求

应遵守 6.3.3.1。

7 第二级系统安全保护环境设计

7.1 设计目标

第二级系统安全保护环境的设计目标是：按照 GB 17859—1999 对第二级系统的安全保护要求，在第一级系统安全保护环境的基础上，增加系统安全审计、客体重用等安全功能，并实施以用户为基本粒度的自主访问控制，使系统具有更强的自主安全保护能力，并保障基础计算资源和应用程序可信。

7.2 设计策略

第二级系统安全保护环境的设计策略是：遵循 GB 17859—1999 的 4.2 中相关要求，以身份鉴别为基础，提供单个用户和(或)用户组对共享文件、数据库表等的自主访问控制；以包过滤手段提供区域边界保护；以数据校验和恶意代码防范等手段，同时通过增加系统安全审计、客体安全重用等功能，使用户对自己的行为负责，提供用户数据保密性和完整性保护，以增强系统的安全保护能力。第二级系统安全保护环境在使用密码技术设计时，应支持国家密码管理主管部门批准使用的密码算法，使用国家密码管理主管部门认证核准的密码产品，遵循相关密码国家标准和行业标准。

第二级系统安全保护环境的设计通过第二级的安全计算环境、安全区域边界、安全通信网络以及安全管理中心的设计加以实现。计算节点都应基于可信根实现开机到操作系统启动，**再到应用程序启动**的可信验证，并将验证结果形成审计记录。

7.3 设计技术要求

7.3.1 安全计算环境设计技术要求

7.3.1.1 通用安全计算环境设计技术要求

本项要求包括：

a) 用户身份鉴别

应支持用户标识和用户鉴别。在每一个用户注册到系统时，采用用户名和用户标识符标识用户身份，**并确保在系统整个生存周期用户标识的唯一性**；在每次用户登录系统时，采用**受控的口令或具有相应安全强度的其他机制**进行用户身份鉴别，并使用密码技术对鉴别数据进行**保密性和完整性**保护。

b) 自主访问控制

应在安全策略控制范围内，使**用户**对其创建的客体具有相应的访问操作权限，并能将这些权限的部分或全部授予其他**用户**。访问控制主体的粒度为用户级，客体的粒度为文件或数据库表级。访问操作包括对客体的创建、读、写、修改和删除等。

c) 系统安全审计

应提供安全审计机制，记录系统的相关安全事件。审计记录包括安全事件的主体、客体、时间、类型和结果等内容。该机制应提供审计记录查询、分类和存储保护，并可由安全管理中心管理。

d) 用户数据完整性保护

可采用常规校验机制，检验存储的用户数据的完整性，以发现其完整性是否被破坏。

e) 用户数据保密性保护

可采用密码等技术支持的保密性保护机制，对在安全计算环境中存储和处理的用户数据进行保密性保护。

f) 客体安全重用

应采用具有安全客体复用功能的系统软件或具有相应功能的信息技术产品，对用户使用的客体资源，在这些客体资源重新分配前，对其原使用者的信息进行清除，以确保信息不被泄露。

g) 恶意代码防范

应安装防恶意代码软件或配置具有相应安全功能的操作系统，并定期进行升级和更新，以防范和清除恶意代码。

h) 可信验证

可基于可信根对计算节点的 BIOS、引导程序、操作系统内核、**应用程序**等进行可信验证，并在检测到其可信性受到破坏后进行报警，**并将验证结果形成审计记录**。

7.3.1.2 云安全计算环境设计技术要求

本项要求包括：

a) **用户身份鉴别**

应支持注册到云计算服务的云租户建立主子账号，并采用用户名和用户标识符标识主子账号用户身份。

b) 用户账号保护

应支持建立云租户账号体系，实现主体对虚拟机、云数据库、云网络、云存储等客体的访问授权。

c) **安全审计**

应支持云服务商和云租户远程管理时执行特权命令进行审计。

应支持租户收集和查看与本租户资源相关的审计信息，保证云服务商对云租户系统和数据的访问操作可被租户审计。

d) 入侵防范

应能检测到虚拟机对宿主机物理资源的异常访问。

e) 数据备份与恢复

应采取冗余架构或分布式架构设计；应支持数据多副本存储方式；应支持通用接口确保云租户可以将业务系统及数据迁移到其他云计算平台和本地系统，保证可移植性。

f) 虚拟化安全

应实现虚拟机之间的CPU、内存和存储空间安全隔离；应禁止虚拟机对宿主机物理资源的直接访问；应支持不同云租户虚拟化网络之间安全隔离。

g) 恶意代码防范

物理机和宿主机应安装经过安全加固的操作系统或进行主机恶意代码防范；虚拟机应安装经过安全加固的操作系统或进行主机恶意代码防范；应支持对Web应用恶意代码检测和防护的能力。

h) 镜像和快照安全

应支持镜像和快照提供对虚拟机镜像和快照文件的完整性保护；防止虚拟机镜像、快照中可能存在的敏感资源被非授权访问；针对重要业务系统提供安全加固的操作系统镜像或支持对操作系统镜像进行自加固。

7.3.1.3 移动互联安全计算环境设计技术要求

本项要求包括：

a) 用户身份鉴别

应采用口令、解锁图案以及其他具有相应安全强度的机制进行用户身份鉴别。

b) 应用管控

应提供应用程序签名认证机制，拒绝未经过认证签名的应用软件安装和执行。

c) 安全域隔离

应能够为重要应用提供应用级隔离的运行环境，保证应用的输入、输出、存储信息不被非法获取。

d) 数据保密性保护

应采取加密、混淆等措施，对移动应用程序进行保密性保护，防止被反编译。

e) 可信验证

应能对移动终端的操作系统、应用等程序的可信性进行验证，阻止非可信程序的执行。

7.3.1.4 物联网系统安全计算环境设计技术要求

本项要求包括：

a) 感知层设备身份鉴别

应采用常规鉴别机制对感知设备身份进行鉴别，确保数据来源于正确的感知设备；应对感知设备和感知层网关进行统一入网标识管理和维护，并确保在整个生存周期设备标识的唯一性。

b) 感知层设备访问控制

应通过制定安全策略如访问控制列表，实现对感知设备的访问控制；感知设备和其他设备（感知层网关、其他感知设备）通信时，应根据安全策略对其他设备进行权限检查。

7.3.1.5 工业控制系统安全计算环境设计技术要求

本项要求包括：

a) 工业控制身份鉴别

现场控制层设备及过程监控层设备应实施唯一性的标志、鉴别与认证，保证鉴别认证与功能完整性状态随时能得到实时验证与确认。在控制设备及监控设备上运行的程序、相应的数据集合应有唯一性标识管理。

b) 现场设备访问控制

应对通过身份鉴别的用户实施基于角色的访问控制策略，现场设备收到操作命令后，应检验该用户绑定的角色是否拥有执行该操作的权限，拥有权限的该用户获得授权，用户未获授权应向上层发出报警信息。

c) **现场设备数据保密性保护**

可采用密码技术支持的保密性保护机制或可采用物理保护机制，对现场设备层设备及连接到现场控制层的现场总线设备内存储的有保密需要的数据、程序、配置信息等进行保密性保护。

d) 控制过程完整性保护

应在规定的时间内完成规定的任务，数据应以授权方式进行处理，确保数据不被非法篡改、不丢失、不延误，确保及时响应和处理事件，**保护系统的同步机制、校时机制，保持控制周期稳定、现场总线轮询周期稳定。**

7.3.2 安全区域边界设计技术要求

7.3.2.1 通用安全区域边界设计技术要求

本项要求包括：

a) 区域边界包过滤

应根据区域边界安全控制策略，通过检查数据包的源地址、目的地址、传输层协议和请求的服务等，确定是否允许该数据包通过该区域边界。

b) 区域边界安全审计

应在安全区域边界设置审计机制，并由安全管理中心统一管理。

c) 区域边界恶意代码防范

可在安全区域边界设置防恶意代码网关，由安全管理中心管理。

d) 区域边界完整性保护

应在区域边界设置探测器，探测非法外联等行为，并及时报告安全管理中心。

e) **可信验证**

可基于可信根对区域边界计算节点的BIOS、引导程序、操作系统内核、区域边界安全管控程序等进行可信验证，并在检测到其可信性受到破坏后进行报警，并将验证结果形成审计记录。

7.3.2.2 云安全区域边界设计技术要求

本项要求包括：

a) 区域边界结构安全

应保证虚拟机只能接收到目的地址包括自己地址的报文或业务需求的广播报文，同时限制广播攻击。

b) 区域边界访问控制

应保证当虚拟机迁移时，访问控制策略随其迁移；**应允许云租户设置不同虚拟机之间的访问控**

制策略;应建立租户私有网络实现不同租户之间的安全隔离。

7.3.2.3 移动互联安全区域边界设计技术要求

本项要求包括:

a) 区域边界访问控制

应能限制移动设备在不同工作场景下对 WiFi、3G、4G 等网络的访问能力。

b) 区域边界完整性保护

应具备无线接入设备检测功能,对于非法无线接入设备进行报警。

7.3.2.4 物联网系统安全区域边界设计技术要求

本项要求包括:

a) 区域边界准入控制

应在安全区域边界设置准入控制机制,能够对设备进行认证。

b) 区域边界协议过滤与控制

应在安全区域边界设置协议检查,对通信报文进行合规检查。

7.3.2.5 工业控制系统安全区域边界设计技术要求

应遵守 7.3.2.1。

7.3.3 安全通信网络设计技术要求

7.3.3.1 通用安全通信网络设计技术要求

本项要求包括:

a) 通信网络安全审计

应在安全通信网络设置审计机制,由安全管理中心管理。

b) 通信网络数据传输完整性保护

可采用由密码等技术支持的完整性校验机制,以实现通信网络数据传输完整性保护。

c) 通信网络数据传输保密性保护

可采用由密码等技术支持的保密性保护机制,以实现通信网络数据传输保密性保护。

d) 可信连接验证

通信节点应采用具有网络可信连接保护功能的系统软件或可信根支撑的信息技术产品,在设备连接网络时,对源和目标平台身份、执行程序进行可信验证,并将验证结果形成审计记录。

7.3.3.2 云安全通信网络设计技术要求

本项要求包括:

a) 通信网络数据传输保密性

可支持云租户远程通信数据保密性保护。

b) 通信网络安全审计

应支持租户收集和查看与本租户资源相关的审计信息;应保证云服务商对云租户通信网络的访问操作可被租户审计。

7.3.3.3 移动互联安全通信网络设计技术要求

应遵守 7.3.3.1。

7.3.3.4 物联网系统安全通信网络设计技术要求

本项要求包括：

a) **异构网安全接入保护**

应采用接入认证等技术建立异构网络的接入认证系统，保障控制信息的安全传输。

7.3.3.5 工业控制系统安全通信网络设计技术要求

本项要求包括：

a) 现场总线网络数据传输完整性保护

可采用适应现场总线特点的报文短、时延小的密码技术支持的完整性校验机制或可采用物理保护机制，实现现场总线网络数据传输完整性保护。

b) **无线网络数据传输完整性保护**

可采用密码技术支持的完整性校验机制，以实现无线网络数据传输完整性保护。

7.3.4 安全管理中心设计技术要求

7.3.4.1 系统管理

可通过系统管理员对系统的资源和运行进行配置、控制和可信管理，包括用户身份、可信证书、**可信基准库**、系统资源配置、系统加载和启动、系统运行的异常处理、数据和设备的备份与恢复以及恶意代码防范等。

应对系统管理员进行身份鉴别，只允许其通过特定的命令或操作界面进行系统管理操作，并对这些操作进行审计。

在进行云计算平台安全设计时，安全管理应提供查询云租户数据及备份存储位置的方式。

在进行物联网系统安全设计时，应通过系统管理员对感知设备、感知层网关等进行统一身份标识管理。

7.3.4.2 审计管理

可通过安全审计员对分布在系统各个组成部分的安全审计机制进行集中管理，包括根据安全审计策略对审计记录进行分类；提供按时间段开启和关闭相应类型的安全审计机制；对各类审计记录进行存储、管理和查询等。

应对安全审计员进行身份鉴别，只允许其通过特定的命令或操作界面进行安全审计操作。

在进行云计算平台安全设计时，云计算平台应对云服务器、云数据库、云存储等云服务的创建、删除等操作行为进行审计。

在进行工业控制系统安全设计时，应通过安全管理员对工业控制现场控制设备、网络安全设备、网络设备、服务器、操作站等设备中主体和客体进行登记，并对各设备的网络安全监控和报警、网络安全日志信息进行集中管理。根据安全审计策略对各类网络安全信息进行分类管理与查询，并生成统一的审计报告。

8 第三级系统安全保护环境设计

8.1 设计目标

第三级系统安全保护环境的设计目标是：按照 GB 17859—1999 对第三级系统的安全保护要求，在第二级系统安全保护环境的基础上，通过实现基于安全策略模型和标记的强制访问控制以及增强系统的审计机制，使系统具有在统一安全策略管控下，保护敏感资源的能力，并保障基础计算资源和应用程序可信，确保关键执行环节可信。

8.2 设计策略

第三级系统安全保护环境的设计策略是：在第二级系统安全保护环境的基础上，遵循 GB 17859—1999 的 4.3 中相关要求，构造非形式化的安全策略模型，对主、客体进行安全标记，表明主、客体的级别分类和非级别分类的组合，以此为基础，按照强制访问控制规则实现对主体及其客体的访问控制。第三级系统安全保护环境在使用密码技术设计时，应支持国家密码管理主管部门批准使用的密码算法，使用国家密码管理主管部门认证核准的密码产品，遵循相关密码国家标准和行业标准。

第三级系统安全保护环境的设计通过第三级的安全计算环境、安全区域边界、安全通信网络以及安全管理中心的设计加以实现。计算节点都应基于可信根实现开机到操作系统启动，再到应用程序启动的可信验证，**并在应用程序的关键执行环节对其执行环境进行可信验证**，主动抵御病毒入侵行为，并将验证结果形成审计记录，**送至管理中心**。

8.3 设计技术要求

8.3.1 安全计算环境设计技术要求

8.3.1.1 通用安全计算环境设计技术要求

本项要求包括：

a) 用户身份鉴别

应支持用户标识和用户鉴别。在对每一个用户注册到系统时，采用用户名和用户标识符标识用户身份，并确保在系统整个生存周期用户标识的唯一性；在每次用户登录系统时，采用受**安全管理中心控制**的口令、令牌、**基于生物特征**、**数字证书**以及其他具有相应安全强度的**两种或两种以上的组合机制**进行用户身份鉴别，并对鉴别数据进行保密性和完整性保护。

b) 自主访问控制

应在安全策略控制范围内，使用户对其创建的客体具有相应的访问操作权限，并能将这些权限的部分或全部授予其他用户。自主访问控制主体的粒度为用户级，客体的粒度为文件或数据库表级**和(或)记录或字段级**。自主访问操作包括对客体的创建、读、写、修改和删除等。

c) 标记和强制访问控制

在对安全管理员进行身份鉴别和权限控制的基础上，应由安全管理员通过特定操作界面对主、客体进行安全标记；应按安全标记和强制访问控制规则，对确定主体访问客体的操作进行控制。强制访问控制主体的粒度为用户级，客体的粒度为文件或数据库表级。应确保安全计算环境内的所有主、客体具有一致的标记信息，并实施相同的强制访问控制规则。

d) 系统安全审计

应记录系统的相关安全事件。审计记录包括安全事件的主体、客体、时间、类型和结果等内容。应提供审计记录查询、分类、**分析和**存储保护；**确保对特定安全事件进行报警；确保审计记录不被破坏或非授权访问。应为安全管理中心提供接口；对不能由系统独立处理的安全事件，提供由授权主体调用的接口。**

e) 用户数据完整性保护

应采用密码等技术支持的完整性校验机制，检验存储**和处理**的用户数据的完整性，以发现其完整性是否被破坏，**且在其受到破坏时能对重要数据进行恢复。**

f) 用户数据保密性保护

应采用密码等技术支持的保密性保护机制，对在安全计算环境中存储和处理的用户数据进行保密性保护。

g) 客体安全重用

应采用具有安全客体复用功能的系统软件或具有相应功能的信息技术产品，对用户使用的客体资源，在这些客体资源重新分配前，对其原使用者的信息进行清除，以确保信息不被泄露。

h) 可信验证

可基于可信根对计算节点的BIOS、引导程序、操作系统内核、应用程序等进行可信验证，**并在应用程序的关键执行环节对系统调用的主体、客体、操作可信验证，并对中断、关键内存区域等执行资源进行可信验证，并在检测到其可信性受到破坏时采取措施恢复**，并将验证结果形成审计记录，**送至管理中心**。

i) 配置可信检查

应将系统的安全配置信息形成基准库，实时监控或定期检查配置信息的修改行为，及时修复和基准库中内容不符的配置信息。

j) **入侵检测和恶意代码防范**

应通过主动免疫可信计算检验机制及时识别入侵和病毒行为，并将其有效阻断。

8.3.1.2 云安全计算环境设计技术要求

本项要求包括：

a) 用户身份鉴别

应支持注册到云计算服务的云租户建立主子账号，并采用用户名和用户标识符标识主子账号用户身份。

b) 用户账号保护

应支持建立云租户账号体系，实现主体对虚拟机、云数据库、云网络、云存储等客体的访问授权。

c) 安全审计

应支持对云服务商和云租户远程管理时执行的特权命令进行审计。

应支持租户收集和查看与本租户资源相关的审计信息，保证云服务商对云租户系统和数据的访问操作可被租户审计。

d) 入侵防范

应能检测到虚拟机对宿主机物理资源的异常访问。**应支持对云租户进行行为监控，对云租户发起的恶意攻击或恶意对外连接进行检测和告警**。

e) **数据保密性保护**

应提供重要业务数据加密服务，加密密钥由租户自行管理；应提供加密服务，保证虚拟机在迁移过程中重要数据的保密性。

f) 数据备份与恢复

应采取冗余架构或分布式架构设计；应支持数据多副本存储方式；应支持通用接口确保云租户可以将业务系统及数据迁移到其他云计算平台和本地系统，保证可移植性。

g) 虚拟化安全

应实现虚拟机之间的CPU、内存和存储空间安全隔离，**能检测到非授权管理虚拟机等情况，并进行告警**；应禁止虚拟机对宿主机物理资源的直接访问，应能对异常访问**进行告警**；应支持不同云租户虚拟化网络之间安全隔离；**应监控物理机、宿主机、虚拟机的运行状态**。

h) 恶意代码防范

物理机和宿主机应安装经过安全加固的操作系统或进行主机恶意代码防范；虚拟机应安装经过安全加固的操作系统或进行主机恶意代码防范；应支持对Web应用恶意代码检测和防护的

能力。

i) 镜像和快照安全

应支持镜像和快照提供对虚拟机镜像和快照文件的完整性保护;防止虚拟机镜像、快照中可能存在的敏感资源被非授权访问;针对重要业务系统提供安全加固的操作系统镜像或支持对操作系统镜像进行自加固。

8.3.1.3 移动互联安全计算环境设计技术要求

本项要求包括:

a) **用户身份鉴别**

应对移动终端用户实现基于口令或解锁图案、数字证书或动态口令、生物特征等方式的两种或两种以上的组合机制进行用户身份鉴别。

b) **标记和强制访问控制**

应确保用户或进程对移动终端系统资源的最小使用权限;应根据安全策略,控制移动终端接入访问外设,外设类型至少应包括扩展存储卡、GPS 等定位设备、蓝牙、NFC 等通信外设,并记录日志。

c) 应用管控

应具有软件白名单功能,能根据白名单控制应用软件安装、运行;应提供应用程序签名认证机制,拒绝未经过认证签名的应用软件安装和执行。

d) 安全域隔离

应能够为重要应用提供**基于容器、虚拟化等系统级**隔离的运行环境,保证应用的输入、输出、存储信息不被非法获取。

e) 移动设备管控

应基于移动设备管理软件,实行对移动设备全生命周期管控,保证移动设备丢失或被盗后,通过网络定位搜寻设备的位置、远程锁定设备、远程擦除设备上的数据、使设备发出警报音,确保在能够定位和检索的同时最大程度地保护数据。

f) 数据保密性保护

应采取加密、混淆等措施,对移动应用程序进行保密性保护,防止被反编译;**应实现对扩展存储设备的加密功能,确保数据存储的安全。**

g) **可信验证**

应能对移动终端的引导程序、操作系统内核、应用程序等进行可信验证,确保每个部件在加载前的真实性和完整性。

8.3.1.4 物联网系统安全计算环境设计技术要求

本项要求包括:

a) 感知层设备身份鉴别

应采用密码技术支持的鉴别机制实现感知层网关与感知设备之间的双向身份鉴别,确保数据来源于正确的**设备**;应对感知设备和感知层网关进行统一入网标识管理和维护,并确保在整个生存周期设备标识的唯一性;**应采取措施对感知设备组成的组进行组认证以减少网络拥塞。**

b) 感知层设备访问控制

应通过制定安全策略如访问控制列表,实现对感知设备的访问控制;感知设备和其他设备(感知层网关、其他感知设备)通信时,根据安全策略对其他设备进行权限检查;**感知设备进行更新配置时,根据安全策略对用户进行权限检查。**

8.3.1.5 工业控制系统安全计算环境设计技术要求

本项要求包括：

a) 工业控制身份鉴别

现场控制层设备及过程监控层设备应实施唯一性的标志、鉴别与认证，保证鉴别认证与功能完整性状态随时能得到实时验证与确认。在控制设备及监控设备上运行的程序、相应的数据集合应有唯一性标识管理，**防止未经授权的修改**。

b) 现场设备访问控制

应对通过身份鉴别的用户实施基于角色的访问控制策略，现场设备收到操作命令后，应检验该用户绑定的角色是否拥有执行该操作的权限，拥有权限的该用户获得授权，用户未获授权应向上层发出报警信息。**只有获得授权的用户才能对现场设备进行组态下装、软件更新、数据更新、参数设定等操作。**

c) **现场设备安全审计**

在有冗余的重要应用环境，双重或多重控制器可采用实时审计跟踪技术，确保及时捕获网络安全事件信息并报警。

d) **现场设备数据完整性保护**

应采用密码技术或应采用物理保护机制保证现场控制层设备和现场设备层设备之间通信会话完整性。

e) 现场设备数据保密性保护

应采用密码技术支持的保密性保护机制或应采用物理保护机制，对现场设备层设备及连接到现场控制层的现场总线设备内存储的有保密需要的数据、程序、配置信息等进行保密性保护。

f) 控制过程完整性保护

应在规定的时间内完成规定的任务，数据应以授权方式进行处理，确保数据不被非法篡改、不丢失、不延误，确保及时响应和处理事件，保护系统的同步机制、校时机制，保持控制周期稳定、现场总线轮询周期稳定；**现场设备应能识别和防范破坏控制过程完整性的攻击行为，应能识别和防止以合法身份、合法路径干扰控制器等设备正常工作节奏的攻击行为；在控制系统遭到攻击无法保持正常运行时，应有故障隔离措施，应使系统导向预先定义好的安全的状态，将危害控制到最小范围。**

8.3.2 安全区域边界设计技术要求

8.3.2.1 通用安全区域边界设计技术要求

本项要求包括：

a) 区域边界访问控制

应在安全区域边界设置自主和强制访问控制机制，**应对源及目标计算节点的身份、地址、端口和应用协议等进行可信验证**，对进出安全区域边界的数据信息进行控制，阻止非授权访问。

b) 区域边界包过滤

应根据区域边界安全控制策略，通过检查数据包的源地址、目的地址、传输层协议、请求的服务等，确定是否允许该数据包进出该区域边界。

c) 区域边界安全审计

应在安全区域边界设置审计机制，由安全管理中心集中管理，**并对确认的违规行为及时报警。**

d) 区域边界完整性保护

应在区域边界设置探测器，例如外接探测软件，探测非法外联和**入侵行为**，并及时报告安全管理中心。

e) 可信验证

可基于可信根对计算节点的BIOS、引导程序、操作系统内核、区域边界安全管控程序等进行可信验证,并在区域边界设备运行过程中定期对程序内存空间、操作系统内核关键内存区域等执行资源进行可信验证,并在检测到其可信性受到破坏时采取措施恢复,并将验证结果形成审计记录,送至管理中心。

8.3.2.2 云安全区域边界设计技术要求

本项要求包括:

a) 区域边界结构安全

应保证虚拟机只能接收到目的地址包括自己地址的报文或业务需求的广播报文,同时限制广播攻击;应实现不同租户间虚拟网络资源之间的隔离,并避免网络资源过量占用;应保证云计算平台管理流量与云租户业务流量分离。

应能够识别、监控虚拟机之间、虚拟机与物理机之间的网络流量;提供开放接口或开放性安全服务,允许云租户接入第三方安全产品或在云平台选择第三方安全服务。

b) 区域边界访问控制

应保证当虚拟机迁移时,访问控制策略随其迁移;应允许云租户设置不同虚拟机之间的访问控制策略;应建立租户私有网络实现不同租户之间的安全隔离;应在网络边界处部署监控机制,对进出网络的流量实施有效监控。

c) 区域边界入侵防范

当虚拟机迁移时,入侵防范机制可应用于新的边界处;应将区域边界入侵防范机制纳入安全管理中心统一管理。

应向云租户提供互联网内容安全监测功能,对有害信息进行实时检测和告警。

d) 区域边界审计要求

根据云服务商和云租户的职责划分,收集各自控制部分的审计数据;根据云服务商和云租户的职责划分,实现各自控制部分的集中审计;当发生虚拟机迁移或虚拟资源变更时,安全审计机制可应用于新的边界处;为安全审计数据的汇集提供接口,并可供第三方审计。

8.3.2.3 移动互联安全区域边界设计技术要求

8.3.2.3.1 区域边界访问控制

应对接入系统的移动终端,采取基于SIM卡、证书等信息的强认证措施;应能限制移动设备在不同工作场景下对WiFi、3G、4G等网络的访问能力。

8.3.2.3.2 区域边界完整性保护

移动终端区域边界检测设备监控范围应完整覆盖移动终端办公区,并具备无线路由器设备位置检测功能,对于非法无线路由器设备接入进行报警和阻断。

8.3.2.4 物联网系统安全区域边界设计技术要求

本项要求包括:

a) 区域边界访问控制

应能根据数据的时间戳为数据流提供明确的允许/拒绝访问的能力;应提供网络最大流量及网络连接数限制机制;应能够根据通信协议特性,控制不规范数据包的出入。

b) 区域边界准入控制

应在安全区域边界设置准入控制机制，能够对设备进行认证，保证合法设备接入，拒绝恶意设备接入；应根据感知设备特点收集感知设备的健康性相关信息如固件版本、标识、配置信息校验值等，并能够对接入的感知设备进行健康性检查。

c) 区域边界协议过滤与控制

应在安全区域边界设置协议过滤，能够对物联网通信内容进行过滤，对通信报文进行合规检查，根据协议特性，设置相对应控制机制。

8.3.2.5 工业控制系统安全区域边界设计技术要求

本项要求包括：

a) 工控通信协议数据过滤

对通过安全区域边界的工控通信协议，应能识别其所承载的数据是否会对工控系统造成攻击或破坏，应控制通信流量、帧数量频度、变量的读取频度稳定且在正常范围内，保护控制器的工作节奏，识别和过滤写变量参数超出正常范围的数据，该控制过滤处理组件可配置在区域边界的网络设备上，也可配置在本安全区域内的工控通信协议的端点设备上或唯一的通信链路设备上。

b) 工控通信协议信息泄露防护

应防止暴露本区域工控通信协议端点设备的用户名和登录密码，采用过滤变换技术隐藏用户名和登录密码等关键信息，将该端点设备单独分区过滤及其他具有相应防护功能的一种或一种以上组合机制进行防护。

c) 工控区域边界安全审计

应在安全区域边界设置实时监测告警机制，通过安全管理中心集中管理，对确认的违规行为及时向安全管理中心和工控值守人员报警并做出相应处置。

8.3.3 安全通信网络设计技术要求

8.3.3.1 通用安全通信网络设计技术要求

本项要求包括：

a) 通信网络安全审计

应在安全通信网络设置审计机制，由安全管理中心集中管理，并对确认的违规行为进行报警。

b) 通信网络数据传输完整性保护

应采用由密码技术支持的完整性校验机制，以实现通信网络数据传输完整性保护，并在发现完整性被破坏时进行恢复。

c) 通信网络数据传输保密性保护

应采用由密码技术支持的保密性保护机制，以实现通信网络数据传输保密性保护。

d) 可信连接验证

通信节点应采用具有网络可信连接保护功能的系统软件或可信根支撑的信息技术产品，在设备连接网络时，对源和目标平台身份、执行程序及其关键执行环节的执行资源进行可信验证，并将验证结果形成审计记录，送至管理中心。

8.3.3.2 云安全通信网络设计技术要求

本项要求包括：

a) 通信网络数据传输保密性

应支持云租户远程通信数据保密性保护。

应对网络策略控制器和网络设备(或设备代理)之间网络通信进行加密。

b) **通信网络可信接入保护**

应禁止通过互联网直接访问云计算平台物理网络;应提供开放接口,允许接入可信的第三方安全产品。

c) 通信网络安全审计

应支持租户收集和查看与本租户资源相关的审计信息;应保证云服务商对云租户通信网络的访问操作可被租户审计。

8.3.3.3 移动互联安全通信网络设计技术要求

本项要求包括:

a) **通信网络可信保护**

应通过 VPDN 等技术实现基于密码算法的可信网络连接机制,通过对连接到通信网络的设备进行可信检验,确保接入通信网络的设备真实可信,防止设备的非法接入。

8.3.3.4 物联网系统安全通信网络设计技术要求

本项要求包括:

a) **感知层网络数据新鲜性保护**

应在感知层网络传输的数据中加入数据发布的序列信息如时间戳、计数器等,以实现感知层网络数据传输新鲜性保护。

b) 异构网安全接入保护

应采用接入认证等技术建立异构网络的接入认证系统,保障控制信息的安全传输;**应根据各接入网的工作职能、重要性和所涉及信息的重要程度等因素,划分不同的子网或网段,并采取相应的防护措施。**

8.3.3.5 工业控制系统安全通信网络设计技术要求

本项要求包括:

a) 现场总线网络数据传输完整性保护

应采用适应现场总线特点的报文短、时延小的密码技术支持的完整性校验机制或应采用物理保护机制,实现现场总线网络数据传输完整性保护。

b) 无线网络数据传输完整性保护

应采用密码技术支持的完整性校验机制,以实现无线网络数据传输完整性保护。

c) **现场总线网络数据传输保密性保护**

应采用适应现场总线特点的报文短、时延小的密码技术支持的保密性保护机制或应采用物理保护机制,实现现场总线网络数据传输保密性保护。

d) **无线网络数据传输保密性保护**

应采用由密码技术支持的保密性保护机制,以实现无线网络数据传输保密性保护。

e) **工业控制网络实时响应要求**

对实时响应和操作要求高的场合,应把工业控制通信会话过程设计为三个阶段:开始阶段,应完成对主客体身份鉴别和授权;运行阶段,应保证对工业控制系统的实时响应和操作,此阶段应对主客体的安全状态实时监测;结束阶段,应以显式的方式结束。在需要连续运行的场合,人员交接应不影响实时性,应保证访问控制机制的持续性。

f) **通信网络异常监测**

应对工业控制系统的通讯数据、访问异常、业务操作异常、网络和设备流量、工作周期、抖动值、运行模式、各站点状态、冗余机制等进行监测，发现异常进行报警；在有冗余现场总线和表决器的应用场合，可充分监测各冗余链路在同时刻的状态，捕获可能的恶意或入侵行为；应在相应的网关设备上进行流量监测与管控，对超出最大 PS 阈值的通信进行控制并报警。

g) 无线网络攻击的防护

应对通过无线网络攻击的潜在威胁和可能产生的后果进行风险分析，应对可能遭受无线攻击的设备的信息发出（信息外泄）和进入（非法操控）进行屏蔽，可综合采用检测和干扰、电磁屏蔽、微波暗室吸收、物理保护等方法，在可能传播的频谱范围将无线信号衰减到不能有效接收的程度。

8.3.4 安全管理中心设计技术要求

8.3.4.1 系统管理

可通过系统管理员对系统的资源和运行进行配置、控制和可信及密码管理，包括用户身份、可信证书及密钥、**可信基准库**、系统资源配置、系统加载和启动、系统运行的异常处理、数据和设备的备份与恢复等。

应对系统管理员进行身份鉴别，只允许其通过特定的命令或操作界面进行系统管理操作，并对这些操作进行审计。

在进行云计算平台安全设计时，安全管理应提供查询云租户数据及备份存储位置的方式；**云计算平台的运维应在中国境内，境外对境内云计算平台实施运维操作应遵循国家相关规定。**

在进行物联网系统安全设计时，应通过系统管理员对感知设备、感知网关等进行统一身份标识管理；**应通过系统管理员对感知设备状态（电力供应情况、是否在线、位置等）进行统一监测和处理。**

8.3.4.2 安全管理

应通过安全管理员对系统中的主体、客体进行统一标记，对主体进行授权，配置**可信验证**策略，维护策略库和度量值库。

应对安全管理员进行身份鉴别，只允许其通过特定的命令或操作界面进行安全管理操作，并进行审计。

在进行云计算平台安全设计时，云计算安全管理**应具有对攻击行为回溯分析以及对网络安全事件进行预测和预警的能力；应具有对网络安全态势进行感知、预测和预判的能力。**

在进行物联网系统安全设计时，应通过安全管理员对系统中所使用的密钥进行统一管理，包括密钥的生成、分发、更新、存储、备份、销毁等。

在进行工业控制系统安全设计时，应通过安全管理员对工业控制系统设备的可用性和安全性进行实时监控，可以对监控指标设置告警阈值，触发告警并记录；应通过安全管理员在安全管理中心呈现设备间的访问关系，及时发现未定义的信息通讯行为以及识别重要业务操作指令级的异常。

8.3.4.3 审计管理

应通过安全审计员对分布在系统各个组成部分的安全审计机制进行集中管理，包括根据安全审计策略对审计记录进行分类；提供按时间段开启和关闭相应类型的安全审计机制；对各类审计记录进行存储、管理和查询等。对审计记录应进行分析，并根据分析结果进行处理。

应对安全审计员进行身份鉴别，只允许其通过特定的命令或操作界面进行安全审计操作。

在进行云计算平台安全设计时，云计算平台应对云服务器、云数据库、云存储等云服务的创建、删除等操作行为进行审计；**应通过运维审计系统对管理员的运维行为进行安全审计；应通过租户隔离机制，**

确保审计数据隔离的有效性。

在进行工业控制系统安全设计时，应通过安全管理员对工业控制现场控制设备、网络安全设备、网络设备、服务器、操作站等设备中主体和客体进行登记，并对各设备的网络安全监控和报警、网络安全日志信息进行集中管理。根据安全审计策略对各类安全信息进行分类管理与查询，并生成统一的审计报告。**系统对各类网络安全报警和日志信息进行关联分析。**

9 第四级系统安全保护环境设计

9.1 设计目标

第四级系统安全保护环境的设计目标是：按照 GB 17859—1999 对第四级系统的安全保护要求，建立一个明确定义的形式化安全策略模型，将自主和强制访问控制扩展到所有主体与客体，相应增强其他安全功能强度；将系统安全保护环境结构化为关键保护元素和非关键保护元素，以使系统具有抗渗透的能力；保障基础计算资源和应用程序可信，确保所有关键执行环节可信，对所有可信验证结果进行动态关联感知。

9.2 设计策略

第四级系统安全保护环境的设计策略是：在第三级系统安全保护环境设计的基础上，遵循 GB 17859—1999 的 4.4 中相关要求，通过安全管理中心明确定义和维护形式化的安全策略模型。依据该模型，采用对系统内的所有主、客体进行标记的手段，实现所有主体与客体的强制访问控制。同时，相应增强身份鉴别、审计、安全管理等功能，定义安全部件之间接口的途径，实现系统安全保护环境关键保护部件和非关键保护部件的区分，并进行测试和审核，保障安全功能的有效性。第四级系统安全保护环境在使用密码技术设计时，应支持国家密码管理主管部门批准使用的密码算法，使用国家密码管理主管部门认证核准的密码产品，遵循相关密码国家标准和行业标准。

第四级系统安全保护环境的设计通过第四级的安全计算环境、安全区域边界、安全通信网络以及安全管理中心的设计加以实现。所有计算节点都应基于可信计算技术实现开机到操作系统启动，再到应用程序启动的可信验证，**并在应用程序的所有执行环节对其执行环境进行可信验证**，主动抵御病毒入侵行为，同时验证结果，进行动态关联感知，形成实时的态势。

9.3 设计技术要求

9.3.1 安全计算环境设计技术要求

9.3.1.1 通用安全计算环境设计技术要求

本项要求包括：

a) 用户身份鉴别

应支持用户标识和用户鉴别。在每一个用户注册到系统时，采用用户名和用户标识符标识用户身份，并确保在系统整个生存周期用户标识的唯一性；在每次用户登录和重新连接系统时，采用受安全管理中心控制的口令、基于生物特征的数据、数字证书以及其他具有相应安全强度的两种或两种以上的组合机制进行用户身份鉴别，且其中一种鉴别技术产生的鉴别数据是不可替代的，并对鉴别数据进行保密性和完整性保护。

b) 自主访问控制

应在安全策略控制范围内，使用户对其创建的客体具有相应的访问操作权限，并能将这些权限部分或全部授予其他用户。自主访问控制主体的粒度为用户级，客体的粒度为文件或数据库表级和(或)记录或字段级。自主访问操作包括对客体的创建、读、写、修改和删除等。

c) 标记和强制访问控制

在对安全管理员进行身份鉴别和权限控制的基础上，应由安全管理员通过特定操作界面对主、客体进行安全标记，将强制访问控制扩展到所有主体与客体；应按安全标记和强制访问控制规则，对确定主体访问客体的操作进行控制。强制访问控制主体的粒度为用户级，客体的粒度为文件或数据库表级。应确保安全计算环境内的所有主、客体具有一致的标记信息，并实施相同的强制访问控制规则。

d) 系统安全审计

应记录系统相关安全事件。审计记录包括安全事件的主体、客体、时间、类型和结果等内容。应提供审计记录查询、分类、分析和存储保护；能对特定安全事件进行报警，终止违例进程等；确保审计记录不被破坏或非授权访问以及防止审计记录丢失等。应为安全管理中心提供接口；对不能由系统独立处理的安全事件，提供由授权主体调用的接口。

e) 用户数据完整性保护

应采用密码等技术支持的完整性校验机制，检验存储和处理的用户数据的完整性，以发现其完整性是否被破坏，且在其受到破坏时能对重要数据进行恢复。

f) 用户数据保密性保护

采用密码等技术支持的保密性保护机制，对在安全计算环境中的用户数据进行保密性保护。

g) 客体安全重用

应采用具有安全客体复用功能的系统软件或具有相应功能的信息技术产品，对用户使用的客体资源，在这些客体资源重新分配前，对其原使用者的信息进行清除，以确保信息不被泄露。

h) 可信验证

可基于可信根对计算节点的 BIOS、引导程序、操作系统内核、应用程序等进行可信验证，并在应用程序的**所有**执行环节对系统调用的主体、客体、操作可信验证，并对中断、关键内存区域等执行资源进行可信验证，并在检测到其可信性受到破坏时采取措施恢复，并将验证结果形成审计记录，送至管理中心，**进行动态关联感知**。

i) 配置可信检查

应将系统的安全配置信息形成基准库，实时监控或定期检查配置信息的修改行为，及时修复和基准库中内容不符的配置信息，**可将感知结果形成基准值**。

j) 入侵检测和恶意代码防范

应通过主动免疫可信计算检验机制及时识别入侵和病毒行为，并将其有效阻断。

9.3.1.2 云安全计算环境设计技术要求

本项要求包括：

a) 用户身份鉴别

应支持注册到云计算服务的云租户建立主子账号，并采用用户名和用户标识符标识主子账号用户身份。

当进行远程管理时，管理终端和云计算平台边界设备之间应建立双向身份验证机制。

b) 用户账号保护

应支持建立云租户账号体系，实现主体对虚拟机、云数据库、云网络、云存储等客体的访问授权。

c) 安全审计

应支持对云服务商和云租户远程管理时执行的特权命令进行审计。

应支持租户收集和查看与本租户资源相关的审计信息，保证云服务商对云租户系统和数据的访问操作可被租户审计。

d) 入侵防范

应支持对云租户进行行为监控，对云租户发起的恶意攻击或恶意对外连接进行检测和告警。

e) 数据保密性保护

应提供重要业务数据加密服务，加密密钥由租户自行管理；应提供加密服务，保证虚拟机在迁移过程中重要数据的保密性。

f) 数据备份与恢复

应采取冗余架构或分布式架构设计；应支持数据多副本存储方式；应支持通用接口确保云租户可以将业务系统及数据迁移到其他云计算平台和本地系统，保证可移植性；**应建立异地灾难备份中心，提供业务应用的实时切换**。

g) 虚拟化安全

应实现虚拟机之间的CPU、内存和存储空间安全隔离，能检测到非授权管理虚拟机等情况，并进行告警；应禁止虚拟机对宿主机物理资源的直接访问，应能对异常访问进行告警；应支持不同云租户虚拟化网络之间安全隔离；应监控物理机、宿主机、虚拟机的运行状态，**并提供接口供安全管理中心集中监控**。

h) 恶意代码防范

物理机和宿主机应安装经过安全加固的操作系统或进行主机恶意代码防范；虚拟机应安装经过安全加固的操作系统或进行主机恶意代码防范；应支持对Web应用恶意代码检测和防护的能力。

i) 镜像和快照安全

应支持镜像和快照提供对虚拟机镜像和快照文件的完整性保护；防止虚拟机镜像、快照中可能存在的敏感资源被非授权访问；针对重要业务系统提供安全加固的操作系统镜像或支持对操作系统镜像进行自加固。

9.3.1.3 移动互联安全计算环境设计技术要求

本项要求包括：

a) 用户身份鉴别

应对移动终端用户实现基于口令或解锁图案、数字证书或动态口令、生物特征等方式的两种或两种以上的组合身份鉴别；**应基于硬件为身份鉴别机制构建隔离的运行环境**。

b) 标记和强制访问控制

应确保用户或进程对移动终端系统资源的最小使用权限；应根据安全策略，控制移动终端接入访问外设，外设类型至少应包括扩展存储卡、GPS等定位设备、蓝牙、NFC等通信外设，并记录日志。

c) 应用管控

应具有软件白名单功能，能根据白名单控制应用软件安装、运行；应提供应用程序签名认证机制，拒绝未经过认证签名的应用软件安装和执行。**应确保移动终端为专用终端，不得处理与系统无关的业务**。

d) 安全域隔离

应能够为重要应用提供基于容器、虚拟化等系统级隔离的运行环境，保证应用的输入、输出、存储信息不被非法获取。

e) 移动设备管控

应基于移动设备管理软件，实行对移动设备全生命周期管控，保证移动设备丢失或被盗后，通过网络定位搜寻设备的位置、远程锁定设备、远程擦除设备上的数据、使设备发出警报音，确保在能够定位和检索的同时最大程度地保护数据。

f) 数据保密性保护

应采取加密、混淆等措施，对移动应用程序进行保密性保护，防止被反编译；应实现对扩展存储设备的加密功能，确保数据存储的安全。

g) 可信验证

应能对移动终端的引导程序、操作系统内核、应用程序等进行可信验证，确保每个部件在加载前的真实性和完整性。

9.3.1.4 物联网系统安全计算环境设计技术要求

本项要求包括：

a) 感知层设备身份鉴别

应采用密码技术支持的鉴别机制实现感知层网关与感知设备之间的双向身份鉴别，确保数据来源于正确的设备；应对感知设备和感知层网关进行统一入网标识管理和维护，并确保在整个生存周期设备标识的唯一性；应采取措施对感知设备组成的组进行组认证以减少网络拥塞。

b) 感知层设备访问控制

应通过制定安全策略如访问控制列表，实现对感知设备的访问控制；感知设备和其他设备（感知层网关、其他感知设备）通信时，根据安全策略对其他设备进行权限检查；感知设备进行更新配置时，根据安全策略对用户进行权限检查。

9.3.1.5 工业控制系统安全计算环境设计技术要求

本项要求包括：

a) 工业控制身份鉴别

现场控制层设备、现场设备层设备以及过程监控层设备应实施唯一性的标识、鉴别与认证，保证鉴别认证与功能完整性状态随时能得到实时验证与确认。在控制设备及监控设备上运行的程序、相应的数据集合应有唯一性标识管理，防止未经授权的修改。

b) 现场设备访问控制

应对通过身份鉴别的用户实施基于角色的访问控制策略，现场设备收到操作命令后，应检验该用户绑定的角色是否拥有执行该操作的权限，拥有权限的该用户获得授权，用户未获授权应向上层发出报警信息。只有获得授权的用户才能对现场设备进行组态下装、软件更新、数据更新、参数设定等操作，才能对控制器的操作界面进行操作。

OPC 服务器和客户机可分别单独放置在各自的安全区内，以访问控制设备进行隔离保护，应对进出安全区的信息实行访问控制等安全策略。

c) 现场设备安全审计

在有冗余的重要应用环境，双重或多重控制器应采用实时审计跟踪技术，确保及时捕获网络安全事件信息并报警。

d) 现场设备数据完整性保护

应采用密码技术或应采用物理保护机制保证现场控制层设备和现场设备层设备之间通信会话完整性。

e) 现场设备数据保密性保护

应采用密码技术支持的保密性保护机制或应采用物理保护机制，对现场设备层设备及连接到现场控制层的现场总线设备内存储的有保密需要的数据、程序、配置信息等进行保密性保护。

f) **程序安全执行保护**

应构建从工程师站组态逻辑通过通讯链路下装到现场控制层的控制设备进行接收、存储的信任链或安全可控链，构建控制回路中从控制设备启动程序到操作系统（如果有的）直至到调用

控制应用程序、现场总线的接收-发送模块、现场设备层设备接收-发送模块的程序的信任链或安全可控链，以实现系统运行过程中可执行程序的完整性检验，防范恶意代码等攻击，并在检测到其完整性受到破坏时采取措施恢复；应构建基于系统的整个完整链路的可信的或安全可控的时钟源、可信的或安全可控的同步和校时机制，防范恶意干扰和破坏。

g) 控制过程完整性保护

应在规定的时间内完成规定的任务，数据应以授权方式进行处理，确保数据不被非法篡改、不丢失、不延误，确保及时响应和处理事件，保护系统的同步机制、校时机制，保持控制周期稳定、现场总线轮询周期稳定；现场设备应能识别和防范破坏控制过程完整性的攻击行为，应能识别和防止以合法身份、合法路径干扰控制器等设备正常工作节奏的攻击行为；在控制系统遭到攻击无法保持正常运行时，应有故障隔离措施，应使系统导向预先定义好的安全的状态，将危害控制到最小范围。

9.3.2 安全区域边界设计技术要求

9.3.2.1 通用安全区域边界设计技术要求

本项要求包括：

a) 区域边界访问控制

应在安全区域边界设置自主和强制访问控制机制，应对源及目标计算节点的身份、地址、端口和应用协议等进行可信验证，对进出安全区域边界的数据信息进行控制，阻止非授权访问。

b) 区域边界包过滤

应根据区域边界安全控制策略，通过检查数据包的源地址、目的地址、传输层协议、请求的服务等，确定是否允许该数据包进出受保护的区域边界。

c) 区域边界安全审计

应在安全区域边界设置审计机制，通过安全管理中心集中管理，对确认的违规行为及时报警**并做出相应处置**。

d) 区域边界完整性保护

应在区域边界设置探测器，例如外接探测软件，探测非法外联和入侵行为，并及时报告安全管理中心。

e) **可信验证**

可基于可信根对计算节点的BIOS、引导程序、操作系统内核、安全管控程序等进行可信验证，并在区域边界设备运行过程中实时的对程序内存空间、操作系统关键内存区域等执行资源进行可信验证，并在检测到其可信性受到破坏时采取措施恢复，并将验证结果形成审计记录，送至管理中心，进行动态关联感知。

9.3.2.2 云安全区域边界设计技术要求

本项要求包括：

a) 区域边界结构安全

应保证虚拟机只能接收到目的地址包括自己地址的报文或业务需求的广播报文，同时限制广播攻击；应实现不同租户间虚拟网络资源之间的隔离，并避免网络资源过量占用；应保证云计算平台管理流量与云租户业务流量分离；**保证信息系统的外部通信接口经授权后方可传输数据；应确保云计算平台具有独立的资源池。**

应能够识别、监控虚拟机之间、虚拟机；物理机之间的网络流量；提供开放接口或开放性安全服务，允许云租户接入第三方安全产品或在云平台选择第三方安全服务；**应确保云租户的四级业**

务应用系统具有独立的资源池。

b) 区域边界访问控制

应保证当虚拟机迁移时,访问控制策略随其迁移;应允许云租户设置不同虚拟机之间的访问控制策略;应建立租户私有网络实现不同租户之间的安全隔离;应在网络边界处部署监控机制,对进出网络的流量实施有效监控。

c) 区域边界入侵防范

当虚拟机迁移时,入侵防范机制可应用于新的边界处;应将区域边界入侵防范机制纳入安全管理中心统一管理。

应向云租户提供互联网内容安全监测功能,对有害信息进行实时检测和告警。

应在关键区域边界处部署相应形态的文件级代码检测或文件运行行为检测的安全系统,对恶意代码进行检测和清除。

d) 区域边界审计要求

根据云服务商和云租户的职责划分,收集各自控制部分的审计数据;根据云服务商和云租户的职责划分,实现各自控制部分的集中审计;当发生虚拟机迁移或虚拟资源变更时,安全审计机制可应用于新的边界处;为安全审计数据的汇集提供接口,并可供第三方审计;**对确认的违规行为及时报警并做出相应处置。**

9.3.2.3 移动互联安全区域边界设计技术要求

9.3.2.3.1 区域边界访问控制

应对接入系统的移动终端,采取基于 SIM 卡、证书等信息的强认证措施;应能限制移动设备在不同工作场景下对 WiFi、3G、4G 等网络的访问能力。

9.3.2.3.2 区域边界完整性保护

移动终端区域边界检测设备监控范围应完整覆盖移动终端办公区,并具备无线路由器设备位置检测功能,对于非法无线路由器设备接入进行报警和阻断。

9.3.2.4 物联网系统安全区域边界设计技术要求

本项要求包括:

a) 物联网系统区域边界访问控制

应能根据数据的时间戳为数据流提供明确的允许/拒绝访问的能力,**控制粒度为节点级**;应提供网络最大流量及网络连接数限制机制;应能够根据通信协议特性,控制不规范数据包的出入;**应对进出网络的信息内容进行过滤,实现对通信协议的命令级的控制。**

b) 物联网系统区域边界准入控制

应在安全区域边界设置准入控制机制,能够对设备进行认证;应根据感知设备特点收集感知设备的健康性相关信息如固件版本、标识、配置信息校验值等,并能够对接入的感知设备进行健康性检查。

c) 物联网系统区域边界协议过滤与控制

应在安全区域边界设置协议过滤,能够对物联网通信内容进行深度检测和过滤,对通信报文进行合规检查;根据协议特性,设置相对应**基于白名单**控制机制。

9.3.2.5 工业控制系统安全区域边界设计技术要求

本项要求包括:

a) 工控通信协议数据过滤

对通过安全区域边界的工控通信协议，应能识别其所承载的数据是否会对工控系统造成攻击或破坏，应控制通信流量、帧数量频度、变量的读取频度稳定且在正常范围内，保护控制器的工作节奏，识别和过滤写变量参数超出正常范围的数据，该控制过滤处理组件可配置在区域边界的网络设备上，也可配置在本安全区域内的工控通信协议的端点设备上或唯一的通信链路设备上。

b) 工控通信协议信息泄露防护

应防止暴露本区域工控通信协议端点设备的用户名和登录密码，采用过滤变换技术隐藏用户名和登录密码等关键信息，将该端点设备单独分区过滤及其他具有相应防护功能的一种或一种以上组合机制进行防护。

c) 工控区域边界安全审计

应在安全区域边界设置实时监测告警机制，通过安全管理中心集中管理，对确认的违规行为及时向安全管理中心和工控值守人员报警并做出相应处置。

9.3.3 安全通信网络设计技术要求

9.3.3.1 通用安全通信网络设计技术要求

本项要求包括：

a) 通信网络安全审计

应在安全通信网络设置审计机制，由安全管理中心集中管理，并对确认的违规行为进行报警，**且做出相应处置**。

b) 通信网络数据传输完整性保护

应采用由密码等技术支持的完整性校验机制，以实现通信网络数据传输完整性保护，并在发现完整性被破坏时进行恢复。

c) 通信网络数据传输保密性保护

采用由密码等技术支持的保密性保护机制，以实现通信网络数据传输保密性保护。

d) **可信连接验证**

应采用具有网络可信连接保护功能的系统软件或具有相应功能的信息技术产品，在设备连接网络时，对源和目标平台身份、执行程序及其所有执行环节的执行资源进行可信验证，并将验证结果形成审计记录，送至管理中心，进行动态关联感知。

9.3.3.2 云安全通信网络设计技术要求

本项要求包括：

a) 通信网络数据传输保密性

应支持云租户远程通信数据保密性保护；**应支持使用硬件加密设备对重要通信过程进行密码运算和密钥管理**。

应对网络策略控制器和网络设备(或设备代理)之间网络通信进行加密。

b) 通信网络可信接入保护

应禁止通过互联网直接访问云计算平台物理网络；应提供开放接口，允许接入可信的第三方安全产品；**应确保外部通信接口经授权后方可传输数据**。

c) 通信网络安全审计

应支持租户收集和查看与本租户资源相关的审计信息；应保证云服务商对云租户通信网络的访问操作可被租户审计。

应通过安全管理中心集中管理，并对确认的违规行为进行报警，且做出相应处置。

9.3.3.3 移动互联安全通信网络设计技术要求

本项要求包括：

a) **通信网络可信保护**

应通过 VPDN 等技术实现基于密码算法的可信网络连接机制，通过对连接到通信网络的设备进行可信检验，确保接入通信网络的设备真实可信，防止设备的非法接入。

9.3.3.4 物联网系统安全通信网络设计技术要求

本项要求包括：

a) 感知层网络数据新鲜性保护

应在感知层网络传输的数据中加入数据发布的序列信息如时间戳、计数器等，以实现感知层网络数据传输新鲜性保护。

b) 异构网安全接入保护

应采用接入认证等技术建立异构网络的接入认证系统，保障控制信息的安全传输；应根据各接入网的工作职能、重要性和所涉及信息的重要程度等因素，划分不同的子网或网段，并采取相应的防护措施。**应对重要通信提供专用通信协议或安全通信协议服务，避免来自基于通用通信协议的攻击破坏数据完整性。**

9.3.3.5 工业控制系统安全通信网络设计技术要求

本项要求包括：

a) **总线网络安全审计**

应支持工控总线网络审计，可通过总线审计的接口对访问控制、请求错误、系统事件、备份和存储事件、配置变更、潜在的侦查行为等事件进行审计。

b) 现场总线网络数据传输完整性保护

应采用适应现场总线特点的报文短、时延小的密码技术支持的完整性校验机制或应采用物理保护机制，实现现场总线网络数据传输完整性保护。

c) 无线网络数据传输完整性保护

应采用密码技术支持的完整性校验机制，以实现无线网络数据传输完整性保护。

d) 现场总线网络数据传输保密性保护

应采用适应现场总线特点的报文短、时延小的密码技术支持的保密性保护机制或应采用物理保护机制，实现现场总线网络数据传输保密性保护。

e) 无线网络数据传输保密性保护

应采用由密码技术支持的保密性保护机制，以实现无线网络数据传输保密性保护。

f) 工业控制网络实时响应要求

对实时响应和操作要求高的场合，应把工业控制通信会话过程设计为三个阶段：开始阶段，应完成对主客体身份鉴别和授权；运行阶段，应保证对工业控制系统的实时响应和操作，此阶段应对主客体的安全状态实时监测；结束阶段，应以显式的方式结束。在需要连续运行的场合，人员交接应不影响实时性，应保证访问控制机制的持续性。

g) 通信网络异常监测

应对工业控制系统的通讯数据、访问异常、业务操作异常、网络和设备流量、工作周期、抖动值、运行模式、各站点状态、冗余机制等进行监测，发现异常进行报警；在有冗余现场总线和表决器的应用场合，可充分监测各冗余链路在同时刻的状态，捕获可能的恶意或入侵行为；应在相应的网关设备上进行流量监测与管控，对超出最大 PPS 阈值的通信进行控制并报警。

h) 无线网络攻击的防护

应对通过无线网络攻击的潜在威胁和可能产生的后果进行风险分析，应对可能遭受无线攻击的设备的信息发出(信息外泄)和进入(非法操控)进行屏蔽，可综合采用检测和干扰、电磁屏蔽、微波暗室吸收、物理保护等方法，在可能传播的频谱范围将无线信号衰减到不能有效接收的程度。

9.3.4 安全管理中心设计技术要求

9.3.4.1 系统管理

可通过系统管理员对系统的资源和运行进行配置、控制和可信管理，包括用户身份、可信证书、可信基准库、系统资源配置、系统加载和启动、系统运行的异常处理、数据和设备的备份与恢复等。

应对系统管理员进行身份鉴别，只允许其通过特定的命令或操作界面进行系统管理操作，并对这些操作进行审计。

在进行云计算平台安全设计时，安全管理应提供查询云租户数据及备份存储位置的方式；云计算平台的运维应在中国境内，境外对境内云计算平台实施运维操作应遵循国家相关规定。

在进行物联网系统安全设计时，应通过系统管理员对感知设备、感知网关等进行统一身份标识管理；应通过系统管理员对感知设备状态(电力供应情况、是否在线、位置等)进行统一监测和处理。**应通过系统管理员对下载到感知设备上的应用软件进行授权**。

在进行工业控制系统安全设计时，安全管理中心系统应具有自身运行监控与告警、系统日志记录等功能。

9.3.4.2 安全管理

应通过安全管理员对系统中的主体、客体进行统一标记，对主体进行授权，配置可信验证策略，**并确保标记、授权和安全策略的数据完整性**。

应对安全管理员进行身份鉴别，只允许其通过特定的命令或操作界面进行安全管理操作，并进行审计。

在进行云计算平台安全设计时，安全管理应具有对攻击行为回溯分析以及对网络安全事件进行预测和预警的能力；应具有对网络安全态势进行感知、预测和预判的能力。

在进行物联网系统安全设计时，应通过安全管理员对系统中所使用的密钥进行统一管理，包括密钥的生成、分发、更新、存储、备份、销毁等，**并采取必要措施保证密钥安全**。

在进行工业控制系统安全设计时，应通过安全管理员对工业控制系统设备的可用性和安全性进行实时监控，可以对监控指标设置告警阈值，触发告警并记录；应通过安全管理员在安全管理中心呈现设备间的访问关系，及时发现未定义的信息通讯行为以及识别重要业务操作指令级的异常；**应通过安全管理员分析系统面临的安全风险和安全态势**。

9.3.4.3 审计管理

应通过安全审计员对分布在系统各个组成部分的安全审计机制进行集中管理，包括根据安全审计策略对审计记录进行分类；提供按时间段开启和关闭相应类型的安全审计机制；对各类审计记录进行存储、管理和查询等，对审计记录应进行分析，并根据分析结果进行**及时处理**。

应对安全审计员进行身份鉴别，只允许其通过特定的命令或操作界面进行安全审计操作。

在进行云计算平台安全设计时，云计算平台应对云服务器、云数据库、云存储等云服务的创建、删除等操作行为进行审计;应通过运维审计系统对管理员的运维行为进行安全审计;应通过租户隔离机制,确保审计数据隔离的有效性。

在进行工业控制系统安全设计时,应通过安全管理员对工业控制现场控制设备、网络安全设备、网络设备、服务器、操作站等设备中主体和客体进行登记,并对各设备的网络安全监控和报警、网络安全日志信息进行集中管理。根据安全审计策略对各类网络安全信息进行分类管理与查询,并生成统一的审计报告。系统对各类安全报警和日志信息进行关联分析。**系统通过各设备安全日志信息的关联分析提取出少量的、或者是概括性的重要安全事件或发掘隐藏的攻击规律,进行重点报警和分析,并对全局存在类似风险的系统进行安全预警。**

9.3.5 系统安全保护环境结构化设计技术要求

9.3.5.1 安全保护部件结构化设计技术要求

第四级系统安全保护环境各安全保护部件的设计应基于形式化的安全策略模型。安全保护部件应划分为关键安全保护部件和非关键安全保护部件,防止违背安全策略致使敏感信息从关键安全保护部件流向非关键安全保护部件。关键安全保护部件应划分功能层次,明确定义功能层次间的调用接口,确保接口之间的安全交换。

9.3.5.2 安全保护部件互联结构化设计技术要求

第四级系统各安全保护部件之间互联的接口功能及其调用关系应明确定义;各安全保护部件之间互联时,需要通过可信验证机制相互验证对方的可信性,确保安全保护部件间的可信连接。

9.3.5.3 重要参数结构化设计技术要求

应对第四级系统安全保护环境设计实现的与安全策略相关的重要参数的数据结构给出明确定义,包括参数的类型、使用描述以及功能说明等,并用可信验证机制确保数据不被篡改。

10 第五级系统安全保护环境设计

略。

11 定级系统互联设计

11.1 设计目标

定级系统互联的设计目标是:对相同或不同等级的定级系统之间的互联、互通、互操作进行安全保护,确保用户身份的真实性、操作的安全性以及抗抵赖性,并按安全策略对信息流向进行严格控制,确保进出安全计算环境、安全区域边界以及安全通信网络的数据安全。

11.2 设计策略

定级系统互联的设计策略是:遵循 GB 17859—1999 对各级系统的安全保护要求,在各定级系统的计算环境安全、区域边界安全和通信网络安全的基础上,通过安全管理中心增加相应的安全互联策略,保持用户身份、主/客体标记、访问控制策略等安全要素的一致性,对互联系统之间的互操作和数据交换进行安全保护。

11.3 设计技术要求

11.3.1 安全互联部件设计技术要求

应通过通信网络交换网关与各定级系统安全保护环境的安全通信网络部件相连接，并按互联互通的安全策略进行信息交换，实现安全互联部件。安全策略由跨定级系统安全管理中心实施。

11.3.2 跨定级系统安全管理中心设计技术要求

11.3.2.1 系统管理

应通过安全通信网络部件与各定级系统安全保护环境中的安全管理中心相连，主要实施跨定级系统的系统管理。应通过系统管理员对安全互联部件与相同和不同等级的定级系统中与安全互联相关的系统资源和运行进行配置和管理，包括用户身份管理、安全互联部件资源配置和管理等。

11.3.2.2 安全管理

应通过安全通信网络部件与各定级系统安全保护环境中的安全管理中心相连，主要实施跨定级系统的安全管理。应通过安全管理员对相同和不同等级的定级系统中与安全互联相关的主/客体进行标记管理，使其标记能准确反映主/客体在定级系统中的安全属性；对主体进行授权，配置统一的安全策略，并确保授权在相同和不同等级的定级系统中的合理性。

11.3.2.3 审计管理

应通过安全通信网络部件与各定级系统安全保护环境中的安全管理中心相连，主要实施跨定级系统的审计管理。应通过安全审计员对安全互联部件的安全审计机制、各定级系统的安全审计机制以及与跨定级系统互联有关的安全审计机制进行集中管理。包括根据安全审计策略对审计记录进行分类；提供按时间段开启和关闭相应类型的安全审计机制；对各类审计记录进行存储、管理和查询等。对审计记录应进行分析，并根据分析结果进行及时处理。

附 录 A
（资料性附录）
访问控制机制设计

A.1 自主访问控制机制设计

系统在初始配置过程中，安全管理中心首先需要对系统中的主体及客体进行登记命名，然后根据自主访问控制安全策略，按照主体对其创建客体的授权命令，为相关主体授权，规定主体允许访问的客体和操作，并形成访问控制列表。自主访问控制机制结构如图 A.1 所示。

用户登录系统时，首先进行身份鉴别，经确认为合法的注册用户可登录系统，并执行相应的程序。当执行程序（主体）发出访问系统中资源（客体）的请求后，自主访问控制安全机制将截获该请求，然后查询对应的访问控制列表。如果该请求符合自主访问控制列表规定的权限，则允许其执行；否则将拒绝执行，并将此行为记录在审计记录中。

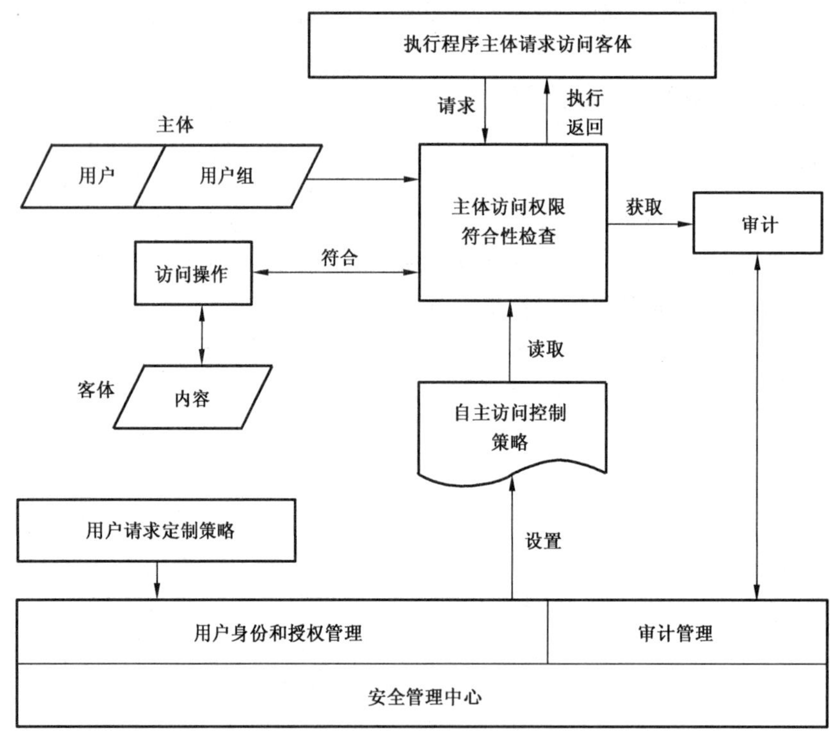

图 A.1 自主访问控制机制结构

A.2 强制访问控制机制设计

系统在初始配置过程中，安全管理中心需要对系统中的确定主体及其所控制的客体实施身份管理、标记管理、授权管理和策略管理。身份管理确定系统中所有合法用户的身份、工作密钥、证书等与安全相关的内容。标记管理根据业务系统的需要，结合客体资源的重要程度，确定系统中所有客体资源的安全级别及范畴，生成全局客体安全标记列表；同时根据用户在业务系统中的权限和角色确定主体的安全级别及范畴，生成全局主体安全标记列表。授权管理根据业务系统需求和安全状况，授予用户（主体）访问资源(客体)的权限,生成强制访问控制策略和级别调整策略列表。策略管理则根据业务系统的需求,生成与执行主体相关的策略,包括强制访问控制策略和级别调整策略。除此之外,安全审计员需要通过安全管理中心制定系统审计策略,实施系统的审计管理。强制访问控制机制结构如图A.2所示。

系统在初始执行时,首先要求用户标识自己的身份,经过系统身份认证确认为授权主体后,系统将下载全局主/客体安全标记列表及与该主体对应的访问控制列表,并对其进行初始化。当执行程序(主体)发出访问系统中资源(客体)的请求后,系统安全机制将截获该请求,并从中取出访问控制相关的主体、客体、操作三要素信息,然后查询全局主/客体安全标记列表,得到主/客体的安全标记信息,并依据强制访问控制策略对该请求实施策略符合性检查。如果该请求符合系统强制访问控制策略,则系统将允许该主体执行资源访问。否则,系统将进行级别调整审核,即依据级别调整策略,判断发出该请求的主体是否有权访问该客体。如果上述检查通过,系统同样允许该主体执行资源访问,否则,该请求将被系统拒绝执行。

系统强制访问控制机制在执行安全策略过程中,需要根据安全审计员制定的审计策略,对用户的请求及安全决策结果进行审计,并且将生成的审计记录发送到审计服务器存储,供安全审计员管理。

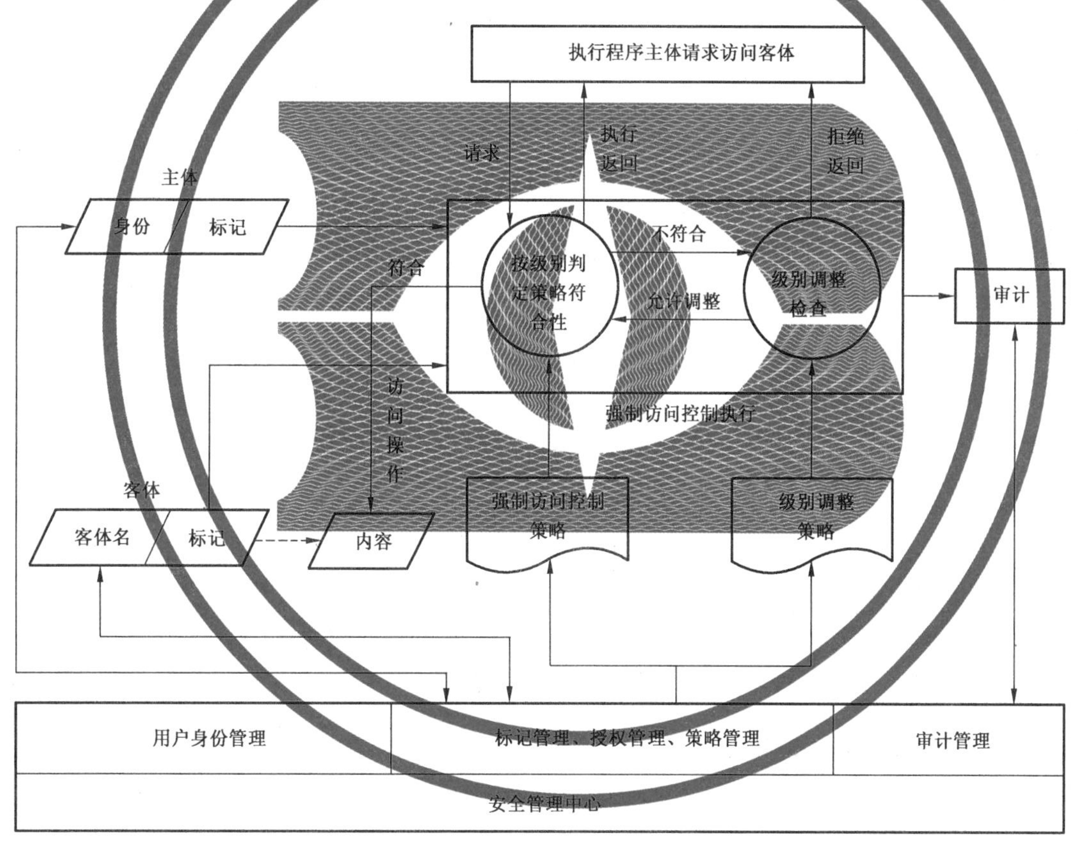

图 A.2　强制访问控制机制结构

附 录 B
（资料性附录）
第三级系统安全保护环境设计示例

B.1 概述

根据“一个中心”管理下的“三重防护”体系框架，构建安全机制和策略，形成定级系统的安全保护环境。该环境分为如下四部分：安全计算环境、安全区域边界、安全通信网络和安全管理中心。每个部分由 1 个 或若干个子系统（安全保护部件）组成，子系统具有安全保护功能独立完整、调用接口简洁、与安全产品相对应和易于管理等特征。安全计算环境可细分为节点子系统和典型应用支撑子系统；安全管理中心可细分为系统管理子系统、安全管理子系统和审计子系统。以上各子系统之间的逻辑关系如图 B.1 所示。

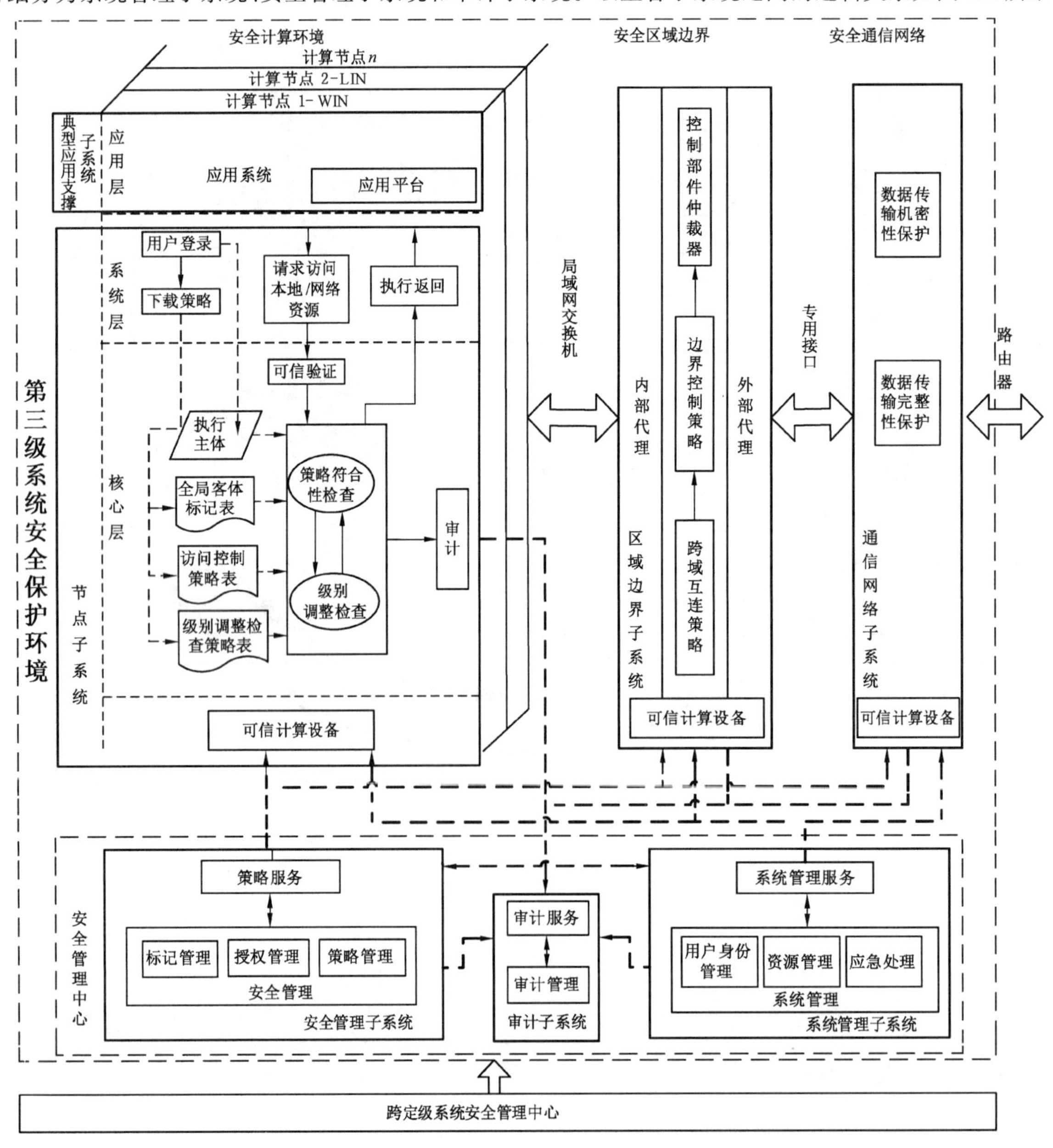

图 B.1 第三级系统安全保护环境结构与流程

B.2 各子系统主要功能

第三级系统安全保护环境各子系统的主要功能如下：

a) 节点子系统

节点子系统通过在操作系统核心层、系统层设置以强制访问控制为主体的系统安全机制，形成防护层，通过对用户行为的控制，可以有效防止非授权用户访问和授权用户越权访问，确保信息和信息系统的保密性和完整性，为典型应用支撑子系统的正常运行和免遭恶意破坏提供支撑和保障。

b) 典型应用支撑子系统

典型应用支撑子系统是系统安全保护环境中为应用系统提供安全支撑服务的接口。通过接口平台使应用系统的主客体与保护环境的主客体相对应，达到访问控制策略实现的一致性。

c) 区域边界子系统

区域边界子系统通过对进入和流出安全保护环境的信息流进行安全检查，确保不会有违反系统安全策略的信息流经过边界。

d) 通信网络子系统

通信网络子系统通过对通信数据包的保密性和完整性的保护，确保其在传输过程中不会被非授权窃听和篡改，以保障数据在传输过程中的安全。

e) 系统管理子系统

系统管理子系统负责对安全保护环境中的计算节点、安全区域边界、安全通信网络实施集中管理和维护，包括用户身份管理、资源配置和可信库管理、异常情况处理等。

f) 安全管理子系统

安全管理子系统是系统的安全控制中枢，主要实施标记管理、授权管理及可信管理等。安全管理子系统通过制定相应的系统安全策略，并要求节点子系统、区域边界子系统和通信网络子系统强制执行，从而实现对整个信息系统的集中管理。

g) 审计子系统

审计子系统是系统的监督中枢。安全审计员通过制定审计策略，并要求节点子系统、区域边界子系统、通信网络子系统、安全管理子系统、系统管理子系统强制执行，实现对整个信息系统的行为审计，确保用户无法抵赖违反系统安全策略的行为，同时为应急处理提供依据。

B.3 各子系统主要流程

第三级系统安全保护环境的结构与流程可以分为安全管理流程与访问控制流程。安全管理流程主要由安全管理员、系统管理员和安全审计员通过安全管理中心执行，分别实施系统维护、安全策略制定和部署、审计记录分析和结果响应等。访问控制流程则在系统运行时执行，实施自主访问控制、强制访问控制等。

a) 策略初始化流程

节点子系统在运行之前，首先由安全管理员、系统管理员和安全审计员通过安全管理中心为其部署相应的安全策略。其中，系统管理员首先需要为定级系统中的所有用户实施身份管理，即确定所有用户的身份、工作密钥、证书等。同时需要为定级系统实施资源管理，以确定业务系统正常运行需要使用的执行程序等。安全管理员需要通过安全管理中心为定级系统中所有主、客体实施标记管理，即根据业务系统的需要，结合客体资源的重要程度，确定其安全级，生成全局客体安全标记列表。同时根据用户在业务系统中的权限和角色确定其安全标记，生成全局主体安全标记列表。在此基础上，安全管理员需要根据系统需求和安全状况，为主体实施授权管理，即授予用户访问客体资源的权限，生成强制访问控制列表和级别调整策略列表。除此之外，安全审计员需要通过安全管理中心中的审计子系统制定系统审计策略，实施系统的审核管理。如果定级系统需要和其他系统进行互联，则上述初始化流程需要结合跨定级系统安全管理中心制定的策略执行。

b) 计算节点启动流程

策略初始化完成后，授权用户才可以启动并使用计算节点访问定级系统中的客体资源。为了确保计算节点的系统完整性，节点子系统在启动时需要对所装载的可执行代码进行可信验证，确保其在可执行代码预期值列表中，并且程序完整性没有遭到破坏。计算节点启动后，用户便可以安全地登录系统。在此过程中，系统首先装载代表用户身份唯一标识的硬件令牌，然后获取其中的用户信息，进而验证登录用户是否是该节点上的授权用户。如果检查通过，系统将请求策略服务器下载与该用户相关的系统安全策略。下载成功后，系统可信计算基将确定执行主体的数据结构，并初始化用户工作空间。此后，该用户便可以通过启动应用访问定级系统中的客体资源。

c) 计算节点访问控制流程

用户启动应用形成执行主体后，执行主体将代表用户发出访问本地或网络资源的请求，该请求将被操作系统访问控制模块截获。访问控制模块首先依据自主访问控制策略对其执行策略符合性检查。如果自主访问控制策略符合性检查通过，则该请求允许被执行；否则，访问控制模块依据强制访问控制策略对该请求执行策略符合性检查。如果强制访问策略符合性检查通过，那么该请求允许被执行；否则，系统对其进行级别调整检查。即依照级别调整检查策略，判断发出该请求的主体是否有权访问该客体。如果通过，该请求同样允许被执行；否则，该请求被拒绝执行。

系统访问控制机制在安全决策过程中，需要根据安全审计员制定的审计策略，对用户的请求及决策结果进行审计，并且将生成的审计记录发送到审计服务器存储，供安全审计员检查和处理。

d) 跨计算节点访问控制流程

如果主体和其所请求访问的客体资源不在同一个计算节点，则该请求会被可信接入模块截获，用来判断该请求是否会破坏系统安全。在进行接入检查前，模块首先通知系统安全代理获取对方计算节点的身份，并检验其安全性。如果检验结果是不安全的，则系统拒绝该请求；否则，系统将依据强制访问控制策略，判断该主体是否允许访问相应端口。如果检查通过，该请求被放行；否则，该请求被拒绝。

e) 跨边界访问控制流程

如果主体和其所请求访问的客体资源不在同一个安全保护环境内，那么该请求将会被区域边界控制设备截获并且进行安全性检查，检查过程类似于跨计算节点访问控制流程。

B.4 第三级系统可信验证实现机制

可信验证是基于可信根，构建信任链，一级度量一级，一级信任一级，把信任关系扩大到整个计算节点，从而确保计算节点可信的过程，可信验证实现框架如图 B.2 所示。

可信根内部有密码算法引擎、可信裁决逻辑、可信存储寄存器等部件，可以向节点提供可信度量、可信存储、可信报告等可信功能，是节点信任链的起点。可信固件内嵌在 BIOS 之中，用来验证操作系统引导程序的可信性。可信基础软件由基本信任基、可信支撑机制、可信基准库和主动监控机制组成。其中基本信任基内嵌在引导程序之中，在节点启动时从 BIOS 中接过控制权，验证操作系统内核的可信性。可信支撑机制向应用程序传递可信硬件和可信基础软件的可信支撑功能，并将可信管理信息传送给可信基础软件。可信基准库存放节点各对象的可信基准值和预定控制策略。主动监控机制实现对应用程序的行为监测，判断应用程序的可信状态，根据可信状态确定并调度安全应对措施。主动监控机制根据其功能可以分成控制机制、度量机制和决策机制。控制机制主动截获应用程序发出的系统调用,既可以在截获点提取监测信息提交可信度量机制,也可以依据判定机制的决策,在截获点实施控制措施。度量机制依据可信基础库度量可信基础软件、安全机制和监测行为,确定其可信状态。可信判定机制依据度量结果和预设策略确定当前的安全应对措施,并调用不同的安全机制实施这些措施。

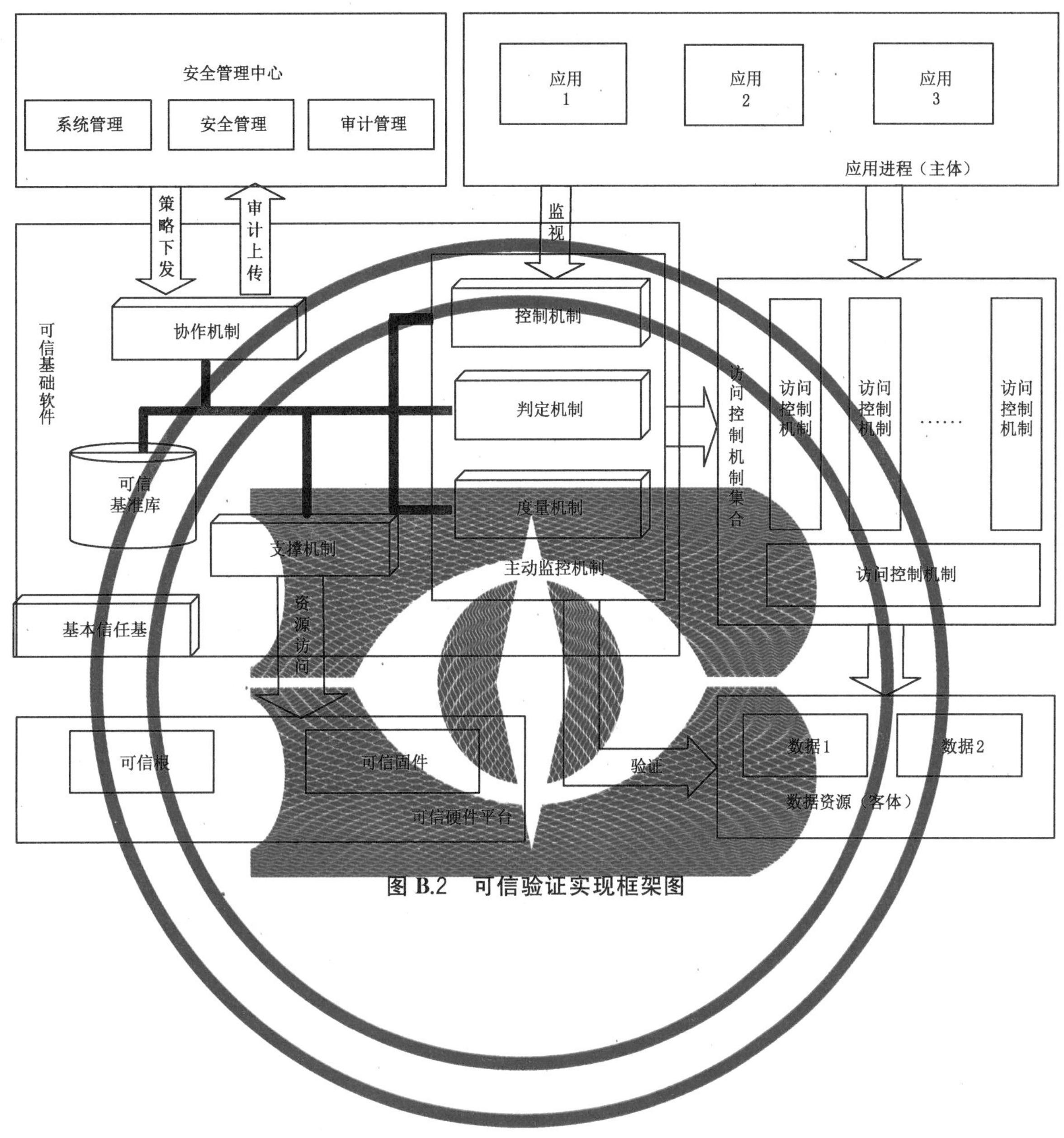

图 B.2　可信验证实现框架图

附 录 C
（资料性附录）
大数据设计技术要求

C.1 大数据等级保护安全技术设计框架

大数据等级保护安全技术体系设计，从大数据应用安全、大数据支撑环境安全、访问安全、数据传输安全及管理安全等角度出发，围绕"一个中心、三重防护"的原则，构建大数据安全防护技术设计框架，其中一个中心指安全管理中心，三重防护包括安全计算环境、安全区域边界和安全通信网络，具体如图 C.1 所示。

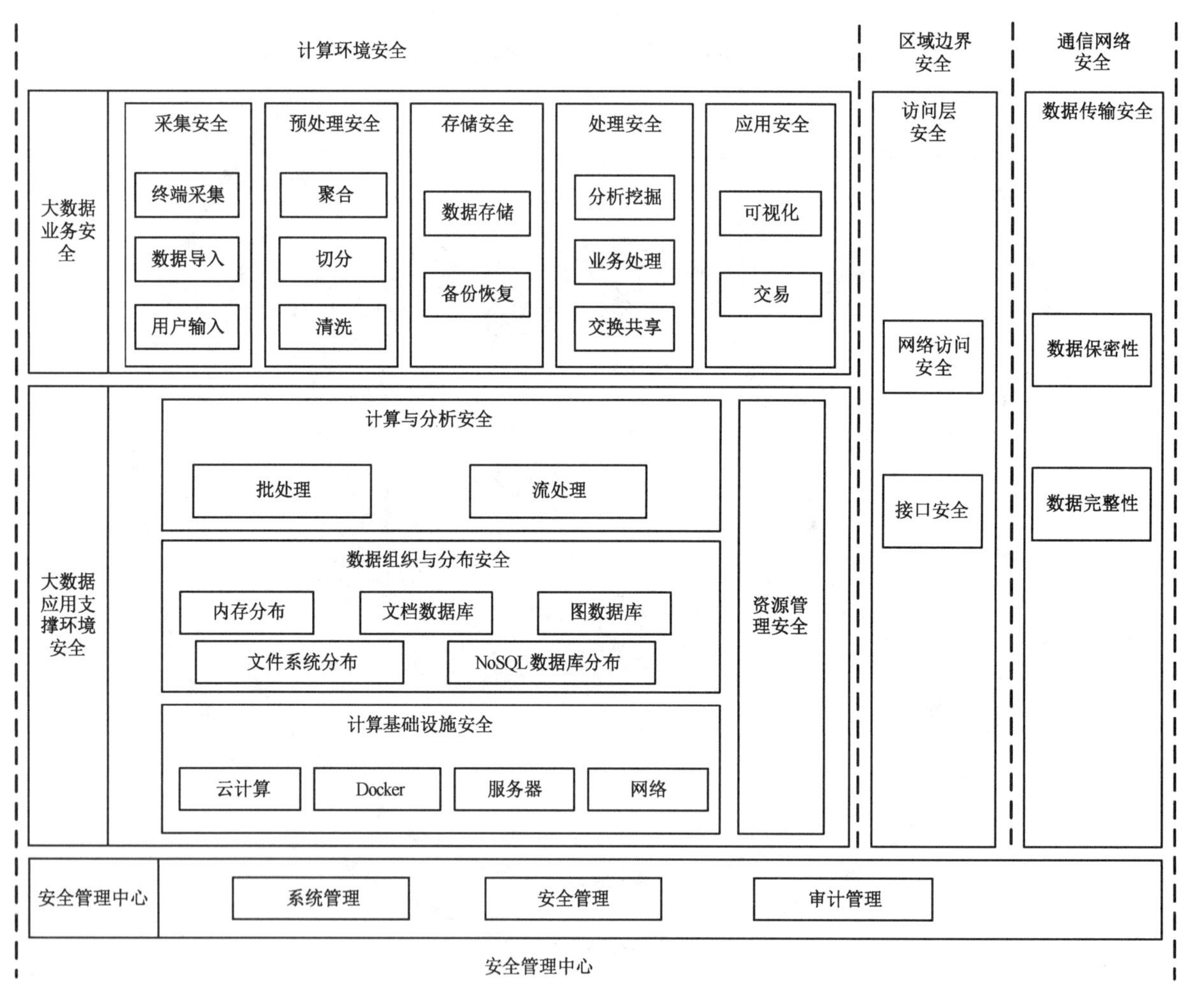

图 C.1 大数据系统等级保护安全技术设计框架

大数据业务安全：对采集、预处理、存储、处理及应用等大数据业务采用适合的安全防护技术，保障大数据应用的安全。

大数据应用支撑环境安全：对大数据应用的计算基础设施、数据组织与分布应用软件、计算与分析应用软件等各层面，采用适合的安全防护技术及监管措施，保障大数据应用支撑环境的安全。

区域边界安全：采用适合的网络安全防护技术，保障网络访问安全、接口安全等。

通信网络安全：对采集数据和用户数据的网络传输进行安全保护，保障数据传输过程的完整性和保密性不受破坏。

安全管理中心:对系统管理、安全管理和审计管理实行统一管理。

C.2 第一级系统安全保护环境设计

C.2.1 大数据系统安全计算环境设计技术要求

a) 可信访问控制

应提供大数据访问可信验证机制,并对大数据的访问、处理及使用行为进行控制。

C.2.2 大数据系统安全区域边界设计技术要求

应遵守6.3.2.1。

C.2.3 大数据系统安全通信网络设计技术要求

应遵守6.3.3.1。

C.3 第二级系统安全保护环境设计

C.3.1 大数据系统安全计算环境设计技术要求

a) 可信访问控制

应提供大数据访问可信验证机制,并对大数据的访问、处理及使用行为进行**细粒度**控制,对主体客体进行可信验证。

b) **数据保密性保护**

应提供数据脱敏和去标识化等机制,确保敏感数据的安全性;应采用技术手段防止进行未授权的数据分析。

c) **剩余信息保护**

应为大数据应用提供数据销毁机制,并明确销毁方式和销毁要求。

C.3.2 大数据系统安全区域边界设计技术要求

应遵守7.3.2.1。

C.3.3 大数据系统安全通信网络设计技术要求

应遵守7.3.3.1。

C.4 第三级系统安全保护环境设计

C.4.1 大数据系统安全计算环境设计技术要求

a) 可信访问控制

应对大数据进行分级分类,并确保在数据采集、存储、处理及使用的整个生命周期内分级分类策略的一致性;应提供大数据访问可信验证机制,并对大数据的访问、处理及使用行为进行细粒度控制,对主体客体进行可信验证。

b) 数据保密性保护

应提供数据脱敏和去标识化等机制,确保敏感数据的安全性;应采用技术手段防止进行未授权的数据分析。

c) 剩余信息保护

应为大数据应用提供**基于数据分类分级的**数据销毁机制，并明确销毁方式和销毁要求。

d) 数据溯源

应采用技术手段实现敏感信息、个人信息等重要数据的数据溯源。

e) 个人信息保护

应仅采集和保护业务必须的个人信息。

C.4.2 大数据系统安全区域边界设计技术要求

a) 区域边界访问控制

应仅允许符合安全策略的设备通过受控接口接入大数据信息系统网络。

C.4.3 大数据系统安全通信网络设计技术要求

应遵守 8.3.3.1。

C.5 第四级系统安全保护环境设计

C.5.1 大数据系统安全计算环境设计技术要求

a) 可信访问控制

应对大数据进行分级分类，并确保在数据采集、存储、处理及使用的整个生命周期内分级分类策略的一致性；应提供大数据访问可信验证机制，并对大数据的访问、处理及使用行为进行细粒度控制，对主体客体进行可信验证。

b) 数据保密性保护

应提供数据脱敏和去标识化等机制，确保敏感数据的安全性；**应提供数据加密保护机制，确保数据存储安全**；应采用技术手段防止进行未授权的数据分析。

c) 剩余信息保护

应为大数据应用提供基于数据分类分级的数据销毁机制，并明确销毁方式和销毁要求。

d) 数据溯源

应采用技术手段实现敏感信息、个人信息等重要数据的数据溯源。

e) 个人信息保护

应仅采集和保护业务必须的个人信息。

C.5.2 大数据系统安全区域边界设计技术要求

a) 区域边界访问控制

应仅允许符合安全策略的设备通过受控接口接入大数据信息系统网络。

C.5.3 大数据系统安全通信网络设计技术要求

应遵守 9.3.3.1。

参 考 文 献

[1] GB/T 20269—2006 信息安全技术 信息系统安全管理要求

[2] GB/T 20270—2006 信息安全技术 网络基础安全技术要求

[3] GB/T 20271—2006 信息安全技术 信息系统通用安全技术要求

[4] GB/T 20272—2006 信息安全技术 操作系统安全技术要求

[5] GB/T 20273—2006 信息安全技术 数据库管理系统安全技术要求

[6] GB/T 20282—2006 信息安全技术 信息系统安全工程管理要求

[7] GB/T 21028—2007 信息安全技术 服务器安全技术要求

[8] GB/T 21052—2007 信息安全技术 信息系统物理安全技术要求

[9] GB/T 22239—2019 信息安全技术 网络安全等级保护基本要求

[10] GB/T 32400—2015 信息技术 云计算 概览与词汇

[11] GA/T 709—2007 信息安全技术 信息系统安全等级保护基本模型

[12] 信息安全等级保护管理办法(公通字〔2007〕43 号)

[13] IEC/TS 62443-1-1 Industrial communication networks—Network and system security—Part 1-1: Terminology, concepts and models

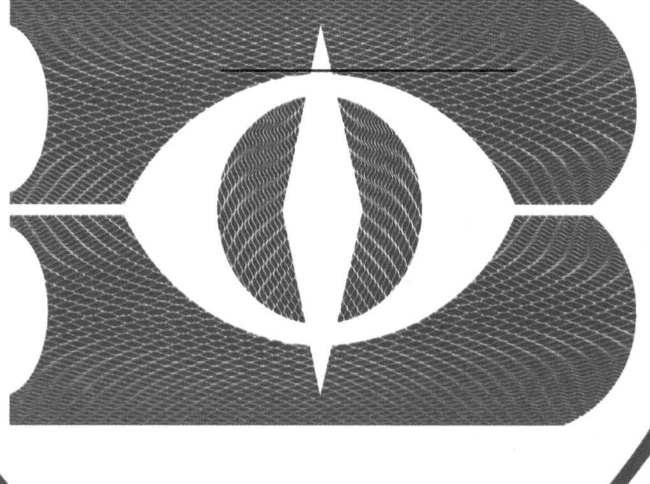

ICS 35.040
L 80

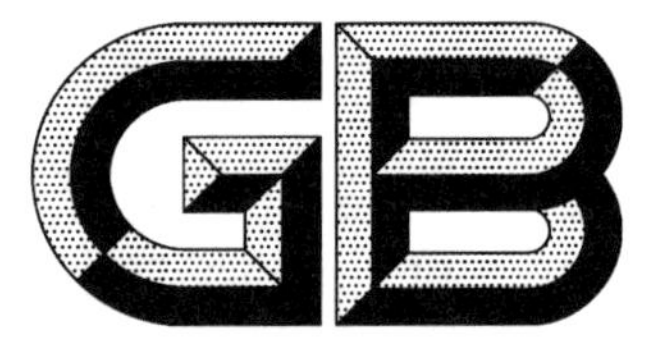

中华人民共和国国家标准

GB/T 28448—2019
代替 GB/T 28448—2012

信息安全技术
网络安全等级保护测评要求

Information security technology—
Evaluation requirement for classified protection of cybersecurity

2019-05-10 发布　　2019-12-01 实施

国家市场监督管理总局
中国国家标准化管理委员会　发布

前 言

本标准按照 GB/T 1.1—2009 给出的规则起草。

本标准代替 GB/T 28448—2012《信息安全技术 信息系统安全等级保护测评要求》，与 GB/T 28448—2012 相比，主要变化如下：

——将标准名称变更为《信息安全技术 网络安全等级保护测评要求》；

——每个级别增加了云计算安全测评扩展要求、移动互联安全测评扩展要求、物联网安全测评扩展要求和工业控制系统安全测评扩展要求等内容；

——增加了等级测评、测评对象、云服务商和云服务客户等相关术语和定义(见第 3 章，2012 年版的第 3 章)；

——将针对控制点的单元测评细化调整为针对要求项的单项测评，删除了"测评框架"(见 2012 年版的 4.1)和"等级测评内容"(见 2012 年版的 4.2)；

——增加了大数据可参考安全评估方法(见附录 B)和测评单元编号说明(见附录 C)。

请注意本文件的某些内容可能涉及专利。本文件的发布机构不承担识别这些专利的责任。

本标准由全国信息安全标准化技术委员会(SAC/TC 260)提出并归口。

本标准起草单位：公安部第三研究所(公安部信息安全等级保护评估中心)、中国电子技术标准化研究院、国家信息中心、中国科学院信息工程研究所(信息安全国家重点实验室)、北京大学、新华三技术有限公司、成都科来软件有限公司、中国移动通信集团有限公司、北京鼎普科技股份有限公司、北京微步在线科技有限公司、北京梆梆安全科技有限公司、北京迅达云成科技有限公司、中国电子科技集团公司第十五研究所(信息产业信息安全测评中心)、公安部第一研究所、北京信息安全测评中心、国家能源局信息中心(电力行业信息安全等级保护测评中心)、全球能源互联网研究院、北京卓识网安技术股份有限公司、中国电力科学研究院、南京南瑞集团公司、国电南京自动化股份有限公司、南方电网科学研究院、中国电子信息产业集团公司第六研究所、工业和信息化部计算机与微电子发展研究中心(中国软件评测中心)、启明星辰信息技术集团股份有限公司、北京烽云互联科技有限公司、华普科工(北京)有限公司。

本标准主要起草人：陈广勇、李明、黎水林、马力、曲洁、于东升、艾春迪、郭启全、葛波蔚、祝国邦、陆磊、张宇翔、毕马宁、沙淼淼、李升、胡红升、陈雪鸿、袁静、章恒、张益、毛澍、王斌、尹湘培、王勇、高亚楠、焦安春、赵劲涛、于俊杰、徐衍龙、马晓波、江雷、黄顺京、朱建兴、苏艳芳、禄凯、何申、霍珊珊、于运涛、陈震、任卫红、孙惠平、万晓兰、马红霞、薛锋、赵林林、刘金刚、胡越宁、周晓雪、李亚军、杨洪起、孟召瑞、李飞、王江波、阚志刚、刘健、陶源、李秋香、许凤凯、王绍杰、李晨旸、李凌、朱世顺、张五一、陈华军、张洁昕、张彪、李汪蔚、王雪、蔡学琳、胡娟、刘静、周峰、郝鑫、马闽、段伟恒。

本标准所代替标准的历次版本发布情况为：

——GB/T 28448—2012。

引　言

为了配合《中华人民共和国网络安全法》的实施，同时适应云计算、移动互联、物联网和工业控制等新技术、新应用情况下网络安全等级保护工作的开展，需对GB/T 28448—2012进行修订。同时，作为测评指标进行引用的GB/T 22239—2008也启动了修订工作。修订的思路和方法依据GB/T 22239调整的内容，针对共性安全保护需求提出安全测评通用要求，针对云计算、移动互联、物联网和工业控制等新技术、新应用领域的个性安全保护需求提出安全测评扩展要求，形成新的《信息安全技术　网络安全等级保护测评要求》标准。

本标准是网络安全等级保护相关系列标准之一。

与本标准相关的标准包括：

——GB/T 25058　信息安全技术　信息系统安全等级保护实施指南；

——GB/T 22240　信息安全技术　信息系统安全等级保护定级指南；

——GB/T 22239　信息安全技术　网络安全等级保护基本要求；

——GB/T 25070　信息安全技术　网络安全等级保护安全设计技术要求；

——GB/T 28449　信息安全技术　网络安全等级保护测评过程指南。

信息安全技术
网络安全等级保护测评要求

1 范围

本标准规定了不同级别的等级保护对象的安全测评通用要求和安全测评扩展要求。

本标准适用于安全测评服务机构、等级保护对象的运营使用单位及主管部门对等级保护对象的安全状况进行安全测评并提供指南，也适用于网络安全职能部门进行网络安全等级保护监督检查时参考使用。

注：第五级等级保护对象是非常重要的监督管理对象，对其有特殊的管理模式和安全测评要求，所以不在本标准中进行描述。

2 规范性引用文件

下列文件对于本文件的应用是必不可少的。凡是注日期的引用文件，仅注日期的版本适用于本文件。凡是不注日期的引用文件，其最新版本(包括所有的修改单)适用于本文件。

GB 17859—1999 计算机信息系统 安全保护等级划分准则

GB/T 22239—2019 信息安全技术 网络安全等级保护基本要求

GB/T 25069 信息安全技术 术语

GB/T 25070—2019 信息安全技术 网络安全等级保护安全设计技术要求

GB/T 28449—2018 信息安全技术 网络安全等级保护测评过程指南

GB/T 31167—2014 信息安全技术 云计算服务安全指南

GB/T 31168—2014 信息安全技术 云计算服务安全能力要求

GB/T 32919—2016 信息安全技术 工业控制系统安全控制应用指南

3 术语和定义

GB 17859—1999、GB/T 25069、GB/T 22239—2019、GB/T 25070—2019、GB/T 31167—2014、GB/T 31168—2014 和 GB/T 32919—2016 界定的以及下列术语和定义适用于本文件。为了便于使用，以下重复列出了 GB/T 31167—2014 和 GB/T 31168—2014 中的一些术语和定义。

3.1

访谈 interview

测评人员通过引导等级保护对象相关人员进行有目的的(有针对性的)交流以帮助测评人员理解、澄清或取得证据的过程。

3.2

核查 examine

测评人员通过对测评对象(如制度文档、各类设备及相关安全配置等)进行观察、查验和分析，以帮助测评人员理解、澄清或取得证据的过程。

3.3

测试 test

测评人员使用预定的方法/工具使测评对象(各类设备或安全配置)产生特定的结果，将运行结果与预期的结果进行比对的过程。

3.4

评估　evaluate

对测评对象可能存在的威胁及其可能产生的后果进行综合评价和预测的过程。

3.5

测评对象　target of testing and evaluation

等级测评过程中不同测评方法作用的对象，主要涉及相关配套制度文档、设备设施及人员等。

3.6

等级测评　testing and evaluation for classified cybersecurity protection

测评机构依据国家网络安全等级保护制度规定，按照有关管理规范和技术标准，对非涉及国家秘密的网络安全等级保护状况进行检测评估的活动。

3.7

云服务商　cloud service provider

云计算服务的供应方。

注：云服务商管理、运营、支撑云计算的计算基础设施及软件，通过网络交付云计算的资源。

[GB/T 31167—2014，定义 3.3]

3.8

云服务客户　cloud service customer

为使用云计算服务同云服务商建立业务关系的参与方。

[GB/T 31168—2014，定义 3.4]

3.9

虚拟机监视器　hypervisor

运行在基础物理服务器和操作系统之间的中间软件层，可允许多个操作系统和应用共享硬件。

3.10

宿主机　host machine

运行虚拟机监视器的物理服务器。

4　缩略语

下列缩略语适用于本文件。

AP：无线访问接入点(Wireless Access Point)

APT：高级持续性威胁(Advanced Persistent Threat)

DDoS：分布式拒绝服务(Distributed Denial of Service)

SSID：服务集标识(Service Set Identifier)

WEP：有线等效加密(Wired Equivalent Privacy)

WiFi：无线保真(Wireless Fidelity)

WPS：WiFi 保护设置(Wi-Fi Protected Setup)

5　等级测评概述

5.1　等级测评方法

等级测评实施的基本方法是针对特定的测评对象，采用相关的测评手段，遵从一定的测评规程，获取需要的证据数据，给出是否达到特定级别安全保护能力的评判。等级测评实施的详细流程和方法见

GB/T 28449—2018。

本标准中针对每一个要求项的测评就构成一个单项测评,针对某个要求项的所有具体测评内容构成测评实施。单项测评中的每一个具体测评实施要求项(以下简称"测评要求项")是与安全控制点下面所包括的要求项(测评指标)相对应的。在对每一要求项进行测评时,可能用到访谈、核查和测试三种测评方法,也可能用到其中一种或两种。测评实施的内容完全覆盖了 GB/T 22239—2019 及 GB/T 25070—2019 中所有要求项的测评要求,使用时应当从单项测评的测评实施中抽取出对于 GB/T 22239—2019 中每一个要求项的测评要求,并按照这些测评要求开发测评指导书,以规范和指导等级测评活动。

根据调研结果,分析等级保护对象的业务流程和数据流,确定测评工作的范围。结合等级保护对象的安全级别,综合分析系统中各个设备和组件的功能和特性,从等级保护对象构成组件的重要性、安全性、共享性、全面性和恰当性等几方面属性确定技术层面的测评对象,并将与其相关的人员及管理文档确定为管理层面的测评对象。测评对象可以根据类别加以描述,包括机房、业务应用软件、主机操作系统、数据库管理系统、网络互联设备、安全设备、访谈人员及安全管理文档等。

等级测评活动中涉及测评力度,包括测评广度(覆盖面)和测评深度(强弱度)。安全保护等级较高的测评实施应选择覆盖面更广的测评对象和更强的测评手段,可以获得可信度更高的测评证据,测评力度的具体描述参见附录 A。

每个级别测评要求都包括安全测评通用要求、云计算安全测评扩展要求、移动互联安全测评扩展要求、物联网安全测评扩展要求和工业控制系统安全测评扩展要求 5 个部分。大数据可参考安全评估方法参见附录 B。

5.2 单项测评和整体测评

等级测评包括单项测评和整体测评。

单项测评是针对各安全要求项的测评,支持测评结果的可重复性和可再现性。本标准中单项测评由测评指标、测评对象、测评实施和单元判定结果构成。为方便使用针对每个测评单元进行编号,具体描述见附录 C。

整体测评是在单项测评基础上,对等级保护对象整体安全保护能力的判断。整体安全保护能力从纵深防护和措施互补两个角度评判。

6 第一级测评要求

6.1 安全测评通用要求

6.1.1 安全物理环境

6.1.1.1 物理访问控制

6.1.1.1.1 测评单元(L1-PES1-01)

该测评单元包括以下要求:

a) 测评指标:机房出入口应安排专人值守或配置电子门禁系统,控制、鉴别和记录进入的人员。

b) 测评对象:机房电子门禁系统和值守记录。

c) 测评实施:应核查是否安排专人值守或配置电子门禁系统。

d) 单元判定:如果以上测评实施内容为肯定,则符合本测评单元指标要求,否则不符合本测评单元指标要求。

6.1.1.2 防盗窃和防破坏

6.1.1.2.1 测评单元(L1-PES1-02)

该测评单元包括以下要求:

a) 测评指标:应将设备或主要部件进行固定,并设置明显的不易除去的标识。

b) 测评对象:机房设备或主要部件。

c) 测评实施包括以下内容:

1) 应核查机房内设备或主要部件是否固定;

2) 应核查机房内设备或主要部件上是否设置了明显且不易除去的标识。

d) 单元判定:如果1)和2)均为肯定,则符合本测评单元指标要求,否则不符合或部分符合本测评单元指标要求。

6.1.1.3 防雷击

6.1.1.3.1 测评单元(L1-PES1-03)

该测评单元包括以下要求:

a) 测评指标:应将各类机柜、设施和设备等通过接地系统安全接地。

b) 测评对象:机房。

c) 测评实施:应核查机房内机柜、设施和设备等是否进行接地处理。

d) 单元判定:如果以上测评实施内容为肯定,则符合本测评单元指标要求,否则不符合本测评单元指标要求。

6.1.1.4 防火

6.1.1.4.1 测评单元(L1-PES1-04)

该测评单元包括以下要求:

a) 测评指标:机房应设置灭火设备。

b) 测评对象:机房灭火设备。

c) 测评实施:应核查机房内是否配备灭火设备。

d) 单元判定:如果以上测评实施内容为肯定,则符合本测评单元指标要求,否则不符合本测评单元指标要求。

6.1.1.5 防水和防潮

6.1.1.5.1 测评单元(L1-PES1-05)

该测评单元包括以下要求:

a) 测评指标:应采取措施防止雨水通过机房窗户、屋顶和墙壁渗透。

b) 测评对象:机房。

c) 测评实施:应核查窗户、屋顶和墙壁是否采取了防雨水渗透的措施。

d) 单元判定:如果以上测评实施内容为肯定,则符合本测评单元指标要求,否则不符合本测评单元指标要求。

6.1.1.6 温湿度控制

6.1.1.6.1 测评单元(L1-PES1-06)

该测评单元包括以下要求:

a) 测评指标:应设置必要的温湿度调节设施,使机房温湿度的变化在设备运行所允许的范围之内。
b) 测评对象:机房温湿度控制设施。
c) 测评实施包括以下内容:
   1) 应核查机房内是否配备了温湿度调节设施;
   2) 应核查温湿度是否在设备运行所允许的范围之内。
d) 单元判定:如果1)和2)均为肯定,则符合本测评单元指标要求,否则不符合或部分符合本测评单元指标要求。

6.1.1.7 电力供应

6.1.1.7.1 测评单元(L1-PES1-07)

该测评单元包括以下要求:

a) 测评指标:应在机房供电线路上配置稳压器和过电压防护设备。
b) 测评对象:机房供电设施。
c) 测评实施:应核查供电线路上是否配置了稳压器和过电压防护设备。
d) 单元判定:如果以上测评实施内容为肯定,则符合本测评单元指标要求,否则不符合本测评单元指标要求。

6.1.2 安全通信网络

6.1.2.1 通信传输

6.1.2.1.1 测评单元(L1-CNS1-01)

该测评单元包括以下要求:

a) 测评指标:应采用校验技术保证通信过程中数据的完整性。
b) 测评对象:提供校验技术功能的设备或组件。
c) 测评实施:应核查是否在数据传输过程中使用校验技术来保护其完整性。
d) 单元判定:如果以上测评实施内容为肯定,则符合本测评单元指标要求,否则不符合本测评单元指标要求。

6.1.2.2 可信验证

6.1.2.2.1 测评单元(L1-CNS1-02)

该测评单元包括以下要求:

a) 测评指标:可基于可信根对通信设备的系统引导程序、系统程序等进行可信验证,并在检测到其可信性受到破坏后进行报警。
b) 测评对象:提供可信验证的设备或组件。
c) 测评实施包括以下内容:
   1) 应核查是否基于可信根对通信设备的系统引导程序、系统程序等进行可信验证;

2) 应核查当检测到通信设备的可信性受到破坏后是否进行报警。

d) 单元判定：如果1)和2)均为肯定，则符合本测评单元指标要求，否则不符合或部分符合本测评单元指标要求。

6.1.3 安全区域边界

6.1.3.1 边界防护

6.1.3.1.1 测评单元(L1-ABS1-01)

该测评单元包括以下要求：

a) 测评指标：应保证跨越边界的访问和数据流通过边界设备提供的受控接口进行通信。

b) 测评对象：网闸、防火墙、路由器、交换机和无线接入网关设备等提供访问控制功能的设备或相关组件。

c) 测评实施包括以下内容：

1) 应核查在网络边界处是否部署访问控制设备；

2) 应核查设备配置信息是否指定端口进行跨越边界的网络通信，指定端口是否配置并启用了安全策略；

3) 应采用其他技术手段(如非法无线网络设备定位、核查设备配置信息等)核查是否不存在其他未受控端口进行跨越边界的网络通信。

d) 单元判定：如果1)～3)均为肯定，则符合本测评单元指标要求，否则不符合或部分符合本测评单元指标要求。

6.1.3.2 访问控制

6.1.3.2.1 测评单元(L1-ABS1-02)

该测评单元包括以下要求：

a) 测评指标：应在网络边界根据访问控制策略设置访问控制规则，默认情况下除允许通信外受控接口拒绝所有通信。

b) 测评对象：网闸、防火墙、路由器、交换机和无线接入网关设备等提供访问控制功能的设备或相关组件。

c) 测评实施包括以下内容：

1) 应核查在网络边界是否部署访问控制设备并启用访问控制策略；

2) 应核查设备的最后一条访问控制策略是否为禁止所有网络通信。

d) 单元判定：如果1)和2)均为肯定，则符合本测评单元指标要求，否则不符合或部分符合本测评单元指标要求。

6.1.3.2.2 测评单元(L1-ABS1-03)

该测评单元包括以下要求：

a) 测评指标：应删除多余或无效的访问控制规则，优化访问控制列表，并保证访问控制规则数量最小化。

b) 测评对象：网闸、防火墙、路由器、交换机和无线接入网关设备等提供访问控制功能的设备或相关组件。

c) 测评实施包括以下内容：

1) 应核查是否不存在多余或无效的访问控制策略；

2) 应核查不同的访问控制策略之间的逻辑关系及前后排列顺序是否合理。

d) 单元判定：如果1)和2)均为肯定，则符合本测评单元指标要求，否则不符合或部分符合本测评单元指标要求。

6.1.3.2.3 测评单元(L1-ABS1-04)

该测评单元包括以下要求：

a) 测评指标：应对源地址、目的地址、源端口、目的端口和协议等进行检查，以允许/拒绝数据包进出。

b) 测评对象：网闸、防火墙、路由器、交换机和无线接入网关设备等提供访问控制功能的设备或相关组件。

c) 测评实施：应核查设备的访问控制策略中是否设定了源地址、目的地址、源端口、目的端口和协议等相关配置参数。

d) 单元判定：如果以上测评实施内容为肯定，则符合本测评单元指标要求，否则不符合本测评单元指标要求。

6.1.3.3 可信验证

6.1.3.3.1 测评单元(L1-ABS1-05)

该测评单元包括以下要求：

a) 测评指标：可基于可信根对边界设备的系统引导程序、系统程序等进行可信验证，并在检测到其可信性受到破坏后进行报警。

b) 测评对象：提供可信验证的设备或组件。

c) 测评实施包括以下内容：

   1) 应核查是否基于可信根对边界设备的系统引导程序、系统程序等进行可信验证；

   2) 应核查当检测到边界设备的可信性受到破坏后是否进行报警。

d) 单元判定：如果1)和2)均为肯定，则符合本测评单元指标要求，否则不符合或部分符合本测评单元指标要求。

6.1.4 安全计算环境

6.1.4.1 身份鉴别

6.1.4.1.1 测评单元(L1-CES1-01)

该测评单元包括以下要求：

a) 测评指标：应对登录的用户进行身份标识和鉴别，身份标识具有唯一性，身份鉴别信息具有复杂度要求并定期更换。

b) 测评对象：终端和服务器等设备中的操作系统(包括宿主机和虚拟机操作系统)、网络设备(包括虚拟网络设备)、安全设备(包括虚拟安全设备)、移动终端、移动终端管理系统、移动终端管理客户端、感知节点设备、网关节点设备、控制设备、业务应用系统、数据库管理系统、中间件和系统管理软件及系统设计文档等。

c) 测评实施包括以下内容：

   1) 应核查用户在登录时是否采用了身份鉴别措施；

   2) 应核查用户列表确认用户身份标识是否具有唯一性；

   3) 应核查用户配置信息是否不存在空口令用户；

4) 应核查用户鉴别信息是否具有复杂度要求并定期更换。

d) 单元判定:如果 1)和 4)均为肯定,则符合本测评单元指标要求,否则不符合或部分符合本测评单元指标要求。

6.1.4.1.2 测评单元(L1-CES1-02)

该测评单元包括以下要求:

a) 测评指标:应具有登录失败处理功能,应配置并启用结束会话、限制非法登录次数和当登录连接超时自动退出等相关措施。

b) 测评对象:终端和服务器等设备中的操作系统(包括宿主机和虚拟机操作系统)、网络设备(包括虚拟网络设备)、安全设备(包括虚拟安全设备)、移动终端、移动终端管理系统、移动终端管理客户端、感知节点设备、网关节点设备、控制设备、业务应用系统、数据库管理系统、中间件和系统管理软件及系统设计文档等。

c) 测评实施包括以下内容:

1) 应核查是否配置并启用了登录失败处理功能;

2) 应核查是否配置并启用了限制非法登录功能,非法登录达到一定次数后采取特定动作,如账户锁定等;

3) 应核查是否配置并启用了登录连接超时及自动退出功能。

d) 单元判定:如果 1)~3)均为肯定,则符合本测评单元指标要求,否则不符合或部分符合本测评单元指标要求。

6.1.4.2 访问控制

6.1.4.2.1 测评单元(L1-CES1-03)

该测评单元包括以下要求:

a) 测评指标:应对登录的用户分配账户和权限。

b) 测评对象:终端和服务器等设备中的操作系统(包括宿主机和虚拟机操作系统)、网络设备(包括虚拟网络设备)、安全设备(包括虚拟安全设备)、移动终端、移动终端管理系统、移动终端管理客户端、感知节点设备、网关节点设备、控制设备、业务应用系统、数据库管理系统、中间件和系统管理软件及系统设计文档等。

c) 测评实施包括以下内容:

1) 应核查用户账户和权限设置情况;

2) 应核查是否已禁用或限制匿名、默认账户的访问权限。

d) 单元判定:如果 1)和 2)均为肯定,则符合本测评单元指标要求,否则不符合或部分符合本测评单元指标要求。

6.1.4.2.2 测评单元(L1-CES1-04)

该测评单元包括以下要求:

a) 测评指标:应重命名或删除默认账户,修改默认账户的默认口令。

b) 测评对象:终端和服务器等设备中的操作系统(包括宿主机和虚拟机操作系统)、网络设备(包括虚拟网络设备)、安全设备(包括虚拟安全设备)、移动终端、移动终端管理系统、移动终端管理客户端、感知节点设备、网关节点设备、控制设备、业务应用系统、数据库管理系统、中间件和系统管理软件及系统设计文档等。

c) 测评实施包括以下内容:

1) 应核查是否已经重命名默认账户或默认账户已被删除；
2) 应核查是否已修改默认账户的默认口令。

d) 单元判定：如果1)或2)为肯定，则符合本测评单元指标要求，否则不符合或部分符合本测评单元指标要求。

6.1.4.2.3 测评单元(L1-CES1-05)

该测评单元包括以下要求：

a) 测评指标：应及时删除或停用多余的、过期的账户，避免共享账户的存在。
b) 测评对象：终端和服务器等设备中的操作系统(包括宿主机和虚拟机操作系统)、网络设备(包括虚拟网络设备)、安全设备(包括虚拟安全设备)、移动终端、移动终端管理系统、移动终端管理客户端、感知节点设备、网关节点设备、控制设备、业务应用系统、数据库管理系统、中间件和系统管理软件及系统设计文档等。
c) 测评实施包括以下内容：
1) 应核查是否不存在多余或过期账户，管理员用户与账户之间是否一一对应；
2) 应核查多余的、过期的账户是否被删除或停用。
d) 单元判定：如果1)和2)均为肯定，则符合本测评单元指标要求，否则不符合或部分符合本测评单元指标要求。

6.1.4.3 入侵防范

6.1.4.3.1 测评单元(L1-CES1-06)

该测评单元包括以下要求：

a) 测评指标：应遵循最小安装的原则，仅安装需要的组件和应用程序。
b) 测评对象：终端和服务器等设备中的操作系统(包括宿主机和虚拟机操作系统)、网络设备(包括虚拟网络设备)、安全设备(包括虚拟安全设备)、移动终端、移动终端管理系统、移动终端管理客户端、感知节点设备、网关节点设备和控制设备等。
c) 测评实施包括以下内容：
1) 应核查是否遵循最小安装原则；
2) 应确认是否未安装非必要的组件和应用程序。
d) 单元判定：如果1)和2)均为肯定，则符合本测评单元指标要求，否则不符合或部分符合本测评单元指标要求。

6.1.4.3.2 测评单元(L1-CES1-07)

该测评单元包括以下要求：

a) 测评指标：应关闭不需要的系统服务、默认共享和高危端口。
b) 测评对象：终端和服务器等设备中的操作系统(包括宿主机和虚拟机操作系统)、网络设备(包括虚拟网络设备)、安全设备(包括虚拟安全设备)、移动终端、移动终端管理系统、移动终端管理客户端、感知节点设备、网关节点设备和控制设备等。
c) 测评实施包括以下内容：
1) 应核查是否关闭了非必要的系统服务和默认共享；
2) 应核查是否不存在非必要的高危端口。
d) 单元判定：如果1)和2)均为肯定，则符合本测评单元指标要求，否则不符合或部分符合本测评单元指标要求。

6.1.4.4 恶意代码防范

6.1.4.4.1 测评单元(L1-CES1-08)

该测评单元包括以下要求:

a) 测评指标:应安装防恶意代码软件或配置具有相应功能的软件,并定期进行升级和更新防恶意代码库。
b) 测评对象:终端和服务器等设备中的操作系统(包括宿主机和虚拟机操作系统)和移动终端等。
c) 测评实施内容包括以下:
   1) 应核查是否安装了防恶意代码软件或相应功能的软件;
   2) 应核查是否定期进行升级和更新防恶意代码库。
d) 单元判定:如果 1)和 2)均为肯定,则符合本测评单元指标要求,否则不符合或部分符合本测评单元指标要求。

6.1.4.5 可信验证

6.1.4.5.1 测评单元(L1-CES1-09)

该测评单元包括以下要求:

a) 测评指标:可基于可信根对计算设备的系统引导程序、系统程序等进行可信验证,并在检测到其可信性受到破坏后进行报警。
b) 测评对象:提供可信验证的设备或组件。
c) 测评实施包括以下内容:
   1) 应核查是否基于可信根对计算设备的系统引导程序、系统程序等进行可信验证;
   2) 应核查当检测到计算设备的可信性受到破坏后是否进行报警。
d) 单元判定:如果 1)和 2)均为肯定,则符合本测评单元指标要求,否则不符合或部分符合本测评单元指标要求。

6.1.4.6 数据完整性

6.1.4.6.1 测评单元(L1-CES1-10)

该测评单元包括以下要求:

a) 测评指标:应采用校验技术保证重要数据在传输过程中的完整性。
b) 测评对象:业务应用系统、数据库管理系统、中间件和系统管理软件及系统设计文档等。
c) 测评实施:应核查系统设计文档,重要管理数据、重要业务数据在传输过程中是否采用了校验技术或密码技术保证完整性。
d) 单元判定:如果以上测评实施内容为肯定,则符合本测评单元指标要求,否则不符合本测评单元指标要求。

6.1.4.7 数据备份恢复

6.1.4.7.1 测评单元(L1-CES1-11)

该测评单元包括以下要求:

a) 测评指标:应提供重要数据的本地数据备份与恢复功能。
b) 测评对象:配置数据和业务数据。
c) 测评实施包括以下内容:

1) 应核查是否按照备份策略进行本地备份；

2) 应核查备份策略设置是否合理、配置是否正确；

3) 应核查备份结果是否与备份策略一致；

4) 应核查近期恢复测试记录，是否能够进行正常的数据恢复。

d) 单元判定：如果 1)～4)均为肯定，则符合本测评单元指标要求，否则不符合或部分符合本测评单元指标要求。

6.1.5 安全管理制度

6.1.5.1 管理制度

6.1.5.1.1 测评单元(L1-PSS1-01)

该测评单元包括以下要求：

a) 测评指标：应建立日常管理活动中常用的安全管理制度。

b) 测评对象：安全管理制度类文档。

c) 测评实施：应核查各项安全管理制度是否覆盖日常管理活动中的管理内容。

d) 单元判定：如果以上测评实施内容为肯定，则符合本测评单元指标要求，否则不符合本测评单元指标要求。

6.1.6 安全管理机构

6.1.6.1 岗位设置

6.1.6.1.1 测评单元(L1-ORS1-01)

该测评单元包括以下要求：

a) 测评指标：应设立系统管理员等岗位，并定义各个工作岗位的职责。

b) 测评对象：信息/网络安全主管和管理制度类文档。

c) 测评实施包括以下内容：

1) 应访谈信息/网络安全主管是否进行了系统管理员等岗位的划分；

2) 应核查岗位职责文档是否明确了各岗位职责。

d) 单元判定：如果 1)和 2)均为肯定，则符合本测评单元指标要求，否则不符合或部分符合本测评单元指标要求。

6.1.6.2 人员配备

6.1.6.2.1 测评单元(L1-ORS1-02)

该测评单元包括以下要求：

a) 测评指标：应配备一定数量的系统管理员。

b) 测评对象：信息/网络安全主管和记录表单类文档。

c) 测评实施包括以下内容：

1) 应访谈信息/网络安全主管是否配备一定数量的系统管理员；

2) 应核查人员配备文档是否有各岗位人员配备情况。

d) 单元判定：如果 1)和 2)均为肯定，则符合本测评单元指标要求，否则不符合或部分符合本测评单元指标要求。

6.1.6.3 授权和审批

6.1.6.3.1 测评单元(L1-ORS1-03)

该测评单元包括以下要求:

a) 测评指标:应根据各个部门和岗位的职责明确授权审批事项、审批部门和批准人等。

b) 测评对象:管理制度类文档和记录表单类文档。

c) 测评实施包括以下内容:

   1) 应核查部门职责文档是否明确各部门审批事项;

   2) 应核查岗位职责文档是否明确各岗位审批事项。

d) 单元判定:如果1)和2)均为肯定,则符合本测评单元指标要求,否则不符合或部分符合本测评单元指标要求。

6.1.7 安全管理人员

6.1.7.1 人员录用

6.1.7.1.1 测评单元(L1-HRS1-01)

该测评单元包括以下要求:

a) 测评指标:应指定或授权专门的部门或人员负责人员录用。

b) 测评对象:信息/网络安全主管。

c) 测评实施:应访谈信息/网络安全主管是否由专门的部门或人员负责人员的录用工作。

d) 单元判定:如果以上测评实施内容为肯定,则符合本测评单元指标要求,否则不符合本测评单元指标要求。

6.1.7.2 人员离岗

6.1.7.2.1 测评单元(L1-HRS1-02)

该测评单元包括以下要求:

a) 测评指标:应及时终止离岗人员的所有访问权限,取回各种身份证件、钥匙、徽章等以及机构提供的软硬件设备。

b) 测评对象:记录表单类文档。

c) 测评实施:应核查是否具有离岗人员终止其访问权限、交还身份证件、软硬件设备等的登记记录。

d) 单元判定:如果以上测评实施内容为肯定,则符合本测评单元指标要求,否则不符合本测评单元指标要求。

6.1.7.3 安全意识教育和培训

6.1.7.3.1 测评单元(L1-HRS1-03)

该测评单元包括以下要求:

a) 测评指标:应对各类人员进行安全意识教育和岗位技能培训,并告知相关的安全责任和惩戒措施。

b) 测评对象:管理制度类文档。

c) 测评实施包括以下内容:

1） 应核查安全意识教育及岗位技能培训文档是否明确培训周期、培训方式、培训内容和考核方式等相关内容；

2） 应核查安全责任和惩戒措施管理文档或培训文档是否包含具体的安全责任和惩戒措施。

d） 单元判定：如果1)和2)均为肯定，则符合本测评单元指标要求，否则不符合或部分符合本测评单元指标要求。

6.1.7.4 外部人员访问管理

6.1.7.4.1 测评单元(L1-HRS1-04)

该测评单元包括以下要求：

a） 测评指标：应保证在外部人员访问受控区域前得到授权或审批。

b） 测评对象：管理制度类文档和记录表单类文档。

c） 测评实施包括以下内容：

1） 应核查外部人员访问管理文档是否明确允许外部人员访问的范围(区域、系统、设备、信息等内容)，外部人员进入的条件(对哪些重要区域的访问须提出书面申请批准后方可进入)，外部人员进入的访问控制措施(由专人全程陪同或监督等)等；

2） 应核查外部人员访问重要区域的书面申请文档是否具有批准人允许访问的批准签字等。

d） 单元判定：如果1)和2)均为肯定，则符合本测评单元指标要求，否则不符合或部分符合本测评单元指标要求。

6.1.8 安全建设管理

6.1.8.1 定级和备案

6.1.8.1.1 测评单元(L1-CMS1-01)

该测评单元包括以下要求：

a） 测评指标：应以书面的形式说明保护对象的安全保护等级及确定等级的方法和理由。

b） 测评对象：记录表单类文档。

c） 测评实施：应核查定级文档是否明确保护对象的安全保护等级，是否说明定级的方法和理由。

d） 单元判定：如果以上测评实施内容为肯定，则符合本测评单元指标要求，否则不符合本测评单元指标要求。

6.1.8.2 安全方案设计

6.1.8.2.1 测评单元(L1-CMS1-02)

该测评单元包括以下要求：

a） 测评指标：应根据安全保护等级选择基本安全措施，依据风险分析的结果补充和调整安全措施。

b） 测评对象：安全规划设计类文档。

c） 测评实施：应核查安全设计文档是否根据安全保护等级选择安全措施，是否根据安全需求调整安全措施。

d） 单元判定：如果以上测评实施内容为肯定，则符合本测评单元指标要求，否则不符合本测评单元指标要求。

6.1.8.3 产品采购和使用

6.1.8.3.1 测评单元(L1-CMS1-03)

该测评单元包括以下要求：

a) 测评指标：应确保网络安全产品采购和使用符合国家的有关规定。

b) 测评对象：记录表单类文档。

c) 测评实施：应核查有关网络安全产品是否符合国家的有关规定，如网络安全产品获得了销售许可等。

d) 单元判定：如果以上测评实施内容为肯定，则符合本测评单元指标要求，否则不符合本测评单元指标要求。

6.1.8.4 工程实施

6.1.8.4.1 测评单元(L1-CMS1-04)

该测评单元包括以下要求：

a) 测评指标：应指定或授权专门的部门或人员负责工程实施过程的管理。

b) 测评对象：记录表单类文档。

c) 测评实施：应核查是否指定专门部门或人员对工程实施进行进度和质量控制。

d) 单元判定：如果以上测评实施内容为肯定，则符合本测评单元指标要求，否则不符合本测评单元指标要求。

6.1.8.5 测试验收

6.1.8.5.1 测评单元(L1-CMS1-05)

该测评单元包括以下要求：

a) 测评指标：应进行安全性测试验收。

b) 测评对象：建设负责人。

c) 测评实施：应访谈建设负责人是否进行了安全性测试验收。

d) 单元判定：如果以上测评内容为肯定，则符合本测评单元指标要求，否则不符合本测评单元指标要求。

6.1.8.6 系统交付

6.1.8.6.1 测评单元(L1-CMS1-06)

该测评单元包括以下要求：

a) 测评指标：应制定交付清单，并根据交付清单对所交接的设备、软件和文档等进行清点。

b) 测评对象：记录表单类文档。

c) 测评实施：应核查是否制定交付清单并说明交付的各类设备、软件、文档等。

d) 单元判定：如果以上测评实施内容为肯定，则符合本测评单元指标要求，否则不符合本测评单元指标要求。

6.1.8.6.2 测评单元(L1-CMS1-07)

该测评单元包括以下要求：

a) 测评指标：应对负责运行维护的技术人员进行相应的技能培训。

b） 测评对象：记录表单类文档。

c） 测评实施：应核查交付技术培训记录是否包括培训内容、培训时间和参与人员等。

d） 单元判定：如果以上测评实施内容为肯定，则符合本测评单元指标要求，否则不符合本测评单元指标要求。

6.1.8.7 服务供应商管理

6.1.8.7.1 测评单元（L1-CMS1-08）

该测评单元包括以下要求：

a） 测评指标：应确保服务供应商的选择符合国家的有关规定。

b） 测评对象：建设负责人。

c） 测评实施：应访谈建设负责人选择的安全服务商是否符合国家有关规定。

d） 单元判定：如果以上测评实施内容为肯定，则符合本测评单元指标要求，否则不符合本测评单元指标要求。

6.1.8.7.2 测评单元（L1-CMS1-09）

该测评单元包括以下要求：

a） 测评指标：应与选定的服务供应商签订与安全相关的协议，明确约定相关责任。

b） 测评对象：记录表单类文档。

c） 测评实施：应核查是否具有与服务供应商签订的服务合同或安全责任书，是否明确了相关责任。

d） 单元判定：如果以上测评实施内容为肯定，则符合本测评单元指标要求，否则不符合本测评单元指标要求。

6.1.9 安全运维管理

6.1.9.1 环境管理

6.1.9.1.1 测评单元（L1-MMS1-01）

该测评单元包括以下要求：

a） 测评指标：应指定专门的部门或人员负责机房安全，对机房出入进行管理，定期对机房供配电、空调、温湿度控制、消防等设施进行维护管理。

b） 测评对象：物理安全负责人和记录表单类文档。

c） 测评实施包括以下内容：

  1） 应访谈物理安全负责人是否指定部门和人员负责机房安全管理工作，对机房的出入进行管理、对基础设施（如空调、供配电设备、灭火设备等）进行定期维护；

  2） 应核查部门或人员岗位职责文档是否明确机房安全的责任部门及人员。

d） 单元判定：如果 1）和 2）均为肯定，则符合本测评单元指标要求，否则不符合或部分符合本测评单元指标要求。

6.1.9.1.2 测评单元（L1-MMS1-02）

该测评单元包括以下要求：

a） 测评指标：应对机房的安全管理做出规定，包括物理访问、物品进出和环境安全等方面。

b） 测评对象：管理制度类文档和记录表单类文档。

c) 测评实施包括以下内容:
   1) 应核查机房安全管理制度是否覆盖物理访问、物品进出和环境安全等方面内容;
   2) 应核查物理访问、物品进出和环境安全等的相关记录是否与制度相符。
d) 单元判定:如果1)和2)均为肯定,则符合本测评单元指标要求,否则不符合或部分符合本测评单元指标要求。

6.1.9.2 介质管理

6.1.9.2.1 测评单元(L1-MMS1-03)

该测评单元包括以下要求:

a) 测评指标:应将介质存放在安全的环境中,对各类介质进行控制和保护,实行存储介质专人管理,并根据存档介质的目录清单定期盘点。
b) 测评对象:资产管理员和记录表单类文档。
c) 测评实施包括以下内容:
   1) 应访谈资产管理员介质存放环境是否安全,存放环境是否由专人管理;
   2) 应核查介质管理记录是否记录介质归档、使用和定期盘点等情况。
d) 单元判定:如果1)和2)均为肯定,则符合本测评单元指标要求,否则不符合或部分符合本测评单元指标要求。

6.1.9.3 设备维护管理

6.1.9.3.1 测评单元(L1-MMS1-04)

该测评单元包括以下要求:

a) 测评指标:应对各种设备(包括备份和冗余设备)、线路等指定专门的部门或人员定期进行维护管理。
b) 测评对象:设备管理员和管理制度类文档。
c) 测评实施包括以下内容:
   1) 应访谈设备管理员是否对各类设备、线路指定专人或专门部门进行定期维护;
   2) 应核查部门或人员岗位职责文档是否明确设备维护管理的责任部门。
d) 单元判定:如果1)和2)均为肯定,则符合本测评单元指标要求,否则不符合或部分符合本测评单元指标要求。

6.1.9.4 漏洞和风险管理

6.1.9.4.1 测评单元(L1-MMS1-05)

该测评单元包括以下要求:

a) 测评指标:应采取必要的措施识别安全漏洞和隐患,对发现的安全漏洞和隐患及时进行修补或评估可能的影响后进行修补。
b) 测评对象:记录表单类文档。
c) 测评实施包括以下内容:
   1) 应核查是否有识别安全漏洞和隐患的安全报告或记录(如漏洞扫描报告、渗透测试报告和安全通报等);
   2) 应核查相关记录是否对发现的漏洞及时进行修补或评估可能的影响后进行修补。
d) 单元判定:如果1)和2)均为肯定,则符合本测评单元指标要求,否则不符合或部分符合本测评单元指标要求。

6.1.9.5 网络和系统安全管理

6.1.9.5.1 测评单元(L1-MMS1-06)

该测评单元包括以下要求:

a) 测评指标:应划分不同的管理员角色进行网络和系统的运维管理,明确各个角色的责任和权限。

b) 测评对象:记录表单类文档。

c) 测评实施:应核查网络和系统安全管理文档,是否划分了网络和系统管理员等不同角色,并定义各个角色的责任和权限。

d) 单元判定:如果以上测评实施内容为肯定,则符合本测评单元指标要求,否则不符合本测评单元指标要求。

6.1.9.5.2 测评单元(L1-MMS1-07)

该测评单元包括以下要求:

a) 测评指标:应指定专门的部门或人员进行账户管理,对申请账户、建立账户、删除账户等进行控制。

b) 测评对象:运维负责人和记录表单类文档。

c) 测评实施包括以下内容:

   1) 应访谈运维负责人是否指定专门的部门或人员进行账户管理;

   2) 应核查相关审批记录或流程是否对申请账户、建立账户、删除账户等进行控制。

d) 单元判定:如果1)和2)均为肯定,则符合本测评单元指标要求,否则不符合或部分符合本测评单元指标要求。

6.1.9.6 恶意代码防范管理

6.1.9.6.1 测评单元(L1-MMS1-08)

该测评单元包括以下要求:

a) 测评指标:应提高所有用户的防恶意代码意识,对外来计算机或存储设备接入系统前进行恶意代码检查等。

b) 测评对象:运维负责人和管理制度类文档。

c) 测评实施包括以下内容:

   1) 应访谈运维负责人是否采取培训和告知等方式提升员工的防恶意代码意识;

   2) 应核查恶意代码防范管理制度是否明确对外来计算机或存储设备接入系统前进行恶意代码检查。

d) 单元判定:如果1)和2)均为肯定,则符合本测评单元指标要求,否则不符合或部分符合本测评单元指标要求。

6.1.9.6.2 测评单元(L1-MMS1-09)

该测评单元包括以下要求:

a) 测评指标:应对恶意代码防范要求做出规定,包括防恶意代码软件的授权使用、恶意代码库升级、恶意代码的定期查杀等。

b) 测评对象:管理制度类文档。

c) 测评实施:应核查恶意代码防范管理制度是否包括防恶意代码软件的授权使用、恶意代码库升级、定期查杀等内容。
d) 单元判定:如果以上测评实施内容为肯定,则符合本测评单元指标要求,否则不符合本测评单元指标要求。

6.1.9.7 备份与恢复管理

6.1.9.7.1 测评单元(L1-MMS1-10)

该测评单元包括以下要求:
a) 测评指标:应识别需要定期备份的重要业务信息、系统数据及软件系统等。
b) 测评对象:系统管理员和管理制度类文档。
c) 测评实施包括以下内容:
   1) 应访谈系统管理员有哪些需定期备份的业务信息、系统数据及软件系统;
   2) 应核查是否具有定期备份的重要业务信息、系统数据、软件系统的列表或清单。
d) 单元判定:如果 1)和 2)均为肯定,则符合本测评单元指标要求,否则不符合或部分符合本测评单元指标要求。

6.1.9.7.2 测评单元(L1-MMS1-11)

该测评单元包括以下要求:
a) 测评指标:应规定备份信息的备份方式、备份频度、存储介质、保存期等。
b) 测评对象:管理制度类文档。
c) 测评实施:应核查备份与恢复管理制度是否明确备份方式、频度、介质、保存期等内容。
d) 单元判定:如果以上测评实施内容为肯定,则符合本测评单元指标要求,否则不符合本测评单元指标要求。

6.1.9.8 安全事件处置

6.1.9.8.1 测评单元(L1-MMS1-12)

该测评单元包括以下要求:
a) 测评指标:应及时向安全管理部门报告所发现的安全弱点和可疑事件。
b) 测评对象:运维负责人和管理制度类文档。
c) 测评实施包括以下内容:
   1) 应访谈运维负责人是否告知用户在发现安全弱点和可疑事件时及时向安全管理部门报告;
   2) 应核查在发现安全弱点和可疑事件后是否具备对应的报告或相关文档。
d) 单元判定:如果 1)和 2)均为肯定,则符合本测评单元指标要求,否则不符合或部分符合本测评单元指标要求。

6.1.9.8.2 测评单元(L1-MMS1-13)

该测评单元包括以下要求:
a) 测评指标:应明确安全事件的报告和处置流程,规定安全事件的现场处理、事件报告和后期恢复的管理职责。
b) 测评对象:管理制度类文档。
c) 测评实施:应核查安全事件报告和处置流程是否明确了与安全事件有关的工作职责,包括报告单位(人)、接报单位(人)和处置单位等职责。

d) 单元判定:如果以上测评实施内容为肯定,则符合本测评单元指标要求,否则不符合本测评单元指标要求。

6.2 云计算安全测评扩展要求

6.2.1 安全物理环境

6.2.1.1 基础设施位置

6.2.1.1.1 测评单元(L1-PES2-01)

该测评单元包括以下要求:

a) 测评指标:应保证云计算基础设施位于中国境内。

b) 测评对象:机房管理员、办公场地、机房和平台建设方案。

c) 测评实施包括以下内容:

  1) 应访谈机房管理员云计算服务器、存储设备、网络设备、云管理平台、信息系统等运行业务和承载数据的软硬件是否均位于中国境内;

  2) 应核查云计算平台建设方案,云计算服务器、存储设备、网络设备、云管理平台、信息系统等运行业务和承载数据的软硬件是否均位于中国境内。

d) 单元判定:如果 1)和 2)均为肯定,则符合本单元测评指标要求,否则不符合或部分符合本单元测评指标要求。

6.2.2 安全通信网络

6.2.2.1 网络架构

6.2.2.1.1 测评单元(L1-CNS2-01)

该测评单元包括以下要求:

a) 测评指标:应保证云计算平台不承载高于其安全保护等级的业务应用系统。

b) 测评对象:云计算平台和业务应用系统定级备案材料。

c) 测评实施:应核查云计算平台和云计算平台承载的业务应用系统相关定级备案材料,云计算平台安全保护等级是否不低于其承载的业务应用系统安全保护等级。

d) 单元判定:如果以上测评实施内容为肯定,则符合本单元测评指标要求,否则不符合本单元测评指标要求。

6.2.2.1.2 测评单元(L1-CNS2-02)

该测评单元包括以下要求:

a) 测评指标:应实现不同云服务客户虚拟网络之间的隔离。

b) 测评对象:网络资源隔离措施、综合网管系统和云管理平台。

c) 测评实施包括以下内容:

  1) 应核查云服务客户之间是否采取网络隔离措施;

  2) 应核查云服务客户之间是否设置并启用网络资源隔离策略。

d) 单元判定:如果 1)和 2)均为肯定,则符合本单元测评指标要求,否则不符合或部分符合本单元测评指标要求。

6.2.3 安全区域边界

6.2.3.1 访问控制

6.2.3.1.1 测评单元(L1-ABS2-01)

该测评单元包括以下要求:

a) 测评指标:应在虚拟化网络边界部署访问控制机制,并设置访问控制规则。
b) 测评对象:访问控制机制、网络边界设备和虚拟化网络边界设备。
c) 测评实施包括以下内容:
   1) 应核查是否在虚拟化网络边界部署访问控制机制,并设置访问控制规则;
   2) 应核查是否设置了云计算平台和云服务客户业务系统虚拟化网络边界访问控制规则和访问控制策略等;
   3) 应核查是否设置了云计算平台的网络边界设备或虚拟化网络边界设备安全保障机制、访问控制规则和访问控制策略等;
   4) 应核查是否设置了不同云服务客户间访问控制规则和访问控制策略等;
   5) 应核查是否设置了云服务客户不同安全保护等级业务系统之间访问控制规则和访问控制策略等。
d) 单元判定:如果1)~5)均为肯定,则符合本单元测评指标要求,否则不符合或部分符合本单元测评指标要求。

6.2.4 安全计算环境

6.2.4.1 访问控制

6.2.4.1.1 测评单元(L1-CES2-01)

该测评单元包括以下要求:

a) 测评指标:应保证当虚拟机迁移时,访问控制策略随其迁移。
b) 测评对象:虚拟机、虚拟机迁移记录和相关配置。
c) 测评实施包括以下内容:
   1) 应核查虚拟机迁移时访问控制策略是否随之迁移;
   2) 应核查是否具备虚拟机迁移记录及相关配置。
d) 单元判定:如果1)和2)均为肯定,则符合本单元测评指标要求,否则不符合或部分符合本单元测评指标要求。

6.2.4.1.2 测评单元(L1-CES2-02)

该测评单元包括以下要求:

a) 测评指标:应允许云服务客户设置不同虚拟机之间的访问控制策略。
b) 测评对象:虚拟机和安全组或相关组件。
c) 测评实施:应核查云服务客户是否能够设置不同虚拟机之间访问控制策略。
d) 单元判定:如果以上测评实施内容为肯定,则符合本单元测评指标要求,否则不符合本单元测评指标要求。

6.2.4.2 数据完整性和保密性

6.2.4.2.1 测评单元(L1-CES2-03)

该测评单元包括以下要求：

a) 测评指标：应确保云服务客户数据、用户个人信息等存储于中国境内，如需出境应遵循国家相关规定。

b) 测评对象：数据库服务器、数据存储设备和管理文档记录。

c) 测评实施包括以下内容：

   1) 应核查云服务客户数据、用户个人信息所在的服务器及数据存储设备是否位于中国境内；

   2) 应核查上述数据出境时是否符合国家相关规定。

d) 单元判定：如果1)和2)均为肯定，则符合本单元测评指标要求，否则不符合或部分符合本单元测评指标要求。

6.2.5 安全建设管理

6.2.5.1 云服务商选择

6.2.5.1.1 测评单元(L1-CMS2-01)

该测评单元包括以下要求：

a) 测评指标：应选择安全合规的云服务商，其所提供的云计算平台应为其所承载的业务应用系统提供相应等级的安全保护能力。

b) 测评对象：系统建设负责人和服务合同。

c) 测评实施包括以下内容：

   1) 应访谈系统建设负责人是否根据业务系统的安全保护等级选择具有相应等级安全保护能力的云计算平台及云服务商；

   2) 应核查云服务商提供的相关服务合同是否明确其云计算平台具有与所承载的业务应用系统具有相应或高于的安全保护能力。

d) 单元判定：如果1)和2)均为肯定，则符合本单元测评指标要求，否则不符合或部分符合本单元测评指标要求。

6.2.5.1.2 测评单元(L1-CMS2-02)

该测评单元包括以下要求：

a) 测评指标：应在服务水平协议中规定云服务的各项服务内容和具体技术指标。

b) 测评对象：服务水平协议或服务合同。

c) 测评实施：应核查服务水平协议或服务合同是否规定了云服务的各项服务内容和具体指标等。

d) 单元判定：如果以上测评实施内容为肯定，则符合本单元测评指标要求，否则不符合本单元测评指标要求。

6.2.5.1.3 测评单元(L1-CMS2-03)

该测评单元包括以下要求：

a) 测评指标：应在服务水平协议中规定云服务商的权限与责任，包括管理范围、职责划分、访问授权、隐私保护、行为准则、违约责任等。

b) 测评对象：服务水平协议或服务合同。

c） 测评实施：应核查服务水平协议或服务合同中是否规范了安全服务商和云服务供应商的权限与责任，包括管理范围、职责划分、访问授权、隐私保护、行为准则、违约责任等。

d） 单元判定：如果以上测评实施内容为肯定，则符合本单元测评指标要求，否则不符合本单元测评指标要求。

6.2.5.2 供应链管理

6.2.5.2.1 测评单元（L1-CMS2-04）

该测评单元包括以下要求：

a） 测评指标：应确保供应商的选择符合国家有关规定。

b） 测评对象：记录表单类文档。

c） 测评实施：应核查云服务商的选择是否符合国家的有关规定。

d） 单元判定：如果以上测评实施内容为肯定，则符合本单元测评指标要求，否则不符合本单元测评指标要求。

6.3 移动互联安全测评扩展要求

6.3.1 安全物理环境

6.3.1.1 无线接入点的物理位置

6.3.1.1.1 测评单元（L1-PES3-01）

该测评单元包括以下要求：

a） 测评指标：应为无线接入设备的安装选择合理位置，避免过度覆盖和电磁干扰。

b） 测评对象：无线接入设备。

c） 测评实施包括以下内容：

   1） 应核查物理位置与无线信号的覆盖范围是否合理；

   2） 应测试验证无线信号是否可以避免电磁干扰。

d） 单元判定：如果 1）和 2）均为肯定，则符合本测评单元指标要求，否则不符合或部分符合本测评单元指标要求。

6.3.2 安全区域边界

6.3.2.1 边界防护

6.3.2.1.1 测评单元（L1-ABS3-01）

该测评单元包括以下要求：

a） 测评指标：应保证有线网络与无线网络边界之间的访问和数据流通过无线接入网关设备。

b） 测评对象：无线接入网关设备。

c） 测评实施：应核查有线网络与无线网络边界之间是否部署无线接入网关设备。

d） 单元判定：如果以上测评实施内容为肯定，则符合本测评单元指标要求，否则不符合本测评单元指标要求。

6.3.2.2 访问控制

6.3.2.2.1 测评单元（L1-ABS3-02）

该测评单元包括以下要求：

a) 测评指标：无线接入设备应开启接入认证功能，并且禁止使用 WEP 方式进行认证，如使用口令，长度不小于 8 位字符。
b) 测评对象：无线接入设备。
c) 测评实施：应核查是否开启接入认证功能，是否使用除 WEP 方式以外的其他方式进行认证，密钥长度不小于 8 位。
d) 单元判定：如果以上测评实施内容为肯定，则符合本测评单元指标要求，否则不符合本测评单元指标要求。

6.3.3 安全计算环境

6.3.3.1 移动应用管控

6.3.3.1.1 测评单元(L1-CES3-01)

该测评单元包括以下要求：

a) 测评指标：应具有选择应用软件安装、运行的功能。
b) 测评对象：移动终端管理客户端。
c) 测评实施：应核查是否具有选择应用软件安装、运行的功能。
d) 单元判定：如果以上测评实施内容为肯定，则符合本测评单元指标要求，否则不符合本测评单元指标要求。

6.3.4 安全建设管理

6.3.4.1 移动应用软件采购

6.3.4.1.1 测评单元(L1-CMS3-01)

该测评单元包括以下要求：

a) 测评指标：应保证移动终端安装、运行的应用软件来自可靠分发渠道或使用可靠证书签名。
b) 测评对象：移动终端。
c) 测评实施：应核查移动应用软件是否来自可靠分发渠道或使用可靠证书签名。
d) 单元判定：如果以上测评实施内容为肯定，则符合本测评单元指标要求，否则不符合本测评单元指标要求。

6.4 物联网安全测评扩展要求

6.4.1 安全物理环境

6.4.1.1 感知节点设备物理防护

6.4.1.1.1 测评单元(L1-PES4-01)

该测评单元包括以下要求：

a) 测评指标：感知节点设备所处的物理环境应不对感知节点设备造成物理破坏，如挤压、强振动。
b) 测评对象：感知节点设备所处物理环境和设计或验收文档。
c) 测评实施包括以下内容：
    1) 应核查感知节点设备所处物理环境的设计或验收文档，是否有感知节点设备所处物理环境具有防挤压、防强振动等能力的说明，是否与实际情况一致；
    2) 应核查感知节点设备所处物理环境是否采取了防挤压、防强振动等的防护措施。

d) 单元判定:如果1)和2)均为肯定,则符合本测评单元指标要求,否则不符合或部分符合本测评单元指标要求。

6.4.1.1.2 测评单元(L1-PES4-02)

该测评单元包括以下要求:

a) 测评指标:感知节点设备在工作状态所处物理环境应能正确反映环境状态(如温湿度传感器不能安装在阳光直射区域)。
b) 测评对象:感知节点设备所处物理环境和设计或验收文档。
c) 测评实施包括以下内容:
   1) 应核查感知节点设备所处物理环境的设计或验收文档,是否有感知节点设备在工作状态所处物理环境的说明,是否与实际情况一致;
   2) 应核查感知节点设备在工作状态所处物理环境是否能正确反映环境状态(如温湿度传感器不能安装在阳光直射区域)。
d) 单元判定:如果1)和2)均为肯定,则符合本测评单元指标要求,否则不符合或部分符合本测评单元指标要求。

6.4.2 安全区域边界

6.4.2.1 接入控制

6.4.2.1.1 测评单元(L1-ABS4-01)

该测评单元包括以下要求:

a) 测评指标:应保证只有授权的感知节点可以接入。
b) 测评对象:感知节点设备和设计文档。
c) 测评实施:应核查感知节点设备接入机制设计文档是否包括防止非法的感知节点设备接入网络的机制描述。
d) 单元判定:如果以上测评实施内容为肯定,则符合本测评单元指标要求,否则不符合本测评单元指标要求。

6.4.3 安全运维管理

6.4.3.1 感知节点管理

6.4.3.1.1 测评单元(L1-MMS4-01)

该测评单元包括以下要求:

a) 测评指标:应指定人员定期巡视感知节点设备、网关节点设备的部署环境,对可能影响感知节点设备、网关节点设备正常工作的环境异常进行记录和维护。
b) 测评对象:维护记录。
c) 测评实施包括以下内容:
   1) 应访谈系统运维负责人是否有专门的人员对感知节点设备、网关节点设备进行定期维护,由何部门或何人负责,维护周期多长;
   2) 应核查感知节点设备、网关节点设备部署环境维护记录是否记录维护日期、维护人、维护设备、故障原因、维护结果等方面内容。
d) 单元判定:如果1)和2)均为肯定,则符合本测评单元指标要求,否则不符合或部分符合本测评单元指标要求。

6.5 工业控制系统安全测评扩展要求

6.5.1 安全物理环境

6.5.1.1 室外控制设备物理防护

6.5.1.1.1 测评单元(L1-PES5-01)

该测评单元包括以下要求:

a) 测评指标:室外控制设备应放置于采用铁板或其他防火材料制作的箱体或装置中并紧固;箱体或装置具有透风、散热、防盗、防雨和防火能力等。

b) 测评对象:室外控制设备。

c) 测评实施包括以下内容:

1) 应核查是否放置于采用铁板或其他防火材料制作的箱体或装置中并紧固;

2) 应核查箱体或装置是否具有透风、散热、防盗、防雨和防火能力等。

d) 单元判定:如果1)和2)均为肯定,则符合本测评单元指标要求,否则不符合或部分符合本测评单元指标要求。

6.5.1.1.2 测评单元(L1-PES5-02)

该测评单元包括以下要求:

a) 测评指标:室外控制设备放置应远离强电磁干扰、强热源等环境,如无法避免应及时做好应急处置及检修,保证设备正常运行。

b) 测评对象:室外控制设备。

c) 测评实施包括以下内容:

1) 应核查放置位置是否远离强电磁干扰和热源等环境;

2) 应核查是否有应急处置及检修维护记录。

d) 单元判定:如果1)或2)为肯定,则符合本测评单元指标要求,否则不符合或部分符合本测评单元指标要求。

6.5.2 安全通信网络

6.5.2.1 网络架构

6.5.2.1.1 测评单元(L1-CNS5-01)

该测评单元包括以下要求:

a) 测评指标:工业控制系统与企业其他系统之间应划分为两个区域,区域间应采用技术隔离手段。

b) 测评对象:网闸、路由器、交换机和防火墙等提供访问控制功能的设备。

c) 测评实施包括以下内容:

1) 应核查工业控制系统和企业其他系统之间是否部署单向隔离设备;

2) 应核查是否采用了有效的单向隔离策略实施访问控制;

3) 应核查使用无线通信的工业控制系统边界是否采用与企业其他系统隔离强度相同的措施。

d) 单元判定:如果1)~3)均为肯定,则符合本测评单元指标要求,否则不符合或部分符合本测评单元指标要求。

6.5.2.1.2 测评单元(L1-CNS5-02)

该测评单元包括以下要求:

a) 测评指标:工业控制系统内部应根据业务特点划分为不同的安全域,安全域之间应采用技术隔离手段。
b) 测评对象:路由器、交换机和防火墙等提供访问控制功能的设备。
c) 测评实施包括以下内容:
   1) 应核查工业控制系统内部是否根据业务特点划分了不同的安全域;
   2) 应核查各安全域之间访问控制设备是否配置了有效的访问控制策略。
d) 单元判定:如果1)和2)均为肯定,则符合本测评单元指标要求,否则不符合或部分符合本测评单元指标要求。

6.5.3 安全区域边界

6.5.3.1 访问控制

6.5.3.1.1 测评单元(L1-ABS5-01)

该测评单元包括以下要求:

a) 测评指标:应在工业控制系统与企业其他系统之间部署访问控制设备,配置访问控制策略,禁止任何穿越区域边界的E-Mail、Web、Telnet、Rlogin、FTP等通用网络服务。
b) 测评对象:网闸、防火墙、路由器和交换机等提供访问控制功能的设备。
c) 测评实施包括以下内容:
   1) 应核查在工业控制系统与企业其他系统之间的网络边界是否部署访问控制设备,是否配置访问控制策略;
   2) 应核查设备安全策略,是否禁止E-Mail、Web、Telnet、Rlogin、FTP等通用网络服务穿越边界。
d) 单元判定:如果1)和2)均为肯定,则符合本测评单元指标要求,否则不符合或部分符合本测评单元指标要求。

6.5.3.2 无线使用控制

6.5.3.2.1 测评单元(L1-ABS5-02)

该测评单元包括以下要求:

a) 测评指标:应对所有参与无线通信的用户(人员、软件进程或者设备)提供唯一性标识和鉴别。
b) 测评对象:无线通信网络及设备。
c) 测评实施包括以下内容:
   1) 应核查无线通信的用户在登录时是否采用了身份鉴别措施;
   2) 应核查用户身份标识是否具有唯一性。
d) 单元判定:如果1)和2)均为肯定,则符合本测评单元指标要求,否则不符合或部分符合本测评单元指标要求。

6.5.3.2.2 测评单元(L1-ABS5-03)

该测评单元包括以下要求:

a) 测评指标:应对无线连接的授权、监视以及执行使用进行限制。

b) 测评对象:无线通信网络及设备。
c) 测评实施:应核查无线配置文件是否对连接的授权、监视及执行进行限制。
d) 单元判定:如果以上测评实施内容为肯定,则符合本测评单元指标要求,否则不符合本测评单元指标要求。

6.5.4 安全计算环境

6.5.4.1 控制设备安全

6.5.4.1.1 测评单元(L1-CES5-01)

该测评单元包括以下要求:

a) 测评指标:控制设备自身应实现相应级别安全通用要求提出的身份鉴别、访问控制和安全审计等安全要求,如受条件限制控制设备无法实现上述要求,应由其上位控制或管理设备实现同等功能或通过管理手段控制。
b) 测评对象:控制设备。
c) 测评实施包括以下内容:
   1) 应核查控制设备是否具有身份鉴别、访问控制和安全审计等功能,如控制设备具备上述功能,则按照通用要求测评;
   2) 如控制设备不具备上述功能,则核查是否由其上位控制或管理设备实现同等功能或通过管理手段控制。
d) 单元判定:如果1)或2)为肯定,则符合本测评单元指标要求,否则不符合或部分符合本测评单元指标要求。

6.5.4.1.2 测评单元(L1-CES5-02)

该测评单元包括以下要求:

a) 测评指标:应在经过充分测试评估后,在不影响系统安全稳定运行的情况下对控制设备进行补丁更新、固件更新等工作。
b) 测评对象:控制设备。
c) 测评实施包括以下内容:
   1) 应核查是否有测试报告或测试评估记录;
   2) 应核查控制设备版本、补丁及固件是否经过测试后进行了更新。
d) 单元判定:如果1)和2)均为肯定,则符合本测评单元指标要求,否则不符合或部分符合本测评单元指标要求。

7 第二级测评要求

7.1 安全测评通用要求

7.1.1 安全物理环境

7.1.1.1 物理位置选择

7.1.1.1.1 测评单元(L2-PES1-01)

该测评单元包括以下要求:

a) 测评指标:机房场地应选择在具有防震、防风和防雨等能力的建筑内。

b) 测评对象：记录类文档和机房。
c) 测评实施包括以下内容：
   1) 应核查所在建筑物是否具有建筑物抗震设防审批文档；
   2) 应核查机房是否不存在雨水渗漏；
   3) 应核查机房门窗是否不存在因风导致的尘土严重；
   4) 应核查屋顶、墙体、门窗和地面等是否没有破损开裂。
d) 单元判定：如果 1)～4)均为肯定，则符合本测评单元指标要求，否则不符合或部分符合本测评单元指标要求。

7.1.1.1.2 测评单元(L2-PES1-02)

该测评单元包括以下要求：
a) 测评指标：机房场地应避免设在建筑物的顶层或地下室，否则应加强防水和防潮措施。
b) 测评对象：机房。
c) 测评实施：应核查机房是否不位于所在建筑物的顶层或地下室，如果否，则核查机房是否采取了防水和防潮措施。
d) 单元判定：如果以上测评实施内容为肯定，则符合本测评单元指标要求，否则不符合本测评单元指标要求。

7.1.1.2 物理访问控制

7.1.1.2.1 测评单元(L2-PES1-03)

该测评单元包括以下要求：
a) 测评指标：机房出入口应安排专人值守或配置电子门禁系统，控制、鉴别和记录进入的人员。
b) 测评对象：机房电子门禁系统和值守记录。
c) 测评实施包括以下内容：
   1) 应核查是否安排专人值守或配置电子门禁系统；
   2) 应核查相关记录是否能够控制、鉴别和记录进入的人员。
d) 单元判定：如果 1)和 2)均为肯定，则符合本测评单元指标要求，否则不符合或部分符合本测评单元指标要求。

7.1.1.3 防盗窃和防破坏

7.1.1.3.1 测评单元(L2-PES1-04)

该测评单元包括以下要求：
a) 测评指标：应将设备或主要部件进行固定，并设置明显的不易除去的标识。
b) 测评对象：机房设备或主要部件。
c) 测评实施包括以下内容：
   1) 应核查机房内设备或主要部件是否固定；
   2) 应核查机房内设备或主要部件上是否设置了明显且不易除去的标识。
d) 单元判定：如果 1)和 2)均为肯定，则符合本测评单元指标要求，否则不符合或部分符合本测评单元指标要求。

7.1.1.3.2 测评单元(L2-PES1-05)

该测评单元包括以下要求：

a) 测评指标:应将通信线缆铺设在隐蔽安全处。
b) 测评对象:机房通信线缆。
c) 测评实施:应核查机房内通信线缆是否铺设在隐蔽安全处,如桥架中等。
d) 单元判定:如果以上测评实施内容为肯定,则符合本测评单元指标要求,否则不符合本测评单元指标要求。

7.1.1.4 防雷击

7.1.1.4.1 测评单元(L2-PES1-06)

该测评单元包括以下要求:

a) 测评指标:应将各类机柜、设施和设备等通过接地系统安全接地。
b) 测评对象:机房。
c) 测评实施:应核查机房内机柜、设施和设备等是否进行接地处理。
d) 单元判定:如果以上测评实施内容为肯定,则符合本测评单元指标要求,否则不符合本测评单元指标要求。

7.1.1.5 防火

7.1.1.5.1 测评单元(L2-PES1-07)

该测评单元包括以下要求:

a) 测评指标:机房应设置火灾自动消防系统,能够自动检测火情、自动报警,并自动灭火。
b) 测评对象:机房防火设施。
c) 测评实施包括以下内容:
   1) 应核查机房内是否设置火灾自动消防系统;
   2) 应核查火灾自动消防系统是否可以自动检测火情、自动报警并自动灭火。
d) 单元判定:如果1)和2)均为肯定,则符合本测评单元指标要求,否则不符合或部分符合本测评单元指标要求。

7.1.1.5.2 测评单元(L2-PES1-08)

该测评单元包括以下要求:

a) 测评指标:机房及相关的工作房间和辅助房应采用具有耐火等级的建筑材料。
b) 测评对象:机房验收类文档。
c) 测评实施:应核查机房验收文档是否明确相关建筑材料的耐火等级。
d) 单元判定:如果以上测评实施内容为肯定,则符合本测评单元指标要求,否则不符合本测评单元指标要求。

7.1.1.6 防水和防潮

7.1.1.6.1 测评单元(L2-PES1-09)

该测评单元包括以下要求:

a) 测评指标:应采取措施防止雨水通过机房窗户、屋顶和墙壁渗透。
b) 测评对象:机房。
c) 测评实施:应核查窗户、屋顶和墙壁是否采取了防雨水渗透的措施。
d) 单元判定:如果以上测评实施内容为肯定,则符合本测评单元指标要求,否则不符合本测评单

元指标要求。

7.1.1.6.2 测评单元(L2-PES1-10)

该测评单元包括以下要求:

a) 测评指标:应采取措施防止机房内水蒸气结露和地下积水的转移与渗透。

b) 测评对象:机房。

c) 测评实施包括以下内容:

   1) 应核查机房内是否采取了防止水蒸气结露的措施;

   2) 应核查机房内是否采取了排泄地下积水,防止地下积水渗透的措施。

d) 单元判定:如果1)和2)均为肯定,则符合本测评单元指标要求,否则不符合或部分符合本测评单元指标要求。

7.1.1.7 防静电

7.1.1.7.1 测评单元(L2-PES1-11)

该测评单元包括以下要求:

a) 测评指标:应采用防静电地板或地面并采用必要的接地防静电措施。

b) 测评对象:机房。

c) 测评实施包括以下内容:

   1) 应核查机房内是否安装了防静电地板或地面;

   2) 应核查机房内是否采用了接地防静电措施。

d) 单元判定:如果1)和2)均为肯定,则符合本测评单元指标要求,否则不符合或部分符合本测评单元指标要求。

7.1.1.8 温湿度控制

7.1.1.8.1 测评单元(L2-PES1-12)

该测评单元包括以下要求:

a) 测评指标:应设置温湿度自动调节设施,使机房温湿度的变化在设备运行所允许的范围之内。

b) 测评对象:机房温湿度调节设施。

c) 测评实施包括以下内容:

   1) 应核查机房内是否配备了专用空调;

   2) 应核查机房内温湿度是否在设备运行所允许的范围之内。

d) 单元判定:如果1)和2)均为肯定,则符合本测评单元指标要求,否则不符合或部分符合本测评单元指标要求。

7.1.1.9 电力供应

7.1.1.9.1 测评单元(L2-PES1-13)

该测评单元包括以下要求:

a) 测评指标:应在机房供电线路上配置稳压器和过电压防护设备。

b) 测评对象:机房供电设施。

c) 测评实施:应核查供电线路上是否配置了稳压器和过电压防护设备。

d) 单元判定:如果以上测评实施内容为肯定,则符合本测评单元指标要求,否则不符合本测评单

元指标要求。

7.1.1.9.2 测评单元(L2-PES1-14)

该测评单元包括以下要求：

a) 测评指标：应提供短期的备用电力供应，至少满足设备在断电情况下的正常运行要求。

b) 测评对象：机房备用供电设施。

c) 测评实施包括以下内容：

1) 应核查机房是否配备 UPS 等后备电源系统；

2) 应核查 UPS 等后备电源系统是否满足设备在断电情况下的正常运行要求。

d) 单元判定：如果 1)和 2)均为肯定，则符合本测评单元指标要求，否则不符合或部分符合本测评单元指标要求。

7.1.1.10 电磁防护

7.1.1.10.1 测评单元(L2-PES1-15)

该测评单元包括以下要求：

a) 测评指标：电源线和通信线缆应隔离铺设，避免互相干扰。

b) 测评对象：机房线缆。

c) 测评实施：应核查机房内电源线缆和通信线缆是否隔离铺设。

d) 单元判定：如果以上测评实施内容为肯定，则符合本测评单元指标要求，否则不符合本测评单元指标要求。

7.1.2 安全通信网络

7.1.2.1 网络架构

7.1.2.1.1 测评单元(L2-CNS1-01)

该测评单元包括以下要求：

a) 测评指标：应划分不同的网络区域，并按照方便管理和控制的原则为各网络区域分配地址。

b) 测评对象：路由器、交换机、无线接入设备和防火墙等提供网络通信功能的设备或相关组件。

c) 测评实施包括以下内容：

1) 应核查是否依据重要性、部门等因素划分不同的网络区域；

2) 应核查相关网络设备配置信息，验证划分的网络区域是否与划分原则一致。

d) 单元判定：如果 1)和 2)均为肯定，则符合本测评单元指标要求，否则不符合或部分符合本测评单元指标要求。

7.1.2.1.2 测评单元(L2-CNS1-02)

该测评单元包括以下要求：

a) 测评指标：应避免将重要网络区域部署在边界处，重要网络区域与其他网络区域之间应采取可靠的技术隔离手段。

b) 测评对象：网络拓扑。

c) 测评实施包括以下内容：

1) 应核查网络拓扑图是否与实际网络运行环境一致；

2) 应核查重要网络区域是否未部署在网络边界处；

3) 应核查重要网络区域与其他网络区域之间是否采取可靠的技术隔离手段，如网闸、防火墙和设备访问控制列表(ACL)等。

d) 单元判定：如果1)～3)均为肯定，则符合本测评单元指标要求，否则不符合或部分符合本测评单元指标要求。

7.1.2.2 通信传输

7.1.2.2.1 测评单元(L2-CNS1-03)

该测评单元包括以下要求：

a) 测评指标：应采用校验技术保证通信过程中数据的完整性。

b) 测评对象：提供校验技术功能的设备或组件。

c) 测评实施：应核查是否在数据传输过程中使用校验技术来保护其完整性。

d) 单元判定：如果以上测评实施内容为肯定，则符合本测评单元指标要求，否则不符合本测评单元指标要求。

7.1.2.3 可信验证

7.1.2.3.1 测评单元(L2-CNS1-04)

该测评单元包括以下要求：

a) 测评指标：可基于可信根对通信设备的系统引导程序、系统程序、重要配置参数和通信应用程序等进行可信验证，并在检测到其可信性受到破坏后进行报警，并将验证结果形成审计记录送至安全管理中心。

b) 测评对象：提供可信验证的设备或组件、提供集中审计功能的系统。

c) 测评实施包括以下内容：

   1) 应核查是否基于可信根对通信设备的系统引导程序、系统程序、重要配置参数和通信应用程序等进行可信验证；

   2) 应核查当检测到通信设备的可信性受到破坏后是否进行报警；

   3) 应核查验证结果是否以审计记录的形式送至安全管理中心。

d) 单元判定：如果1)～3)均为肯定，则符合本测评单元指标要求，否则不符合或部分符合本测评单元指标要求。

7.1.3 安全区域边界

7.1.3.1 边界防护

7.1.3.1.1 测评单元(L2-ABS1-01)

该测评单元包括以下要求：

a) 测评指标：应保证跨越边界的访问和数据流通过边界设备提供的受控接口进行通信。

b) 测评对象：网闸、防火墙、路由器、交换机和无线接入网关设备等提供访问控制功能的设备或相关组件。

c) 测评实施包括以下内容：

   1) 应核查在网络边界处是否部署访问控制设备；

   2) 应核查设备配置信息是否指定端口进行跨越边界的网络通信，指定端口是否配置并启用了安全策略；

   3) 应采用其他技术手段(如非法无线网络设备定位、核查设备配置信息等)核查是否不存在其他未受控端口进行跨越边界的网络通信。

d) 单元判定：如果 1)～3)均为肯定，则符合本测评单元指标要求，否则不符合或部分符合本测评单元指标要求。

7.1.3.2 访问控制

7.1.3.2.1 测评单元(L2-ABS1-02)

该测评单元包括以下要求：

a) 测评指标：应在网络边界或区域之间根据访问控制策略设置访问控制规则，默认情况下除允许通信外受控接口拒绝所有通信。

b) 测评对象：网闸、防火墙、路由器、交换机和无线接入网关设备等提供访问控制功能的设备或相关组件。

c) 测评实施包括以下内容：

  1) 应核查在网络边界或区域之间是否部署访问控制设备并启用访问控制策略；

  2) 应核查设备的最后一条访问控制策略是否为禁止所有网络通信。

d) 单元判定：如果 1)和 2)均为肯定，则符合本测评单元指标要求，否则不符合或部分符合本测评单元指标要求。

7.1.3.2.2 测评单元(L2-ABS1-03)

该测评单元包括以下要求：

a) 测评指标：应删除多余或无效的访问控制规则，优化访问控制列表，并保证访问控制规则数量最小化。

b) 测评对象：网闸、防火墙、路由器、交换机和无线接入网关设备等提供访问控制功能的设备或相关组件。

c) 测评实施包括以下内容：

  1) 应核查是否不存在多余或无效的访问控制策略；

  2) 应核查不同的访问控制策略之间的逻辑关系及前后排列顺序是否合理。

d) 单元判定：如果 1)和 2)均为肯定，则符合本测评单元指标要求，否则不符合或部分符合本测评单元指标要求。

7.1.3.2.3 测评单元(L2-ABS1-04)

该测评单元包括以下要求：

a) 测评指标：应对源地址、目的地址、源端口、目的端口和协议等进行检查，以允许/拒绝数据包进出。

b) 测评对象：网闸、防火墙、路由器、交换机和无线接入网关设备等提供访问控制功能的设备或相关组件。

c) 测评实施：应核查设备的访问控制策略中是否设定了源地址、目的地址、源端口、目的端口和协议等相关配置参数。

d) 单元判定：如果以上测评实施内容为肯定，则符合本测评单元指标要求，否则不符合本测评单元指标要求。

7.1.3.2.4 测评单元(L2-ABS1-05)

该测评单元包括以下要求：

a) 测评指标：应能根据会话状态信息为进出数据流提供明确的允许/拒绝访问的能力。
b) 测评对象：网闸、防火墙、路由器、交换机和无线接入网关设备等提供访问控制功能的设备或相关组件。
c) 测评实施：应核查是否采用会话认证等机制为进出数据流提供明确的允许/拒绝访问的能力。
d) 单元判定：如果以上测评实施内容为肯定，则符合本测评单元指标要求，否则不符合本测评单元指标要求。

7.1.3.3 入侵防范

7.1.3.3.1 测评单元（L2-ABS1-06）

该测评单元包括以下要求：
a) 测评指标：应在关键网络节点处监视网络攻击行为。
b) 测评对象：抗 APT 攻击系统、网络回溯系统、抗 DDoS 攻击系统、入侵保护系统和入侵检测系统或相关组件。
c) 测评实施包括以下内容：
   1) 应核查是否能够检测到以下攻击行为：端口扫描、强力攻击、木马后门攻击、拒绝服务攻击、缓冲区溢出攻击、IP 碎片攻击和网络蠕虫攻击等；
   2) 应核查相关系统或设备的规则库版本是否已经更新到最新版本；
   3) 应核查相关系统或设备配置信息或安全策略是否能够覆盖网络所有关键节点。
d) 单元判定：如果 1)～3)均为肯定，则符合本测评单元指标要求，否则不符合或部分符合本测评单元指标要求。

7.1.3.4 恶意代码防范

7.1.3.4.1 测评单元（L2-ABS1-07）

该测评单元包括以下要求：
a) 测评指标：应在关键网络节点处对恶意代码进行检测和清除，并维护恶意代码防护机制的升级和更新。
b) 测评对象：防病毒网关和 UTM 等提供防恶意代码功能的系统或相关组件。
c) 测评实施包括以下内容：
   1) 应核查在关键网络节点处是否部署防恶意代码产品等技术措施；
   2) 应核查防恶意代码产品运行是否正常，恶意代码库是否已经更新到最新。
d) 单元判定：如果 1)和 2)均为肯定，则符合本测评单元指标要求，否则不符合或部分符合本测评单元指标要求。

7.1.3.5 安全审计

7.1.3.5.1 测评单元（L2-ABS1-08）

该测评单元包括以下要求：
a) 测评指标：应在网络边界、重要网络节点进行安全审计，审计覆盖到每个用户，对重要的用户行为和重要安全事件进行审计。
b) 测评对象：综合安全审计系统等。
c) 测评实施包括以下内容：

1) 应核查是否部署了综合安全审计系统或类似功能的系统平台；
2) 应核查安全审计范围是否覆盖到每个用户；
3) 应核查是否对重要的用户行为和重要安全事件进行了审计。

d) 单元判定：如果 1)～3)均为肯定，则符合本测评单元指标要求，否则不符合或部分符合本测评单元指标要求。

7.1.3.5.2 测评单元(L2-ABS1-09)

该测评单元包括以下要求：

a) 测评指标：审计记录应包括事件的日期和时间、用户、事件类型、事件是否成功及其他与审计相关的信息。
b) 测评对象：综合安全审计系统等。
c) 测评实施：应核查审计记录信息是否包括事件的日期和时间、用户、事件类型、事件是否成功及其他与审计相关的信息。
d) 单元判定：如果以上测评实施内容，则符合本测评单元指标要求，否则不符合或部分符合本测评单元指标要求。

7.1.3.5.3 测评单元(L2-ABS1-10)

该测评单元包括以下要求：

a) 测评指标：应对审计记录进行保护，定期备份，避免受到未预期的删除、修改或覆盖等。
b) 测评对象：综合安全审计系统等。
c) 测评实施包括以下内容：
   1) 应核查是否采取了技术措施对审计记录进行保护；
   2) 应核查是否采取技术措施对审计记录进行定期备份，并核查其备份策略。
d) 单元判定：如果 1)和 2)均为肯定，则符合本测评单元指标要求，否则不符合或部分符合本测评单元指标要求。

7.1.3.6 可信验证

7.1.3.6.1 测评单元(L2-ABS1-11)

该测评单元包括以下要求：

a) 测评指标：可基于可信根对边界设备的系统引导程序、系统程序、重要配置参数和边界防护应用程序等进行可信验证，并在检测到其可信性受到破坏后进行报警，并将验证结果形成审计记录送至安全管理中心。
b) 测评对象：提供可信验证的设备或组件、提供集中审计功能的系统。
c) 测评实施包括以下内容：
   1) 应核查是否基于可信根对边界设备的系统引导程序、系统程序、重要配置参数和边界防护应用程序等进行可信验证；
   2) 应核查当检测到边界设备的可信性受到破坏后是否进行报警；
   3) 应核查验证结果是否以审计记录的形式送至安全管理中心。
d) 单元判定：如果 1)～3)均为肯定，则符合本测评单元指标要求，否则不符合或部分符合本测评单元指标要求。

7.1.4 安全计算环境

7.1.4.1 身份鉴别

7.1.4.1.1 测评单元(L2-CES1-01)

该测评单元包括以下要求:

a) 测评指标:应对登录的用户进行身份标识和鉴别,身份标识具有唯一性,身份鉴别信息具有复杂度要求并定期更换。

b) 测评对象:终端和服务器等设备中的操作系统(包括宿主机和虚拟机操作系统)、网络设备(包括虚拟网络设备)、安全设备(包括虚拟安全设备)、移动终端、移动终端管理系统、移动终端管理客户端、感知节点设备、网关节点设备、控制设备、业务应用系统、数据库管理系统、中间件和系统管理软件及系统设计文档等。

c) 测评实施包括以下内容:

1) 应核查用户在登录时是否采用了身份鉴别措施;

2) 应核查用户列表确认用户身份标识是否具有唯一性;

3) 应核查用户配置信息是否不存在空口令用户;

4) 应核查用户鉴别信息是否具有复杂度要求并定期更换。

d) 单元判定:如果1)~4)均为肯定,则符合本测评单元指标要求,否则不符合或部分符合本测评单元指标要求。

7.1.4.1.2 测评单元(L2-CES1-02)

a) 测评指标:应具有登录失败处理功能,应配置并启用结束会话、限制非法登录次数和当登录连接超时自动退出等相关措施。

b) 测评对象:终端和服务器等设备中的操作系统(包括宿主机和虚拟机操作系统)、网络设备(包括虚拟网络设备)、安全设备(包括虚拟安全设备)、移动终端、移动终端管理系统、移动终端管理客户端、感知节点设备、网关节点设备、控制设备、业务应用系统、数据库管理系统、中间件和系统管理软件及系统设计文档等。

c) 测评实施包括以下内容:

1) 应核查是否配置并启用了登录失败处理功能;

2) 应核查是否配置并启用了限制非法登录功能,非法登录达到一定次数后采取特定动作,如账户锁定等;

3) 应核查是否配置并启用了登录连接超时及自动退出功能。

d) 单元判定:如果1)~3)均为肯定,则符合本测评单元指标要求,否则不符合或部分符合本测评单元指标要求。

7.1.4.1.3 测评单元(L2-CES1-03)

该测评单元包括以下要求:

a) 测评指标:当进行远程管理时,应采取必要措施防止鉴别信息在网络传输过程中被窃听。

b) 测评对象:终端和服务器等设备中的操作系统(包括宿主机和虚拟机操作系统)、网络设备(包括虚拟网络设备)、安全设备(包括虚拟安全设备)、移动终端、移动终端管理系统、移动终端管理客户端、感知节点设备、网关节点设备、控制设备、业务应用系统、数据库管理系统、中间件和系统管理软件及系统设计文档等。

c) 测评实施：应核查是否采用加密等安全方式对系统进行远程管理，防止鉴别信息在网络传输过程中被窃听。

d) 单元判定：如果以上测评实施内容为肯定，则符合本测评单元指标要求，否则不符合本测评单元指标要求。

7.1.4.2 访问控制

7.1.4.2.1 测评单元(L2-CES1-04)

该测评单元包括以下要求：

a) 测评指标：应对登录的用户分配账户和权限。

b) 测评对象：终端和服务器等设备中的操作系统(包括宿主机和虚拟机操作系统)、网络设备(包括虚拟网络设备)、安全设备(包括虚拟安全设备)、移动终端、移动终端管理系统、移动终端管理客户端、感知节点设备、网关节点设备、控制设备、业务应用系统、数据库管理系统、中间件和系统管理软件及系统设计文档等。

c) 测评实施包括以下内容：

   1) 应核查是否为用户分配了账户和权限及相关设置情况；

   2) 应核查是否已禁用或限制匿名、默认账户的访问权限。

d) 单元判定：如果1)和2)均为肯定，则符合本测评单元指标要求，否则不符合或部分符合本测评单元指标要求。

7.1.4.2.2 测评单元(L2-CES1-05)

该测评单元包括以下要求：

a) 测评指标：应重命名或删除默认账户，修改默认账户的默认口令。

b) 测评对象：终端和服务器等设备中的操作系统(包括宿主机和虚拟机操作系统)、网络设备(包括虚拟网络设备)、安全设备(包括虚拟安全设备)、移动终端、移动终端管理系统、移动终端管理客户端、感知节点设备、网关节点设备、控制设备、业务应用系统、数据库管理系统、中间件和系统管理软件及系统设计文档等。

c) 测评实施包括以下内容：

   1) 应核查是否已经重命名默认账户或默认账户已被删除；

   2) 应核查是否已修改默认账户的默认口令。

d) 单元判定：如果1)或2)为肯定，则符合本测评单元指标要求，否则不符合或部分符合本测评单元指标要求。

7.1.4.2.3 测评单元(L2-CES1-06)

该测评单元包括以下要求：

a) 测评指标：应及时删除或停用多余的、过期的账户，避免共享账户的存在。

b) 测评对象：终端和服务器等设备中的操作系统(包括宿主机和虚拟机操作系统)、网络设备(包括虚拟网络设备)、安全设备(包括虚拟安全设备)、移动终端、移动终端管理系统、移动终端管理客户端、感知节点设备、网关节点设备、控制设备、业务应用系统、数据库管理系统、中间件和系统管理软件及系统设计文档等。

c) 测评实施包括以下内容：

   1) 应核查是否不存在多余或过期账户，管理员用户与账户之间是否一一对应；

2） 应核查并测试多余的、过期的账户是否被删除或停用。

d） 单元判定：如果 1）和 2）均为肯定，则符合本测评单元指标要求，否则不符合或部分符合本测评单元指标要求。

7.1.4.2.4 测评单元（L2-CES1-07）

该测评单元包括以下要求：

a） 测评指标：应授予管理用户所需的最小权限，实现管理用户的权限分离。

b） 测评对象：终端和服务器等设备中的操作系统（包括宿主机和虚拟机操作系统）、网络设备（包括虚拟网络设备）、安全设备（包括虚拟安全设备）、移动终端、移动终端管理系统、移动终端管理客户端、感知节点设备、网关节点设备、控制设备、业务应用系统、数据库管理系统、中间件和系统管理软件及系统设计文档等。

c） 测评实施包括以下内容：

1） 应核查是否进行角色划分；

2） 应核查管理用户的权限是否已进行分离；

3） 应核查管理用户权限是否为其工作任务所需的最小权限。

d） 单元判定：如果 1）～3）均为肯定，则符合本测评单元指标要求，否则不符合或部分符合本测评单元指标要求。

7.1.4.3 安全审计

7.1.4.3.1 测评单元（L2-CES1-08）

该测评单元包括以下要求：

a） 测评指标：应提供安全审计功能，审计覆盖到每个用户，对重要的用户行为和重要安全事件进行审计。

b） 测评对象：终端和服务器等设备中的操作系统（包括宿主机和虚拟机操作系统）、网络设备（包括虚拟网络设备）、安全设备（包括虚拟安全设备）、移动终端、移动终端管理系统、移动终端管理客户端、感知节点设备、网关节点设备、控制设备、业务应用系统、数据库管理系统、中间件和系统管理软件及系统设计文档等。

c） 测评实施包括以下内容：

1） 应核查是否提供并开启了安全审计功能；

2） 应核查安全审计范围是否覆盖到每个用户；

3） 应核查是否对重要的用户行为和重要安全事件进行审计。

d） 单元判定：如果 1）～3）均为肯定，则符合本测评单元指标要求，否则不符合或部分符合本测评单元指标要求。

7.1.4.3.2 测评单元（L2-CES1-09）

该测评单元包括以下要求：

a） 测评指标：审计记录应包括事件的日期和时间、用户、事件类型、事件是否成功及其他与审计相关的信息。

b） 测评对象：终端和服务器等设备中的操作系统（包括宿主机和虚拟机操作系统）、网络设备（包括虚拟网络设备）、安全设备（包括虚拟安全设备）、移动终端、移动终端管理系统、移动终端管理客户端、感知节点设备、网关节点设备、控制设备、业务应用系统、数据库管理系统、中间件和系统管理软件及系统设计文档等。

c) 测评实施：应核查审计记录信息是否包括事件的日期和时间、用户、事件类型、事件是否成功及其他与审计相关的信息。
d) 单元判定：如果以上测评实施内容为肯定，则符合本测评单元指标要求，否则不符合本测评单元指标要求。

7.1.4.3.3 测评单元(L2-CES1-10)

该测评单元包括以下要求：

a) 测评指标：应对审计记录进行保护，定期备份，避免受到未预期的删除、修改或覆盖等。
b) 测评对象：终端和服务器等设备中的操作系统(包括宿主机和虚拟机操作系统)、网络设备(包括虚拟网络设备)、安全设备(包括虚拟安全设备)、移动终端、移动终端管理系统、移动终端管理客户端、感知节点设备、网关节点设备、控制设备、业务应用系统、数据库管理系统、中间件和系统管理软件及系统设计文档等。
c) 测评实施包括以下内容：
   1) 应核查是否采取了保护措施对审计记录进行保护；
   2) 应核查是否采取技术措施对审计记录进行定期备份，并核查其备份策略。
d) 单元判定：如果 1)和 2)均为肯定，则符合本测评单元指标要求，否则不符合或部分符合本测评单元指标要求。

7.1.4.4 入侵防范

7.1.4.4.1 测评单元(L2-CES1-11)

该测评单元包括以下要求：

a) 测评指标：应遵循最小安装的原则，仅安装需要的组件和应用程序。
b) 测评对象：终端和服务器等设备中的操作系统(包括宿主机和虚拟机操作系统)、网络设备(包括虚拟网络设备)、安全设备(包括虚拟安全设备)、移动终端、移动终端管理系统、移动终端管理客户端、感知节点设备、网关节点设备和控制设备等。
c) 测评实施包括以下内容：
   1) 应核查是否遵循最小安装原则；
   2) 应核查是未安装非必要的组件和应用程序。
d) 单元判定：如果 1)和 2)均为肯定，则符合本测评单元指标要求，否则不符合或部分符合本测评单元指标要求。

7.1.4.4.2 测评单元(L2-CES1-12)

该测评单元包括以下要求：

a) 测评指标：应关闭不需要的系统服务、默认共享和高危端口。
b) 测评对象：终端和服务器等设备中的操作系统(包括宿主机和虚拟机操作系统)、网络设备(包括虚拟网络设备)、安全设备(包括虚拟安全设备)、移动终端、移动终端管理系统、移动终端管理客户端、感知节点设备、网关节点设备和控制设备等。
c) 测评实施包括以下内容：
   1) 应核查是否关闭了非必要的系统服务和默认共享；
   2) 应核查是否不存在非必要的高危端口。
d) 单元判定：如果 1)和 2)均为肯定，则符合本测评单元指标要求，否则不符合或部分符合本测评单元指标要求。

7.1.4.4.3 测评单元(L2-CES1-13)

该测评单元包括以下要求:

a) 测评指标:应通过设定终端接入方式或网络地址范围对通过网络进行管理的管理终端进行限制。

b) 测评对象:终端和服务器等设备中的操作系统(包括宿主机和虚拟机操作系统)、网络设备(包括虚拟网络设备)、安全设备(包括虚拟安全设备)、移动终端、移动终端管理系统、移动终端管理客户端、感知节点设备、网关节点设备和控制设备等。

c) 测评实施:应核查配置文件或参数是否对终端接入范围进行限制。

d) 单元判定:如果以上测评实施内容为肯定,则符合本测评单元指标要求,否则不符合本测评单元指标要求。

7.1.4.4.4 测评单元(L2-CES1-14)

该测评单元包括以下要求:

a) 测评指标:应提供数据有效性检验功能,保证通过人机接口输入或通过通信接口输入的内容符合系统设定要求。

b) 测评对象:业务应用系统、中间件和系统管理软件及系统设计文档等。

c) 测评实施:应核查系统设计文档的内容是否包括数据有效性检验功能的内容或模块。

d) 单元判定:如果以上测评实施内容为肯定,则符合本测评单元指标要求,否则不符合本测评单元指标要求。

7.1.4.4.5 测评单元(L2-CES1-15)

该测评单元包括以下要求:

a) 测评指标:应能发现可能存在的已知漏洞,并在经过充分测试评估后,及时修补漏洞。

b) 测评对象:终端和服务器等设备中的操作系统(包括宿主机和虚拟机操作系统)、网络设备(包括虚拟网络设备)、安全设备(包括虚拟安全设备)、移动终端、移动终端管理系统、移动终端管理客户端、感知节点设备、网关节点设备、控制设备、控制设备、业务应用系统、数据库管理系统、中间件和系统管理软件等。

c) 测评实施包括以下内容:

   1) 应核查是否不存在高风险漏洞,如漏洞扫描、渗透测试等;

   2) 应核查是否在经过充分测试评估后及时修补漏洞。

d) 单元判定:如果 1)和 2)均为肯定,则符合本测评单元指标要求,否则不符合或部分符合本测评单元指标要求。

7.1.4.5 恶意代码防范

7.1.4.5.1 测评单元(L2-CES1-16)

该测评单元包括以下要求:

a) 测评指标:应安装防恶意代码软件或配置具有相应功能的软件,并定期进行升级和更新防恶意代码库。

b) 测评对象:终端和服务器等设备中的操作系统(包括宿主机和虚拟机操作系统)和移动终端等。

c) 测评实施内容包括以下:

   1) 应核查是否安装了防恶意代码软件或相应功能的软件;

2） 应核查是否定期进行升级和更新防恶意代码库。

d） 单元判定：如果1)和2)均为肯定，则符合本测评单元指标要求，否则不符合或部分符合本测评单元指标要求。

7.1.4.6 可信验证

7.1.4.6.1 测评单元(L2-CES1-17)

该测评单元包括以下要求：

a） 测评指标：可基于可信根对计算设备的系统引导程序、系统程序、重要配置参数和应用程序等进行可信验证，并在检测到其可信性受到破坏后进行报警，并将验证结果形成审计记录送至安全管理中心。

b） 测评对象：提供可信验证的设备或组件、提供集中审计功能的系统。

c） 测评实施包括以下内容：

1） 应核查是否基于可信根对计算设备的系统引导程序、系统程序、重要配置参数和应用程序等进行可信验证；

2） 应核查当检测到计算设备的可信性受到破坏后是否进行报警；

3） 应核查验证结果是否以审计记录的形式送至安全管理中心。

d） 单元判定：如果1)～3)均为肯定，则符合本测评单元指标要求，否则不符合或部分符合本测评单元指标要求。

7.1.4.7 数据完整性

7.1.4.7.1 测评单元(L2-CES1-18)

该测评单元包括以下要求：

a） 测评指标：应采用校验技术保证重要数据在传输过程中的完整性。

b） 测评对象：业务应用系统、数据库管理系统、中间件、系统管理软件及系统设计文档、数据安全保护系统、终端和服务器等设备中的操作系统及网络设备和安全设备等。

c） 测评实施：应核查系统设计文档，重要管理数据、重要业务数据在传输过程中是否采用了校验技术或密码技术保证完整性。

d） 单元判定：如果以上测评实施内容为肯定，则符合本测评单元指标要求，否则不符合本测评单元指标要求。

7.1.4.8 数据备份恢复

7.1.4.8.1 测评单元(L2-CES1-19)

该测评单元包括以下要求：

a） 测评指标：应提供重要数据的本地数据备份与恢复功能。

b） 测评对象：配置数据和业务数据。

c） 测评实施包括以下内容：

1） 应核查是否按照备份策略进行本地备份；

2） 应核查备份策略设置是否合理、配置是否正确；

3） 应核查备份结果是否与备份策略一致；

4） 应核查近期恢复测试记录是否能够进行正常的数据恢复。

d） 单元判定：如果1)～4)均为肯定，则符合本测评单元指标要求，否则不符合或部分符合本测评单元指标要求。

7.1.4.8.2 测评单元(L2-CES1-20)

该测评单元包括以下要求：

a) 测评指标：应提供异地数据备份功能，利用通信网络将重要数据定时批量传送至备用场地。

b) 测评对象：配置数据和业务数据。

c) 测评实施：应核查是否提供异地数据备份功能，并通过通信网络将重要配置数据、重要业务数据定时批量传送至备份场地。

d) 单元判定：如果以上测评实施内容为肯定，则符合本测评单元指标要求，否则不符合本测评单元指标要求。

7.1.4.9 剩余信息保护

7.1.4.9.1 测评单元(L2-CES1-21)

该测评单元包括以下要求：

a) 测评指标：应保证鉴别信息所在的存储空间被释放或重新分配前得到完全清除。

b) 测评对象：终端和服务器等设备中的操作系统、业务应用系统、数据库管理系统、中间件和系统管理软件及系统设计文档等。

c) 测评实施：应核查相关配置信息或系统设计文档，用户的鉴别信息所在的存储空间被释放或重新分配前是否得到完全清除。

d) 单元判定：如果以上测评实施内容，则符合本测评单元指标要求，否则不符合或部分符合本测评单元指标要求。

7.1.4.10 个人信息保护

7.1.4.10.1 测评单元(L2-CES1-22)

该测评单元包括以下要求：

a) 测评指标：应仅采集和保存业务必需的用户个人信息。

b) 测评对象：用户数据、业务应用系统和数据库管理系统等。

c) 测评实施包括以下内容：

   1) 应核查采集的用户个人信息是否是业务应用必需的；

   2) 应核查是否制定了有关用户个人信息保护的管理制度和流程。

d) 单元判定：如果1)和2)均为肯定，则符合本测评单元指标要求，否则不符合或部分符合本测评单元指标要求。

7.1.4.10.2 测评单元(L2-CES1-23)

该测评单元包括以下要求：

a) 测评指标：应禁止未授权访问和非法使用用户个人信息。

b) 测评对象：业务应用系统和数据库管理系统等。

c) 测评实施包括以下内容：

   1) 应核查是否采用技术措施限制对用户个人信息的访问和使用；

   2) 应核查是否制定了有关用户个人信息保护的管理制度和流程。

d) 单元判定：如果1)和2)均为肯定，则符合本测评单元指标要求，否则不符合或部分符合本测评单元指标要求。

7.1.5 安全管理中心

7.1.5.1 系统管理

7.1.5.1.1 测评单元(L2-SMC1-01)

该测评单元包括以下要求:

a) 测评指标:应对系统管理员进行身份鉴别,只允许其通过特定的命令或操作界面进行系统管理操作,并对这些操作进行审计。
b) 测评对象:提供集中系统管理功能的系统。
c) 测评实施包括以下内容:
   1) 应核查是否对系统管理员进行身份鉴别;
   2) 应核查是否只允许系统管理员通过特定的命令或操作界面进行系统管理操作;
   3) 应核查是否对系统管理的操作进行审计。
d) 单元判定:如果1)～3)均为肯定,则符合本测评单元指标要求,否则不符合或部分符合本测评单元指标要求。

7.1.5.1.2 测评单元(L2-SMC1-02)

该测评单元包括以下要求:

a) 测评指标:应通过系统管理员对系统的资源和运行进行配置、控制和管理,包括用户身份、资源配置、系统加载和启动、系统运行的异常处理、数据和设备的备份与恢复等。
b) 测评对象:提供集中系统管理功能的系统。
c) 测评实施:应核查是否通过系统管理员对系统的资源和运行进行配置、控制和管理,包括用户身份、资源配置、系统加载和启动、系统运行的异常处理、数据和设备的备份与恢复等。
d) 单元判定:如果以上测评实施内容为肯定,则符合本测评单元指标要求,否则不符合本测评单元指标要求。

7.1.5.2 审计管理

7.1.5.2.1 测评单元(L2-SMC1-03)

该测评单元包括以下要求:

a) 测评指标:应对审计管理员进行身份鉴别,只允许其通过特定的命令或操作界面进行安全审计操作,并对这些操作进行审计。
b) 测评对象:综合安全审计系统、数据库审计系统等提供集中审计功能的系统。
c) 测评实施包括以下内容:
   1) 应核查是否对审计管理员进行身份鉴别;
   2) 应核查是否只允许审计管理员通过特定的命令或操作界面进行安全审计操作;
   3) 应核查是否对审计管理员的操作进行审计。
d) 单元判定:如果1)～3)均为肯定,则符合本测评单元指标要求,否则不符合或部分符合本测评单元指标要求。

7.1.5.2.2 测评单元(L2-SMC1-04)

该测评单元包括以下要求:

a) 测评指标:应通过审计管理员对审计记录进行分析,并根据分析结果进行处理,包括根据安全审计策略对审计记录进行存储、管理和查询等。

b) 测评对象：综合安全审计系统、数据库审计系统等提供集中审计功能的系统。

c) 测评实施：应核查是否通过审计管理员对审计记录进行分析，并根据分析结果进行处理，包括根据安全审计策略对审计记录进行存储、管理和查询等。

d) 单元判定：如果以上测评实施内容为肯定，则符合本测评单元指标要求，否则不符合本测评单元指标要求。

7.1.6 安全管理制度

7.1.6.1 安全策略（L2-PSS1-01）

该测评单元包括以下要求：

a) 测评指标：应制定网络安全工作的总体方针和安全策略，阐明机构安全工作的总体目标、范围、原则和安全框架等。

b) 测评对象：总体方针策略类文档。

c) 测评实施：应核查网络安全工作的总体方针和安全策略文件是否明确机构安全工作的总体目标、范围、原则和各类安全策略。

d) 单元判定：如果以上测评实施内容为肯定，则符合本测评单元指标要求，否则不符合本测评单元指标要求。

7.1.6.2 管理制度

7.1.6.2.1 测评单元（L2-PSS1-02）

该测评单元包括以下要求：

a) 测评指标：应对安全管理活动中的主要管理内容建立安全管理制度。

b) 测评对象：安全管理制度类文档。

c) 测评实施：应核查各项安全管理制度是否覆盖物理、网络、主机系统、数据、应用、建设和运维等管理内容。

d) 单元判定：如果以上测评实施内容为肯定，则符合本测评单元指标要求，否则不符合本测评单元指标要求。

7.1.6.2.2 测评单元（L2-PSS1-03）

该测评单元包括以下要求：

a) 测评指标：应对管理人员或操作人员执行的日常管理操作建立操作规程。

b) 测评对象：操作规程类文档。

c) 测评实施：应核查是否具有日常管理操作的操作规程，如系统维护手册和用户操作规程等。

d) 单元判定：如果以上测评实施内容为肯定，则符合本测评单元指标要求，否则不符合本测评单元指标要求。

7.1.6.3 制定和发布

7.1.6.3.1 测评单元（L2-PSS1-04）

该测评单元包括以下要求：

a) 测评指标：应指定或授权专门的部门或人员负责安全管理制度的制定。

b) 测评对象：部门/人员职责文件等。

c) 测评实施：应核查是否由专门的部门或人员负责制定安全管理制度。

d) 单元判定：如果以上测评实施内容为肯定，则符合本测评单元指标要求，否则不符合本测评单元指标要求。

7.1.6.3.2 测评单元（L2-PSS1-05）

该测评单元包括以下要求：

a) 测评指标：安全管理制度应通过正式、有效的方式发布，并进行版本控制。

b) 测评对象：管理制度类文档和记录表单类文档。

c) 测评实施包括以下内容：

   1) 应核查制度制定和发布要求管理文档是否说明安全管理制度的制定和发布程序、格式要求及版本编号等相关内容；

   2) 应核查安全管理制度的收发登记记录是否通过正式、有效的方式收发，如正式发文、领导签署和单位盖章等。

d) 单元判定：如果 1)和 2)均为肯定，则符合本测评单元指标要求，否则不符合或部分符合本测评单元指标要求。

7.1.6.4 评审和修订

7.1.6.4.1 测评单元（L2-PSS1-06）

该测评单元包括以下要求：

a) 测评指标：应定期对安全管理制度的合理性和适用性进行论证和审定，对存在不足或需要改进的安全管理制度进行修订。

b) 测评对象：信息/网络安全主管和记录表单类文档。

c) 测评实施包括以下内容：

   1) 应访谈信息/网络安全主管是否定期对安全管理制度体系的合理性和适用性进行审定；

   2) 应核查是否具有安全管理制度的审定或论证记录，如果对制度做过修订，核查是否有修订版本的安全管理制度。

d) 单元判定：如果 1)和 2)均为肯定，则符合本测评单元指标要求，否则不符合或部分符合本测评单元指标要求。

7.1.7 安全管理机构

7.1.7.1 岗位设置

7.1.7.1.1 测评单元（L2-ORS1-01）

该测评单元包括以下要求：

a) 测评指标：应设立网络安全管理工作的职能部门，设立安全主管、安全管理各个方面的负责人岗位，并定义各负责人的职责。

b) 测评对象：信息/网络安全主管和管理制度类文档。

c) 测评实施包括以下内容：

   1) 应访谈信息/网络安全主管是否设立网络安全管理工作的职能部门；

   2) 应核查部门职责文档是否明确网络安全管理工作的职能部门和各负责人职责；

   3) 应核查岗位职责文档是否有岗位划分情况和岗位职责。

d) 单元判定：如果 1)～3)均为肯定，则符合本测评单元指标要求，否则不符合或部分符合本测评单元指标要求。

7.1.7.1.2 测评单元(L2-ORS1-02)

该测评单元包括以下要求：

a) 测评指标：应设立系统管理员、审计管理员和安全管理员等岗位，并定义部门及各个工作岗位的职责。
b) 测评对象：信息/网络安全主管和管理制度类文档。
c) 测评实施包括以下内容：
   1) 应访谈信息/网络安全主管是否进行了安全管理岗位的划分；
   2) 应核查岗位职责文档是否明确了各部门及各岗位职责。
d) 单元判定：如果 1)和 2)均为肯定，则符合本测评单元指标要求，否则不符合或部分符合本测评单元指标要求。

7.1.7.2 人员配备

7.1.7.2.1 测评单元(L2-ORS1-03)

该测评单元包括以下要求：

a) 测评指标：应配备一定数量的系统管理员、审计管理员和安全管理员等。
b) 测评对象：信息/网络安全主管和记录表单类文档。
c) 测评实施包括以下内容：
   1) 应访谈信息/网络安全主管是否配备了系统管理员、审计管理员和安全管理员；
   2) 应核查人员配备文档是否有各岗位人员配备情况。
d) 单元判定：如果 1)和 2)均为肯定，则符合本测评单元指标要求，否则不符合或部分符合本测评单元指标要求。

7.1.7.3 授权和审批

7.1.7.3.1 测评单元(L2-ORS1-04)

该测评单元包括以下要求：

a) 测评指标：应根据各个部门和岗位的职责明确授权审批事项、审批部门和批准人等。
b) 测评对象：管理制度类文档和记录表单类文档。
c) 测评实施包括以下内容：
   1) 应核查部门职责文档是否明确各部门审批事项；
   2) 应核查岗位职责文档是否明确各岗位审批事项。
d) 单元判定：如果 1)和 2)均为肯定，则符合本测评单元指标要求，否则不符合或部分符合本测评单元指标要求。

7.1.7.3.2 测评单元(L2-ORS1-05)

该测评单元包括以下要求：

a) 测评指标：应针对系统变更、重要操作、物理访问和系统接入等事项执行审批过程。
b) 测评对象：记录表单类文档。
c) 测评实施：应核查各类审批记录是否针对系统变更、重要操作、物理访问和系统接入等事项进行审批。

d) 单元判定：如果以上测评实施内容，则符合本测评单元指标要求，否则不符合本测评单元指标要求。

7.1.7.4 沟通和合作

7.1.7.4.1 测评单元(L2-ORS1-06)

该测评单元包括以下要求：

a) 测评指标：应加强各类管理人员、组织内部机构和网络安全管理部门之间的合作与沟通，定期召开协调会议，共同协作处理网络安全问题。
b) 测评对象：信息/网络安全主管和记录表单类文档。
c) 测评实施包括以下内容：
   1) 应访谈信息/网络安全主管是否建立了各类管理人员、组织内部机构和网络安全管理部门之间的合作与沟通机制；
   2) 应核查会议记录是否明确各类管理人员、组织内部机构和网络安全管理部门之间开展了合作与沟通。
d) 单元判定：如果1)和2)均为肯定，则符合本测评单元指标要求，否则不符合或部分符合本测评单元指标要求。

7.1.7.4.2 测评单元(L2-ORS1-07)

该测评单元包括以下要求：

a) 测评指标：应加强与网络安全职能部门、各类供应商、业界专家及安全组织的合作与沟通。
b) 测评对象：信息/网络安全主管和记录表单类文档。
c) 测评实施包括以下内容：
   1) 应访谈信息/网络安全主管是否建立了与网络安全职能部门、各类供应商、业界专家及安全组织的合作与沟通机制；
   2) 应核查会议记录是否明确了与网络安全职能部门、各类供应商、业界专家及安全组织是否开展了合作与沟通。
d) 单元判定：如果1)和2)均为肯定，则符合本测评单元指标要求，否则不符合或部分符合本测评单元指标要求。

7.1.7.4.3 测评单元(L2-ORS1-08)

该测评单元包括以下要求：

a) 测评指标：应建立外联单位联系列表，包括外联单位名称、合作内容、联系人和联系方式等信息。
b) 测评对象：记录表单类文档。
c) 测评实施：应核查外联单位联系列表是否记录了外联单位名称、合作内容、联系人和联系方式等信息。
d) 单元判定：如果以上测评实施内容，则符合本测评单元指标要求，否则不符合本测评单元指标要求。

7.1.7.5 审核和检查

7.1.7.5.1 测评单元(L2-ORS1-09)

该测评单元包括以下要求：

a) 测评指标：应定期进行常规安全检查，检查内容包括系统日常运行、系统漏洞和数据备份等情况。
b) 测评对象：信息/网络安全主管和记录表单类文档。
c) 测评实施包括以下内容：
    1) 应访谈信息/网络安全主管是否定期进行了常规安全检查；
    2) 应核查常规安全核查记录是否包括了系统日常运行、系统漏洞和数据备份等情况。
d) 单元判定：如果 1)和 2)均为肯定，则符合本测评单元指标要求，否则不符合或部分符合本测评单元指标要求。

7.1.8 安全管理人员

7.1.8.1 人员录用

7.1.8.1.1 测评单元(L2-HRS1-01)

该测评单元包括以下要求：
a) 测评指标：应指定或授权专门的部门或人员负责人员录用。
b) 测评对象：信息/网络安全主管。
c) 测评实施：应访谈信息/网络安全主管是否由专门的部门或人员负责人员的录用工作。
d) 单元判定：如果以上测评实施内容为肯定，则符合本测评单元指标要求，否则不符合本测评单元指标要求。

7.1.8.1.2 测评单元(L2-HRS1-02)

该测评单元包括以下要求：
a) 测评指标：应对被录用人员的身份、安全背景、专业资格或资质等进行审查。
b) 测评对象：管理制度类文档和记录表单类文档。
c) 测评实施包括以下内容：
    1) 应核查人员安全管理文档是否说明录用人员应具备的条件(如学历、学位要求，技术人员应具备的专业技术水平，管理人员应具备的安全管理知识等)；
    2) 应核查是否具有人员录用时对录用人身份、安全背景、专业资格或资质等进行审查的相关文档或记录，是否记录审查内容和审查结果等；
    3) 应核查人员录用时的技能考核文档或记录是否记录考核内容和考核结果等。
d) 单元判定：如果 1)～3)均为肯定，则符合本测评单元指标要求，否则不符合或部分符合本测评单元指标要求。

7.1.8.2 人员离岗

7.1.8.2.1 测评单元(L2-HRS1-03)

该测评单元包括以下要求：
a) 测评指标：应及时终止离岗人员的所有访问权限，取回各种身份证件、钥匙、徽章等以及机构提供的软硬件设备。
b) 测评对象：记录表单类文档。
c) 测评实施：应核查是否具有离岗人员终止其访问权限、交还身份证件、软硬件设备等的登记记录。
d) 单元判定：如果以上测评实施内容为肯定，则符合本测评单元指标要求，否则不符合本测评单

元指标要求。

7.1.8.3 安全意识教育和培训

7.1.8.3.1 测评单元(L2-HRS1-04)

该测评单元包括以下要求:

a) 测评指标:应对各类人员进行安全意识教育和岗位技能培训,并告知相关的安全责任和惩戒措施。

b) 测评对象:管理制度类文档。

c) 测评实施包括以下内容:

 1) 应核查安全意识教育及岗位技能培训文档是否明确培训周期、培训方式、培训内容和考核方式等相关内容;

 2) 应核查安全责任和惩戒措施管理文档或培训文档是否包含具体的安全责任和惩戒措施。

d) 单元判定:如果1)和2)均为肯定,则符合本测评单元指标要求,否则不符合或部分符合本测评单元指标要求。

7.1.8.4 外部人员访问管理

7.1.8.4.1 测评单元(L2-HRS1-05)

该测评单元包括以下要求:

a) 测评指标:应在外部人员物理访问受控区域前先提出书面申请,批准后由专人全程陪同,并登记备案。

b) 测评对象:管理制度类文档和记录表单类文档。

c) 测评实施包括以下内容:

 1) 应核查外部人员访问管理文档是否明确允许外部人员访问的范围、外部人员进入的条件、外部人员进入的访问控制措施等;

 2) 应核查外部人员访问重要区域的书面申请文档是否具有批准人允许访问的批准签字等;

 3) 应核查外部人员访问重要区域的登记记录是否记录了外部人员访问重要区域的进入时间、离开时间、访问区域及陪同人等。

d) 单元判定:如果1)～3)均为肯定,则符合本测评单元指标要求,否则不符合或部分符合本测评单元指标要求。

7.1.8.4.2 测评单元(L2-HRS1-06)

该测评单元包括以下要求:

a) 测评指标:应在外部人员接入受控网络访问系统前先提出书面申请,批准后由专人开设账户、分配权限,并登记备案。

b) 测评对象:管理制度类文档和记录表单类文档。

c) 测评实施包括以下内容:

 1) 应核查外部人员访问管理文档是否明确外部人员接入受控网络前的申请审批流程;

 2) 应核查外部人员访问系统的书面申请文档是否明确外部人员的访问权限,是否具有允许访问的批准签字等;

 3) 应核查外部人员访问系统的登记记录是否记录了外部人员访问的权限、时限、账户等。

d) 单元判定:如果1)～3)均为肯定,则符合本测评单元指标要求,否则不符合或部分符合本测评单元指标要求。

7.1.8.4.3 测评单元(L2-HRS1-07)

该测评单元包括以下要求:

a) 测评指标:外部人员离场后应及时清除其所有的访问权限。

b) 测评对象:管理制度类文档和记录表单类文档。

c) 测评实施包括以下内容:

1) 应核查外部人员访问管理文档是否明确外部人员离开后及时清除其所有访问权限;

2) 应核查外部人员访问系统的登记记录是否记录了访问权限清除时间。

d) 单元判定:如果1)和2)均为肯定,则符合本测评单元指标要求,否则不符合或部分符合本测评单元指标要求。

7.1.9 安全建设管理

7.1.9.1 定级和备案

7.1.9.1.1 测评单元(L2-CMS1-01)

该测评单元包括以下要求:

a) 测评指标:应以书面的形式说明保护对象的安全保护等级及确定等级的方法和理由。

b) 测评对象:记录表单类文档。

c) 测评实施:应核查定级文档是否明确保护对象的安全保护等级,是否说明定级的方法和理由。

d) 单元判定:如果以上测评实施内容为肯定,则符合本测评单元指标要求,否则不符合本测评单元指标要求。

7.1.9.1.2 测评单元(L2-CMS1-02)

该测评单元包括以下要求:

a) 测评指标:应组织相关部门和有关安全技术专家对定级结果的合理性和正确性进行论证和审定。

b) 测评对象:记录表单类文档。

c) 测评实施:应核查定级结果的论证评审会议记录是否有相关部门和有关安全技术专家对定级结果的论证意见。

d) 单元判定:如果以上测评实施内容为肯定,则符合本测评单元指标要求,否则不符合本测评单元指标要求。

7.1.9.1.3 测评单元(L2-CMS1-03)

该测评单元包括以下要求:

a) 测评指标:应保证定级结果经过相关部门的批准。

b) 测评对象:记录表单类文档。

c) 测评实施:应核查定级结果部门审批文档是否有上级主管部门或本单位相关部门的审批意见。

d) 单元判定:如果以上测评实施内容为肯定,则符合本测评单元指标要求,否则不符合本测评单元指标要求。

7.1.9.1.4 测评单元(L2-CMS1-04)

该测评单元包括以下要求:

a) 测评指标:应将备案材料报主管部门和公安机关备案。

b) 测评对象:记录表单类文档。
c) 测评实施:应核查是否具有公安机关出具的备案证明文档。
d) 单元判定:如果以上测评实施内容为肯定,则符合本测评单元指标要求,否则不符合本测评单元指标要求。

7.1.9.2 安全方案设计

7.1.9.2.1 测评单元(L2-CMS1-05)

该测评单元包括以下要求:
a) 测评指标:应根据安全保护等级选择基本安全措施,依据风险分析的结果补充和调整安全措施。
b) 测评对象:安全规划设计类文档。
c) 测评实施:应核查安全设计文档是否根据安全保护等级选择安全措施,是否根据安全需求调整安全措施。
d) 单元判定:如果以上测评实施内容为肯定,则符合本测评单元指标要求,否则不符合本测评单元指标要求。

7.1.9.2.2 测评单元(L2-CMS1-06)

该测评单元包括以下要求:
a) 测评指标:应根据保护对象的安全保护等级进行安全方案设计。
b) 测评对象:安全规划设计类文档。
c) 测评实施:应核查安全设计方案是否是根据安全保护等级进行设计规划。
d) 单元判定:如果以上测评实施内容为肯定,则符合本测评单元指标要求,否则不符合本测评单元指标要求。

7.1.9.2.3 测评单元(L2-CMS1-07)

该测评单元包括以下要求:
a) 测评指标:应组织相关部门和有关安全专家对安全方案的合理性和正确性进行论证和审定,经过批准后才能正式实施。
b) 测评对象:记录表单类文档。
c) 测评实施:应核查安全方案的论证评审记录或文档是否有相关部门和有关安全技术专家的批准意见和论证意见。
d) 单元判定:如果以上测评实施内容为肯定,则符合本测评单元指标要求,否则不符合本测评单元指标要求。

7.1.9.3 产品采购和使用

7.1.9.3.1 测评单元(L2-CMS1-08)

该测评单元包括以下要求:
a) 测评指标:应确保网络安全产品采购和使用符合国家的有关规定。
b) 测评对象:记录表单类文档。
c) 测评实施:应核查有关网络安全产品是否符合国家的有关规定,如网络安全产品获得了销售许可等。
d) 单元判定:如果以上测评实施内容为肯定,则符合本测评单元指标要求,否则不符合本测评单

元指标要求。

7.1.9.3.2 测评单元(L2-CMS1-09)

该测评单元包括以下要求：

a) 测评指标:应确保密码产品与服务的采购和使用符合国家密码主管部门的要求。
b) 测评对象:建设负责人和记录表单类文档。
c) 测评实施包括以下内容：
   1) 应访谈建设负责人是否采用了密码产品及其相关服务；
   2) 应核查密码产品与服务的采购和使用是否符合国家密码管理主管部门的要求。
d) 单元判定:如果1)和2)均为肯定,则符合本测评单元指标要求,否则不符合或部分符合本测评单元指标要求。

7.1.9.4 自行软件开发

7.1.9.4.1 测评单元(L2-CMS1-10)

该测评单元包括以下要求：

a) 测评指标:应将开发环境与实际运行环境物理分开,测试数据和测试结果受到控制。
b) 测评对象:建设负责人。
c) 测评实施包括以下内容：
   1) 应访谈建设负责人自主开发软件是否在独立的物理环境中完成编码和调试,与实际运行环境分开；
   2) 应核查测试数据和结果是否受控使用。
d) 单元判定:如果1)和2)均为肯定,则符合本测评单元指标要求,否则不符合或部分符合本测评单元指标要求。

7.1.9.4.2 测评单元(L2-CMS1-11)

该测评单元包括以下要求：

a) 测评指标:应在软件开发过程中对安全性进行测试,在软件安装前对可能存在的恶意代码进行检测。
b) 测评对象:记录表单类文档。
c) 测评实施:应核查是否具有软件安全测试报告和代码审计报告,明确软件存在的安全问题及可能存在的恶意代码。
d) 单元判定:如果以上测评实施内容为肯定,则符合本测评单元指标要求,否则不符合本测评单元指标要求。

7.1.9.5 外包软件开发

7.1.9.5.1 测评单元(L2-CMS1-12)

该测评单元包括以下要求：

a) 测评指标:应在软件交付前检测其中可能存在的恶意代码。
b) 测评对象:记录表单类文档。
c) 测评实施:应核查是否具有交付前的恶意代码检测报告。
d) 单元判定:如果以上测评实施内容为肯定,则符合本测评单元指标要求,否则不符合本测评单元指标要求。

7.1.9.5.2 测评单元(L2-CMS1-13)

该测评单元包括以下要求:

a) 测评指标:应保证开发单位提供软件设计文档和使用指南。

b) 测评对象:记录表单类文档。

c) 测评实施:应核查是否具有软件开发的相关文档,如需求分析说明书、软件设计说明书等,是否具有软件操作手册或使用指南。

d) 单元判定:如果以上测评实施内容为肯定,则符合本测评单元指标要求,否则不符合本测评单元指标要求。

7.1.9.6 工程实施

7.1.9.6.1 测评单元(L2-CMS1-14)

该测评单元包括以下要求:

a) 测评指标:应指定或授权专门的部门或人员负责工程实施过程的管理。

b) 测评对象:记录表单类文档。

c) 测评实施:应核查是否指定专门部门或人员对工程实施进行进度和质量控制。

d) 单元判定:如果以上测评实施内容为肯定,则符合本测评单元指标要求,否则不符合本测评单元指标要求。

7.1.9.6.2 测评单元(L2-CMS1-15)

该测评单元包括以下要求:

a) 测评指标:应制定安全工程实施方案控制工程实施过程。

b) 测评对象:记录表单类文档。

c) 测评实施:应核查安全工程实施方案是否包括工程时间限制、进度控制和质量控制等方面内容,是否按照工程实施方面的管理制度进行各类控制、产生阶段性文档等。

d) 单元判定:如果以上测评实施内容为肯定,则符合本测评单元指标要求,否则不符合本测评单元指标要求。

7.1.9.7 测试验收

7.1.9.7.1 测评单元(L2-CMS1-16)

该测评单元包括以下要求:

a) 测评指标:应制订测试验收方案,并依据测试验收方案实施测试验收,形成测试验收报告。

b) 测评对象:记录表单类文档。

c) 测评实施包括以下内容:

 1) 应核查工程测试验收方案是否明确说明参与测试的部门、人员、测试验收内容、现场操作过程等内容;

 2) 应核查测试验收报告是否有相关部门和人员对测试验收报告进行审定的意见。

d) 单元判定:如果 1)和 2)均为肯定,则符合本测评单元指标要求,否则不符合或部分符合本测评单元指标要求。

7.1.9.7.2 测评单元(L2-CMS1-17)

该测评单元包括以下要求:

a) 测评指标:应进行上线前的安全性测试,并出具安全测试报告。
b) 测评对象:记录表单类文档。
c) 测评实施:应核查是否具有上线前的安全测试报告。
d) 单元判定:如果以上测评实施内容为肯定,则符合本测评单元指标要求,否则不符合本测评单元指标要求。

7.1.9.8 系统交付

7.1.9.8.1 测评单元(L2-CMS1-18)

该测评单元包括以下要求:

a) 测评指标:应制定交付清单,并根据交付清单对所交接的设备、软件和文档等进行清点。
b) 测评对象:记录表单类文档。
c) 测评实施:应核查交付清单是否说明交付的各类设备、软件、文档等。
d) 单元判定:如果以上测评实施内容为肯定,则符合本测评单元指标要求,否则不符合本测评单元指标要求。

7.1.9.8.2 测评单元(L2-CMS1-19)

该测评单元包括以下要求:

a) 测评指标:应对负责运行维护的技术人员进行相应的技能培训。
b) 测评对象:记录表单类文档。
c) 测评实施:应核查交付技术培训记录是否包括培训内容、培训时间和参与人员等。
d) 单元判定:如果以上测评实施内容为肯定,则符合本测评单元指标要求,否则不符合本测评单元指标要求。

7.1.9.8.3 测评单元(L2-CMS1-20)

该测评单元包括以下要求:

a) 测评指标:应提供建设过程文档和运行维护文档。
b) 测评对象:记录表单类文档。
c) 测评实施:应核查交付文档是否包括建设过程文档和运行维护文档等,提交的文档是否符合管理规定的要求。
d) 单元判定:如果以上测评实施内容为肯定,则符合本测评单元指标要求,否则不符合本测评单元指标要求。

7.1.9.9 等级测评

7.1.9.9.1 测评单元(L2-CMS1-21)

该测评单元包括以下要求:

a) 测评指标:应定期进行等级测评,发现不符合相应等级保护标准要求的及时整改。
b) 测评对象:运维负责人和记录表单类文档。
c) 测评实施包括以下内容:
    1) 应访谈运维负责人本次测评是否为首次,若非首次,是否根据以往测评结果进行相应的安全整改;
    2) 应核查是否具有以往等级测评报告和安全整改方案。

d) 单元判定:如果1)和2)均为肯定,则符合本测评单元指标要求,否则不符合或部分符合本测评单元指标要求。

7.1.9.9.2 测评单元(L2-CMS1-22)

该测评单元包括以下要求:

a) 测评指标:应在发生重大变更或级别发生变化时进行等级测评。

b) 测评对象:运维负责人和记录表单类文档。

c) 测评实施包括以下内容:

   1) 应核查是否有过重大变更或级别发生过变化及是否进行相应的等级测评;

   2) 应核查是否具有相应情况下的等级测评报告。

d) 单元判定:如果1)和2)均为肯定,则符合本测评单元指标要求,否则不符合或部分符合本测评单元指标要求。

7.1.9.9.3 测评单元(L2-CMS1-23)

该测评单元包括以下要求:

a) 测评指标:应确保测评机构的选择符合国家有关规定。

b) 测评对象:等级测评报告和相关资质文件。

c) 测评实施:应核查以往等级测评的测评单位是否具有等级测评机构资质。

d) 单元判定:如果以上测评实施内容为肯定,则符合本测评单元指标要求,否则不符合本测评单元指标要求。

7.1.9.10 服务供应商管理

7.1.9.10.1 测评单元(L2-CMS1-24)

该测评单元包括以下要求:

a) 测评指标:应确保服务供应商的选择符合国家的有关规定。

b) 测评对象:建设负责人。

c) 测评实施:应访谈建设负责人选择的安全服务商是否符合国家有关规定。

d) 单元判定:如果以上测评实施内容为肯定,则符合本测评单元指标要求,否则不符合本测评单元指标要求。

7.1.9.10.2 测评单元(L2-CMS1-25)

该测评单元包括以下要求:

a) 测评指标:应与选定的服务供应商签订相关协议,明确整个服务供应链各方需履行的网络安全相关义务。

b) 测评对象:记录表单类文档。

c) 测评实施:应核查与服务服务商签订的服务合同或安全责任合同书是否明确了后期的技术支持和服务承诺等内容。

d) 单元判定:如果以上测评实施内容为肯定,则符合本测评单元指标要求,否则不符合本测评单元指标要求。

7.1.10 安全运维管理

7.1.10.1 环境管理

7.1.10.1.1 测评单元(L2-MMS1-01)

该测评单元包括以下要求:

a) 测评指标:应指定专门的部门或人员负责机房安全,对机房出入进行管理,定期对机房供配电、空调、温湿度控制、消防等设施进行维护管理。

b) 测评对象:物理安全负责人和记录表单类文档。

c) 测评实施包括以下内容:

   1) 应访谈物理安全负责人是否指定部门和人员负责机房安全管理工作,对机房的出入进行管理、对基础设施(如空调、供配电设备、灭火设备等)进行定期维护;

   2) 应核查部门或人员岗位职责文档是否明确机房安全的责任部门及人员;

   3) 应核查机房的出入登记记录是否记录来访人员、来访时间、离开时间、携带物品等信息;

   4) 应核查机房的基础设施的维护记录是否记录维护日期、维护人、维护设备、故障原因、维护结果等方面内容。

d) 单元判定:如果 1)~4)均为肯定,则符合本测评单元指标要求,否则不符合或部分符合本测评单元指标要求。

7.1.10.1.2 测评单元(L2-MMS1-02)

该测评单元包括以下要求:

a) 测评指标:应对机房的安全管理做出规定,包括物理访问、物品进出和环境安全等方面。

b) 测评对象:管理制度类文档和记录表单类文档。

c) 测评实施包括以下内容:

   1) 应核查机房安全管理制度是否覆盖物理访问、物品进出和环境安全等方面内容;

   2) 应核查物理访问、物品进出和环境安全等相关记录是否与制度相符。

d) 单元判定:如果 1)和 2)均为肯定,则符合本测评单元指标要求,否则不符合或部分符合本测评单元指标要求。

7.1.10.1.3 测评单元(L2-MMS1-03)

该测评单元包括以下要求:

a) 测评指标:应不在重要区域接待来访人员,不随意放置包含敏感信息的纸档文件和移动介质等。

b) 测评对象:安全管理员和办公环境。

c) 测评实施包括以下内容:

   1) 应访谈安全管理员是否有相关规定明确接待来访人员区域;

   2) 应核查办公桌面上等位置是否未随意放置了含有敏感信息的纸档文件和移动介质等。

d) 单元判定:如果 1)和 2)均为肯定,则符合本测评单元指标要求,否则不符合或部分符合本测评单元指标要求。

7.1.10.2 资产管理

7.1.10.2.1 测评单元(L2-MMS1-04)

该测评单元包括以下要求:

a) 测评指标:应编制并保存与保护对象相关的资产清单,包括资产责任部门、重要程度和所处位置等内容。
b) 测评对象:记录表单类文档。
c) 测评实施:应核查资产清单是否包括资产类别(含设备设施、软件、文档等)、资产责任部门、重要程度和所处位置等内容。
d) 单元判定:如果以上测评实施内容为肯定,则符合本测评单元指标要求,否则不符合本测评单元指标要求。

7.1.10.3 介质管理

7.1.10.3.1 测评单元(L2-MMS1-05)

该测评单元包括以下要求:

a) 测评指标:应将介质存放在安全的环境中,对各类介质进行控制和保护,实行存储介质专人管理,并根据存档介质的目录清单定期盘点。
b) 测评对象:资产管理员和记录表单类文档。
c) 测评实施包括以下内容:
   1) 应访谈资产管理员介质存放环境是否安全,存放环境是否由专人管理;
   2) 应核查介质管理记录是否记录介质归档和使用等情况。
d) 单元判定:如果 1)和 2)均为肯定,则符合本测评单元指标要求,否则不符合或部分符合本测评单元指标要求。

7.1.10.3.2 测评单元(L2-MMS1-06)

该测评单元包括以下要求:

a) 测评指标:应对介质在物理传输过程中的人员选择、打包、交付等情况进行控制,并对介质的归档和查询等进行登记记录。
b) 测评对象:资产管理员和记录表单类文档。
c) 测评实施包括以下内容:
   1) 应访谈资产管理员介质在物理传输过程中的人员选择、打包、交付等情况是否进行控制;
   2) 应核查是否对介质的归档和查询等进行登记记录。
d) 单元判定:如果 1)和 2)均为肯定,则符合本测评单元指标要求,否则不符合或部分符合本测评单元指标要求。

7.1.10.4 设备维护管理

7.1.10.4.1 测评单元(L2-MMS1-07)

该测评单元包括以下要求:

a) 测评指标:应对各种设备(包括备份和冗余设备)、线路等指定专门的部门或人员定期进行维护管理。
b) 测评对象:设备管理员和管理制度类文档。
c) 测评实施包括以下内容:
   1) 应访谈设备管理员是否对各类设备、线路指定专人或专门部门进行定期维护;
   2) 应核查部门或人员岗位职责文档是否明确设备维护管理的责任部门。
d) 单元判定:如果 1)和 2)均为肯定,则符合本测评单元指标要求,否则不符合或部分符合本测评单元指标要求。

7.1.10.4.2 测评单元(L2-MMS1-08)

该测评单元包括以下要求:

a) 测评指标:应对配套设施、软硬件维护管理做出规定,包括明确维护人员的责任、维修和服务的审批、维修过程的监督控制等。

b) 测评对象:管理制度类文档和记录表单类文档。

c) 测评实施包括以下内容:

   1) 应核查设备维护管理制度是否明确维护人员的责任、维修和服务的审批、维修过程的监督控制等方面内容;

   2) 应核查是否留有维修和服务的审批、维修过程等记录,审批、记录内容是否与制度相符。

d) 单元判定:如果1)和2)均为肯定,则符合本测评单元指标要求,否则不符合或部分符合本测评单元指标要求。

7.1.10.5 漏洞和风险管理

7.1.10.5.1 测评单元(L2-MMS1-09)

该测评单元包括以下要求:

a) 测评指标:应采取必要的措施识别安全漏洞和隐患,对发现的安全漏洞和隐患及时进行修补或评估可能的影响后进行修补。

b) 测评对象:记录表单类文档。

c) 测评实施包括以下内容:

   1) 应核查是否有识别安全漏洞和隐患的安全报告或记录(如漏洞扫描报告、渗透测试报告和安全通报等);

   2) 应核查相关记录是否对发现的漏洞及时进行修补或评估可能的影响后进行修补。

d) 单元判定:如果1)和2)均为肯定,则符合本测评单元指标要求,否则不符合或部分符合本测评单元指标要求。

7.1.10.6 网络和系统安全管理

7.1.10.6.1 测评单元(L2-MMS1-10)

该测评单元包括以下要求:

a) 测评指标:应划分不同的管理员角色进行网络和系统的运维管理,明确各个角色的责任和权限。

b) 测评对象:记录表单类文档。

c) 测评实施:应核查网络和系统安全管理文档,是否划分了网络和系统管理员等不同角色,并定义各个角色的责任和权限。

d) 单元判定:如果以上测评实施内容为肯定,则符合本测评单元指标要求,否则不符合本测评单元指标要求。

7.1.10.6.2 测评单元(L2-MMS1-11)

该测评单元包括以下要求:

a) 测评指标:应指定专门的部门或人员进行账户管理,对申请账户、建立账户、删除账户等进行控制。

b) 测评对象:运维负责人和记录表单类文档。

c) 测评实施包括以下内容：
   1) 应访谈运维负责人是否指定专门的部门或人员进行账户管理；
   2) 应核查相关审批记录或流程是否对申请账户、建立账户、删除账户等进行控制。
d) 单元判定：如果1)和2)均为肯定，则符合本测评单元指标要求，否则不符合或部分符合本测评单元指标要求。

7.1.10.6.3 测评单元(L2-MMS1-12)

该测评单元包括以下要求：

a) 测评指标：应建立网络和系统安全管理制度，对安全策略、账户管理、配置管理、日志管理、日常操作、升级与打补丁、口令更新周期等方面作出规定。
b) 测评对象：管理制度类文档。
c) 测评实施：应核查网络和系统安全管理制度是否覆盖网络和系统的安全策略、账户管理(用户责任、义务、风险、权限审批、权限分配、账户注销等)、配置文件的生成及备份、变更审批、授权访问、最小服务、升级与打补丁、审计日志管理、登录设备和系统的口令更新周期等方面。
d) 单元判定：如果以上测评实施内容为肯定，则符合本测评单元指标要求，否则不符合本测评单元指标要求。

7.1.10.6.4 测评单元(L2-MMS1-13)

该测评单元包括以下要求：

a) 测评指标：应制定重要设备的配置和操作手册，依据手册对设备进行安全配置和优化配置等。
b) 测评对象：操作规程类文档。
c) 测评实施：应核查重要设备或系统(如操作系统、数据库、网络设备、安全设备、应用和组件)的配置和操作手册是否明确操作步骤、参数配置等内容。
d) 单元判定：如果以上测评实施内容为肯定，则符合本测评单元指标要求，否则不符合本测评单元指标要求。

7.1.10.6.5 测评单元(L2-MMS1-14)

该测评单元包括以下要求：

a) 测评指标：应详细记录运维操作日志，包括日常巡检工作、运行维护记录、参数的设置和修改等内容。
b) 测评对象：记录表单类文档。
c) 测评实施：应核查运维操作日志是否覆盖网络和系统的日常巡检、运行维护、参数的设置和修改等内容。
d) 单元判定：如果以上测评实施内容为肯定，则符合本测评单元指标要求，否则不符合本测评单元指标要求。

7.1.10.7 恶意代码防范管理

7.1.10.7.1 测评单元(L2-MMS1-15)

该测评单元包括以下要求：

a) 测评指标：应提高所有用户的防恶意代码意识，对外来计算机或存储设备接入系统前进行恶意代码检查等。
b) 测评对象：运维负责人和管理制度类文档。

c) 测评实施包括如下内容：
   1) 应访谈运维负责人是否采取培训和告知等方式提升员工的防恶意代码意识；
   2) 应核查恶意代码防范管理制度是否明确对外来计算机或存储设备接入系统前进行恶意代码检查。
d) 单元判定：如果 1)和 2)均为肯定，则符合本测评单元指标要求，否则不符合或部分符合本测评单元指标要求。

7.1.10.7.2 测评单元(L2-MMS1-16)

该测评单元包括以下要求：

a) 测评指标：应对恶意代码防范要求做出规定，包括防恶意代码软件的授权使用、恶意代码库升级、恶意代码的定期查杀等。
b) 测评对象：管理制度类文档。
c) 测评实施：应核查恶意代码防范管理制度是否包括防恶意代码软件的授权使用、恶意代码库升级、定期查杀等内容。
d) 单元判定：如果以上测评实施内容为肯定，则符合本测评单元指标要求，否则不符合本测评单元指标要求。

7.1.10.7.3 测评单元(L2-MMS1-17)

该测评单元包括以下要求：

a) 测评指标：应定期检查恶意代码库的升级情况，对截获的恶意代码进行及时分析处理。
b) 测评对象：安全管理员和记录表单类文档。
c) 测评实施包括以下内容：
   1) 应访谈安全管理员是否定期对恶意代码库进行升级，且对升级情况进行记录，对各类防病毒产品上截获的恶意代码是否进行分析并汇总上报，是否出现过大规模的病毒事件，如何处理；
   2) 应核查是否具有恶意代码检测记录、恶意代码库升级记录和分析报告。
d) 单元判定：如果 1)和 2)均为肯定，则符合本测评单元指标要求，否则不符合或部分符合本测评单元指标要求。

7.1.10.8 配置管理

7.1.10.8.1 测评单元(L2-MMS1-18)

该测评单元包括以下要求：

a) 测评指标：应记录和保存基本配置信息，包括网络拓扑结构、各个设备安装的软件组件、软件组件的版本和补丁信息、各个设备或软件组件的配置参数等。
b) 测评对象：系统管理员。
c) 测评实施：应访谈系统管理员是否对系统的基本配置信息进行记录和保存。
d) 单元判定：如果以上测评实施内容为肯定，则符合本测评单元指标要求，否则不符合本测评单元指标要求。

7.1.10.9 密码管理

7.1.10.9.1 测评单元(L2-MMS1-19)

该测评单元包括以下要求：

a） 测评指标：应遵循密码相关的国家标准和行业标准。

b） 测评对象：安全管理员。

c） 测评实施：应访谈安全管理员密码管理过程中是否遵循密码相关的国家标准和行业标准要求。

d） 单元判定：如果以上测评实施内容为肯定，则符合本测评单元指标要求，否则不符合本测评单元指标要求。

7.1.10.9.2 测评单元（L2-MMS1-20）

该测评单元包括以下要求：

a） 测评指标：应使用国家密码管理主管部门认证核准的密码技术和产品。

b） 测评对象：安全管理员。

c） 测评实施：应核查相关产品是否获得有效的国家密码管理主管部门规定的检测报告或密码产品型号证书。

d） 单元判定：如果以上测评实施内容为肯定，则符合本测评单元指标要求，否则不符合本测评单元指标要求。

7.1.10.10 变更管理

7.1.10.10.1 测评单元（L2-MMS1-21）

该测评单元包括以下要求：

a） 测评指标：应明确变更需求，变更前根据变更需求制定变更方案，变更方案经过评审、审批后方可实施。

b） 测评对象：记录表单类文档。

c） 测评实施包括以下内容：

   1） 应核查变更方案是否包含变更类型、变更原因、变更过程、变更前评估等内容；

   2） 应核查是否具有变更方案评审记录和变更过程记录文档。

d） 单元判定：如果 1）和 2）均为肯定，则符合本测评单元指标要求，否则不符合或部分符合本测评单元指标要求。

7.1.10.11 备份与恢复管理

7.1.10.11.1 测评单元（L2-MMS1-22）

该测评单元包括以下要求：

a） 测评指标：应识别需要定期备份的重要业务信息、系统数据及软件系统等。

b） 测评对象：系统管理员和管理制度类文档。

c） 测评实施包括以下内容：

   1） 应访谈系统管理员有哪些需定期备份的业务信息、系统数据及软件系统；

   2） 应核查是否具有定期备份的重要业务信息、系统数据、软件系统的列表或清单。

d） 单元判定：如果 1）和 2）均为肯定，则符合本测评单元指标要求，否则不符合或部分符合本测评单元指标要求。

7.1.10.11.2 测评单元（L2-MMS1-23）

该测评单元包括以下要求：

a） 测评指标：应规定备份信息的备份方式、备份频度、存储介质、保存期等。

b） 测评对象：管理制度类文档。

c) 测评实施:应核查备份与恢复管理制度是否明确备份方式、频度、介质、保存期等内容。
d) 单元判定:如果以上测评实施内容为肯定,则符合本测评单元指标要求,否则不符合本测评单元指标要求。

7.1.10.11.3 测评单元(L2-MMS1-24)

该测评单元包括以下要求:

a) 测评指标:应根据数据的重要性和数据对系统运行的影响,制定数据的备份策略和恢复策略、备份程序和恢复程序等。
b) 测评对象:管理制度类文档。
c) 测评实施:应核查备份和恢复的策略文档是否根据数据的重要程度制定相应备份恢复策略和程序等。
d) 单元判定:如果以上测评实施内容为肯定,则符合本测评单元指标要求,否则不符合本测评单元指标要求。

7.1.10.12 安全事件处置

7.1.10.12.1 测评单元(L2-MMS1-25)

该测评单元包括以下要求:

a) 测评指标:应及时向安全管理部门报告所发现的安全弱点和可疑事件。
b) 测评对象:运维负责人和管理制度类文档。
c) 测评实施包括以下内容:
   1) 应访谈运维负责人是否告知用户在发现安全弱点和可疑事件时及时向安全管理部门报告;
   2) 应核查在发现安全弱点和可疑事件后是否具备对应的报告或相关文档。
d) 单元判定:如果1)和2)均为肯定,则符合本测评单元指标要求,否则不符合或部分符合本测评单元指标要求。

7.1.10.12.2 测评单元(L2-MMS1-26)

该测评单元包括以下要求:

a) 测评指标:应制定安全事件报告和处置管理制度,明确不同安全事件的报告、处置和响应流程,规定安全事件的现场处理、事件报告和后期恢复的管理职责等。
b) 测评对象:管理制度类文档。
c) 测评实施:应核查安全事件报告和处置管理制度是否明确了与安全事件有关的工作职责、不同安全事件的报告、处置和响应流程等。
d) 单元判定:如果以上测评实施内容为肯定,则符合本测评单元指标要求,否则不符合本测评单元指标要求。

7.1.10.12.3 测评单元(L2-MMS1-27)

该测评单元包括以下要求:

a) 测评指标:应在安全事件报告和响应处理过程中,分析和鉴定事件产生的原因,收集证据,记录处理过程,总结经验教训。
b) 测评对象:记录表单类文档。
c) 测评实施:应核查安全事件报告和响应处置记录是否记录引发安全事件的原因、证据、处置过程、经验教训、补救措施等内容。

d) 单元判定:如果以上测评实施内容为肯定,则符合本测评单元指标要求,否则不符合本测评单元指标要求。

7.1.10.13 应急预案管理

7.1.10.13.1 测评单元(L2-MMS1-28)

该测评单元包括以下要求:

a) 测评指标:应制定重要事件的应急预案,包括应急处理流程、系统恢复流程等内容。

b) 测评对象:管理制度类文档。

c) 测评实施:应核查制定重要事件的应急预案(如针对机房、系统、网络等各个方面)。

d) 单元判定:如果以上测评实施内容为肯定,则符合本测评单元指标要求,否则不符合本测评单元指标要求。

7.1.10.13.2 测评单元(L2-MMS1-29)

该测评单元包括以下要求:

a) 测评指标:应定期对系统相关的人员进行应急预案培训,并进行应急预案的演练。

b) 测评对象:运维负责人和记录表单类文档。

c) 测评实施包括以下内容:

 1) 应访谈运维负责人是否定期对相关人员进行应急预案培训和演练;

 2) 应核查应急预案培训记录是否明确培训对象、培训内容、培训结果等;

 3) 应核查应急预案演练记录是否记录演练时间、主要操作内容、演练结果等。

d) 单元判定:如果 1)～3)均为肯定,则符合本测评单元指标要求,否则不符合或部分符合本测评单元指标要求。

7.1.10.14 外包运维管理

7.1.10.14.1 测评单元(L2-MMS1-30)

该测评单元包括以下要求:

a) 测评指标:应确保外包运维服务商的选择符合国家的有关规定。

b) 测评对象:运维负责人。

c) 测评实施包括以下内容:

 1) 应访谈运维负责人是否有外包运维服务情况;

 2) 应访谈运维负责人外包运维服务单位是否符合国家有关规定。

d) 单元判定:如果 1)和 2)均为肯定,则符合本测评单元指标要求,否则不符合或部分符合本测评单元指标要求。

7.1.10.14.2 测评单元(L2-MMS1-31)

该测评单元包括以下要求:

a) 测评指标:应与选定的外包运维服务商签订相关的协议,明确约定外包运维的范围、工作内容。

b) 测评对象:记录表单类文档。

c) 测评实施:应核查外包运维服务协议是否明确约定外包运维的范围和工作内容。

d) 单元判定:如果以上测评实施内容为肯定,则符合本测评单元指标要求,否则不符合本测评单元指标要求。

7.2 云计算安全测评扩展要求

7.2.1 安全物理环境

7.2.1.1 基础设施位置

7.2.1.1.1 测评单元(L2-PES2-01)

该测评单元包括以下要求:

a) 测评指标:应保证云计算基础设施位于中国境内。

b) 测评对象:机房管理员、办公场地、机房和平台建设方案。

c) 测评实施包括以下内容:

   1) 应访谈机房管理员云计算服务器、存储设备、网络设备、云管理平台、信息系统等运行业务和承载数据的软硬件是否均位于中国境内;

   2) 应核查云计算平台建设方案,云计算服务器、存储设备、网络设备、云管理平台、信息系统等运行业务和承载数据的软硬件是否均位于中国境内。

d) 单元判定:如果1)和2)均为肯定,则符合本单元测评指标要求,否则不符合或部分符合本单元测评指标要求。

7.2.2 安全通信网络

7.2.2.1 网络架构

7.2.2.1.1 测评单元(L2-CNS2-01)

该测评单元包括以下要求:

a) 测评指标:应保证云计算平台不承载高于其安全保护等级的业务应用系统。

b) 测评对象:云计算平台和业务应用系统定级备案材料。

c) 测评实施:应核查云计算平台和云计算平台承载的业务应用系统相关定级备案材料,云计算平台安全保护等级是否不低于其承载的业务应用系统安全保护等级。

d) 单元判定:如果以上测评实施内容为肯定,则符合本单元测评指标要求,否则不符合本单元测评指标要求。

7.2.2.1.2 测评单元(L2-CNS2-02)

该测评单元包括以下要求:

a) 测评指标:应实现不同云服务客户虚拟网络之间的隔离。

b) 测评对象:网络资源隔离措施、综合网管系统和云管理平台。

c) 测评实施包括以下内容:

   1) 应核查云服务客户之间是否采取网络隔离措施;

   2) 应核查云服务客户之间是否设置并启用网络资源隔离策略。

d) 单元判定:如果1)和2)均为肯定,则符合本单元测评指标要求,否则不符合或部分符合本单元测评指标要求。

7.2.2.1.3 测评单元(L2-CNS2-03)

该测评单元包括以下要求:

a) 测评指标:应具有根据云服务客户业务需求提供通信传输、边界防护、入侵防范等安全机制的能力。

b) 测评对象:防火墙、入侵检测系统等安全设备或相关组件。

c) 测评实施包括以下内容:

1) 应核查云计算平台是否具备为云服务客户提供通信传输、边界防护、入侵防范等安全防护机制的能力;

2) 应核查上述安全防护机制是否满足云服务客户的业务需求。

d) 单元判定:如果1)和2)均为肯定,则符合本单元测评指标要求,否则不符合或部分符合本单元测评指标要求。

7.2.3 安全区域边界

7.2.3.1 访问控制

7.2.3.1.1 测评单元(L2-ABS2-01)

该测评单元包括以下要求:

a) 测评指标:应在虚拟化网络边界部署访问控制机制,并设置访问控制规则。

b) 测评对象:访问控制机制、网络边界设备和虚拟化网络边界设备。

c) 测评实施包括以下内容:

1) 应核查是否在虚拟化网络边界部署访问控制机制,并设置访问控制规则;

2) 应核查是否设置了云计算平台和云服务客户业务系统虚拟化网络边界访问控制规则和访问控制策略等;

3) 应核查是否设置了云计算平台的网络边界设备或虚拟化网络边界设备安全保障机制、访问控制规则和访问控制策略等;

4) 应核查是否设置了不同云服务客户间访问控制规则和访问控制策略等;

5) 应核查是否设置了云服务客户不同安全保护等级业务系统之间访问控制规则和访问控制策略等。

d) 单元判定:如果1)～5)均为肯定,则符合本单元测评指标要求,否则不符合或部分符合本单元测评指标要求。

7.2.3.1.2 测评单元(L2-ABS2-02)

该测评单元包括以下要求:

a) 测评指标:应在不同等级的网络区域边界部署访问控制机制,设置访问控制规则。

b) 测评对象:访问控制机制、网络边界设备和虚拟化网络边界设备。

c) 测评实施包括以下内容:

1) 应核查是否在不同等级的网络区域边界部署访问控制机制,设置访问控制规则;

2) 应核查不同安全等级网络区域边界的访问控制规则和访问控制策略是否有效。

d) 单元判定:如果1)和2)均为肯定,则符合本单元测评指标要求,否则不符合或部分符合本单元测评指标要求。

7.2.3.2 入侵防范

7.2.3.2.1 测评单元(L2-ABS2-03)

该测评单元包括以下要求:

a) 测评指标:应能检测到云服务客户发起的网络攻击行为,并能记录攻击类型、攻击时间、攻击流量等。

b) 测评对象：抗 APT 攻击系统、网络回溯系统、威胁情报检测系统、抗 DDoS 攻击系统和入侵保护系统或相关组件。

c) 测评实施包括以下内容：

1) 应核查是否采取了入侵防范措施对网络入侵行为进行防范，如部署抗 APT 攻击系统、网络回溯系统和网络入侵保护系统等入侵防范设备或相关组件；

2) 应核查部署的抗 APT 攻击系统、网络入侵保护系统等入侵防范设备或相关组件的规则库升级方式，核查规则库是否进行及时更新；

3) 应核查部署的抗 APT 攻击系统、网络入侵保护系统等入侵防范设备或相关组件是否具备异常流量、大规模攻击流量、高级持续性攻击的检测功能，以及报警功能和清洗处置功能；

4) 应核查抗 APT 攻击系统、网络入侵保护系统等入侵防范设备或相关组件是否具有对 SQL 注入、跨站脚本等攻击行为的发现和阻断能力；

5) 应核查抗 APT 攻击系统、网络入侵保护系统等入侵防范设备或相关组件是否能够检测出具有恶意行为、过分占用计算资源和带宽资源等恶意行为的虚拟机；

6) 应核查云管理平台对云服务客户攻击行为的防范措施，核查是否能够对云服务客户的网络攻击行为进行记录，记录应包括攻击类型、攻击时间和攻击流量等内容；

7) 应核查云管理平台或入侵防范设备是否能够对云计算平台内部发起的恶意攻击或恶意外连行为进行限制，核查是否能够对内部行为进行监控；

8) 通过对外攻击发生器伪造对外攻击行为，核查云租户的网络攻击日志，确认是否正确记录相应的攻击行为，攻击行为日志记录是否包含攻击类型、攻击时间、攻击者 IP 和攻击流量规模等内容；

9) 应核查运行虚拟机监控器（VMM）和云管理平台软件的物理主机，确认其安全加固手段是否能够避免或减少虚拟化共享带来的安全漏洞。

d) 单元判定：如果 1)～9)均为肯定，则符合本单元测评指标要求，否则不符合或部分符合本单元测评指标要求。

7.2.3.2.2 测评单元（L2-ABS2-04）

该测评单元包括以下要求：

a) 测评指标：应能检测到对虚拟网络节点的网络攻击行为，并能记录攻击类型、攻击时间、攻击流量等。

b) 测评对象：抗 APT 攻击系统、网络回溯系统、威胁情报检测系统、抗 DDoS 攻击系统和入侵保护系统或相关组件。

c) 测评实施包括以下内容：

1) 应核查是否部署网络攻击行为检测设备或相关组件对虚拟网络节点的网络攻击行为进行防范，并能记录攻击类型、攻击时间、攻击流量等；

2) 应核查网络攻击行为检测设备或相关组件的规则库是否为最新。

d) 单元判定：如果 1)和 2)均为肯定，则符合本单元测评指标要求，否则不符合或部分符合本单元测评指标要求。

7.2.3.2.3 测评单元（L2-ABS2-05）

该测评单元包括以下要求：

a) 测评指标：应能检测到虚拟机与宿主机、虚拟机与虚拟机之间的异常流量。

b) 测评对象：虚拟机、宿主机、抗 APT 攻击系统、网络回溯系统、威胁情报检测系统、抗 DDoS 攻击系统和入侵保护系统或相关组件。

c) 测评实施：应核查是否具备虚拟机与宿主机之间、虚拟机与虚拟机之间的异常流量的检测功能。

d) 单元判定：如果以上测评实施内容为肯定，则符合本单元测评指标要求，否则不符合本单元测评指标要求。

7.2.3.3 安全审计

7.2.3.3.1 测评单元(L2-ABS2-06)

该测评单元包括以下要求：

a) 测评指标：应对云服务商和云服务客户在远程管理时执行的特权命令进行审计，至少包括虚拟机删除、虚拟机重启。

b) 测评对象：堡垒机和相关组件。

c) 测评实施：应核查云服务商(含第三方运维服务商)和云服务客户在远程管理时执行的远程特权命令是否有相关审计记录。

d) 单元判定：如果以上测评实施内容为肯定，则符合本单元测评指标要求，否则不符合本单元测评指标要求。

7.2.3.3.2 测评单元(L2-ABS2-07)

该测评单元包括以下要求：

a) 测评指标：应保证云服务商对云服务客户系统和数据的操作可被云服务客户审计。

b) 测评对象：综合审计系统或相关组件。

c) 测评实施：应核查是否能够保证云服务商对云服务客户系统和数据的操作(如增、删、改、查等操作)可被云服务客户审计。

d) 单元判定：如果以上测评实施内容为肯定，则符合本单元测评指标要求，否则不符合本单元测评指标要求。

7.2.4 安全计算环境

7.2.4.1 访问控制

7.2.4.1.1 测评单元(L2-CES2-01)

该测评单元包括以下要求：

a) 测评指标：应保证当虚拟机迁移时，访问控制策略随其迁移。

b) 测评对象：虚拟机、虚拟机迁移记录和相关配置。

c) 测评实施包括以下内容：

   1) 应核查虚拟机迁移时访问控制策略是否随之迁移；

   2) 应核查是否具备虚拟机迁移记录及相关配置。

d) 单元判定：如果1)和2)均为肯定，则符合本单元测评指标要求，否则不符合或部分符合本单元测评指标要求。

7.2.4.1.2 测评单元(L2-CES2-02)

该测评单元包括以下要求：

a) 测评指标：应允许云服务客户设置不同虚拟机之间的访问控制策略。

b) 测评对象：虚拟机和安全组或相关组件。
c) 测评实施：应核查云服务客户是否能够设置不同虚拟机之间访问控制策略。
d) 单元判定：如果以上测评实施内容为肯定，则符合本单元测评指标要求，否则不符合本单元测评指标要求。

7.2.4.2 镜像和快照保护

7.2.4.2.1 测评单元（L2-CES2-03）

该测评单元包括以下要求：

a) 测评指标：应针对重要业务系统提供加固的操作系统镜像或操作系统安全加固服务。
b) 测评对象：云管理平台、虚拟机监视器和虚拟机镜像文件。
c) 测评实施：应核查是否对生成的虚拟机镜像进行必要的加固措施，如关闭不必要的端口、服务及进行安全加固配置。
d) 单元判定：如果以上测评实施内容为肯定，则符合本单元测评指标要求，否则不符合本单元测评指标要求。

7.2.4.2.2 测评单元（L2-CES2-04）

该测评单元包括以下要求：

a) 测评指标：应提供虚拟机镜像、快照完整性校验功能，防止虚拟机镜像被恶意篡改。
b) 测评对象：云管理平台和虚拟机镜像、快照或相关组件。
c) 测评实施：应核查是否对快照功能生成的镜像或快照文件进行完整性校验，是否具有严格的校验记录机制，防止虚拟机镜像或快照被恶意篡改。
d) 单元判定：如果以上测评实施内容为肯定，则符合本单元测评指标要求，否则不符合本单元测评指标要求。

7.2.4.3 数据完整性和保密性

7.2.4.3.1 测评单元（L2-CES2-05）

该测评单元包括以下要求：

a) 测评指标：应确保云服务客户数据、用户个人信息等存储于中国境内，如需出境应遵循国家相关规定。
b) 测评对象：数据库服务器、数据存储设备和管理文档记录。
c) 测评实施包括以下内容：
    1) 应核查云服务客户数据、用户个人信息所在的服务器及数据存储设备是否位于中国境内；
    2) 应核查上述数据出境时是否符合国家相关规定。
d) 单元判定：如果1)和2)均为肯定，则符合本单元测评指标要求，否则不符合或部分符合本单元测评指标要求。

7.2.4.3.2 测评单元（L2-CES2-06）

该测评单元包括以下要求：

a) 测评指标：应确保只有在云服务客户授权下，云服务商或第三方才具有云服务客户数据的管理权限。
b) 测评对象：云管理平台、数据库、相关授权文档和管理文档。
c) 测评实施包括以下内容：

1） 应核查云服务客户数据管理权限授权流程、授权方式、授权内容；
2） 应核查云计算平台是否具有云服务客户数据的管理权限，如果具有，核查是否有相关授权证明。

d） 单元判定：如果 1）和 2）均为肯定，则符合本单元测评指标要求，否则不符合或部分符合本单元测评指标要求。

7.2.4.3.3 测评单元（L2-CES2-07）

该测评单元包括以下要求：

a） 测评指标：应确保虚拟机迁移过程中重要数据的完整性，并在检测到完整性受到破坏时采取必要的恢复措施。
b） 测评对象：虚拟机。
c） 测评实施：应核查在虚拟资源迁移过程中，是否采取加密、签名等措施保证虚拟资源数据及重要数据的完整性，并在检测到完整性受到破坏时是否采取必要的恢复措施。
d） 单元判定：如果测评实施内容为肯定，则符合本单元测评指标要求，否则不符合或部分符合本单元测评指标要求。

7.2.4.4 数据备份恢复

7.2.4.4.1 测评单元（L2-CES2-08）

该测评单元包括以下要求：

a） 测评指标：云服务客户应在本地保存其业务数据的备份。
b） 测评对象：云管理平台或相关组件。
c） 测评实施：应核查是否提供备份措施保证云服务客户可以在本地保存其业务数据。
d） 单元判定：如果测评实施内容为肯定，则符合本单元测评指标要求，否则不符合本单元测评指标要求。

7.2.4.4.2 测评单元（L2-CES2-09）

该测评单元包括以下要求：

a） 测评指标：应提供查询云服务客户数据及备份存储位置的能力。
b） 测评对象：云管理平台或相关组件。
c） 测评实施：应核查云服务商是否为云服务客户提供数据及备份存储位置查询的接口或其他技术、管理手段。
d） 单元判定：如果测评实施内容为肯定，则符合本单元测评指标要求，否则不符合本单元测评指标要求。

7.2.4.5 剩余信息保护

7.2.4.5.1 测评单元（L2-CES2-10）

该测评单元包括以下要求：

a） 测评指标：应保证虚拟机所使用的内存和存储空间回收时得到完全清除。
b） 测评对象：云计算平台。
c） 测评实施包括以下内容：
1） 应核查虚拟机的内存和存储空间回收时，是否得到完全清除；

2） 应核查在迁移或删除虚拟机后，数据以及备份数据（如镜像文件、快照文件等）是否已清理。

d） 单元判定：如果1)和2)均为肯定，则符合本单元测评指标要求，否则不符合或部分符合本单元测评指标要求。

7.2.4.5.2 测评单元（L2-CES2-11）

该测评单元包括以下要求：

a） 测评指标：云服务客户删除业务应用数据时，云计算平台应将云存储中所有副本删除。
b） 测评对象：云存储和云计算平台。
c） 测评实施：应核查当云服务客户删除业务应用数据时，云存储中所有副本是否被删除。
d） 单元判定：如果以上测评实施内容为肯定，则符合本单元测评指标要求，否则不符合本单元测评指标要求。

7.2.5 安全建设管理

7.2.5.1 云服务商选择

7.2.5.1.1 测评单元（L2-CMS2-01）

该测评单元包括以下要求：

a） 测评指标：应选择安全合规的云服务商，其所提供的云计算平台应为其所承载的业务应用系统提供相应等级的安全保护能力。
b） 测评对象：系统建设负责人和服务合同。
c） 测评实施包括以下内容：
   1） 应访谈系统建设负责人是否根据业务系统的安全保护等级选择具有相应等级安全保护能力的云计算平台及云服务商；
   2） 应核查云服务商提供的相关服务合同是否明确其云计算平台具有与所承载的业务应用系统具有相应或高于的安全保护能力。
d） 单元判定：如果1)和2)均为肯定，则符合本单元测评指标要求，否则不符合或部分符合本单元测评指标要求。

7.2.5.1.2 测评单元（L2-CMS2-02）

该测评单元包括以下要求：

a） 测评指标：应在服务水平协议中规定云服务的各项服务内容和具体技术指标。
b） 测评对象：服务水平协议或服务合同。
c） 测评实施：应核查服务水平协议或服务合同是否规定了云服务的各项服务内容和具体指标等。
d） 单元判定：如果以上测评实施内容为肯定，则符合本单元测评指标要求，否则不符合本单元测评指标要求。

7.2.5.1.3 测评单元（L2-CMS2-03）

该测评单元包括以下要求：

a） 测评指标：应在服务水平协议中规定云服务商的权限与责任，包括管理范围、职责划分、访问授权、隐私保护、行为准则、违约责任等。
b） 测评对象：服务水平协议或服务合同。
c） 测评实施：应核查服务水平协议或服务合同中是否规范了安全服务商和云服务供应商的权限

与责任，包括管理范围、职责划分、访问授权、隐私保护、行为准则、违约责任等。

d） 单元判定：如果以上测评实施内容为肯定，则符合本单元测评指标要求，否则不符合本单元测评指标要求。

7.2.5.1.4 测评单元（L2-CMS2-04）

该测评单元包括以下要求：

a） 测评指标：应在服务水平协议中规定服务合约到期时，完整提供云服务客户数据，并承诺相关数据在云计算平台上清除。

b） 测评对象：服务水平协议或服务合同。

c） 测评实施：应核查服务水平协议或服务合同是否明确服务合约到期时，云服务商完整提供云服务客户数据，并承诺相关数据在云计算平台上清除。

d） 单元判定：如果以上测评实施内容为肯定，则符合本单元测评指标要求，否则不符合本单元测评指标要求。

7.2.5.2 供应链管理

7.2.5.2.1 测评单元（L2-CMS2-05）

该测评单元包括以下要求：

a） 测评指标：应确保供应商的选择符合国家有关规定。

b） 测评对象：记录表单类文档。

c） 测评实施：应核查云服务商的选择是否符合国家的有关规定。

d） 单元判定：如果以上测评实施内容为肯定，则符合本单元测评指标要求，否则不符合本单元测评指标要求。

7.2.5.2.2 测评单元（L2-CMS2-06）

该测评单元包括以下要求：

a） 测评指标：应将供应链安全事件信息或威胁信息及时传达到云服务客户。

b） 测评对象：供应链安全事件报告或威胁报告。

c） 测评实施：应核查供应链安全事件报告或威胁报告是否及时传达到云服务客户，报告是否明确相关事件信息或威胁信息。

d） 单元判定：如果以上测评实施内容为肯定，则符合本单元测评指标要求，否则不符合本单元测评指标要求。

7.2.6 安全运维管理

7.2.6.1 云计算环境管理

7.2.6.1.1 测评单元（L2-MMS2-01）

该测评单元包括以下要求：

a） 测评指标：云计算平台的运维地点应位于中国境内，境外对境内云计算平台实施运维操作应遵循国家相关规定。

b） 测评对象：运维设备、运维地点、运维记录和相关管理文档。

c） 测评实施：应核查运维地点是否位于中国境内，从境外对境内云计算平台实施远程运维操作的行为是否遵循国家相关规定。

d) 单元判定:如果以上测评实施内容为肯定,则符合本单元测评指标要求,否则不符合本单元测评指标要求。

7.3 移动互联安全测评扩展要求

7.3.1 安全物理环境

7.3.1.1 无线接入点的物理位置

7.3.1.1.1 测评单元(L2-PES3-01)

该测评单元包括以下要求:

a) 测评指标:应为无线接入设备的安装选择合理位置,避免过度覆盖和电磁干扰。

b) 测评对象:无线接入设备。

c) 测评实施包括以下内容:

   1) 应核查物理位置与无线信号的覆盖范围是否合理;

   2) 应测试验证无线信号是否可以避免电磁干扰。

d) 单元判定:如果 1)和 2)均为肯定,则符合本测评单元指标要求,否则不符合或部分符合本测评单元指标要求。

7.3.2 安全区域边界

7.3.2.1 边界防护

7.3.2.1.1 测评单元(L2-ABS3-01)

该测评单元包括以下要求:

a) 测评指标:应保证有线网络与无线网络边界之间的访问和数据流通过无线接入网关设备。

b) 测评对象:无线接入网关设备。

c) 测评实施:应核查有线网络与无线网络边界之间是否部署无线接入网关设备。

d) 单元判定:如果以上测评实施内容为肯定,则符合本测评单元指标要求,否则不符合本测评单元指标要求。

7.3.2.2 访问控制

7.3.2.2.1 测评单元(L2-ABS3-02)

该测评单元包括以下要求:

a) 测评指标:无线接入设备应开启接入认证功能,并且禁止使用 WEP 方式进行认证,如使用口令,长度不小于 8 位字符。

b) 测评对象:无线接入设备。

c) 测评实施:应核查是否开启接入认证功能,是否使用除 WEP 方式以外的其他方式进行认证,密钥长度不小于 8 位。

d) 单元判定:如果以上测评实施内容为肯定,则符合本测评单元指标要求,否则不符合本测评单元指标要求。

7.3.2.3 入侵防范

7.3.2.3.1 测评单元(L2-ABS3-03)

该测评单元包括以下要求:

a) 测评指标:应能够检测到非授权无线接入设备和非授权移动终端的接入行为。
b) 测评对象:终端准入控制系统、移动终端管理系统或相关组件。
c) 测评实施:应核查是否能够检测非授权无线接入设备和移动终端的接入行为。
d) 单元判定:如果以上测评实施内容为肯定,则符合本测评单元指标要求,否则不符合本测评单元指标要求。

7.3.2.3.2 测评单元(L2-ABS3-04)

该测评单元包括以下要求:
a) 测评指标:应能够检测到针对无线接入设备的网络扫描、DDoS 攻击、密钥破解、中间人攻击和欺骗攻击等行为。
b) 测评对象:入侵保护系统或相关组件。
c) 测评实施包括以下内容:
   1) 应核查是否能够对网络扫描、DDoS 攻击、密钥破解、中间人攻击和欺骗攻击等行为进行检测;
   2) 应核查规则库版本是否及时更新。
d) 单元判定:如果 1)和 2)均为肯定,则符合本测评单元指标要求,否则不符合或部分符合本测评单元指标要求。

7.3.2.3.3 测评单元(L2-ABS3-05)

该测评单元包括以下要求:
a) 测评指标:应能够检测到无线接入设备的 SSID 广播、WPS 等高风险功能的开启状态。
b) 测评对象:无线接入设备或相关组件。
c) 测评实施:应核查是否能够检测无线接入设备的 SSID 广播、WPS 等高风险功能的开启状态。
d) 单元判定:如果以上测评实施内容为肯定,则符合本测评单元指标要求,否则不符合本测评单元指标要求。

7.3.2.3.4 测评单元(L2-ABS3-06)

该测评单元包括以下要求:
a) 测评指标:应禁用无线接入设备和无线接入网关存在风险的功能,如:SSID 广播、WEP 认证等。
b) 测评对象:无线接入设备和无线接入网关设备。
c) 测评实施:应核查是否关闭了 SSID 广播、WEP 认证等存在风险的功能。
d) 单元判定:如果以上测评实施内容为肯定,则符合本测评单元指标要求,否则不符合本测评单元指标要求。

7.3.2.3.5 测评单元(L2-ABS3-07)

该测评单元包括以下要求:
a) 测评指标:应禁止多个 AP 使用同一个鉴别密钥。
b) 测评对象:无线接入设备。
c) 测评实施:应核查是否分别使用了不同的鉴别密钥。
d) 单元判定:如果以上测评实施内容为肯定,则符合本测评单元指标要求,否则不符合本测评单元指标要求。

7.3.3 安全计算环境

7.3.3.1 移动应用管控

7.3.3.1.1 测评单元(L2-CES3-01)

该测评单元包括以下要求:

a) 测评指标:应具有选择应用软件安装、运行的功能。
b) 测评对象:移动终端管理客户端。
c) 测评实施:应核查是否具有选择应用软件安装、运行的功能。
d) 单元判定:如果以上测评实施内容为肯定,则符合本测评单元指标要求,否则不符合本测评单元指标要求。

7.3.3.1.2 测评单元(L2-CES3-02)

该测评单元包括以下要求:

a) 测评指标:应只允许可靠证书签名的应用软件安装和运行。
b) 测评对象:移动终端管理客户端。
c) 测评实施:应核查全部移动应用是否由可靠证书签名。
d) 单元判定:如果以上测评实施内容为肯定,则符合本测评单元指标要求,否则不符合本测评单元指标要求。

7.3.4 安全建设管理

7.3.4.1 移动应用软件采购

7.3.4.1.1 测评单元(L2-CMS3-01)

该测评单元包括以下要求:

a) 测评指标:应保证移动终端安装、运行的应用软件来自可靠分发渠道或使用可靠证书签名。
b) 测评对象:移动终端。
c) 测评实施:应核查移动应用软件是否来自可靠分发渠道或使用可靠证书签名。
d) 单元判定:如果以上测评实施内容为肯定,则符合本测评单元指标要求,否则不符合本测评单元指标要求。

7.3.4.1.2 测评单元(L2-CMS3-02)

该测评单元包括以下要求:

a) 测评指标:应保证移动终端安装、运行的应用软件由可靠的开发者开发。
b) 测评对象:移动终端。
c) 测评实施:应核查移动应用软件是否经由指定的开发者开发。
d) 单元判定:如果以上测评实施内容为肯定,则符合本测评单元指标要求,否则不符合本测评单元指标要求。

7.3.4.2 移动应用软件开发

7.3.4.2.1 测评单元(L2-CMS3-03)

该测评单元包括以下要求:

a） 测评指标：应对移动业务应用软件开发者进行资格审查。
b） 测评对象：系统建设负责人。
c） 测评实施：应访谈系统建设负责人，是否对开发者进行资格审查。
d） 单元判定：如果以上测评实施内容为肯定，则符合本测评单元指标要求，否则不符合本测评单元指标要求。

7.3.4.2.2 测评单元（L2-CMS3-04）

该测评单元包括以下要求：
a） 测评指标：应保证开发移动业务应用软件的签名证书合法性。
b） 测评对象：移动应用软件。
c） 测评实施：应核查开发移动业务应用软件的签名证书是否具有合法性。
d） 单元判定：如果以上测评实施内容为肯定，则符合本测评单元指标要求，否则不符合本测评单元指标要求。

7.4 物联网安全测评扩展要求

7.4.1 安全物理环境

7.4.1.1 感知节点设备物理防护

7.4.1.1.1 测评单元（L2-PES4-01）

该测评单元包括以下要求：
a） 测评指标：感知节点设备所处的物理环境应不对感知节点设备造成物理破坏，如挤压、强振动。
b） 测评对象：感知节点设备所处物理环境和设计或验收文档。
c） 测评实施包括以下内容：
  1） 应核查感知节点设备所处物理环境的设计或验收文档，是否有感知节点设备所处物理环境具有防挤压、防强振动等能力的说明，是否与实际情况一致；
  2） 应核查感知节点设备所处物理环境是否采取了防挤压、防强振动等的防护措施。
d） 单元判定：如果1）和2）均为肯定，则符合本测评单元指标要求，否则不符合或部分符合本测评单元指标要求。

7.4.1.1.2 测评单元（L2-PES4-02）

该测评单元包括以下要求：
a） 测评指标：感知节点设备在工作状态所处物理环境应能正确反映环境状态（如温湿度传感器不能安装在阳光直射区域）。
b） 测评对象：感知节点设备所处物理环境和设计或验收文档。
c） 测评实施包括以下内容：
  1） 应核查感知节点设备所处物理环境的设计或验收文档，是否有感知节点设备在工作状态所处物理环境的说明，是否与实际情况一致；
  2） 应核查感知节点设备在工作状态所处物理环境是否能正确反映环境状态（如温湿度传感器不能安装在阳光直射区域）。
d） 单元判定：如果1）和2）均为肯定，则符合本测评单元指标要求，否则不符合或部分符合本测评单元指标要求。

7.4.2 安全区域边界

7.4.2.1 接入控制

7.4.2.1.1 测评单元(L2-ABS4-01)

该测评单元包括以下要求：

a) 测评指标:应保证只有授权的感知节点可以接入。

b) 测评对象:感知节点设备和设计文档。

c) 测评实施:应核查感知节点设备接入机制设计文档是否包括防止非法的感知节点设备接入网络的机制描述。

d) 单元判定:如果以上测评实施内容为肯定,则符合本测评单元指标要求,否则不符合本测评单元指标要求。

7.4.2.2 入侵防范

7.4.2.2.1 测评单元(L2-ABS4-02)

该测评单元包括以下要求：

a) 测评指标:应能够限制与感知节点通信的目标地址,以避免对陌生地址的攻击行为。

b) 测评对象:感知节点设备和设计文档。

c) 测评实施包括以下内容：

  1) 应核查感知层安全设计文档,是否有对感知节点通信目标地址的控制措施说明；

  2) 应核查感知节点设备,是否配置了对感知节点通信目标地址的控制措施,相关参数配置是否符合设计要求。

d) 单元判定:如果 1)和 2)均为肯定,则符合本测评单元指标要求,否则不符合或部分符合本测评单元指标要求。

7.4.2.2.2 测评单元(L2-ABS4-03)

该测评单元包括以下要求：

a) 测评指标:应能够限制与网关节点通信的目标地址,以避免对陌生地址的攻击行为。

b) 测评对象:网关节点设备和设计文档。

c) 测评实施包括以下内容：

  1) 应核查感知层安全设计文档,是否有对网关节点通信目标地址的控制措施说明；

  2) 应核查网关节点设备,是否配置了对网关节点通信目标地址的控制措施,相关参数配置是否符合设计要求。

d) 单元判定:如果 1)和 2)均为肯定,则符合本测评单元指标要求,否则不符合或部分符合本测评单元指标要求。

7.4.3 安全运维管理

7.4.3.1 感知节点管理

7.4.3.1.1 测评单元(L2-MMS4-01)

该测评单元包括以下要求：

a) 测评指标:应指定人员定期巡视感知节点设备、网关节点设备的部署环境,对可能影响感知节点设备、网关节点设备正常工作的环境异常进行记录和维护。

b） 测评对象：维护记录。

c） 测评实施包括以下内容：

1） 应访谈系统运维负责人是否有专门的人员对感知节点设备、网关节点设备进行定期维护，由何部门或何人负责，维护周期多长；

2） 应核查感知节点设备、网关节点设备部署环境维护记录是否记录维护日期、维护人、维护设备、故障原因、维护结果等方面内容。

d） 单元判定：如果1）和2）均为肯定，则符合本测评单元指标要求，否则不符合或部分符合本测评单元指标要求。

7.4.3.1.2 测评单元（L2-MMS4-02）

该测评单元包括以下要求：

a） 测评指标：应对感知节点设备、网关节点设备入库、存储、部署、携带、维修、丢失和报废等过程作出明确规定，并进行全程管理。

b） 测评对象：感知节点和网关节点设备安全管理文档。

c） 测评实施：应核查感知节点和网关节点设备安全管理文档是否覆盖感知节点设备、网关节点设备入库、存储、部署、携带、维修、丢失和报废等方面。

d） 单元判定：如果以上测评实施内容为肯定，则符合本测评单元指标要求，否则不符合本测评单元指标要求。

7.5 工业控制系统安全测评扩展要求

7.5.1 安全物理环境

7.5.1.1 室外控制设备物理防护

7.5.1.1.1 测评单元（L2-PES5-01）

该测评单元包括以下要求：

a） 测评指标：室外控制设备应放置于采用铁板或其他防火材料制作的箱体或装置中并紧固；箱体或装置具有透风、散热、防盗、防雨和防火能力等。

b） 测评对象：室外控制设备。

c） 测评实施包括以下内容：

1） 应核查是否放置于采用铁板或其他防火材料制作的箱体或装置中并紧固；

2） 应核查箱体或装置是否具有透风、散热、防盗、防雨和防火能力等。

d） 单元判定：如果1）和2）均为肯定，则符合本测评单元指标要求，否则不符合或部分符合本测评单元指标要求。

7.5.1.1.2 测评单元（L2-PES5-02）

该测评单元包括以下要求：

a） 测评指标：室外控制设备放置应远离强电磁干扰、强热源等环境，如无法避免应及时做好应急处置及检修，保证设备正常运行。

b） 测评对象：室外控制设备。

c） 测评实施包括以下内容：

1） 应核查放置位置是否远离强电磁干扰和热源等环境；

2） 应核查是否有应急处置及检修维护记录。

d） 单元判定：如果 1)或 2)为肯定，则符合本测评单元指标要求，否则不符合或部分符合本测评单元指标要求。

7.5.2 安全通信网络

7.5.2.1 网络架构

7.5.2.1.1 测评单元(L2-CNS5-01)

该测评单元包括以下要求：

a） 测评指标：工业控制系统与企业其他系统之间应划分为两个区域，区域间应采用技术隔离手段。

b） 测评对象：网闸、路由器、交换机和防火墙等提供访问控制功能的设备。

c） 测评实施包括以下内容：

1） 应核查工业控制系统和企业其他系统之间是否部署单向隔离设备；

2） 应核查是否采用了有效的单向隔离策略实施访问控制；

3） 应核查使用无线通信的工业控制系统边界是否采用与企业其他系统隔离强度相同的措施。

d） 单元判定：如果 1)～3)均为肯定，则符合本测评单元指标要求，否则不符合或部分符合本测评单元指标要求。

7.5.2.1.2 测评单元(L2-CNS5-02)

该测评单元包括以下要求：

a） 测评指标：工业控制系统内部应根据业务特点划分为不同的安全域，安全域之间应采用技术隔离手段。

b） 测评对象：路由器、交换机和防火墙等提供访问控制功能的设备。

c） 测评实施包括以下内容：

1） 应核查工业控制系统内部是否根据业务特点划分了不同的安全域；

2） 应核查各安全域之间访问控制设备是否配置了有效的访问控制策略。

d） 单元判定：如果 1)和 2)均为肯定，则符合本测评单元指标要求，否则不符合或部分符合本测评单元指标要求。

7.5.2.1.3 测评单元(L2-CNS5-03)

该测评单元包括以下要求：

a） 测评指标：涉及实时控制和数据传输的工业控制系统，应使用独立的网络设备组网，在物理层面上实现与其他数据网及外部公共信息网的安全隔离。

b） 测评对象：工业控制网络。

c） 测评实施：应核查涉及实时控制和数据传输的工业控制系统是否在物理层面上独立组网。

d） 单元判定：如果以上测评实施内容为肯定，则符合本测评单元指标要求，否则不符合本测评单元指标要求。

7.5.2.2 通信传输

7.5.2.2.1 测评单元(L2-CNS5-04)

该测评单元包括以下要求：

a) 测评指标：在工业控制系统内使用广域网进行控制指令或相关数据交换的应采用加密认证技术手段实现身份认证、访问控制和数据加密传输。
b) 测评对象：加密认证设备、路由器、交换机和防火墙等提供访问控制功能的设备。
c) 测评实施：应核查工业控制系统中使用广域网传输的控制指令或相关数据是否采用加密认证技术实现身份认证、访问控制和数据加密传输。
d) 单元判定：如果以上测评实施内容为肯定，则符合本测评单元指标要求，否则不符合本测评单元指标要求。

7.5.3 安全区域边界

7.5.3.1 访问控制

7.5.3.1.1 测评单元(L2-ABS5-01)

该测评单元包括以下要求：

a) 测评指标：应在工业控制系统与企业其他系统之间部署访问控制设备，配置访问控制策略，禁止任何穿越区域边界的 E-Mail、Web、Telnet、Rlogin、FTP 等通用网络服务。
b) 测评对象：网闸、防火墙、路由器和交换机等提供访问控制功能的设备。
c) 测评实施包括以下内容：
    1) 应核查在工业控制系统与企业其他系统之间的网络边界是否部署访问控制设备，是否配置访问控制策略；
    2) 应核查设备安全策略，是否禁止 E-Mail、Web、Telnet、Rlogin、FTP 等通用网络服务穿越边界。
d) 单元判定：如果 1)和 2)均为肯定，则符合本测评单元指标要求，否则不符合或部分符合本测评单元指标要求。

7.5.3.1.2 测评单元(L2-ABS5-02)

该测评单元包括以下要求：

a) 测评指标：应在工业控制系统内安全域和安全域之间的边界防护机制失效时，及时进行报警。
b) 测评对象：网闸、防火墙、路由器和交换机等提供访问控制功能的设备，监控预警设备。
c) 测评实施包括以下内容：
    1) 应核查设备是否可以在策略失效的时候进行告警；
    2) 应核查是否部署监控预警系统或相关模块，在边界防护机制失效时可及时告警。
d) 单元判定：如果 1)和 2)均为肯定，则符合本测评单元指标要求，否则不符合或部分符合本测评单元指标要求。

7.5.3.2 拨号使用控制

7.5.3.2.1 测评单元(L2-ABS5-03)

该测评单元包括以下要求：

a) 测评指标：工业控制系统确需使用拨号访问服务的，应限制具有拨号访问权限的用户数量，并采取用户身份鉴别和访问控制等措施。
b) 测评对象：拨号服务类设备。
c) 测评实施：应核查拨号设备是否限制具有拨号访问权限的用户数量，拨号服务器和客户端是否使用账户/口令等身份鉴别方式，是否采用控制账户权限等访问控制措施。

d） 单元判定：如果以上测评实施内容为肯定，则符合本测评单元指标要求，否则不符合本测评单元指标要求。

7.5.3.3 无线使用控制

7.5.3.3.1 测评单元（L2-ABS5-04）

该测评单元包括以下要求：

a） 测评指标：应对所有参与无线通信的用户（人员、软件进程或者设备）提供唯一性标识和鉴别。
b） 测评对象：无线通信网络及设备。
c） 测评实施包括以下内容：
   1） 应核查无线通信的用户在登录时是否采用了身份鉴别措施；
   2） 应核查用户身份标识是否具有唯一性。
d） 单元判定：如果1）和2）均为肯定，则符合本测评单元指标要求，否则不符合或部分符合本测评单元指标要求。

7.5.3.3.2 测评单元（L2-ABS5-05）

该测评单元包括以下要求：

a） 测评指标：应对所有参与无线通信的用户（人员、软件进程或者设备）进行授权以及执行使用进行限制。
b） 测评对象：无线通信网络及设备。
c） 测评实施：应核查无线通信过程中是否对用户进行授权，核查具体权限是否合理，核查未授权的使用是否可以被发现及告警。
d） 单元判定：如果以上测评实施内容为肯定，则符合本测评单元指标要求，否则不符合本测评单元指标要求。

7.5.4 安全计算环境

7.5.4.1 控制设备安全

7.5.4.1.1 测评单元（L2-CES5-01）

该测评单元包括以下要求：

a） 测评指标：控制设备自身应实现相应级别安全通用要求提出的身份鉴别、访问控制和安全审计等安全要求，如受条件限制控制设备无法实现上述要求，应由其上位控制或管理设备实现同等功能或通过管理手段控制。
b） 测评对象：控制设备。
c） 测评实施包括以下内容：
   1） 应核查控制设备是否具有身份鉴别、访问控制和安全审计等功能，如控制设备具备上述功能，则按照通用要求测评；
   2） 如控制设备不具备上述功能，则核查是否由其上位控制或管理设备实现同等功能或通过管理手段控制。
d） 单元判定：如果1）或2）为肯定，则符合本测评单元指标要求，否则不符合或部分符合本测评单元指标要求。

7.5.4.1.2 测评单元（L2-CES5-02）

该测评单元包括以下要求：

a) 测评指标:应在经过充分测试评估后,在不影响系统安全稳定运行的情况下对控制设备进行补丁更新、固件更新等工作。
b) 测评对象:控制设备。
c) 测评实施包括以下内容:
   1) 应核查是否有测试报告或测试评估记录;
   2) 应核查控制设备版本、补丁及固件是否经过充分测试后进行了更新。
d) 单元判定:如果1)和2)均为肯定,则符合本测评单元指标要求,否则不符合或部分符合本测评单元指标要求。

7.5.5 安全建设管理

7.5.5.1 产品采购和使用

7.5.5.1.1 测评单元(L2-CMS5-01)

该测评单元包括以下要求:
a) 测评指标:工业控制系统重要设备应通过专业机构的安全性检测后方可采购使用。
b) 测评对象:安全管理员和检测报告类文档。
c) 测评实施包括以下内容:
   1) 应访谈安全管理员系统使用的工业控制系统重要设备及网络安全专用产品是否通过专业机构的安全性检测;
   2) 应核查工业控制系统是否有通过专业机构出具的安全性检测报告。
d) 单元判定:如果1)和2)均为肯定,则符合本测评单元指标要求,否则不符合或部分符合本测评单元指标要求。

7.5.5.2 外包软件开发

7.5.5.2.1 测评单元(L2-CMS5-02)

该测评单元包括以下要求:
a) 测评指标:应在外包开发合同中规定针对开发单位、供应商的约束条款,包括设备及系统在生命周期内有关保密、禁止关键技术扩散和设备行业专用等方面的内容。
b) 测评对象:外包合同。
c) 测评实施:应核查是否在外包开发合同中规定针对开发单位、供应商的约束条款,包括设备及系统在生命周期内有关保密、禁止关键技术扩散和设备行业专用等方面的内容。
d) 单元判定:如果以上测评实施内容为肯定,则符合本测评单元指标要求,否则不符合本测评单元指标要求。

8 第三级测评要求

8.1 安全测评通用要求

8.1.1 安全物理环境

8.1.1.1 物理位置选择

8.1.1.1.1 测评单元(L3-PES1-01)

该测评单元包括以下要求:

a） 测评指标：机房场地应选择在具有防震、防风和防雨等能力的建筑内。
b） 测评对象：记录类文档和机房。
c） 测评实施包括以下内容：
   1） 应核查所在建筑物是否具有建筑物抗震设防审批文档；
   2） 应核查机房是否不存在雨水渗漏；
   3） 应核查门窗是否不存在因风导致的尘土严重；
   4） 应核查屋顶、墙体、门窗和地面等是否不存在破损开裂。
d） 单元判定：如果 1）～4）均为肯定，则符合本测评单元指标要求，否则不符合或部分符合本测评单元指标要求。

8.1.1.1.2 测评单元（L3-PES1-02）

该测评单元包括以下要求：
a） 测评指标：机房场地应避免设在建筑物的顶层或地下室，否则应加强防水和防潮措施。
b） 测评对象：机房。
c） 测评实施：应核查机房是否不位于所在建筑物的顶层或地下室，如果否，则核查机房是否采取了防水和防潮措施。
d） 单元判定：如果以上测评实施内容为肯定，则符合本测评单元指标要求，否则不符合本测评单元指标要求。

8.1.1.2 物理访问控制

8.1.1.2.1 测评单元（L3-PES1-03）

该测评单元包括以下要求：
a） 测评指标：机房出入口应配置电子门禁系统，控制、鉴别和记录进入的人员。
b） 测评对象：机房电子门禁系统。
c） 测评实施包括以下内容：
   1） 应核查出入口是否配置电子门禁系统；
   2） 应核查电子门禁系统是否可以鉴别、记录进入的人员信息。
d） 单元判定：如果 1）和 2）均为肯定，则符合本测评单元指标要求，否则不符合或部分符合本测评单元指标要求。

8.1.1.3 防盗窃和防破坏

8.1.1.3.1 测评单元（L3-PES1-04）

该测评单元包括以下要求：
a） 测评指标：应将设备或主要部件进行固定，并设置明显的不易除去的标识。
b） 测评对象：机房设备或主要部件。
c） 测评实施包括以下内容：
   1） 应核查机房内设备或主要部件是否固定；
   2） 应核查机房内设备或主要部件上是否设置了明显且不易除去的标识。
d） 单元判定：如果 1）和 2）均为肯定，则符合本测评单元指标要求，否则不符合或部分符合本测评单元指标要求。

8.1.1.3.2 测评单元(L3-PES1-05)

该测评单元包括以下要求:

a) 测评指标:应将通信线缆铺设在隐蔽安全处。

b) 测评对象:机房通信线缆。

c) 测评实施:应核查机房内通信线缆是否铺设在隐蔽安全处,如桥架中等。

d) 单元判定:如果以上测评实施内容为肯定,则符合本测评单元指标要求,否则不符合本测评单元指标要求。

8.1.1.3.3 测评单元(L3-PES1-06)

该测评单元包括以下要求:

a) 测评指标:应设置机房防盗报警系统或设置有专人值守的视频监控系统。

b) 测评对象:机房防盗报警系统或视频监控系统。

c) 测评实施包括以下内容:

   1) 应核查机房内是否配置防盗报警系统或专人值守的视频监控系统;

   2) 应核查防盗报警系统或视频监控系统是否启用。

d) 单元判定:如果 1)和 2)均为肯定,则符合本测评单元指标要求,否则不符合或部分符合本测评单元指标要求。

8.1.1.4 防雷击

8.1.1.4.1 测评单元(L3-PES1-07)

该测评单元包括以下要求:

a) 测评指标:应将各类机柜、设施和设备等通过接地系统安全接地。

b) 测评对象:机房。

c) 测评实施:应核查机房内机柜、设施和设备等是否进行接地处理。

d) 单元判定:如果以上测评实施内容为肯定,则符合本测评单元指标要求,否则不符合本测评单元指标要求。

8.1.1.4.2 测评单元(L3-PES1-08)

该测评单元包括以下要求:

a) 测评指标:应采取措施防止感应雷,例如设置防雷保安器或过压保护装置等。

b) 测评对象:机房防雷设施。

c) 测评实施包括以下内容:

   1) 应核查机房内是否设置防感应雷措施;

   2) 应核查防雷装置是否通过验收或国家有关部门的技术检测。

d) 单元判定:如果 1)和 2)均为肯定,则符合本测评单元指标要求,否则不符合或部分符合本测评单元指标要求。

8.1.1.5 防火

8.1.1.5.1 测评单元(L3-PES1-09)

该测评单元包括以下要求:

a) 测评指标:机房应设置火灾自动消防系统,能够自动检测火情、自动报警,并自动灭火。

b） 测评对象：机房防火设施。

c） 测评实施包括以下内容：

 1） 应核查机房内是否设置火灾自动消防系统；

 2） 应核查火灾自动消防系统是否可以自动检测火情、自动报警并自动灭火。

d） 单元判定：如果1）和2）均为肯定，则符合本测评单元指标要求，否则不符合或部分符合本测评单元指标要求。

8.1.1.5.2 测评单元（L3-PES1-10）

该测评单元包括以下要求：

a） 测评指标：机房及相关的工作房间和辅助房应采用具有耐火等级的建筑材料。

b） 测评对象：机房验收类文档。

c） 测评实施：应核查机房验收文档是否明确相关建筑材料的耐火等级。

d） 单元判定：如果以上测评实施内容为肯定，则符合本测评单元指标要求，否则不符合本测评单元指标要求。

8.1.1.5.3 测评单元（L3-PES1-11）

该测评单元包括以下要求：

a） 测评指标：应对机房划分区域进行管理，区域和区域之间设置隔离防火措施。

b） 测评对象：机房管理员和机房。

c） 测评实施包括以下内容：

 1） 应访谈机房管理员是否进行了区域划分；

 2） 应核查各区域间是否采取了防火措施进行隔离。

d） 单元判定：如果1）和2）均为肯定，则符合本测评单元指标要求，否则不符合或部分符合本测评单元指标要求。

8.1.1.6 防水和防潮

8.1.1.6.1 测评单元（L3-PES1-12）

该测评单元包括以下要求：

a） 测评指标：应采取措施防止雨水通过机房窗户、屋顶和墙壁渗透。

b） 测评对象：机房。

c） 测评实施：应核查窗户、屋顶和墙壁是否采取了防雨水渗透的措施。

d） 单元判定：如果以上测评实施内容为肯定，则符合本测评单元指标要求，否则不符合本测评单元指标要求。

8.1.1.6.2 测评单元（L3-PES1-13）

该测评单元包括以下要求：

a） 测评指标：应采取措施防止机房内水蒸气结露和地下积水的转移与渗透。

b） 测评对象：机房。

c） 测评实施包括以下内容：

 1） 应核查机房内是否采取了防止水蒸气结露的措施；

 2） 应核查机房内是否采取了排泄地下积水，防止地下积水渗透的措施。

d） 单元判定：如果1）和2）均为肯定，则符合本测评单元指标要求，否则不符合或部分符合本测评单元指标要求。

8.1.1.6.3 测评单元(L3-PES1-14)

该测评单元包括以下要求:

a) 测评指标:应安装对水敏感的检测仪表或元件,对机房进行防水检测和报警。

b) 测评对象:机房防水检测设施。

c) 测评实施包括以下内容:

1) 应核查机房内是否安装了对水敏感的检测装置;

2) 应核查防水检测和报警装置是否启用。

d) 单元判定:如果 1)和 2)均为肯定,则符合本测评单元指标要求,否则不符合或部分符合本测评单元指标要求。

8.1.1.7 防静电

8.1.1.7.1 测评单元(L3-PES1-15)

该测评单元包括以下要求:

a) 测评指标:应采用防静电地板或地面并采用必要的接地防静电措施。

b) 测评对象:机房。

c) 测评实施包括以下内容:

1) 应核查机房内是否安装了防静电地板或地面;

2) 应核查机房内是否采用了接地防静电措施。

d) 单元判定:如果 1)和 2)均为肯定,则符合本测评单元指标要求,否则不符合或部分符合本测评单元指标要求。

8.1.1.7.2 测评单元(L3-PES1-16)

该测评单元包括以下要求:

a) 测评指标:应采取措施防止静电的产生,例如采用静电消除器、佩戴防静电手环等。

b) 测评对象:机房。

c) 测评实施:应核查机房内是否配备了防静电设备。

d) 单元判定:如果以上测评实施内容为肯定,则符合本测评单元指标要求,否则不符合本测评单元指标要求。

8.1.1.8 温湿度控制

8.1.1.8.1 测评单元(L3-PES1-17)

该测评单元包括以下要求:

a) 测评指标:应设置温、湿度自动调节设施,使机房温、湿度的变化在设备运行所允许的范围之内。

b) 测评对象:机房温湿度调节设施。

c) 测评实施包括以下内容:

1) 应核查机房内是否配备了专用空调;

2) 应核查机房内温湿度是否在设备运行所允许的范围之内。

d) 单元判定:如果 1)和 2)均为肯定,则符合本测评单元指标要求,否则不符合或部分符合本测评单元指标要求。

8.1.1.9 电力供应

8.1.1.9.1 测评单元(L3-PES1-18)

该测评单元包括以下要求：

a) 测评指标:应在机房供电线路上配置稳压器和过电压防护设备。

b) 测评对象:机房供电设施。

c) 测评实施:应核查供电线路上是否配置了稳压器和过电压防护设备。

d) 单元判定:如果以上测评实施内容为肯定,则符合本测评单元指标要求,否则不符合本测评单元指标要求。

8.1.1.9.2 测评单元(L3-PES1-19)

该测评单元包括以下要求：

a) 测评指标:应提供短期的备用电力供应,至少满足设备在断电情况下的正常运行要求。

b) 测评对象:机房备用供电设施。

c) 测评实施包括以下内容：

   1) 应核查是否配备 UPS 等后备电源系统;

   2) 应核查 UPS 等后备电源系统是否满足设备在断电情况下的正常运行要求。

d) 单元判定:如果 1)和 2)均为肯定,则符合本测评单元指标要求,否则不符合或部分符合本测评单元指标要求。

8.1.1.9.3 测评单元(L3-PES1-20)

该测评单元包括以下要求：

a) 测评指标:应设置冗余或并行的电力电缆线路为计算机系统供电。

b) 测评对象:机房。

c) 测评实施:应核查机房内是否设置了冗余或并行的电力电缆线路为计算机系统供电。

d) 单元判定:如果以上测评实施内容为肯定,则符合本测评单元指标要求,否则不符合本测评单元指标要求。

8.1.1.10 电磁防护

8.1.1.10.1 测评单元(L3-PES1-21)

该测评单元包括以下要求：

a) 测评指标:电源线和通信线缆应隔离铺设,避免互相干扰。

b) 测评对象:机房线缆。

c) 测评实施:应核查机房内电源线缆和通信线缆是否隔离铺设。

d) 单元判定:如果以上测评实施内容为肯定,则符合本测评单元指标要求,否则不符合本测评单元指标要求。

8.1.1.10.2 测评单元(L3-PES1-22)

该测评单元包括以下要求：

a) 测评指标:应对关键设备实施电磁屏蔽。

b) 测评对象:机房关键设备。

c) 测评实施:应核查机房内是否为关键设备配备了电磁屏蔽装置。

d) 单元判定：如果以上测评实施内容为肯定，则符合本测评单元指标要求，否则不符合本测评单元指标要求。

8.1.2 安全通信网络

8.1.2.1 网络架构

8.1.2.1.1 测评单元(L3-CNS1-01)

该测评单元包括以下要求：

a) 测评指标：应保证网络设备的业务处理能力满足业务高峰期需要。

b) 测评对象：路由器、交换机、无线接入设备和防火墙等提供网络通信功能的设备或相关组件。

c) 测评实施包括以下内容：

   1) 应核查业务高峰时期一段时间内主要网络设备的 CPU 使用率和内存使用率是否满足需要；

   2) 应核查网络设备是否从未出现过因设备性能问题导致的宕机情况；

   3) 应测试验证设备是否满足业务高峰期需求。

d) 单元判定：如果 1)～3)均为肯定，则符合本测评单元指标要求，否则不符合或部分符合本测评单元指标要求。

8.1.2.1.2 测评单元(L3-CNS1-02)

该测评单元包括以下要求：

a) 测评指标：应保证网络各个部分的带宽满足业务高峰期需要。

b) 测评对象：综合网管系统等。

c) 测评实施包括以下内容：

   1) 应核查综合网管系统各通信链路带宽是否满足高峰时段的业务流量需要；

   2) 应测试验证网络带宽是否满足业务高峰期需求。

d) 单元判定：如果 1)和 2)均为肯定，则符合本测评单元指标要求，否则不符合或部分符合本测评单元指标要求。

8.1.2.1.3 测评单元(L3-CNS1-03)

该测评单元包括以下要求：

a) 测评指标：应划分不同的网络区域，并按照方便管理和控制的原则为各网络区域分配地址。

b) 测评对象：路由器、交换机、无线接入设备和防火墙等提供网络通信功能的设备或相关组件。

c) 测评实施包括以下内容：

   1) 应核查是否依据重要性、部门等因素划分不同的网络区域；

   2) 应核查相关网络设备配置信息，验证划分的网络区域是否与划分原则一致。

d) 单元判定：如果 1)和 2)均为肯定，则符合本测评单元指标要求，否则不符合或部分符合本测评单元指标要求。

8.1.2.1.4 测评单元(L3-CNS1-04)

该测评单元包括以下要求：

a) 测评指标：应避免将重要网络区域部署在边界处，重要网络区域与其他网络区域之间应采取可靠的技术隔离手段。

b) 测评对象：网络拓扑。

c) 测评实施包括以下内容：
   1) 应核查网络拓扑图是否与实际网络运行环境一致；
   2) 应核查重要网络区域是否未部署在网络边界处；
   3) 应核查重要网络区域与其他网络区域之间是否采取可靠的技术隔离手段，如网闸、防火墙和设备访问控制列表（ACL）等。
d) 单元判定：如果 1)～3)均为肯定，则符合本测评单元指标要求，否则不符合或部分符合本测评单元指标要求。

8.1.2.1.5 测评单元（L3-CNS1-05）

该测评单元包括以下要求：

a) 测评指标：应提供通信线路、关键网络设备和关键计算设备的硬件冗余，保证系统的可用性。
b) 测评对象：网络管理员和网络拓扑。
c) 测评实施：应核查是否有关键网络设备、安全设备和关键计算设备的硬件冗余（主备或双活等）和通信线路冗余。
d) 单元判定：如果以上测评实施内容为肯定，则符合本测评单元指标要求，否则不符合本测评单元指标要求。

8.1.2.2 通信传输

8.1.2.2.1 测评单元（L3-CNS1-06）

该测评单元包括以下要求：

a) 测评指标：应采用校验技术或密码技术保证通信过程中数据的完整性。
b) 测评对象：提供校验技术或密码技术功能的设备或组件。
c) 测评实施包括以下内容：
   1) 应核查是否在数据传输过程中使用校验技术或密码技术来保证其完整性；
   2) 应测试验证密码技术设备或组件能否保证通信过程中数据的完整性。
d) 单元判定：如果 1)和 2)均为肯定，则符合本测评单元指标要求，否则不符合或部分符合本测评单元指标要求。

8.1.2.2.2 测评单元（L3-CNS1-07）

该测评单元包括以下要求：

a) 测评指标：应采用密码技术保证通信过程中数据的保密性。
b) 测评对象：提供密码技术功能的设备或组件。
c) 测评实施包括以下内容：
   1) 应核查是否在通信过程中采取保密措施，具体采用哪些技术措施；
   2) 应测试验证在通信过程中是否对数据进行加密。
d) 单元判定：如果 1)和 2)均为肯定，则符合本测评单元指标要求，否则不符合或部分符合本测评单元指标要求。

8.1.2.3 可信验证

8.1.2.3.1 测评单元（L3-CNS1-08）

该测评单元包括以下要求：

a) 测评指标：可基于可信根对通信设备的系统引导程序、系统程序、重要配置参数和通信应用程序等进行可信验证，并在应用程序的关键执行环节进行动态可信验证，在检测到其可信性受到破坏后进行报警，并将验证结果形成审计记录送至安全管理中心。

b) 测评对象：提供可信验证的设备或组件、提供集中审计功能的系统。
c) 测评实施包括以下内容：
   1) 应核查是否基于可信根对通信设备的系统引导程序、系统程序、重要配置参数和通信应用程序等进行可信验证；
   2) 应核查是否在应用程序的关键执行环节进行动态可信验证；
   3) 应测试验证当检测到通信设备的可信性受到破坏后是否进行报警；
   4) 应测试验证结果是否以审计记录的形式送至安全管理中心。
d) 单元判定：如果 1)～4)均为肯定，则符合本测评单元指标要求，否则不符合或部分符合本测评单元指标要求。

8.1.3 安全区域边界

8.1.3.1 边界防护

8.1.3.1.1 测评单元(L3-ABS1-01)

该测评单元包括以下要求：

a) 测评指标：应保证跨越边界的访问和数据流通过边界设备提供的受控接口进行通信。
b) 测评对象：网闸、防火墙、路由器、交换机和无线接入网关设备等提供访问控制功能的设备或相关组件。
c) 测评实施包括以下内容：
   1) 应核查在网络边界处是否部署访问控制设备；
   2) 应核查设备配置信息是否指定端口进行跨越边界的网络通信，指定端口是否配置并启用了安全策略；
   3) 应采用其他技术手段(如非法无线网络设备定位、核查设备配置信息等)核查或测试验证是否不存在其他未受控端口进行跨越边界的网络通信。
d) 单元判定：如果 1)～3)均为肯定，则符合本测评单元指标要求，否则不符合或部分符合本测评单元指标要求。

8.1.3.1.2 测评单元(L3-ABS1-02)

该测评单元包括以下要求：

a) 测评指标：应能够对非授权设备私自联到内部网络的行为进行检查或限制。
b) 测评对象：终端管理系统或相关设备。
c) 测评实施包括以下内容：
   1) 应核查是否采用技术措施防止非授权设备接入内部网络；
   2) 应核查所有路由器和交换机等相关设备闲置端口是否均已关闭。
d) 单元判定：如果 1)和 2)均为肯定，则符合本测评单元指标要求，否则不符合或部分符合本测评单元指标要求。

8.1.3.1.3 测评单元(L3-ABS1-03)

该测评单元包括以下要求：

a) 测评指标：应能够对内部用户非授权联到外部网络的行为进行检查或限制。
b) 测评对象：终端管理系统或相关设备。

c) 测评实施：应核查是否采用技术措施防止内部用户存在非法外联行为。
d) 单元判定：如果以上测评实施内容为肯定，则符合本测评单元指标要求，否则不符合本测评单元指标要求。

8.1.3.1.4 测评单元(L3-ABS1-04)

该测评单元包括以下要求：
a) 测评指标：应限制无线网络的使用，保证无线网络通过受控的边界设备接入内部网络。
b) 测评对象：网络拓扑和无线网络设备。
c) 测评实施包括以下内容：
   1) 应核查无线网络的部署方式，是否单独组网后再连接到有线网络；
   2) 应核查无线网络是否通过受控的边界防护设备接入到内部有线网络。
d) 单元判定：如果1)和2)均为肯定，则符合本测评单元指标要求，否则不符合或部分符合本测评单元指标要求。

8.1.3.2 访问控制

8.1.3.2.1 测评单元(L3-ABS1-05)

该测评单元包括以下要求：
a) 测评指标：应在网络边界或区域之间根据访问控制策略设置访问控制规则，默认情况下除允许通信外受控接口拒绝所有通信。
b) 测评对象：网闸、防火墙、路由器、交换机和无线接入网关设备等提供访问控制功能的设备或相关组件。
c) 测评实施包括以下内容：
   1) 应核查在网络边界或区域之间是否部署访问控制设备并启用访问控制策略；
   2) 应核查设备的最后一条访问控制策略是否为禁止所有网络通信。
d) 单元判定：如果1)和2)均为肯定，则符合本测评单元指标要求，否则不符合或部分符合本测评单元指标要求。

8.1.3.2.2 测评单元(L3-ABS1-06)

该测评单元包括以下要求：
a) 测评指标：应删除多余或无效的访问控制规则，优化访问控制列表，并保证访问控制规则数量最小化。
b) 测评对象：网闸、防火墙、路由器、交换机和无线接入网关设备等提供访问控制功能的设备或相关组件。
c) 测评实施包括以下内容：
   1) 应核查是否不存在多余或无效的访问控制策略；
   2) 应核查不同的访问控制策略之间的逻辑关系及前后排列顺序是否合理。
d) 单元判定：如果1)和2)均为肯定，则符合本测评单元指标要求，否则不符合或部分符合本测评单元指标要求。

8.1.3.2.3 测评单元(L3-ABS1-07)

该测评单元包括以下要求：
a) 测评指标：应对源地址、目的地址、源端口、目的端口和协议等进行检查，以允许/拒绝数据包进出。

b) 测评对象:网闸、防火墙、路由器、交换机和无线接入网关设备等提供访问控制功能的设备或相关组件。

c) 测评实施包括以下内容:

1) 应核查设备的访问控制策略中是否设定了源地址、目的地址、源端口、目的端口和协议等相关配置参数;

2) 应测试验证访问控制策略中设定的相关配置参数是否有效。

d) 单元判定:如果1)和2)均为肯定,则符合本测评单元指标要求,否则不符合或部分符合本测评单元指标要求。

8.1.3.2.4 测评单元(L3-ABS1-08)

该测评单元包括以下要求:

a) 测评指标:应能根据会话状态信息为进出数据流提供明确的允许/拒绝访问的能力。

b) 测评对象:网闸、防火墙、路由器、交换机和无线接入网关设备等提供访问控制功能的设备或相关组件。

c) 测评实施包括以下内容:

1) 应核查是否采用会话认证等机制为进出数据流提供明确的允许/拒绝访问的能力;

2) 应测试验证是否为进出数据流提供明确的允许/拒绝访问的能力。

d) 单元判定:如果1)和2)均为肯定,则符合本测评单元指标要求,否则不符合或部分符合本测评单元指标要求。

8.1.3.2.5 测评单元(L3-ABS1-09)

该测评单元包括以下要求:

a) 测评指标:应对进出网络的数据流实现基于应用协议和应用内容的访问控制。

b) 测评对象:第二代防火墙等提供应用层访问控制功能的设备或相关组件。

c) 测评实施包括以下内容:

1) 应核查是否部署访问控制设备并启用访问控制策略;

2) 应测试验证设备访问控制策略是否能够对进出网络的数据流实现基于应用协议和应用内容的访问控制。

d) 单元判定:如果1)和2)均为肯定,则符合本测评单元指标要求,否则不符合或部分符合本测评单元指标要求。

8.1.3.3 入侵防范

8.1.3.3.1 测评单元(L3-ABS1-10)

该测评单元包括以下要求:

a) 测评指标:应在关键网络节点处检测、防止或限制从外部发起的网络攻击行为。

b) 测评对象:抗APT攻击系统、网络回溯系统、威胁情报检测系统、抗DDoS攻击系统和入侵保护系统或相关组件。

c) 测评实施包括以下内容:

1) 应核查相关系统或组件是否能够检测从外部发起的网络攻击行为;

2) 应核查相关系统或组件的规则库版本或威胁情报库是否已经更新到最新版本;

3) 应核查相关系统或组件的配置信息或安全策略是否能够覆盖网络所有关键节点;

4） 应测试验证相关系统或组件的配置信息或安全策略是否有效。

d） 单元判定：如果 1)～4)均为肯定，则符合本测评单元指标要求，否则不符合或部分符合本测评单元指标要求。

8.1.3.3.2 测评单元(L3-ABS1-11)

该测评单元包括以下要求：

a） 测评指标：应在关键网络节点处检测、防止或限制从内部发起的网络攻击行为。

b） 测评对象：抗 APT 攻击系统、网络回溯系统、威胁情报检测系统、抗 DDoS 攻击系统和入侵保护系统或相关组件。

c） 测评实施包括以下内容：

1） 应核查相关系统或组件是否能够检测到从内部发起的网络攻击行为；

2） 应核查相关系统或组件的规则库版本或威胁情报库是否已经更新到最新版本；

3） 应核查相关系统或组件的配置信息或安全策略是否能够覆盖网络所有关键节点；

4） 应测试验证相关系统或组件的配置信息或安全策略是否有效。

d） 单元判定：如果 1)～4)均为肯定，则符合本测评单元指标要求，否则不符合或部分符合本测评单元指标要求。

8.1.3.3.3 测评单元(L3-ABS1-12)

该测评单元包括以下要求：

a） 测评指标：应采取技术措施对网络行为进行分析，实现对网络攻击特别是新型网络攻击行为的分析。

b） 测评对象：抗 APT 攻击系统、网络回溯系统和威胁情报检测系统或相关组件。

c） 测评实施包括以下内容：

1） 应核查是否部署相关系统或组件对新型网络攻击进行检测和分析；

2） 应测试验证是否对网络行为进行分析，实现对网络攻击特别是未知的新型网络攻击的检测和分析。

d） 单元判定：如果 1)和 2)均为肯定，则符合本测评单元指标要求，否则不符合或部分符合本测评单元指标要求。

8.1.3.3.4 测评单元(L3-ABS1-13)

该测评单元包括以下要求：

a） 测评指标：当检测到攻击行为时，记录攻击源 IP、攻击类型、攻击目标、攻击时间，在发生严重入侵事件时应提供报警。

b） 测评对象：抗 APT 攻击系统、网络回溯系统、威胁情报检测系统、抗 DDoS 攻击系统和入侵保护系统或相关组件。

c） 测评实施包括以下内容：

1） 应核查相关系统或组件的记录是否包括攻击源 IP、攻击类型、攻击目标、攻击时间等相关内容；

2） 应测试验证相关系统或组件的报警策略是否有效。

d） 单元判定：如果 1)和 2)均为肯定，则符合本测评单元指标要求，否则不符合或部分符合本测评单元指标要求。

8.1.3.4 恶意代码和垃圾邮件防范

8.1.3.4.1 测评单元(L3-ABS1-14)

该测评单元包括以下要求:

a) 测评指标:应在关键网络节点处对恶意代码进行检测和清除,并维护恶意代码防护机制的升级和更新。

b) 测评对象:防病毒网关和 UTM 等提供防恶意代码功能的系统或相关组件。

c) 测评实施包括以下内容:

  1) 应核查在关键网络节点处是否部署防恶意代码产品等技术措施;

  2) 应核查防恶意代码产品运行是否正常,恶意代码库是否已经更新到最新;

  3) 应测试验证相关系统或组件的安全策略是否有效。

d) 单元判定:如果 1)~3)均为肯定,则符合本测评单元指标要求,否则不符合或部分符合本测评单元指标要求。

8.1.3.4.2 测评单元(L3-ABS1-15)

该测评单元包括以下要求:

a) 测评指标:应在关键网络节点处对垃圾邮件进行检测和防护,并维护垃圾邮件防护机制的升级和更新。

b) 测评对象:防垃圾邮件网关等提供防垃圾邮件功能的系统或相关组件。

c) 测评实施包括以下内容:

  1) 应核查在关键网络节点处是否部署了防垃圾邮件产品等技术措施;

  2) 应核查防垃圾邮件产品运行是否正常,防垃圾邮件规则库是否已经更新到最新;

  3) 应测试验证相关系统或组件的安全策略是否有效。

d) 单元判定:如果 1)~3)均为肯定,则符合本测评单元指标要求,否则不符合或部分符合本测评单元指标要求。

8.1.3.5 安全审计

8.1.3.5.1 测评单元(L3-ABS1-16)

该测评单元包括以下要求:

a) 测评指标:应在网络边界、重要网络节点进行安全审计,审计覆盖到每个用户,对重要的用户行为和重要安全事件进行审计。

b) 测评对象:综合安全审计系统等。

c) 测评实施包括以下内容:

  1) 应核查是否部署了综合安全审计系统或类似功能的系统平台;

  2) 应核查安全审计范围是否覆盖到每个用户;

  3) 应核查是否对重要的用户行为和重要安全事件进行了审计。

d) 单元判定:如果 1)~3)均为肯定,则符合本测评单元指标要求,否则不符合或部分符合本测评单元指标要求。

8.1.3.5.2 测评单元(L3-ABS1-17)

该测评单元包括以下要求:

a) 测评指标:审计记录应包括事件的日期和时间、用户、事件类型、事件是否成功及其他与审计相关的信息。

b) 测评对象:综合安全审计系统等。

c) 测评实施:应核查审计记录信息是否包括事件的日期和时间、用户、事件类型、事件是否成功及其他与审计相关的信息。

d) 单元判定:如果以上测评实施内容为肯定,则符合本测评单元指标要求,否则不符合本测评单元指标要求。

8.1.3.5.3 测评单元(L3-ABS1-18)

该测评单元包括以下要求:

a) 测评指标:应对审计记录进行保护,定期备份,避免受到未预期的删除、修改或覆盖等。

b) 测评对象:综合安全审计系统等。

c) 测评实施包括以下内容:

 1) 应核查是否采取了技术措施对审计记录进行保护;

 2) 应核查是否采取技术措施对审计记录进行定期备份,并核查其备份策略。

d) 单元判定:如果 1)和 2)均为肯定,则符合本测评单元指标要求,否则不符合或部分符合本测评单元指标要求。

8.1.3.5.4 测评单元(L3-ABS1-19)

该测评单元包括以下要求:

a) 测评指标:应能对远程访问的用户行为、访问互联网的用户行为等单独进行行为审计和数据分析。

b) 测评对象:上网行为管理系统或综合安全审计系统。

c) 测评实施:应核查是否对远程访问用户及互联网访问用户行为单独进行审计分析。

d) 单元判定:如果以上测评实施内容为肯定,则符合本测评单元指标要求,否则不符合本测评单元指标要求。

8.1.3.6 可信验证

8.1.3.6.1 测评单元(L3-ABS1-20)

该测评单元包括以下要求:

a) 测评指标:可基于可信根对边界设备的系统引导程序、系统程序、重要配置参数和边界防护应用程序等进行可信验证,并在应用程序的关键执行环节进行动态可信验证,在检测到其可信性受到破坏后进行报警,并将验证结果形成审计记录送至安全管理中心。

b) 测评对象:提供可信验证的设备或组件、提供集中审计功能的系统。

c) 测评实施包括以下内容:

 1) 应核查是否基于可信根对边界设备的系统引导程序、系统程序、重要配置参数和边界防护应用程序等进行可信验证;

 2) 应核查是否在应用程序的关键执行环节进行动态可信验证;

 3) 应测试验证当检测到边界设备的可信性受到破坏后是否进行报警;

 4) 应测试验证结果是否以审计记录的形式送至安全管理中心。

d) 单元判定:如果 1)~4)均为肯定,则符合本测评单元指标要求,否则不符合或部分符合本测评单元指标要求。

8.1.4 安全计算环境

8.1.4.1 身份鉴别

8.1.4.1.1 测评单元(L3-CES1-01)

该测评单元包括以下要求:

a) 测评指标:应对登录的用户进行身份标识和鉴别,身份标识具有唯一性,身份鉴别信息具有复杂度要求并定期更换。

b) 测评对象:终端和服务器等设备中的操作系统(包括宿主机和虚拟机操作系统)、网络设备(包括虚拟网络设备)、安全设备(包括虚拟安全设备)、移动终端、移动终端管理系统、移动终端管理客户端、感知节点设备、网关节点设备、控制设备、业务应用系统、数据库管理系统、中间件和系统管理软件及系统设计文档等。

c) 测评实施包括以下内容:

  1) 应核查用户在登录时是否采用了身份鉴别措施;

  2) 应核查用户列表确认用户身份标识是否具有唯一性;

  3) 应核查用户配置信息或测试验证是否不存在空口令用户;

  4) 应核查用户鉴别信息是否具有复杂度要求并定期更换。

d) 单元判定:如果1)~4)均为肯定,则符合本测评单元指标要求,否则不符合或部分符合本测评单元指标要求。

8.1.4.1.2 测评单元(L3-CES1-02)

该测评单元包括以下要求:

a) 测评指标:应具有登录失败处理功能,应配置并启用结束会话、限制非法登录次数和当登录连接超时自动退出等相关措施。

b) 测评对象:终端和服务器等设备中的操作系统(包括宿主机和虚拟机操作系统)、网络设备(包括虚拟网络设备)、安全设备(包括虚拟安全设备)、移动终端、移动终端管理系统、移动终端管理客户端、感知节点设备、网关节点设备、控制设备、业务应用系统、数据库管理系统、中间件和系统管理软件及系统设计文档等。

c) 测评实施包括以下内容:

  1) 应核查是否配置并启用了登录失败处理功能;

  2) 应核查是否配置并启用了限制非法登录功能,非法登录达到一定次数后采取特定动作,如账户锁定等;

  3) 应核查是否配置并启用了登录连接超时及自动退出功能。

d) 单元判定:如果1)~3)均为肯定,则符合本测评单元指标要求,否则不符合或部分符合本测评单元指标要求。

8.1.4.1.3 测评单元(L3-CES1-03)

该测评单元包括以下要求:

a) 测评指标:当进行远程管理时,应采取必要措施防止鉴别信息在网络传输过程中被窃听。

b) 测评对象:终端和服务器等设备中的操作系统(包括宿主机和虚拟机操作系统)、网络设备(包括虚拟网络设备)、安全设备(包括虚拟安全设备)、移动终端、移动终端管理系统、移动终端管理客户端、感知节点设备、网关节点设备、控制设备、业务应用系统、数据库管理系统、中间件和系统管理软件及系统设计文档等。

c) 测评实施：应核查是否采用加密等安全方式对系统进行远程管理，防止鉴别信息在网络传输过程中被窃听。
d) 单元判定：如果以上测评实施内容为肯定，则符合本测评单元指标要求，否则不符合本测评单元指标要求。

8.1.4.1.4 测评单元(L3-CES1-04)

该测评单元包括以下要求：

a) 测评指标：应采用口令、密码技术、生物技术等两种或两种以上组合的鉴别技术对用户进行身份鉴别，且其中一种鉴别技术至少应使用密码技术来实现。
b) 测评对象：终端和服务器等设备中的操作系统（包括宿主机和虚拟机操作系统）、网络设备（包括虚拟网络设备）、安全设备（包括虚拟安全设备）、移动终端、移动终端管理系统、移动终端管理客户端、感知节点设备、网关节点设备、控制设备、业务应用系统、数据库管理系统、中间件和系统管理软件及系统设计文档等。
c) 测评实施包括以下内容：
    1) 应核查是否采用动态口令、数字证书、生物技术和设备指纹等两种或两种以上组合的鉴别技术对用户身份进行鉴别；
    2) 应核查其中一种鉴别技术是否使用密码技术来实现。
d) 单元判定：如果1)和2)均为肯定，则符合本测评单元指标要求，否则不符合或部分符合本测评单元指标要求。

8.1.4.2 访问控制

8.1.4.2.1 测评单元(L3-CES1-05)

该测评单元包括以下要求：

a) 测评指标：应对登录的用户分配账户和权限。
b) 测评对象：终端和服务器等设备中的操作系统（包括宿主机和虚拟机操作系统）、网络设备（包括虚拟网络设备）、安全设备（包括虚拟安全设备）、移动终端、移动终端管理系统、移动终端管理客户端、感知节点设备、网关节点设备、控制设备、业务应用系统、数据库管理系统、中间件和系统管理软件及系统设计文档等。
c) 测评实施包括以下内容：
    1) 应核查是否为用户分配了账户和权限及相关设置情况；
    2) 应核查是否已禁用或限制匿名、默认账户的访问权限。
d) 单元判定：如果1)和2)均为肯定，则符合本测评单元指标要求，否则不符合或部分符合本测评单元指标要求。

8.1.4.2.2 测评单元(L3-CES1-06)

该测评单元包括以下要求：

a) 测评指标：应重命名或删除默认账户，修改默认账户的默认口令。
b) 测评对象：终端和服务器等设备中的操作系统（包括宿主机和虚拟机操作系统）、网络设备（包括虚拟网络设备）、安全设备（包括虚拟安全设备）、移动终端、移动终端管理系统、移动终端管理客户端、感知节点设备、网关节点设备、控制设备、业务应用系统、数据库管理系统、中间件和系统管理软件及系统设计文档等。
c) 测评实施包括以下内容：

1) 应核查是否已经重命名默认账户或默认账户已被删除；

2) 应核查是否已修改默认账户的默认口令。

d) 单元判定：如果1)或2)为肯定，则符合本测评单元指标要求，否则不符合或部分符合本测评单元指标要求。

8.1.4.2.3 测评单元(L3-CES1-07)

该测评单元包括以下要求：

a) 测评指标：应及时删除或停用多余的、过期的账户，避免共享账户的存在。

b) 测评对象：终端和服务器等设备中的操作系统(包括宿主机和虚拟机操作系统)、网络设备(包括虚拟网络设备)、安全设备(包括虚拟安全设备)、移动终端、移动终端管理系统、移动终端管理客户端、感知节点设备、网关节点设备、控制设备、业务应用系统、数据库管理系统、中间件和系统管理软件及系统设计文档等。

c) 测评实施包括以下内容：

1) 应核查是否不存在多余或过期账户，管理员用户与账户之间是否一一对应；

2) 应测试验证多余的、过期的账户是否被删除或停用。

d) 单元判定：如果1)和2)均为肯定，则符合本测评单元指标要求，否则不符合或部分符合本测评单元指标要求。

8.1.4.2.4 测评单元(L3-CES1-08)

该测评单元包括以下要求：

a) 测评指标：应授予管理用户所需的最小权限，实现管理用户的权限分离。

b) 测评对象：终端和服务器等设备中的操作系统(包括宿主机和虚拟机操作系统)、网络设备(包括虚拟网络设备)、安全设备(包括虚拟安全设备)、移动终端、移动终端管理系统、移动终端管理客户端、感知节点设备、网关节点设备、控制设备、业务应用系统、数据库管理系统、中间件和系统管理软件及系统设计文档等。

c) 测评实施包括以下内容：

1) 应核查是否进行角色划分；

2) 应核查管理用户的权限是否已进行分离；

3) 应核查管理用户权限是否为其工作任务所需的最小权限。

d) 单元判定：如果1)～3)均为肯定，则符合本测评单元指标要求，否则不符合或部分符合本测评单元指标要求。

8.1.4.2.5 测评单元(L3-CES1-09)

该测评单元包括以下要求：

a) 测评指标：应由授权主体配置访问控制策略，访问控制策略规定主体对客体的访问规则。

b) 测评对象：终端和服务器等设备中的操作系统(包括宿主机和虚拟机操作系统)、网络设备(包括虚拟网络设备)、安全设备(包括虚拟安全设备)、移动终端、移动终端管理系统、移动终端管理客户端、业务应用系统、数据库管理系统、中间件和系统管理软件及系统设计文档等。

c) 测评实施包括以下内容：

1) 应核查是否由授权主体(如管理用户)负责配置访问控制策略；

2) 应核查授权主体是否依据安全策略配置了主体对客体的访问规则；

3) 应测试验证用户是否有可越权访问情形。

d) 单元判定：如果1)～3)均为肯定，则符合本测评单元指标要求，否则不符合或部分符合本测评单元指标要求。

8.1.4.2.6 测评单元(L3-CES1-10)

该测评单元包括以下要求：

a) 测评指标：访问控制的粒度应达到主体为用户级或进程级，客体为文件、数据库表级。

b) 测评对象：终端和服务器等设备中的操作系统(包括宿主机和虚拟机操作系统)、网络设备(包括虚拟网络设备)、安全设备(包括虚拟安全设备)、移动终端、移动终端管理系统、移动终端管理客户端、业务应用系统、数据库管理系统、中间件和系统管理软件及系统设计文档等。

c) 测评实施：应核查访问控制策略的控制粒度是否达到主体为用户级或进程级，客体为文件、数据库表、记录或字段级。

d) 单元判定：如果以上测评实施内容为肯定，则符合本测评单元指标要求，否则不符合本测评单元指标要求。

8.1.4.2.7 测评单元(L3-CES1-11)

该测评单元包括以下要求：

a) 测评指标：应对重要主体和客体设置安全标记，并控制主体对有安全标记信息资源的访问。

b) 测评对象：终端和服务器等设备中的操作系统(包括宿主机和虚拟机操作系统)、网络设备(包括虚拟网络设备)、安全设备(包括虚拟安全设备)、移动终端、移动终端管理系统、移动终端管理客户端、业务应用系统、数据库管理系统、中间件和系统管理软件及系统设计文档等。

c) 测评实施包括以下内容：

   1) 应核查是否对主体、客体设置了安全标记；

   2) 应测试验证是否依据主体、客体安全标记控制主体对客体访问的强制访问控制策略。

d) 单元判定：如果1)和2)均为肯定，则符合本测评单元指标要求，否则不符合或部分符合本测评单元指标要求。

8.1.4.3 安全审计

8.1.4.3.1 测评单元(L3-CES1-12)

该测评单元包括以下要求：

a) 测评指标：应启用安全审计功能，审计覆盖到每个用户，对重要的用户行为和重要安全事件进行审计。

b) 测评对象：终端和服务器等设备中的操作系统(包括宿主机和虚拟机操作系统)、网络设备(包括虚拟网络设备)、安全设备(包括虚拟安全设备)、移动终端、移动终端管理系统、移动终端管理客户端、感知节点设备、网关节点设备、控制设备、业务应用系统、数据库管理系统、中间件和系统管理软件及系统设计文档等。

c) 测评实施包括以下内容：

   1) 应核查是否开启了安全审计功能；

   2) 应核查安全审计范围是否覆盖到每个用户；

   3) 应核查是否对重要的用户行为和重要安全事件进行审计。

d) 单元判定：如果1)～3)均为肯定，则符合本测评单元指标要求，否则不符合或部分符合本测评单元指标要求。

8.1.4.3.2 测评单元(L3-CES1-13)

该测评单元包括以下要求：

a) 测评指标：审计记录应包括事件的日期和时间、用户、事件类型、事件是否成功及其他与审计相关的信息。
b) 测评对象：终端和服务器等设备中的操作系统（包括宿主机和虚拟机操作系统）、网络设备（包括虚拟网络设备）、安全设备（包括虚拟安全设备）、移动终端、移动终端管理系统、移动终端管理客户端、感知节点设备、网关节点设备、控制设备、业务应用系统、数据库管理系统、中间件和系统管理软件及系统设计文档等。
c) 测评实施：应核查审计记录信息是否包括事件的日期和时间、用户、事件类型、事件是否成功及其他与审计相关的信息。
d) 单元判定：如果以上测评实施内容为肯定，则符合本测评单元指标要求，否则不符合本测评单元指标要求。

8.1.4.3.3 测评单元（L3-CES1-14）

该测评单元包括以下要求：
a) 测评指标：应对审计记录进行保护，定期备份，避免受到未预期的删除、修改或覆盖等。
b) 测评对象：终端和服务器等设备中的操作系统（包括宿主机和虚拟机操作系统）、网络设备（包括虚拟网络设备）、安全设备（包括虚拟安全设备）、移动终端、移动终端管理系统、移动终端管理客户端、感知节点设备、网关节点设备、控制设备、业务应用系统、数据库管理系统、中间件和系统管理软件及系统设计文档等。
c) 测评实施包括以下内容：
   1) 应核查是否采取了保护措施对审计记录进行保护；
   2) 应核查是否采取技术措施对审计记录进行定期备份，并核查其备份策略。
d) 单元判定：如果1)和2)均为肯定，则符合本测评单元指标要求，否则不符合或部分符合本测评单元指标要求。

8.1.4.3.4 测评单元（L3-CES1-15）

该测评单元包括以下要求：
a) 测评指标：应对审计进程进行保护，防止未经授权的中断。
b) 测评对象：终端和服务器等设备中的操作系统（包括宿主机和虚拟机操作系统）、网络设备（包括虚拟网络设备）、安全设备（包括虚拟安全设备）、移动终端、移动终端管理系统、移动终端管理客户端、感知节点设备、网关节点设备、控制设备、业务应用系统、数据库管理系统、中间件和系统管理软件及系统设计文档等。
c) 测评实施：应测试验证通过非审计管理员的其他账户来中断审计进程，验证审计进程是否受到保护。
d) 单元判定：如果以上测评实施内容为肯定，则符合本测评单元指标要求，否则不符合本测评单元指标要求。

8.1.4.4 入侵防范

8.1.4.4.1 测评单元（L3-CES1-17）

该测评单元包括以下要求：
a) 测评指标：应遵循最小安装的原则，仅安装需要的组件和应用程序。
b) 测评对象：终端和服务器等设备中的操作系统（包括宿主机和虚拟机操作系统）、网络设备（包括虚拟网络设备）、安全设备（包括虚拟安全设备）、移动终端、移动终端管理系统、移动终端管理理客户端、感知节点设备、网关节点设备和控制设备等。

c) 测评实施包括以下内容：

1) 应核查是否遵循最小安装原则；

2) 应核查是否未安装非必要的组件和应用程序。

d) 单元判定：如果 1)和 2)均为肯定，则符合本测评单元指标要求，否则不符合或部分符合本测评单元指标要求。

8.1.4.4.2 测评单元(L3-CES1-18)

该测评单元包括以下要求：

a) 测评指标：应关闭不需要的系统服务、默认共享和高危端口。

b) 测评对象：终端和服务器等设备中的操作系统(包括宿主机和虚拟机操作系统)、网络设备(包括虚拟网络设备)、安全设备(包括虚拟安全设备)、移动终端、移动终端管理系统、移动终端管理客户端、感知节点设备、网关节点设备和控制设备等。

c) 测评实施包括以下内容：

1) 应核查是否关闭了非必要的系统服务和默认共享；

2) 应核查是否不存在非必要的高危端口。

d) 单元判定：如果 1)和 2)均为肯定，则符合本测评单元指标要求，否则不符合或部分符合本测评单元指标要求。

8.1.4.4.3 测评单元(L3-CES1-19)

该测评单元包括以下要求：

a) 测评指标：应通过设定终端接入方式或网络地址范围对通过网络进行管理的管理终端进行限制。

b) 测评对象：终端和服务器等设备中的操作系统(包括宿主机和虚拟机操作系统)、网络设备(包括虚拟网络设备)、安全设备(包括虚拟安全设备)、移动终端、移动终端管理系统、移动终端管理客户端、感知节点设备、网关节点设备和控制设备等。

c) 测评实施：应核查配置文件或参数是否对终端接入范围进行限制。

d) 单元判定：如果以上测评实施内容为肯定，则符合本测评单元指标要求，否则不符合本测评单元指标要求。

8.1.4.4.4 测评单元(L3-CES1-20)

该测评单元包括以下要求：

a) 测评指标：应提供数据有效性检验功能，保证通过人机接口输入或通过通信接口输入的内容符合系统设定要求。

b) 测评对象：业务应用系统、中间件和系统管理软件及系统设计文档等。

c) 测评实施包括以下内容：

1) 应核查系统设计文档的内容是否包括数据有效性检验功能的内容或模块；

2) 应测试验证是否对人机接口或通信接口输入的内容进行有效性检验。

d) 单元判定：如果 1)和 2)均为肯定，则符合本测评单元指标要求，否则不符合或部分符合本测评单元指标要求。

8.1.4.4.5 测评单元(L3-CES1-21)

该测评单元包括以下要求：

a） 测评指标：应能发现可能存在的已知漏洞，并在经过充分测试评估后，及时修补漏洞。

b） 测评对象：终端和服务器等设备中的操作系统（包括宿主机和虚拟机操作系统）、网络设备（包括虚拟网络设备）、安全设备（包括虚拟安全设备）、移动终端、移动终端管理系统、移动终端管理客户端、感知节点设备、网关节点设备、控制设备、业务应用系统、数据库管理系统、中间件和系统管理软件等。

c） 测评实施包括以下内容：

1） 应通过漏洞扫描、渗透测试等方式核查是否不存在高风险漏洞；

2） 应核查是否在经过充分测试评估后及时修补漏洞。

d） 单元判定：如果 1）和 2）均为肯定，则符合本测评单元指标要求，否则不符合或部分符合本测评单元指标要求。

8.1.4.4.6 测评单元（L3-CES1-22）

该测评单元包括以下要求：

a） 测评指标：应能够检测到对重要节点进行入侵的行为，并在发生严重入侵事件时提供报警。

b） 测评对象：终端和服务器等设备中的操作系统（包括宿主机和虚拟机操作系统）、网络设备（包括虚拟网络设备）、安全设备（包括虚拟安全设备）、移动终端、移动终端管理系统、移动终端管理客户端、感知节点设备、网关节点设备和控制设备等。

c） 测评实施包括以下内容：

1） 应访谈并核查是否有入侵检测的措施；

2） 应核查在发生严重入侵事件时是否提供报警。

d） 单元判定：如果 1）和 2）均为肯定，则符合本测评单元指标要求，否则不符合或部分符合本测评单元指标要求。

8.1.4.5 恶意代码防范

8.1.4.5.1 测评单元（L3-CES1-23）

该测评单元包括以下要求：

a） 测评指标：应采用免受恶意代码攻击的技术措施或主动免疫可信验证机制及时识别入侵和病毒行为，并将其有效阻断。

b） 测评对象：终端和服务器等设备中的操作系统（包括宿主机和虚拟机操作系统）、移动终端、移动终端管理系统、移动终端管理客户端和控制设备等。

c） 测评实施包括以下内容：

1） 应核查是否安装了防恶意代码软件或相应功能的软件，定期进行升级和更新防恶意代码库；

2） 应核查是否采用主动免疫可信验证技术及时识别入侵和病毒行为；

3） 应核查当识别入侵和病毒行为时是否将其有效阻断。

d） 单元判定：如果 1）和 3）或 2）和 3）均为肯定，则符合本测评单元指标要求，否则不符合或部分符合本测评单元指标要求。

8.1.4.6 可信验证

8.1.4.6.1 测评单元（L3-CES1-24）

该测评单元包括以下要求：

a） 测评指标：可基于可信根对计算设备的系统引导程序、系统程序、重要配置参数和应用程序等进行可信验证，并在应用程序的关键执行环节进行动态可信验证，在检测到其可信性受到破坏后进行报警，并将验证结果形成审计记录送至安全管理中心。

b) 测评对象：提供可信验证的设备或组件、提供集中审计功能的系统。

c) 测评实施包括以下内容：

   1) 应核查是否基于可信根对计算设备的系统引导程序、系统程序、重要配置参数和应用程序等进行可信验证；

   2) 应核查是否在应用程序的关键执行环节进行动态可信验证；

   3) 应测试验证当检测到计算设备的可信性受到破坏后是否进行报警；

   4) 应测试验证结果是否以审计记录的形式送至安全管理中心。

d) 单元判定：如果 1)～4)均为肯定，则符合本测评单元指标要求，否则不符合或部分符合本测评单元指标要求。

8.1.4.7 数据完整性

8.1.4.7.1 测评单元(L3-CES1-25)

该测评单元包括以下要求：

a) 测评指标：应采用校验技术或密码技术保证重要数据在传输过程中的完整性，包括但不限于鉴别数据、重要业务数据、重要审计数据、重要配置数据、重要视频数据和重要个人信息等。

b) 测评对象：业务应用系统、数据库管理系统、中间件、系统管理软件及系统设计文档、数据安全保护系统、终端和服务器等设备中的操作系统及网络设备和安全设备等。

c) 测评实施包括以下内容：

   1) 应核查系统设计文档，鉴别数据、重要业务数据、重要审计数据、重要配置数据、重要视频数据和重要个人信息等在传输过程中是否采用了校验技术或密码技术保证完整性；

   2) 应测试验证在传输过程中对鉴别数据、重要业务数据、重要审计数据、重要配置数据、重要视频数据和重要个人信息等进行篡改，是否能够检测到数据在传输过程中的完整性受到破坏并能够及时恢复。

d) 单元判定：如果 1)和 2)均为肯定，则符合本测评单元指标要求，否则不符合或部分符合本测评单元指标要求。

8.1.4.7.2 测评单元(L3-CES1-26)

该测评单元包括以下要求：

a) 测评指标：应采用校验技术或密码技术保证重要数据在存储过程中的完整性，包括但不限于鉴别数据、重要业务数据、重要审计数据、重要配置数据、重要视频数据和重要个人信息等。

b) 测评对象：业务应用系统、数据库管理系统、中间件、系统管理软件及系统设计文档、数据安全保护系统、终端和服务器等设备中的操作系统及网络设备和安全设备中等。

c) 测评实施包括以下内容：

   1) 应核查设计文档，是否采用了校验技术或密码技术保证鉴别数据、重要业务数据、重要审计数据、重要配置数据、重要视频数据和重要个人信息等在存储过程中的完整性；

   2) 应核查是否采用技术措施(如数据安全保护系统等)保证鉴别数据、重要业务数据、重要审计数据、重要配置数据、重要视频数据和重要个人信息等在存储过程中的完整性；

   3) 应测试验证在存储过程中对鉴别数据、重要业务数据、重要审计数据、重要配置数据、重要视频数据和重要个人信息等进行篡改，是否能够检测到数据在存储过程中的完整性受到破坏并能够及时恢复。

d) 单元判定：如果1)～3)均为肯定，则符合本测评单元指标要求，否则不符合或部分符合本测评单元指标要求。

8.1.4.8 数据保密性

8.1.4.8.1 测评单元(L3-CES1-27)

该测评单元包括以下要求：

a) 测评指标：应采用密码技术保证重要数据在传输过程中的保密性，包括但不限于鉴别数据、重要业务数据和重要个人信息等。
b) 测评对象：业务应用系统、数据库管理系统、中间件和系统管理软件及系统设计文档等。
c) 测评实施包括以下内容：
   1) 应核查系统设计文档，鉴别数据、重要业务数据和重要个人信息等在传输过程中是否采用密码技术保证保密性；
   2) 应通过嗅探等方式抓取传输过程中的数据包，鉴别数据、重要业务数据和重要个人信息等在传输过程中是否进行了加密处理。
d) 单元判定：如果1)和2)均为肯定，则符合本测评单元指标要求，否则不符合或部分符合本测评单元指标要求。

8.1.4.8.2 测评单元(L3-CES1-28)

该测评单元包括以下要求：

a) 测评指标：应采用密码技术保证重要数据在存储过程中的保密性，包括但不限于鉴别数据、重要业务数据和重要个人信息等。
b) 测评对象：业务应用系统、数据库管理系统、中间件、系统管理软件及系统设计文档、数据安全保护系统、终端和服务器等设备中的操作系统及网络设备和安全设备中的重要配置数据。
c) 测评实施包括以下内容：
   1) 应核查是否采用密码技术保证鉴别数据、重要业务数据和重要个人信息等在存储过程中的保密性；
   2) 应核查是否采用技术措施(如数据安全保护系统等)保证鉴别数据、重要业务数据和重要个人信息等在存储过程中的保密性；
   3) 应测试验证是否对指定的数据进行加密处理。
d) 单元判定：如果1)～3)均为肯定，则符合本测评单元指标要求，否则不符合或部分符合本测评单元指标要求。

8.1.4.9 数据备份恢复

8.1.4.9.1 测评单元(L3-CES1-29)

该测评单元包括以下要求：

a) 测评指标：应提供重要数据的本地数据备份与恢复功能。
b) 测评对象：配置数据和业务数据。
c) 测评实施包括以下内容：
   1) 应核查是否按照备份策略进行本地备份；
   2) 应核查备份策略设置是否合理、配置是否正确；
   3) 应核查备份结果是否与备份策略一致；
   4) 应核查近期恢复测试记录是否能够进行正常的数据恢复。

d) 单元判定：如果1)～4)均为肯定，则符合本测评单元指标要求，否则不符合或部分符合本测评单元指标要求。

8.1.4.9.2 测评单元(L3-CES1-30)

该测评单元包括以下要求：

a) 测评指标：应提供异地实时备份功能，利用通信网络将重要数据实时备份至备份场地。

b) 测评对象：配置数据和业务数据。

c) 测评实施：应核查是否提供异地实时备份功能，并通过网络将重要配置数据、重要业务数据实时备份至备份场地。

d) 单元判定：如果以上测评实施内容为肯定，则符合本测评单元指标要求，否则不符合本测评单元指标要求。

8.1.4.9.3 测评单元(L3-CES1-31)

该测评单元包括以下要求：

a) 测评指标：应提供重要数据处理系统的热冗余，保证系统的高可用性。

b) 测评对象：重要数据处理系统。

c) 测评实施：应核查重要数据处理系统(包括边界路由器、边界防火墙、核心交换机、应用服务器和数据库服务器等)是否采用热冗余方式部署。

d) 单元判定：如果以上测评实施内容为肯定，则符合本测评单元指标要求，否则不符合本测评单元指标要求。

8.1.4.10 剩余信息保护

8.1.4.10.1 测评单元(L3-CES1-32)

该测评单元包括以下要求：

a) 测评指标：应保证鉴别信息所在的存储空间被释放或重新分配前得到完全清除。

b) 测评对象：终端和服务器等设备中的操作系统、业务应用系统、数据库管理系统、中间件和系统管理软件及系统设计文档等。

c) 测评实施：应核查相关配置信息或系统设计文档，用户的鉴别信息所在的存储空间被释放或重新分配前是否得到完全清除。

d) 单元判定：如果以上测评实施内容为肯定，则符合本测评单元指标要求，否则不符合本测评单元指标要求。

8.1.4.10.2 测评单元(L3-CES1-33)

该测评单元包括以下要求：

a) 测评指标：应保证存有敏感数据的存储空间被释放或重新分配前得到完全清除。

b) 测评对象：终端和服务器等设备中的操作系统、业务应用系统、数据库管理系统、中间件和系统管理软件及系统设计文档等。

c) 测评实施：应核查相关配置信息或系统设计文档，敏感数据所在的存储空间被释放或重新分配给其他用户前是否得到完全清除。

d) 单元判定：如果以上测评实施内容为肯定，则符合本测评单元指标要求，否则不符合本测评单元指标要求。

8.1.4.11 个人信息保护

8.1.4.11.1 测评单元(L3-CES1-34)

该测评单元包括以下要求:

a) 测评指标:应仅采集和保存业务必需的用户个人信息。

b) 测评对象:业务应用系统和数据库管理系统等。

c) 测评实施包括以下内容:

 1) 应核查采集的用户个人信息是否是业务应用必需的;

 2) 应核查是否制定了有关用户个人信息保护的管理制度和流程。

d) 单元判定:如果 1)和 2)均为肯定,则符合本测评单元指标要求,否则不符合或部分符合本测评单元指标要求。

8.1.4.11.2 测评单元(L3-CES1-35)

该测评单元包括以下要求:

a) 测评指标:应禁止未授权访问和非法使用用户个人信息。

b) 测评对象:业务应用系统和数据库管理系统等。

c) 测评实施包括以下内容:

 1) 应核查是否采用技术措施限制对用户个人信息的访问和使用;

 2) 应核查是否制定了有关用户个人信息保护的管理制度和流程。

d) 单元判定:如果 1)和 2)均为肯定,则符合本测评单元指标要求,否则不符合或部分符合本测评单元指标要求。

8.1.5 安全管理中心

8.1.5.1 系统管理

8.1.5.1.1 测评单元(L3-SMC1-01)

该测评单元包括以下要求:

a) 测评指标:应对系统管理员进行身份鉴别,只允许其通过特定的命令或操作界面进行系统管理操作,并对这些操作进行审计。

b) 测评对象:提供集中系统管理功能的系统。

c) 测评实施包括以下内容:

 1) 应核查是否对系统管理员进行身份鉴别;

 2) 应核查是否只允许系统管理员通过特定的命令或操作界面进行系统管理操作;

 3) 应核查是否对系统管理的操作进行审计。

d) 单元判定:如果 1)~3)均为肯定,则符合本测评单元指标要求,否则不符合或部分符合本测评单元指标要求。

8.1.5.1.2 测评单元(L3-SMC1-02)

该测评单元包括以下要求:

a) 测评指标:应通过系统管理员对系统的资源和运行进行配置、控制和管理,包括用户身份、资源配置、系统加载和启动、系统运行的异常处理、数据和设备的备份与恢复等。

b) 测评对象:提供集中系统管理功能的系统。

c） 测评实施：应核查是否通过系统管理员对系统的资源和运行进行配置、控制和管理，包括用户身份、资源配置、系统加载和启动、系统运行的异常处理、数据和设备的备份与恢复等。

d） 单元判定：如果以上测评实施内容为肯定，则符合本测评单元指标要求，否则不符合本测评单元指标要求。

8.1.5.2 审计管理

8.1.5.2.1 测评单元(L3-SMC1-03)

该测评单元包括以下要求：

a） 测评指标：应对审计管理员进行身份鉴别，只允许其通过特定的命令或操作界面进行安全审计操作，并对这些操作进行审计。

b） 测评对象：综合安全审计系统、数据库审计系统等提供集中审计功能的系统。

c） 测评实施包括以下内容：

  1） 应核查是否对审计管理员进行身份鉴别；

  2） 应核查是否只允许审计管理员通过特定的命令或操作界面进行安全审计操作；

  3） 应核查是否对安全审计操作进行审计。

d） 单元判定：如果1)～3)均为肯定，则符合本测评单元指标要求，否则不符合或部分符合本测评单元指标要求。

8.1.5.2.2 测评单元(L3-SMC1-04)

该测评单元包括以下要求：

a） 测评指标：应通过审计管理员对审计记录进行分析，并根据分析结果进行处理，包括根据安全审计策略对审计记录进行存储、管理和查询等。

b） 测评对象：综合安全审计系统、数据库审计系统等提供集中审计功能的系统。

c） 测评实施：应核查是否通过审计管理员对审计记录进行分析，并根据分析结果进行处理，包括根据安全审计策略对审计记录进行存储、管理和查询等。

d） 单元判定：如果以上测评实施内容为肯定，则符合本测评单元指标要求，否则不符合本测评单元指标要求。

8.1.5.3 安全管理

8.1.5.3.1 测评单元(L3-SMC1-05)

该测评单元包括以下要求：

a） 测评指标：应对安全管理员进行身份鉴别，只允许其通过特定的命令或操作界面进行安全管理操作，并对这些操作进行审计。

b） 测评对象：提供集中安全管理功能的系统。

c） 测评实施包括以下内容：

  1） 应核查是否对安全管理员进行身份鉴别；

  2） 应核查是否只允许安全管理员通过特定的命令或操作界面进行安全审计操作；

  3） 应核查是否对安全管理操作进行审计。

d） 单元判定：如果1)～3)均为肯定，则符合本测评单元指标要求，否则不符合或部分符合本测评单元指标要求。

8.1.5.3.2 测评单元(L3-SMC1-06)

该测评单元包括以下要求:

a) 测评指标:应通过安全管理员对系统中的安全策略进行配置,包括安全参数的设置,主体、客体进行统一安全标记,对主体进行授权,配置可信验证策略等。

b) 测评对象:提供集中安全管理功能的系统。

c) 测评实施:应核查是否通过安全管理员对系统中的安全策略进行配置,包括安全参数的设置,主体、客体进行统一安全标记,对主体进行授权,配置可信验证策略等。

d) 单元判定:如果以上测评实施内容为肯定,则符合本测评单元指标要求,否则不符合本测评单元指标要求。

8.1.5.4 集中管控

8.1.5.4.1 测评单元(L3-SMC1-07)

该测评单元包括以下要求:

a) 测评指标:应划分出特定的管理区域,对分布在网络中的安全设备或安全组件进行管控。

b) 测评对象:网络拓扑。

c) 测评实施包括以下内容:

   1) 应核查是否划分出单独的网络区域用于部署安全设备或安全组件;

   2) 应核查各个安全设备或安全组件是否集中部署在单独的网络区域内。

d) 单元判定:如果1)和2)均为肯定,则符合本测评单元指标要求,否则不符合或部分符合本测评单元指标要求。

8.1.5.4.2 测评单元(L3-SMC1-08)

该测评单元包括以下要求:

a) 测评指标:应能够建立一条安全的信息传输路径,对网络中的安全设备或安全组件进行管理。

b) 测评对象:路由器、交换机和防火墙等设备或相关组件。

c) 测评实施包括以下内容:

   1) 应核查是否采用安全方式(如SSH、HTTPS、IPSec VPN等)对安全设备或安全组件进行管理;

   2) 应核查是否使用独立的带外管理网络对安全设备或安全组件进行管理。

d) 单元判定:如果1)或2)为肯定,则符合本测评单元指标要求,否则不符合本测评单元指标要求。

8.1.5.4.3 测评单元(L3-SMC1-09)

该测评单元包括以下要求:

a) 测评指标:应对网络链路、安全设备、网络设备和服务器等的运行状况进行集中监测。

b) 测评对象:综合网管系统等提供运行状态监测功能的系统。

c) 测评实施包括以下内容:

   1) 应核查是否部署了具备运行状态监测功能的系统或设备,能够对网络链路、安全设备、网络设备和服务器等的运行状况进行集中监测;

   2) 应测试验证运行状态监测系统是否根据网络链路、安全设备、网络设备和服务器等的工作状态、依据设定的阀值(或默认阀值)实时报警。

d) 单元判定：如果 1)和 2)均为肯定，则符合本测评单元指标要求，否则不符合或部分符合本测评单元指标要求。

8.1.5.4.4 测评单元(L3-SMC1-10)

该测评单元包括以下要求：

a) 测评指标：应对分散在各个设备上的审计数据进行收集汇总和集中分析，并保证审计记录的留存时间符合法律法规要求。

b) 测评对象：综合安全审计系统、数据库审计系统等提供集中审计功能的系统。

c) 测评实施包括以下内容：

 1) 应核查各个设备是否配置并启用了相关策略，将审计数据发送到独立于设备自身的外部集中安全审计系统中；

 2) 应核查是否部署统一的集中安全审计系统，统一收集和存储各设备日志，并根据需要进行集中审计分析；

 3) 应核查审计记录的留存时间是否至少为 6 个月。

d) 单元判定：如果 1)～3)均为肯定，则符合本测评单元指标要求，否则不符合或部分符合本测评单元指标要求。

8.1.5.4.5 测评单元(L3-SMC1-11)

该测评单元包括以下要求：

a) 测评指标：应对安全策略、恶意代码、补丁升级等安全相关事项进行集中管理。

b) 测评对象：提供集中安全管控功能的系统。

c) 测评实施包括以下内容：

 1) 应核查是否能够对安全策略(如防火墙访问控制策略、入侵保护系统防护策略、WAF 安全防护策略等)进行集中管理；

 2) 应核查是否实现对操作系统防恶意代码系统及网络恶意代码防护设备的集中管理，实现对防恶意代码病毒规则库的升级进行集中管理；

 3) 应核查是否实现对各个系统或设备的补丁升级进行集中管理。

d) 单元判定：如果 1)～3)均为肯定，则符合本测评单元指标要求，否则不符合或部分符合本测评单元指标要求。

8.1.5.4.6 测评单元(L3-SMC1-12)

该测评单元包括以下要求：

a) 测评指标：应能对网络中发生的各类安全事件进行识别、报警和分析。

b) 测评对象：提供集中安全管控功能的系统。

c) 测评实施包括以下内容：

 1) 应核查是否部署了相关系统平台能够对各类安全事件进行分析并通过声光等方式实时报警；

 2) 应核查监测范围是否能够覆盖网络所有关键路径。

d) 单元判定：如果 1)和 2)均为肯定，则符合本测评单元指标要求，否则不符合或部分符合本测评单元指标要求。

8.1.6 安全管理制度

8.1.6.1 安全策略

8.1.6.1.1 测评单元(L3-PSS1-01)

该测评单元包括以下要求:

a) 测评指标:应制定网络安全工作的总体方针和安全策略,阐明机构安全工作的总体目标、范围、原则和安全框架等。

b) 测评对象:总体方针策略类文档。

c) 测评实施:应核查网络安全工作的总体方针和安全策略文件是否明确机构安全工作的总体目标、范围、原则和各类安全策略。

d) 单元判定:如果以上测评实施内容为肯定,则符合本测评单元指标要求,否则不符合本测评单元指标要求。

8.1.6.2 管理制度

8.1.6.2.1 测评单元(L3-PSS1-02)

该测评单元包括以下要求:

a) 测评指标:应对安全管理活动中的各类管理内容建立安全管理制度。

b) 测评对象:安全管理制度类文档。

c) 测评实施:应核查各项安全管理制度是否覆盖物理、网络、主机系统、数据、应用、建设和运维等管理内容。

d) 单元判定:如果以上测评实施内容为肯定,则符合本测评单元指标要求,否则不符合本测评单元指标要求。

8.1.6.2.2 测评单元(L3-PSS1-03)

该测评单元包括以下要求:

a) 测评指标:应对管理人员或操作人员执行的日常管理操作建立操作规程。

b) 测评对象:操作规程类文档。

c) 测评实施:应核查是否具有日常管理操作的操作规程,如系统维护手册和用户操作规程等。

d) 单元判定:如果以上测评实施内容为肯定,则符合本测评单元指标要求,否则不符合本测评单元指标要求。

8.1.6.2.3 测评单元(L3-PSS1-04)

该测评单元包括以下要求:

a) 测评指标:应形成由安全策略、管理制度、操作规程、记录表单等构成的全面的安全管理制度体系。

b) 测评对象:总体方针策略类文档、管理制度类文档、操作规程类文档和记录表单类文档。

c) 测评实施:应核查总体方针策略文件、管理制度和操作规程、记录表单是否全面且具有关联性和一致性。

d) 单元判定:如果以上测评实施内容为肯定,则符合本测评单元指标要求,否则不符合本测评单元指标要求。

8.1.6.3 制定和发布

8.1.6.3.1 测评单元(L3-PSS1-05)

该测评单元包括以下要求:

a) 测评指标:应指定或授权专门的部门或人员负责安全管理制度的制定。
b) 测评对象:部门/人员职责文件等。
c) 测评实施:应核查是否由专门的部门或人员负责制定安全管理制度。
d) 单元判定:如果以上测评实施内容为肯定,则符合本测评单元指标要求,否则不符合本测评单元指标要求。

8.1.6.3.2 测评单元(L3-PSS1-06)

该测评单元包括以下要求:

a) 测评指标:安全管理制度应通过正式、有效的方式发布,并进行版本控制。
b) 测评对象:管理制度类文档和记录表单类文档。
c) 测评实施包括以下内容:
   1) 应核查制度制定和发布要求管理文档是否说明安全管理制度的制定和发布程序、格式要求及版本编号等相关内容;
   2) 应核查安全管理制度的收发登记记录是否通过正式、有效的方式收发,如正式发文、领导签署和单位盖章等。
d) 单元判定:如果1)和2)均为肯定,则符合本测评单元指标要求,否则不符合或部分符合本测评单元指标要求。

8.1.6.4 评审和修订

8.1.6.4.1 测评单元(L3-PSS1-07)

该测评单元包括以下要求:

a) 测评指标:应定期对安全管理制度的合理性和适用性进行论证和审定,对存在不足或需要改进的安全管理制度进行修订。
b) 测评对象:信息/网络安全主管和记录表单类文档。
c) 测评实施包括以下内容:
   1) 应访谈信息/网络安全主管是否定期对安全管理制度的合理性和适用性进行审定;
   2) 应核查是否具有安全管理制度的审定或论证记录,如果对制度做过修订,核查是否有修订版本的安全管理制度。
d) 单元判定:如果1)和2)均为肯定,则符合本测评单元指标要求,否则不符合或部分符合本测评单元指标要求。

8.1.7 安全管理机构

8.1.7.1 岗位设置

8.1.7.1.1 测评单元(L3-ORS1-01)

该测评单元包括以下要求:

a) 测评指标:应成立指导和网络安全工作的委员会或领导小组,其最高领导由单位主管领导担任或授权。

b) 测评对象:信息/网络安全主管、管理制度类文档和记录表单类文档。
c) 测评实施包括以下内容:
   1) 应访谈信息/网络安全主管是否成立了指导和管理网络安全工作的委员会或领导小组;
   2) 应核查相关文档是否明确了网络安全工作委员会或领导小组构成情况和相关职责;
   3) 应核查委员会或领导小组的最高领导是否由单位主管领导担任或由其进行了授权。
d) 单元判定:如果 1)~3)均为肯定,则符合本测评单元指标要求,否则不符合或部分符合本测评单元指标要求。

8.1.7.1.2 测评单元(L3-ORS1-02)

该测评单元包括以下要求:
a) 测评指标:应设立网络安全管理工作的职能部门,设立安全主管、安全管理各个方面的负责人岗位,并定义各负责人的职责。
b) 测评对象:信息/网络安全主管和管理制度类文档。
c) 测评实施包括以下内容:
   1) 应访谈信息/网络安全主管是否设立网络安全管理工作的职能部门;
   2) 应核查部门职责文档是否明确网络安全管理工作的职能部门和各负责人职责;
   3) 应核查岗位职责文档是否有岗位划分情况和岗位职责。
d) 单元判定:如果 1)~3)均为肯定,则符合本测评单元指标要求,否则不符合或部分符合本测评单元指标要求。

8.1.7.1.3 测评单元(L3-ORS1-03)

该测评单元包括以下要求:
a) 测评指标:应设立系统管理员、审计管理员和安全管理员等岗位,并定义部门及各个工作岗位的职责。
b) 测评对象:信息/网络安全主管和管理制度类文档。
c) 测评实施包括以下内容:
   1) 应访谈信息/网络安全主管是否进行了安全管理岗位的划分;
   2) 应核查岗位职责文档是否明确了各部门及各岗位职责。
d) 单元判定:如果 1)和 2)均为肯定,则符合本测评单元指标要求,否则不符合或部分符合本测评单元指标要求。

8.1.7.2 人员配备

8.1.7.2.1 测评单元(L3-ORS1-04)

该测评单元包括以下要求:
a) 测评指标:应配备一定数量的系统管理员、审计管理员和安全管理员等。
b) 测评对象:信息/网络安全主管和记录表单类文档。
c) 测评实施包括以下内容:
   1) 应访谈信息/网络安全主管是否配备系统管理员、审计管理员和安全管理员;
   2) 应核查人员配备文档是否明确各岗位人员配备情况。
d) 单元判定:如果 1)和 2)均为肯定,则符合本测评单元指标要求,否则不符合或部分符合本测评单元指标要求。

8.1.7.2.2 测评单元(L3-ORS1-05)

该测评单元包括以下要求:

a) 测评指标:应配备专职安全管理员,不可兼任。

b) 测评对象:记录表单类文档。

c) 测评实施:应核查人员配备文档是否配备了专职安全管理员。

d) 单元判定:如果以上测评实施内容为肯定,则符合本测评单元指标要求,否则不符合本测评单元指标要求。

8.1.7.3 授权和审批

8.1.7.3.1 测评单元(L4-ORS1-06)

该测评单元包括以下要求:

a) 测评指标:应根据各个部门和岗位的职责明确授权审批事项、审批部门和批准人等。

b) 测评对象:管理制度类文档和记录表单类文档。

c) 测评实施包括以下内容:

 1) 应核查部门职责文档是否明确各部门审批事项;

 2) 应核查岗位职责文档是否明确各岗位审批事项。

d) 单元判定:如果 1)和 2)均为肯定,则符合本测评单元指标要求,否则不符合或部分符合本测评单元指标要求。

8.1.7.3.2 测评单元(L4-ORS1-07)

该测评单元包括以下要求:

a) 测评指标:应针对系统变更、重要操作、物理访问和系统接入等事项建立审批程序,按照审批程序执行审批过程,对重要活动建立逐级审批制度。

b) 测评对象:操作规程类文档和记录表单类文档。

c) 测评实施包括以下内容:

 1) 应核查系统变更、重要操作、物理访问和系统接入等事项的操作规范是否明确建立了逐级审批程序;

 2) 应核查审批记录、操作记录,审批结果是否与相关制度一致。

d) 单元判定:如果 1)和 2)均为肯定,则符合本测评单元指标要求,否则不符合或部分符合本测评单元指标要求。

8.1.7.3.3 测评单元(L4-ORS1-08)

该测评单元包括以下要求:

a) 测评指标:应定期审查审批事项,及时更新需授权和审批的项目、审批部门和审批人等信息。

b) 测评对象:信息/网络安全主管和记录表单类文档。

c) 测评实施包括以下内容:

 1) 应访谈信息/网络安全主管是否对各类审批事项进行更新;

 2) 应核查是否具有定期审查审批事项的记录。

d) 单元判定:如果 1)和 2)均为肯定,则符合本测评单元指标要求,否则不符合或部分符合本测评单元指标要求。

8.1.7.4 沟通和合作

8.1.7.4.1 测评单元(L3-ORS1-09)

该测评单元包括以下要求:

a) 测评指标:应加强各类管理人员、组织内部机构和网络安全管理部门之间的合作与沟通,定期召开协调会议,共同协作处理网络安全问题。

b) 测评对象:信息/网络安全主管和记录表单类文档。

c) 测评实施包括以下内容:

   1) 应访谈信息/网络安全主管是否建立了各类管理人员、组织内部机构和网络安全管理部门之间的合作与沟通机制;

   2) 应核查会议记录是否明确各类管理人员、组织内部机构和网络安全管理部门之间开展了合作与沟通。

d) 单元判定:如果1)和2)均为肯定,则符合本测评单元指标要求,否则不符合或部分符合本测评单元指标要求。

8.1.7.4.2 测评单元(L3-ORS1-10)

该测评单元包括以下要求:

a) 测评指标:应加强与网络安全职能部门、各类供应商、业界专家及安全组织的合作与沟通。

b) 测评对象:信息/网络安全主管和记录表单类文档。

c) 测评实施包括以下内容:

   1) 应访谈信息/网络安全主管是否建立了与网络安全职能部门、各类供应商、业界专家及安全组织的合作与沟通机制;

   2) 应核查会议记录是否与网络安全职能部门、各类供应商、业界专家及安全组织开展了合作与沟通。

d) 单元判定:如果1)和2)均为肯定,则符合本测评单元指标要求,否则不符合或部分符合本测评单元指标要求。

8.1.7.4.3 测评单元(L3-ORS1-11)

该测评单元包括以下要求:

a) 测评指标:应建立外联单位联系列表,包括外联单位名称、合作内容、联系人和联系方式等信息。

b) 测评对象:记录表单类文档。

c) 测评实施:应核查外联单位联系列表是否记录了外联单位名称、合作内容、联系人和联系方式等信息。

d) 单元判定:如果以上测评实施内容为肯定,则符合本测评单元指标要求,否则不符合本测评单元指标要求。

8.1.7.5 审核和检查

8.1.7.5.1 测评单元(L3-ORS1-12)

该测评单元包括以下要求:

a) 测评指标:应定期进行常规安全检查,检查内容包括系统日常运行、系统漏洞和数据备份等情况。

b) 测评对象：信息/网络安全主管和记录表单类文档。
c) 测评实施包括以下内容：
 1) 应访谈信息/网络安全主管是否定期进行了常规安全检查；
 2) 应核查常规安全检查记录是否包括了系统日常运行、系统漏洞和数据备份等情况。
d) 单元判定：如果1)和2)均为肯定，则符合本测评单元指标要求，否则不符合或部分符合本测评单元指标要求。

8.1.7.5.2 测评单元(L3-ORS1-13)

该测评单元包括以下要求：
a) 测评指标：应定期进行全面安全检查，检查内容包括现有安全技术措施的有效性、安全配置与安全策略的一致性、安全管理制度的执行情况等。
b) 测评对象：信息/网络安全主管和记录表单类文档。
c) 测评实施包括以下内容：
 1) 应访谈信息/网络安全主管是否定期进行了全面安全检查；
 2) 应核查全面安全检查记录是否包括了现有安全技术措施的有效性、安全配置与安全策略的一致性、安全管理制度的执行情况等。
d) 单元判定：如果1)和2)均为肯定，则符合本测评单元指标要求，否则不符合或部分符合本测评单元指标要求。

8.1.7.5.3 测评单元(L3-ORS1-14)

该测评单元包括以下要求：
a) 测评指标：应制定安全检查表格实施安全检查，汇总安全检查数据，形成安全检查报告，并对安全检查结果进行通报。
b) 测评对象：记录表单类文档。
c) 测评实施：应核查是否具有安全检查表格、安全检查记录、安全检查报告、安全检查结果通报记录。
d) 单元判定：如果以上测评实施内容肯定，则符合本测评单元指标要求，否则不符合本测评单元指标要求。

8.1.8 安全管理人员

8.1.8.1 人员录用

8.1.8.1.1 测评单元(L3-HRS1-01)

该测评单元包括以下要求：
a) 测评指标：应指定或授权专门的部门或人员负责人员录用。
b) 测评对象：信息/网络安全主管。
c) 测评实施：应访谈信息/网络安全主管是否由专门的部门或人员负责人员的录用工作。
d) 单元判定：如果以上测评实施内容为肯定，则符合本测评单元指标要求，否则不符合本测评单元指标要求。

8.1.8.1.2 测评单元(L3-HRS1-02)

该测评单元包括以下要求：
a) 测评指标：应对被录用人员的身份、安全背景、专业资格或资质等进行审查，对其所具有的技术技能进行考核。

b) 测评对象:管理制度类文档和记录表单类文档。

c) 测评实施包括以下内容:

1) 应核查人员安全管理文档是否说明录用人员应具备的条件(如学历、学位要求,技术人员应具备的专业技术水平,管理人员应具备的安全管理知识等);

2) 应核查是否具有人员录用时对录用人身份、安全背景、专业资格或资质等进行审查的相关文档或记录,是否记录审查内容和审查结果等;

3) 应核查人员录用时的技能考核文档或记录是否记录考核内容和考核结果等。

d) 单元判定:如果 1)～3)均为肯定,则符合本测评单元指标要求,否则不符合或部分符合本测评单元指标要求。

8.1.8.1.3 测评单元(L3-HRS1-03)

该测评单元包括以下要求:

a) 测评指标:应与被录用人员签署保密协议,与关键岗位人员签署岗位责任协议。

b) 测评对象:记录表单类文档。

c) 测评实施包括以下内容:

1) 应核查保密协议是否有保密范围、保密责任、违约责任、协议的有效期限和责任人的签字等内容;

2) 应核查岗位安全协议是否有岗位安全责任定义、协议的有效期限和责任人签字等内容。

d) 单元判定:如果 1)和 2)均为肯定,则符合本测评单元指标要求,否则不符合或部分符合本测评单元指标要求。

8.1.8.2 人员离岗

8.1.8.2.1 测评单元(L3-HRS1-04)

该测评单元包括以下要求:

a) 测评指标:应及时终止离岗人员的所有访问权限,取回各种身份证件、钥匙、徽章等以及机构提供的软硬件设备。

b) 测评对象:记录表单类文档。

c) 测评实施:应核查是否具有离岗人员终止其访问权限、交还身份证件、软硬件设备等的登记记录。

d) 单元判定:如果以上测评实施内容为肯定,则符合本测评单元指标要求,否则不符合本测评单元指标要求。

8.1.8.2.2 测评单元(L3-HRS1-05)

该测评单元包括以下要求:

a) 测评指标:应办理严格的调离手续,并承诺调离后的保密义务后方可离开。

b) 测评对象:管理制度类文档和记录表单类文档。

c) 测评实施包括以下内容:

1) 应核查人员离岗的管理文档是否规定了人员调离手续和离岗要求等;

2) 应核查是否具有按照离岗程序办理调离手续的记录;

3) 应核查保密承诺文档是否有调离人员的签字。

d) 单元判定:如果 1)～3)均为肯定,则符合本测评单元指标要求,否则不符合或部分符合本测评单元指标要求。

8.1.8.3 安全意识教育和培训

8.1.8.3.1 测评单元(L3-HRS1-06)

该测评单元包括以下要求:

a) 测评指标:应对各类人员进行安全意识教育和岗位技能培训,并告知相关的安全责任和惩戒措施。
b) 测评对象:管理制度类文档。
c) 测评实施包括以下内容:
   1) 应核查安全意识教育及岗位技能培训文档是否明确培训周期、培训方式、培训内容和考核方式等相关内容;
   2) 应核查安全责任和惩戒措施管理文档或培训文档是否包含具体的安全责任和惩戒措施。
d) 单元判定:如果1)和2)均为肯定,则符合本测评单元指标要求,否则不符合或部分符合本测评单元指标要求。

8.1.8.3.2 测评单元(L3-HRS1-07)

该测评单元包括以下要求:

a) 测评指标:应针对不同岗位制定不同的培训计划,对安全基础知识、岗位操作规程等进行培训。
b) 测评对象:记录表单类文档。
c) 测评实施包括以下内容:
   1) 应核查安全教育和培训计划文档是否具有不同岗位的培训计划;
   2) 应核查培训内容是否包含安全基础知识、岗位操作规程等;
   3) 应核查安全教育和培训记录是否有培训人员、培训内容、培训结果等描述。
d) 单元判定:如果1)~3)均为肯定,则符合本测评单元指标要求,否则不符合或部分符合本测评单元指标要求。

8.1.8.3.3 测评单元(L3-HRS1-08)

该测评单元包括以下要求:

a) 测评指标:应定期对不同岗位的人员进行技能考核。
b) 测评对象:记录表单类文档。
c) 测评实施:应核查是否具有针对各岗位人员的技能考核记录。
d) 单元判定:如果以上测评实施为肯定,则符合本测评单元指标要求,否则不符合或部分符合本测评单元指标要求。

8.1.8.4 外部人员访问管理

8.1.8.4.1 测评单元(L3-HRS1-09)

该测评单元包括以下要求:

a) 测评指标:应在外部人员物理访问受控区域前先提出书面申请,批准后由专人全程陪同,并登记备案。
b) 测评对象:管理制度类文档和记录表单类文档。
c) 测评实施包括以下内容:
   1) 应核查外部人员访问管理文档是否明确允许外部人员访问的范围、外部人员进入的条件、外部人员进入的访问控制措施等；

2) 应核查外部人员访问重要区域的书面申请文档是否具有批准人允许访问的批准签字等；

3) 应核查外部人员访问重要区域的登记记录是否记录了外部人员访问重要区域的进入时间、离开时间、访问区域及陪同人等；

4) 应核查外部人员访问管理文档是否明确允许外部人员访问的范围、外部人员进入的条件、外部人员进入的访问控制措施等；

5) 应核查外部人员访问重要区域的书面申请文档，是否具有批准人允许访问的批准签字等；

6) 应核查外部人员访问重要区域的登记记录是否记录了外部人员访问重要区域的进入时间、离开时间、访问区域及陪同人等。

d) 单元判定：如果 1)～6)均为肯定，则符合本测评单元指标要求，否则不符合或部分符合本测评单元指标要求。

8.1.8.4.2 测评单元(L3-HRS1-10)

该测评单元包括以下要求：

a) 测评指标：应在外部人员接入受控网络访问系统前先提出书面申请，批准后由专人开设账户、分配权限，并登记备案。

b) 测评对象：管理制度类文档和记录表单类文档。

c) 测评实施包括以下内容：

1) 应核查外部人员访问管理文档是否明确外部人员接入受控网络前的申请审批流程；

2) 应核查外部人员访问系统的书面申请文档是否明确外部人员的访问权限，是否具有允许访问的批准签字等；

3) 应核查外部人员访问系统的登记记录是否记录了外部人员访问的权限、时限、账户等。

d) 单元判定：如果 1)～3)均为肯定，则符合本测评单元指标要求，否则不符合或部分符合本测评单元指标要求。

8.1.8.4.3 测评单元(L3-HRS1-11)

该测评单元包括以下要求：

a) 测评指标：外部人员离场后应及时清除其所有的访问权限。

b) 测评对象：管理制度类文档和记录表单类文档。

c) 测评实施包括以下内容：

1) 应核查外部人员访问管理文档是否明确外部人员离开后及时清除其所有访问权限；

2) 应核查外部人员访问系统的登记记录是否记录了访问权限清除时间。

d) 单元判定：如果 1)和 2)均为肯定，则符合本测评单元指标要求，否则不符合或部分符合本测评单元指标要求。

8.1.8.4.4 测评单元(L3-HRS1-12)

该测评单元包括以下要求：

a) 测评指标：获得系统访问授权的外部人员应签署保密协议，不得进行非授权操作，不得复制和泄露任何敏感信息。

b) 测评对象：记录表单类文档。

c) 测评实施：应核查外部人员访问保密协议是否明确人员的保密义务(如不得进行非授权操作，不得复制信息等)。

d) 单元判定：如果以上测评实施内容为肯定，则符合本测评单元指标要求，否则不符合本测评单

元指标要求。

8.1.9 安全建设管理

8.1.9.1 定级和备案

8.1.9.1.1 测评单元(L3-CMS1-01)

该测评单元包括以下要求：

a) 测评指标:应以书面的形式说明保护对象的安全保护等级及确定等级的方法和理由。
b) 测评对象:记录表单类文档。
c) 测评实施:应核查定级文档是否明确保护对象的安全保护等级,是否说明定级的方法和理由。
d) 单元判定:如果以上测评实施内容为肯定,则符合本测评单元指标要求,否则不符合本测评单元指标要求。

8.1.9.1.2 测评单元(L3-CMS1-02)

该测评单元包括以下要求：

a) 测评指标:应组织相关部门和有关安全技术专家对定级结果的合理性和正确性进行论证和审定。
b) 测评对象:记录表单类文档。
c) 测评实施:应核查定级结果的论证评审会议记录是否有相关部门和有关安全技术专家对定级结果的论证意见。
d) 单元判定:如果以上测评实施内容为肯定,则符合本测评单元指标要求,否则不符合本测评单元指标要求。

8.1.9.1.3 测评单元(L3-CMS1-03)

该测评单元包括以下要求：

a) 测评指标:应保证定级结果经过相关部门的批准。
b) 测评对象:记录表单类文档。
c) 测评实施:应核查定级结果部门审批文档是否有上级主管部门或本单位相关部门的审批意见。
d) 单元判定:如果以上测评实施内容为肯定,则符合本测评单元指标要求,否则不符合本测评单元指标要求。

8.1.9.1.4 测评单元(L3-CMS1-04)

该测评单元包括以下要求：

a) 测评指标:应将备案材料报主管部门和公安机关备案。
b) 测评对象:记录表单类文档。
c) 测评实施:应核查是否具有公安机关出具的备案证明文档。
d) 单元判定:如果以上测评实施内容为肯定,则符合本测评单元指标要求,否则不符合本测评单元指标要求。

8.1.9.2 安全方案设计

8.1.9.2.1 测评单元(L3-CMS1-05)

该测评单元包括以下要求：

a) 测评指标：应根据安全保护等级选择基本安全措施，依据风险分析的结果补充和调整安全措施。
b) 测评对象：安全规划设计类文档。
c) 测评实施：应核查安全设计文档是否根据安全保护等级选择安全措施，是否根据安全需求调整安全措施。
d) 单元判定：如果以上测评实施内容为肯定，则符合本测评单元指标要求，否则不符合本测评单元指标要求。

8.1.9.2.2 测评单元（L3-CMS1-06）

该测评单元包括以下要求：

a) 测评指标：应根据保护对象的安全保护等级及与其他级别保护对象的关系进行安全整体规划和安全方案设计，设计内容应包含密码技术相关内容，并形成配套文件。
b) 测评对象：安全规划设计类文档。
c) 测评实施：应核查是否有总体规划和安全设计方案等配套文件，设计方案中应包含密码技术相关内容。
d) 单元判定：如果以上测评实施内容为肯定，则符合本测评单元指标要求，否则不符合本测评单元指标要求。

8.1.9.2.3 测评单元（L3-CMS1-07）

该测评单元包括以下要求：

a) 测评指标：应组织相关部门和有关安全专家对安全整体规划及其配套文件的合理性和正确性进行论证和审定，经过批准后才能正式实施。
b) 测评对象：记录表单类文档。
c) 测评实施：应核查配套文件的论证评审记录或文档是否有相关部门和有关安全技术专家对总体安全规划、安全设计方案等相关配套文件的批准意见和论证意见。
d) 单元判定：如果以上测评实施内容为肯定，则符合本测评单元指标要求，否则不符合本测评单元指标要求。

8.1.9.3 产品采购和使用

8.1.9.3.1 测评单元（L3-CMS1-08）

该测评单元包括以下要求：

a) 测评指标：应确保网络安全产品采购和使用符合国家的有关规定。
b) 测评对象：记录表单类文档。
c) 测评实施：应核查有关网络安全产品是否符合国家的有关规定，如网络安全产品获得了销售许可等。
d) 单元判定：如果以上测评实施内容为肯定，则符合本测评单元指标要求，否则不符合本测评单元指标要求。

8.1.9.3.2 测评单元（L3-CMS1-09）

该测评单元包括以下要求：

a) 测评指标：应确保密码产品与服务的采购和使用符合国家密码主管部门的要求。
b) 测评对象：建设负责人和记录表单类文档。

c) 测评实施包括以下内容：
   1) 应访谈建设负责人是否采用了密码产品及其相关服务；
   2) 应核查密码产品与服务的采购和使用是否符合国家密码管理主管部门的要求。
d) 单元判定：如果 1)和 2)均为肯定，则符合本测评单元指标要求，否则不符合或部分符合本测评单元指标要求。

8.1.9.3.3 测评单元(L3-CMS1-10)

该测评单元包括以下要求：

a) 测评指标：应预先对产品进行选型测试，确定产品的候选范围，并定期审定和更新候选产品名单。
b) 测评对象：记录表单类文档。
c) 测评实施：应核查是否具有产品选型测试结果文档、候选产品采购清单及审定或更新的记录。
d) 单元判定：如果以上测评实施内容为肯定，则符合本测评单元指标要求，否则不符合本测评单元指标要求。

8.1.9.4 自行软件开发

8.1.9.4.1 测评单元(L3-CMS1-11)

该测评单元包括以下要求：

a) 测评指标：应将开发环境与实际运行环境物理分开，测试数据和测试结果受到控制。
b) 测评对象：建设负责人。
c) 测评实施包括以下内容：
   1) 应访谈建设负责人自主开发软件是否在独立的物理环境中完成编码和调试，与实际运行环境分开；
   2) 应核查测试数据和结果是否受控使用。
d) 单元判定：如果 1)和 2)均为肯定，则符合本测评单元指标要求，否则不符合或部分符合本测评单元指标要求。

8.1.9.4.2 测评单元(L3-CMS1-12)

该测评单元包括以下要求：

a) 测评指标：应制定软件开发管理制度，明确说明开发过程的控制方法和人员行为准则。
b) 测评对象：管理制度类文档。
c) 测评实施：应核查软件开发管理制度是否明确软件设计、开发、测试和验收过程的控制方法和人员行为准则，是否明确哪些开发活动应经过授权和审批。
d) 单元判定：如果以上测评实施内容为肯定，则符合本测评单元指标要求，否则不符合本测评单元指标要求。

8.1.9.4.3 测评单元(L3-CMS1-13)

该测评单元包括以下要求：

a) 测评指标：应制定代码编写安全规范，要求开发人员参照规范编写代码。
b) 测评对象：管理制度类文档。
c) 测评实施：应核查代码编写安全规范是否明确代码安全编写规则。
d) 单元判定：如果以上测评实施内容为肯定，则符合本测评单元指标要求，否则不符合本测评单

元指标要求。

8.1.9.4.4 测评单元(L3-CMS1-14)

该测评单元包括以下要求:

a) 测评指标:应具备软件设计的相关文档和使用指南,并对文档使用进行控制。
b) 测评对象:软件开发类文档。
c) 测评实施:应核查是否具有软件开发文档和使用指南,并对文档使用进行控制。
d) 单元判定:如果以上测评实施内容为肯定,则符合本测评单元指标要求,否则不符合本测评单元指标要求。

8.1.9.4.5 测评单元(L3-CMS1-15)

该测评单元包括以下要求:

a) 测评指标:应保证在软件开发过程中对安全性进行测试,在软件安装前对可能存在的恶意代码进行检测。
b) 测评对象:记录表单类文档。
c) 测评实施:应核查是否具有软件安全测试报告和代码审计报告,明确软件存在的安全问题及可能存在的恶意代码。
d) 单元判定:如果以上测评实施内容为肯定,则符合本测评单元指标要求,否则不符合本测评单元指标要求。

8.1.9.4.6 测评单元(L3-CMS1-16)

该测评单元包括以下要求:

a) 测评指标:应对程序资源库的修改、更新、发布进行授权和批准,并严格进行版本控制。
b) 测评对象:记录表单类文档。
c) 测评实施:应核查对程序资源库的修改、更新、发布进行授权和审批的文档或记录是否有批准人的签字。
d) 单元判定:如果以上测评实施内容为肯定,则符合本测评单元指标要求,否则不符合本测评单元指标要求。

8.1.9.4.7 测评单元(L3-CMS1-17)

该测评单元包括以下要求:

a) 测评指标:应保证开发人员为专职人员,开发人员的开发活动受到控制、监视和审查。
b) 测评对象:建设负责人。
c) 测评实施:应访谈建设负责人开发人员是否为专职,是否对开发人员活动进行控制等。
d) 单元判定:如果以上测评实施内容为肯定,则符合本测评单元指标要求,否则不符合本测评单元指标要求。

8.1.9.5 外包软件开发

8.1.9.5.1 测评单元(L3-CMS1-18)

该测评单元包括以下要求:

a) 测评指标:应在软件交付前检测软件其中可能存在的恶意代码。
b) 测评对象:记录表单类文档。

c) 测评实施：应核查是否具有交付前的恶意代码检测报告。
d) 单元判定：如果以上测评实施内容为肯定，则符合本测评单元指标要求，否则不符合本测评单元指标要求。

8.1.9.5.2 测评单元(L3-CMS1-19)

该测评单元包括以下要求：

a) 测评指标：应保证开发单位提供软件设计文档和使用指南。
b) 测评对象：操作规程类文档和记录表单类文档。
c) 测评实施：应核查是否具有软件开发的相关文档，如需求分析说明书、软件设计说明书等，是否具有软件操作手册或使用指南。
d) 单元判定：如果以上测评实施内容为肯定，则符合本测评单元指标要求，否则不符合本测评单元指标要求。

8.1.9.5.3 测评单元(L3-CMS1-20)

该测评单元包括以下要求：

a) 测评指标：应保证开发单位提供软件源代码，并审查软件中可能存在的后门和隐蔽信道。
b) 测评对象：建设负责人和记录表单类文档。
c) 测评实施包括以下内容：
   1) 应访谈建设负责人委托开发单位是否提供软件源代码；
   2) 应核查软件测试报告是否审查了软件可能存在的后门和隐蔽信道。
d) 单元判定：如果1)和2)均为肯定，则符合本测评单元指标要求，否则不符合或部分符合本测评单元指标要求。

8.1.9.6 工程实施

8.1.9.6.1 测评单元(L3-CMS1-21)

该测评单元包括以下要求：

a) 测评指标：应指定或授权专门的部门或人员负责工程实施过程的管理。
b) 测评对象：记录表单类文档。
c) 测评实施：应核查是否指定专门部门或人员对工程实施进行进度和质量控制。
d) 单元判定：如果以上测评实施内容为肯定，则符合本测评单元指标要求，否则不符合本测评单元指标要求。

8.1.9.6.2 测评单元(L3-CMS1-22)

该测评单元包括以下要求：

a) 测评指标：应制定安全工程实施方案控制工程实施过程。
b) 测评对象：记录表单类文档。
c) 测评实施：应核查安全工程实施方案是否包括工程时间限制、进度控制和质量控制等方面内容，是否按照工程实施方面的管理制度进行各类控制、产生阶段性文档等。
d) 单元判定：如果以上测评实施内容为肯定，则符合本测评单元指标要求，否则不符合本测评单元指标要求。

8.1.9.6.3 测评单元(L3-CMS1-23)

该测评单元包括以下要求：

a) 测评指标：应通过第三方工程监理控制项目的实施过程。
b) 测评对象：记录表单类文档。
c) 测评实施：应核查工程监理报告是否明确了工程进展、时间计划、控制措施等方面内容。
d) 单元判定：如果以上测评实施内容为肯定，则符合本测评单元指标要求，否则不符合本测评单元指标要求。

8.1.9.7 测试验收

8.1.9.7.1 测评单元(L3-CMS1-24)

该测评单元包括以下要求：

a) 测评指标：应制订测试验收方案，并依据测试验收方案实施测试验收，形成测试验收报告。
b) 测评对象：记录表单类文档。
c) 测评实施包括以下内容：
    1) 应核查工程测试验收方案是否明确说明参与测试的部门、人员、测试验收内容、现场操作过程等内容；
    2) 应核查测试验收报告是否有相关部门和人员对测试验收报告进行审定的意见。
d) 单元判定：如果1)和2)均为肯定，则符合本测评单元指标要求，否则不符合或部分符合本测评单元指标要求。

8.1.9.7.2 测评单元(L3-CMS1-25)

该测评单元包括以下要求：

a) 测评指标：应进行上线前的安全性测试，并出具安全测试报告，安全测试报告应包含密码应用安全性测试相关内容。
b) 测评对象：记录表单类文档。
c) 测评实施：应核查是否具有上线前的安全测试报告，报告应包含密码应用安全性测试相关内容。
d) 单元判定：如果以上测评实施内容为肯定，则符合本测评单元指标要求，否则不符合本测评单元指标要求。

8.1.9.8 系统交付

8.1.9.8.1 测评单元(L3-CMS1-26)

该测评单元包括以下要求：

a) 测评指标：应制定交付清单，并根据交付清单对所交接的设备、软件和文档等进行清点。
b) 测评对象：记录表单类文档。
c) 测评实施：应核查交付清单是否说明交付的各类设备、软件、文档等。
d) 单元判定：如果以上测评实施内容为肯定，则符合本测评单元指标要求，否则不符合本测评单元指标要求。

8.1.9.8.2 测评单元(L3-CMS1-27)

该测评单元包括以下要求：

a) 测评指标：应对负责运行维护的技术人员进行相应的技能培训。
b) 测评对象：记录表单类文档。
c) 测评实施：应核查系统交付技术培训记录是否包括培训内容、培训时间和参与人员等。

d) 单元判定：如果以上测评实施内容为肯定，则符合本测评单元指标要求，否则不符合本测评单元指标要求。

8.1.9.8.3 测评单元（L3-CMS1-28）

该测评单元包括以下要求：

a) 测评指标：应提供建设过程文档和运行维护文档。

b) 测评对象：记录表单类文档。

c) 测评实施：应核查交付文档是否包括建设过程文档和运行维护文档等，提交的文档是否符合管理规定的要求。

d) 单元判定：如果以上测评实施内容为肯定，则符合本测评单元指标要求，否则不符合本测评单元指标要求。

8.1.9.9 等级测评

8.1.9.9.1 测评单元（L3-CMS1-29）

该测评单元包括以下要求：

a) 测评指标：应定期进行等级测评，发现不符合相应等级保护标准要求的及时整改。

b) 测评对象：运维负责人和记录表单类文档。

c) 测评实施包括以下内容：

 1) 应访谈运维负责人本次测评是否为首次，若非首次，是否根据以往测评结果进行相应的安全整改；

 2) 应核查是否具有以往等级测评报告和安全整改方案。

d) 单元判定：如果 1)和 2)均为肯定，则符合本测评单元指标要求，否则不符合或部分符合本测评单元指标要求。

8.1.9.9.2 测评单元（L3-CMS1-30）

该测评单元包括以下要求：

a) 测评指标：应在发生重大变更或级别发生变化时进行等级测评。

b) 测评对象：运维负责人和记录表单类文档。

c) 测评实施包括以下内容：

 1) 应核查是否有过重大变更或级别发生过变化及是否进行相应的等级测评；

 2) 应核查是否具有相应情况下的等级测评报告。

d) 单元判定：如果 1)和 2)均为肯定，则符合本测评单元指标要求，否则不符合或部分符合本测评单元指标要求。

8.1.9.9.3 测评单元（L3-CMS1-31）

该测评单元包括以下要求：

a) 测评指标：应确保测评机构的选择符合国家有关规定。

b) 测评对象：等级测评报告和相关资质文件。

c) 测评实施：应核查以往等级测评的测评单位是否具有等级测评机构资质。

d) 单元判定：如果以上测评实施内容为肯定，则符合本测评单元指标要求，否则不符合本测评单元指标要求。

8.1.9.10 服务供应商管理

8.1.9.10.1 测评单元(L3-CMS1-32)

该测评单元包括以下要求：

a) 测评指标：应确保服务供应商的选择符合国家的有关规定。

b) 测评对象：建设负责人。

c) 测评实施：应访谈建设负责人选择的安全服务商是否符合国家有关规定。

d) 单元判定：如果以上测评实施内容为肯定，则符合本测评单元指标要求，否则不符合本测评单元指标要求。

8.1.9.10.2 测评单元(L3-CMS1-33)

该测评单元包括以下要求：

a) 测评指标：应与选定的服务供应商签订相关协议，明确整个服务供应链各方需履行的网络安全相关义务。

b) 测评对象：记录表单类文档。

c) 测评实施：应核查与服务供应商签订的服务合同或安全责任书是否明确了后期的技术支持和服务承诺等内容。

d) 单元判定：如果以上测评实施内容为肯定，则符合本测评单元指标要求，否则不符合本测评单元指标要求。

8.1.9.10.3 测评单元(L3-CMS1-34)

该测评单元包括以下要求：

a) 测评指标：应定期监督、评审和审核服务供应商提供的服务，并对其变更服务内容加以控制。

b) 测评对象：管理制度类文档和记录表单类文档。

c) 测评实施包括以下内容：

1) 应核查是否具有服务供应商定期提交的安全服务报告；

2) 应核查是否定期审核评价服务供应商所提供的服务及服务内容变更情况，是否具有服务审核报告；

3) 应核查是否具有服务供应商评价审核管理制度，明确针对服务供应商的评价指标、考核内容等。

d) 单元判定：如果 1)～3)均为肯定，则符合本测评单元指标要求，否则不符合或部分符合本测评单元指标要求。

8.1.10 安全运维管理

8.1.10.1 环境管理

8.1.10.1.1 测评单元(L3-MMS1-01)

该测评单元包括以下要求：

a) 测评指标：应指定专门的部门或人员负责机房安全，对机房出入进行管理，定期对机房供配电、空调、温湿度控制、消防等设施进行维护管理。

b) 测评对象：物理安全负责人和记录表单类文档。

c) 测评实施包括以下内容：

1） 应访谈物理安全负责人是否指定部门和人员负责机房安全管理工作，对机房的出入进行管理、对基础设施（如空调、供配电设备、灭火设备等）进行定期维护；
2） 应核查部门或人员岗位职责文档是否明确机房安全的责任部门及人员；
3） 应核查机房的出入登记记录是否记录来访人员、来访时间、离开时间、携带物品等信息；
4） 应核查机房的基础设施的维护记录是否记录维护日期、维护人、维护设备、故障原因、维护结果等方面内容。

d） 单元判定：如果 1）～4）均为肯定，则符合本测评单元指标要求，否则不符合或部分符合本测评单元指标要求。

8.1.10.1.2 测评单元（L3-MMS1-02）

该测评单元包括以下要求：

a） 测评指标：应建立机房安全管理制度，对有关物理访问、物品进出和环境安全等方面的管理作出规定。
b） 测评对象：管理制度类文档和记录表单类文档。
c） 测评实施包括以下内容：
1） 应核查机房安全管理制度是否覆盖物理访问、物品进出和环境安全等方面内容；
2） 应核查物理访问、物品进出和环境安全等相关记录是否与制度相符。
d） 单元判定：如果 1）和 2）均为肯定，则符合本测评单元指标要求，否则不符合或部分符合本测评单元指标要求。

8.1.10.1.3 测评单元（L3-MMS1-03）

该测评单元包括以下要求：

a） 测评指标：应不在重要区域接待来访人员，不随意放置含有敏感信息的纸档文件和移动介质等。
b） 测评对象：管理制度类文档和办公环境。
c） 测评实施包括以下内容：
1） 应核查机房安全管理制度是否明确来访人员的接待区域；
2） 应核查办公桌面上等位置是否未随意放置了含有敏感信息的纸档文件和移动介质等。
d） 单元判定：如果 1）和 2）均为肯定，则符合本测评单元指标要求，否则不符合或部分符合本测评单元指标要求。

8.1.10.2 资产管理

8.1.10.2.1 测评单元（L3-MMS1-04）

该测评单元包括以下要求：

a） 测评指标：应编制并保存与保护对象相关的资产清单，包括资产责任部门、重要程度和所处位置等内容。
b） 测评对象：记录表单类文档。
c） 测评实施：应核查资产清单是否包括资产类别（含设备设施、软件、文档等）、资产责任部门、重要程度和所处位置等内容。
d） 单元判定：如果以上测评实施内容为肯定，则符合本测评单元指标要求，否则不符合本测评单元指标要求。

8.1.10.2.2 测评单元(L3-MMS1-05)

该测评单元包括以下要求:

a) 测评指标:应根据资产的重要程度对资产进行标识管理,根据资产的价值选择相应的管理措施。

b) 测评对象:资产管理员、管理制度类文档和设备。

c) 测评实施包括以下内容:

   1) 应访谈资产管理员是否依据资产的重要程度对资产进行标识,不同类别的资产在管理措施的选取上是否不同;

   2) 应核查资产管理制度是否明确资产的标识方法以及不同资产的管理措施要求;

   3) 应核查资产清单中的设备是否具有相应标识,标识方法是否符合2)相关要求。

d) 单元判定:如果1)～3)均为肯定,则符合本测评单元指标要求,否则不符合或部分符合本测评单元指标要求。

8.1.10.2.3 测评单元(L3-MMS1-06)

该测评单元包括以下要求:

a) 测评指标:应对信息分类与标识方法作出规定,并对信息的使用、传输和存储等进行规范化管理。

b) 测评对象:管理制度类文档。

c) 测评实施包括以下内容:

   1) 应核查信息分类文档是否规定了分类标识的原则和方法(如根据信息的重要程度、敏感程度或用途不同进行分类);

   2) 应核查信息资产管理办法是否规定了不同类信息的使用、传输和存储等要求。

d) 单元判定:如果1)和2)均为肯定,则符合本测评单元指标要求,否则不符合或部分符合本测评单元指标要求。

8.1.10.3 介质管理

8.1.10.3.1 测评单元(L3-MMS1-07)

该测评单元包括以下要求:

a) 测评指标:应将介质存放在安全的环境中,对各类介质进行控制和保护,实行存储介质专人管理,并根据存档介质的目录清单定期盘点。

b) 测评对象:资产管理员和记录表单类文档。

c) 测评实施包括以下内容:

   1) 应访谈资产管理员介质存放环境是否安全,存放环境是否由专人管理;

   2) 应核查介质管理记录是否记录介质归档、使用和定期盘点等情况。

d) 单元判定:如果1)和2)均为肯定,则符合本测评单元指标要求,否则不符合或部分符合本测评单元指标要求。

8.1.10.3.2 测评单元(L3-MMS1-08)

该测评单元包括以下要求:

a) 测评指标:应对介质在物理传输过程中的人员选择、打包、交付等情况进行控制,并对介质的归档和查询等进行登记记录。

b) 测评对象:资产管理员和记录表单类文档。
c) 测评实施包括以下内容:
   1) 应访谈资产管理员介质在物理传输过程中的人员选择、打包、交付等情况是否进行控制;
   2) 核查是否对介质的归档和查询等进行登记记录。
d) 单元判定:如果1)和2)均为肯定,则符合本测评单元指标要求,否则不符合或部分符合本测评单元指标要求。

8.1.10.4 设备维护管理

8.1.10.4.1 测评单元(L3-MMS1-09)

该测评单元包括以下要求:

a) 测评指标:应对各种设备(包括备份和冗余设备)、线路等指定专门的部门或人员定期进行维护管理。
b) 测评对象:设备管理员和管理制度类文档。
c) 测评实施包括以下内容:
   1) 应访谈设备管理员是否对各类设备、线路指定专人或专门部门进行定期维护;
   2) 应核查部门或人员岗位职责文档是否明确设备维护管理的责任部门。
d) 单元判定:如果1)和2)均为肯定,则符合本测评单元指标要求,否则不符合或部分符合本测评单元指标要求。

8.1.10.4.2 测评单元(L3-MMS1-10)

该测评单元包括以下要求:

a) 测评指标:应建立配套设施、软硬件维护方面的管理制度,对其维护进行有效管理,包括明确维护人员的责任、维修和服务的审批、维修过程的监督控制等。
b) 测评对象:管理制度类文档和记录表单类文档。
c) 测评实施包括以下内容:
   1) 应核查设备维护管理制度是否明确维护人员的责任、维修和服务的审批、维修过程的监督控制等方面内容;
   2) 应核查是否留有维修和服务的审批、维修过程等记录,审批、记录内容是否与制度相符。
d) 单元判定:如果1)和2)均为肯定,则符合本测评单元指标要求,否则不符合或部分符合本测评单元指标要求。

8.1.10.4.3 测评单元(L3-MMS1-11)

该测评单元包括以下要求:

a) 测评指标:信息处理设备应经过审批才能带离机房或办公地点,含有存储介质的设备带出工作环境时其中重要数据应加密。
b) 测评对象:设备管理员和记录表单类文档。
c) 测评实施包括以下内容:
   1) 应访谈设备管理员含有重要数据的设备带出工作环境是否有加密措施;
   2) 应访谈设备管理员对带离机房的设备是否经过审批;
   3) 应核查是否具有设备带离机房或办公地点的审批记录。
d) 单元判定:如果1)～3)均为肯定,则符合本测评单元指标要求,否则不符合或部分符合本测评单元指标要求。

8.1.10.4.4 测评单元(L3-MMS1-12)

该测评单元包括以下要求：

a) 测评指标：含有存储介质的设备在报废或重用前，应进行完全清除或被安全覆盖，保证该设备上的敏感数据和授权软件无法被恢复重用。

b) 测评对象：设备管理员。

c) 测评实施：应访谈设备管理员含有存储介质的设备在报废或重用前，是否采取措施进行完全清除或被安全覆盖。

d) 单元判定：如果以上测评实施内容为肯定，则符合本测评单元指标要求，否则不符合本测评单元指标要求。

8.1.10.5 漏洞和风险管理

8.1.10.5.1 测评单元(L3-MMS1-13)

该测评单元包括以下要求：

a) 测评指标：应采取必要的措施识别安全漏洞和隐患，对发现的安全漏洞和隐患及时进行修补或评估可能的影响后进行修补。

b) 测评对象：记录表单类文档。

c) 测评实施包括以下内容：

  1) 应核查是否有识别安全漏洞和隐患的安全报告或记录(如漏洞扫描报告、渗透测试报告和安全通报等)；

  2) 应核查相关记录是否对发现的漏洞及时进行修补或评估可能的影响后进行修补。

d) 单元判定：如果1)和2)均为肯定，则符合本测评单元指标要求，否则不符合或部分符合本测评单元指标要求。

8.1.10.5.2 测评单元(L3-MMS1-14)

该测评单元包括以下要求：

a) 测评指标：应定期开展安全测评，形成安全测评报告，采取措施应对发现的安全问题。

b) 测评对象：安全管理员和记录表单类文档。

c) 测评实施包括以下内容：

  1) 应访谈安全管理员是否定期开展安全测评；

  2) 应核查是否具有安全测评报告；

  3) 应核查是否具有安全整改应对措施文档。

d) 单元判定：如果1)～3)均为肯定，则符合本测评单元指标要求，否则不符合或部分符合本测评单元指标要求。

8.1.10.6 网络和系统安全管理

8.1.10.6.1 测评单元(L3-MMS1-15)

该测评单元包括以下要求：

a) 测评指标：应划分不同的管理员角色进行网络和系统的运维管理，明确各个角色的责任和权限。

b) 测评对象：记录表单类文档。

c) 测评实施：应核查网络和系统安全管理文档，系统管理员是否划分了不同角色，并定义各个角色的责任和权限。

d） 单元判定：如果以上测评实施内容为肯定，则符合本测评单元指标要求，否则不符合本测评单元指标要求。

8.1.10.6.2 测评单元（L3-MMS1-16）

该测评单元包括以下要求：

a） 测评指标：应指定专门的部门或人员进行账户管理，对申请账户、建立账户、删除账户等进行控制。

b） 测评对象：运维负责人和记录表单类文档。

c） 测评实施包括以下内容：

   1） 应访谈运维负责人是否指定专门的部门或人员进行账户管理；

   2） 应核查相关审批记录或流程是否对申请账户、建立账户、删除账户等进行控制。

d） 单元判定：如果 1）和 2）均为肯定，则符合本测评单元指标要求，否则不符合或部分符合本测评单元指标要求。

8.1.10.6.3 测评单元（L3-MMS1-17）

该测评单元包括以下要求：

a） 测评指标：应建立网络和系统安全管理制度，对安全策略、账户管理、配置管理、日志管理、日常操作、升级与打补丁、口令更新周期等方面作出规定。

b） 测评对象：管理制度类文档。

c） 测评实施：应核查网络和系统安全管理制度是否覆盖网络和系统的安全策略、账户管理（用户责任、义务、风险、权限审批、权限分配、账户注销等）、配置文件的生成及备份、变更审批、授权访问、最小服务、升级与打补丁、审计日志管理、登录设备和系统的口令更新周期等方面。

d） 单元判定：如果以上测评实施内容为肯定，则符合本测评单元指标要求，否则不符合本测评单元指标要求。

8.1.10.6.4 测评单元（L3-MMS1-18）

该测评单元包括以下要求：

a） 测评指标：应制定重要设备的配置和操作手册，依据手册对设备进行安全配置和优化配置等。

b） 测评对象：操作规程类文档。

c） 测评实施：应核查重要设备或系统（如操作系统、数据库、网络设备、安全设备、应用和组件）的配置和操作手册是否明确操作步骤、参数配置等内容。

d） 单元判定：如果以上测评实施内容为肯定，则符合本测评单元指标要求，否则不符合本测评单元指标要求。

8.1.10.6.5 测评单元（L3-MMS1-19）

该测评单元包括以下要求：

a） 测评指标：应详细记录运维操作日志，包括日常巡检工作、运行维护记录、参数的设置和修改等内容。

b） 测评对象：记录表单类文档。

c） 测评实施：应核查运维操作日志是否覆盖网络和系统的日常巡检、运行维护、参数的设置和修改等内容。

d） 单元判定：如果以上测评实施内容为肯定，则符合本测评单元指标要求，否则不符合本测评单元指标要求。

8.1.10.6.6 测评单元(L3-MMS1-20)

该测评单元包括以下要求:

a) 测评指标:应指定专门的部门或人员对日志、监测和报警数据等进行分析、统计,及时发现可疑行为。

b) 测评对象:系统管理员和记录表单类文档。

c) 测评实施包括以下内容:

1) 应访谈网络和系统相关人员是否指定专门部门或人员对日志、监测和报警数据等进行分析统计;

2) 应核查是否具有对日志、监测和报警数据等进行分析统计的报告。

d) 单元判定:如果 1)和 2)均为肯定,则符合本测评单元指标要求,否则不符合或部分符合本测评单元指标要求。

8.1.10.6.7 测评单元(L3-MMS1-21)

该测评单元包括以下要求:

a) 测评指标:应严格控制变更性运维,经过审批后才可改变连接、安装系统组件或调整配置参数,操作过程中应保留不可更改的审计日志,操作结束后应同步更新配置信息库。

b) 测评对象:系统管理员和记录表单类文档。

c) 测评实施包括以下内容:

1) 应访谈网络和系统相关人员调整配置参数结束后是否同步更新配置信息库,并核实配置信息库是否为最新版本;

2) 应核查是否具有变更运维的审批记录,如系统连接、安装系统组件或调整配置参数等活动;

3) 应核查是否具有变更运维的操作过程记录。

d) 单元判定:如果 1)～3)均为肯定,则符合本测评单元指标要求,否则不符合或部分符合本测评单元指标要求。

8.1.10.6.8 测评单元(L3-MMS1-22)

该测评单元包括以下要求:

a) 测评指标:应严格控制运维工具的使用,经过审批后才可接入进行操作,操作过程中应保留不可更改的审计日志,操作结束后应删除工具中的敏感数据。

b) 测评对象:系统管理员和记录表单类文档。

c) 测评实施包括以下内容:

1) 应访谈系统管理员使用运维工具结束后是否删除工具中的敏感数据;

2) 应核查是否具有运维工具接入系统的审批记录;

3) 应核查运维工具的审计日志记录,审计日志是否不可以更改。

d) 单元判定:如果 1)～3)均为肯定,则符合本测评单元指标要求,否则不符合或部分符合本测评单元指标要求。

8.1.10.6.9 测评单元(L3-MMS1-23)

该测评单元包括以下要求:

a) 测评指标:应严格控制远程运维的开通,经过审批后才可开通远程运维接口或通道,操作过程中应保留不可更改的审计日志，操作结束后立即关闭接口或通道。

b) 测评对象：系统管理员和记录表单类文档。

c) 测评实施包括以下内容：

1) 应访谈系统相关人员日常运维过程中是否存在远程运维，若存在，远程运维结束后是否立即关闭了接口或通道；

2) 应核查开通远程运维的审批记录；

3) 应核查针对远程运维的审计日志是否不可以更改。

d) 单元判定：如果1)～3)均为肯定，则符合本测评单元指标要求，否则不符合或部分符合本测评单元指标要求。

8.1.10.6.10 测评单元(L3-MMS1-24)

该测评单元包括以下要求：

a) 测评指标：应保证所有与外部的连接均得到授权和批准，应定期检查违反规定无线上网及其他违反网络安全策略的行为。

b) 测评对象：安全管理员和记录表单类文档。

c) 测评实施包括以下内容：

1) 应访谈系统相关人员网络外联连接(如互联网、合作伙伴企业网、上级部门网络等)是否都得到授权与批准；

2) 应访谈网络管理员是否定期核查违规联网行为；

3) 应核查是否具有外联授权的记录文件。

d) 单元判定：如果1)～3)均为肯定，则符合本测评单元指标要求，否则不符合或部分符合本测评单元指标要求。

8.1.10.7 恶意代码防范管理

8.1.10.7.1 测评单元(L3-MMS1-25)

该测评单元包括以下要求：

a) 测评指标：应提高所有用户的防恶意代码意识，对外来计算机或存储设备接入系统前进行恶意代码检查等。

b) 测评对象：运维负责人和管理制度类文档。

c) 测评实施包括如下内容：

1) 应访谈运维负责人是否采取培训和告知等方式提升员工的防恶意代码意识；

2) 应核查恶意代码防范管理制度是否明确对外来计算机或存储设备接入系统前进行恶意代码检查。

d) 单元判定：如果1)和2)均为肯定，则符合本测评单元指标要求，否则不符合或部分符合本测评单元指标要求。

8.1.10.7.2 测评单元(L3-MMS1-26)

该测评单元包括以下要求：

a) 测评指标：应定期验证防范恶意代码攻击的技术措施的有效性。

b) 测评对象：安全管理员和记录表单类文档。

c) 测评实施包括以下内容：

1) 若采用可信验证技术，应访谈安全管理员是否未发生过恶意代码攻击事件；

2) 若采用防恶意代码产品，应访谈安全管理员是否定期对恶意代码库进行升级，且对升级情况进行记录，对各类防病毒产品上截获的恶意代码是否进行分析并汇总上报，是否未出现过大规模的病毒事件；
3) 应核查是否具有恶意代码检测记录、恶意代码库升级记录和分析报告。

d) 单元判定：如果 1)或 2)和 3)均为肯定，则符合本测评单元指标要求，否则不符合或部分符合本测评单元指标要求。

8.1.10.8 配置管理

8.1.10.8.1 测评单元(L3-MMS1-27)

该测评单元包括以下要求：

a) 测评指标：应记录和保存基本配置信息，包括网络拓扑结构、各个设备安装的软件组件、软件组件的版本和补丁信息、各个设备或软件组件的配置参数等。
b) 测评对象：系统管理员。
c) 测评实施：应访谈系统管理员是否对基本配置信息进行记录和保存。
d) 单元判定：如果以上测评实施内容为肯定，则符合本测评单元指标要求，否则不符合本测评单元指标要求。

8.1.10.8.2 测评单元(L3-MMS1-28)

该测评单元包括以下要求：

a) 测评指标：应将基本配置信息改变纳入变更范畴，实施对配置信息改变的控制，并及时更新基本配置信息库。
b) 测评对象：系统管理员和记录表单类文档。
c) 测评实施包括以下内容：
   1) 应访谈配置管理人员基本配置信息改变后是否及时更新基本配置信息库；
   2) 应核查配置信息的变更流程是否具有相应的申报审批程序。
d) 单元判定：如果 1)和 2)均为肯定，则符合本测评单元指标要求，否则不符合或部分符合本测评单元指标要求。

8.1.10.9 密码管理

8.1.10.9.1 测评单元(L3-MMS1-29)

该测评单元包括以下要求：

a) 测评指标：应遵循密码相关的国家标准和行业标准。
b) 测评对象：安全管理员。
c) 测评实施：应访谈安全管理员密码管理过程中是否遵循密码相关的国家标准和行业标准要求。
d) 单元判定：如果以上测评实施内容为肯定，则符合本测评单元指标要求，否则不符合本测评单元指标要求。

8.1.10.9.2 测评单元(L3-MMS1-30)

该测评单元包括以下要求：

a) 测评指标：应使用国家密码管理主管部门认证核准的密码技术和产品。
b) 测评对象：安全管理员。
c) 测评实施：应核查相关产品是否获得有效的国家密码管理主管部门规定的检测报告或密码产

品型号证书。

d) 单元判定:如果以上测评实施内容为肯定,则符合本测评单元指标要求,否则不符合本测评单元指标要求。

8.1.10.10 变更管理

8.1.10.10.1 测评单元(L3-MMS1-31)

该测评单元包括以下要求:

a) 测评指标:应明确变更需求,变更前根据变更需求制定变更方案,变更方案经过评审、审批后方可实施。

b) 测评对象:记录表单类文档。

c) 测评实施包括以下内容:

  1) 应核查变更方案是否包含变更类型、变更原因、变更过程、变更前评估等内容;

  2) 应核查是否具有变更方案评审记录和变更过程记录文档。

d) 单元判定:如果 1)和 2)均为肯定,则符合本测评单元指标要求,否则不符合或部分符合本测评单元指标要求。

8.1.10.10.2 测评单元(L3-MMS1-32)

该测评单元包括以下要求:

a) 测评指标:应建立变更的申报和审批控制程序,依据程序控制所有的变更,记录变更实施过程。

b) 测评对象:记录表单类文档。

c) 测评实施包括以下内容:

  1) 应核查变更控制的申报、审批程序其是否规定需要申报的变更类型、申报流程、审批部门、批准人等方面内容;

  2) 应核查是否具有变更实施过程的记录文档。

d) 单元判定:如果 1)和 2)均为肯定,则符合本测评单元指标要求,否则不符合或部分符合本测评单元指标要求。

8.1.10.10.3 测评单元(L3-MMS1-33)

该测评单元包括以下要求:

a) 测评指标:应建立中止变更并从失败变更中恢复的程序,明确过程控制方法和人员职责,必要时对恢复过程进行演练。

b) 测评对象:运维负责人和记录表单类文档。

c) 测评实施包括以下内容:

  1) 应访谈运维负责人变更中止或失败后的恢复程序、工作方法和职责是否文档化,恢复过程是否经过演练;

  2) 应核查是否具有变更恢复演练记录;

  3) 应核查变更恢复程序是否规定变更中止或失败后的恢复流程。

d) 单元判定:如果 1)~3)均为肯定,则符合本测评单元指标要求,否则不符合或部分符合本测评单元指标要求。

8.1.10.11 备份与恢复管理

8.1.10.11.1 测评单元(L3-MMS1-34)

该测评单元包括以下要求:

a） 测评指标：应识别需要定期备份的重要业务信息、系统数据及软件系统等。

b） 测评对象：系统管理员和记录表单类文档。

c） 测评实施包括以下内容：

   1） 应访谈系统管理员有哪些需定期备份的业务信息、系统数据及软件系统；

   2） 应核查是否具有定期备份的重要业务信息、系统数据、软件系统的列表或清单。

d） 单元判定：如果1）和2）均为肯定，则符合本测评单元指标要求，否则不符合或部分符合本测评单元指标要求。

8.1.10.11.2 测评单元（L3-MMS1-35）

该测评单元包括以下要求：

a） 测评指标：应规定备份信息的备份方式、备份频度、存储介质、保存期等。

b） 测评对象：管理制度类文档。

c） 测评实施：应核查备份与恢复管理制度是否明确备份方式、频度、介质、保存期等内容。

d） 单元判定：如果以上测评实施内容为肯定，则符合本测评单元指标要求，否则不符合本测评单元指标要求。

8.1.10.11.3 测评单元（L3-MMS1-36）

该测评单元包括以下要求：

a） 测评指标：应根据数据的重要性和数据对系统运行的影响，制定数据的备份策略和恢复策略、备份程序和恢复程序等。

b） 测评对象：管理制度类文档。

c） 测评实施：应核查备份和恢复的策略文档是否根据数据的重要程度制定相应备份恢复策略和程序等。

d） 单元判定：如果以上测评实施内容为肯定，则符合本测评单元指标要求，否则不符合本测评单元指标要求。

8.1.10.12 安全事件处置

8.1.10.12.1 测评单元（L3-MMS1-37）

该测评单元包括以下要求：

a） 测评指标：应及时向安全管理部门报告所发现的安全弱点和可疑事件。

b） 测评对象：运维负责人和记录表单类文档。

c） 测评实施包括以下内容：

   1） 应访谈运维负责人是否告知用户在发现安全弱点和可疑事件时及时向安全管理部门报告；

   2） 应核查在发现安全弱点和可疑事件后是否具备对应的报告或相关文档。

d） 单元判定：如果1）和2）均为肯定，则符合本测评单元指标要求，否则不符合或部分符合本测评单元指标要求。

8.1.10.12.2 测评单元（L3-MMS1-38）

该测评单元包括以下要求：

a） 测评指标：应制定安全事件报告和处置管理制度，明确不同安全事件的报告、处置和响应流程，规定安全事件的现场处理、事件报告和后期恢复的管理职责等。

b） 测评对象：管理制度类文档。
c） 测评实施：应核查安全事件报告和处置管理制度是否明确了与安全事件有关的工作职责、不同安全事件的报告、处置和响应流程等。
d） 单元判定：如果以上测评实施内容为肯定，则符合本测评单元指标要求，否则不符合本测评单元指标要求。

8.1.10.12.3 测评单元（L3-MMS1-39）

该测评单元包括以下要求：
a） 测评指标：应在安全事件报告和响应处理过程中，分析和鉴定事件产生的原因，收集证据，记录处理过程，总结经验教训。
b） 测评对象：记录表单类文档。
c） 测评实施：应核查安全事件报告和响应处置记录是否记录引发安全事件的原因、证据、处置过程、经验教训、补救措施等内容。
d） 单元判定：如果以上测评实施内容为肯定，则符合本测评单元指标要求，否则不符合本测评单元指标要求。

8.1.10.12.4 测评单元（L3-MMS1-40）

该测评单元包括以下要求：
a） 测评指标：对造成系统中断和造成信息泄漏的重大安全事件应采用不同的处理程序和报告程序。
b） 测评对象：运维负责人和记录表单类文档。
c） 测评实施包括以下内容：
 1） 应访谈运维负责人不同安全事件的报告流程；
 2） 应核查针对重大安全事件是否制定不同安全事件报告和处理流程，是否明确具体报告方式、报告内容、报告人等方面内容。
d） 单元判定：如果1）和2）均为肯定，则符合本测评单元指标要求，否则不符合或部分符合本测评单元指标要求。

8.1.10.13 应急预案管理

8.1.10.13.1 测评单元（L3-MMS1-41）

该测评单元包括以下要求：
a） 测评指标：应规定统一的应急预案框架，包括启动预案的条件、应急组织构成、应急资源保障、事后教育和培训等内容。
b） 测评对象：管理制度类文档。
c） 测评实施：应核查应急预案框架是否覆盖启动应急预案的条件、应急组织构成、应急资源保障、事后教育和培训等方面。
d） 单元判定：如果以上测评实施内容为肯定，则符合本测评单元指标要求，否则不符合本测评单元指标要求。

8.1.10.13.2 测评单元（L3-MMS1-42）

该测评单元包括以下要求：
a） 测评指标：应制定重要事件的应急预案，包括应急处理流程、系统恢复流程等内容。

b） 测评对象：管理制度类文档。

c） 测评实施：应核查是否具有重要事件的应急预案（如针对机房、系统、网络等各个方面）。

d） 单元判定：如果以上测评实施内容为肯定，则符合本测评单元指标要求，否则不符合本测评单元指标要求。

8.1.10.13.3 测评单元（L3-MMS1-43）

该测评单元包括以下要求：

a） 测评指标：应定期对系统相关的人员进行应急预案培训，并进行应急预案的演练。

b） 测评对象：运维负责人和记录表单类文档。

c） 测评实施包括以下内容：

1） 应访谈运维负责人是否定期对相关人员进行应急预案培训和演练；

2） 应核查应急预案培训记录是否明确培训对象、培训内容、培训结果等；

3） 应核查应急预案演练记录是否记录演练时间、主要操作内容、演练结果等。

d） 单元判定：如果 1）～3）均为肯定，则符合本测评单元指标要求，否则不符合或部分符合本测评单元指标要求。

8.1.10.13.4 测评单元（L3-MMS1-44）

该测评单元包括以下要求：

a） 测评指标：应定期对原有的应急预案重新评估，修订完善。

b） 测评对象：记录表单类文档。

c） 测评实施：应核查应急预案修订记录是否定期评估并修订完善等。

d） 单元判定：如果以上测评实施内容为肯定，则符合本测评单元指标要求，否则不符合本测评单元指标要求。

8.1.10.14 外包运维管理

8.1.10.14.1 测评单元（L3-MMS1-45）

该测评单元包括以下要求：

a） 测评指标：应确保外包运维服务商的选择符合国家的有关规定。

b） 测评对象：运维负责人。

c） 测评实施包括以下内容：

1） 应访谈运维负责人是否有外包运维服务情况；

2） 应访谈运维负责人外包运维服务单位是否符合国家有关规定。

d） 单元判定：如果 1）和 2）均为肯定，则符合本测评单元指标要求，否则不符合或部分符合本测评单元指标要求。

8.1.10.14.2 测评单元（L3-MMS1-46）

该测评单元包括以下要求：

a） 测评指标：应与选定的外包运维服务商签订相关的协议，明确约定外包运维的范围、工作内容。

b） 测评对象：记录表单类文档。

c） 测评实施：应核查外包运维服务协议是否明确约定外包运维的范围和工作内容。

d） 单元判定：如果以上测评实施内容为肯定，则符合本测评单元指标要求，否则不符合本测评单元指标要求。

8.1.10.14.3 测评单元(L3-MMS1-47)

该测评单元包括以下要求:

a) 测评指标:应保证选择的外包运维服务商在技术和管理方面均应具有按照等级保护要求开展安全运维工作的能力,并将能力要求在签订的协议中明确。
b) 测评对象:记录表单类文档。
c) 测评实施:应核查与外包运维服务商签订的协议中是否明确其具有等级保护要求的服务能力。
d) 单元判定:如果以上测评实施内容为肯定,则符合本测评单元指标要求,否则不符合本测评单元指标要求。

8.1.10.14.4 测评单元(L3-MMS1-48)

该测评单元包括以下要求:

a) 测评指标:应在与外包运维服务商签订的协议中明确所有相关的安全要求,如可能涉及对敏感信息的访问、处理、存储要求,对IT基础设施中断服务的应急保障要求等。
b) 测评对象:记录表单类文档。
c) 测评实施:应核查外包运维服务协议是否包含可能涉及对敏感信息的访问、处理、存储要求,对IT基础设施中断服务的应急保障要求等内容。
d) 单元判定:如果以上测评实施内容为肯定,则符合本测评单元指标要求,否则不符合本测评单元指标要求。

8.2 云计算安全测评扩展要求

8.2.1 安全物理环境

8.2.1.1 基础设施位置

8.2.1.1.1 测评单元(L3-PES2-01)

该测评单元包括以下要求:

a) 测评指标:应保证云计算基础设施位于中国境内。
b) 测评对象:机房管理员、办公场地、机房和平台建设方案。
c) 测评实施包括以下内容:
    1) 应访谈机房管理员云计算服务器、存储设备、网络设备、云管理平台、信息系统等运行业务和承载数据的软硬件是否均位于中国境内;
    2) 应核查云计算平台建设方案,云计算服务器、存储设备、网络设备、云管理平台、信息系统等运行业务和承载数据的软硬件是否均位于中国境内。
d) 单元判定:如果1)和2)均为肯定,则符合本单元测评指标要求,否则不符合或部分符合本单元测评指标要求。

8.2.2 安全通信网络

8.2.2.1 网络架构

8.2.2.1.1 测评单元(L3-CNS2-01)

该测评单元包括以下要求:

a) 测评指标:应保证云计算平台不承载高于其安全保护等级的业务应用系统。

b) 测评对象：云计算平台和业务应用系统定级备案材料。

c) 测评实施：应核查云计算平台和云计算平台承载的业务应用系统相关定级备案材料，云计算平台安全保护等级是否不低于其承载的业务应用系统安全保护等级。

d) 单元判定：如果以上测评实施内容为肯定，则符合本单元测评指标要求，否则不符合本单元测评指标要求。

8.2.2.1.2 测评单元(L3-CNS2-02)

该测评单元包括以下要求：

a) 测评指标：应实现不同云服务客户虚拟网络之间的隔离。

b) 测评对象：网络资源隔离措施、综合网管系统和云管理平台。

c) 测评实施包括以下内容：

   1) 应核查云服务客户之间是否采取网络隔离措施；

   2) 应核查云服务客户之间是否设置并启用网络资源隔离策略；

   3) 应测试验证不同云服务客户之间的网络隔离措施是否有效。

d) 单元判定：如果1)～3)均为肯定，则符合本单元测评指标要求，否则不符合或部分符合本单元测评指标要求。

8.2.2.1.3 测评单元(L3-CNS2-03)

该测评单元包括以下要求：

a) 测评指标：应具有根据云服务客户业务需求提供通信传输、边界防护、入侵防范等安全机制的能力。

b) 测评对象：防火墙、入侵检测系统、入侵保护系统和抗APT系统等安全设备。

c) 测评实施包括以下内容：

   1) 应核查云计算平台是否具备为云服务客户提供通信传输、边界防护、入侵防范等安全防护机制的能力；

   2) 应核查上述安全防护机制是否满足云服务客户的业务需求。

d) 单元判定：如果1)和2)均为肯定，则符合本单元测评指标要求，否则不符合或部分符合本单元测评指标要求。

8.2.2.1.4 测评单元(L3-CNS2-04)

该测评单元包括以下要求：

a) 测评指标：应具有根据云服务客户业务需求自主设置安全策略的能力，包括定义访问路径、选择安全组件、配置安全策略。

b) 测评对象：云管理平台、网络管理平台、网络设备和安全访问路径。

c) 测评实施包括以下内容：

   1) 应核查云计算平台是否支持云服务客户自主定义安全策略，包括定义访问路径、选择安全组件、配置安全策略；

   2) 应核查云服务客户是否能够自主设置安全策略，包括定义访问路径、选择安全组件、配置安全策略。

d) 单元判定：如果1)和2)均为肯定，则符合本单元测评指标要求，否则不符合或部分符合本单元测评指标要求。

8.2.2.1.5 测评单元(L3-CNS2-05)

该测评单元包括以下要求：

a) 测评指标:应提供开放接口或开放性安全服务,允许云服务客户接入第三方安全产品或在云计算平台选择第三方安全服务。
b) 测评对象:相关开放性接口和安全服务及相关文档。
c) 测评实施包括以下内容:
   1) 应核查接口设计文档或开放性服务技术文档是否符合开放性及安全性要求;
   2) 应核查云服务客户是否可以接入第三方安全产品或在云计算平台选择第三方安全服务。
d) 单元判定:如果1)和2)均为肯定,则符合本单元测评指标要求,否则不符合或部分符合本单元测评指标要求。

8.2.3 安全区域边界

8.2.3.1 访问控制

8.2.3.1.1 测评单元(L3-ABS2-01)

该测评单元包括以下要求:
a) 测评指标:应在虚拟化网络边界部署访问控制机制,并设置访问控制规则。
b) 测评对象:访问控制机制、网络边界设备和虚拟化网络边界设备。
c) 测评实施包括以下内容:
   1) 应核查是否在虚拟化网络边界部署访问控制机制,并设置访问控制规则;
   2) 应核查并测试验证云计算平台和云服务客户业务系统虚拟化网络边界访问控制规则和访问控制策略是否有效;
   3) 应核查并测试验证云计算平台的网络边界设备或虚拟化网络边界设备安全保障机制、访问控制规则和访问控制策略等是否有效;
   4) 应核查并测试验证不同云服务客户间访问控制规则和访问控制策略是否有效;
   5) 应核查并测试验证云服务客户不同安全保护等级业务系统之间访问控制规则和访问控制策略是否有效。
d) 单元判定:如果1)~5)均为肯定,则符合本单元测评指标要求,否则不符合或部分符合本单元测评指标要求。

8.2.3.1.2 测评单元(L3-ABS2-02)

该测评单元包括以下要求:
a) 测评指标:应在不同等级的网络区域边界部署访问控制机制,设置访问控制规则。
b) 测评对象:网闸、防火墙、路由器和交换机等提供访问控制功能的设备。
c) 测评实施包括以下内容:
   1) 应核查是否在不同等级的网络区域边界部署访问控制机制,设置访问控制规则;
   2) 应核查不同安全等级网络区域边界的访问控制规则和访问控制策略是否有效;
   3) 应测试验证不同安全等级的网络区域间进行非法访问时,是否可以正确拒绝该非法访问。
d) 单元判定:如果1)~3)均为肯定,则符合本单元测评指标要求,否则不符合或部分符合本单元测评指标要求。

8.2.3.2 入侵防范

8.2.3.2.1 测评单元(L3-ABS2-03)

该测评单元包括以下要求:

a) 测评指标:应能检测到云服务客户发起的网络攻击行为,并能记录攻击类型、攻击时间、攻击流量等。
b) 测评对象:抗 APT 攻击系统、网络回溯系统、威胁情报检测系统、抗 DDoS 攻击系统和入侵保护系统或相关组件。
c) 测评实施包括以下内容:
   1) 应核查是否采取了入侵防范措施对网络入侵行为进行防范,如部署抗 APT 攻击系统、网络回溯系统和网络入侵保护系统等入侵防范设备或相关组件;
   2) 应核查部署的抗 APT 攻击系统、网络入侵保护系统等入侵防范设备或相关组件的规则库升级方式,核查规则库是否进行及时更新;
   3) 应核查部署的抗 APT 攻击系统、网络入侵保护系统等入侵防范设备或相关组件是否具备异常流量、大规模攻击流量、高级持续性攻击的检测功能,以及报警功能和清洗处置功能;
   4) 应验证抗 APT 攻击系统、网络入侵保护系统等入侵防范设备或相关组件对异常流量和未知威胁的监控策略是否有效(如模拟产生攻击动作,验证入侵防范设备或相关组件是否能记录攻击类型、攻击时间、攻击流量);
   5) 应验证抗 APT 攻击系统、网络入侵保护系统等入侵防范设备或相关组件对云服务客户网络攻击行为的报警策略是否有效(如模拟产生攻击动作,验证抗 APT 攻击系统或网络入侵保护系统是否能实时报警);
   6) 应核查抗 APT 攻击系统、网络入侵保护系统等入侵防范设备或相关组件是否具有对 SQL 注入、跨站脚本等攻击行为的发现和阻断能力;
   7) 应核查抗 APT 攻击系统、网络入侵保护系统等入侵防范设备或相关组件是否能够检测出具有恶意行为、过分占用计算资源和带宽资源等恶意行为的虚拟机;
   8) 应核查云管理平台对云服务客户攻击行为的防范措施,核查是否能够对云服务客户的网络攻击行为进行记录,记录应包括攻击类型、攻击时间和攻击流量等内容;
   9) 应核查云管理平台或入侵防范设备是否能够对云计算平台内部发起的恶意攻击或恶意外连行为进行限制,核查是否能够对内部行为进行监控;
   10) 通过对外攻击发生器伪造对外攻击行为,核查云租户的网络攻击日志,确认是否正确记录相应的攻击行为,攻击行为日志记录是否包含攻击类型、攻击时间、攻击者 IP 和攻击流量规模等内容;
   11) 应核查运行虚拟机监控器(VMM)和云管理平台软件的物理主机,确认其安全加固手段是否能够避免或减少虚拟化共享带来的安全漏洞。
d) 单元判定:如果 1)~11)均为肯定,则符合本单元测评指标要求,否则不符合或部分符合本单元测评指标要求。

8.2.3.2.2 测评单元(L3-ABS2-04)

该测评单元包括以下要求:
a) 测评指标:应能检测到对虚拟网络节点的网络攻击行为,并能记录攻击类型、攻击时间、攻击流量等。
b) 测评对象:抗 APT 攻击系统、网络回溯系统、威胁情报检测系统、抗 DDoS 攻击系统和入侵保护系统或相关组件。
c) 测评实施包括以下内容:
   1) 应核查是否部署网络攻击行为检测设备或相关组件对虚拟网络节点的网络攻击行为进行防范,并能记录攻击类型、攻击时间、攻击流量等;
   2) 应核查网络攻击行为检测设备或相关组件的规则库是否为最新;

3） 应测试验证网络攻击行为检测设备或相关组件对异常流量和未知威胁的监控策略是否有效。

d） 单元判定：如果 1)～3)均为肯定，则符合本单元测评指标要求，否则不符合或部分符合本单元测评指标要求。

8.2.3.2.3 测评单元(L3-ABS2-05)

该测评单元包括以下要求：

a） 测评指标：应能检测到虚拟机与宿主机、虚拟机与虚拟机之间的异常流量。

b） 测评对象：虚拟机、宿主机、抗 APT 攻击系统、网络回溯系统、威胁情报检测系统、抗 DDoS 攻击系统和入侵保护系统或相关组件。

c） 测评实施包括以下内容：

1） 应核查是否具备虚拟机与宿主机之间、虚拟机与虚拟机之间的异常流量的检测功能；

2） 应测试验证对异常流量的监测策略是否有效。

d） 单元判定：如果 1)和 2)均为肯定，则符合本单元测评指标要求，否则不符合或部分符合本单元测评指标要求。

8.2.3.2.4 测评单元(L3-ABS2-06)

该测评单元包括以下要求：

a） 测评指标：应在检测到网络攻击行为、异常流量时进行告警。

b） 测评对象：虚拟机、宿主机、抗 APT 攻击系统、网络回溯系统、威胁情报检测系统、抗 DDoS 攻击系统和入侵保护系统或相关组件。

c） 测评实施包括以下内容：

1） 应核查检测到网络攻击行为、异常流量时是否进行告警；

2） 应测试验证其对异常流量的监测策略是否有效。

d） 单元判定：如果 1)和 2)均为肯定，则符合本单元测评指标要求，否则不符合或部分符合本单元测评指标要求。

8.2.3.3 安全审计

8.2.3.3.1 测评单元(L3-ABS2-07)

该测评单元包括以下要求：

a） 测评指标：应对云服务商和云服务客户在远程管理时执行的特权命令进行审计，至少包括虚拟机删除、虚拟机重启。

b） 测评对象：堡垒机或相关组件。

c） 测评实施包括以下内容：

1） 应核查云服务商(含第三方运维服务商)和云服务客户在远程管理时执行的远程特权命令是否有相关审计记录；

2） 应测试验证云服务商或云服务客户远程删除或重启虚拟机后，是否有产生相应审计记录。

d） 单元判定：如果 1)和 2)均为肯定，则符合本单元测评指标要求，否则不符合或部分符合本单元测评指标要求。

8.2.3.3.2 测评单元(L3-ABS2-08)

该测评单元包括以下要求：

a) 测评指标:应保证云服务商对云服务客户系统和数据的操作可被云服务客户审计。
b) 测评对象:综合审计系统或相关组件。
c) 测评实施包括以下内容:
   1) 应核查是否能够保证云服务商对云服务客户系统和数据的操作(如增、删、改、查等操作)可被云服务客户审计;
   2) 应测试验证云服务商对云服务客户系统和数据的操作是否可被云服务客户审计。
d) 单元判定:如果 1)和 2)均为肯定,则符合本单元测评指标要求,否则不符合或部分符合本单元测评指标要求。

8.2.4 安全计算环境

8.2.4.1 身份鉴别

8.2.4.1.1 测评单元(L3-CES2-01)

该测评单元包括以下要求:
a) 测评指标:当远程管理云计算平台中设备时,管理终端和云计算平台之间应建立双向身份验证机制。
b) 测评对象:管理终端和云计算平台。
c) 测评实施包括以下内容:
   1) 应核查当进行远程管理时是否建立双向身份验证机制;
   2) 应测试验证上述双向身份验证机制是否有效。
d) 单元判定:如果 1)和 2)均为肯定,则符合本单元测评指标要求,否则不符合或部分符合本单元测评指标要求。

8.2.4.2 访问控制

8.2.4.2.1 测评单元(L3-CES2-02)

该测评单元包括以下要求:
a) 测评指标:应保证当虚拟机迁移时,访问控制策略随其迁移。
b) 测评对象:虚拟机、虚拟机迁移记录和相关配置。
c) 测评实施包括以下内容:
   1) 应核查虚拟机迁移时访问控制策略是否随之迁移;
   2) 应测试验证虚拟机迁移后访问控制措施是否随其迁移。
d) 单元判定:如果 1)和 2)均为肯定,则符合本单元测评指标要求,否则不符合或部分符合本单元测评指标要求。

8.2.4.2.2 测评单元(L3-CES2-03)

该测评单元包括以下要求:
a) 测评指标:应允许云服务客户设置不同虚拟机之间的访问控制策略。
b) 测评对象:虚拟机和安全组或相关组件。
c) 测评实施包括以下内容:
   1) 应核查云服务客户是否能够设置不同虚拟机间访问控制策略;
   2) 应测试验证上述访问控制策略的有效性。

d) 单元判定：如果1)和2)均为肯定，则符合本单元测评指标要求，否则不符合或部分符合本单元测评指标要求。

8.2.4.3 入侵防范

8.2.4.3.1 测评单元(L3-CES2-04)

该测评单元包括以下要求：

a) 测评指标：应能检测虚拟机之间的资源隔离失效，并进行告警。
b) 测评对象：云管理平台或相关组件。
c) 测评实施：应核查是否能够检测到虚拟机之间的资源隔离失效并进行告警，如CPU、内存和磁盘资源之间的隔离失效。
d) 单元判定：如果以上测评实施内容为肯定，则符合本单元测评指标要求，否则不符合本单元测评指标要求。

8.2.4.3.2 测评单元(L3-CES2-05)

该测评单元包括以下要求：

a) 测评指标：应能检测非授权新建虚拟机或者重新启用虚拟机，并进行告警。
b) 测评对象：云管理平台或相关组件。
c) 测评实施：应核查是否能够检测到非授权新建虚拟机或者重新启用虚拟机，并进行告警。
d) 单元判定：如果以上测评实施内容为肯定，则符合本单元测评指标要求，否则不符合本单元测评指标要求。

8.2.4.3.3 测评单元(L3-CES2-06)

该测评单元包括以下要求：

a) 测评指标：应能够检测恶意代码感染及在虚拟机间蔓延的情况，并进行告警。
b) 测评对象：云管理平台或相关组件。
c) 测评实施：应核查是否能够检测恶意代码感染及在虚拟机间蔓延的情况，并进行告警。
d) 单元判定：如果以上测评实施内容为肯定，则符合本单元测评指标要求，否则不符合本单元测评指标要求。

8.2.4.4 镜像和快照保护

8.2.4.4.1 测评单元(L3-CES2-07)

该测评单元包括以下要求：

a) 测评指标：应针对重要业务系统提供加固的操作系统镜像或操作系统安全加固服务。
b) 测评对象：虚拟机镜像文件。
c) 测评实施：应核查是否对生成的虚拟机镜像进行必要的加固措施，如关闭不必要的端口、服务及进行安全加固配置。
d) 单元判定：如果以上测评实施内容为肯定，则符合本单元测评指标要求，否则不符合本单元测评指标要求。

8.2.4.4.2 测评单元(L3-CES2-08)

该测评单元包括以下要求：

a) 测评指标：应提供虚拟机镜像、快照完整性校验功能，防止虚拟机镜像被恶意篡改。

b) 测评对象：云管理平台和虚拟机镜像、快照或相关组件。

c) 测评实施包括以下内容：

1) 应核查是否对快照功能生成的镜像或快照文件进行完整性校验，是否具有严格的校验记录机制，防止虚拟机镜像或快照被恶意篡改；

2) 应测试验证是否能够对镜像、快照进行完整性验证。

d) 单元判定：如果1)和2)均为肯定，则符合本单元测评指标要求，否则不符合或部分符合本单元测评指标要求。

8.2.4.4.3 测评单元(L3-CES2-09)

该测评单元包括以下要求：

a) 测评指标：应采取密码技术或其他技术手段防止虚拟机镜像、快照中可能存在的敏感资源被非法访问。

b) 测评对象：云管理平台和虚拟机镜像、快照或相关组件。

c) 测评实施：应核查是否对虚拟机镜像或快照中的敏感资源采用加密、访问控制等技术手段进行保护，防止可能存在的针对快照的非法访问。

d) 单元判定：如果以上测评实施内容为肯定，则符合本单元测评指标要求，否则不符合本单元测评指标要求。

8.2.4.5 数据完整性和保密性

8.2.4.5.1 测评单元(L3-CES2-10)

该测评单元包括以下要求：

a) 测评指标：应确保云服务客户数据、用户个人信息等存储于中国境内，如需出境应遵循国家相关规定。

b) 测评对象：数据库服务器、数据存储设备和管理文档记录。

c) 测评实施包括以下内容：

1) 应核查云服务客户数据、用户个人信息所在的服务器及数据存储设备是否位于中国境内；

2) 应核查上述数据出境时是否符合国家相关规定。

d) 单元判定：如果1)和2)均为肯定，则符合本单元测评指标要求，否则不符合或部分符合本单元测评指标要求。

8.2.4.5.2 测评单元(L3-CES2-11)

该测评单元包括以下要求：

a) 测评指标：应只有在云服务客户授权下，云服务商或第三方才具有云服务客户数据的管理权限。

b) 测评对象：云管理平台、数据库、相关授权文档和管理文档。

c) 测评实施包括以下内容：

1) 应核查云服务客户数据管理权限授权流程、授权方式、授权内容；

2) 应核查云计算平台是否具有云服务客户数据的管理权限，如果具有，核查是否有相关授权证明。

d) 单元判定：如果1)和2)均为肯定，则符合本单元测评指标要求，否则不符合或部分符合本单元测评指标要求。

8.2.4.5.3 测评单元(L3-CES2-12)

该测评单元包括以下要求:

a) 测评指标:应使用校验技术或密码技术保证虚拟机迁移过程中重要数据的完整性,并在检测到完整性受到破坏时采取必要的恢复措施。

b) 测评对象:虚拟机。

c) 测评实施:应核查在虚拟资源迁移过程中,是否采取校验技术或密码技术等措施保证虚拟资源数据及重要数据的完整性,并在检测到完整性受到破坏时采取必要的恢复措施。

d) 单元判定:如果以上测评实施内容为肯定,则符合本单元测评指标要求,否则不符合本单元测评指标要求。

8.2.4.5.4 测评单元(L3-CES2-13)

该测评单元包括以下要求:

a) 测评指标:应支持云服务客户部署密钥管理解决方案,保证云服务客户自行实现数据的加解密过程。

b) 测评对象:密钥管理解决方案。

c) 测评实施包括以下内容:

 1) 当云服务客户已部署密钥管理解决方案,应核查密钥管理解决方案是否能保证云服务客户自行实现数据的加解密过程;

 2) 应核查云服务商支持云服务客户部署密钥管理解决方案所采取的技术手段或管理措施是否能保证云服务客户自行实现数据的加解密过程。

d) 单元判定:如果1)和2)均为肯定,则符合本单元测评指标要求,否则不符合或部分符合本单元测评指标要求。

8.2.4.6 数据备份恢复

8.2.4.6.1 测评单元(L3-CES2-14)

该测评单元包括以下要求:

a) 测评指标:云服务客户应在本地保存其业务数据的备份。

b) 测评对象:云管理平台或相关组件。

c) 测评实施:应核查是否提供备份措施保证云服务客户可以在本地备份其业务数据。

d) 单元判定:如果以上测评实施内容为肯定,则符合本单元测评指标要求,否则不符合本单元测评指标要求。

8.2.4.6.2 测评单元(L3-CES2-15)

该测评单元包括以下要求:

a) 测评指标:应提供查询云服务客户数据及备份存储位置的能力。

b) 测评对象:云管理平台或相关组件。

c) 测评实施:应核查云服务商是否为云服务客户提供数据及备份存储位置查询的接口或其他技术、管理手段。

d) 单元判定:如果以上测评实施内容为肯定,则符合本单元测评指标要求,否则不符合本单元测评指标要求。

8.2.4.6.3 测评单元(L3-CES2-16)

该测评单元包括以下要求:

a) 测评指标:云服务商的云存储服务应保证云服务客户数据存在若干个可用的副本,各副本之间的内容应保持一致。

b) 测评对象:云管理平台、云存储系统或相关组件。

c) 测评实施包括以下内容:

   1) 应核查云服务客户数据副本存储方式,核查是否存在若干个可用的副本;

   2) 应核查各副本内容是否保持一致。

d) 单元判定:如果1)和2)均为肯定,则符合本单元测评指标要求,否则不符合或部分符合本单元测评指标要求。

8.2.4.6.4 测评单元(L3-CES2-17)

该测评单元包括以下要求:

a) 测评指标:应为云服务客户将业务系统及数据迁移到其他云计算平台和本地系统提供技术手段,并协助完成迁移过程。

b) 测评对象:相关技术措施和手段。

c) 测评实施包括以下内容:

   1) 应核查是否有相关技术手段保证云服务客户能够将业务系统及数据迁移到其他云计算平台和本地系统;

   2) 应核查云服务商是否提供措施、手段或人员协助云服务客户完成迁移过程。

d) 单元判定:如果1)和2)均为肯定,则符合本单元测评指标要求,否则不符合或部分符合本单元测评指标要求。

8.2.4.7 剩余信息保护

8.2.4.7.1 测评单元(L3-CES2-18)

该测评单元包括以下要求:

a) 测评指标:应保证虚拟机所使用的内存和存储空间回收时得到完全清除。

b) 测评对象:云计算平台。

c) 测评实施包括以下内容:

   1) 应核查虚拟机的内存和存储空间回收时,是否得到完全清除;

   2) 应核查在迁移或删除虚拟机后,数据以及备份数据(如镜像文件、快照文件等)是否已清理。

d) 单元判定:如果1)和2)均为肯定,则符合本单元测评指标要求,否则不符合或部分符合本单元测评指标要求。

8.2.4.7.2 测评单元(L3-CES2-19)

该测评单元包括以下要求:

a) 测评指标:云服务客户删除业务应用数据时,云计算平台应将云存储中所有副本删除。

b) 测评对象:云存储系统和云计算平台。

c) 测评实施:应核查当云服务客户删除业务应用数据时,云存储中所有副本是否被删除。

d) 单元判定:如果以上测评实施内容为肯定,则符合本单元测评指标要求,否则不符合本单元测评指标要求。

8.2.5 安全管理中心

8.2.5.1 集中管控

8.2.5.1.1 测评单元(L3-SMC2-01)

该测评单元包括以下要求:

a) 测评指标:应对物理资源和虚拟资源按照策略做统一管理调度与分配。

b) 测评对象:资源调度平台、云管理平台或相关组件。

c) 测评实施包括以下内容:

   1) 应核查是否有资源调度平台等提供资源统一管理调度与分配策略;

   2) 应核查是否能够按照上述策略对物理资源和虚拟资源做统一管理调度与分配。

d) 单元判定:如果1)和2)均为肯定,则符合本单元测评指标要求,否则不符合或部分符合本单元测评指标要求。

8.2.5.1.2 测评单元(L3-SMC2-02)

该测评单元包括以下要求:

a) 测评指标:应保证云计算平台管理流量与云服务客户业务流量分离。

b) 测评对象:网络架构和云管理平台。

c) 测评实施包括以下内容:

   1) 应核查网络架构和配置策略能否采用带外管理或策略配置等方式实现管理流量和业务流量分离;

   2) 应测试验证云计算平台管理流量与业务流量是否分离。

d) 单元判定:如果1)和2)均为肯定,则符合本单元测评指标要求,否则不符合或部分符合本单元测评指标要求。

8.2.5.1.3 测评单元(L3-SMC2-03)

该测评单元包括以下要求:

a) 测评指标:应根据云服务商和云服务客户的职责划分,收集各自控制部分的审计数据并实现各自的集中审计。

b) 测评对象:云管理平台、综合审计系统或相关组件。

c) 测评实施包括以下内容:

   1) 应核查是否根据云服务商和云服务客户的职责划分,实现各自控制部分审计数据的收集;

   2) 应核查云服务商和云服务客户是否能够实现各自的集中审计。

d) 单元判定:如果1)和2)均为肯定,则符合本单元测评指标要求,否则不符合或部分符合本单元测评指标要求。

8.2.5.1.4 测评单元(L3-SMC2-04)

该测评单元包括以下要求:

a) 测评指标:应根据云服务商和云服务客户的职责划分,实现各自控制部分,包括虚拟化网络、虚拟机、虚拟化安全设备等的运行状况的集中监测。

b) 测评对象:云管理平台或相关组件。

c) 测评实施:应核查是否根据云服务商和云服务客户的职责划分,实现各自控制部分,包括虚拟化网络、虚拟机、虚拟化安全设备等的运行状况的集中监测。

d) 单元判定：如果以上测评实施内容为肯定，则符合本单元测评指标要求，否则不符合本单元测评指标要求。

8.2.6 安全建设管理

8.2.6.1 云服务商选择

8.2.6.1.1 测评单元(L3-CMS2-01)

该测评单元包括以下要求：

a) 测评指标：应选择安全合规的云服务商，其所提供的云计算平台应为其所承载的业务应用系统提供相应等级的安全保护能力。

b) 测评对象：系统建设负责人和服务合同。

c) 测评实施包括以下内容：

   1) 应访谈系统建设负责人是否根据业务系统的安全保护等级选择具有相应等级安全保护能力的云计算平台及云服务商；

   2) 应核查云服务商提供的相关服务合同是否明确其云计算平台具有与所承载的业务应用系统具有相应或高于的安全保护能力。

d) 单元判定：如果1)和2)均为肯定，则符合本单元测评指标要求，否则不符合或部分符合本单元测评指标要求。

8.2.6.1.2 测评单元(L3-CMS2-02)

该测评单元包括以下要求：

a) 测评指标：应在服务水平协议中规定云服务的各项服务内容和具体技术指标。

b) 测评对象：服务水平协议或服务合同。

c) 测评实施：应核查服务水平协议或服务合同是否规定了云服务的各项服务内容和具体指标等。

d) 单元判定：如果以上测评实施内容为肯定，则符合本单元测评指标要求，否则不符合本单元测评指标要求。

8.2.6.1.3 测评单元(L3-CMS2-03)

该测评单元包括以下要求：

a) 测评指标：应在服务水平协议中规定云服务商的权限与责任，包括管理范围、职责划分、访问授权、隐私保护、行为准则、违约责任等。

b) 测评对象：服务水平协议或服务合同。

c) 测评实施：应核查服务水平协议或服务合同中是否规范了安全服务商和云服务供应商的权限与责任，包括管理范围、职责划分、访问授权、隐私保护、行为准则、违约责任等。

d) 单元判定：如果以上测评实施内容为肯定，则符合本单元测评指标要求，否则不符合本单元测评指标要求。

8.2.6.1.4 测评单元(L3-CMS2-04)

该测评单元包括以下要求：

a) 测评指标：应在服务水平协议中规定服务合约到期时，完整提供云服务客户数据，并承诺相关数据在云计算平台上清除。

b) 测评对象:服务水平协议或服务合同。
c) 测评实施:应核查服务水平协议或服务合同是否明确服务合约到期时,云服务商完整提供云服务客户数据,并承诺相关数据在云计算平台上清除。
d) 单元判定:如果以上测评实施内容为肯定,则符合本单元测评指标要求,否则不符合本单元测评指标要求。

8.2.6.1.5 测评单元(L3-CMS2-05)

该测评单元包括以下要求:

a) 测评指标:应与选定的云服务商签署保密协议,要求其不得泄露云服务客户数据。
b) 测评对象:保密协议或服务合同。
c) 测评实施:应核查保密协议或服务合同是否包含对云服务商不得泄露云服务客户数据的规定。
d) 单元判定:如果以上测评实施内容为肯定,则符合本单元测评指标要求,否则不符合本单元测评指标要求。

8.2.6.2 供应链管理

8.2.6.2.1 测评单元(L3-CMS2-07)

该测评单元包括以下要求:

a) 测评指标:应确保供应商的选择符合国家有关规定。
b) 测评对象:记录表单类文档。
c) 测评实施:应核查云服务商的选择是否符合国家的有关规定。
d) 单元判定:如果以上测评实施内容为肯定,则符合本单元测评指标要求,否则不符合本单元测评指标要求。

8.2.6.2.2 测评单元(L3-CMS2-08)

该测评单元包括以下要求:

a) 测评指标:应将供应链安全事件信息或威胁信息及时传达到云服务客户。
b) 测评对象:供应链安全事件报告或威胁报告。
c) 测评实施:应核查供应链安全事件报告或威胁报告是否及时传达到云服务客户,报告是否明确相关事件信息或威胁信息。
d) 单元判定:如果以上测评实施内容为肯定,则符合本单元测评指标要求,否则不符合本单元测评指标要求。

8.2.6.2.3 测评单元(L3-CMS2-09)

该测评单元包括以下要求:

a) 测评指标:应将供应商的重要变更及时传达到云服务客户,并评估变更带来的安全风险,采取措施对风险进行控制。
b) 测评对象:供应商重要变更记录、安全风险评估报告和风险预案。
c) 测评实施:应核查供应商的重要变更是否及时传达到云服务客户,是否对每次供应商的重要变更都进行风险评估并采取控制措施。
d) 单元判定:如果以上测评实施内容为肯定,则符合本单元测评指标要求,否则不符合本单元测评指标要求。

8.2.7 安全运维管理

8.2.7.1 云计算环境管理

8.2.7.1.1 测评单元(L3-MMS2-01)

该测评单元包括以下要求:

a) 测评指标:云计算平台的运维地点应位于中国境内,境外对境内云计算平台实施运维操作应遵循国家相关规定。

b) 测评对象:运维设备、运维地点、运维记录和相关管理文档。

c) 测评实施:应核查运维地点是否位于中国境内,从境外对境内云计算平台实施远程运维操作的行为是否遵循国家相关规定。

d) 单元判定:如果以上测评实施内容为肯定,则符合本单元测评指标要求,否则不符合本单元测评指标要求。

8.3 移动互联安全测评扩展要求

8.3.1 安全物理环境

8.3.1.1 无线接入点的物理位置

8.3.1.1.1 测评单元(L3-PES3-01)

该测评单元包括以下要求:

a) 测评指标:应为无线接入设备的安装选择合理位置,避免过度覆盖和电磁干扰。

b) 测评对象:无线接入设备。

c) 测评实施包括以下内容:

   1) 应核查物理位置与无线信号的覆盖范围是否合理;

   2) 应测试验证无线信号是否可以避免电磁干扰。

d) 单元判定:如果 1)和 2)均为肯定,则符合本测评单元指标要求,否则不符合或部分符合本测评单元指标要求。

8.3.2 安全区域边界

8.3.2.1 边界防护

8.3.2.1.1 测评单元(L3-ABS3-01)

该测评单元包括以下要求:

a) 测评指标:应保证有线网络与无线网络边界之间的访问和数据流通过无线接入网关设备。

b) 测评对象:无线接入网关设备。

c) 测评实施:应核查有线网络与无线网络边界之间是否部署无线接入网关设备。

d) 单元判定:如果以上测评实施内容为肯定,则符合本测评单元指标要求,否则不符合本测评单元指标要求。

8.3.2.2 访问控制

8.3.2.2.1 测评单元(L3-ABS3-02)

该测评单元包括以下要求:

a) 测评指标:无线接入设备应开启接入认证功能,并支持采用认证服务器认证或国家密码管理机构批准的密码模块进行认证。
b) 测评对象:无线接入设备。
c) 测评实施:应核查是否开启接入认证功能,是否采用认证服务器或国家密码管理机构批准的密码模块进行认证。
d) 单元判定:如果以上测评实施内容为肯定,则符合本测评单元指标要求,否则不符合本测评单元指标要求。

8.3.2.3 入侵防范

8.3.2.3.1 测评单元(L3-ABS3-03)

该测评单元包括以下要求:
a) 测评指标:应能够检测到非授权无线接入设备和非授权移动终端的接入行为。
b) 测评对象:终端准入控制系统、移动终端管理系统或相关组件。
c) 测评实施包括以下内容:
   1) 应核查是否能够检测非授权无线接入设备和移动终端的接入行为;
   2) 应测试验证是否能够检测非授权无线接入设备和移动终端的接入行为。
d) 单元判定:如果1)和2)均为肯定,则符合本测评单元指标要求,否则不符合或部分符合本测评单元指标要求。

8.3.2.3.2 测评单元(L3-ABS3-04)

该测评单元包括以下要求:
a) 测评指标:应能够检测到针对无线接入设备的网络扫描、DDoS攻击、密钥破解、中间人攻击和欺骗攻击等行为。
b) 测评对象:抗APT攻击系统、网络回溯系统、威胁情报检测系统、抗DDoS攻击系统和入侵保护系统或相关组件。
c) 测评实施包括以下内容:
   1) 应核查是否能够对网络扫描、DDoS攻击、密钥破解、中间人攻击和欺骗攻击等行为进行检测;
   2) 应核查规则库版本是否及时更新。
d) 单元判定:如果1)和2)均为肯定,则符合本测评单元指标要求,否则不符合或部分符合本测评单元指标要求。

8.3.2.3.3 测评单元(L3-ABS3-05)

该测评单元包括以下要求:
a) 测评指标:应能够检测到无线接入设备的SSID广播、WPS等高风险功能的开启状态。
b) 测评对象:无线接入设备或相关组件。
c) 测评实施:应核查是否能够检测无线接入设备的SSID广播、WPS等高风险功能的开启状态。
d) 单元判定:如果以上测评实施内容为肯定,则符合本测评单元指标要求,否则不符合本测评单元指标要求。

8.3.2.3.4 测评单元(L3-ABS3-06)

该测评单元包括以下要求:

a) 测评指标：应禁用无线接入设备和无线接入网关存在风险的功能，如：SSID 广播、WEP 认证等。
b) 测评对象：无线接入设备和无线接入网关设备。
c) 测评实施：应核查是否关闭了 SSID 广播、WEP 认证等存在风险的功能。
d) 单元判定：如果以上测评实施内容为肯定，则符合本测评单元指标要求，否则不符合本测评单元指标要求。

8.3.2.3.5 测评单元(L3-ABS3-07)

该测评单元包括以下要求：
a) 测评指标：应禁止多个 AP 使用同一个鉴别密钥。
b) 测评对象：无线接入设备。
c) 测评实施：应核查是否分别使用了不同的鉴别密钥。
d) 单元判定：如果以上测评实施内容为肯定，则符合本测评单元指标要求，否则不符合本测评单元指标要求。

8.3.2.3.6 测评单元(L3-ABS3-08)

该测评单元包括以下要求：
a) 测评指标：应能够阻断非授权无线接入设备或非授权移动终端。
b) 测评对象：终端准入控制系统、移动终端管理系统或相关组件。
c) 测评实施包括以下内容：
   1) 应核查是否能够阻断非授权无线接入设备或非授权移动终端接入；
   2) 应测试验证是否能够阻断非授权无线接入设备或非授权移动终端接入。
d) 单元判定：如果 1)和 2)均为肯定，则符合本测评单元指标要求，否则不符合或部分符合本测评单元指标要求。

8.3.3 安全计算环境

8.3.3.1 移动终端管控

8.3.3.1.1 测评单元(L3-CES3-01)

该测评单元包括以下要求：
a) 测评指标：应保证移动终端安装、注册并运行终端管理客户端软件。
b) 测评对象：移动终端和移动终端管理系统。
c) 测评实施：应核查移动终端是否安装、注册并运行移动终端客户端软件。
d) 单元判定：如果以上测评实施内容为肯定，则符合本测评单元指标要求，否则不符合本测评单元指标要求。

8.3.3.1.2 测评单元(L3-CES3-02)

该测评单元包括以下要求：
a) 测评指标：移动终端应接受移动终端管理服务端的设备生命周期管理、设备远程控制，如：远程锁定、远程擦除等。
b) 测评对象：移动终端和移动终端管理系统。
c) 测评实施包括以下内容：

1) 应核查移动终端管理系统是否设置了对移动终端进行设备远程控制及设备生命周期管理等安全策略；
2) 应测试验证是否能够对移动终端进行远程锁定和远程擦除等。
d) 单元判定：如果1)和2)均为肯定，则符合本测评单元指标要求，否则不符合或部分符合本测评单元指标要求。

8.3.3.2 移动应用管控

8.3.3.2.1 测评单元(L3-CES3-03)

该测评单元包括以下要求：

a) 测评指标：应具有选择应用软件安装、运行的功能。
b) 测评对象：移动终端管理客户端。
c) 测评实施：应核查是否具有选择应用软件安装、运行的功能。
d) 单元判定：如果以上测评实施内容为肯定，则符合本测评单元指标要求，否则不符合本测评单元指标要求。

8.3.3.2.2 测评单元(L3-CES3-04)

该测评单元包括以下要求：

a) 测评指标：应只允许指定证书签名的应用软件安装和运行。
b) 测评对象：移动终端管理客户端。
c) 测评实施：应核查全部移动应用是否由指定证书签名。
d) 单元判定：如果以上测评实施内容为肯定，则符合本测评单元指标要求，否则不符合本测评单元指标要求。

8.3.3.2.3 测评单元(L3-CES3-05)

该测评单元包括以下要求：

a) 测评指标：应具有软件白名单功能，应能根据白名单控制应用软件安装、运行。
b) 测评对象：移动终端管理客户端。
c) 测评实施包括以下内容：
   1) 应核查是否具有软件白名单功能；
   2) 应测试验证白名单功能是否能够控制应用软件安装、运行。
d) 单元判定：如果1)和2)均为肯定，则符合本测评单元指标要求，否则不符合或部分符合本测评单元指标要求。

8.3.4 安全建设管理

8.3.4.1 移动应用软件采购

8.3.4.1.1 测评单元(L3-CMS3-01)

该测评单元包括以下要求：

a) 测评指标：应保证移动终端安装、运行的应用软件来自可靠分发渠道或使用可靠证书签名。
b) 测评对象：移动终端。
c) 测评实施：应核查移动应用软件是否来自可靠分发渠道或使用可靠证书签名。

d) 单元判定：如果以上测评实施内容为肯定，则符合本测评单元指标要求，否则不符合本测评单元指标要求。

8.3.4.1.2 测评单元(L3-CMS3-02)

该测评单元包括以下要求：

a) 测评指标：应保证移动终端安装、运行的应用软件由指定的开发者开发。
b) 测评对象：移动终端。
c) 测评实施：应核查移动应用软件是否由指定的开发者开发。
d) 单元判定：如果以上测评实施内容为肯定，则符合本测评单元指标要求，否则不符合本测评单元指标要求。

8.3.4.2 移动应用软件开发

8.3.4.2.1 测评单元(L3-CMS3-03)

该测评单元包括以下要求：

a) 测评指标：应对移动业务应用软件开发者进行资格审查。
b) 测评对象：系统建设负责人。
c) 测评实施：应访谈系统建设负责人，是否对开发者进行资格审查。
d) 单元判定：如果以上测评实施内容为肯定，则符合本测评单元指标要求，否则不符合本测评单元指标要求。

8.3.4.2.2 测评单元(L3-CMS3-04)

该测评单元包括以下要求：

a) 测评指标：应保证开发移动业务应用软件的签名证书合法性。
b) 测评对象：软件的签名证书。
c) 测评实施：应核查开发移动业务应用软件的签名证书是否具有合法性。
d) 单元判定：如果以上测评实施内容为肯定，则符合本测评单元指标要求，否则不符合本测评单元指标要求。

8.3.5 安全运维管理

8.3.5.1 配置管理

8.3.5.1.1 测评单元(L3-MMS3-01)

该测评单元包括以下要求：

a) 测评指标：应建立合法无线接入设备和合法移动终端配置库，用于对非法无线接入设备和非法移动终端的识别。
b) 测评对象：记录表单类文档、移动终端管理系统或相关组件。
c) 测评实施：应核查是否建立无线接入设备和合法移动终端配置库，并通过配置库识别非法设备。
d) 单元判定：如果以上测评实施内容为肯定，则符合本测评单元指标要求，否则不符合本测评单元指标要求。

8.4 物联网安全测评扩展要求

8.4.1 安全物理环境

8.4.1.1 感知节点设备物理防护

8.4.1.1.1 测评单元(L3-PES4-01)

该测评单元包括以下要求:

a) 测评指标:感知节点设备所处的物理环境应不对感知节点设备造成物理破坏,如挤压、强振动。

b) 测评对象:感知节点设备所处物理环境和设计或验收文档。

c) 测评实施包括以下内容:

 1) 应核查感知节点设备所处物理环境的设计或验收文档,是否有感知节点设备所处物理环境具有防挤压、防强振动等能力的说明,是否与实际情况一致;

 2) 应核查感知节点设备所处物理环境是否采取了防挤压、防强振动等的防护措施。

d) 单元判定:如果1)和2)均为肯定,则符合本测评单元指标要求,否则不符合或部分符合本测评单元指标要求。

8.4.1.1.2 测评单元(L3-PES4-02)

该测评单元包括以下要求:

a) 测评指标:感知节点设备在工作状态所处物理环境应能正确反映环境状态(如温湿度传感器不能安装在阳光直射区域)。

b) 测评对象:感知节点设备所处物理环境和设计或验收文档。

c) 测评实施包括以下内容:

 1) 应核查感知节点设备所处物理环境的设计或验收文档,是否有感知节点设备在工作状态所处物理环境的说明,是否与实际情况一致;

 2) 应核查感知节点设备在工作状态所处物理环境是否能正确反映环境状态(如温湿度传感器不能安装在阳光直射区域)。

d) 单元判定:如果1)和2)均为肯定,则符合本测评单元指标要求,否则不符合或部分符合本测评单元指标要求。

8.4.1.1.3 测评单元(L3-PES4-03)

该测评单元包括以下要求:

a) 测评指标:感知节点设备在工作状态所处物理环境应不对感知节点设备的正常工作造成影响,如强干扰、阻挡屏蔽等。

b) 测评对象:感知节点设备所处物理环境和设计或验收文档。

c) 测评实施包括以下内容:

 1) 应核查感知节点设备所处物理环境的设计或验收文档,是否具有感知节点设备所处物理环境防强干扰、防阻挡屏蔽等能力的说明,是否与实际情况一致;

 2) 应核查感知节点设备所处物理环境是否采取了防强干扰、防阻挡屏蔽等防护措施。

d) 单元判定:如果1)和2)均为肯定,则符合本测评单元指标要求,否则不符合或部分符合本测评单元指标要求。

8.4.1.1.4 测评单元(L3-PES4-04)

该测评单元包括以下要求:

a) 测评指标：关键感知节点设备应具有可供长时间工作的电力供应(关键网关节点设备应具有持久稳定的电力供应能力)。
b) 测评对象：关键感知节点设备的供电设备(关键网关节点设备的供电设备)和设计或验收文档。
c) 测评实施包括以下内容：
   1) 应核查关键感知节点设备(关键网关节点设备)电力供应设计或验收文档是否标明电力供应要求，其中是否明确保障关键感知节点设备长时间工作的电力供应措施(关键网关节点设备持久稳定的电力供应措施)；
   2) 应核查是否具有相关电力供应措施的运行维护记录，是否与电力供应设计一致。
d) 单元判定：如果 1)和 2)均为肯定，则符合本测评单元指标要求，否则不符合或部分符合本测评单元指标要求。

8.4.2 安全区域边界

8.4.2.1 接入控制

8.4.2.1.1 测评单元(L3-ABS4-01)

该测评单元包括以下要求：
a) 测评指标：应保证只有授权的感知节点可以接入。
b) 测评对象：感知节点设备和设计文档。
c) 测评实施包括以下内容：
   1) 应核查感知节点设备接入机制设计文档是否包括防止非法的感知节点设备接入网络的机制以及身份鉴别机制的描述；
   2) 应对边界和感知层网络进行渗透测试，测试是否不存在绕过白名单或相关接入控制措施以及身份鉴别机制的方法。
d) 单元判定：如果 1)和 2)均为肯定，则符合本测评单元指标要求，否则不符合或部分符合本测评单元指标要求。

8.4.2.2 入侵防范

8.4.2.2.1 测评单元(L3-ABS4-02)

该测评单元包括以下要求：
a) 测评指标：应能够限制与感知节点通信的目标地址，以避免对陌生地址的攻击行为。
b) 测评对象：感知节点设备和设计文档。
c) 测评实施包括以下内容：
   1) 应核查感知层安全设计文档，是否有对感知节点通信目标地址的控制措施说明；
   2) 应核查感知节点设备，是否配置了对感知节点通信目标地址的控制措施，相关参数配置是否符合设计要求；
   3) 应对感知节点设备进行渗透测试，测试是否能够限制感知节点设备对违反访问控制策略的通信目标地址进行访问或攻击。
d) 单元判定：如果 1)～3)均为肯定，则符合本测评单元指标要求，否则不符合或部分符合本测评单元指标要求。

8.4.2.2.2 测评单元(L3-ABS4-03)

该测评单元包括以下要求：

a) 测评指标：应能够限制与网关节点通信的目标地址，以避免对陌生地址的攻击行为。
b) 测评对象：网关节点设备和设计文档。
c) 测评实施包括以下内容：
   1) 应核查感知层安全设计文档，是否有对网关节点通信目标地址的控制措施说明；
   2) 应核查网关节点设备，是否配置了对网关节点通信目标地址的控制措施，相关参数配置是否符合设计要求；
   3) 应对感知节点设备进行渗透测试，测试是否能够限制网关节点设备对违反访问控制策略的通信目标地址进行访问或攻击。
d) 单元判定：如果1)～3)均为肯定，则符合本测评单元指标要求，否则不符合或部分符合本测评单元指标要求。

8.4.3 安全计算环境

8.4.3.1 感知节点设备安全

8.4.3.1.1 测评单元(L3-CES4-01)

该测评单元包括以下要求：
a) 测评指标：应保证只有授权的用户可以对感知节点设备上的软件应用进行配置或变更。
b) 测评对象：感知节点设备。
c) 测评实施包括以下内容：
   1) 应核查感知节点设备是否采取了一定的技术手段防止非授权用户对设备上的软件应用进行配置或变更；
   2) 应通过试图接入和控制传感网访问未授权的资源，测试验证感知节点设备的访问控制措施对非法访问和非法使用感知节点设备资源的行为控制是否有效。
d) 单元判定：如果1)和2)均为肯定，则符合本测评单元指标要求，否则不符合或部分符合本测评单元指标要求。

8.4.3.1.2 测评单元(L3-CES4-02)

该测评单元包括以下要求：
a) 测评指标：应具有对其连接的网关节点设备(包括读卡器)进行身份标识和鉴别的能力。
b) 测评对象：网关节点设备(包括读卡器)。
c) 测评实施包括以下内容：
   1) 应核查是否对连接的网关节点设备(包括读卡器)进行身份标识与鉴别，是否配置了符合安全策略的参数；
   2) 应测试验证是否不存在绕过身份标识与鉴别功能的方法。
d) 单元判定：如果1)和2)均为肯定，则符合本测评单元指标要求，否则不符合或部分符合本测评单元指标要求。

8.4.3.1.3 测评单元(L3-CES4-03)

该测评单元包括以下要求：
a) 测评指标：应具有对其连接的其他感知节点设备(包括路由节点)进行身份标识和鉴别的能力。
b) 测评对象：其他感知节点设备(包括路由节点)。

c) 测评实施包括以下内容：
 1) 应核查是否对连接的其他感知节点设备(包括路由节点)设备进行身份标识与鉴别，是否配置了符合安全策略的参数；
 2) 应测试验证是否不存在绕过身份标识与鉴别功能的方法。
d) 单元判定：如果1)和2)均为肯定，则符合本测评单元指标要求，否则不符合或部分符合本测评单元指标要求。

8.4.3.2 网关节点设备安全

8.4.3.2.1 测评单元(L3-CES4-04)

该测评单元包括以下要求：

a) 测评指标：应设置最大并发连接数。
b) 测评对象：网关节点设备。
c) 测评实施：应核查网关节点设备是否配置了最大并发连接数参数。
d) 单元判定：如果以上测评实施内容为肯定，则符合本测评单元指标要求，否则不符合本测评单元指标要求。

8.4.3.2.2 测评单元(L3-CES4-05)

该测评单元包括以下要求：

a) 测评指标：应具备对合法连接设备(包括终端节点、路由节点、数据处理中心)进行标识和鉴别的能力。
b) 测评对象：网关节点设备。
c) 测评实施包括以下内容：
 1) 应核查网关节点设备是否能够对连接设备(包括终端节点、路由节点、数据处理中心)进行标识并配置了鉴别功能；
 2) 应测试验证是否不存在绕过身份标识与鉴别功能的方法。
d) 单元判定：如果1)和2)均为肯定，则符合本测评单元指标要求，否则不符合或部分符合本测评单元指标要求。

8.4.3.2.3 测评单元(L3-CES4-06)

该测评单元包括以下要求：

a) 测评指标：应具备过滤非法节点和伪造节点所发送的数据的能力。
b) 测评对象：网关节点设备。
c) 测评实施包括以下内容：
 1) 应核查是否具备过滤非法节点和伪造节点发送的数据的功能；
 2) 应测试验证是否能够过滤非法节点和伪造节点发送的数据。
d) 单元判定：如果1)和2)均为肯定，则符合本测评单元指标要求，否则不符合或部分符合本测评单元指标要求。

8.4.3.2.4 测评单元(L3-CES4-07)

该测评单元包括以下要求：

a) 测评指标：授权用户应能够在设备使用过程中对关键密钥进行在线更新。

b) 测评对象：感知节点设备。
c) 测评实施：应核查感知节点设备是否对其关键密钥进行在线更新。
d) 单元判定：如果以上测评实施内容为肯定，则符合本测评单元指标要求，否则不符合本测评单元指标要求。

8.4.3.2.5 测评单元(L3-CES4-08)

该测评单元包括以下要求：

a) 测评指标：授权用户应能够在设备使用过程中对关键配置参数进行在线更新。
b) 测评对象：感知节点设备。
c) 测评实施：应核查是否支持对其关键配置参数进行在线更新及在线更新方式是否有效。
d) 单元判定：如果以上测评实施内容为肯定，则符合本测评单元指标要求，否则不符合本测评单元指标要求。

8.4.3.3 抗数据重放

8.4.3.3.1 测评单元(L3-CES4-09)

该测评单元包括以下要求：

a) 测评指标：应能够鉴别数据的新鲜性，避免历史数据的重放攻击。
b) 测评对象：感知节点设备。
c) 测评实施包括以下内容：
   1) 应核查感知节点设备鉴别数据新鲜性的措施，是否能够避免历史数据重放；
   2) 应将感知节点设备历史数据进行重放测试，验证其保护措施是否生效。
d) 单元判定：如果1)和2)均为肯定，则符合本测评单元指标要求，否则不符合或部分符合本测评单元指标要求。

8.4.3.3.2 测评单元(L3-CES4-10)

该测评单元包括以下要求：

a) 测评指标：应能够鉴别历史数据的非法修改，避免数据的修改重放攻击。
b) 测评对象：感知节点设备。
c) 测评实施包括以下内容：
   1) 应核查感知层是否配备检测感知节点设备历史数据被非法篡改的措施，在检测到被修改时是否能采取必要的恢复措施；
   2) 应测试验证是否能够避免数据的修改重放攻击。
d) 单元判定：如果1)和2)均为肯定，则符合本测评单元指标要求，否则不符合或部分符合本测评单元指标要求。

8.4.3.4 数据融合处理

8.4.3.4.1 测评单元(L3-CES4-11)

该测评单元包括以下要求：

a) 测评指标：应对来自传感网的数据进行数据融合处理，使不同种类的数据可以在同一个平台被使用。
b) 测评对象：物联网应用系统。
c) 测评实施包括以下内容：

1) 应核查是否提供对来自传感网的数据进行数据融合处理的功能；
2) 应测试验证数据融合处理功能是否能够处理不同种类的数据。

d) 单元判定：如果1)和2)均为肯定，则符合本测评单元指标要求，否则不符合或部分符合本测评单元指标要求。

8.4.4 安全运维管理

8.4.4.1 感知节点管理

8.4.4.1.1 测评单元(L3-MMS4-01)

该测评单元包括以下要求：

a) 测评指标：应指定人员定期巡视感知节点设备、网关节点设备的部署环境，对可能影响感知节点设备、网关节点设备正常工作的环境异常进行记录和维护。
b) 测评对象：维护记录。
c) 测评实施包括以下内容：
   1) 应访谈系统运维负责人是否有专门的人员对感知节点设备、网关节点设备进行定期维护，由何部门或何人负责，维护周期多长；
   2) 应核查感知节点设备、网关节点设备部署环境维护记录是否记录维护日期、维护人、维护设备、故障原因、维护结果等方面内容。
d) 单元判定：如果1)和2)均为肯定，则符合本测评单元指标要求，否则不符合或部分符合本测评单元指标要求。

8.4.4.1.2 测评单元(L3-MMS4-02)

该测评单元包括以下要求：

a) 测评指标：应对感知节点设备、网关节点设备入库、存储、部署、携带、维修、丢失和报废等过程作出明确规定，并进行全程管理。
b) 测评对象：感知节点和网关节点设备安全管理文档。
c) 测评实施：应核查感知节点和网关节点设备安全管理文档是否覆盖感知节点设备、网关节点设备入库、存储、部署、携带、维修、丢失和报废等方面。
d) 单元判定：如果以上测评实施内容为肯定，则符合本测评单元指标要求，否则不符合本测评单元指标要求。

8.4.4.1.3 测评单元(L3-MMS4-03)

该测评单元包括以下要求：

a) 测评指标：应加强对感知节点设备、网关节点设备部署环境的保密性管理，包括负责检查和维护的人员调离工作岗位应立即交还相关检查工具和检查维护记录等。
b) 测评对象：感知节点设备、网关节点设备部署环境的管理制度。
c) 测评实施：
   1) 应核查感知节点设备、网关节点设备部署环境管理文档是否包括负责核查和维护的人员调离工作岗位立即交还相关核查工具和核查维护记录等方面内容；
   2) 应核查是否具有感知节点设备、网关节点设备部署环境的相关保密性管理记录。
d) 单元判定：如果1)和2)均为肯定，则符合本测评单元指标要求，否则不符合或部分符合本测评单元指标要求。

8.5 工业控制系统安全测评扩展要求

8.5.1 安全物理环境

8.5.1.1 室外控制设备物理防护

8.5.1.1.1 测评单元(L3-PES5-01)

该测评单元包括以下要求：

a) 测评指标：室外控制设备应放置于采用铁板或其他防火材料制作的箱体或装置中并紧固；箱体或装置具有透风、散热、防盗、防雨和防火能力等。

b) 测评对象：室外控制设备。

c) 测评实施包括以下内容：

 1) 应核查是否放置于采用铁板或其他防火材料制作的箱体或装置中并紧固；

 2) 应核查箱体或装置是否具有透风、散热、防盗、防雨和防火能力等。

d) 单元判定：如果 1)和 2)均为肯定，则符合本测评单元指标要求，否则不符合或部分符合本测评单元指标要求。

8.5.1.1.2 测评单元(L3-PES5-02)

该测评单元包括以下要求：

a) 测评指标：室外控制设备放置应远离强电磁干扰、强热源等环境，如无法避免应及时做好应急处置及检修，保证设备正常运行。

b) 测评对象：室外控制设备。

c) 测评实施包括以下内容：

 1) 应核查放置位置是否远离强电磁干扰和热源等环境；

 2) 应核查是否有应急处置及检修维护记录。

d) 单元判定：如果 1)或 2)为肯定，则符合本测评单元指标要求，否则不符合或部分符合本测评单元指标要求。

8.5.2 安全通信网络

8.5.2.1 网络架构

8.5.2.1.1 测评单元(L3-CNS5-01)

该测评单元包括以下要求：

a) 测评指标：工业控制系统与企业其他系统之间应划分为两个区域，区域间应采用单向的技术隔离手段。

b) 测评对象：网闸、路由器、交换机和防火墙等提供访问控制功能的设备。

c) 测评实施包括以下内容：

 1) 应核查工业控制系统和企业其他系统之间是否部署单向隔离设备；

 2) 应核查是否采用了有效的单向隔离策略实施访问控制；

 3) 应核查使用无线通信的工业控制系统边界是否采用与企业其他系统隔离强度相同的措施。

d) 单元判定：如果 1)～3)均为肯定，则符合本测评单元指标要求，否则不符合或部分符合本测评单元指标要求。

8.5.2.1.2 测评单元(L3-CNS5-02)

该测评单元包括以下要求:

a) 测评指标:工业控制系统内部应根据业务特点划分为不同的安全域,安全域之间应采用技术隔离手段。

b) 测评对象:路由器、交换机和防火墙等提供访问控制功能的设备。

c) 测评实施包括以下内容:

 1) 应核查工业控制系统内部是否根据业务特点划分了不同的安全域;

 2) 应核查各安全域之间访问控制设备是否配置了有效的访问控制策略。

d) 单元判定:如果1)和2)均为肯定,则符合本测评单元指标要求,否则不符合或部分符合本测评单元指标要求。

8.5.2.1.3 测评单元(L3-CNS5-03)

该测评单元包括以下要求:

a) 测评指标:涉及实时控制和数据传输的工业控制系统,应使用独立的网络设备组网,在物理层面上实现与其他数据网及外部公共信息网的安全隔离。

b) 测评对象:工业控制系统网络。

c) 测评实施:应核查涉及实时控制和数据传输的工业控制系统是否在物理层面上独立组网。

d) 单元判定:如果以上测评实施内容为肯定,则符合本测评单元指标要求,否则不符合本测评单元指标要求。

8.5.2.2 通信传输

8.5.2.2.1 测评单元(L3-CNS5-04)

该测评单元包括以下要求:

a) 测评指标:在工业控制系统内使用广域网进行控制指令或相关数据交换的应采用加密认证技术手段实现身份认证、访问控制和数据加密传输。

b) 测评对象:加密认证设备、路由器、交换机和防火墙等提供访问控制功能的设备。

c) 测评实施:应核查工业控制系统中使用广域网传输的控制指令或相关数据是否采用加密认证技术实现身份认证、访问控制和数据加密传输。

d) 单元判定:如果以上测评实施内容为肯定,则符合本测评单元指标要求,否则不符合本测评单元指标要求。

8.5.3 安全区域边界

8.5.3.1 访问控制

8.5.3.1.1 测评单元(L3-ABS5-01)

该测评单元包括以下要求:

a) 测评指标:应在工业控制系统与企业其他系统之间部署访问控制设备,配置访问控制策略,禁止任何穿越区域边界的E-Mail、Web、Telnet、Rlogin、FTP等通用网络服务。

b) 测评对象:网闸、防火墙、路由器和交换机等提供访问控制功能的设备。

c) 测评实施包括以下内容:

 1) 应核查在工业控制系统与企业其他系统之间的网络边界是否部署访问控制设备,是否配置访问控制策略；
2）应核查设备安全策略，是否禁止 E-Mail、Web、Telnet、Rlogin、FTP 等通用网络服务穿越边界。

d）单元判定：如果 1)和 2)均为肯定，则符合本测评单元指标要求，否则不符合或部分符合本测评单元指标要求。

8.5.3.1.2 测评单元（L3-ABS5-02）

该测评单元包括以下要求：

a）测评指标：应在工业控制系统内安全域和安全域之间的边界防护机制失效时，及时进行报警。

b）测评对象：网闸、防火墙、路由器和交换机等提供访问控制功能的设备，监控预警设备。

c）测评实施包括以下内容：
1）应核查设备是否可以在策略失效的时候进行告警；
2）应核查是否部署监控预警系统或相关模块，在边界防护机制失效时可及时告警。

d）单元判定：如果 1)和 2)均为肯定，则符合本测评单元指标要求，否则不符合或部分符合本测评单元指标要求。

8.5.3.2 拨号使用控制

8.5.3.2.1 测评单元（L3-ABS5-03）

该测评单元包括以下要求：

a）测评指标：工业控制系统确需使用拨号访问服务的，应限制具有拨号访问权限的用户数量，并采取用户身份鉴别和访问控制等措施。

b）测评对象：拨号服务类设备。

c）测评实施：应核查拨号设备是否限制具有拨号访问权限的用户数量，拨号服务器和客户端是否使用账户/口令等身份鉴别方式，是否采用控制账户权限等访问控制措施。

d）单元判定：如果以上测评实施内容为肯定，则符合本测评单元指标要求，否则不符合本测评单元指标要求。

8.5.3.2.2 测评单元（L3-ABS5-04）

该测评单元包括以下要求：

a）测评指标：拨号服务器和客户端均应使用经安全加固的操作系统，并采取数字证书认证、传输加密和访问控制等措施。

b）测评对象：拨号服务类设备。

c）测评实施：应核查拨号服务器和客户端是否使用经安全加固的操作系统，并采取加密、数字证书认证和访问控制等安全防护措施。

d）单元判定：如果以上测评实施内容为肯定，则符合本测评单元指标要求，否则不符合本测评单元指标要求。

8.5.3.3 无线使用控制

8.5.3.3.1 测评单元（L3-ABS5-05）

该测评单元包括以下要求：

a）测评指标：应对所有参与无线通信的用户（人员、软件进程或者设备）提供唯一性标识和鉴别。

b）测评对象：无线通信网络及设备。

c) 测评实施包括以下内容：
   1) 应核查无线通信的用户在登录时是否采用了身份鉴别措施；
   2) 应核查用户身份标识是否具有唯一性。
d) 单元判定：如果 1)和 2)均为肯定，则符合本测评单元指标要求，否则不符合或部分符合本测评单元指标要求。

8.5.3.3.2 测评单元(L3-ABS5-06)

该测评单元包括以下要求：
a) 测评指标：应对所有参与无线通信的用户(人员、软件进程或者设备)进行授权以及执行使用进行限制。
b) 测评对象：无线通信网络及设备。
c) 测评实施：应核查无线通信过程中是否对用户进行授权，核查具体权限是否合理，核查未授权的使用是否可以被发现及告警。
d) 单元判定：如果以上测评实施内容为肯定，则符合本测评单元指标要求，否则不符合本测评单元指标要求。

8.5.3.3.3 测评单元(L3-ABS5-07)

该测评单元包括以下要求：
a) 测评指标：应对无线通信采取传输加密的安全措施，实现传输报文的机密性保护。
b) 测评对象：无线通信网络及设备。
c) 测评实施：应核查无线通信传输中是否采用加密措施保证传输报文的机密性。
d) 单元判定：如果以上测评实施内容为肯定，则符合本测评单元指标要求，否则不符合本测评单元指标要求。

8.5.3.3.4 测评单元(L3-ABS5-08)

该测评单元包括以下要求：
a) 测评指标：对采用无线通信技术进行控制的工业控制系统，应能识别其物理环境中发射的未经授权的无线设备，报告未经授权试图接入或干扰控制系统的行为。
b) 测评对象：无线通信网络及设备和监测设备。
c) 测评实施：应核查工业控制系统是否可以实时监测其物理环境中发射的未经授权的无线设备；监测设备应及时发出告警并可以对试图接入的无线设备进行屏蔽。
d) 单元判定：如果以上测评实施内容为肯定，则符合本测评单元指标要求，否则不符合本测评单元指标要求。

8.5.4 安全计算环境

8.5.4.1 控制设备安全

8.5.4.1.1 测评单元(L3-CES5-01)

该测评单元包括以下要求：
a) 测评指标：控制设备自身应实现相应级别安全通用要求提出的身份鉴别、访问控制和安全审计等安全要求，如受条件限制控制设备无法实现上述要求，应由其上位控制或管理设备实现同等功能或通过管理手段控制。
b) 测评对象：控制设备。

c) 测评实施包括以下内容：
   1) 应核查控制设备是否具有身份鉴别、访问控制和安全审计等功能，如控制设备具备上述功能，则按照通用要求测评；
   2) 如控制设备不具备上述功能，则核查是否由其上位控制或管理设备实现同等功能或通过管理手段控制。
d) 单元判定：如果1)或2)为肯定，则符合本测评单元指标要求，否则不符合或部分符合本测评单元指标要求。

8.5.4.1.2 测评单元(L3-CES5-02)

该测评单元包括以下要求：
a) 测评指标：应在经过充分测试评估后，在不影响系统安全稳定运行的情况下对控制设备进行补丁更新、固件更新等工作。
b) 测评对象：控制设备。
c) 测评实施包括以下内容：
   1) 应核查是否有测试报告或测试评估记录；
   2) 应核查控制设备版本、补丁及固件是否经过充分测试后进行了更新。
d) 单元判定：如果1)和2)均为肯定，则符合本测评单元指标要求，否则不符合或部分符合本测评单元指标要求。

8.5.4.1.3 测评单元(L3-CES5-03)

该测评单元包括以下要求：
a) 测评指标：应关闭或拆除控制设备的软盘驱动、光盘驱动、USB接口、串行口或多余网口等，确需保留的应通过相关的技术措施实施严格的监控管理。
b) 测评对象：控制设备。
c) 测评实施包括以下内容：
   1) 应核查控制设备是否关闭或拆除设备的软盘驱动、光盘驱动、USB接口、串行口或多余网口等；
   2) 应核查保留的软盘驱动、光盘驱动、USB接口、串行口或多余网口等是否通过相关的措施实施严格的监控管理。
d) 单元判定：如果1)和2)均为肯定，则符合本测评单元指标要求，否则不符合或部分符合本测评单元指标要求。

8.5.4.1.4 测评单元(L3-CES5-04)

该测评单元包括以下要求：
a) 测评指标：应使用专用设备和专用软件对控制设备进行更新。
b) 测评对象：控制设备。
c) 测评实施：应核查是否使用专用设备和专用软件对控制设备进行更新。
d) 单元判定：如果以上测评实施内容为肯定，则符合本测评单元指标要求，否则不符合本测评单元指标要求。

8.5.4.1.5 测评单元(L3-CES5-05)

该测评单元包括以下要求：
a) 测评指标：应保证控制设备在上线前经过安全性检测，避免控制设备固件中存在恶意代码程序。

b) 测评对象:控制设备。

c) 测评实施:应核查由相关部门出具或认可的控制设备的检测报告,明确控制设备固件中是否不存在恶意代码程序。

d) 单元判定:如果以上测评实施内容为肯定,则符合本测评单元指标要求,否则不符合本测评单元指标要求。

8.5.5 安全建设管理

8.5.5.1 产品采购和使用

8.5.5.1.1 测评单元(L3-CMS5-01)

该测评单元包括以下要求:

a) 测评指标:工业控制系统重要设备应通过专业机构的安全性检测后方可采购使用。

b) 测评对象:安全管理员和检测报告类文档。

c) 测评实施包括以下内容:

  1) 应访谈安全管理员系统使用的工业控制系统重要设备及网络安全专用产品是否通过专业机构的安全性检测;

  2) 应核查工业控制系统是否有通过专业机构出具的安全性检测报告。

d) 单元判定:如果 1)和 2)均为肯定,则符合本测评单元指标要求,否则不符合或部分符合本测评单元指标要求。

8.5.5.2 外包软件开发

8.5.5.2.1 测评单元(L3-CMS5-02)

该测评单元包括以下要求:

a) 测评指标:应在外包开发合同中规定针对开发单位、供应商的约束条款,包括设备及系统在生命周期内有关保密、禁止关键技术扩散和设备行业专用等方面的内容。

b) 测评对象:外包合同。

c) 测评实施:应核查是否在外包开发合同中规定针对开发单位、供应商的约束条款,包括设备及系统在生命周期内有关保密、禁止关键技术扩散和设备行业专用等方面的内容。

d) 单元判定:如果以上测评实施内容为肯定,则符合本测评单元指标要求,否则不符合本测评单元指标要求。

9 第四级测评要求

9.1 安全测评通用要求

9.1.1 安全物理环境

9.1.1.1 物理位置选择

9.1.1.1.1 测评单元(L4-PES1-01)

该测评单元包括以下要求:

a) 测评指标:机房场地应选择在具有防震、防风和防雨等能力的建筑内。

b) 测评对象:记录类文档和机房。

c）测评实施包括以下内容：
   1）应核查所在建筑物是否具有建筑物抗震设防审批文档；
   2）应核查是否不存在雨水渗漏；
   3）应核查门窗是否不存在因风导致的尘土严重；
   4）应核查屋顶、墙体、门窗和地面等是否不存在破损开裂。
d）单元判定：如果1)～4)均为肯定，则符合本测评单元指标要求，否则不符合或部分符合本测评单元指标要求。

9.1.1.1.2 测评单元(L4-PES1-02)

该测评单元包括以下要求：

a）测评指标：机房场地应避免设在建筑物的顶层或地下室，否则应加强防水和防潮措施。
b）测评对象：机房。
c）测评实施：应核查机房是否不位于所在建筑物的顶层或地下室，如果否，则核查机房是否采取了防水和防潮措施。
d）单元判定：如果以上测评实施内容为肯定，则符合本测评单元指标要求，否则不符合本测评单元指标要求。

9.1.1.2 物理访问控制

9.1.1.2.1 测评单元(L4-PES1-03)

该测评单元包括以下要求：

a）测评指标：机房出入口应配置电子门禁系统，控制、鉴别和记录进入的人员。
b）测评对象：机房电子门禁系统。
c）测评实施包括以下内容：
   1）应核查出入口是否配置电子门禁系统；
   2）应核查电子门禁系统是否可以鉴别、记录进入的人员信息。
d）单元判定：如果1)和2)均为肯定，则符合本测评单元指标要求，否则不符合或部分符合本测评单元指标要求。

9.1.1.2.2 测评单元(L4-PES1-04)

该测评单元包括以下要求：

a）测评指标：重要区域应配置第二道电子门禁系统，控制、鉴别和记录进入的人员。
b）测评对象：机房电子门禁系统。
c）测评实施包括以下内容：
   1）应核查重要区域出入口是否配置第二道电子门禁系统；
   2）应核查电子门禁系统是否可以鉴别、记录进入的人员信息。
d）单元判定：如果1)和2)均为肯定，则符合本测评单元指标要求，否则不符合或部分符合本测评单元指标要求。

9.1.1.3 防盗窃和防破坏

9.1.1.3.1 测评单元(L4-PES1-05)

该测评单元包括以下要求：

a）测评指标：应将设备或主要部件进行固定，并设置明显的不易除去的标识。

b) 测评对象:机房设备或主要部件。

c) 测评实施包括以下内容:

1) 应核查机房内设备或主要部件是否固定;

2) 应核查机房内设备或主要部件上是否设置了明显且不易除去的标识。

d) 单元判定:如果 1)和 2)均为肯定,则符合本测评单元指标要求,否则不符合或部分符合本测评单元指标要求。

9.1.1.3.2 测评单元(L4-PES1-06)

该测评单元包括以下要求:

a) 测评指标:应将通信线缆铺设在隐蔽安全处。

b) 测评对象:机房通信线缆。

c) 测评实施:应核查机房内通信线缆是否铺设在隐蔽安全处,如桥架中等。

d) 单元判定:如果以上测评实施内容为肯定,则符合本测评单元指标要求,否则不符合本测评单元指标要求。

9.1.1.3.3 测评单元(L4-PES1-07)

该测评单元包括以下要求:

a) 测评指标:应设置机房防盗报警系统或设置有专人值守的视频监控系统。

b) 测评对象:机房防盗报警系统或视频监控系统。

c) 测评实施包括以下内容:

1) 应核查机房内是否配置防盗报警系统或有专人值守的视频监控系统;

2) 应核查防盗报警系统或视频监控系统是否启用。

d) 单元判定:如果 1)和 2)均为肯定,则符合本测评单元指标要求,否则不符合或部分符合本测评单元指标要求。

9.1.1.4 防雷击

9.1.1.4.1 测评单元(L4-PES1-08)

该测评单元包括以下要求:

a) 测评指标:应将各类机柜、设施和设备等通过接地系统安全接地。

b) 测评对象:机房。

c) 测评实施:应核查机房内机柜、设施和设备等是否进行接地处理。

d) 单元判定:如果以上测评实施内容为肯定,则符合本测评单元指标要求,否则不符合本测评单元指标要求。

9.1.1.4.2 测评单元(L4-PES1-09)

该测评单元包括以下要求:

a) 测评指标:应采取措施防止感应雷,例如设置防雷保安器或过压保护装置等。

b) 测评对象:机房防雷设施。

c) 测评实施包括以下内容:

1) 应核查机房内是否设置防感应雷措施;

2) 应核查防雷装置是否通过验收或国家有关部门的技术检测。

d) 单元判定:如果 1)和 2)均为肯定,则符合本测评单元指标要求,否则不符合或部分符合本测评单元指标要求。

9.1.1.5 **防火**

9.1.1.5.1 **测评单元(L4-PES1-10)**

该测评单元包括以下要求:

a) 测评指标:机房应设置火灾自动消防系统,能够自动检测火情、自动报警,并自动灭火。
b) 测评对象:机房防火设施。
c) 测评实施包括以下内容:
   1) 应核查机房内是否设置火灾自动消防系统;
   2) 应核查火灾自动消防系统是否可以自动检测火情、自动报警并自动灭火。
d) 单元判定:如果1)和2)均为肯定,则符合本测评单元指标要求,否则不符合或部分符合本测评单元指标要求。

9.1.1.5.2 **测评单元(L4-PES1-11)**

该测评单元包括以下要求:

a) 测评指标:机房及相关的工作房间和辅助房应采用具有耐火等级的建筑材料。
b) 测评对象:机房验收类文档。
c) 测评实施:应核查机房验收文档是否明确相关建筑材料的耐火等级。
d) 单元判定:如果以上测评实施内容为肯定,则符合本测评单元指标要求,否则不符合本测评单元指标要求。

9.1.1.5.3 **测评单元(L4-PES1-12)**

该测评单元包括以下要求:

a) 测评指标:应对机房划分区域进行管理,区域和区域之间设置隔离防火措施。
b) 测评对象:机房管理员和机房。
c) 测评实施包括以下内容:
   1) 应访谈机房管理员是否进行了区域划分;
   2) 应核查各区域间是否采取了防火措施进行隔离。
d) 单元判定:如果1)和2)均为肯定,则符合本测评单元指标要求,否则不符合或部分符合本测评单元指标要求。

9.1.1.6 **防水和防潮**

9.1.1.6.1 **测评单元(L4-PES1-13)**

该测评单元包括以下要求:

a) 测评指标:应采取措施防止雨水通过机房窗户、屋顶和墙壁渗透。
b) 测评对象:机房。
c) 测评实施:应核查机房的窗户、屋顶和墙壁是否采取了防雨水渗透的措施。
d) 单元判定:如果以上测评实施内容为肯定,则符合本测评单元指标要求,否则不符合本测评单元指标要求。

9.1.1.6.2 **测评单元(L4-PES1-14)**

该测评单元包括以下要求:

a) 测评指标:应采取措施防止机房内水蒸气结露和地下积水的转移与渗透。
b) 测评对象:机房。
c) 测评实施包括以下内容:
 1) 应核查机房内是否采取了防止水蒸气结露的措施;
 2) 应核查机房内是否采取了排泄地下积水,防止地下积水渗透的措施。
d) 单元判定:如果1)和2)均为肯定,则符合本测评单元指标要求,否则不符合或部分符合本测评单元指标要求。

9.1.1.6.3 测评单元(L4-PES1-15)

该测评单元包括以下要求:
a) 测评指标:应安装对水敏感的检测仪表或元件,对机房进行防水检测和报警。
b) 测评对象:机房漏水检测设施。
c) 测评实施包括以下内容:
 1) 应核查机房内是否安装了对水敏感的检测装置;
 2) 应核查防水检测和报警装置是否启用。
d) 单元判定:如果1)和2)均为肯定,则符合本测评单元指标要求,否则不符合或部分符合本测评单元指标要求。

9.1.1.7 防静电

9.1.1.7.1 测评单元(L4-PES1-16)

该测评单元包括以下要求:
a) 测评指标:应采用防静电地板或地面并采用必要的接地防静电措施。
b) 测评对象:机房。
c) 测评实施包括以下内容:
 1) 应核查机房内是否安装了防静电地板或地面;
 2) 应核查机房内是否采用了接地防静电措施。
d) 单元判定:如果1)和2)均为肯定,则符合本测评单元指标要求,否则不符合或部分符合本测评单元指标要求。

9.1.1.7.2 测评单元(L4-PES1-17)

该测评单元包括以下要求:
a) 测评指标:应采取措施防止静电的产生,例如采用静电消除器、佩戴防静电手环等。
b) 测评对象:机房。
c) 测评实施:应核查机房内是否配备了防静电设备。
d) 单元判定:如果以上测评实施内容为肯定,则符合本测评单元指标要求,否则不符合本测评单元指标要求。

9.1.1.8 温湿度控制

9.1.1.8.1 测评单元(L4-PES1-18)

该测评单元包括以下要求:
a) 测评指标:应设置温湿度自动调节设施,使机房温湿度的变化在设备运行所允许的范围之内。
b) 测评对象:机房温湿度调节设施。

c) 测评实施包括以下内容：
   1) 应核查机房是否配备了专用空调；
   2) 应核查机房内温湿度是否在设备运行所允许的范围之内。
d) 单元判定：如果1)和2)均为肯定，则符合本测评单元指标要求，否则不符合或部分符合本测评单元指标要求。

9.1.1.9 电力供应

9.1.1.9.1 测评单元(L4-PES1-19)

该测评单元包括以下要求：

a) 测评指标：应在机房供电线路上配置稳压器和过电压防护设备。
b) 测评对象：机房供电设施。
c) 测评实施：应核查机房供电线路上是否配置了稳压器和过电压防护设备。
d) 单元判定：如果以上测评实施内容为肯定，则符合本测评单元指标要求，否则不符合本测评单元指标要求。

9.1.1.9.2 测评单元(L4-PES1-20)

该测评单元包括以下要求：

a) 测评指标：应提供短期的备用电力供应，至少满足设备在断电情况下的正常运行要求。
b) 测评对象：机房供电设施。
c) 测评实施包括以下内容：
   1) 应核查是否配备UPS等后备电源系统；
   2) 应核查UPS等后备电源系统是否满足设备在断电情况下的正常运行要求。
d) 单元判定：如果1)和2)均为肯定，则符合本测评单元指标要求，否则不符合或部分符合本测评单元指标要求。

9.1.1.9.3 测评单元(L4-PES1-21)

该测评单元包括以下要求：

a) 测评指标：应设置冗余或并行的电力电缆线路为计算机系统供电。
b) 测评对象：机房管理员和机房。
c) 测评实施包括以下内容：
   1) 应访谈机房管理员机房供电是否来自两个不同的变电站；
   2) 应核查机房内是否设置了冗余或并行的电力电缆线路为计算机系统供电。
d) 单元判定：如果1)和2)均为肯定，则符合本测评单元指标要求，否则不符合或部分符合本测评单元指标要求。

9.1.1.9.4 测评单元(L4-PES1-22)

该测评单元包括以下要求：

a) 测评指标：应提供应急供电设施。
b) 测评对象：机房应急供电设施。
c) 测评实施包括以下内容：
   1) 应核查是否配置了应急供电设施；
   2) 应核查应急供电设施是否可用。

d） 单元判定：如果1）和2）均为肯定，则符合本测评单元指标要求，否则不符合或部分符合本测评单元指标要求。

9.1.1.10 电磁防护

9.1.1.10.1 测评单元（L4-PES1-23）

该测评单元包括以下要求：

a） 测评指标：电源线和通信线缆应隔离铺设，避免互相干扰。

b） 测评对象：机房线缆。

c） 测评实施：应核查机房内电源线缆和通信线缆是否隔离铺设。

d） 单元判定：如果以上测评实施内容为肯定，则符合本测评单元指标要求，否则不符合本测评单元指标要求。

9.1.1.10.2 测评单元（L4-PES1-24）

该测评单元包括以下要求：

a） 测评指标：应对关键设备或关键区域实施电磁屏蔽。

b） 测评对象：机房关键设备或区域。

c） 测评实施包括以下内容：

   1） 应核查机房内是否针对关键区域实施了电磁屏蔽；

   2） 应核查机房内是否为关键设备配备了电磁屏蔽装置。

d） 单元判定：如果1）或2）为肯定，则符合本测评单元指标要求，否则不符合或部分符合本测评单元指标要求。

9.1.2 安全通信网络

9.1.2.1 网络架构

9.1.2.1.1 测评单元（L4-CNS1-01）

该测评单元包括以下要求：

a） 测评指标：应保证网络设备的业务处理能力满足业务高峰期需要。

b） 测评对象：路由器、交换机、无线接入设备和防火墙等提供网络通信功能的设备或相关组件。

c） 测评实施包括以下内容：

   1） 应核查业务高峰时期一段时间内主要网络设备的CPU使用率和内存使用率是否满足需要；

   2） 应核查网络设备是否从未出现过因设备性能问题导致的宕机情况；

   3） 应测试验证设备是否满足业务高峰期需求。

d） 单元判定：如果1）～3）均为肯定，则符合本测评单元指标要求，否则不符合或部分符合本测评单元指标要求。

9.1.2.1.2 测评单元（L4-CNS1-02）

该测评单元包括以下要求：

a） 测评指标：应保证网络各个部分的带宽满足业务高峰期需要。

b） 测评对象：综合网管系统等。

c） 测评实施包括以下内容：

1) 应核查综合网管系统各通信链路带宽是否满足高峰时段的业务流量需要；
2) 应测试验证网络带宽是否满足业务高峰期需求。

d) 单元判定：如果1)和2)均为肯定，则符合本测评单元指标要求，否则不符合或部分符合本测评单元指标要求。

9.1.2.1.3 测评单元(L4-CNS1-03)

该测评单元包括以下要求：

a) 测评指标：应划分不同的网络区域，并按照方便管理和控制的原则为各网络区域分配地址。
b) 测评对象：路由器、交换机、无线接入设备和防火墙等提供网络通信功能的设备或相关组件。
c) 测评实施包括以下内容：
   1) 应核查是否依据重要性、部门等因素划分不同的网络区域；
   2) 应核查相关网络设备配置信息，验证划分的网络区域是否与划分原则一致。
d) 单元判定：如果1)和2)均为肯定，则符合本测评单元指标要求，否则不符合或部分符合本测评单元指标要求。

9.1.2.1.4 测评单元(L4-CNS1-04)

该测评单元包括以下要求：

a) 测评指标：应避免将重要网络区域部署在边界处，重要网络区域与其他网络区域之间应采取可靠的技术隔离手段。
b) 测评对象：网络管理员和网络拓扑。
c) 测评实施包括以下内容：
   1) 应核查网络拓扑图是否与实际网络运行环境一致；
   2) 应核查重要网络区域是否未部署在网络边界处；
   3) 应核查重要网络区域与其他网络区域之间是否采取可靠的技术隔离手段，如网闸、防火墙和设备访问控制列表(ACL)等。
d) 单元判定：如果1)～3)均为肯定，则符合本测评单元指标要求，否则不符合或部分符合本测评单元指标要求。

9.1.2.1.5 测评单元(L4-CNS1-05)

该测评单元包括以下要求：

a) 测评指标：应提供通信线路、关键网络设备和关键计算设备的硬件冗余，保证系统的可用性。
b) 测评对象：网络管理员和网络拓扑。
c) 测评实施：应核查是否有关键网络设备、安全设备和关键计算设备的硬件冗余(主备或双活等)和通信线路冗余。
d) 单元判定：如果以上测评实施内容为肯定，则符合本测评单元指标要求，否则不符合本测评单元指标要求。

9.1.2.1.6 测评单元(L4-CNS1-06)

该测评单元包括以下要求：

a) 测评指标：应按照业务服务的重要程度分配带宽，优先保障重要业务。
b) 测评对象：路由器、交换机和流量控制设备等提供带宽控制功能的设备或相关组件。
c) 测评实施：应核查带宽控制设备是否按照业务服务的重要程度配置并启用了带宽策略。
d) 单元判定：如果以上测评实施内容为肯定，则符合本测评单元指标要求，否则不符合本测评单

元指标要求。

9.1.2.2 通信传输

9.1.2.2.1 测评单元(L4-CNS1-07)

该测评单元包括以下要求：

a) 测评指标：应采用密码技术保证通信过程中数据的完整性。

b) 测评对象：提供密码技术功能的设备或组件。

c) 测评实施包括以下内容：

  1) 应核查是否在数据传输过程中使用密码技术来保证其完整性；

  2) 应测试验证密码技术设备或组件能否保证通信过程中数据的完整性。

d) 单元判定：如果1)和2)均为肯定，则符合本测评单元指标要求，否则不符合或部分符合本测评单元指标要求。

9.1.2.2.2 测评单元(L4-CNS1-08)

该测评单元包括以下要求：

a) 测评指标：应采用密码技术保证通信过程中数据的保密性。

b) 测评对象：提供密码技术功能的设备或组件。

c) 测评实施包括以下内容：

  1) 应核查是否在通信过程中采取保密措施，具体采用哪些技术措施；

  2) 应测试验证在通信过程中是否对数据进行加密。

d) 单元判定：如果1)和2)为肯定，则符合本测评单元指标要求，否则不符合或部分符合本测评单元指标要求。

9.1.2.2.3 测评单元(L4-CNS1-09)

该测评单元包括以下要求：

a) 测评指标：应在通信前基于密码技术对通信的双方进行验证或认证。

b) 测评对象：提供密码技术功能的设备或组件。

c) 测评实施：应核查是否能在通信双方建立连接之前利用密码技术进行会话初始化验证或认证。

d) 单元判定：如果以上测评实施内容为肯定，则符合本测评单元指标要求，否则不符合本测评单元指标要求。

9.1.2.2.4 测评单元(L4-CNS1-10)

该测评单元包括以下要求：

a) 测评指标：应基于硬件密码模块对重要通信过程进行密码运算和密钥管理。

b) 测评对象：提供密码技术功能的设备或组件。

c) 测评实施包括以下内容：

  1) 应核查是否基于硬件密码模块产生密钥并进行密码运算；

  2) 应核查相关产品是否获得有效的国家密码管理主管部门规定的检测报告或密码产品型号证书。

d) 单元判定：如果1)和2)为肯定，则符合本测评单元指标要求，否则不符合或部分符合本测评单元指标要求。

9.1.2.3 可信验证

9.1.2.3.1 测评单元(L4-CNS1-11)

该测评单元包括以下要求:

a) 测评指标:可基于可信根对通信设备的系统引导程序、系统程序、重要配置参数和通信应用程序等进行可信验证,并在应用程序的所有执行环节进行动态可信验证,在检测到其可信性受到破坏后进行报警,并将验证结果形成审计记录送至安全管理中心,并进行动态关联感知。
b) 测评对象:提供可信验证的设备或组件、提供集中审计功能的系统。
c) 测评实施包括以下内容:
    1) 应核查是否基于可信根对通信设备的系统引导程序、系统程序、重要配置参数和通信应用程序等进行可信验证;
    2) 应核查是否在应用程序的所有执行环节进行动态可信验证;
    3) 应测试验证当检测到通信设备的可信性受到破坏后是否进行报警;
    4) 应测试验证结果是否以审计记录的形式送至安全管理中心;
    5) 应核查是否能够进行动态关联感知。
d) 单元判定:如果1)~5)均为肯定,则符合本测评单元指标要求,否则不符合或部分符合本测评单元指标要求。

9.1.3 安全区域边界

9.1.3.1 边界防护

9.1.3.1.1 测评单元(L4-ABS1-01)

该测评单元包括以下要求:

a) 测评指标:应保证跨越边界的访问和数据流通过边界设备提供的受控接口进行通信。
b) 测评对象:网闸、防火墙、路由器、交换机和无线接入网关设备等提供访问控制功能的设备或相关组件。
c) 测评实施包括以下内容:
    1) 应核查在网络边界处是否部署访问控制设备;
    2) 应核查设备配置信息是否指定端口进行跨越边界的网络通信,指定端口是否配置并启用了安全策略;
    3) 应采用其他技术手段(如非法无线网络设备定位、核查设备配置信息等)核查或测试验证是否不存在其他未受控端口进行跨越边界的网络通信。
d) 单元判定:如果1)~3)均为肯定,则符合本测评单元指标要求,否则不符合或部分符合本测评单元指标要求。

9.1.3.1.2 测评单元(L4-ABS1-02)

该测评单元包括以下要求:

a) 测评指标:应能够对非授权设备私自联到内部网络的行为进行检查或限制。
b) 测评对象:终端管理系统或相关设备。
c) 测评实施包括以下内容:
    1) 应核查是否采用技术措施防止非授权设备接入内部网络;
    2) 应核查所有路由器和交换机等相关设备闲置端口是否均已关闭。

d) 单元判定：如果 1)和 2)均为肯定，则符合本测评单元指标要求，否则不符合或部分符合本测评单元指标要求。

9.1.3.1.3 测评单元(L4-ABS1-03)

该测评单元包括以下要求：

a) 测评指标：应能够对内部用户非授权联到外部网络的行为进行检查或限制。

b) 测评对象：终端管理系统或相关设备。

c) 测评实施：应核查是否采用技术措施防止内部用户存在非法外联行为。

d) 单元判定：如果以上测评实施内容为肯定，则符合本测评单元指标要求，否则不符合本测评单元指标要求。

9.1.3.1.4 测评单元(L4-ABS1-04)

该测评单元包括以下要求：

a) 测评指标：应限制无线网络的使用，保证无线网络通过受控的边界设备接入内部网络。

b) 测评对象：网络拓扑和无线网络设备。

c) 测评实施包括以下内容：

   1) 应核查无线网络的部署方式，是否单独组网后再连接到有线网络；

   2) 应核查无线网络是否通过受控的边界防护设备接入到内部有线网络。

d) 单元判定：如果 1)和 2)均为肯定，则符合本测评单元指标要求，否则不符合或部分符合本测评单元指标要求。

9.1.3.1.5 测评单元(L4-ABS1-05)

该测评单元包括以下要求：

a) 测评指标：应能够在发现非授权设备私自联到内部网络的行为或内部用户非授权联到外部网络的行为时，对其进行有效阻断。

b) 测评对象：终端管理系统或相关设备。

c) 测评实施包括以下内容：

   1) 应核查是否采用技术措施能够对非授权设备接入内部网络的行为进行有效阻断；

   2) 应核查是否采用技术措施能够对内部用户非授权联到外部网络的行为进行有效阻断；

   3) 应测试验证是否能够对非授权设备私自联到内部网络的行为或内部用户非授权联到外部网络的行为进行有效阻断。

d) 单元判定：如果 1)～3)均为肯定，则符合本测评单元指标要求，否则不符合或部分符合本测评单元指标要求。

9.1.3.1.6 测评单元(L4-ABS1-06)

该测评单元包括以下要求：

a) 测评指标：应采用可信验证机制对接入到网络中的设备进行可信验证，保证接入网络的设备真实可信。

b) 测评对象：终端管理系统或相关设备。

c) 测评实施包括以下内容：

   1) 应核查是否采用可信验证机制对接入到网络中的设备进行可信验证；

   2) 应测试验证是否能够对连接到内部网络的设备进行可信验证。

d) 单元判定：如果 1)和 2)均为肯定，则符合本测评单元指标要求，否则不符合或部分符合本测评单元指标要求。

9.1.3.2 访问控制

9.1.3.2.1 测评单元(L4-ABS1-07)

该测评单元包括以下要求:

a) 测评指标:应在网络边界或区域之间根据访问控制策略设置访问控制规则,默认情况下除允许通信外受控接口拒绝所有通信。
b) 测评对象:网闸、防火墙、路由器、交换机和无线接入网关设备等提供访问控制功能的设备或相关组件。
c) 测评实施包括以下内容:
    1) 应核查在网络边界或区域之间是否部署访问控制设备并启用访问控制策略;
    2) 应核查设备的最后一条访问控制策略是否为禁止所有网络通信。
d) 单元判定:如果1)和2)均为肯定,则符合本测评单元指标要求,否则不符合或部分符合本测评单元指标要求。

9.1.3.2.2 测评单元(L4-ABS1-08)

该测评单元包括以下要求:

a) 测评指标:应删除多余或无效的访问控制规则,优化访问控制列表,并保证访问控制规则数量最小化。
b) 测评对象:网闸、防火墙、路由器、交换机和无线接入网关设备等提供访问控制功能的设备或相关组件。
c) 测评实施包括以下内容:
    1) 应核查是否不存在多余或无效的访问控制策略;
    2) 应核查不同的访问控制策略之间的逻辑关系及前后排列顺序是否合理。
d) 单元判定:如果1)和2)均为肯定,则符合本测评单元指标要求,否则不符合或部分符合本测评单元指标要求。

9.1.3.2.3 测评单元(L4-ABS1-09)

该测评单元包括以下要求:

a) 测评指标:应对源地址、目的地址、源端口、目的端口和协议等进行检查,以允许/拒绝数据包进出。
b) 测评对象:网闸、防火墙、路由器、交换机和无线接入网关设备等提供访问控制功能的设备或相关组件。
c) 测评实施包括以下内容:
    1) 应核查设备的访问控制策略中是否设定了源地址、目的地址、源端口、目的端口和协议等相关配置参数;
    2) 应测试验证访问控制策略中设定的相关配置参数是否有效。
d) 单元判定:如果1)和2)均为肯定,则符合本测评单元指标要求,否则不符合或部分符合本测评单元指标要求。

9.1.3.2.4 测评单元(L4-ABS1-10)

该测评单元包括以下要求:

a) 测评指标：应能根据会话状态信息为进出数据流提供明确的允许/拒绝访问的能力。
b) 测评对象：网闸、防火墙、路由器、交换机和无线接入网关设备等提供访问控制功能的设备或相关组件。
c) 测评实施包括以下内容：
   1) 应核查是否采用会话认证等机制为进出数据流提供明确的允许/拒绝访问的能力；
   2) 应测试验证是否为进出数据流提供明确的允许/拒绝访问的能力。
d) 单元判定：如果1)和2)均为肯定，则符合本测评单元指标要求，否则不符合或部分符合本测评单元指标要求。

9.1.3.2.5 测评单元(L4-ABS1-11)

该测评单元包括以下要求：
a) 测评指标：应在网络边界通过通信协议转换或通信协议隔离等方式进行数据交换。
b) 测评对象：网闸等提供通信协议转换或通信协议隔离功能的设备或相关组件。
c) 测评实施包括以下内容：
   1) 应核查是否采取通信协议转换或通信协议隔离等方式进行数据交换；
   2) 应通过发送带通用协议的数据等测试方式，测试验证设备是否能够有效阻断。
d) 单元判定：如果1)和2)均为肯定，则符合本测评单元指标要求，否则不符合或部分符合本测评单元指标要求。

9.1.3.3 入侵防范

9.1.3.3.1 测评单元(L4-ABS1-12)

该测评单元包括以下要求：
a) 测评指标：应在关键网络节点处检测、防止或限制从外部发起的网络攻击行为。
b) 测评对象：抗APT攻击系统、网络回溯系统、威胁情报检测系统、抗DDoS攻击系统和入侵保护系统或相关组件。
c) 测评实施包括以下内容：
   1) 应核查相关系统或组件是否能够检测从外部发起的网络攻击行为；
   2) 应核查相关系统或组件的规则库版本或威胁情报库是否已经更新到最新版本；
   3) 应核查相关系统或组件的配置信息或安全策略是否能够覆盖网络所有关键节点；
   4) 应测试验证相关系统或组件的配置信息或安全策略是否有效。
d) 单元判定：如果1)～4)均为肯定，则符合本测评单元指标要求，否则不符合或部分符合本测评单元指标要求。

9.1.3.3.2 测评单元(L4-ABS1-13)

该测评单元包括以下要求：
a) 测评指标：应在关键网络节点处检测、防止或限制从内部发起的网络攻击行为。
b) 测评对象：抗APT攻击系统、网络回溯系统、威胁情报检测系统、抗DDoS攻击系统和入侵保护系统或相关组件。
c) 测评实施包括以下内容：
   1) 应核查相关系统或组件是否能够检测到从内部发起的网络攻击行为；
   2) 应核查相关系统或组件的规则库版本或威胁情报库是否已经更新到最新版本；
   3) 应核查相关系统或组件的配置信息或安全策略是否能够覆盖网络所有关键节点；

4） 应测试验证相关系统或组件的配置信息或安全策略是否有效。

d） 单元判定：如果1）～4）均为肯定，则符合本测评单元指标要求，否则不符合或部分符合本测评单元指标要求。

9.1.3.3.3 测评单元(L4-ABS1-14)

该测评单元包括以下要求：

a） 测评指标：应采取技术措施对网络行为进行分析，实现对网络攻击特别是新型网络攻击行为的分析。

b） 测评对象：抗APT攻击系统、网络回溯系统和威胁情报检测系统或相关组件。

c） 测评实施包括以下内容：

  1） 应核查是否部署相关系统或组件对新型网络攻击进行检测和分析；

  2） 应测试验证是否对网络行为进行分析，实现对网络攻击特别是未知的新型网络攻击的检测和分析。

d） 单元判定：如果1）和2）均为肯定，则符合本测评单元指标要求，否则不符合或部分符合本测评单元指标要求。

9.1.3.3.4 测评单元(L4-ABS1-15)

该测评单元包括以下要求：

a） 测评指标：当检测到攻击行为时，记录攻击源IP、攻击类型、攻击目标、攻击时间，在发生严重入侵事件时应提供报警。

b） 测评对象：抗APT攻击系统、网络回溯系统、威胁情报检测系统、抗DDoS攻击系统和入侵保护系统或相关组件。

c） 测评实施包括以下内容：

  1） 应核查相关系统或组件的记录是否包括攻击源IP、攻击类型、攻击目标、攻击时间等相关内容；

  2） 应测试验证相关系统或组件的报警策略是否有效。

d） 单元判定：如果1）和2）均为肯定，则符合本测评单元指标要求，否则不符合或部分符合本测评单元指标要求。

9.1.3.4 恶意代码和垃圾邮件防范

9.1.3.4.1 测评单元(L4-ABS1-16)

该测评单元包括以下要求：

a） 测评指标：应在关键网络节点处对恶意代码进行检测和清除，并维护恶意代码防护机制的升级和更新。

b） 测评对象：防病毒网关和UTM等提供防恶意代码功能的系统或相关组件。

c） 测评实施包括以下内容：

  1） 应核查在关键网络节点处是否部署防恶意代码产品等技术措施；

  2） 应核查防恶意代码产品运行是否正常，恶意代码库是否已经更新到最新；

  3） 应测试验证相关系统或组件的安全策略是否有效。

d） 单元判定：如果1）～3）均为肯定，则符合本测评单元指标要求，否则不符合或部分符合本测评单元指标要求。

9.1.3.4.2 测评单元(L4-ABS1-17)

该测评单元包括以下要求:

a) 测评指标:应在关键网络节点处对垃圾邮件进行检测和防护,并维护垃圾邮件防护机制的升级和更新。

b) 测评对象:防垃圾邮件网关等提供防垃圾邮件功能的系统或相关组件。

c) 测评实施包括以下内容:

   1) 应核查在关键网络节点处是否部署了防垃圾邮件产品等技术措施;

   2) 应核查防垃圾邮件产品运行是否正常,防垃圾邮件规则库是否已经更新到最新;

   3) 应测试验证相关系统或组件的安全策略是否有效。

d) 单元判定:如果1)~3)均为肯定,则符合本测评单元指标要求,否则不符合或部分符合本测评单元指标要求。

9.1.3.5 安全审计

9.1.3.5.1 测评单元(L4-ABS1-18)

该测评单元包括以下要求:

a) 测评指标:应在网络边界、重要网络节点进行安全审计,审计覆盖到每个用户,对重要的用户行为和重要安全事件进行审计。

b) 测评对象:综合安全审计系统等。

c) 测评实施包括以下内容:

   1) 应核查是否部署了综合安全审计系统或类似功能的系统平台;

   2) 应核查安全审计范围是否覆盖到每个用户;

   3) 应核查是否对重要的用户行为和重要安全事件进行了审计。

d) 单元判定:如果1)~3)均为肯定,则符合本测评单元指标要求,否则不符合或部分符合本测评单元指标要求。

9.1.3.5.2 测评单元(L4-ABS1-19)

该测评单元包括以下要求:

a) 测评指标:审计记录应包括事件的日期和时间、用户、事件类型、事件是否成功及其他与审计相关的信息。

b) 测评对象:综合安全审计系统等。

c) 测评实施:应核查审计记录信息是否包括事件的日期和时间、用户、事件类型、事件是否成功及其他与审计相关的信息。

d) 单元判定:如果以上测评实施内容为肯定,则符合本测评单元指标要求,否则不符合本测评单元指标要求。

9.1.3.5.3 测评单元(L4-ABS1-20)

该测评单元包括以下要求:

a) 测评指标:应对审计记录进行保护,定期备份,避免受到未预期的删除、修改或覆盖等。

b) 测评对象:综合安全审计系等。

c) 测评实施包括以下内容:

   1) 应核查是否采取了技术措施能够对审计记录进行保护;

2) 应核查是否采取技术措施对审计记录进行定期备份,并核查其备份策略。

d) 单元判定:如果1)和2)均为肯定,则符合本测评单元指标要求,否则不符合或部分符合本测评单元指标要求。

9.1.3.6 可信验证

9.1.3.6.1 测评单元(L4-ABS1-21)

该测评单元包括以下要求:

a) 测评指标:可基于可信根对边界设备的系统引导程序、系统程序、重要配置参数和边界防护应用程序等进行可信验证,并在应用程序的所有执行环节进行动态可信验证,在检测到其可信性受到破坏后进行报警,并将验证结果形成审计记录送至安全管理中心,并进行动态关联感知。

b) 测评对象:提供可信验证的设备或组件、提供集中审计功能的系统。

c) 测评实施包括以下内容:

   1) 应核查是否基于可信根对边界设备的系统引导程序、系统程序、重要配置参数和边界防护应用程序等进行可信验证;
   2) 应核查是否在应用程序的所有执行环节进行动态可信验证;
   3) 应测试验证当检测到边界设备的可信性受到破坏后是否进行报警;
   4) 应测试验证结果是否以审计记录的形式送至安全管理中心;
   5) 应核查是否能够进行动态关联感知。

d) 单元判定:如果1)~5)均为肯定,则符合本测评单元指标要求,否则不符合或部分符合本测评单元指标要求。

9.1.4 安全计算环境

9.1.4.1 身份鉴别

9.1.4.1.1 测评单元(L4-CES1-01)

该测评单元包括以下要求:

a) 测评指标:应对登录的用户进行身份标识和鉴别,身份标识具有唯一性,身份鉴别信息具有复杂度要求并定期更换。

b) 测评对象:终端和服务器等设备中的操作系统(包括宿主机和虚拟机操作系统)、网络设备(包括虚拟网络设备)、安全设备(包括虚拟安全设备)、移动终端、移动终端管理系统、移动终端管理客户端、感知节点设备、网关节点设备、控制设备、业务应用系统、数据库管理系统、中间件和系统管理软件及系统设计文档等。

c) 测评实施包括以下内容:

   1) 应核查用户在登录时是否采用了身份鉴别措施;
   2) 应核查用户列表确认用户身份标识是否具有唯一性;
   3) 应核查用户配置信息或测试验证是否不存在空口令用户;
   4) 应核查用户鉴别信息是否具有复杂度要求并定期更换。

d) 单元判定:如果1)~4)均为肯定,则符合本测评单元指标要求,否则不符合或部分符合本测评单元指标要求。

9.1.4.1.2 测评单元(L4-CES1-02)

该测评单元包括以下要求:

a) 测评指标:应具有登录失败处理功能,应配置并启用结束会话、限制非法登录次数和当登录连接超时自动退出等相关措施。

b) 测评对象:终端和服务器等设备中的操作系统(包括宿主机和虚拟机操作系统)、网络设备(包括虚拟网络设备)、安全设备(包括虚拟安全设备)、移动终端、移动终端管理系统、移动终端管理客户端、感知节点设备、网关节点设备、控制设备、业务应用系统、数据库管理系统、中间件和系统管理软件及系统设计文档等。

c) 测评实施包括以下内容:

   1) 应核查是否配置并启用了登录失败处理功能;

   2) 应核查是否配置并启用了限制非法登录功能,非法登录达到一定次数后采取特定动作,如账户锁定等;

   3) 应核查是否配置并启用了登录连接超时及自动退出功能。

d) 单元判定:如果 1)～3)均为肯定,则符合本测评单元指标要求,否则不符合或部分符合本测评单元指标要求。

9.1.4.1.3 测评单元(L4-CES1-03)

该测评单元包括以下要求:

a) 测评指标:当进行远程管理时,应采取必要措施,防止鉴别信息在网络传输过程中被窃听。

b) 测评对象:终端和服务器等设备中的操作系统(包括宿主机和虚拟机操作系统)、网络设备(包括虚拟网络设备)、安全设备(包括虚拟安全设备)、移动终端、移动终端管理系统、移动终端管理客户端、感知节点设备、网关节点设备、控制设备、业务应用系统、数据库管理系统、中间件和系统管理软件及系统设计文档等。

c) 测评实施:应核查是否采用加密等安全方式对系统进行远程管理,防止鉴别信息在网络传输过程中被窃听。

d) 单元判定:如果以上测评实施内容为肯定,则符合本测评单元指标要求,否则不符合本测评单元指标要求。

9.1.4.1.4 测评单元(L4-CES1-04)

该测评单元包括以下要求:

a) 测评指标:应采用口令、密码技术、生物技术等两种或两种以上组合的鉴别技术对用户进行身份鉴别,且其中一种鉴别技术至少应使用密码技术来实现。

b) 测评对象:终端和服务器等设备中的操作系统(包括宿主机和虚拟机操作系统)、网络设备(包括虚拟网络设备)、安全设备(包括虚拟安全设备)、移动终端、移动终端管理系统、移动终端管理客户端、感知节点设备、网关节点设备、控制设备、业务应用系统、数据库管理系统、中间件和系统管理软件及系统设计文档等。

c) 测评实施包括以下内容:

   1) 应核查是否采用动态口令、数字证书、生物技术和设备指纹等两种或两种以上组合的鉴别技术对用户身份进行鉴别;

   2) 应核查其中一种鉴别技术是否使用密码技术来实现。

d) 单元判定:如果 1)和 2)均为肯定,则符合本测评单元指标要求,否则不符合或部分符合本测评单元指标要求。

9.1.4.2 访问控制

9.1.4.2.1 测评单元(L4-CES1-05)

该测评单元包括以下要求:

a) 测评指标:应对登录的用户分配账户和权限。

b) 测评对象:终端和服务器等设备中的操作系统(包括宿主机和虚拟机操作系统)、网络设备(包括虚拟网络设备)、安全设备(包括虚拟安全设备)、移动终端、移动终端管理系统、移动终端管理客户端、感知节点设备、网关节点设备、控制设备、业务应用系统、数据库管理系统、中间件和系统管理软件及系统设计文档等。

c) 测评实施包括以下内容:

 1) 应核查是否为用户分配了账户和权限及相关设置情况;

 2) 应核查是否已禁用或限制匿名、默认账户的访问权限。

d) 单元判定:如果 1)和 2)均为肯定,则符合本测评单元指标要求,否则不符合或部分符合本测评单元指标要求。

9.1.4.2.2 测评单元(L4-CES1-06)

该测评单元包括以下要求:

a) 测评指标:应重命名或删除默认账户,修改默认账户的默认口令。

b) 测评对象:终端和服务器等设备中的操作系统(包括宿主机和虚拟机操作系统)、网络设备(包括虚拟网络设备)、安全设备(包括虚拟安全设备)、移动终端、移动终端管理系统、移动终端管理客户端、感知节点设备、网关节点设备、控制设备、业务应用系统、数据库管理系统、中间件和系统管理软件及系统设计文档等。

c) 测评实施包括以下内容:

 1) 应核查是否已经重命名默认账户或默认账户已被删除;

 2) 应核查是否已修改默认账户的默认口令。

d) 单元判定:如果 1)或 2)为肯定,则符合本测评单元指标要求,否则不符合或部分符合本测评单元指标要求。

9.1.4.2.3 测评单元(L4-CES1-07)

该测评单元包括以下要求:

a) 测评指标:应及时删除或停用多余的、过期的账户,避免共享账户的存在。

b) 测评对象:终端和服务器等设备中的操作系统(包括宿主机和虚拟机操作系统)、网络设备(包括虚拟网络设备)、安全设备(包括虚拟安全设备)、移动终端、移动终端管理系统、移动终端管理客户端、感知节点设备、网关节点设备、控制设备、业务应用系统、数据库管理系统、中间件和系统管理软件及系统设计文档等。

c) 测评实施包括以下内容:

 1) 应核查是否不存在多余或过期账户,管理员用户与账户之间是否一一对应;

 2) 应测试验证多余的、过期的账户是否被删除或停用。

d) 单元判定:如果 1)和 2)均为肯定,则符合本测评单元指标要求,否则不符合或部分符合本测评单元指标要求。

9.1.4.2.4 测评单元(L4-CES1-08)

该测评单元包括以下要求:

a) 测评指标:应授予管理用户所需的最小权限,实现管理用户的权限分离。
b) 测评对象:终端和服务器等设备中的操作系统(包括宿主机和虚拟机操作系统)、网络设备(包括虚拟网络设备)、安全设备(包括虚拟安全设备)、移动终端、移动终端管理系统、移动终端管理客户端、感知节点设备、网关节点设备、控制设备、业务应用系统、数据库管理系统、中间件和系统管理软件及系统设计文档等。
c) 测评实施包括以下内容:
   1) 应核查是否进行角色划分;
   2) 应核查管理用户的权限是否已进行分离;
   3) 应核查管理用户权限是否为其工作任务所需的最小权限。
d) 单元判定:如果 1)～3)均为肯定,则符合本测评单元指标要求,否则不符合或部分符合本测评单元指标要求。

9.1.4.2.5 测评单元(L4-CES1-09)

该测评单元包括以下要求:
a) 测评指标:应由授权主体配置访问控制策略,访问控制策略规定主体对客体的访问规则。
b) 测评对象:终端和服务器等设备中的操作系统(包括宿主机和虚拟机操作系统)、网络设备(包括虚拟网络设备)、安全设备(包括虚拟安全设备)、移动终端、移动终端管理系统、移动终端管理客户端、业务应用系统、数据库管理系统、中间件和系统管理软件及系统设计文档等。
c) 测评实施包括以下内容:
   1) 应核查是否由授权主体(如管理用户)负责配置访问控制策略;
   2) 应核查授权主体是否依据安全策略配置了主体对客体的访问规则;
   3) 应测试验证用户是否有可越权访问情形。
d) 单元判定:如果 1)～3)均为肯定,则符合本测评单元指标要求,否则不符合或部分符合本测评单元指标要求。

9.1.4.2.6 测评单元(L4-CES1-10)

该测评单元包括以下要求:
a) 测评指标:访问控制的粒度应达到主体为用户级或进程级,客体为文件、数据库表级。
b) 测评对象:终端和服务器等设备中的操作系统(包括宿主机和虚拟机操作系统)、网络设备(包括虚拟网络设备)、安全设备(包括虚拟安全设备)、移动终端、移动终端管理系统、移动终端管理客户端、业务应用系统、数据库管理系统、中间件和系统管理软件及系统设计文档等。
c) 测评实施:应核查访问控制策略的控制粒度是否达到主体为用户级或进程级,客体为文件、数据库表、记录或字段级。
d) 单元判定:如果以上测评实施内容为肯定,则符合本测评单元指标要求,否则不符合本测评单元指标要求。

9.1.4.2.7 测评单元(L4-CES1-11)

该测评单元包括以下要求:
a) 测评指标:应对主体、客体设置安全标记,并依据安全标记和强制访问控制规则确定主体对客体的访问。
b) 测评对象:终端和服务器等设备中的操作系统(包括宿主机和虚拟机操作系统)、网络设备(包括虚拟网络设备)、安全设备(包括虚拟安全设备)、移动终端、移动终端管理系统、移动终端管理客户端、业务应用系统、数据库管理系统、中间件和系统管理软件及系统设计文档等。

c) 测评实施包括以下内容：
   1) 应核查是否对主体、客体设置了安全标记；
   2) 应测试验证是否依据主体、客体安全标记控制主体对客体访问的强制访问控制策略。
d) 单元判定：如果 1)和 2)均为肯定，则符合本测评单元指标要求，否则不符合或部分符合本测评单元指标要求。

9.1.4.3 安全审计

9.1.4.3.1 测评单元(L4-CES1-12)

该测评单元包括以下要求：

a) 测评指标：应启用安全审计功能，审计覆盖到每个用户，对重要的用户行为和重要安全事件进行审计。
b) 测评对象：终端和服务器等设备中的操作系统(包括宿主机和虚拟机操作系统)、网络设备(包括虚拟网络设备)、安全设备(包括虚拟安全设备)、移动终端、移动终端管理系统、移动终端管理客户端、感知节点设备、网关节点设备、控制设备、业务应用系统、数据库管理系统、中间件和系统管理软件及系统设计文档等。
c) 测评实施包括以下内容：
   1) 应核查是否开启了安全审计功能；
   2) 应核查安全审计范围是否覆盖到每个用户；
   3) 应核查是否对重要的用户行为和重要安全事件进行审计。
d) 单元判定：如果 1)～3)均为肯定，则符合本测评单元指标要求，否则不符合或部分符合本测评单元指标要求。

9.1.4.3.2 测评单元(L4-CES1-13)

该测评单元包括以下要求：

a) 测评指标：审计记录应包括事件的日期和时间、事件类型、主体标识、客体标识和结果等。
b) 测评对象：终端和服务器等设备中的操作系统(包括宿主机和虚拟机操作系统)、网络设备(包括虚拟网络设备)、安全设备(包括虚拟安全设备)、移动终端、移动终端管理系统、移动终端管理客户端、感知节点设备、网关节点设备、控制设备、业务应用系统、数据库管理系统、中间件和系统管理软件及系统设计文档等。
c) 测评实施：应核查审计记录信息是否包括事件的日期和时间、主体标识、客体标识、事件类型、事件是否成功及其他与审计相关的信息。
d) 单元判定：如果以上测评实施内容为肯定，则符合本测评单元指标要求，否则不符合本测评单元指标要求。

9.1.4.3.3 测评单元(L4-CES1-14)

该测评单元包括以下要求：

a) 测评指标：应对审计记录进行保护，定期备份，避免受到未预期的删除、修改或覆盖等。
b) 测评对象：终端和服务器等设备中的操作系统(包括宿主机和虚拟机操作系统)、网络设备(包括虚拟网络设备)、安全设备(包括虚拟安全设备)、移动终端、移动终端管理系统、移动终端管理客户端、感知节点设备、网关节点设备、控制设备、业务应用系统、数据库管理系统、中间件和系统管理软件及系统设计文档等。
c) 测评实施包括以下内容：

1) 应核查是否采取了保护措施对审计记录进行保护;

2) 应核查是否采取技术措施对审计记录进行定期备份,并核查其备份策略。

d) 单元判定:如果1)和2)均为肯定,则符合本测评单元指标要求,否则不符合或部分符合本测评单元指标要求。

9.1.4.3.4 测评单元(L4-CES1-15)

该测评单元包括以下要求:

a) 测评指标:应对审计进程进行保护,防止未经授权的中断。

b) 测评对象:终端和服务器等设备中的操作系统(包括宿主机和虚拟机操作系统)、网络设备(包括虚拟网络设备)、安全设备(包括虚拟安全设备)、移动终端、移动终端管理系统、移动终端管理客户端、感知节点设备、网关节点设备、控制设备、业务应用系统、数据库管理系统、中间件和系统管理软件及系统设计文档等。

c) 测评实施:应测试验证通过非审计管理员的其他账户来中断审计进程,验证审计进程是否受到保护。

d) 单元判定:如果以上测评实施内容为肯定,则符合本测评单元指标要求,否则不符合本测评单元指标要求。

9.1.4.4 入侵防范

9.1.4.4.1 测评单元(L4-CES1-16)

该测评单元包括以下要求:

a) 测评指标:应遵循最小安装的原则,仅安装需要的组件和应用程序。

b) 测评对象:终端和服务器等设备中的操作系统(包括宿主机和虚拟机操作系统)、网络设备(包括虚拟网络设备)、安全设备(包括虚拟安全设备)、移动终端、移动终端管理系统、移动终端管理客户端、感知节点设备、网关节点设备和控制设备等。

c) 测评实施包括以下内容:

1) 应核查是否遵循最小安装原则;

2) 应核查是否未安装非必要的组件和应用程序。

d) 单元判定:如果1)和2)均为肯定,则符合本测评单元指标要求,否则不符合或部分符合本测评单元指标要求。

9.1.4.4.2 测评单元(L4-CES1-17)

该测评单元包括以下要求:

a) 测评指标:应关闭不需要的系统服务、默认共享和高危端口。

b) 测评对象:终端和服务器等设备中的操作系统(包括宿主机和虚拟机操作系统)、网络设备(包括虚拟网络设备)、安全设备(包括虚拟安全设备)、移动终端、移动终端管理系统、移动终端管理客户端、感知节点设备、网关节点设备和控制设备等。

c) 测评实施包括以下内容:

1) 应核查是否关闭了非必要的系统服务和默认共享;

2) 应核查是否不存在非必要的高危端口。

d) 单元判定:如果1)和2)均为肯定,则符合本测评单元指标要求,否则不符合或部分符合本测评单元指标要求。

9.1.4.4.3 测评单元(L4-CES1-18)

该测评单元包括以下要求:

a) 测评指标:应通过设定终端接入方式或网络地址范围对通过网络进行管理的管理终端进行限制。

b) 测评对象:终端和服务器等设备中的操作系统(包括宿主机和虚拟机操作系统)、网络设备(包括虚拟网络设备)、安全设备(包括虚拟安全设备)、移动终端、移动终端管理系统、移动终端管理客户端、感知节点设备、网关节点设备和控制设备等。

c) 测评实施:应核查配置文件或参数等是否对终端接入范围进行限制。

d) 单元判定:如果以上测评实施内容为肯定,则符合本测评单元指标要求,否则不符合本测评单元指标要求。

9.1.4.4.4 测评单元(L4-CES1-19)

该测评单元包括以下要求:

a) 测评指标:应提供数据有效性检验功能,保证通过人机接口输入或通过通信接口输入的内容符合系统设定要求。

b) 测评对象:业务应用系统、中间件和系统管理软件及系统设计文档等。

c) 测评实施包括以下内容:

   1) 应核查系统设计文档的内容是否包括数据有效性检验功能的内容或模块;

   2) 应测试验证是否对人机接口或通信接口输入的内容进行有效性检验。

d) 单元判定:如果 1)和 2)均为肯定,则符合本测评单元指标要求,否则不符合或部分符合本测评单元指标要求。

9.1.4.4.5 测评单元(L4-CES1-20)

该测评单元包括以下要求:

a) 测评指标:应能发现可能存在的已知漏洞,并在经过充分测试评估后,及时修补漏洞。

b) 测评对象:终端和服务器等设备中的操作系统(包括宿主机和虚拟机操作系统)、网络设备(包括虚拟网络设备)、安全设备(包括虚拟安全设备)、移动终端、移动终端管理系统、移动终端管理客户端、感知节点设备、网关节点设备、控制设备、业务应用系统、数据库管理系统、中间件和系统管理软件等。

c) 测评实施包括以下内容:

   1) 应通过漏洞扫描、渗透测试等方式核查是否不存在高风险漏洞;

   2) 应核查是否在经过充分测试评估后及时修补漏洞。

d) 单元判定:如果 1)和 2)均为肯定,则符合本测评单元指标要求,否则不符合或部分符合本测评单元指标要求。

9.1.4.4.6 测评单元(L4-CES1-21)

该测评单元包括以下要求:

a) 测评指标:应能够检测到对重要节点进行入侵的行为,并在发生严重入侵事件时提供报警。

b) 测评对象:终端和服务器等设备中的操作系统(包括宿主机和虚拟机操作系统)、网络设备(包括虚拟网络设备)、安全设备(包括虚拟安全设备)、移动终端、移动终端管理系统、移动终端管理客户端、感知节点设备、网关节点设备和控制设备等。

c) 测评实施包括以下内容:

1) 应访谈并核查是否有入侵检测的措施；

2) 应核查在发生严重入侵事件时是否提供报警。

d) 单元判定：如果1)和2)均为肯定，则符合本测评单元指标要求，否则不符合或部分符合本测评单元指标要求。

9.1.4.5 恶意代码防范

9.1.4.5.1 测评单元(L4-CES1-22)

该测评单元包括以下要求：

a) 测评指标：应采用主动免疫可信验证机制及时识别入侵和病毒行为，并将其有效阻断。

b) 测评对象：终端和服务器等设备中的操作系统(包括宿主机和虚拟机操作系统)、移动终端、移动终端管理系统、移动终端管理客户端和控制设备等。

c) 测评实施包括以下内容：

1) 应核查是否采用主动免疫可信验证技术及时识别入侵和病毒行为；

2) 应核查当识别入侵和病毒行为时，是否将其有效阻断。

d) 单元判定：如果1)和2)均为肯定，则符合本测评单元指标要求，否则不符合或部分符合本测评单元指标要求。

9.1.4.6 可信验证

9.1.4.6.1 测评单元(L4-CES1-23)

该测评单元包括以下要求：

a) 测评指标：可基于可信根对计算设备的系统引导程序、系统程序、重要配置参数和应用程序等进行可信验证，并在应用程序的所有执行环节进行动态可信验证，在检测到其可信性受到破坏后进行报警，并将验证结果形成审计记录送至安全管理中心，并进行动态关联感知。

b) 测评对象：提供可信验证的设备或组件、提供集中审计功能的系统。

c) 测评实施包括以下内容：

1) 应核查是否基于可信根对计算设备的系统引导程序、系统程序、重要配置参数和应用程序等进行可信验证；

2) 应核查是否在应用程序的所有执行环节进行动态可信验证；

3) 应测试验证当检测到计算设备的可信性受到破坏后是否进行报警；

4) 应测试验证结果是否以审计记录的形式送至安全管理中心；

5) 应核查是否能够进行动态关联感知。

d) 单元判定：如果1)～5)均为肯定，则符合本测评单元指标要求，否则不符合或部分符合本测评单元指标要求。

9.1.4.7 数据完整性

9.1.4.7.1 测评单元(L4-CES1-24)

该测评单元包括以下要求：

a) 测评指标：应采用密码技术保证重要数据在传输过程中的完整性，包括但不限于鉴别数据、重要业务数据、重要审计数据、重要配置数据、重要视频数据和重要个人信息等。

b) 测评对象：业务应用系统、数据库管理系统、中间件、系统管理软件及系统设计文档、数据安全保护系统、终端和服务器等设备中的操作系统及网络设备和安全设备等。

c) 测评实施包括以下内容：
   1) 应核查系统设计文档，鉴别数据、重要业务数据、重要审计数据、重要配置数据、重要视频数据和重要个人信息等在传输过程中是否采用了密码技术保证完整性；
   2) 应测试验证在传输过程中对鉴别数据、重要业务数据、重要审计数据、重要配置数据、重要视频数据和重要个人信息等进行篡改，是否能够检测到数据在传输过程中的完整性受到破坏并能够及时恢复。
d) 单元判定：如果1)和2)均为肯定，则符合本测评单元指标要求，否则不符合或部分符合本测评单元指标要求。

9.1.4.7.2 测评单元(L4-CES1-25)

该测评单元包括以下要求：
a) 测评指标：应采用密码技术保证重要数据在存储过程中的完整性，包括但不限于鉴别数据、重要业务数据、重要审计数据、重要配置数据、重要视频数据和重要个人信息等。
b) 测评对象：业务应用系统、数据库管理系统、中间件、系统管理软件及系统设计文档、数据安全保护系统、终端和服务器等设备中的操作系统及网络设备和安全设备等。
c) 测评实施包括以下内容：
   1) 应核查设计文档，是否采用了密码技术保证鉴别数据、重要业务数据、重要审计数据、重要配置数据、重要视频数据和重要个人信息等在存储过程中的完整性；
   2) 应核查是否采用技术措施(如数据安全保护系统等)保证鉴别数据、重要业务数据、重要审计数据、重要配置数据、重要视频数据和重要个人信息等在存储过程中的完整性；
   3) 应测试验证在存储过程中对鉴别数据、重要业务数据、重要审计数据、重要配置数据、重要视频数据和重要个人信息等进行篡改，是否能够检测到数据在存储过程中的完整性受到破坏并能够及时恢复。
d) 单元判定：如果1)～3)均为肯定，则符合本测评单元指标要求，否则不符合或部分符合本测评单元指标要求。

9.1.4.7.3 测评单元(L4-CES1-26)

该测评单元包括以下要求：
a) 测评指标：在可能涉及法律责任认定的应用中，应采用密码技术提供数据原发证据和数据接收证据，实现数据原发行为的抗抵赖和数据接收行为的抗抵赖。
b) 测评对象：业务应用系统和数据库管理系统等。
c) 测评实施包括以下内容：
   1) 应核查设计文档，是否采用了密码技术保证数据发送和数据接收操作的不可抵赖性；
   2) 应核查是否采取技术措施保证数据发送和数据接收操作的不可抵赖性；
   3) 应测试验证是否能够检测到数据在传输过程中不能被篡改。
d) 单元判定：如果1)～3)均为肯定，则符合本测评单元指标要求，否则不符合或部分符合本测评单元指标要求。

9.1.4.8 数据保密性

9.1.4.8.1 测评单元(L4-CES1-27)

该测评单元包括以下要求：
a) 测评指标：应采用密码技术保证重要数据在传输过程中的保密性，包括但不限于鉴别数据、重要业务数据和重要个人信息等。

b) 测评对象:业务应用系统、数据库管理系统、中间件和系统管理软件及系统设计文档等。

c) 测评实施包括以下内容:

   1) 应核查系统设计文档,鉴别数据、重要业务数据和重要个人信息等在传输过程中是否采用密码技术保证保密性;

   2) 应通过嗅探等方式抓取传输过程中的数据包,鉴别数据、重要业务数据和重要个人信息等在传输过程中是否进行了加密处理。

d) 单元判定:如果 1)和 2)均为肯定,则符合本测评单元指标要求,否则不符合或部分符合本测评单元指标要求。

9.1.4.8.2 测评单元(L4-CES1-28)

该测评单元包括以下要求:

a) 测评指标:应采用密码技术保证重要数据在存储过程中的保密性,包括但不限于鉴别数据、重要业务数据和重要个人信息等。

b) 测评对象:业务应用系统、数据库管理系统、中间件、系统管理软件及系统设计文档、数据安全保护系统、终端和服务器等设备中的操作系统及网络设备和安全设备等。

c) 测评实施包括以下内容:

   1) 应核查是否采用密码技术保证鉴别数据、重要业务数据和重要个人信息等在存储过程中的保密性;

   2) 应核查是否采用技术措施(如数据安全保护系统等)保证鉴别数据、重要业务数据和重要个人信息等在存储过程中的保密性;

   3) 应测试验证是否对指定的数据进行加密处理。

d) 单元判定:如果 1)~3)均为肯定,则符合本测评单元指标要求,否则不符合或部分符合本测评单元指标要求。

9.1.4.9 数据备份恢复

9.1.4.9.1 测评单元(L4-CES1-29)

该测评单元包括以下要求:

a) 测评指标:应提供重要数据的本地数据备份与恢复功能。

b) 测评对象:配置数据和业务数据。

c) 测评实施包括以下内容:

   1) 应核查是否按照备份策略进行本地备份;

   2) 应核查备份策略设置是否合理、配置是否正确;

   3) 应核查备份结果是否与备份策略一致;

   4) 应核查近期恢复测试记录是否能够进行正常的数据恢复。

d) 单元判定:如果 1)~4)均为肯定,则符合本测评单元指标要求,否则不符合或部分符合本测评单元指标要求。

9.1.4.9.2 测评单元(L4-CES1-30)

该测评单元包括以下要求:

a) 测评指标:应提供异地实时备份功能,利用通信网络将重要数据实时备份至备份场地。

b) 测评对象:配置数据和业务数据。

c) 测评实施：应核查是否提供异地实时备份功能，并通过网络将重要配置数据、重要业务数据实时备份至备份场地。

d) 单元判定：如果以上测评实施内容为肯定，则符合本测评单元指标要求，否则不符合本测评单元指标要求。

9.1.4.9.3 测评单元(L4-CES1-31)

该测评单元包括以下要求：

a) 测评指标：应提供重要数据处理系统的热冗余，保证系统的高可用性。

b) 测评对象：重要数据处理系统。

c) 测评实施：应核查重要数据处理系统(包括边界路由器、边界防火墙、核心交换机、应用服务器和数据库服务器等)是否采用热冗余方式部署。

d) 单元判定：如果以上测评实施内容为肯定，则符合本测评单元指标要求，否则不符合本测评单元指标要求。

9.1.4.9.4 测评单元(L4-CES1-32)

该测评单元包括以下要求：

a) 测评指标：应建立异地灾难备份中心，提供业务应用的实时切换。

b) 测评对象：灾难备份中心及相关组件。

c) 测评实施包括以下内容：

   1) 应核查是否建立异地灾难备份中心，配备灾难恢复所需的通信线路、网络设备和数据处理设备；

   2) 应核查是否提供业务应用的实时切换功能。

d) 单元判定：如果 1)和 2)均为肯定，则符合本测评单元指标要求，否则不符合或部分符合本测评单元指标要求。

9.1.4.10 剩余信息保护

9.1.4.10.1 测评单元(L4-CES1-33)

该测评单元包括以下要求：

a) 测评指标：应保证鉴别信息所在的存储空间被释放或重新分配前得到完全清除。

b) 测评对象：终端和服务器等设备中的操作系统、业务应用系统、数据库管理系统、中间件和系统管理软件及系统设计文档等。

c) 测评实施：应核查相关配置信息或系统设计文档，用户的鉴别信息所在的存储空间被释放或重新分配前是否得到完全清除。

d) 单元判定：如果以上测评实施内容为肯定，则符合本测评单元指标要求，否则不符合本测评单元指标要求。

9.1.4.10.2 测评单元(L4-CES1-34)

该测评单元包括以下要求：

a) 测评指标：应保证存有敏感数据的存储空间被释放或重新分配前得到完全清除。

b) 测评对象：终端和服务器等设备中的操作系统、业务应用系统、数据库管理系统、中间件和系统管理软件及系统设计文档等。

c) 测评实施：应核查相关配置信息或系统设计文档，敏感数据所在的存储空间被释放或重新分配给其他用户前是否得到完全清除。

d) 单元判定：如果以上测评实施内容为肯定，则符合本测评单元指标要求，否则不符合本测评单元指标要求。

9.1.4.11 个人信息保护

9.1.4.11.1 测评单元(L4-CES1-35)

该测评单元包括以下要求：

a) 测评指标：应仅采集和保存业务必需的用户个人信息。

b) 测评对象：业务应用系统和数据库管理系统等。

c) 测评实施：

1) 应核查采集的用户个人信息是否是业务应用必需的；

2) 应核查是否制定了有关用户个人信息保护的管理制度和流程。

d) 单元判定：如果1)和2)均为肯定，则符合本测评单元指标要求，否则不符合或部分符合本测评单元指标要求。

9.1.4.11.2 测评单元(L4-CES1-36)

该测评单元包括以下要求：

a) 测评指标：应禁止未授权访问和非法使用用户个人信息。

b) 测评对象：业务应用系统和数据库管理系统等。

c) 测评实施：

1) 应核查是否采用技术措施限制对用户个人信息的访问和使用；

2) 应核查是否制定了有关用户个人信息保护的管理制度和流程。

d) 单元判定：如果1)和2)均为肯定，则符合本测评单元指标要求，否则不符合或部分符合本测评单元指标要求。

9.1.5 安全管理中心

9.1.5.1 系统管理

9.1.5.1.1 测评单元(L4-SMC1-01)

该测评单元包括以下要求：

a) 测评指标：应对系统管理员进行身份鉴别，只允许其通过特定的命令或操作界面进行系统管理操作，并对这些操作进行审计。

b) 测评对象：提供集中系统管理功能的系统。

c) 测评实施包括以下内容：

1) 应核查是否对系统管理员进行身份鉴别；

2) 应核查是否只允许系统管理员通过特定的命令或操作界面进行系统管理操作；

3) 应核查是否对系统管理操作进行审计。

d) 单元判定：如果1)～3)均为肯定，则符合本测评单元指标要求，否则不符合或部分符合本测评单元指标要求。

9.1.5.1.2 测评单元(L4-SMC1-02)

该测评单元包括以下要求：

a) 测评指标:应通过系统管理员对系统的资源和运行进行配置、控制和管理,包括用户身份、资源配置、系统加载和启动、系统运行的异常处理、数据和设备的备份与恢复等。
b) 测评对象:提供集中系统管理功能的系统。
c) 测评实施:应核查是否通过系统管理员对系统的资源和运行进行配置、控制和管理,包括用户身份、资源配置、系统加载和启动、系统运行的异常处理、数据和设备的备份与恢复等。
d) 单元判定:如果以上测评实施内容为肯定,则符合本测评单元指标要求,否则不符合本测评单元指标要求。

9.1.5.2 审计管理

9.1.5.2.1 测评单元(L4-SMC1-03)

该测评单元包括以下要求:

a) 测评指标:应对审计管理员进行身份鉴别,只允许其通过特定的命令或操作界面进行安全审计操作,并对这些操作进行审计。
b) 测评对象:综合安全审计系统、数据库审计系统等提供集中审计功能的系统。
c) 测评实施包括以下内容:
   1) 应核查是否对审计管理员进行身份鉴别;
   2) 应核查是否只允许审计管理员通过特定的命令或操作界面进行安全审计操作;
   3) 应核查是否对安全审计操作进行审计。
d) 单元判定:如果1)~3)均为肯定,则符合本测评单元指标要求,否则不符合或部分符合本测评单元指标要求。

9.1.5.2.2 测评单元(L4-SMC1-04)

该测评单元包括以下要求:

a) 测评指标:应通过审计管理员对审计记录进行分析,并根据分析结果进行处理,包括根据安全审计策略对审计记录进行存储、管理和查询等。
b) 测评对象:综合安全审计系统、数据库审计系统等提供集中审计功能的系统。
c) 测评实施:应核查是否通过审计管理员对审计记录进行分析,并根据分析结果进行处理,包括根据安全审计策略对审计记录进行存储、管理和查询等。
d) 单元判定:如果以上测评实施内容为肯定,则符合本测评单元指标要求,否则不符合本测评单元指标要求。

9.1.5.3 安全管理

9.1.5.3.1 测评单元(L4-SMC1-05)

该测评单元包括以下要求:

a) 测评指标:应对安全管理员进行身份鉴别,只允许其通过特定的命令或操作界面进行安全管理操作,并对这些操作进行审计。
b) 测评对象:提供集中安全管理功能的系统。
c) 测评实施包括以下内容:
   1) 应核查是否对安全管理员进行身份鉴别;
   2) 应核查是否只允许安全管理员通过特定的命令或操作界面进行安全审计操作;
   3) 应核查是否对安全管理操作进行审计。
d) 单元判定:如果1)~3)均为肯定,则符合本测评单元指标要求,否则不符合或部分符合本测评单元指标要求。

9.1.5.3.2 **测评单元(L4-SMC1-06)**

该测评单元包括以下要求:

a) 测评指标:应通过安全管理员对系统中的安全策略进行配置,包括安全参数的设置,主体、客体进行统一安全标记,对主体进行授权,配置可信验证策略等。
b) 测评对象:提供集中安全管理功能的系统。
c) 测评实施:应核查是否通过安全管理员对系统中的安全策略进行配置,包括安全参数的设置,主体、客体进行统一安全标记,对主体进行授权,配置可信验证策略等。
d) 单元判定:如果以上测评实施内容为肯定,则符合本测评单元指标要求,否则不符合本测评单元指标要求。

9.1.5.4 **集中管控**

9.1.5.4.1 **测评单元(L4-SMC1-07)**

该测评单元包括以下要求:

a) 测评指标:应划分出特定的管理区域,对分布在网络中的安全设备或安全组件进行管控。
b) 测评对象:网络拓扑。
c) 测评实施包括以下内容:
    1) 应核查是否划分出单独的网络区域用于部署安全设备或安全组件;
    2) 应核查各个安全设备或安全组件是否集中部署在单独的网络区域内。
d) 单元判定:如果1)和2)均为肯定,则符合本测评单元指标要求,否则不符合或部分符合本测评单元指标要求。

9.1.5.4.2 **测评单元(L4-SMC1-08)**

该测评单元包括以下要求:

a) 测评指标:应能够建立一条安全的信息传输路径,对网络中的安全设备或安全组件进行管理。
b) 测评对象:路由器、交换机和防火墙等设备或相关组件。
c) 测评实施包括以下内容:
    1) 应核查是否采用安全方式(如SSH、HTTPS、IPSec VPN等)对安全设备或安全组件进行管理;
    2) 应核查是否使用独立的带外管理网络对安全设备或安全组件进行管理。
d) 单元判定:如果1)或2)为肯定,则符合本测评单元指标要求,否则不符合或部分符合本测评单元指标要求。

9.1.5.4.3 **测评单元(L4-SMC1-09)**

该测评单元包括以下要求:

a) 测评指标:应对网络链路、安全设备、网络设备和服务器等的运行状况进行集中监测。
b) 测评对象:综合网管系统等提供运行状态监测功能的系统。
c) 测评实施包括以下内容:
    1) 应核查是否部署了具备运行状态监测功能的系统或设备,能够对网络链路、安全设备、网络设备和服务器等的运行状况进行集中监测;
    2) 应测试验证运行状态监测系统是否根据网络链路、安全设备、网络设备和服务器等的工作状态、依据设定的阀值(或默认阀值)实时报警。

d) 单元判定:如果1)和2)均为肯定,则符合本测评单元指标要求,否则不符合或部分符合本测评单元指标要求。

9.1.5.4.4 测评单元(L4-SMC1-10)

该测评单元包括以下要求:

a) 测评指标:应对分散在各个设备上的审计数据进行收集汇总和集中分析,并保证审计记录的留存时间符合法律法规要求。

b) 测评对象:综合安全审计系统、数据库审计系统等提供集中审计功能的系统。

c) 测评实施包括以下内容:

 1) 应核查各个设备是否配置并启用了相关策略,将审计数据发送到独立于设备自身的外部集中安全审计系统中;

 2) 应核查是否部署统一的集中安全审计系统,统一收集和存储各设备日志,并根据需要进行集中审计分析;

 3) 应核查审计记录的留存时间是否至少为6个月。

d) 单元判定:如果1)~3)均为肯定,则符合本测评单元指标要求,否则不符合或部分符合本测评单元指标要求。

9.1.5.4.5 测评单元(L4-SMC1-11)

该测评单元包括以下要求:

a) 测评指标:应对安全策略、恶意代码、补丁升级等安全相关事项进行集中管理。

b) 测评对象:提供集中安全管控功能的系统。

c) 测评实施包括以下内容:

 1) 应核查是否能够对安全策略(如防火墙访问控制策略、入侵保护系统防护策略、WAF安全防护策略等)进行集中管理;

 2) 应核查是否实现对操作系统防恶意代码系统及网络恶意代码防护设备的集中管理,实现对防恶意代码病毒规则库的升级进行集中管理;

 3) 应核查是否实现对各个系统或设备的补丁升级进行集中管理。

d) 单元判定:如果1)~3)均为肯定,则符合本测评单元指标要求,否则不符合或部分符合本测评单元指标要求。

9.1.5.4.6 测评单元(L4-SMC1-12)

该测评单元包括以下要求:

a) 测评指标:应能对网络中发生的各类安全事件进行识别、报警和分析。

b) 测评对象:提供集中安全管控功能的系统。

c) 测评实施包括以下内容:

 1) 应核查是否部署了相关系统平台能够对各类安全事件进行分析并通过声光等方式实时报警;

 2) 应核查监测范围是否能够覆盖网络所有关键路径。

d) 单元判定:如果1)和2)均为肯定,则符合本测评单元指标要求,否则不符合或部分符合本测评单元指标要求。

9.1.5.4.7 测评单元(L4-SMC1-13)

该测评单元包括以下要求:

a) 测评指标：应保证系统范围内的时间由唯一确定的时钟产生，以保证各种数据的管理和分析在时间上的一致性。
b) 测评对象：综合安全审计系统等。
c) 测评实施：应核查是否在系统范围内统一使用了唯一确定的时钟源。
d) 单元判定：如果以上测评实施内容为肯定，则符合本测评单元指标要求，否则不符合本测评单元指标要求。

9.1.6 安全管理制度

9.1.6.1 安全策略

9.1.6.1.1 测评单元(L4-PSS1-01)

该测评单元包括以下要求：
a) 测评指标：应制定网络安全工作的总体方针和安全策略，阐明机构安全工作的总体目标、范围、原则和安全框架等。
b) 测评对象：总体方针策略类文档。
c) 测评实施：应核查网络安全工作的总体方针和安全策略文件是否明确机构安全工作的总体目标、范围、原则和各类安全策略。
d) 单元判定：如果以上测评实施内容为肯定，则符合本测评单元指标要求，否则不符合本测评单元指标要求。

9.1.6.2 管理制度

9.1.6.2.1 测评单元(L4-PSS1-02)

该测评单元包括以下要求：
a) 测评指标：应对安全管理活动中的各类管理内容建立安全管理制度。
b) 测评对象：安全管理制度类文档。
c) 测评实施：应核查各项安全管理制度是否覆盖物理、网络、主机系统、数据、应用、建设和运维等管理内容。
d) 单元判定：如果以上测评实施内容为肯定，则符合本测评单元指标要求，否则不符合本测评单元指标要求。

9.1.6.2.2 测评单元(L4-PSS1-03)

该测评单元包括以下要求：
a) 测评指标：应对管理人员或操作人员执行的日常管理操作建立操作规程。
b) 测评对象：操作规程类文档。
c) 测评实施：应核查是否具有日常管理操作的操作规程，如系统维护手册和用户操作规程等。
d) 单元判定：如果以上测评实施内容为肯定，则符合本测评单元指标要求，否则不符合本测评单元指标要求。

9.1.6.2.3 测评单元(L4-PSS1-04)

该测评单元包括以下要求：
a) 测评指标：应形成由安全策略、管理制度、操作规程、记录表单等构成的全面的安全管理制度体系。

b) 测评对象:总体方针策略类文档、管理制度类文档、操作规程类文档和记录表单类文档。

c) 测评实施:应核查总体方针策略文件、管理制度和操作规程、记录表单是否全面且具有关联性和一致性。

d) 单元判定:如果以上测评实施内容为肯定,则符合本测评单元指标要求,否则不符合本测评单元指标要求。

9.1.6.3 制定和发布

9.1.6.3.1 测评单元(L4-PSS1-05)

该测评单元包括以下要求:

a) 测评指标:应指定或授权专门的部门或人员负责安全管理制度的制定。

b) 测评对象:部门/人员职责文件等。

c) 测评实施:应核查是否由专门的部门或人员负责制定安全管理制度。

d) 单元判定:如果以上测评实施内容为肯定,则符合本测评单元指标要求,否则不符合本测评单元指标要求。

9.1.6.3.2 测评单元(L4-PSS1-06)

该测评单元包括以下要求:

a) 测评指标:安全管理制度应通过正式、有效的方式发布,并进行版本控制。

b) 测评对象:管理制度类文档和记录表单类文档。

c) 测评实施包括以下内容:

1) 应核查制度制定和发布要求管理文档是否说明安全管理制度的制定和发布程序、格式要求及版本编号等相关内容;

2) 应核查安全管理制度的收发登记记录是否通过正式、有效的方式收发,如正式发文、领导签署和单位盖章等。

d) 单元判定:如果1)和2)均为肯定,则符合本测评单元指标要求,否则不符合或部分符合本测评单元指标要求。

9.1.6.4 评审和修订

9.1.6.4.1 测评单元(L4-PSS1-07)

该测评单元包括以下要求:

a) 测评指标:应定期对安全管理制度的合理性和适用性进行论证和审定,对存在不足或需要改进的安全管理制度进行修订。

b) 测评对象:信息/网络安全主管和记录表单类文档。

c) 测评实施包括以下内容:

1) 应访谈信息/网络安全主管是否定期对安全管理制度的合理性和适用性进行审定;

2) 应核查是否具有安全管理制度的审定或论证记录,如果对制度做过修订,核查是否有修订版本的安全管理制度。

d) 单元判定:如果1)和2)均为肯定,则符合本测评单元指标要求,否则不符合或部分符合本测评单元指标要求。

9.1.7 安全管理机构

9.1.7.1 岗位设置

9.1.7.1.1 测评单元(L4-ORS1-01)

该测评单元包括以下要求:

a) 测评指标:应成立指导和管理网络安全工作的委员会或领导小组,其最高领导由单位主管领导担任或授权。
b) 测评对象:信息/网络安全主管、管理制度类文档和记录表单类文档。
c) 测评实施包括以下内容:
   1) 应访谈信息/网络安全主管是否成立了指导和管理网络安全工作的委员会或领导小组;
   2) 应核查相关文档是否明确了网络安全工作委员会或领导小组构成情况和相关职责;
   3) 应核查委员会或领导小组的最高领导是否由单位主管领导担任或由其进行了授权。
d) 单元判定:如果 1)~3)均为肯定,则符合本测评单元指标要求,否则不符合或部分符合本测评单元指标要求。

9.1.7.1.2 测评单元(L4-ORS1-02)

该测评单元包括以下要求:

a) 测评指标:应设立网络安全管理工作的职能部门,设立安全主管、安全管理各个方面的负责人岗位,并定义各负责人的职责。
b) 测评对象:信息/网络安全主管和管理制度类文档。
c) 测评实施包括以下内容:
   1) 应访谈信息/网络安全主管是否设立网络安全管理工作的职能部门;
   2) 应核查部门职责文档是否明确网络安全管理工作的职能部门和各负责人职责;
   3) 应核查岗位职责文档是否有岗位划分情况和岗位职责。
d) 单元判定:如果 1)~3)均为肯定,则符合本测评单元指标要求,否则不符合或部分符合本测评单元指标要求。

9.1.7.1.3 测评单元(L4-ORS1-03)

该测评单元包括以下要求:

a) 测评指标:应设立系统管理员、审计管理员和安全管理员等岗位,并定义部门及各个工作岗位的职责。
b) 测评对象:信息/网络安全主管和管理制度类文档。
c) 测评实施包括以下内容:
   1) 应访谈信息/网络安全主管是否进行了安全管理岗位的划分;
   2) 应核查岗位职责文档是否明确了各部门及各岗位职责。
d) 单元判定:如果 1)和 2)均为肯定,则符合本测评单元指标要求,否则不符合或部分符合本测评单元指标要求。

9.1.7.2 人员配备

9.1.7.2.1 测评单元(L4-ORS1-04)

该测评单元包括以下要求:

a) 测评指标：应配备一定数量的系统管理员、审计管理员和安全管理员等。
b) 测评对象：信息/网络安全主管和记录表单类文档。
c) 测评实施包括以下内容：
   1) 应访谈信息/网络安全主管是否配备系统管理员、审计管理员和安全管理员；
   2) 应核查人员配备文档是否明确各岗位人员配备情况。
d) 单元判定：如果1)和2)均为肯定，则符合本测评单元指标要求，否则不符合或部分符合本测评单元指标要求。

9.1.7.2.2 测评单元(L4-ORS1-05)

该测评单元包括以下要求：
a) 测评指标：应配备专职安全管理员，不可兼任。
b) 测评对象：记录表单类文档。
c) 测评实施：应核查人员配备文档是否明确配备了专职安全管理员。
d) 单元判定：如果以上测评实施内容为肯定，则符合本测评单元指标要求，否则不符合本测评单元指标要求。

9.1.7.2.3 测评单元(L4-ORS1-06)

该测评单元包括以下要求：
a) 测评指标：关键事务岗位应配备多人共同管理。
b) 测评对象：信息/网络安全主管和记录表单类文档。
c) 测评实施包括以下内容：
   1) 应访谈信息/网络安全主管是否对关键岗位配备了多人；
   2) 应核查人员配备文档是否针对关键岗位配备多人。
d) 单元判定：如果1)和2)均为肯定，则符合本测评单元指标要求，否则不符合或部分符合本测评单元指标要求。

9.1.7.3 授权和审批

9.1.7.3.1 测评单元(L4-ORS1-07)

该测评单元包括以下要求：
a) 测评指标：应根据各个部门和岗位的职责明确授权审批事项、审批部门和批准人等。
b) 测评对象：管理制度类文档和记录表单类文档。
c) 测评实施包括以下内容：
   1) 应核查部门职责文档是否明确各部门审批事项；
   2) 应核查岗位职责文档是否明确各岗位审批事项。
d) 单元判定：如果1)和2)均为肯定，则符合本测评单元指标要求，否则不符合或部分符合本测评单元指标要求。

9.1.7.3.2 测评单元(L4-ORS1-08)

该测评单元包括以下要求：
a) 测评指标：应针对系统变更、重要操作、物理访问和系统接入等事项建立审批程序，按照审批程序执行审批过程，对重要活动建立逐级审批制度。
b) 测评对象：操作规程类文档和记录表单类文档。

c） 测评实施包括以下内容：
   1） 应核查系统变更、重要操作、物理访问和系统接入等事项的操作规范是否明确建立了逐级审批程序；
   2） 应核查审批记录、操作记录是否与相关制度一致。
d） 单元判定：如果1）和2）均为肯定，则符合本测评单元指标要求，否则不符合或部分符合本测评单元指标要求。

9.1.7.3.3 测评单元（L4-ORS1-09）

该测评单元包括以下要求：
a） 测评指标：应定期审查审批事项，及时更新需授权和审批的项目、审批部门和审批人等信息。
b） 测评对象：信息/网络安全主管和记录表单类文档。
c） 测评实施包括以下内容：
   1） 应访谈信息/网络安全主管是否对各类审批事项进行更新；
   2） 应核查是否具有定期审查审批事项的记录。
d） 单元判定：如果1）和2）均为肯定，则符合本测评单元指标要求，否则不符合或部分符合本测评单元指标要求。

9.1.7.4 沟通和合作

9.1.7.4.1 测评单元（L4-ORS1-10）

该测评单元包括以下要求：
a） 测评指标：应加强各类管理人员、组织内部机构和网络安全管理部门之间的合作与沟通，定期召开协调会议，共同协作处理网络安全问题。
b） 测评对象：信息/网络安全主管和记录表单类文档。
c） 测评实施包括以下内容：
   1） 应访谈信息/网络安全主管是否建立了各类管理人员、组织内部机构和网络安全管理部门之间的合作与沟通机制；
   2） 应核查会议记录是否明确在各类管理人员、组织内部机构和网络安全管理部门之间开展了合作与沟通。
d） 单元判定：如果1）和2）均为肯定，则符合本测评单元指标要求，否则不符合或部分符合本测评单元指标要求。

9.1.7.4.2 测评单元（L4-ORS1-11）

该测评单元包括以下要求：
a） 测评指标：应加强与网络安全职能部门、各类供应商、业界专家及安全组织的合作与沟通。
b） 测评对象：信息/网络安全主管和记录表单类文档。
c） 测评实施包括以下内容：
   1） 应访谈信息/网络安全主管是否建立了与网络安全职能部门、各类供应商、业界专家及安全组织的合作与沟通机制；
   2） 应核查会议记录是否与网络安全职能部门、各类供应商、业界专家及安全组织开展了合作与沟通。
d） 单元判定：如果1）和2）均为肯定，则符合本测评单元指标要求，否则不符合或部分符合本测评单元指标要求。

9.1.7.4.3 测评单元(L4-ORS1-12)

该测评单元包括以下要求:

a) 测评指标:应建立外联单位联系列表,包括外联单位名称、合作内容、联系人和联系方式等信息。

b) 测评对象:记录表单类文档。

c) 测评实施:应核查外联单位联系列表是否记录了外联单位名称、合作内容、联系人和联系方式等信息。

d) 单元判定:如果以上测评实施内容为肯定,则符合本测评单元指标要求,否则不符合本测评单元指标要求。

9.1.7.5 审核和检查

9.1.7.5.1 测评单元(L4-ORS1-13)

该测评单元包括以下要求:

a) 测评指标:应定期进行常规安全检查,检查内容包括系统日常运行、系统漏洞和数据备份等情况。

b) 测评对象:信息/网络安全主管和记录表单类文档。

c) 测评实施包括以下内容:

   1) 应访谈信息/网络安全主管是否定期进行了常规安全检查;

   2) 应核查常规安全检查记录是否包括了系统日常运行、系统漏洞和数据备份等情况。

d) 单元判定:如果 1)和 2)均为肯定,则符合本测评单元指标要求,否则不符合或部分符合本测评单元指标要求。

9.1.7.5.2 测评单元(L4-ORS1-14)

该测评单元包括以下要求:

a) 测评指标:应定期进行全面安全检查,检查内容包括现有安全技术措施的有效性、安全配置与安全策略的一致性、安全管理制度的执行情况等。

b) 测评对象:信息/网络安全主管和记录表单类文档。

c) 测评实施包括以下内容:

   1) 应访谈信息/网络安全主管是否定期进行了全面安全检查;

   2) 应核查全面安全检查记录是否包括了现有安全技术措施的有效性、安全配置与安全策略的一致性、安全管理制度的执行情况等。

d) 单元判定:如果 1)和 2)均为肯定,则符合本测评单元指标要求,否则不符合或部分符合本测评单元指标要求。

9.1.7.5.3 测评单元(L4-ORS1-15)

该测评单元包括以下要求:

a) 测评指标:应制定安全检查表格实施安全检查,汇总安全检查数据,形成安全检查报告,并对安全检查结果进行通报。

b) 测评对象:记录表单类文档。

c) 测评实施:应核查是否具有安全检查表格、安全检查记录、安全检查报告、安全检查结果通报记录。

d) 单元判定：如果以上测评实施为肯定，则符合本测评单元指标要求，否则不符合本测评单元指标要求。

9.1.8 安全管理人员

9.1.8.1 人员录用

9.1.8.1.1 测评单元（L4-HRS1-01）

该测评单元包括以下要求：

a) 测评指标：应指定或授权专门的部门或人员负责人员录用。

b) 测评对象：信息/网络安全主管。

c) 测评实施：应访谈信息/网络安全主管是否由专门的部门或人员负责人员的录用工作。

d) 单元判定：如果以上测评实施内容为肯定，则符合本测评单元指标要求，否则不符合本测评单元指标要求。

9.1.8.1.2 测评单元（L4-HRS1-02）

该测评单元包括以下要求：

a) 测评指标：应对被录用人员的身份、安全背景、专业资格或资质等进行审查，对其所具有的技术技能进行考核。

b) 测评对象：管理制度类文档和记录表单类文档。

c) 测评实施包括以下内容：

   1) 应核查人员安全管理文档是否说明录用人员应具备的条件（如学历、学位要求，技术人员应具备的专业技术水平，管理人员应具备的安全管理知识等）；

   2) 应核查是否具有人员录用时对录用人身份、安全背景、专业资格或资质等进行审查的相关文档或记录等，是否记录审查内容和审查结果等；

   3) 应核查人员录用时的技能考核文档或记录是否记录考核内容和考核结果等。

d) 单元判定：如果 1)～3)均为肯定，则符合本测评单元指标要求，否则不符合或部分符合本测评单元指标要求。

9.1.8.1.3 测评单元（L4-HRS1-03）

该测评单元包括以下要求：

a) 测评指标：应与被录用人员签署保密协议，与关键岗位人员签署岗位责任协议。

b) 测评对象：记录表单类文档。

c) 测评实施包括以下内容：

   1) 应核查保密协议是否有保密范围、保密责任、违约责任、协议的有效期限和责任人的签字等内容；

   2) 应核查岗位安全协议是否有岗位安全责任定义、协议的有效期限和责任人签字等内容。

d) 单元判定：如果 1)和 2)均为肯定，则符合本测评单元指标要求，否则不符合或部分符合本测评单元指标要求。

9.1.8.1.4 测评单元（L4-HRS1-04）

该测评单元包括以下要求：

a) 测评指标：应从内部人员中选拔从事关键岗位的人员。

b) 测评对象：人事负责人。

c） 测评实施：应访谈人事负责人从事关键岗位的人员是否是从内部人员选拔担任。

d） 单元判定：如果以上测评实施内容为肯定，则符合本测评单元指标要求，否则不符合本测评单元指标要求。

9.1.8.2 人员离岗

9.1.8.2.1 测评单元（L4-HRS1-05）

该测评单元包括以下要求：

a） 测评指标：应及时终止离岗人员的所有访问权限，取回各种身份证件、钥匙、徽章等以及机构提供的软硬件设备。

b） 测评对象：记录表单类文档。

c） 测评实施：应核查是否具有离岗人员终止其访问权限、交还身份证件、软硬件设备等的登记记录。

d） 单元判定：如果以上测评实施内容为肯定，则符合本测评单元指标要求，否则不符合本测评单元指标要求。

9.1.8.2.2 测评单元（L4-HRS1-06）

该测评单元包括以下要求：

a） 测评指标：应办理严格的调离手续，并承诺调离后的保密义务后方可离开。

b） 测评对象：管理制度类文档和记录表单类文档。

c） 测评实施包括以下内容：

1） 应核查人员离岗的管理文档是否规定了人员调离手续和离岗要求等；

2） 应核查是否具有按照离岗程序办理调离手续的记录；

3） 应核查保密承诺文档是否有调离人员的签字。

d） 单元判定：如果 1）～3）均为肯定，则符合本测评单元指标要求，否则不符合或部分符合本测评单元指标要求。

9.1.8.3 安全意识教育和培训

9.1.8.3.1 测评单元（L4-HRS1-07）

该测评单元包括以下要求：

a） 测评指标：应对各类人员进行安全意识教育和岗位技能培训，并告知相关的安全责任和惩戒措施。

b） 测评对象：管理制度类文档。

c） 测评实施包括以下内容：

1） 应核查安全意识教育及岗位技能培训文档是否明确培训周期、培训方式、培训内容和考核方式等相关内容；

2） 应核查安全责任和惩戒措施管理文档或培训文档是否包含具体的安全责任和惩戒措施。

d） 单元判定：如果 1）和 2）均为肯定，则符合本测评单元指标要求，否则不符合或部分符合本测评单元指标要求。

9.1.8.3.2 测评单元（L4-HRS1-08）

该测评单元包括以下要求：

a） 测评指标：应针对不同岗位制定不同的培训计划，对安全基础知识、岗位操作规程等进行培训。

b) 测评对象：记录表单类文档。

c) 测评实施包括以下内容：

1) 应核查安全教育和培训计划文档是否具有不同岗位的培训计划；

2) 应核查培训内容是否包含安全基础知识、岗位操作规程等；

3) 应核查安全教育和培训记录是否有培训人员、培训内容、培训结果等描述。

d) 单元判定：如果1)～3)均为肯定，则符合本测评单元指标要求，否则不符合或部分符合本测评单元指标要求。

9.1.8.3.3 测评单元(L3-HRS1-09)

该测评单元包括以下要求：

a) 测评指标：应定期对不同岗位的人员进行技能考核。

b) 测评对象：记录表单类文档。

c) 测评实施：应核查是否具有针对各岗位人员的技能考核记录。

d) 单元判定：如果以上测评实施为肯定，则符合本测评单元指标要求，否则不符合或部分符合本测评单元指标要求。

9.1.8.4 外部人员访问管理

9.1.8.4.1 测评单元(L4-HRS1-10)

该测评单元包括以下要求：

a) 测评指标：应在外部人员物理访问受控区域前先提出书面申请，批准后由专人全程陪同，并登记备案。

b) 测评对象：管理制度类文档和记录表单类文档。

c) 测评实施包括以下内容：

1) 应核查外部人员访问管理文档是否明确允许外部人员访问的范围、外部人员进入的条件、外部人员进入的访问控制措施等；

2) 应核查外部人员访问重要区域的书面申请文档是否具有批准人允许访问的批准签字等；

3) 应核查外部人员访问重要区域的登记记录是否记录了外部人员访问重要区域的进入时间、离开时间、访问区域及陪同人等。

d) 单元判定：如果1)～3)均为肯定，则符合本测评单元指标要求，否则不符合或部分符合本测评单元指标要求。

9.1.8.4.2 测评单元(L4-HRS1-11)

该测评单元包括以下要求：

a) 测评指标：应在外部人员接入受控网络访问系统前先提出书面申请，批准后由专人开设账户、分配权限，并登记备案。

b) 测评对象：管理制度类文档和记录表单类文档。

c) 测评实施包括以下内容：

1) 应核查外部人员访问管理文档是否明确外部人员接入受控网络前的申请审批流程；

2) 应核查外部人员访问系统的书面申请文档是否明确外部人员的访问权限，是否具有允许访问的批准签字等；

3) 应核查外部人员访问系统的登记记录是否记录了外部人员访问的权限、时限、账户等。

d) 单元判定：如果1)～3)均为肯定，则符合本测评单元指标要求，否则不符合或部分符合本测评单元指标要求。

9.1.8.4.3 测评单元(L4-HRS1-12)

该测评单元包括以下要求:

a) 测评指标:外部人员离场后应及时清除其所有的访问权限。

b) 测评对象:管理制度类文档和记录表单类文档。

c) 测评实施包括以下内容:

   1) 应核查外部人员访问管理文档是否明确外部人员离开后及时清除其所有访问权限;

   2) 应核查外部人员访问系统的登记记录是否记录了访问权限清除时间。

d) 单元判定:如果1)和2)均为肯定,则符合本测评单元指标要求,否则不符合或部分符合本测评单元指标要求。

9.1.8.4.4 测评单元(L4-HRS1-13)

该测评单元包括以下要求:

a) 测评指标:获得系统访问授权的外部人员应签署保密协议,不得进行非授权操作,不得复制和泄露任何敏感信息。

b) 测评对象:记录表单类文档。

c) 测评实施:应核查外部人员访问保密协议是否明确人员的保密义务(如不得进行非授权操作,不得复制信息等)。

d) 单元判定:如果以上测评实施内容为肯定,则符合本测评单元指标要求,否则不符合本测评单元指标要求。

9.1.8.4.5 测评单元(L4-HRS1-14)

该测评单元包括以下要求:

a) 测评指标:对关键区域或关键系统不允许外部人员访问。

b) 测评对象:管理制度类文档。

c) 测评实施:应核查外部人员访问管理文档是否明确不允许外部人员访问关键区域或关键业务系统。

d) 单元判定:如果以上测评实施内容为肯定,则符合本测评单元指标要求,否则不符合本测评单元指标要求。

9.1.9 安全建设管理

9.1.9.1 定级和备案

9.1.9.1.1 测评单元(L4-CMS1-01)

该测评单元包括以下要求:

a) 测评指标:应以书面的形式说明保护对象的安全保护等级及确定等级的方法和理由。

b) 测评对象:记录表单类文档。

c) 测评实施:应核查定级文档是否明确保护对象的安全保护等级,是否说明定级的方法和理由。

d) 单元判定:如果以上测评实施内容为肯定,则符合本测评单元指标要求,否则不符合本测评单元指标要求。

9.1.9.1.2 测评单元(L4-CMS1-02)

该测评单元包括以下要求：

a) 测评指标：应组织相关部门和有关安全技术专家对定级结果的合理性和正确性进行论证和审定。
b) 测评对象：记录表单类文档。
c) 测评实施：应核查定级结果的论证评审会议记录是否有相关部门和有关安全技术专家对定级结果的论证意见。
d) 单元判定：如果以上测评实施内容为肯定，则符合本测评单元指标要求，否则不符合本测评单元指标要求。

9.1.9.1.3 测评单元(L4-CMS1-03)

该测评单元包括以下要求：

a) 测评指标：应保证定级结果经过相关部门的批准。
b) 测评对象：记录表单类文档。
c) 测评实施：应核查定级结果部门审批文档是否有上级主管部门或本单位相关部门的审批意见。
d) 单元判定：如果以上测评实施内容为肯定，则符合本测评单元指标要求，否则不符合本测评单元指标要求。

9.1.9.1.4 测评单元(L4-CMS1-04)

该测评单元包括以下要求：

a) 测评指标：应将备案材料报主管部门和公安机关备案。
b) 测评对象：记录表单类文档。
c) 测评实施：应核查是否具有公安机关出具的备案证明文档。
d) 单元判定：如果以上测评实施内容为肯定，则符合本测评单元指标要求，否则不符合本测评单元指标要求。

9.1.9.2 安全方案设计

9.1.9.2.1 测评单元(L4-CMS1-05)

该测评单元包括以下要求：

a) 测评指标：应根据安全保护等级选择基本安全措施，依据风险分析的结果补充和调整安全措施。
b) 测评对象：安全规划设计类文档。
c) 测评实施：应核查安全设计文档是否根据安全保护等级选择安全措施，是否根据安全需求调整安全措施。
d) 单元判定：如果以上测评实施内容为肯定，则符合本测评单元指标要求，否则不符合本测评单元指标要求。

9.1.9.2.2 测评单元(L4-CMS1-06)

该测评单元包括以下要求：

a) 测评指标：应根据保护对象的安全保护等级及与其他级别保护对象的关系进行安全整体规划和安全方案设计，设计内容应包含密码技术相关内容，并形成配套文件。

b） 测评对象：安全规划设计类文档。
c） 测评实施：应核查是否有总体规划和安全设计方案等配套文件，设计方案中应包括密码技术相关内容。
d） 单元判定：如果以上测评实施内容为肯定，则符合本测评单元指标要求，否则不符合本测评单元指标要求。

9.1.9.2.3 测评单元（L4-CMS1-07）

该测评单元包括以下要求：
a） 测评指标：应组织相关部门和有关安全专家对安全整体规划及其配套文件的合理性和正确性进行论证和审定，经过批准后才能正式实施。
b） 测评对象：记录表单类文档。
c） 测评实施：应核查配套文件的论证评审记录或文档是否有相关部门和有关安全技术专家对总体安全规划、安全设计方案等相关配套文件的批准意见和论证意见。
d） 单元判定：如果以上测评实施内容为肯定，则符合本测评单元指标要求，否则不符合本测评单元指标要求。

9.1.9.3 产品采购和使用

9.1.9.3.1 测评单元（L4-CMS1-08）

该测评单元包括以下要求：
a） 测评指标：应确保网络安全产品采购和使用符合国家的有关规定。
b） 测评对象：记录表单类文档。
c） 测评实施：应核查有关网络安全产品是否符合国家的有关规定，如网络安全产品获得了销售许可等。
d） 单元判定：如果以上测评实施内容为肯定，则符合本测评单元指标要求，否则不符合本测评单元指标要求。

9.1.9.3.2 测评单元（L4-CMS1-09）

该测评单元包括以下要求：
a） 测评指标：应确保密码产品与服务采购和使用符合国家密码主管部门的要求。
b） 测评对象：建设负责人和记录表单类文档。
c） 测评实施包括以下内容：
  1） 应访谈建设负责人是否采用了密码产品及其相关服务；
  2） 应核查密码产品与服务的采购和使用是否符合国家密码管理主管部门的要求。
d） 单元判定：如果 1）和 2）均为肯定，则符合本测评单元指标要求，否则不符合或部分符合本测评单元指标要求。

9.1.9.3.3 测评单元（L4-CMS1-10）

该测评单元包括以下要求：
a） 测评指标：应预先对产品进行选型测试，确定产品的候选范围，并定期审定和更新候选产品名单。
b） 测评对象：记录表单类文档。
c） 测评实施：应核查是否具有产品选型测试结果文档、候选产品采购清单及审定或更新的记录。

d) 单元判定：如果以上测评实施内容为肯定，则符合本测评单元指标要求，否则不符合本测评单元指标要求。

9.1.9.3.4 测评单元(L4-CMS1-11)

该测评单元包括以下要求：

a) 测评指标：应对重要部位的产品委托专业测评单位进行专项测试，根据测试结果选用产品。

b) 测评对象：记录表单类文档。

c) 测评实施：应核查是否具有重要产品专项测试记录。

d) 单元判定：如果以上测评实施内容为肯定，则符合本测评单元指标要求，否则不符合本测评单元指标要求。

9.1.9.4 自行软件开发

9.1.9.4.1 测评单元(L4-CMS1-12)

该测评单元包括以下要求：

a) 测评指标：应将开发环境与实际运行环境物理分开，测试数据和测试结果受到控制。

b) 测评对象：建设负责人。

c) 测评实施包括以下内容：

1) 应访谈建设负责人自主开发软件是否在独立的物理环境中完成编码和调试，与实际运行环境分开；

2) 应核查测试数据和结果是否受控使用。

d) 单元判定：如果1)和2)均为肯定，则符合本测评单元指标要求，否则不符合或部分符合本测评单元指标要求。

9.1.9.4.2 测评单元(L4-CMS1-13)

该测评单元包括以下要求：

a) 测评指标：应制定软件开发管理制度，明确说明开发过程的控制方法和人员行为准则。

b) 测评对象：管理制度类文档。

c) 测评实施：应核查软件开发管理制度是否明确软件设计、开发、测试、验收过程的控制方法和人员行为准则，是否明确哪些开发活动应经过授权、审批。

d) 单元判定：如果以上测评实施内容为肯定，则符合本测评单元指标要求，否则不符合本测评单元指标要求。

9.1.9.4.3 测评单元(L4-CMS1-14)

该测评单元包括以下要求：

a) 测评指标：应制定代码编写安全规范，要求开发人员参照规范编写代码。

b) 测评对象：管理制度类文档。

c) 测评实施：应核查代码编写安全规范是否明确代码安全编写规则。

d) 单元判定：如果以上测评实施内容为肯定，则符合本测评单元指标要求，否则不符合本测评单元指标要求。

9.1.9.4.4 测评单元(L4-CMS1-15)

该测评单元包括以下要求：

a) 测评指标:应具备软件设计的相关文档和使用指南,并对文档使用进行控制。
b) 测评对象:记录表单类文档。
c) 测评实施:应核查是否具有软件开发文档和使用指南,并对文档使用进行控制。
d) 单元判定:如果以上测评实施内容为肯定,则符合本测评单元指标要求,否则不符合本测评单元指标要求。

9.1.9.4.5 测评单元(L4-CMS1-16)

该测评单元包括以下要求:
a) 测评指标:应在软件开发过程中对安全性进行测试,在软件安装前对可能存在的恶意代码进行检测。
b) 测评对象:记录表单类文档。
c) 测评实施:应核查是否具有软件安全测试报告和代码审计报告,明确软件存在的安全问题及可能存在的恶意代码。
d) 单元判定:如果以上测评实施内容为肯定,则符合本测评单元指标要求,否则不符合本测评单元指标要求。

9.1.9.4.6 测评单元(L4-CMS1-17)

该测评单元包括以下要求:
a) 测评指标:应对程序资源库的修改、更新、发布进行授权和批准,并严格进行版本控制。
b) 测评对象:记录表单类文档。
c) 测评实施:应核查对程序资源库的修改、更新、发布进行授权和审批的文档或记录是否有批准人的签字。
d) 单元判定:如果以上测评实施内容为肯定,则符合本测评单元指标要求,否则不符合本测评单元指标要求。

9.1.9.4.7 测评单元(L4-CMS1-18)

该测评单元包括以下要求:
a) 测评指标:应保证开发人员为专职人员,开发人员的开发活动受到控制、监视和审查。
b) 测评对象:建设负责人。
c) 测评实施:应访谈建设负责人开发人员是否为专职,是否对开发人员活动进行控制等。
d) 单元判定:如果以上测评实施内容为肯定,则符合本测评单元指标要求,否则不符合本测评单元指标要求。

9.1.9.5 外包软件开发

9.1.9.5.1 测评单元(L4-CMS1-19)

该测评单元包括以下要求:
a) 测评指标:应在软件交付前检测其中可能存在的恶意代码。
b) 测评对象:记录表单类文档。
c) 测评实施:应核查是否具有交付前的恶意代码检测报告。
d) 单元判定:如果以上测评实施内容为肯定,则符合本测评单元指标要求,否则不符合本测评单元指标要求。

9.1.9.5.2 测评单元(L4-CMS1-20)

该测评单元包括以下要求:

a) 测评指标:应保证开发单位提供软件设计文档和使用指南。

b) 测评对象:记录表单类文档。

c) 测评实施:应核查是否具有软件开发的相关文档,如需求分析说明书、软件设计说明书等,是否具有软件操作手册或使用指南。

d) 单元判定:如果以上测评实施内容为肯定,则符合本测评单元指标要求,否则不符合本测评单元指标要求。

9.1.9.5.3 测评单元(L4-CMS1-21)

该测评单元包括以下要求:

a) 测评指标:应保证开发单位提供软件源代码,并审查软件中可能存在的后门和隐蔽信道。

b) 测评对象:建设负责人和记录表单类文档。

c) 测评实施包括以下内容:

   1) 应访谈建设负责人委托开发单位是否提供软件源代码;

   2) 应核查软件测试报告是否审查了软件可能存在的后门和隐蔽信道。

d) 单元判定:如果 1)和 2)均为肯定,则符合本测评单元指标要求,否则不符合或部分符合本测评单元指标要求。

9.1.9.6 工程实施

9.1.9.6.1 测评单元(L4-CMS1-22)

该测评单元包括以下要求:

a) 测评指标:应指定或授权专门的部门或人员负责工程实施过程的管理。

b) 测评对象:记录表单类文档。

c) 测评实施:应核查是否指定专门部门或人员对工程实施进行进度和质量控制。

d) 单元判定:如果以上测评实施内容为肯定,则符合本测评单元指标要求,否则不符合本测评单元指标要求。

9.1.9.6.2 测评单元(L4-CMS1-23)

该测评单元包括以下要求:

a) 测评指标:应制定安全工程实施方案控制工程实施过程。

b) 测评对象:记录表单类文档。

c) 测评实施:应核查安全工程实施方案是否包括工程时间限制、进度控制和质量控制等方面内容,是否按照工程实施方面的管理制度进行各类控制、产生阶段性文档等。

d) 单元判定:如果以上测评实施内容为肯定,则符合本测评单元指标要求,否则不符合本测评单元指标要求。

9.1.9.6.3 测评单元(L4-CMS1-24)

该测评单元包括以下要求:

a) 测评指标:应通过第三方工程监理控制项目的实施过程。

b) 测评对象:记录表单类文档。

c) 测评实施:应核查工程监理报告是否明确了工程进展、时间计划、控制措施等方面内容。

d) 单元判定:如果以上测评实施内容为肯定,则符合本测评单元指标要求,否则不符合本测评单元指标要求。

9.1.9.7 测试验收

9.1.9.7.1 测评单元(L4-CMS1-25)

该测评单元包括以下要求:

a) 测评指标:应制订测试验收方案,并依据测试验收方案实施测试验收,形成测试验收报告。

b) 测评对象:记录表单类文档。

c) 测评实施包括以下内容:

   1) 应核查工程测试验收方案是否明确说明参与测试的部门、人员、测试验收内容、现场操作过程等内容;

   2) 应核查测试验收报告是否有相关部门和人员对测试验收报告进行审定的意见。

d) 单元判定:如果1)和2)均为肯定,则符合本测评单元指标要求,否则不符合或部分符合本测评单元指标要求。

9.1.9.7.2 测评单元(L4-CMS1-26)

该测评单元包括以下要求:

a) 测评指标:应进行上线前的安全性测试,并出具安全测试报告,安全测试报告应包含密码应用安全性测试相关内容。

b) 测评对象:记录表单类文档。

c) 测评实施:应核查是否具有上线前的安全测试报告,报告应包含密码应用安全性测试相关内容。

d) 单元判定:如果以上测评实施内容为肯定,则符合本测评单元指标要求,否则不符合本测评单元指标要求。

9.1.9.8 系统交付

9.1.9.8.1 测评单元(L4-CMS1-27)

该测评单元包括以下要求:

a) 测评指标:应制定交付清单,并根据交付清单对所交接的设备、软件和文档等进行清点。

b) 测评对象:记录表单类文档。

c) 测评实施:应核查交付清单是否说明系统交付的各类设备、软件、文档等。

d) 单元判定:如果以上测评实施内容为肯定,则符合本测评单元指标要求,否则不符合本测评单元指标要求。

9.1.9.8.2 测评单元(L4-CMS1-28)

该测评单元包括以下要求:

a) 测评指标:应对负责运行维护的技术人员进行相应的技能培训。

b) 测评对象:记录表单类文档。

c) 测评实施:应核查交付技术培训记录是否包括培训内容、培训时间和参与人员等。

d) 单元判定:如果以上测评实施内容为肯定,则符合本测评单元指标要求,否则不符合本测评单元指标要求。

9.1.9.8.3 测评单元(L4-CMS1-29)

该测评单元包括以下要求:

a) 测评指标:应保证提供建设过程文档和运行维护文档。

b) 测评对象:记录表单类文档。

c) 测评实施:应核查交付文档是否包括建设过程文档和运行维护文档等,提交的文档是否符合管理规定的要求。

d) 单元判定:如果以上测评实施内容为肯定,则符合本测评单元指标要求,否则不符合本测评单元指标要求。

9.1.9.9 等级测评

9.1.9.9.1 测评单元(L4-CMS1-30)

该测评单元包括以下要求:

a) 测评指标:应定期进行等级测评,发现不符合相应等级保护标准要求的及时整改。

b) 测评对象:运维负责人和记录表单类文档。

c) 测评实施包括以下内容:

  1) 应访谈运维负责人本次测评是否为首次,若非首次,是否根据以往测评结果进行相应的安全整改;

  2) 应核查是否具有以往等级测评报告和安全整改方案。

d) 单元判定:如果1)和2)均为肯定,则符合本测评单元指标要求,否则不符合或部分符合本测评单元指标要求。

9.1.9.9.2 测评单元(L4-CMS1-31)

该测评单元包括以下要求:

a) 测评指标:应在发生重大变更或级别发生变化时进行等级测评。

b) 测评对象:运维负责人和记录表单类文档。

c) 测评实施包括以下内容:

  1) 应核查是否有过重大变更或级别发生过变化及是否进行相应的等级测评;

  2) 应核查是否具有相应情况下的等级测评报告。

d) 单元判定:如果1)和2)均为肯定,则符合本测评单元指标要求,否则不符合或部分符合本测评单元指标要求。

9.1.9.9.3 测评单元(L4-CMS1-32)

该测评单元包括以下要求:

a) 测评指标:应确保测评机构的选择符合国家有关规定。

b) 测评对象:等级测评报告和相关资质文件。

c) 测评实施:应核查以往等级测评的测评单位是否具有等级测评机构资质。

d) 单元判定:如果以上测评实施内容为肯定,则符合本测评单元指标要求,否则不符合本测评单元指标要求。

9.1.9.10 服务供应商管理

9.1.9.10.1 测评单元(L4-CMS1-33)

该测评单元包括以下要求：

a) 测评指标:应确保服务供应商的选择符合国家的有关规定。

b) 测评对象:建设负责人。

c) 测评实施:应访谈建设负责人选择的安全服务商是否符合国家有关规定。

d) 单元判定:如果以上测评实施内容为肯定,则符合本测评单元指标要求,否则不符合本测评单元指标要求。

9.1.9.10.2 测评单元(L4-CMS1-34)

该测评单元包括以下要求：

a) 测评指标:应与选定的服务供应商签订相关协议,明确整个服务供应链各方需履行的网络安全相关义务。

b) 测评对象:记录表单类文档。

c) 测评实施:应核查与服务供应商签订的服务合同或安全责任书是否明确了后期的技术支持和服务承诺等内容。

d) 单元判定:如果以上测评实施内容为肯定,则符合本测评单元指标要求,否则不符合本测评单元指标要求。

9.1.9.10.3 测评单元(L4-CMS1-35)

该测评单元包括以下要求：

a) 测评指标:应定期监督、评审和审核服务供应商提供的服务,并对其变更服务内容加以控制。

b) 测评对象:管理制度类文档和记录表单类文档。

c) 测评实施包括以下内容：

   1) 应核查是否具有服务供应商定期提交的安全服务报告；

   2) 应核查是否定期审核评价服务供应商所提供的服务及服务内容变更情况,是否具有服务审核报告；

   3) 应核查是否具有服务供应商评价审核管理制度,明确针对服务供应商的评价指标、考核内容等。

d) 单元判定:如果1)～3)均为肯定,则符合本测评单元指标要求,否则不符合或部分符合本测评单元指标要求。

9.1.10 安全运维管理

9.1.10.1 环境管理

9.1.10.1.1 测评单元(L4-MMS1-01)

该测评单元包括以下要求：

a) 测评指标:应指定专门的部门或人员负责机房安全,对机房出入进行管理,定期对机房供配电、空调、温湿度控制、消防等设施进行维护管理。

b) 测评对象:物理安全负责人和记录表单类文档。

c) 测评实施包括以下内容：

1) 应访谈物理安全负责人是否指定部门和人员负责机房安全管理工作,对机房的出入进行管理、对基础设施(如空调、供配电设备、灭火设备等)进行定期维护;
2) 应核查部门或人员岗位职责文档是否明确机房安全的责任部门及人员;
3) 应核查机房的出入登记记录是否记录来访人员、来访时间、离开时间、携带物品等信息;
4) 应核查机房的基础设施的维护记录是否记录维护日期、维护人、维护设备、故障原因、维护结果等方面内容。

d) 单元判定:如果1)～4)均为肯定,则符合本测评单元指标要求,否则不符合或部分符合本测评单元指标要求。

9.1.10.1.2 测评单元(L4-MMS1-02)

该测评单元包括以下要求:

a) 测评指标:应建立机房安全管理制度,对有关物理访问、物品进出和环境安全等方面的管理作出规定。
b) 测评对象:管理制度类文档和记录表单类文档。
c) 测评实施包括以下内容:
   1) 应核查机房安全管理制度是否覆盖物理访问、物品进出和环境安全等方面内容;
   2) 应核查物理访问、物品进出和环境安全等相关记录是否与制度相符。
d) 单元判定:如果1)和2)均为肯定,则符合本测评单元指标要求,否则不符合或部分符合本测评单元指标要求。

9.1.10.1.3 测评单元(L4-MMS1-03)

该测评单元包括以下要求:

a) 测评指标:应不在重要区域接待来访人员,不随意放置含有敏感信息的纸档文件和移动介质等。
b) 测评对象:管理制度类文档和办公环境。
c) 测评实施包括以下内容:
   1) 应核查机房安全管理制度是否明确来访人员的接待区域;
   2) 应核查办公桌面上等位置是否未随意放置了含有敏感信息的纸档文件和移动介质等。
d) 单元判定:如果1)和2)均为肯定,则符合本测评单元指标要求,否则不符合或部分符合本测评单元指标要求。

9.1.10.1.4 测评单元(L4-MMS1-04)

该测评单元包括以下要求:

a) 测评指标:应对出入人员进行相应级别的授权,对进入重要安全区域的人员和活动实时监视等。
b) 测评对象:记录表单类文档。
c) 测评实施包括以下内容:
   1) 应核查出入人员授权审批记录是否明确对人员进行不同的授权;
   2) 应核查重要区域是否安装监控系统,实时监控进入人员活动。
d) 单元判定:如果1)和2)均为肯定,则符合本测评单元指标要求,否则不符合或部分符合本测评单元指标要求。

9.1.10.2 资产管理

9.1.10.2.1 测评单元(L4-MMS1-05)

该测评单元包括以下要求:

a) 测评指标:应编制并保存与保护对象相关的资产清单,包括资产责任部门、重要程度和所处位置等内容。

b) 测评对象:记录表单类文档。

c) 测评实施:应核查资产清单是否包括资产类别(含设备设施、软件、文档等)、资产责任部门、重要程度和所处位置等内容。

d) 单元判定:如果以上测评实施内容为肯定,则符合本测评单元指标要求,否则不符合本测评单元指标要求。

9.1.10.2.2 测评单元(L4-MMS1-06)

该测评单元包括以下要求:

a) 测评指标:应根据资产的重要程度对资产进行标识管理,根据资产的价值选择相应的管理措施。

b) 测评对象:资产管理员单、管理制度类文档和设备。

c) 测评实施包括以下内容:

   1) 应访谈资产管理员是否依据资产的重要程度对资产进行标识,不同类别的资产在管理措施的选取上是否不同;

   2) 应核查资产管理制度是否明确资产的标识方法以及不同资产的管理措施要求;

   3) 应核查资产清单中的设备是否具有相应标识,标识方法是否符合 2)中相关要求。

d) 单元判定:如果 1)~3)均为肯定,则符合本测评单元指标要求,否则不符合或部分符合本测评单元指标要求。

9.1.10.2.3 测评单元(L4-MMS1-07)

该测评单元包括以下要求:

a) 测评指标:应对信息分类与标识方法作出规定,并对信息的使用、传输和存储等进行规范化管理。

b) 测评对象:管理制度类文档。

c) 测评实施包括以下内容:

   1) 应核查信息分类文档是否规定了分类标识的原则和方法(如根据信息的重要程度、敏感程度或用途不同进行分类);

   2) 应核查信息资产管理办法是否规定了不同类信息的使用、传输和存储等要求。

d) 单元判定:如果 1)和 2)均为肯定,则符合本测评单元指标要求,否则不符合或部分符合本测评单元指标要求。

9.1.10.3 介质管理

9.1.10.3.1 测评单元(L4-MMS1-08)

该测评单元包括以下要求:

a) 测评指标:应将介质存放在安全的环境中,对各类介质进行控制和保护,实行存储介质专人管理,并根据存档介质的目录清单定期盘点。

b) 测评对象：资产管理员和记录表单类文档。
c) 测评实施包括以下内容：
   1) 应访谈资产管理员介质存放环境是否安全，存放环境是否由专人管理；
   2) 应核查介质管理记录是否记录介质归档、使用和定期盘点等情况。
d) 单元判定：如果1)和2)均为肯定，则符合本测评单元指标要求，否则不符合或部分符合本测评单元指标要求。

9.1.10.3.2 测评单元(L4-MMS1-09)

该测评单元包括以下要求：
a) 测评指标：应对介质在物理传输过程中的人员选择、打包、交付等情况进行控制，并对介质的归档和查询等进行登记记录。
b) 测评对象：资产管理员和记录表单类文档。
c) 测评实施包括以下内容：
   1) 应访谈资产管理员介质在物理传输过程中的人员选择、打包、交付等情况是否进行控制；
   2) 应核查是否对介质的归档和查询等进行登记记录。
d) 单元判定：如果1)和2)均为肯定，则符合本测评单元指标要求，否则不符合或部分符合本测评单元指标要求。

9.1.10.4 设备维护管理

9.1.10.4.1 测评单元(L4-MMS1-10)

该测评单元包括以下要求：
a) 测评指标：应对各种设备(包括备份和冗余设备)、线路等指定专门的部门或人员定期进行维护管理。
b) 测评对象：设备管理员和管理制度类文档。
c) 测评实施包括以下内容：
   1) 应访谈设备管理员是否对各类设备、线路指定专人或专门部门进行定期维护；
   2) 应核查部门或人员岗位职责文档是否明确设备维护管理的责任部门。
d) 单元判定：如果1)和2)均为肯定，则符合本测评单元指标要求，否则不符合或部分符合本测评单元指标要求。

9.1.10.4.2 测评单元(L4-MMS1-11)

该测评单元包括以下要求：
a) 测评指标：应建立配套设施、软硬件维护方面的管理制度，对其维护进行有效管理，包括明确维护人员的责任、维修和服务的审批、维修过程的监督控制等。
b) 测评对象：管理制度类文档和记录表单类文档。
c) 测评实施包括以下内容：
   1) 应核查设备维护管理制度是否明确维护人员的责任、维修和服务的审批、维修过程的监督控制等方面内容；
   2) 应核查是否具有维修和服务的审批、维修过程等记录，审批、记录内容是否与制度相符。
d) 单元判定：如果1)和2)均为肯定，则符合本测评单元指标要求，否则不符合或部分符合本测评单元指标要求。

9.1.10.4.3 测评单元(L4-MMS1-12)

该测评单元包括以下要求:

a) 测评指标:信息处理设备应经过审批才能带离机房或办公地点,含有存储介质的设备带出工作环境时其中重要数据应加密。

b) 测评对象:设备管理员和记录表单类文档。

c) 测评实施包括以下内容:

   1) 应访谈设备管理员含有重要数据的设备带出工作环境是否有加密措施;

   2) 应访谈设备管理员对带离机房的设备是否经过审批;

   3) 应核查是否具有设备带离机房或办公地点的审批记录。

d) 单元判定:如果1)~3)均为肯定,则符合本测评单元指标要求,否则不符合或部分符合本测评单元指标要求。

9.1.10.4.4 测评单元(L4-MMS1-13)

该测评单元包括以下要求:

a) 测评指标:含有存储介质的设备在报废或重用前,应进行完全清除或被安全覆盖,保证该设备上的敏感数据和授权软件无法被恢复重用。

b) 测评对象:设备管理员。

c) 测评实施:应访谈设备管理员含有存储介质的设备在报废或重用前,是否采取措施进行完全清除或被安全覆盖。

d) 单元判定:如果以上测评实施内容为肯定,则符合本测评单元指标要求,否则不符合本测评单元指标要求。

9.1.10.5 漏洞和风险管理

9.1.10.5.1 测评单元(L4-MMS1-14)

该测评单元包括以下要求:

a) 测评指标:应采取必要的措施识别安全漏洞和隐患,对发现的安全漏洞和隐患及时进行修补或评估可能的影响后进行修补。

b) 测评对象:记录表单类文档。

c) 测评实施包括以下内容:

   1) 应核查是否有识别安全漏洞和隐患的安全报告或记录(如漏洞扫描报告、渗透测试报告和安全通报等);

   2) 应核查相关记录是否对发现的漏洞及时进行修补或评估可能的影响后进行修补。

d) 单元判定:如果1)和2)均为肯定,则符合本测评单元指标要求,否则不符合或部分符合本测评单元指标要求。

9.1.10.5.2 测评单元(L4-MMS1-15)

该测评单元包括以下要求:

a) 测评指标:应定期开展安全测评,形成安全测评报告,采取措施应对发现的安全问题。

b) 测评对象:安全管理员和记录表单类文档。

c) 测评实施包括以下内容:

   1) 应访谈安全管理员是否定期开展安全测评;

2） 应核查是否具有安全测评报告；

3） 应核查是否具有安全整改应对措施文档。

d） 单元判定：如果1)～3)均为肯定，则符合本测评单元指标要求，否则不符合或部分符合本测评单元指标要求。

9.1.10.6 网络和系统安全管理

9.1.10.6.1 测评单元(L4-MMS1-16)

该测评单元包括以下要求：

a） 测评指标：应划分不同的管理员角色进行网络和系统的运维管理，明确各个角色的责任和权限。

b） 测评对象：记录表单类文档。

c） 测评实施：应核查网络和系统安全管理文档，系统管理员是否划分了不同角色，并定义各个角色的责任和权限。

d） 单元判定：如果以上测评实施内容为肯定，则符合本测评单元指标要求，否则不符合本测评单元指标要求。

9.1.10.6.2 测评单元(L4-MMS1-17)

该测评单元包括以下要求：

a） 测评指标：应指定专门的部门或人员进行账户管理，对申请账户、建立账户、删除账户等进行控制。

b） 测评对象：运维负责人和记录表单类文档。

c） 测评实施包括以下内容：

1） 应访谈运维负责人是否指定专门的部门或人员进行账户管理；

2） 应核查相关审批记录或流程是否对申请账户、建立账户、删除账户等进行控制。

d） 单元判定：如果1)和2)均为肯定，则符合本测评单元指标要求，否则不符合或部分符合本测评单元指标要求。

9.1.10.6.3 测评单元(L4-MMS1-18)

该测评单元包括以下要求：

a） 测评指标：应建立网络和系统安全管理制度，对安全策略、账户管理、配置管理、日志管理、日常操作、升级与打补丁、口令更新周期等方面作出规定。

b） 测评对象：管理制度类文档。

c） 测评实施：应核查网络和系统安全管理制度是否覆盖网络和系统的安全策略、账户管理(用户责任、义务、风险、权限审批、权限分配、账户注销等)、配置文件的生成及备份、变更审批、授权访问、最小服务、升级与打补丁、审计日志管理、登录设备和系统的口令更新周期等方面。

d） 单元判定：如果以上测评实施内容为肯定，则符合本测评单元指标要求，否则不符合本测评单元指标要求。

9.1.10.6.4 测评单元(L4-MMS1-19)

该测评单元包括以下要求：

a） 测评指标：应制定重要设备的配置和操作手册，依据手册对设备进行安全配置和优化配置等。

b） 测评对象：操作规程类文档。

c) 测评实施：应核查重要设备或系统（如操作系统、数据库、网络设备、安全设备、应用和组件）的配置和操作手册是否明确操作步骤、参数配置等内容。
d) 单元判定：如果以上测评实施内容为肯定，则符合本测评单元指标要求，否则不符合本测评单元指标要求。

9.1.10.6.5 测评单元（L4-MMS1-20）

该测评单元包括以下要求：

a) 测评指标：应详细记录运维操作日志，包括日常巡检工作、运行维护记录、参数的设置和修改等内容。
b) 测评对象：记录表单类文档。
c) 测评实施：应核查运维操作日志是否覆盖网络和系统的日常巡检、运行维护、参数的设置和修改等内容。
d) 单元判定：如果以上测评实施内容为肯定，则符合本测评单元指标要求，否则不符合本测评单元指标要求。

9.1.10.6.6 测评单元（L3-MMS1-21）

该测评单元包括以下要求：

a) 测评指标：应指定专门的部门或人员对日志、监测和报警数据等进行分析、统计，及时发现可疑行为。
b) 测评对象：系统管理员和记录表单类文档。
c) 测评实施包括以下内容：
   1) 应访谈网络和系统相关人员是否指定专门部门或人员对日志、监测和报警数据等进行分析统计；
   2) 应核查是否具有对日志、监测和报警数据等进行分析统计的报告。
d) 单元判定：如果 1)和 2)均为肯定，则符合本测评单元指标要求，否则不符合或部分符合本测评单元指标要求。

9.1.10.6.7 测评单元（L4-MMS1-22）

该测评单元包括以下要求：

a) 测评指标：应严格控制变更性运维，经过审批后才可改变连接、安装系统组件或调整配置参数，操作过程中应保留不可更改的审计日志，操作结束后应同步更新配置信息库。
b) 测评对象：系统管理员和记录表单类文档。
c) 测评实施包括以下内容：
   1) 应访谈网络和系统相关人员调整配置参数结束后是否同步更新配置信息库，并核实配置信息库是否为最新版本；
   2) 应核查是否具有变更运维的审批记录，如系统连接、安装系统组件或调整配置参数等活动；
   3) 应核查是否具有针对变更运维的操作过程记录。
d) 单元判定：如果 1)～3)均为肯定，则符合本测评单元指标要求，否则不符合或部分符合本测评单元指标要求。

9.1.10.6.8 测评单元（L4-MMS1-23）

该测评单元包括以下要求：

a) 测评指标：应严格控制运维工具的使用，经过审批后才可接入进行操作，操作过程中应保留不可更改的审计日志，操作结束后应删除工具中的敏感数据。
b) 测评对象：系统管理员和记录表单类文档。
c) 测评实施包括以下内容：
 1) 应访谈系统相关人员使用运维工具结束后是否删除工具中的敏感数据；
 2) 应核查是否具有运维工具接入系统的审批记录；
 3) 应核查运维工具的审计日志记录，审计日志是否不可以更改。
d) 单元判定：如果1)～3)均为肯定，则符合本测评单元指标要求，否则不符合或部分符合本测评单元指标要求。

9.1.10.6.9 测评单元(L4-MMS1-24)

该测评单元包括以下要求：
a) 测评指标：应严格控制远程运维的开通，经过审批后才可开通远程运维接口或通道，操作过程中应保留不可更改的审计日志，操作结束后立即关闭接口或通道。
b) 测评对象：系统管理员和记录表单类文档。
c) 测评实施包括以下内容：
 1) 应访谈系统相关人员日常运维过程中是否存在远程运维，若存在，远程运维结束后是否立即关闭了接口或通道；
 2) 应核查开通远程运维的审批记录；
 3) 应核查针对远程运维的审计日志是否不可以更改。
d) 单元判定：如果1)～3)均为肯定，则符合本测评单元指标要求，否则不符合或部分符合本测评单元指标要求。

9.1.10.6.10 测评单元(L4-MMS1-25)

该测评单元包括以下要求：
a) 测评指标：应保证所有与外部的连接均得到授权和批准，应定期检查违反规定无线上网及其他违反网络安全策略的行为。
b) 测评对象：安全管理员和记录表单类文档。
c) 测评实施包括以下内容：
 1) 应访谈系统相关人员网络外联连接(如互联网、合作伙伴企业网、上级部门网络等)是否都得到授权与批准；
 2) 应访谈安全管理员是否定期核查违规联网行为；
 3) 应核查是否具有外联授权的记录文件。
d) 单元判定：如果1)～3)均为肯定，则符合本测评单元指标要求，否则不符合或部分符合本测评单元指标要求。

9.1.10.7 恶意代码防范管理

9.1.10.7.1 测评单元(L4-MMS1-26)

该测评单元包括以下要求：
a) 测评指标：应提高所有用户的防恶意代码意识，对外来计算机或存储设备接入系统前进行恶意代码检查等。
b) 测评对象：运维负责人和管理制度类文档。

c) 测评实施包括如下内容：
   1) 应访谈运维负责人是否采取培训和告知等方式提升员工的防恶意代码意识；
   2) 应核查恶意代码防范管理制度是否明确对外来计算机或存储设备接入系统前进行恶意代码检查。
d) 单元判定：如果 1)和 2)均为肯定，则符合本测评单元指标要求，否则不符合或部分符合本测评单元指标要求。

9.1.10.7.2 测评单元(L4-MMS1-27)

该测评单元包括以下要求：

a) 测评指标：应定期验证防范恶意代码攻击的技术措施的有效性。
b) 测评对象：安全管理员和记录表单类文档。
c) 测评实施包括以下内容：
   1) 若采用可信验证技术，应访谈安全管理员是否未发生过恶意代码攻击事件；
   2) 若采用防恶意代码产品，应访谈安全管理员是否定期对恶意代码库进行升级，且对升级情况进行记录，对各类防病毒产品上截获的恶意代码是否进行分析并汇总上报，是否未出现过大规模的病毒事件；
   3) 应核查是否具有恶意代码检测记录、恶意代码库升级记录和分析报告。
d) 单元判定：如果 1)或 2)和 3)均为肯定，则符合本测评单元指标要求，否则不符合或部分符合本测评单元指标要求。

9.1.10.8 配置管理

9.1.10.8.1 测评单元(L4-MMS1-28)

该测评单元包括以下要求：

a) 测评指标：应记录和保存基本配置信息，包括网络拓扑结构、各个设备安装的软件组件、软件组件的版本和补丁信息、各个设备或软件组件的配置参数等。
b) 测评对象：系统管理员。
c) 测评实施：应访谈系统管理员是否对基本配置信息进行记录和保存。
d) 单元判定：如果以上测评实施内容为肯定，则符合本测评单元指标要求，否则不符合本测评单元指标要求。

9.1.10.8.2 测评单元(L4-MMS1-29)

该测评单元包括以下要求：

a) 测评指标：应将基本配置信息改变纳入系统变更范畴，实施对配置信息改变的控制，并及时更新基本配置信息库。
b) 测评对象：系统管理员和记录表单类文档。
c) 测评实施包括以下内容：
   1) 应访谈配置管理人员基本配置信息改变后是否及时更新基本配置信息库；
   2) 应核查配置信息的变更流程是否具有相应的申报审批程序。
d) 单元判定：如果 1)和 2)均为肯定，则符合本测评单元指标要求，否则不符合或部分符合本测评单元指标要求。

9.1.10.9 密码管理

9.1.10.9.1 测评单元(L4-MMS1-30)

该测评单元包括以下要求:

a) 测评指标:应遵循密码相关的国家标准和行业标准。

b) 测评对象:安全管理员。

c) 测评实施:应访谈安全管理员密码管理过程中是否遵循密码相关的国家标准和行业标准要求。

d) 单元判定:如果以上测评实施内容为肯定,则符合本测评单元指标要求,否则不符合本测评单元指标要求。

9.1.10.9.2 测评单元(L4-MMS1-31)

该测评单元包括以下要求:

a) 测评指标:应使用国家密码管理主管部门认证核准的密码技术和产品。

b) 测评对象:安全管理员。

c) 测评实施:应核查相关产品是否获得有效的国家密码管理主管部门规定的检测报告或密码产品型号证书。

d) 单元判定:如果以上测评实施内容为肯定,则符合本测评单元指标要求,否则不符合本测评单元指标要求。

9.1.10.9.3 测评单元(L4-MMS1-32)

该测评单元包括以下要求:

a) 测评指标:应采用硬件密码模块实现密码运算和密钥管理。

b) 测评对象:安全管理员。

c) 测评实施:应核查相关产品是否采用密码技术实现硬件密码运算和密钥管理。

d) 单元判定:如果以上测评实施内容为肯定,则符合本测评单元指标要求,否则不符合本测评单元指标要求。

9.1.10.10 变更管理

9.1.10.10.1 测评单元(L4-MMS1-33)

该测评单元包括以下要求:

a) 测评指标:应明确变更需求,变更前根据变更需求制定变更方案,变更方案经过评审、审批后方可实施。

b) 测评对象:记录表单类文档。

c) 测评实施包括以下内容:

   1) 应核查变更方案是否包含变更类型、变更原因、变更过程、变更前评估等内容;

   2) 应核查是否具有变更方案评审记录和变更过程记录文档。

d) 单元判定:如果1)和2)均为肯定,则符合本测评单元指标要求,否则不符合或部分符合本测评单元指标要求。

9.1.10.10.2 测评单元(L4-MMS1-34)

该测评单元包括以下要求:

a) 测评指标:应建立变更的申报和审批控制程序,依据程序控制所有的变更,记录变更实施过程。

b) 测评对象:记录表单类文档。
c) 测评实施包括以下内容:
   1) 应核查变更控制的申报、审批程序是否规定需要申报的变更类型、申报流程、审批部门、批准人等方面内容;
   2) 应核查是否具有变更实施过程的记录文档。
d) 单元判定:如果1)和2)均为肯定,则符合本测评单元指标要求,否则不符合或部分符合本测评单元指标要求。

9.1.10.10.3 测评单元(L4-MMS1-35)

该测评单元包括以下要求:
a) 测评指标:应建立中止变更并从失败变更中恢复的程序,明确过程控制方法和人员职责,必要时对恢复过程进行演练。
b) 测评对象:记录表单类文档。
c) 测评实施包括以下内容:
   1) 应访谈运维负责人变更中止或失败后的恢复程序、工作方法和职责是否文档化,恢复过程是否经过演练;
   2) 应核查是否具有变更恢复演练记录;
   3) 应核查变更恢复程序是否规定变更中止或失败后的恢复流程。
d) 单元判定:如果1)~3)均为肯定,则符合本测评单元指标要求,否则不符合或部分符合本测评单元指标要求。

9.1.10.11 备份与恢复管理

9.1.10.11.1 测评单元(L4-MMS1-36)

该测评单元包括以下要求:
a) 测评指标:应识别需要定期备份的重要业务信息、系统数据及软件系统等。
b) 测评对象:系统管理员和记录表单类文档。
c) 测评实施包括以下内容:
   1) 应访谈系统管理员有哪些需定期备份的业务信息、系统数据及软件系统;
   2) 应核查是否具有定期备份的重要业务信息、系统数据、软件系统的列表或清单。
d) 单元判定:如果1)和2)均为肯定,则符合本测评单元指标要求,否则不符合或部分符合本测评单元指标要求。

9.1.10.11.2 测评单元(L4-MMS1-37)

该测评单元包括以下要求:
a) 测评指标:应规定备份信息的备份方式、备份频度、存储介质、保存期等。
b) 测评对象:管理制度类文档。
c) 测评实施:应核查备份与恢复管理制度是否明确备份方式、频度、介质、保存期等内容。
d) 单元判定:如果以上测评实施内容为肯定,则符合本测评单元指标要求,否则不符合本测评单元指标要求。

9.1.10.11.3 测评单元(L4-MMS1-38)

该测评单元包括以下要求:

a) 测评指标:应根据数据的重要性和数据对系统运行的影响,制定数据的备份策略和恢复策略、备份程序和恢复程序等。
b) 测评对象:管理制度类文档。
c) 测评实施:应核查备份和恢复的策略文档是否根据数据的重要程度制定相应备份恢复策略和程序等。
d) 单元判定:如果以上测评实施内容为肯定,则符合本测评单元指标要求,否则不符合本测评单元指标要求。

9.1.10.12 安全事件处置

9.1.10.12.1 测评单元(L4-MMS1-39)

该测评单元包括以下要求:

a) 测评指标:应及时向安全管理部门报告所发现的安全弱点和可疑事件。
b) 测评对象:运维负责人和记录表单类文档。
c) 测评实施包括以下内容:
   1) 应访谈运维负责人是否告知用户在发现安全弱点和可疑事件时及时向安全管理部门报告;
   2) 应核查在发现安全弱点和可疑事件后是否具备对应的报告或相关文档。
d) 单元判定:如果 1)和 2)均为肯定,则符合本测评单元指标要求,否则不符合或部分符合本测评单元指标要求。

9.1.10.12.2 测评单元(L4-MMS1-40)

该测评单元包括以下要求:

a) 测评指标:应制定安全事件报告和处置管理制度,明确不同安全事件的报告、处置和响应流程,规定安全事件的现场处理、事件报告和后期恢复的管理职责等。
b) 测评对象:管理制度类文档。
c) 测评实施:应核查安全事件报告和处置管理制度是否明确了与安全事件有关的工作职责、不同安全事件的报告、处置和响应流程等。
d) 单元判定:如果以上测评实施内容为肯定,则符合本测评单元指标要求,否则不符合本测评单元指标要求。

9.1.10.12.3 测评单元(L4-MMS1-41)

该测评单元包括以下要求:

a) 测评指标:应在安全事件报告和响应处理过程中,分析和鉴定事件产生的原因,收集证据,记录处理过程,总结经验教训。
b) 测评对象:记录表单类文档。
c) 测评实施:应核查安全事件报告和响应处置记录是否记录引发安全事件的原因、证据、处置过程、经验教训、补救措施等内容。
d) 单元判定:如果以上测评实施内容为肯定,则符合本测评单元指标要求,否则不符合本测评单元指标要求。

9.1.10.12.4 测评单元(L4-MMS1-42)

该测评单元包括以下要求:

a) 测评指标:对造成系统中断和造成信息泄漏的重大安全事件应采用不同的处理程序和报告程序。
b) 测评对象:运维负责人和记录表单类文档。
c) 测评实施包括以下内容:
   1) 应访谈运维负责人不同安全事件的报告流程;
   2) 应核查针对重大安全事件是否制定不同安全事件报告和处理流程,是否明确具体报告方式、报告内容、报告人等方面内容。
d) 单元判定:如果1)和2)均为肯定,则符合本测评单元指标要求,否则不符合或部分符合本测评单元指标要求。

9.1.10.12.5 测评单元(L4-MMS1-43)

该测评单元包括以下要求:

a) 测评指标:应建立联合防护和应急机制,负责处置跨单位安全事件。
b) 测评对象:安全管理员、管理制度类文档和记录表单类文档。
c) 测评实施包括以下内容:
   1) 应访谈安全管理员是否建立跨单位处置安全事件流程;
   2) 应核查跨单位安全事件报告和处置管理制度,核查是否含有联合防护和应急的相关内容。
d) 单元判定:如果1)和2)均为肯定,则符合本测评单元指标要求,否则不符合或部分符合本测评单元指标要求。

9.1.10.13 应急预案管理

9.1.10.13.1 测评单元(L3-MMS1-44)

该测评单元包括以下要求:

a) 测评指标:应规定统一的应急预案框架,包括启动预案的条件、应急组织构成、应急资源保障、事后教育和培训等内容。
b) 测评对象:管理制度类文档。
c) 测评实施:应核查应急预案框架是否覆盖启动应急预案的条件、应急组织构成、应急资源保障、事后教育和培训等方面。
d) 单元判定:如果以上测评实施内容为肯定,则符合本测评单元指标要求,否则不符合本测评单元指标要求。

9.1.10.13.2 测评单元(L3-MMS1-45)

该测评单元包括以下要求:

a) 测评指标:应制定重要事件的应急预案,包括应急处理流程、系统恢复流程等内容。
b) 测评对象:管理制度类文档。
c) 测评实施:应核查是否具有重要事件的应急预案(如针对机房、系统、网络等各个方面)。
d) 单元判定:如果以上测评实施内容为肯定,则符合本测评单元指标要求,否则不符合本测评单元指标要求。

9.1.10.13.3 测评单元(L4-MMS1-46)

该测评单元包括以下要求:

a) 测评指标:应定期对系统相关的人员进行应急预案培训,并进行应急预案的演练。

b) 测评对象:运维负责人和记录表单类文档。

c) 测评实施包括以下内容:

1) 应访谈运维负责人是否定期对相关人员进行应急预案培训和演练;

2) 应核查应急预案培训记录是否明确培训对象、培训内容、培训结果等;

3) 应核查应急预案演练记录是否记录演练时间、主要操作内容、演练结果等。

d) 单元判定:如果 1)～3)均为肯定,则符合本测评单元指标要求,否则不符合或部分符合本测评单元指标要求。

9.1.10.13.4 测评单元(L4-MMS1-47)

该测评单元包括以下要求:

a) 测评指标:应定期对原有的应急预案重新评估,修订完善。

b) 测评对象:记录表单类文档。

c) 测评实施:应核查应急预案修订记录是否定期评估并修订完善等。

d) 单元判定:如果以上测评实施内容为肯定,则符合本测评单元指标要求,否则不符合本测评单元指标要求。

9.1.10.13.5 测评单元(L4-MMS1-48)

该测评单元包括以下要求:

a) 测评指标:应建立重大安全事件的跨单位联合应急预案,并进行应急预案的演练。

b) 测评对象:运维负责人和记录表单类文档。

c) 测评实施包括以下内容:

1) 应访谈运维负责人是否针对重大安全事件建立跨单位的应急预案并进行过演练;

2) 应核查是否具有针对重大安全事件跨单位的应急预案;

3) 应核查跨单位应急预案演练记录是否记录演练时间、主要操作内容、演练结果等。

d) 单元判定:如果 1)～3)均为肯定,则符合本测评单元指标要求,否则不符合或部分符合本测评单元指标要求。

9.1.10.14 外包运维管理

9.1.10.14.1 测评单元(L4-MMS1-49)

该测评单元包括以下要求:

a) 测评指标:应确保外包运维服务商的选择符合国家的有关规定。

b) 测评对象:运维负责人。

c) 测评实施包括以下内容:

1) 应访谈运维负责人是否有外包运维服务情况;

2) 应访谈运维负责人外包运维服务单位是否符合国家有关规定。

d) 单元判定:如果 1)和 2)均为肯定,则符合本测评单元指标要求,否则不符合或部分符合本测评单元指标要求。

9.1.10.14.2 测评单元(L4-MMS1-50)

该测评单元包括以下要求:

a) 测评指标:应与选定的外包运维服务商签订相关的协议,明确约定外包运维的范围、工作内容。

b） 测评对象：记录表单类文档。

c） 测评实施：应核查外包运维服务协议是否明确约定外包运维的范围和工作内容。

d） 单元判定：如果以上测评实施内容为肯定，则符合本测评单元指标要求，否则不符合本测评单元指标要求。

9.1.10.14.3 测评单元(L4-MMS1-51)

该测评单元包括以下要求：

a） 测评指标：应保证选择的外包运维服务商在技术和管理方面均具有按照等级保护要求开展安全运维工作的能力，并将能力要求在签订的协议中明确。

b） 测评对象：记录表单类文档。

c） 测评实施：应核查与外包运维服务商签订的协议中是否明确其具有等级保护要求的服务能力。

d） 单元判定：如果以上测评实施内容为肯定，则符合本测评单元指标要求，否则不符合本测评单元指标要求。

9.1.10.14.4 测评单元(L4-MMS1-52)

该测评单元包括以下要求：

a） 测评指标：应在与外包运维服务商签订的协议中明确所有相关的安全要求，如可能涉及对敏感信息的访问、处理、存储要求，对 IT 基础设施中断服务的应急保障要求等。

b） 测评对象：记录表单类文档。

c） 测评实施：应核查外包运维服务协议是否包含可能涉及对敏感信息的访问、处理、存储要求，对 IT 基础设施中断服务的应急保障要求等内容。

d） 单元判定：如果以上测评实施内容为肯定，则符合本测评单元指标要求，否则不符合本测评单元指标要求。

9.2 云计算安全测评扩展要求

9.2.1 安全物理环境

9.2.1.1 基础设施位置

9.2.1.1.1 测评单元(L4-PES2-01)

该测评单元包括以下要求：

a） 测评指标：应保证云计算基础设施位于中国境内。

b） 测评对象：机房管理员、办公场地、机房和平台建设方案。

c） 测评实施包括以下内容：

1） 应访谈机房管理员云计算服务器、存储设备、网络设备、云管理平台、信息系统等运行业务和承载数据的软硬件是否均位于中国境内；

2） 应核查云计算平台建设方案，云计算服务器、存储设备、网络设备、云管理平台、信息系统等运行业务和承载数据的软硬件是否均位于中国境内。

d） 单元判定：如果 1)和 2)均为肯定，则符合本单元测评指标要求，否则不符合或部分符合本单元测评指标要求。

9.2.2 安全通信网络

9.2.2.1 网络架构

9.2.2.1.1 测评单元(L4-CNS2-01)

该测评单元包括以下要求:

a) 测评指标:应保证云计算平台不承载高于其安全保护等级的业务应用系统。

b) 测评对象:云计算平台和业务应用系统定级备案材料。

c) 测评实施:应核查云计算平台和云计算平台承载的业务应用系统相关定级备案材料,云计算平台安全保护等级是否不低于其承载的业务应用系统安全保护等级。

d) 单元判定:如果以上测评实施内容为肯定,则符合本单元测评指标要求,否则不符合本单元测评指标要求。

9.2.2.1.2 测评单元(L4-CNS2-02)

该测评单元包括以下要求:

a) 测评指标:应实现不同云服务客户虚拟网络之间的隔离。

b) 测评对象:网络资源隔离措施、综合网管系统和云管理平台。

c) 测评实施包括以下内容:

   1) 应核查云服务客户之间是否采取网络隔离措施;

   2) 应核查云服务客户之间是否设置并启用网络资源隔离策略;

   3) 应测试验证不同云服务客户之间的网络隔离措施是否有效。

d) 单元判定:如果 1)～3)均为肯定,则符合本单元测评指标要求,否则不符合或部分符合本单元测评指标要求。

9.2.2.1.3 测评单元(L4-CNS2-03)

该测评单元包括以下要求:

a) 测评指标:应具有根据云服务客户业务需求提供通信传输、边界防护、入侵防范等安全机制的能力。

b) 测评对象:防火墙、入侵检测系统、入侵保护系统和抗 APT 系统等安全设备。

c) 测评实施包括以下内容:

   1) 应核查云计算平台是否具备为云服务客户提供通信传输、边界防护、入侵防范等安全防护机制的能力;

   2) 应核查上述安全防护机制是否满足云服务客户的业务需求。

d) 单元判定:如果 1)和 2)均为肯定,则符合本单元测评指标要求,否则不符合或部分符合本单元测评指标要求。

9.2.2.1.4 测评单元(L4-CNS2-04)

该测评单元包括以下要求:

a) 测评指标:应具有根据云服务客户业务需求自主设置安全策略的能力,包括定义访问路径、选择安全组件、配置安全策略。

b) 测评对象:云管理平台、网络管理平台、网络设备和安全访问路径。

c) 测评实施包括以下内容:

   1) 应核查云计算平台是否支持云服务客户自主定义安全策略,包括定义访问路径、选择安全组件、配置安全策略；

2） 应核查云服务客户是否能够自主设置安全策略，包括定义访问路径、选择安全组件、配置安全策略。

d） 单元判定：如果 1)和 2)均为肯定，则符合本单元测评指标要求，否则不符合或部分符合本单元测评指标要求。

9.2.2.1.5 测评单元(L4-CNS2-05)

该测评单元包括以下要求：

a） 测评指标：应提供开放接口或开放性安全服务，允许云服务客户接入第三方安全产品或在云计算平台选择第三方安全服务。

b） 测评对象：相关开放性接口和安全服务及相关文档。

c） 测评实施包括以下内容：

  1） 应核查接口设计文档或开放性服务技术文档是否符合开放性及安全性要求；

  2） 应核查云服务客户是否可以接入第三方安全产品或在云计算平台选择第三方安全服务。

d） 单元判定：如果 1)和 2)均为肯定，则符合本单元测评指标要求，否则不符合或部分符合本单元测评指标要求。

9.2.2.1.6 测评单元(L4-CNS2-06)

该测评单元包括以下要求：

a） 测评指标：应提供对虚拟资源的主体和客体设置安全标记的能力，保证云服务客户可以依据安全标记和强制访问控制规则确定主体对客体的访问。

b） 测评对象：系统管理员、相关接口和相关服务。

c） 测评实施包括以下内容：

  1） 应核查是否提供了对虚拟资源的主体和客体设置安全标记的能力；

  2） 应核查是否对虚拟资源的主体和客体设置了安全标记；

  3） 应测试验证是否基于安全标记和强制访问控制规则确定主体对客体的访问。

d） 单元判定：如果 1)～3)均为肯定，则符合本单元测评指标要求，否则不符合或部分符合本单元测评指标要求。

9.2.2.1.7 测评单元(L4-CNS2-07)

该测评单元包括以下要求：

a） 测评指标：应提供通信协议转换或通信协议隔离等的数据交换方式，保证云服务客户可以根据业务需求自主选择边界数据交换方式。

b） 测评对象：网闸等提供通信协议转换或通信协议隔离功能的设备或相关组件。

c） 测评实施包括以下内容：

  1） 应核查是否采取通信协议转换或通信协议隔离等方式进行数据交换；

  2） 应通过发送带通用协议的数据等测试方式，测试验证设备是否能够有效阻断。

d） 单元判定：如果 1)和 2)均为肯定，则符合本单元测评指标要求，否则不符合或部分符合本单元测评指标要求。

9.2.2.1.8 测评单元(L4-CNS2-08)

该测评单元包括以下要求：

a） 测评指标：应为第四级业务应用系统划分独立的资源池。

b) 测评对象:网络拓扑和云计算平台建设方案。
c) 测评实施包括以下内容:
   1) 应核查云计算平台建设方案中是否对承载四级业务系统的资源池做出独立划分设计;
   2) 应核查网络拓扑图是否对第四级业务系统划分独立的资源池。
d) 单元判定:如果1)和2)均为肯定,则符合本单元测评指标要求,否则不符合或部分符合本单元测评指标要求。

9.2.3 安全区域边界

9.2.3.1 访问控制

9.2.3.1.1 测评单元(L4-ABS2-01)

该测评单元包括以下要求:
a) 测评指标:应在虚拟化网络边界部署访问控制机制,并设置访问控制规则。
b) 测评对象:访问控制机制、网络边界设备和虚拟化网络边界设备。
c) 测评实施包括以下内容:
   1) 应核查是否在虚拟化网络边界部署访问控制机制,并设置访问控制规则;
   2) 应核查并测试验证云计算平台和云服务客户业务系统虚拟化网络边界访问控制规则和访问控制策略是否有效;
   3) 应核查并测试验证云计算平台的网络边界设备或虚拟化网络边界设备安全保障机制、访问控制规则和访问控制策略等是否有效;
   4) 应核查并测试验证不同云服务客户间访问控制规则和访问控制策略是否有效;
   5) 应核查并测试验证云服务客户不同安全保护等级业务系统之间访问控制规则和访问控制策略是否有效。
d) 单元判定:如果1)~5)均为肯定,则符合本单元测评指标要求,否则不符合或部分符合本单元测评指标要求。

9.2.3.1.2 测评单元(L4-ABS2-02)

该测评单元包括以下要求:
a) 测评指标:应在不同等级的网络区域边界部署访问控制机制,设置访问控制规则。
b) 测评对象:网闸、防火墙、路由器和交换机等提供访问控制功能的设备。
c) 测评实施包括以下内容:
   1) 应核查是否在不同等级的网络区域边界部署访问控制机制,设置访问控制规则;
   2) 应核查不同安全等级网络区域边界的访问控制规则和访问控制策略是否有效;
   3) 应测试验证不同安全等级的网络区域间进行非法访问时,是否可以正确拒绝该非法访问。
d) 单元判定:如果1)~3)均为肯定,则符合本单元测评指标要求,否则不符合或部分符合本单元测评指标要求。

9.2.3.2 入侵防范

9.2.3.2.1 测评单元(L4-ABS2-03)

该测评单元包括以下要求:
a) 测评指标:应能检测到云服务客户发起的网络攻击行为,并能记录攻击类型、攻击时间、攻击流量等。

b) 测评对象:抗 APT 攻击系统、网络回溯系统、威胁情报检测系统、抗 DDoS 攻击系统和入侵保护系统或相关组件。
c) 测评实施包括以下内容:
   1) 应核查是否采取了入侵防范措施对网络入侵行为进行防范,如部署抗 APT 攻击系统、网络回溯系统和网络入侵保护系统等入侵防范设备或相关组件;
   2) 应核查部署的抗 APT 攻击系统、网络入侵保护系统等入侵防范设备或相关组件的规则库升级方式,核查规则库是否进行及时更新;
   3) 应核查部署的抗 APT 攻击系统、网络入侵保护系统等入侵防范设备或相关组件是否具备异常流量、大规模攻击流量、高级持续性攻击的检测功能,以及报警功能和清洗处置功能;
   4) 应测试验证抗 APT 攻击系统、网络入侵保护系统等入侵防范设备或相关组件对异常流量和未知威胁的监控策略是否有效(如模拟产生攻击动作,验证入侵防范设备或相关组件是否能记录攻击类型、攻击时间、攻击流量);
   5) 应测试验证抗 APT 攻击系统、网络入侵保护系统等入侵防范设备或相关组件对云服务客户网络攻击行为的报警策略是否有效(如模拟产生攻击动作,验证抗 APT 攻击系统或网络入侵保护系统是否能实时报警);
   6) 应核查抗 APT 攻击系统、网络入侵保护系统等入侵防范设备或相关组件是否具有对 SQL 注入、跨站脚本等攻击行为的发现和阻断能力;
   7) 应核查抗 APT 攻击系统、网络入侵保护系统等入侵防范设备或相关组件是否能够检测出具有恶意行为、过分占用计算资源和带宽资源等恶意行为的虚拟机;
   8) 应核查云管理平台对云服务客户攻击行为的防范措施,核查是否能够对云服务客户的网络攻击行为进行记录,记录应包括攻击类型、攻击时间和攻击流量等内容;
   9) 应核查云管理平台或入侵防范设备是否能够对云计算平台内部发起的恶意攻击或恶意外连行为进行限制,核查是否能够对内部行为进行监控;
   10) 通过对外攻击发生器伪造对外攻击行为,核查云租户的网络攻击日志,确认是否正确记录相应的攻击行为,攻击行为日志记录是否包含攻击类型、攻击时间、攻击者 IP 和攻击流量规模等内容;
   11) 应核查运行虚拟机监控器(VMM)和云管理平台软件的物理主机,确认其安全加固手段是否能够避免或减少虚拟化共享带来的安全漏洞。
d) 单元判定:如果 1)~11)均为肯定,则符合本单元测评指标要求,否则不符合或部分符合本单元测评指标要求。

9.2.3.2.2 测评单元(L4-ABS2-04)

该测评单元包括以下要求:
a) 测评指标:应能检测到对虚拟网络节点的网络攻击行为,并能记录攻击类型、攻击时间、攻击流量等。
b) 测评对象:抗 APT 攻击系统、网络回溯系统、威胁情报检测系统、抗 DDoS 攻击系统和入侵保护系统或相关组件。
c) 测评实施包括以下内容:
   1) 应核查是否部署网络攻击行为检测设备或相关组件对虚拟网络节点的网络攻击行为进行防范,并能记录攻击类型、攻击时间、攻击流量等;
   2) 应核查网络攻击行为检测设备或相关组件的规则库是否为最新;
   3) 应测试验证网络攻击行为检测设备或相关组件对异常流量和未知威胁的监控策略是否有效。

d) 单元判定：如果1)～3)均为肯定，则符合本单元测评指标要求，否则不符合或部分符合本单元测评指标要求。

9.2.3.2.3 测评单元(L4-ABS2-05)

该测评单元包括以下要求：

a) 测评指标：应能检测到虚拟机与宿主机、虚拟机与虚拟机之间的异常流量。

b) 测评对象：虚拟机、宿主机、抗APT攻击系统、网络回溯系统、威胁情报检测系统、抗DDoS攻击系统和入侵保护系统或相关组件。

c) 测评实施包括以下内容：

1) 应核查是否具备虚拟机与宿主机之间、虚拟机与虚拟机之间的异常流量的检测功能；

2) 应测试验证对异常流量的监测策略是否有效。

d) 单元判定：如果1)和2)均为肯定，则符合本单元测评指标要求，否则不符合或部分符合本单元测评指标要求。

9.2.3.2.4 测评单元(L4-ABS2-06)

该测评单元包括以下要求：

a) 测评指标：应在检测到网络攻击行为、异常流量时进行告警。

b) 测评对象：虚拟机、宿主机、抗APT攻击系统、网络回溯系统、威胁情报检测系统、抗DDoS攻击系统和入侵保护系统或相关组件。

c) 测评实施包括以下内容：

1) 应核查检测到网络攻击行为、异常流量时是否进行告警；

2) 应测试验证其对异常流量的监测策略是否有效。

d) 单元判定：如果1)和2)均为肯定，则符合本单元测评指标要求，否则不符合或部分符合本单元测评指标要求。

9.2.3.3 安全审计

9.2.3.3.1 测评单元(L4-ABS2-07)

该测评单元包括以下要求：

a) 测评指标：应对云服务商和云服务客户在远程管理时执行特权的命令进行审计，至少包括虚拟机删除、虚拟机重启。

b) 测评对象：堡垒机或相关组件。

c) 测评实施包括以下内容：

1) 应核查云服务商(含第三方运维服务商)和云服务客户在远程管理时执行的远程特权命令是否有相关审计记录；

2) 应测试验证云服务商或云服务客户远程删除或重启虚拟机后，是否有产生相应审计记录。

d) 单元判定：如果1)和2)均为肯定，则符合本单元测评指标要求，否则不符合或部分符合本单元测评指标要求。

9.2.3.3.2 测评单元(L4-ABS2-08)

该测评单元包括以下要求：

a) 测评指标：应保证云服务商对云服务客户系统和数据的操作可被云服务客户审计。

b) 测评对象：综合审计系统或相关组件。

c) 测评实施包括以下内容：
 1) 应核查是否能够保证云服务商对云服务客户系统和数据的操作(如增、删、改、查等操作)可被云服务客户审计；
 2) 应测试验证云服务商对云服务客户系统和数据的操作是否可被云服务客户审计。
d) 单元判定：如果1)和2)均为肯定，则符合本单元测评指标要求，否则不符合或部分符合本单元测评指标要求。

9.2.4 安全计算环境

9.2.4.1 身份鉴别

9.2.4.1.1 测评单元(L4-CES2-01)

该测评单元包括以下要求：
a) 测评指标：当远程管理云计算平台中设备时，管理终端和云计算平台之间应建立双向身份验证机制。
b) 测评对象：管理终端和云计算平台。
c) 测评实施包括以下内容：
 1) 应核查当进行远程管理时是否建立双向身份验证机制；
 2) 应测试验证上述双向身份验证机制是否有效。
d) 单元判定：如果1)和2)均为肯定，则符合本单元测评指标要求，否则不符合或部分符合本单元测评指标要求。

9.2.4.2 访问控制

9.2.4.2.1 测评单元(L4-CES2-02)

该测评单元包括以下要求：
a) 测评指标：应保证当虚拟机迁移时，访问控制策略随其迁移。
b) 测评对象：虚拟机、虚拟机迁移记录和相关配置。
c) 测评实施包括以下内容：
 1) 应核查虚拟机迁移时访问控制策略是否随之迁移；
 2) 应测试验证虚拟机迁移后访问控制措施是否随其迁移。
d) 单元判定：如果1)和2)均为肯定，则符合本单元测评指标要求，否则不符合或部分符合本单元测评指标要求。

9.2.4.2.2 测评单元(L4-CES2-03)

该测评单元包括以下要求：
a) 测评指标：应允许云服务客户设置不同虚拟机之间的访问控制策略。
b) 测评对象：虚拟机和安全组或相关组件。
c) 测评实施包括以下内容：
 1) 应核查云服务客户是否能够设置不同虚拟机之间访问控制策略；
 2) 应测试验证上述访问控制策略的有效性。
d) 单元判定：如果1)和2)均为肯定，则符合本单元测评指标要求，否则不符合或部分符合本单元测评指标要求。

9.2.4.3 入侵防范

9.2.4.3.1 测评单元(L4-CES2-04)

该测评单元包括以下要求:

a) 测评指标:应能检测虚拟机之间的资源隔离失效,并进行告警。

b) 测评对象:云管理平台或相关组件。

c) 测评实施:应核查是否能够检测到虚拟机之间的资源隔离失效并进行告警,如 CPU、内存和磁盘资源之间的隔离失效。

d) 单元判定:如果以上测评实施内容为肯定,则符合本单元测评指标要求,否则不符合本单元测评指标要求。

9.2.4.3.2 测评单元(L4-CES2-05)

该测评单元包括以下要求:

a) 测评指标:应能检测非授权新建虚拟机或者重新启用虚拟机,并进行告警。

b) 测评对象:云管理平台或相关组件。

c) 测评实施:应核查是否能够检测到非授权新建虚拟机或者重新启用虚拟机,并进行告警。

d) 单元判定:如果以上测评实施内容为肯定,则符合本单元测评指标要求,否则不符合本单元测评指标要求。

9.2.4.3.3 测评单元(L4-CES2-06)

该测评单元包括以下要求:

a) 测评指标:应能够检测恶意代码感染及在虚拟机间蔓延的情况,并进行告警。

b) 测评对象:云管理平台或相关组件。

c) 测评实施:应核查是否能够检测恶意代码感染及在虚拟机间蔓延的情况,并进行告警。

d) 单元判定:如果以上测评实施内容为肯定,则符合本单元测评指标要求,否则不符合本单元测评指标要求。

9.2.4.4 镜像和快照保护

9.2.4.4.1 测评单元(L4-CES2-07)

该测评单元包括以下要求:

a) 测评指标:应针对重要业务系统提供加固的操作系统镜像或操作系统安全加固服务。

b) 测评对象:虚拟机镜像文件。

c) 测评实施:应核查是否对生成的虚拟机镜像进行必要的加固措施,如关闭不必要的端口、服务及进行安全加固配置。

d) 单元判定:如果以上测评实施内容为肯定,则符合本单元测评指标要求,否则不符合本单元测评指标要求。

9.2.4.4.2 测评单元(L4-CES2-08)

该测评单元包括以下要求:

a) 测评指标:应提供虚拟机镜像、快照完整性校验功能,防止虚拟机镜像被恶意篡改。

b) 测评对象:云管理平台和虚拟机镜像、快照或相关组件。

c） 测评实施包括以下内容：

1） 应核查是否对快照功能生成的镜像或快照文件进行完整性校验，是否具有严格的校验记录机制，防止虚拟机镜像或快照被恶意篡改；

2） 应测试验证是否能够对镜像、快照进行完整性验证。

d） 单元判定：如果1）和2）均为肯定，则符合本单元测评指标要求，否则不符合或部分符合本单元测评指标要求。

9.2.4.4.3 测评单元（L4-CES2-09）

该测评单元包括以下要求：

a） 测评指标：应采取密码技术或其他技术手段防止虚拟机镜像、快照中可能存在的敏感资源被非法访问。

b） 测评对象：云管理平台和虚拟机镜像、快照或相关组件。

c） 测评实施：应核查是否对虚拟机镜像或快照中的敏感资源采用加密、访问控制等技术手段进行保护，防止可能存在的针对快照的非法访问。

d） 单元判定：如果以上测评实施内容为肯定，则符合本单元测评指标要求，否则不符合本单元测评指标要求。

9.2.4.5 数据完整性和保密性

9.2.4.5.1 测评单元（L4-CES2-10）

该测评单元包括以下要求：

a） 测评指标：应确保云服务客户数据、用户个人信息等存储于中国境内，如需出境应遵循国家相关规定。

b） 测评对象：数据库服务器、数据存储设备和管理文档记录。

c） 测评实施包括以下内容：

1） 应核查云服务客户数据、用户个人信息所在的服务器及数据存储设备是否位于中国境内；

2） 应核查上述数据出境时是否符合国家相关规定。

d） 单元判定：如果1）和2）均为肯定，则符合本单元测评指标要求，否则不符合或部分符合本单元测评指标要求。

9.2.4.5.2 测评单元（L4-CES2-11）

该测评单元包括以下要求：

a） 测评指标：应保证只有在云服务客户授权下，云服务商或第三方才具有云服务客户数据的管理权限。

b） 测评对象：云管理平台、数据库、相关授权文档和管理文档。

c） 测评实施包括以下内容：

1） 应核查云服务客户数据管理权限授权流程、授权方式、授权内容；

2） 应核查云计算平台是否具有云服务客户数据的管理权限，如果具有，核查是否有相关授权证明。

d） 单元判定：如果1）和2）均为肯定，则符合本单元测评指标要求，否则不符合或部分符合本单元测评指标要求。

9.2.4.5.3 测评单元(L4-CES2-12)

该测评单元包括以下要求:

a) 测评指标:应使用校验技术或密码技术保证虚拟机迁移过程中重要数据的完整性,并在检测到完整性受到破坏时采取必要的恢复措施。

b) 测评对象:虚拟机。

c) 测评实施:应核查在虚拟资源迁移过程中,是否采取校验技术或密码技术等措施保证虚拟资源数据及重要数据的完整性,并在检测到完整性受到破坏时采取必要的恢复措施。

d) 单元判定:如果以上测评实施内容为肯定,则符合本单元测评指标要求,否则不符合本单元测评指标要求。

9.2.4.5.4 测评单元(L4-CES2-13)

该测评单元包括以下要求:

a) 测评指标:应支持云服务客户部署密钥管理解决方案,保证云服务客户自行实现数据的加解密过程。

b) 测评对象:密钥管理解决方案。

c) 测评实施包括以下内容:

  1) 当云服务客户已部署密钥管理解决方案,应核查密钥管理解决方案是否能保证云服务客户自行实现数据的加解密过程;

  2) 应核查云服务商支持云服务客户部署密钥管理解决方案所采取的技术手段或管理措施是否能保证云服务客户自行实现数据的加解密过程。

d) 单元判定:如果1)和2)均为肯定,则符合本单元测评指标要求,否则不符合或部分符合本单元测评指标要求。

9.2.4.6 数据备份恢复

9.2.4.6.1 测评单元(L4-CES2-14)

该测评单元包括以下要求:

a) 测评指标:云服务客户应在本地保存其业务数据的备份。

b) 测评对象:云管理平台或相关组件。

c) 测评实施:应核查是否提供备份措施保证云服务客户可以在本地备份其业务数据。

d) 单元判定:如果以上测评实施内容为肯定,则符合本单元测评指标要求,否则不符合本单元测评指标要求。

9.2.4.6.2 测评单元(L4-CES2-15)

该测评单元包括以下要求:

a) 测评指标:应提供查询云服务客户数据及备份存储位置的能力。

b) 测评对象:云管理平台或相关组件。

c) 测评实施:应核查云服务商是否为云服务客户提供数据及备份存储位置查询的接口或其他技术、管理手段。

d) 单元判定:如果以上测评实施内容为肯定,则符合本单元测评指标要求,否则不符合本单元测评指标要求。

9.2.4.6.3 测评单元(L4-CES2-16)

该测评单元包括以下要求:

a) 测评指标:云服务商的云存储服务应保证云服务客户数据存在若干个可用的副本,各副本之间的内容应保持一致。
b) 测评对象:云管理平台、云存储系统或相关组件。
c) 测评实施包括以下内容:
   1) 应核查云服务客户数据副本存储方式,核查是否存在若干个可用的副本;
   2) 应核查各副本内容是否保持一致。
d) 单元判定:如果1)和2)均为肯定,则符合本单元测评指标要求,否则不符合或部分符合本单元测评指标要求。

9.2.4.6.4 测评单元(L4-CES2-17)

该测评单元包括以下要求:

a) 测评指标:应为云服务客户将业务系统及数据迁移到其他云计算平台和本地系统提供技术手段,并协助完成迁移过程。
b) 测评对象:相关技术措施和手段。
c) 测评实施包括以下内容:
   1) 应核查是否有相关技术手段保证云服务客户能够将业务系统及数据迁移到其他云计算平台和本地系统;
   2) 应核查云服务商是否提供措施、手段或人员协助云服务客户完成迁移过程。
d) 单元判定:如果1)和2)均为肯定,则符合本单元测评指标要求,否则不符合或部分符合本单元测评指标要求。

9.2.4.7 剩余信息保护

9.2.4.7.1 测评单元(L4-CES2-18)

该测评单元包括以下要求:

a) 测评指标:应保证虚拟机所使用的内存和存储空间回收时得到完全清除。
b) 测评对象:云计算平台。
c) 测评实施包括以下内容:
   1) 应核查虚拟机的内存和存储空间回收时,是否得到完全清除;
   2) 应核查在迁移或删除虚拟机后,数据以及备份数据(如镜像文件、快照文件等)是否已清理。
d) 单元判定:如果1)和2)均为肯定,则符合本单元测评指标要求,否则不符合或部分符合本单元测评指标要求。

9.2.4.7.2 测评单元(L4-CES2-19)

该测评单元包括以下要求:

a) 测评指标:云服务客户删除业务应用数据时,云计算平台应将云存储中所有副本删除。
b) 测评对象:云存储和云计算平台。
c) 测评实施:应核查当云服务客户删除业务应用数据时,云存储中所有副本是否被删除。
d) 单元判定:如果以上测评实施内容为肯定,则符合本单元测评指标要求,否则不符合本单元测评指标要求。

9.2.5 安全管理中心

9.2.5.1 集中管控

9.2.5.1.1 测评单元(L4-SMC2-01)

该测评单元包括以下要求:

a) 测评指标:应对物理资源和虚拟资源按照策略做统一管理调度与分配。

b) 测评对象:资源调度平台、云管理平台或相关组件。

c) 测评实施包括以下内容:

 1) 应核查是否有资源调度平台等提供资源统一管理调度与分配策略;

 2) 应核查是否能够按照上述策略对物理资源和虚拟资源做统一管理调度与分配。

d) 单元判定:如果1)和2)均为肯定,则符合本单元测评指标要求,否则不符合或部分符合本单元测评指标要求。

9.2.5.1.2 测评单元(L4-SMC2-02)

该测评单元包括以下要求:

a) 测评指标:应保证云计算平台管理流量与云服务客户业务流量分离。

b) 测评对象:网络架构和云管理平台。

c) 测评实施包括以下内容:

 1) 应核查网络架构和配置策略能否采用带外管理或策略配置等方式实现管理流量和业务流量分离;

 2) 应测试验证云计算平台管理流量与业务流量是否分离。

d) 单元判定:如果1)和2)均为肯定,则符合本单元测评指标要求,否则不符合或部分符合本单元测评指标要求。

9.2.5.1.3 测评单元(L4-SMC2-03)

该测评单元包括以下要求:

a) 测评指标:应根据云服务商和云服务客户的职责划分,收集各自控制部分的审计数据并实现各自的集中审计。

b) 测评对象:云管理平台、综合审计系统或相关组件。

c) 测评实施包括以下内容:

 1) 应核查是否根据云服务商和云服务客户的职责划分,实现各自控制部分审计数据的收集;

 2) 应核查云服务商和云服务客户是否能够实现各自的集中审计。

d) 单元判定:如果1)和2)均为肯定,则符合本单元测评指标要求,否则不符合或部分符合本单元测评指标要求。

9.2.5.1.4 测评单元(L4-SMC2-04)

该测评单元包括以下要求:

a) 测评指标:应根据云服务商和云服务客户的职责划分,实现各自控制部分,包括虚拟化网络、虚拟机、虚拟化安全设备等的运行状况的集中监测。

b) 测评对象:云管理平台或相关组件。

c) 测评实施:应核查是否根据云服务商和云服务客户的职责划分,实现各自控制部分,包括虚拟化网络、虚拟机、虚拟化安全设备等的运行状况的集中监测。

d) 单元判定：如果以上测评实施内容为肯定，则符合本单元测评指标要求，否则不符合本单元测评指标要求。

9.2.6 安全建设管理

9.2.6.1 云服务商选择

9.2.6.1.1 测评单元(L4-CMS2-01)

该测评单元包括以下要求：

a) 测评指标：应选择安全合规的云服务商，其所提供的云计算平台应为其所承载的业务应用系统提供相应等级的安全保护能力。

b) 测评对象：系统建设负责人和服务合同。

c) 测评实施包括以下内容：

 1) 应访谈系统建设负责人是否根据业务系统的安全保护等级选择具有相应等级安全保护能力的云计算平台及云服务商；

 2) 应核查云服务商提供的相关服务合同是否明确其云计算平台具有与所承载的业务应用系统具有相应或高于的安全保护能力。

d) 单元判定：如果1)和2)均为肯定，则符合本单元测评指标要求，否则不符合或部分符合本单元测评指标要求。

9.2.6.1.2 测评单元(L4-CMS2-02)

该测评单元包括以下要求：

a) 测评指标：应在服务水平协议中规定云服务的各项服务内容和具体技术指标。

b) 测评对象：服务水平协议或服务合同。

c) 测评实施：应核查服务水平协议或服务合同是否规定了云服务的各项服务内容和具体指标等。

d) 单元判定：如果以上测评实施内容为肯定，则符合本单元测评指标要求，否则不符合本单元测评指标要求。

9.2.6.1.3 测评单元(L4-CMS2-03)

该测评单元包括以下要求：

a) 测评指标：应在服务水平协议中规定云服务商的权限与责任，包括管理范围、职责划分、访问授权、隐私保护、行为准则、违约责任等。

b) 测评对象：服务水平协议或服务合同。

c) 测评实施：应核查服务水平协议或服务合同中是否规范了安全服务商和云服务供应商的权限与责任，包括管理范围、职责划分、访问授权、隐私保护、行为准则、违约责任等。

d) 单元判定：如果以上测评实施内容为肯定，则符合本单元测评指标要求，否则不符合本单元测评指标要求。

9.2.6.1.4 测评单元(L4-CMS2-04)

该测评单元包括以下要求：

a) 测评指标：应在服务水平协议中规定服务合约到期时，完整提供云服务客户数据，并承诺相关数据在云计算平台上清除。

b） 测评对象：服务水平协议或服务合同。

c） 测评实施：应核查服务水平协议或服务合同是否明确服务合约到期时，云服务商完整提供云服务客户数据，并承诺相关数据在云计算平台上清除。

d） 单元判定：如果以上测评实施内容为肯定，则符合本单元测评指标要求，否则不符合本单元测评指标要求。

9.2.6.1.5 测评单元（L4-CMS2-05）

该测评单元包括以下要求：

a） 测评指标：应与选定的云服务商签署保密协议，要求其不得泄露云服务客户数据。

b） 测评对象：保密协议或服务合同。

c） 测评实施：应核查保密协议或服务合同是否包含对云服务商不得泄露云服务客户数据的规定。

d） 单元判定：如果以上测评实施内容为肯定，则符合本单元测评指标要求，否则不符合本单元测评指标要求。

9.2.6.2 供应链管理

9.2.6.2.1 测评单元（L4-CMS2-07）

该测评单元包括以下要求：

a） 测评指标：应确保供应商的选择符合国家有关规定。

b） 测评对象：记录表单类文档。

c） 测评实施：应核查云服务商的选择是否符合国家的有关规定。

d） 单元判定：如果以上测评实施内容为肯定，则符合本单元测评指标要求，否则不符合本单元测评指标要求。

9.2.6.2.2 测评单元（L4-CMS2-08）

该测评单元包括以下要求：

a） 测评指标：应将供应链安全事件信息或威胁信息及时传达到云服务客户。

b） 测评对象：供应链安全事件报告或威胁报告。

c） 测评实施：应核查供应链安全事件报告或威胁报告是否及时传达到云服务客户，报告是否明确相关事件信息或威胁信息。

d） 单元判定：如果以上测评实施内容为肯定，则符合本单元测评指标要求，否则不符合本单元测评指标要求。

9.2.6.2.3 测评单元（L4-CMS2-09）

该测评单元包括以下要求：

a） 测评指标：应将供应商的重要变更及时传达到云服务客户，并评估变更带来的安全风险，采取措施对风险进行控制。

b） 测评对象：供应商重要变更记录、安全风险评估报告和风险预案。

c） 测评实施：应核查供应商的重要变更是否及时传达到云服务客户，是否对每次供应商的重要变更都进行风险评估并采取控制措施。

d) 单元判定:如果以上测评实施内容为肯定,则符合本单元测评指标要求,否则不符合本单元测评指标要求。

9.2.7 安全运维管理

9.2.7.1 云计算环境管理

9.2.7.1.1 测评单元(L4-MMS2-01)

该测评单元包括以下要求:

a) 测评指标:云计算平台的运维地点应位于中国境内,境外对境内云计算平台实施运维操作应遵循国家相关规定。
b) 测评对象:运维设备、运维地点、运维记录和相关管理文档。
c) 测评实施:应核查运维地点是否位于中国境内,从境外对境内云计算平台实施远程运维操作的行为是否遵循国家相关规定。
d) 单元判定:如果以上测评实施内容为肯定,则符合本单元测评指标要求,否则不符合本单元测评指标要求。

9.3 移动互联安全测评扩展要求

9.3.1 安全物理环境

9.3.1.1 无线接入点的物理位置

9.3.1.1.1 测评单元(L4-PES3-01)

该测评单元包括以下要求:

a) 测评指标:应为无线接入设备的安装选择合理位置,避免过度覆盖和电磁干扰。
b) 测评对象:无线接入设备。
c) 测评实施包括以下内容:
    1) 应核查物理位置与无线信号的覆盖范围是否合理;
    2) 应测试验证无线信号是否可以避免电磁干扰。
d) 单元判定:如果1)和2)均为肯定,则符合本测评单元指标要求,否则不符合或部分符合本测评单元指标要求。

9.3.2 安全区域边界

9.3.2.1 边界防护

9.3.2.1.1 测评单元(L4-ABS3-01)

该测评单元包括以下要求:

a) 测评指标:应保证有线网络与无线网络边界之间的访问和数据流通过无线接入网关设备。
b) 测评对象:无线接入网关设备。
c) 测评实施:应核查有线网络与无线网络边界之间是否部署无线接入网关设备。
d) 单元判定:如果以上测评实施内容为肯定,则符合本测评单元指标要求,否则不符合本测评单元指标要求。

9.3.2.2 访问控制

9.3.2.2.1 测评单元(L4-ABS3-02)

该测评单元包括以下要求：

a) 测评指标：无线接入设备应开启接入认证功能，并支持采用认证服务器认证或国家密码管理机构批准的密码模块进行认证。

b) 测评对象：无线接入设备。

c) 测评实施：应核查是否开启接入认证功能，是否采用认证服务器或国家密码管理机构批准的密码模块进行认证。

d) 单元判定：如果以上测评实施内容为肯定，则符合本测评单元指标要求，否则不符合本测评单元指标要求。

9.3.2.3 入侵防范

9.3.2.3.1 测评单元(L4-ABS3-03)

该测评单元包括以下要求：

a) 测评指标：应能够检测到非授权无线接入设备和非授权移动终端的接入行为。

b) 测评对象：终端准入控制系统、移动终端管理系统或相关组件。

c) 测评实施包括以下内容：

   1) 应核查是否能够检测非授权无线接入设备和移动终端的接入行为；

   2) 应测试验证是否能够检测非授权无线接入设备和移动终端的接入行为。

d) 单元判定：如果1)和2)均为肯定，则符合本测评单元指标要求，否则不符合或部分符合本测评单元指标要求。

9.3.2.3.2 测评单元(L4-ABS3-04)

该测评单元包括以下要求：

a) 测评指标：应能够检测到针对无线接入设备的网络扫描、DDoS攻击、密钥破解、中间人攻击和欺骗攻击等行为。

b) 测评对象：抗APT攻击系统、网络回溯系统、威胁情报检测系统、抗DDoS攻击系统和入侵保护系统或相关组件。

c) 测评实施包括以下内容：

   1) 应核查是否能够对网络扫描、DDoS攻击、密钥破解、中间人攻击和欺骗攻击等行为进行检测；

   2) 应核查规则库版本是否及时更新。

d) 单元判定：如果1)和2)均为肯定，则符合本测评单元指标要求，否则不符合或部分符合本测评单元指标要求。

9.3.2.3.3 测评单元(L4-ABS3-05)

该测评单元包括以下要求：

a) 测评指标：应能够检测到无线接入设备的SSID广播、WPS等高风险功能的开启状态。

b) 测评对象：无线接入设备或相关组件。

c) 测评实施：应核查是否能够检测无线接入设备的 SSID 广播、WPS 等高风险功能的开启状态。
d) 单元判定：如果以上测评实施内容为肯定，则符合本测评单元指标要求，否则不符合本测评单元指标要求。

9.3.2.3.4 测评单元(L4-ABS3-06)

该测评单元包括以下要求：

a) 测评指标：应禁用无线接入设备和无线接入网关存在风险的功能，如：SSID 广播、WEP 认证等。
b) 测评对象：无线接入设备和无线接入网关设备。
c) 测评实施：应核查是否关闭了 SSID 广播、WEP 认证等存在风险的功能。
d) 单元判定：如果以上测评实施内容为肯定，则符合本测评单元指标要求，否则不符合本测评单元指标要求。

9.3.2.3.5 测评单元(L4-ABS3-07)

该测评单元包括以下要求：

a) 测评指标：应禁止多个 AP 使用同一个鉴别密钥。
b) 测评对象：无线接入设备。
c) 测评实施：应核查是否分别使用了不同的鉴别密钥。
d) 单元判定：如果以上测评实施内容为肯定，则符合本测评单元指标要求，否则不符合本测评单元指标要求。

9.3.2.3.6 测评单元(L4-ABS3-08)

该测评单元包括以下要求：

a) 测评指标：应能够定位和阻断非授权无线接入设备或非授权移动终端。
b) 测评对象：终端准入控制系统、移动终端管理系统或相关组件。
c) 测评实施包括以下内容：
   1) 应核查是否能够定位和阻断非授权无线接入设备或非授权移动终端接入；
   2) 应测试验证是否能够定位和阻断非授权无线接入设备或非授权移动终端接入。
d) 单元判定：如果 1)和 2)均为肯定，则符合本测评单元指标要求，否则不符合或部分符合本测评单元指标要求。

9.3.3 安全计算环境

9.3.3.1 移动终端管控

9.3.3.1.1 测评单元(L4-CES3-01)

该测评单元包括以下要求：

a) 测评指标：应保证移动终端安装、注册并运行终端管理客户端软件。
b) 测评对象：移动终端和移动终端管理系统。
c) 测评实施：应核查移动终端是否安装、注册并运行移动终端客户端软件。
d) 单元判定：如果以上测评实施内容为肯定，则符合本测评单元指标要求，否则不符合本测评单元指标要求。

9.3.3.1.2 **测评单元(L4-CES3-02)**

该测评单元包括以下要求:

a) 测评指标:移动终端应接受移动终端管理服务端的设备生命周期管理、设备远程控制,如:远程锁定、远程擦除等。

b) 测评对象:移动终端和移动终端管理系统。

c) 测评实施包括以下内容:

1) 应核查移动终端管理系统是否设置了对移动终端进行设备远程控制及设备生命周期管理等安全策略;

2) 应测试验证是否能够对移动终端进行远程锁定和远程擦除等。

d) 单元判定:如果 1)和 2)均为肯定,则符合本测评单元指标要求,否则不符合或部分符合本测评单元指标要求。

9.3.3.1.3 **测评单元(L4-CES3-03)**

该测评单元包括以下要求:

a) 测评指标:应保证移动终端只用于处理指定业务。

b) 测评对象:移动终端和移动终端管理系统。

c) 测评实施:应核查移动终端是否只用于处理指定业务。

d) 单元判定:如果以上测评实施内容为肯定,则符合本测评单元指标要求,否则不符合本测评单元指标要求。

9.3.3.2 **移动应用管控**

9.3.3.2.1 **测评单元(L4-CES3-04)**

该测评单元包括以下要求:

a) 测评指标:应具有选择应用软件安装、运行的功能。

b) 测评对象:移动终端管理客户端。

c) 测评实施:应核查是否具有选择应用软件安装、运行的功能。

d) 单元判定:如果以上测评实施内容为肯定,则符合本测评单元指标要求,否则不符合本测评单元指标要求。

9.3.3.2.2 **测评单元(L4-CES3-05)**

该测评单元包括以下要求:

a) 测评指标:应只允许系统管理者指定证书签名的应用软件安装和运行。

b) 测评对象:移动终端管理客户端。

c) 测评实施:应核查全部移动应用的签名证书是否由系统管理者指定。

d) 单元判定:如果以上测评实施内容为肯定,则符合本测评单元指标要求,否则不符合本测评单元指标要求。

9.3.3.2.3 **测评单元(L4-CES3-06)**

该测评单元包括以下要求:

a) 测评指标:应具有软件白名单功能,应能根据白名单控制应用软件安装、运行。

b) 测评对象:移动终端管理客户端。

c) 测评实施包括以下内容：
   1) 应核查是否具有软件白名单功能；
   2) 应测试验证白名单功能是否能够控制应用软件安装、运行。
d) 单元判定：如果1)和2)均为肯定，则符合本测评单元指标要求，否则不符合或部分符合本测评单元指标要求。

9.3.3.2.4 测评单元(L4-CES3-07)

该测评单元包括以下要求：

a) 测评指标：应具有接受移动终端管理服务端推送的移动应用软件管理策略，并根据该策略对软件实施管控的能力。
b) 测评对象：移动终端。
c) 测评实施：应核查是否具有接受移动终端管理服务端远程管控的能力。
d) 单元判定：如果以上测评实施内容为肯定，则符合本测评单元指标要求，否则不符合本测评单元指标要求。

9.3.4 安全建设管理

9.3.4.1 移动应用软件采购

9.3.4.1.1 测评单元(L4-CMS3-01)

该测评单元包括以下要求：

a) 测评指标：应保证移动终端安装、运行的应用软件来自可靠分发渠道或使用可靠证书签名。
b) 测评对象：移动终端。
c) 测评实施：应核查移动应用软件是否来自可靠分发渠道或使用可靠证书签名。
d) 单元判定：如果以上测评实施内容为肯定，则符合本测评单元指标要求，否则不符合本测评单元指标要求。

9.3.4.1.2 测评单元(L4-CMS3-02)

该测评单元包括以下要求：

a) 测评指标：应保证移动终端安装、运行的应用软件由指定的开发者开发。
b) 测评对象：移动终端。
c) 测评实施：应核查移动应用软件是否由指定的开发者开发。
d) 单元判定：如果以上测评实施内容为肯定，则符合本测评单元指标要求，否则不符合本测评单元指标要求。

9.3.4.2 移动应用软件开发

9.3.4.2.1 测评单元(L4-CMS3-03)

该测评单元包括以下要求：

a) 测评指标：应对移动业务应用软件开发者进行资格审查。
b) 测评对象：系统建设负责人。
c) 测评实施：应访谈系统建设负责人，是否对开发者进行资格审查。
d) 单元判定：如果以上测评实施内容为肯定，则符合本测评单元指标要求，否则不符合本测评单元指标要求。

9.3.4.2.2 测评单元(L4-CMS3-04)

该测评单元包括以下要求：

a) 测评指标：应保证开发移动业务应用软件的签名证书合法性。

b) 测评对象：软件的签名证书。

c) 测评实施：应核查开发移动业务应用软件的签名证书是否具有合法性。

d) 单元判定：如果以上测评实施内容为肯定，则符合本测评单元指标要求，否则不符合本测评单元指标要求。

9.3.5 安全运维管理

9.3.5.1 配置管理

9.3.5.1.1 测评单元(L4-MMS3-01)

该测评单元包括以下要求：

a) 测评指标：应建立合法无线接入设备和合法移动终端配置库，用于对非法无线接入设备和非法移动终端的识别。

b) 测评对象：记录表单类文档、移动终端管理系统或相关组件。

c) 测评实施：应核查是否建立无线接入设备和合法移动终端配置库，并通过配置库识别非法设备。

d) 单元判定：如果以上测评实施内容为肯定，则符合本测评单元指标要求，否则不符合本测评单元指标要求。

9.4 物联网安全测评扩展要求

9.4.1 安全物理环境

9.4.1.1 感知节点设备物理防护

9.4.1.1.1 测评单元(L4-PES4-01)

该测评单元包括以下要求：

a) 测评指标：感知节点设备所处的物理环境应不对感知节点设备造成物理破坏，如挤压、强振动。

b) 测评对象：感知节点设备所处物理环境和设计或验收文档。

c) 测评实施包括以下内容：

   1) 应核查感知节点设备所处物理环境的设计或验收文档，是否有感知节点设备所处物理环境具有防挤压、防强振动等能力的说明，是否与实际情况一致；

   2) 应核查感知节点设备所处物理环境是否采取了防挤压、防强振动等的防护措施。

d) 单元判定：如果1)和2)均为肯定，则符合本测评单元指标要求，否则不符合或部分符合本测评单元指标要求。

9.4.1.1.2 测评单元(L4-PES4-02)

该测评单元包括以下要求：

a) 测评指标：感知节点设备在工作状态所处物理环境应能正确反映环境状态(如温湿度传感器不

能安装在阳光直射区域)。

b) 测评对象:感知节点设备所处物理环境和设计或验收文档。

c) 测评实施包括以下内容:

1) 应核查感知节点设备所处物理环境的设计或验收文档,是否有感知节点设备在工作状态所处物理环境的说明,是否与实际情况一致;

2) 应核查感知节点设备在工作状态所处物理环境是否能正确反映环境状态(如温湿度传感器不能安装在阳光直射区域)。

d) 单元判定:如果1)和2)均为肯定,则符合本测评单元指标要求,否则不符合或部分符合本测评单元指标要求。

9.4.1.1.3 测评单元(L4-PES4-03)

该测评单元包括以下要求:

a) 测评指标:感知节点设备在工作状态所处物理环境应不对感知节点设备的正常工作造成影响,如强干扰、阻挡屏蔽等。

b) 测评对象:感知节点设备所处物理环境和设计或验收文档。

c) 测评实施包括以下内容:

1) 应核查感知节点设备所处物理环境的设计或验收文档,是否具有感知节点设备所处物理环境防强干扰、防阻挡屏蔽等能力的说明,是否与实际情况一致;

2) 应核查感知节点设备所处物理环境是否采取了防强干扰、防阻挡屏蔽等防护措施。

d) 单元判定:如果1)和2)均为肯定,则符合本测评单元指标要求,否则不符合或部分符合本测评单元指标要求。

9.4.1.1.4 测评单元(L4-PES4-04)

该测评单元包括以下要求:

a) 测评指标:关键感知节点设备应具有可供长时间工作的电力供应(关键网关节点设备应具有持久稳定的电力供应能力)。

b) 测评对象:关键感知节点设备的供电设备(关键网关节点设备的供电设备)和设计或验收文档。

c) 测评实施包括以下内容:

1) 应核查关键感知节点设备(关键网关节点设备)电力供应设计或验收文档是否标明电力供应要求,其中是否明确保障关键感知节点设备长时间工作的电力供应措施(关键网关节点设备持久稳定的电力供应措施);

2) 应核查是否具有相关电力供应措施的运行维护记录,是否与电力供应设计一致。

d) 单元判定:如果1)和2)均为肯定,则符合本测评单元指标要求,否则不符合或部分符合本测评单元指标要求。

9.4.2 安全区域边界

9.4.2.1 接入控制

9.4.2.1.1 测评单元(L4-ABS4-01)

该测评单元包括以下要求:

a) 测评指标:应保证只有授权的感知节点可以接入。

b) 测评对象:感知节点设备和设计文档。

c) 测评实施包括以下内容:

1) 应核查感知节点设备接入机制设计文档是否包括防止非法的感知节点设备接入网络的机

制以及身份鉴别机制的描述；

2) 应对边界和感知层网络进行渗透测试，测试是否不存在绕过白名单或相关接入控制措施以及身份鉴别机制的方法。

d) 单元判定：如果1)和2)均为肯定，则符合本测评单元指标要求，否则不符合或部分符合本测评单元指标要求。

9.4.2.2 入侵防范

9.4.2.2.1 测评单元(L4-ABS4-02)

该测评单元包括以下要求：

a) 测评指标：应能够限制与感知节点通信的目标地址，以避免对陌生地址的攻击行为。

b) 测评对象：感知节点设备和设计文档。

c) 测评实施包括以下内容：

1) 应核查感知层安全设计文档，是否有对感知节点通信目标地址的控制措施说明；

2) 应核查感知节点设备，是否配置了对感知节点通信目标地址的控制措施，相关参数配置是否符合设计要求；

3) 应对感知节点设备进行渗透测试，测试是否能够限制感知节点设备对违反访问控制策略的通信目标地址进行访问或攻击。

d) 单元判定：如果1)~3)均为肯定，则符合本测评单元指标要求，否则不符合或部分符合本测评单元指标要求。

9.4.2.2.2 测评单元(L4-ABS4-03)

该测评单元包括以下要求：

a) 测评指标：应能够限制与网关节点通信的目标地址，以避免对陌生地址的攻击行为。

b) 测评对象：网关节点设备和设计文档。

c) 测评实施包括以下内容：

1) 应核查感知层安全设计文档，是否有对网关节点通信目标地址的控制措施说明；

2) 应核查网关节点设备，是否配置了对网关节点通信目标地址的控制措施，相关参数配置是否符合设计要求；

3) 应对感知节点设备进行渗透测试，测试是否能够限制网关节点设备对违反访问控制策略的通信目标地址进行访问或攻击。

d) 单元判定：如果1)~3)均为肯定，则符合本测评单元指标要求，否则不符合或部分符合本测评单元指标要求。

9.4.3 安全计算环境

9.4.3.1 感知节点设备安全

9.4.3.1.1 测评单元(L4-CES4-01)

该测评单元包括以下要求：

a) 测评指标：应保证只有授权的用户可以对感知节点设备上的软件应用进行配置或变更。

b) 测评对象：感知节点设备。

c) 测评实施包括以下内容：

1) 应核查感知节点设备是否采取了一定的技术手段防止非授权用户对设备上的软件应用进

行配置或变更；

2) 应通过试图接入和控制传感网访问未授权的资源，测试验证感知节点设备的访问控制措施对非法访问和非法使用感知节点设备资源的行为控制是否有效。

d) 单元判定：如果 1)和 2)均为肯定，则符合本测评单元指标要求，否则不符合或部分符合本测评单元指标要求。

9.4.3.1.2 测评单元(L4-CES4-02)

该测评单元包括以下要求：

a) 测评指标：应具有对其连接的网关节点设备(包括读卡器)进行身份标识和鉴别的能力。

b) 测评对象：网关节点设备(包括读卡器)。

c) 测评实施包括以下内容：

1) 应核查是否对连接的网关节点设备(包括读卡器)进行身份标识与鉴别，是否配置了符合安全策略的参数；

2) 应测试验证是否不存在绕过身份标识与鉴别功能的方法。

d) 单元判定：如果 1)和 2)均为肯定，则符合本测评单元指标要求，否则不符合或部分符合本测评单元指标要求。

9.4.3.1.3 测评单元(L4-CES4-03)

该测评单元包括以下要求：

a) 测评指标：应具有对其连接的其他感知节点设备(包括路由节点)进行身份标识和鉴别的能力。

b) 测评对象：其他感知节点设备(包括路由节点)。

c) 测评实施包括以下内容：

1) 应核查是否对连接的其他感知节点设备(包括路由节点)设备进行身份标识与鉴别，是否配置了符合安全策略的参数；

2) 应测试验证是否不存在绕过身份标识与鉴别功能的方法。

d) 单元判定：如果 1)和 2)均为肯定，则符合本测评单元指标要求，否则不符合或部分符合本测评单元指标要求。

9.4.3.2 网关节点设备安全

9.4.3.2.1 测评单元(L4-CES4-04)

该测评单元包括以下要求：

a) 测评指标：应设置最大并发连接数。

b) 测评对象：网关节点设备。

c) 测评实施：应核查网关节点设备是否配置了最大并发连接数参数。

d) 单元判定：如果以上测评实施内容为肯定，则符合本测评单元指标要求，否则不符合本测评单元指标要求。

9.4.3.2.2 测评单元(L4-CES4-05)

该测评单元包括以下要求：

a) 测评指标：应具备对合法连接设备(包括终端节点、路由节点、数据处理中心)进行标识和鉴别的能力。

b) 测评对象：网关节点设备。

c) 测评实施包括以下内容：
   1) 应核查网关节点设备是否能够对连接设备(包括终端节点、路由节点、数据处理中心)进行标识并配置了鉴别功能；
   2) 应测试验证是否不存在绕过身份标识与鉴别功能的方法。
d) 单元判定：如果1)和2)均为肯定，则符合本测评单元指标要求，否则不符合或部分符合本测评单元指标要求。

9.4.3.2.3 测评单元(L4-CES4-06)

该测评单元包括以下要求：

a) 测评指标：应具备过滤非法节点和伪造节点所发送的数据的能力。
b) 测评对象：网关节点设备。
c) 测评实施包括以下内容：
   1) 应核查是否具备过滤非法节点和伪造节点发送的数据的功能；
   2) 应测试验证是否能够过滤非法节点和伪造节点发送的数据。
d) 单元判定：如果1)和2)均为肯定，则符合本测评单元指标要求，否则不符合或部分符合本测评单元指标要求。

9.4.3.2.4 测评单元(L4-CES4-07)

该测评单元包括以下要求：

a) 测评指标：授权用户应能够在设备使用过程中对关键密钥进行在线更新。
b) 测评对象：感知节点设备。
c) 测评实施：应核查感知节点设备是否对其关键密钥进行在线更新。
d) 单元判定：如果以上测评实施内容为肯定，则符合本测评单元指标要求，否则不符合本测评单元指标要求。

9.4.3.2.5 测评单元(L4-CES4-08)

该测评单元包括以下要求：

a) 测评指标：授权用户应能够在设备使用过程中对关键配置参数进行在线更新。
b) 测评对象：感知节点设备。
c) 测评实施：应核查是否支持对其关键配置参数进行在线更新及在线更新方式是否有效。
d) 单元判定：如果以上测评实施内容为肯定，则符合本测评单元指标要求，否则不符合本测评单元指标要求。

9.4.3.3 抗数据重放

9.4.3.3.1 测评单元(L4-CES4-09)

该测评单元包括以下要求：

a) 测评指标：应能够鉴别数据的新鲜性，避免历史数据的重放攻击。
b) 测评对象：感知节点设备。
c) 测评实施包括以下内容：
   1) 应核查感知节点设备鉴别数据新鲜性的措施，是否能够避免历史数据重放；
   2) 应将感知节点设备历史数据进行重放测试，验证其保护措施是否生效。
d) 单元判定：如果1)和2)均为肯定，则符合本测评单元指标要求，否则不符合或部分符合本测评单元指标要求。

9.4.3.3.2 测评单元(L4-CES4-10)

该测评单元包括以下要求：

a) 测评指标：应能够鉴别历史数据的非法修改，避免数据的修改重放攻击。

b) 测评对象：感知节点设备。

c) 测评实施包括以下内容：

 1) 应核查感知层是否配备检测感知节点设备历史数据被非法篡改的措施，在检测到被修改时是否能采取必要的恢复措施；

 2) 应测试验证是否能够避免数据的修改重放攻击。

d) 单元判定：如果1)和2)均为肯定，则符合本测评单元指标要求，否则不符合或部分符合本测评单元指标要求。

9.4.3.4 数据融合处理

9.4.3.4.1 测评单元(L4-CES4-11)

该测评单元包括以下要求：

a) 测评指标：应对来自传感网的数据进行数据融合处理，使不同种类的数据可以在同一个平台被使用。

b) 测评对象：物联网应用系统。

c) 测评实施包括以下内容：

 1) 应核查是否提供对来自传感网的数据进行数据融合处理的功能；

 2) 应测试验证数据融合处理功能是否能够处理不同种类的数据。

d) 单元判定：如果1)和2)均为肯定，则符合本测评单元指标要求，否则不符合或部分符合本测评单元指标要求。

9.4.3.4.2 测评单元(L4-CES4-12)

该测评单元包括以下要求：

a) 测评指标：应对不同数据之间的依赖关系和制约关系等进行智能处理，如一类数据达到某个门限时可以影响对另一类数据采集终端的管理指令。

b) 测评对象：物联网应用系统。

c) 测评实施：应核查是否能够智能处理不同数据之间的依赖关系和制约关系。

d) 单元判定：如果以上测评实施内容为肯定，则符合本测评单元指标要求，否则不符合本测评单元指标要求。

9.4.4 安全运维管理

9.4.4.1 感知节点管理

9.4.4.1.1 测评单元(L4-MMS4-01)

该测评单元包括以下要求：

a) 测评指标：应指定人员定期巡视感知节点设备、网关节点设备的部署环境，对可能影响感知节点设备、网关节点设备正常工作的环境异常进行记录和维护。

b) 测评对象：维护记录。

c) 测评实施包括以下内容：
 1) 应访谈系统运维负责人是否有专门的人员对感知节点设备、网关节点设备进行定期维护，由何部门或何人负责，维护周期多长；
 2) 应核查感知节点设备、网关节点设备部署环境维护记录是否记录维护日期、维护人、维护设备、故障原因、维护结果等方面内容。
d) 单元判定：如果1)和2)均为肯定，则符合本测评单元指标要求，否则不符合或部分符合本测评单元指标要求。

9.4.4.1.2 测评单元(L4-MMS4-02)

该测评单元包括以下要求：
a) 测评指标：应对感知节点设备、网关节点设备入库、存储、部署、携带、维修、丢失和报废等过程作出明确规定，并进行全程管理。
b) 测评对象：感知节点和网关节点设备安全管理文档。
c) 测评实施：应核查感知节点和网关节点设备安全管理文档是否覆盖感知节点设备、网关节点设备入库、存储、部署、携带、维修、丢失和报废等方面。
d) 单元判定：如果以上测评实施内容为肯定，则符合本测评单元指标要求，否则不符合本测评单元指标要求。

9.4.4.1.3 测评单元(L4-MMS4-03)

该测评单元包括以下要求：
a) 测评指标：应加强对感知节点设备、网关节点设备部署环境的保密性管理，包括负责检查和维护的人员调离工作岗位应立即交还相关检查工具和检查维护记录等。
b) 测评对象：感知节点设备、网关节点设备部署环境的管理制度。
c) 测评实施：
 1) 应核查感知节点设备、网关节点设备部署环境管理文档是否包括负责核查和维护的人员调离工作岗位立即交还相关核查工具和核查维护记录等方面内容；
 2) 应核查是否具有感知节点设备、网关节点设备部署环境的相关保密性管理记录。
d) 单元判定：如果1)和2)均为肯定，则符合本测评单元指标要求，否则不符合或部分符合本测评单元指标要求。

9.5 工业控制系统安全测评扩展要求

9.5.1 安全物理环境

9.5.1.1 室外控制设备物理防护

9.5.1.1.1 测评单元(L4-PES5-01)

该测评单元包括以下要求：
a) 测评指标：室外控制设备应放置于采用铁板或其他防火材料制作的箱体或装置中并紧固；箱体或装置具有透风、散热、防盗、防雨和防火能力等。
b) 测评对象：室外控制设备。
c) 测评实施包括以下内容：
 1) 应核查是否放置于采用铁板或其他防火材料制作的箱体或装置中并紧固；
 2) 应核查箱体或装置是否具有透风、散热、防盗、防雨和防火能力等。

d) 单元判定：如果1)和2)均为肯定，则符合本测评单元指标要求，否则不符合或部分符合本测评单元指标要求。

9.5.1.1.2 测评单元(L4-PES5-02)

该测评单元包括以下要求：

a) 测评指标：室外控制设备放置应远离强电磁干扰、强热源等环境，如无法避免应及时做好应急处置及检修，保证设备正常运行。
b) 测评对象：室外控制设备。
c) 测评实施包括以下内容：
   1) 应核查放置位置是否远离强电磁干扰和热源等环境；
   2) 应核查是否有应急处置及检修维护记录。
d) 单元判定：如果1)或2)为肯定，则符合本测评单元指标要求，否则不符合或部分符合本测评单元指标要求。

9.5.2 安全通信网络

9.5.2.1 网络架构

9.5.2.1.1 测评单元(L4-CNS5-01)

该测评单元包括以下要求：

a) 测评指标：应在工业控制系统与企业其他系统之间应划分为两个区域，区域间应采用符合国家或行业规定的专用产品实现单向安全隔离。
b) 测评对象：网闸、防火墙和单向安全隔离装置等提供访问控制功能的设备。
c) 测评实施包括以下内容：
   1) 应核查工业控制系统和企业其他系统之间是否部署单向隔离设备；
   2) 应核查是否采用了有效的单向隔离策略实施访问控制；
   3) 应核查使用无线通信的工业控制系统边界是否采用与企业其他系统隔离强度相同的措施；
   4) 应核查所使用的专用产品是否符合国家规定，如有行业特殊规定的是否符合行业规定。
d) 单元判定：如果1)～4)均为肯定，则符合本测评单元指标要求，否则不符合或部分符合本测评单元指标要求。

9.5.2.1.2 测评单元(L4-CNS5-02)

该测评单元包括以下要求：

a) 测评指标：工业控制系统内部应根据业务特点划分为不同的安全域，安全域之间应采用技术隔离手段。
b) 测评对象：路由器、交换机和防火墙等提供访问控制功能的设备。
c) 测评实施包括以下内容：
   1) 应核查工业控制系统内部是否根据业务特点划分了不同的安全域；
   2) 应核查各安全域之间访问控制设备是否配置了有效的访问控制策略。
d) 单元判定：如果1)和2)均为肯定，则符合本测评单元指标要求，否则不符合或部分符合本测评单元指标要求。

9.5.2.1.3 测评单元(L4-CNS5-03)

该测评单元包括以下要求:

a) 测评指标:涉及实时控制和数据传输的工业控制系统,应使用独立的网络设备组网,在物理层面上实现与其他数据网及外部公共信息网的安全隔离。

b) 测评对象:工业控制系统网络。

c) 测评实施:应核查涉及实时控制和数据传输的工业控制系统是否在物理层面上独立组网。

d) 单元判定:如果以上测评实施内容为肯定,则符合本测评单元指标要求,否则不符合本测评单元指标要求。

9.5.2.2 通信传输

9.5.2.2.1 测评单元(L4-CNS5-04)

该测评单元包括以下要求:

a) 测评指标:在工业控制系统内使用广域网进行控制指令或相关数据交换的应采用加密认证技术手段实现身份认证、访问控制和数据加密传输。

b) 测评对象:加密认证设备、路由器、交换机和防火墙等提供访问控制功能的设备。

c) 测评实施:应核查工业控制系统中使用广域网传输的控制指令或相关数据是否采用加密认证技术实现身份认证、访问控制和数据加密传输。

d) 单元判定:如果以上测评实施内容为肯定,则符合本测评单元指标要求,否则不符合本测评单元指标要求。

9.5.3 安全区域边界

9.5.3.1 访问控制

9.5.3.1.1 测评单元(L4-ABS5-01)

该测评单元包括以下要求:

a) 测评指标:工业控制系统与企业其他系统之间部署访问控制设备,配置访问控制策略,禁止任何穿越区域边界的 E-Mail、Web、Telnet、Rlogin、FTP 等通用网络服务。

b) 测评对象:网闸、防火墙、路由器和交换机等提供访问控制功能的设备。

c) 测评实施包括以下内容:

   1) 应核查在工业控制系统与企业其他系统之间的网络边界是否部署访问控制设备,是否配置访问控制策略;

   2) 应核查设备安全策略,是否禁止 E-Mail、Web、Telnet、Rlogin、FTP 等通用网络服务穿越边界。

d) 单元判定:如果 1)和 2)均为肯定,则符合本测评单元指标要求,否则不符合或部分符合本测评单元指标要求。

9.5.3.1.2 测评单元(L4-ABS5-02)

该测评单元包括以下要求:

a) 测评指标:应在工业控制系统内安全域和安全域之间的边界防护机制失效时,及时进行报警。

b) 测评对象:网闸、防火墙、路由器和交换机等提供访问控制功能的设备,监控预警设备。

c) 测评实施包括以下内容：
 1) 应核查设备是否可以在策略失效的时候进行告警；
 2) 应核查是否部署监控预警系统或相关模块，在边界防护机制失效时可及时告警。
d) 单元判定：如果1)和2)均为肯定，则符合本测评单元指标要求，否则不符合或部分符合本测评单元指标要求。

9.5.3.2 拨号使用控制

9.5.3.2.1 测评单元(L4-ABS5-03)

该测评单元包括以下要求：

a) 测评指标：工业控制系统确需使用拨号访问服务的，应限制具有拨号访问权限的用户数量，并采取用户身份鉴别和访问控制等措施。
b) 测评对象：拨号服务类设备。
c) 测评实施：应核查拨号设备是否限制具有拨号访问权限的用户数量，拨号服务器和客户端是否使用账户/口令等身份鉴别方式，是否采用控制账户权限等访问控制措施。
d) 单元判定：如果以上测评实施内容为肯定，则符合本测评单元指标要求，否则不符合本测评单元指标要求。

9.5.3.2.2 测评单元(L4-ABS5-04)

该测评单元包括以下要求：

a) 测评指标：拨号服务器和客户端均应使用经安全加固的操作系统，并采取数字证书认证、传输加密和访问控制等措施。
b) 测评对象：拨号服务类设备。
c) 测评实施：应核查拨号服务器和客户端是否使用经安全加固的操作系统，并采取加密、数字证书认证和访问控制等安全防护措施。
d) 单元判定：如果以上测评实施内容为肯定，则符合本测评单元指标要求，否则不符合本测评单元指标要求。

9.5.3.2.3 测评单元(L4-ABS5-05)

该测评单元包括以下要求：

a) 测评指标：涉及实时控制和数据传输的工业控制系统禁止使用拨号访问服务。
b) 测评对象：拨号服务类设备。
c) 测评实施：应核查涉及实时控制和数据传输的工业控制系统内是否禁止使用拨号访问服务。
d) 单元判定：如果以上测评实施内容为肯定，则符合本测评单元指标要求，否则不符合本测评单元指标要求。

9.5.3.3 无线使用控制

9.5.3.3.1 测评单元(L4-ABS5-06)

该测评单元包括以下要求：

a) 测评指标：应对所有参与无线通信的用户(人员、软件进程或者设备)提供唯一性标识和鉴别。
b) 测评对象：无线通信网络及设备。
c) 测评实施包括以下内容：

1) 应核查无线通信的用户在登录时是否采用了身份鉴别措施；

2) 应核查用户身份标识是否具有唯一性。

d) 单元判定：如果1)和2)均为肯定，则符合本测评单元指标要求，否则不符合或部分符合本测评单元指标要求。

9.5.3.3.2 测评单元(L4-ABS5-07)

该测评单元包括以下要求：

a) 测评指标：应对所有参与无线通信的用户(人员、软件进程或者设备)进行授权以及执行使用进行限制。

b) 测评对象：无线通信网络及设备。

c) 测评实施：应核查无线通信过程中是否对用户进行授权，核查具体权限是否合理，核查未授权的使用是否可以被发现及告警。

d) 单元判定：如果以上测评实施内容为肯定，则符合本测评单元指标要求，否则不符合本测评单元指标要求。

9.5.3.3.3 测评单元(L4-ABS5-08)

该测评单元包括以下要求：

a) 测评指标：应对无线通信采取传输加密的安全措施，实现传输报文的机密性保护。

b) 测评对象：无线通信网络及设备。

c) 测评实施：应核查无线通信传输中是否采用加密措施保证传输报文的机密性。

d) 单元判定：如果以上测评实施内容为肯定，则符合本测评单元指标要求，否则不符合本测评单元指标要求。

9.5.3.3.4 测评单元(L4-ABS5-09)

该测评单元包括以下要求：

a) 测评指标：对采用无线通信技术进行控制的工业控制系统，应能识别其物理环境中发射的未经授权的无线设备，报告未经授权试图接入或干扰控制系统行为。

b) 测评对象：无线通信网络及设备、监测设备。

c) 测评实施：应核查工业控制系统是否可以实时监测其物理环境中发射的未经授权的无线设备；监测设备应及时发出告警并可以对试图接入的无线设备进行屏蔽。

d) 单元判定：如果以上测评实施内容为肯定，则符合本测评单元指标要求，否则不符合本测评单元指标要求。

9.5.4 安全计算环境

9.5.4.1 控制设备安全

9.5.4.1.1 测评单元(L4-CES5-01)

该测评单元包括以下要求：

a) 测评指标：控制设备自身应实现相应级别安全通用要求提出的身份鉴别、访问控制和安全审计等安全要求，如受条件限制控制设备无法实现上述要求，应由其上位控制或管理设备实现同等功能或通过管理手段控制。

b) 测评对象：控制设备。

c) 测评实施包括以下内容：
   1) 应核查控制设备是否具有身份鉴别、访问控制和安全审计等功能，如控制设备具备上述功能，则按照通用要求测评；
   2) 如控制设备不具备上述功能，则核查是否由其上位控制或管理设备实现同等功能或通过管理手段控制。
d) 单元判定：如果1)或2)为肯定，则符合本测评单元指标要求，否则不符合或部分符合本测评单元指标要求。

9.5.4.1.2 测评单元(L4-CES5-02)

该测评单元包括以下要求：
a) 测评指标：应在经过充分测试评估后，在不影响系统安全稳定运行的情况下对控制设备进行补丁更新、固件更新等工作。
b) 测评对象：控制设备。
c) 测评实施包括以下内容：
   1) 应核查是否有测试报告或测试评估记录；
   2) 应核查控制设备版本、补丁及固件是否经过充分测试后进行了更新。
d) 单元判定：如果1)和2)均为肯定，则符合本测评单元指标要求，否则不符合或部分符合本测评单元指标要求。

9.5.4.1.3 测评单元(L4-CES5-03)

该测评单元包括以下要求：
a) 测评指标：应关闭或拆除控制设备的软盘驱动、光盘驱动、USB接口、串行口或多余网口等，确需保留的应通过相关的技术措施实施严格的监控管理。
b) 测评对象：控制设备。
c) 测评实施包括以下内容：
   1) 应核查控制设备是否关闭或拆除设备的软盘驱动、光盘驱动、USB接口、串行口或多余网口等；
   2) 应核查保留的软盘驱动、光盘驱动、USB接口、串行口或多余网口等是否通过相关的措施实施严格的监控管理。
d) 单元判定：如果1)和2)均为肯定，则符合本测评单元指标要求，否则不符合或部分符合本测评单元指标要求。

9.5.4.1.4 测评单元(L4-CES5-04)

该测评单元包括以下要求：
a) 测评指标：应使用专用设备和专用软件对控制设备进行更新。
b) 测评对象：控制设备。
c) 测评实施：应核查是否使用专用设备和专用软件对控制设备进行更新。
d) 单元判定：如果以上测评实施内容为肯定，则符合本测评单元指标要求，否则不符合本测评单元指标要求。

9.5.4.1.5 测评单元(L4-CES5-05)

该测评单元包括以下要求：

a) 测评指标：应保证控制设备在上线前经过安全性检测，避免控制设备固件中存在恶意代码程序。
b) 测评对象：控制设备。
c) 测评实施：应核查由相关部门出具或认可的控制设备的检测报告，明确控制设备固件中是否不存在恶意代码程序。
d) 单元判定：如果以上测评实施内容为肯定，则符合本测评单元指标要求，否则不符合本测评单元指标要求。

9.5.5 安全建设管理

9.5.5.1 产品采购和使用

9.5.5.1.1 测评单元(L4-CMS5-01)

该测评单元包括以下要求：

a) 测评指标：工业控制系统重要设备应通过专业机构的安全性检测后方可采购使用。
b) 测评对象：安全管理员和检测报告类文档。
c) 测评实施包括以下内容：
   1) 应访谈安全管理员系统使用的工业控制系统重要设备及网络安全专用产品是否通过专业机构的安全性检测；
   2) 应核查工业控制系统是否有通过专业机构出具的安全性检测报告。
d) 单元判定：如果 1)和 2)均为肯定，则符合本测评单元指标要求，否则不符合或部分符合本测评单元指标要求。

9.5.5.2 外包软件开发

9.5.5.2.1 测评单元(L4-CMS5-02)

该测评单元包括以下要求：

a) 测评指标：应在外包开发合同中规定针对开发单位、供应商的约束条款，包括设备及系统在生命周期内有关保密、禁止关键技术扩散和设备行业专用等方面的内容。
b) 测评对象：外包合同。
c) 测评实施：应核查是否在外包开发合同中规定针对开发单位、供应商的约束条款，包括设备及系统在生命周期内有关保密、禁止关键技术扩散和设备行业专用等方面的内容。
d) 单元判定：如果以上测评实施内容为肯定，则符合本测评单元指标要求，否则不符合本测评单元指标要求。

10 第五级测评要求

略。

11 整体测评

11.1 概述

等级保护对象整体测评应从安全控制点、安全控制点间和区域间等方面进行测评和综合安全分析，从而给出等级测评结论。整体测评包括安全控制点测评、安全控制点间测评和区域间测评。

安全控制点测评是指对单个控制点中所有要求项的符合程度进行分析和判定。

安全控制点间安全测评是指对同一区域同一类内的两个或者两个以上不同安全控制点间的关联进行测评分析,其目的是确定这些关联对等级保护对象整体安全保护能力的影响。

区域间安全测评是指对互连互通的不同区域之间的关联进行测评分析,其目的是确定这些关联对等级保护对象整体安全保护能力的影响。

11.2 安全控制点测评

在单项测评完成后,如果该安全控制点下的所有要求项为符合,则该安全控制点符合,否则为不符合或部分符合。

11.3 安全控制点间测评

在单项测评完成后,如果等级保护对象的某个安全控制点中的要求项存在不符合或部分符合,应进行安全控制点间测评,应分析在同一类内,是否存在其他安全控制点对该安全控制点具有补充作用(如物理访问控制和防盗窃、身份鉴别和访问控制等)。同时,分析是否存在其他的安全措施或技术与该要求项具有相似的安全功能。

根据测评分析结果,综合判断该安全控制点所对应的系统安全保护能力是否缺失,如果经过综合分析单项测评中的不符合项或部分符合项不造成系统整体安全保护能力的缺失,则对该测评指标的测评结果予以调整。

11.4 区域间测评

在单项测评完成后,如果等级保护对象的某个安全控制点中的要求项存在不符合或部分符合,应进行区域间安全测评,重点分析等级保护对象中访问控制路径(如不同功能区域间的数据流流向和控制方式等)是否存在区域间的相互补充作用。

根据测评分析结果,综合判断该安全控制点所对应的系统安全保护能力是否缺失,如果经过综合分析单项测评中的不符合项或部分符合项不造成系统整体安全保护能力的缺失,则对该测评指标的测评结果予以调整。

12 测评结论

12.1 风险分析和评价

等级测评报告中应对整体测评之后单项测评结果中的不符合项或部分符合项进行风险分析和评价。

采用风险分析的方法对单项测评结果中存在的不符合项或部分符合项,分析所产生的安全问题被威胁利用的可能性,判断其被威胁利用后对业务信息安全和系统服务安全造成影响的程度,综合评价这些不符合项或部分符合项对定级对象造成的安全风险。

12.2 等级测评结论

等级测评报告应给出等级保护对象的等级测评结论,确认等级保护对象达到相应等级保护要求的程度。

应结合各类的测评结论和对单项测评结果的风险分析给出等级测评结论：

a) 符合：定级对象中未发现安全问题，等级测评结果中所有测评项的单项测评结果中部分符合和不符合项的统计结果全为 0，综合得分为 100 分。

b) 基本符合：定级对象中存在安全问题，部分符合和不符合项的统计结果不全为 0，但存在的安全问题不会导致定级对象面临高等级安全风险，且综合得分不低于阈值。

c) 不符合：定级对象中存在安全问题，部分符合项和不符合项的统计结果不全为 0，而且存在的安全问题会导致定级对象面临高等级安全风险，或者中低风险所占比例超过阈值。

附 录 A
（资料性附录）
测 评 力 度

A.1 概述

测评力度是在等级测评过程中实施测评工作的力度，体现为测评工作的实际投入程度，具体由测评的广度和深度来反映。测评广度越大，测评实施的范围越大，测评实施包含的测评对象就越多。测评深度越深，越需要在细节上展开，测评就越严格，因此就越需要更多的工作投入。投入越多，测评力度就越强，测评效果就越有保证。

测评方法是测评人员依据测评内容选取的、实施特定测评操作的具体方法，涉及访谈、核查和测试等三种基本测评方法。三种基本测评方法的测评力度可以通过其测评的深度和广度来描述：

——访谈深度：分别为简要、充分、较全面和全面等四种。简要访谈只包含通用和高级的问题；充分访谈包含通用和高级的问题以及一些较为详细的问题；较全面访谈包含通用和高级的问题以及一些有难度和探索性的问题；全面访谈包含通用和高级的问题以及较多有难度和探索性的问题。

——访谈广度：体现在访谈人员的构成和数量上。访谈覆盖不同类型的人员和同一类人的数量多少，体现出访谈的广度不同。

——核查深度：分别为简要、充分、较全面和全面等四种。简要核查主要是对功能性的文档、机制和活动，使用简要的评审、观察或核查以及核查列表和其他相似手段的简短测评；充分核查有详细的分析、观察和研究，除了功能性的文档、机制和活动外，还适当需要一些总体或概要设计信息；较全面核查有详细、彻底分析、观察和研究，除了功能性的文档、机制和活动外，还需要总体/概要和一些详细设计以及实现上的相关信息；全面核查有详细、彻底分析、观察和研究，除了功能性的文档、机制和活动外，还需要总体/概要和详细设计以及实现上的相关信息。

——核查广度：核查的广度体现在核查对象的种类（文档、机制等）和数量上。核查覆盖不同类型的对象和同一类对象的数量多少，体现出对象的广度不同。

——测试深度：测试的深度体现在执行的测试类型上，包括功能测试、性能测试和渗透测试。功能测试和性能测试只涉及机制的功能规范、高级设计和操作规程；渗透测试涉及机制的所有可用文档，并试图智取进入等级保护对象。

——测试广度：测试的广度体现在被测试的机制种类和数量上。测试覆盖不同类型的机制以及同一类型机制的数量多少，体现出对象的广度不同。

A.2 等级测评力度

为了检验不同级别的等级保护对象是否具有相应等级的安全保护能力，是否满足相应等级的保护要求，需要实施与其安全保护等级相适应的测评，付出相应的工作投入，达到应有的测评力度。测评的广度和深度落实到访谈、核查和测试三种不同的测评方法上，能体现出测评实施过程中访谈、核查和测试的投入程度的不同。第一级到第四级等级保护对象的测评力度反映在访谈、核查和测试等三种基本测评方法的测评广度和深度上，落实在不同单项测评中具体的测评实施上。

表 A.1 从测评对象数量和种类以及测评深度等方面详细分析了不同测评方法的测评力度在不同级别的等级保护对象安全测评中的具体体现。

表 A.1 不同级别的等级保护对象的测评力度要求

测评力度	测评方法	第一级	第二级	第三级	第四级
广度	访谈	测评对象在种类和数量上抽样，种类和数量都较少	测评对象在种类和数量上抽样，种类和数量都较多	测评对象在数量上抽样，在种类上基本覆盖	测评对象在数量上抽样，在种类上全部覆盖
	核查				
	测试				
深度	访谈	简要	充分	较全面	全面
	核查				
	测试	功能测试	功能测试	功能测试和测试验证	功能测试和测试验证

从表 A.1 可以看到，对不同级别的等级保护对象进行等级测评时，选择的测评对象的种类和数量是不同的，随着等级保护对象安全保护等级的增高，抽查的测评对象的种类和数量也随之增加。

对不同级别的等级保护对象进行等级测评时，实际抽查测评对象的种类和数量，应当达到表 A.1 的要求，以满足相应等级的测评力度要求。在确定测评对象时，需遵循以下原则：

——重要性，应抽查对被测定级对象来说重要的服务器、数据库和网络设备等；

——安全性，应抽查对外暴露的网络边界；

——共享性，应抽查共享设备和数据交换平台/设备；

——全面性，抽查应尽量覆盖系统各种设备类型、操作系统类型、数据库系统类型和应用系统类型；

——符合性，选择的设备、软件系统等应能符合相应等级的测评强度要求。

附 录 B
（资料性附录）
大数据可参考安全评估方法

B.1 第一级安全评估方法

B.1.1 安全通信网络

B.1.1.1 测评单元(BDS-L1-01)

该测评单元包括以下要求：

a) 测评指标：应保证大数据平台不承载高于其安全保护等级的大数据应用。
b) 测评对象：大数据平台和业务应用系统定级材料。
c) 测评实施：应核查大数据平台和大数据平台承载的大数据应用系统相关定级材料，大数据平台安全保护等级是否不低于其承载的业务应用系统。
d) 单元判定：如果以上测评实施内容为肯定，则符合本单元测评指标要求，否则不符合本单元测评指标要求。

B.1.2 安全计算环境

B.1.2.1 测评单元(BDS-L1-01)

该测评单元包括以下要求：

a) 测评指标：大数据平台应对数据采集终端、数据导入服务组件、数据导出终端、数据导出服务组件的使用实施身份鉴别。
b) 测评对象：数据采集终端、导入服务组件、业务应用系统、数据管理系统和系统管理软件等。
c) 测评实施包括以下内容：
   1) 应核查数据采集终端、用户或导入服务组件、数据导出终端、数据导出服务组件在登录时是否采用了身份鉴别措施；
   2) 应测试验证身份鉴别措施是否能够不被绕过。
d) 单元判定：如果 1)和 2)均为肯定，则符合本测评单元指标要求，否则不符合或部分符合本测评单元指标要求。

B.1.3 安全建设管理

B.1.3.1 测评单元(BDS-L1-01)

该测评单元包括以下要求：

a) 测评指标：应选择安全合规的大数据平台，其所提供的大数据平台服务应为其所承载的大数据应用提供相应等级的安全保护能力。
b) 测评对象：大数据应用建设负责人、大数据平台资质及安全服务能力报告和大数据平台服务合同等。
c) 测评实施包括以下内容：
   1) 应访谈大数据应用建设负责人，所选择的大数据平台是否满足国家的有关规定；
   2) 应查阅大数据平台相关资质及安全服务能力报告，是否大数据平台能为其所承载的大数

据应用提供相应等级的安全保护能力;

3) 应核查大数据平台提供者的相关服务合同,是否大数据平台提供了其所承载的大数据应用相应等级的安全保护能力。

d) 单元判定:如果 1)~3)均为肯定,则符合本测评单元指标要求,否则不符合或部分符合本测评单元指标要求。

B.2 第二级安全评估方法

B.2.1 安全物理环境

B.2.1.1 测评单元(BDS-L2-01)

该测评单元包括以下要求:

a) 测评指标:应保证承载大数据存储、处理和分析的设备机房位于中国境内。

b) 测评对象:大数据平台管理员和大数据平台建设方案。

c) 测评实施包括以下内容:

1) 应访谈大数据平台管理员大数据平台的存储节点、处理节点、分析节点和大数据管理平台等承载大数据业务和数据的软硬件是否均位于中国境内;

2) 应核查大数据平台建设方案中是否明确大数据平台的存储节点、处理节点、分析节点和大数据管理平台等承载大数据业务和数据的软硬件均位于中国境内。

d) 单元判定:如果 1)和 2)均为肯定,则符合本单元测评指标要求,否则不符合或部分符合本单元测评指标要求。

B.2.2 安全通信网络

B.2.2.1 测评单元(BDS-L2-01)

该测评单元包括以下要求:

a) 测评指标:应保证大数据平台不承载高于其安全保护等级的大数据应用。

b) 测评对象:大数据平台和业务应用系统定级材料。

c) 测评实施:应核查大数据平台和大数据平台承载的大数据应用系统相关定级材料,大数据平台安全保护等级是否不低于其承载的业务应用系统。

d) 单元判定:如果以上测评实施内容为肯定,则符合本单元测评指标要求,否则不符合本单元测评指标要求。

B.2.3 安全计算环境

B.2.3.1 测评单元(BDS-L2-01)

该测评单元包括以下要求:

a) 测评指标:大数据平台应对数据采集终端、数据导入服务组件、数据导出终端、数据导出服务组件的使用实施身份鉴别。

b) 测评对象:数据采集终端、导入服务组件、业务应用系统、数据管理系统和系统管理软件等。

c) 测评实施包括以下内容:

1) 应核查数据采集终端、用户或导入服务组件、数据导出终端、数据导出服务组件在登录时是否采用了身份鉴别措施;

2) 应测试验证身份鉴别措施是否能够不被绕过。

d） 单元判定：如果1)和2)均为肯定，则符合本测评单元指标要求，否则不符合或部分符合本测评单元指标要求。

B.2.3.2 测评单元(BDS-L2-02)

该测评单元包括以下要求：

a） 测评指标：大数据平台应能对不同客户的大数据应用实施标识和鉴别。
b） 测评对象：大数据平台、大数据应用系统和系统管理软件等。
c） 测评实施包括以下内容：
    1） 应核查大数据平台是否对大数据应用实施身份鉴别措施；
    2） 应测试验证身份鉴别措施是否能够不被绕过。
d） 单元判定：如果1)和2)均为肯定，则符合本测评单元指标要求，否则不符合或部分符合本测评单元指标要求。

B.2.3.3 测评单元(BDS-L2-03)

该测评单元包括以下要求：

a） 测评指标：大数据平台应为大数据应用提供管控其计算和存储资源使用状况的能力。
b） 测评对象：大数据平台和大数据应用。
c） 测评实施包括以下内容：
    1） 应核查大数据平台是否为大数据应用提供计算和存储资源管控的模块；
    2） 应建立大数据应用测试账户，核查大数据平台是否支持计算和存储资源监测和管控功能。
d） 单元判定：如果1)和2)均为肯定，则符合本测评单元指标要求，否则不符合或部分符合本测评单元指标要求。

B.2.3.4 测评单元(BDS-L2-04)

该测评单元包括以下要求：

a） 测评指标：大数据平台应对其提供的辅助工具或服务组件，实施有效管理。
b） 测评对象：辅助工具、服务组件和大数据平台。
c） 测评实施包括以下内容：
    1） 应核查提供的辅助工具或服务组件是否可以进行安装、部署、升级和卸载等；
    2） 应核查提供的辅助工具或服务组件是否提供日志；
    3） 应核查大数据平台是否采用技术手段或管理手段对辅助工具或服务组件进行统一管理，避免组件冲突。
d） 单元判定：如果1)～3)均为肯定，则符合本测评单元指标要求，否则不符合或部分符合本测评单元指标要求。

B.2.3.5 测评单元(BDS-L2-05)

该测评单元包括以下要求：

a） 测评指标：大数据平台应屏蔽计算、内存、存储资源故障，保障业务正常运行。
b） 测评对象：设计文档、建设文档、计算节点和存储节点。
c） 测评实施包括以下内容：
    1） 应核查设计文档或建设文档等是否具备屏蔽计算、内存、存储资源故障的措施和技术手段；
    2） 应测试验证单一计算节点或存储节点关闭时，是否不影响业务正常运行。

d) 单元判定：如果 1)和 2)均为肯定，则符合本测评单元指标要求，否则不符合或部分符合本测评单元指标要求。

B.2.3.6 测评单元(BDS-L2-06)

该测评单元包括以下要求：

a) 测评指标：大数据平台应提供静态脱敏和去标识化的工具或服务组件技术。
b) 测评对象：设计或建设文档、大数据应用和大数据平台。
c) 测评实施包括以下内容：
   1) 应核查大数据平台设计或建设文档是否具备数据静态脱密和去标识化措施或方案，如核查工具或服务组件是否具备配置不同的脱敏算法的能力；
   2) 应核查静态脱敏和去标识化工具或服务组件是否进行了策略配置；
   3) 应核查大数据平台是否为大数据应用提供静态脱敏和去标识化的工具或服务组件技术；
   4) 应测试验证脱敏后的数据是否实现对敏感信息内容的屏蔽和隐藏，验证脱敏处理是否具备不可逆性。
d) 单元判定：如果 1)～4)均为肯定，则符合本测评单元指标要求，否则不符合或部分符合本测评单元指标要求。

B.2.3.7 测评单元(BDS-L2-07)

该测评单元包括以下要求：

a) 测评指标：对外提供服务的大数据平台，平台或第三方只有在大数据应用授权下才可以对大数据应用的数据资源进行访问、使用和管理。
b) 测评对象：大数据平台、大数据应用系统、数据管理系统和系统设计文档等。
c) 测评实施包括以下内容：
   1) 应核查是否由授权主体负责配置访问控制策略；
   2) 应核查授权主体是否依据安全策略配置了主体对客体的访问规则；
   3) 应测试验证是否不存在可越权访问情形。
d) 单元判定：如果 1)～3)均为肯定，则符合本测评单元指标要求，否则不符合或部分符合本测评单元指标要求。

B.2.4 安全建设管理

B.2.4.1 测评单元(BDS-L2-01)

该测评单元包括以下要求：

a) 测评指标：应选择安全合规的大数据平台，其所提供的大数据平台服务应为其所承载的大数据应用提供相应等级的安全保护能力。
b) 测评对象：大数据应用建设负责人、大数据平台资质及安全服务能力报告和大数据平台服务合同等。
c) 测评实施包括以下内容：
   1) 应访谈大数据应用建设负责人，所选择的大数据平台是否满足国家的有关规定；
   2) 应查阅大数据平台相关资质及安全服务能力报告，是否大数据平台能为其所承载的大数据应用提供相应等级的安全保护能力；
   3) 应核查大数据平台提供者的相关服务合同，是否大数据平台提供了其所承载的大数据应用相应等级的安全保护能力。

d) 单元判定:如果 1)～3)均为肯定,则符合本测评单元指标要求,否则不符合或部分符合本测评单元指标要求。

B.2.4.2 测评单元(BDS-L2-02)

该测评单元包括以下要求:

a) 测评指标:应以书面方式约定大数据平台提供者的权限与责任、各项服务内容和具体技术指标等,尤其是安全服务内容。
b) 测评对象:服务合同、协议和服务水平协议、安全声明等。
c) 测评实施:应核查服务合同、协议或服务水平协议、安全声明等,是否规范了大数据平台提供者的权限与责任,覆盖管理范围、职责划分、访问授权、隐私保护、行为准则、违约责任等方面的内容;是否规定了大数据平台的各项服务内容(含安全服务)和具体指标、服务期限等,并有双方签字或盖章。
d) 单元判定:如果以上测评实施内容为肯定,则符合本测评单元指标要求,否则不符合本测评单元指标要求。

B.2.5 安全运维管理

B.2.5.1 测评单元(BDS-L2-01)

该测评单元包括以下要求:

a) 测评指标:应建立数字资产安全管理策略,对数据全生命周期的操作规范、保护措施、管理人员职责等进行规定,包括并不限于数据采集、存储、处理、应用、流动、销毁等过程。
b) 测评对象:数字资产安全管理策略。
c) 测评实施包括以下内容:
    1) 应核查大数据平台和大数据应用数字资产安全管理策略是否明确资产的安全管理目标、原则和范围;
    2) 应核查大数据平台和大数据应用数字资产安全管理策略是否明确各类数据全生命周期(包括并不限于数据采集、存储、处理、应用、流动、销毁等过程)的操作规范和保护措施,是否与数字资产的安全类别级别相符;
    3) 应核查大数据平台和大数据应用数字资产安全管理策略是否明确管理人员的职责。
d) 单元判定:如果 1)～3)均为肯定,则符合本单元测评指标要求,否则不符合或部分符合本单元测评指标要求。

B.3 第三级安全评估方法

B.3.1 安全物理环境

B.3.1.1.1 测评单元(BDS-L3-01)

该测评单元包括以下要求:

a) 测评指标:应保证承载大数据存储、处理和分析的设备机房位于中国境内。
b) 测评对象:大数据平台管理员和大数据平台建设方案。
c) 测评实施包括以下内容:
    1) 应访谈大数据平台管理员大数据平台的存储节点、处理节点、分析节点和大数据管理平台等承载大数据业务和数据的软硬件是否均位于中国境内;
    2) 应核查大数据平台建设方案中是否明确大数据平台的存储节点、处理节点、分析节点和大数据管理平台等承载大数据业务和数据的软硬件均位于中国境内。

d) 单元判定：如果1)和2)均为肯定，则符合本单元测评指标要求，否则不符合或部分符合本单元测评指标要求。

B.3.2 安全通信网络

B.3.2.1.1 测评单元(BDS-L3-01)

该测评单元包括以下要求：

a) 测评指标：应保证大数据平台不承载高于其安全保护等级的大数据应用。

b) 测评对象：大数据平台和业务应用系统定级材料。

c) 测评实施：应核查大数据平台和大数据平台承载的大数据应用系统相关定级材料，大数据平台安全保护等级是否不低于其承载的业务应用系统。

d) 单元判定：如果以上测评实施内容为肯定，则符合本单元测评指标要求，否则不符合本单元测评指标要求。

B.3.2.1.2 测评单元(BDS-L3-02)

该测评单元包括以下要求：

a) 测评指标：应保证大数据平台的管理流量与系统业务流量分离。

b) 测评对象：网络架构和大数据平台。

c) 测评实施包括以下内容：

  1) 应核查网络架构和配置策略能否采用带外管理或策略配置等方式实现管理流量和业务流量分离；

  2) 应核查大数据平台管理流量与大数据服务业务流量是否分离，核查所采取的技术手段和流量分离手段；

  3) 应测试验证大数据平台管理流量与业务流量是否分离。

d) 单元判定：如果1)～3)均为肯定，则符合本测评单元指标要求，否则不符合或部分符合本测评单元指标要求。

B.3.3 安全计算环境

B.3.3.1 测评单元(BDS-L3-01)

该测评单元包括以下要求：

a) 测评指标：大数据平台应对数据采集终端、数据导入服务组件、数据导出终端、数据导出服务组件的使用实施身份鉴别。

b) 测评对象：数据采集终端、导入服务组件、业务应用系统、数据管理系统和系统管理软件等。

c) 测评实施包括以下内容：

  1) 应核查数据采集终端、用户或导入服务组件、数据导出终端、数据导出服务组件在登录时是否采用了身份鉴别措施；

  2) 应测试验证身份鉴别措施是否能够不被绕过。

d) 单元判定：如果1)和2)均为肯定，则符合本测评单元指标要求，否则不符合或部分符合本测评单元指标要求。

B.3.3.2 测评单元(BDS-L3-02)

该测评单元包括以下要求：

a） 测评指标：大数据平台应能对不同客户的大数据应用实施标识和鉴别。
b） 测评对象：大数据平台、大数据应用系统和系统管理软件等。
c） 测评实施包括以下内容：
  1） 应核查大数据平台是否对大数据应用实施身份鉴别措施；
  2） 应测试验证身份鉴别措施是否能够不被绕过。
d） 单元判定：如果1)和2)均为肯定，则符合本测评单元指标要求，否则不符合或部分符合本测评单元指标要求。

B.3.3.3 测评单元(BDS-L3-03)

该测评单元包括以下要求：
a） 测评指标：大数据平台应为大数据应用提供集中管控其计算和存储资源使用状况的能力。
b） 测评对象：大数据平台和大数据应用。
c） 测评实施包括以下内容：
  1） 应核查大数据平台是否为大数据应用提供计算和存储资源集中管控的模块；
  2） 应建立大数据应用测试账户，核查大数据平台是否支持计算和存储资源集中监测和集中管控功能。
d） 单元判定：如果1)和2)均为肯定，则符合本测评单元指标要求，否则不符合或部分符合本测评单元指标要求。

B.3.3.4 测评单元(BDS-L3-04)

该测评单元包括以下要求：
a） 测评指标：大数据平台应对其提供的辅助工具或服务组件，实施有效管理。
b） 测评对象：辅助工具、服务组件和大数据平台。
c） 测评实施包括以下内容：
  1） 应核查提供的辅助工具或服务组件是否可以进行安装、部署、升级和卸载等；
  2） 应核查提供的辅助工具或服务组件是否提供日志；
  3） 应核查大数据平台是否采用技术手段或管理手段对辅助工具或服务组件进行统一管理，避免组件冲突。
d） 单元判定：如果1)～3)均为肯定，则符合本测评单元指标要求，否则不符合或部分符合本测评单元指标要求。

B.3.3.5 测评单元(BDS-L3-05)

该测评单元包括以下要求：
a） 测评指标：大数据平台应屏蔽计算、内存、存储资源故障，保障业务正常运行。
b） 测评对象：设计文档、建设文档、计算节点和存储节点。
c） 测评实施包括以下内容：
  1） 应核查设计文档或建设文档等是否具备屏蔽计算、内存、存储资源故障的措施和技术手段；
  2） 应测试验证单一计算节点或存储节点关闭时，是否不影响业务正常运行。
d） 单元判定：如果1)和2)均为肯定，则符合本测评单元指标要求，否则不符合或部分符合本测评单元指标要求。

B.3.3.6 测评单元(BDS-L3-06)

该测评单元包括以下要求：

a) 测评指标：大数据平台应提供静态脱敏和去标识化的工具或服务组件技术。
b) 测评对象：设计或建设文档、大数据应用和大数据平台。
c) 测评实施包括以下内容：
   1) 应核查大数据平台设计或建设文档是否具备数据静态脱密和去标识化措施或方案，如核查工具或服务组件是否具备配置不同的脱敏算法的能力；
   2) 应核查静态脱敏和去标识化工具或服务组件是否进行了策略配置；
   3) 应核查大数据平台是否为大数据应用提供静态脱敏和去标识化的工具或服务组件技术；
   4) 应测试验证脱敏后的数据是否实现对敏感信息内容的屏蔽和隐藏，验证脱敏处理是否具备不可逆性。
d) 单元判定：如果1)～4)均为肯定，则符合本测评单元指标要求，否则不符合或部分符合本测评单元指标要求。

B.3.3.7 测评单元(BDS-L3-07)

该测评单元包括以下要求：
a) 测评指标：对外提供服务的大数据平台，平台或第三方只有在大数据应用授权下才可以对大数据应用的数据资源进行访问、使用和管理。
b) 测评对象：大数据平台、大数据应用系统、数据管理系统和系统设计文档等。
c) 测评实施包括以下内容：
   1) 应核查是否由授权主体负责配置访问控制策略；
   2) 应核查授权主体是否依据安全策略配置了主体对客体的访问规则；
   3) 应测试验证是否不存在可越权访问情形。
d) 单元判定：如果1)～3)均为肯定，则符合本测评单元指标要求，否则不符合或部分符合本测评单元指标要求。

B.3.3.8 测评单元(BDS-L3-08)

该测评单元包括以下要求：
a) 测评指标：大数据平台应提供数据分类分级安全管理功能，供大数据应用针对不同类别级别的数据采取不同的安全保护措施。
b) 测评对象：大数据平台、大数据应用系统、数据管理系统和系统设计文档等。
c) 测评实施包括以下内容：
   1) 应访谈管理员是否依据行业相关数据分类分级规范制定数据分类分级策略；
   2) 应核查大数据平台是否具有分类分级管理功能，是否依据分类分级策略对数据进行分类和等级划分；大数据平台是否能够为大数据应用提供分类分级安全管理功能；
   3) 应核查大数据平台、大数据应用和数据管理系统等对不同类别级别的数据在标识、使用、传输和存储等方面采取何种安全防护措施，进而根据不同需要对关键数据进行重点防护。
d) 单元判定：如果1)～3)均为肯定，则符合本测评单元指标要求，否则不符合或部分符合本测评单元指标要求。

B.3.3.9 测评单元(BDS-L3-09)

该测评单元包括以下要求：
a) 测评指标：大数据平台应提供设置数据安全标记功能，基于安全标记的授权和访问控制措施，满足细粒度授权访问控制管理能力要求。
b) 测评对象：大数据平台、数据管理系统和系统设计文档等。

c) 测评实施包括以下内容：
   1) 应核查大数据平台是否依据安全策略对数据设置安全标记；
   2) 应核查大数据平台是否为大数据应用提供基于安全标记的细粒度访问控制授权能力；
   3) 应测试验证依据安全标记是否实现主体对客体细粒度的访问控制管理功能。
d) 单元判定：如果1)～3)均为肯定，则符合本测评单元指标要求，否则不符合或部分符合本测评单元指标要求。

B.3.3.10 测评单元(BDS-L3-10)

该测评单元包括以下要求：

a) 测评指标：大数据平台应在数据采集、存储、处理、分析等各个环节，支持对数据进行分类分级处置，并保证安全保护策略保持一致。
b) 测评对象：数据采集终端、导入服务组件、大数据应用系统、数据管理系统和系统管理软件等。
c) 测评实施包括以下内容：
   1) 应访谈管理员是否依据行业相关数据分类分级规范制定数据分类分级策略；
   2) 应核查数据是否依据分类分级策略在数据采集、处理、分析过程中进行分类和等级划分；
   3) 应核查是否采取有效措施保障机构内部数据安全保护策略的一致性。
d) 单元判定：如果1)～3)均为肯定，则符合本测评单元指标要求，否则不符合或部分符合本测评单元指标要求。

B.3.3.11 测评单元(BDS-L3-11)

该测评单元包括以下要求：

a) 测评指标：涉及重要数据接口、重要服务接口的调用，应实施访问控制，包括但不限于数据处理、使用、分析、导出、共享、交换等相关操作。
b) 测评对象：大数据平台、大数据应用系统、数据管理系统和系统管理软件等。
c) 测评实施包括以下内容：
   1) 应核查大数据平台或大数据应用系统是否面向重要数据接口、重要服务接口的调用提供有效访问控制措施；
   2) 应核查访问控制措施是否包括但不限于数据处理、使用、分析、导出、共享、交换等相关操作；
   3) 应测试验证访问控制措施是否不被绕过。
d) 单元判定：如果1)～3)均为肯定，则符合本测评单元指标要求，否则不符合或部分符合本测评单元指标要求。

B.3.3.12 测评单元(BDS-L3-12)

该测评单元包括以下要求：

a) 测评指标：应在数据清洗和转换过程中对重要数据进行保护，以保证重要数据清洗和转换后的一致性，避免数据失真，并在产生问题时能有效还原和恢复。
b) 测评对象：管理员、清洗和转换的数据、数据清洗和转换工具或脚本。
c) 测评实施包括以下内容：
   1) 应访谈数据清洗转换相关管理员，询问数据清洗后是否较少出现失真或一致性破坏的情况；
   2) 应核查清洗和转换的数据，重要数据清洗前后的字段或者内容是否具备一致性，能否避免数据失真；

3) 应核查数据清洗和转换工具或脚本，重要数据是否具备回滚机制等，在产生问题时可进行有效还原和恢复。

d) 单元判定：如果1)～3)均为肯定，则符合本测评单元指标要求，否则不符合或部分符合本测评单元指标要求。

B.3.3.13 测评单元(BDS-L3-13)

该测评单元包括以下要求：

a) 测评指标：应跟踪和记录数据采集、处理、分析和挖掘等过程，保证溯源数据能重现相应过程，溯源数据满足合规审计要求。

b) 测评对象：数据溯源措施或系统和大数据系统。

c) 测评实施包括以下内容：

1) 应核查数据溯源措施或系统是否对数据采集、处理、分析和挖掘等过程进行溯源；

2) 应核查重要业务数据处理流程是否包含在数据溯源范围中；

3) 应测试验证大数据平台是否对测试产生的数据采集、处理、分析或挖掘的过程进行了记录，是否可溯源测试过程；

4) 应核查是否能支撑数据业务要求，确保重要业务数据可溯源；

5) 对于自研发溯源措施或系统，应核查溯源数据能否满足合规审计要求；

6) 对于采购的溯源措施或系统，应核查系统是否符合国家产品和服务合规审计要求，溯源数据是否符合合规审计要求。

d) 单元判定：如果1)～6)均为肯定，则符合本测评单元指标要求，否则不符合或部分符合本测评单元指标要求。

B.3.3.14 测评单元(BDS-L3-14)

该测评单元包括以下要求：

a) 测评指标：大数据平台应保证不同客户大数据应用的审计数据隔离存放，并提供不同客户审计数据收集汇总和集中分析的能力。

b) 测评对象：大数据应用的审计数据。

c) 测评实施包括以下内容：

1) 应核查对外提供服务的大数据平台，审计数据存储方式和不同大数据应用的审计数据是否隔离存放；

2) 应核查大数据平台是否提供不同客户审计数据收集汇总和集中分析的能力。

d) 单元判定：如果1)和2)均为肯定，则符合本测评单元指标要求，否则不符合或部分符合本测评单元指标要求。

B.3.4 安全建设管理

B.3.4.1 测评单元(BDS-L3-01)

该测评单元包括以下要求：

a) 测评指标：应选择安全合规的大数据平台，其所提供的大数据平台服务应为其所承载的大数据应用提供相应等级的安全保护能力。

b) 测评对象：大数据应用建设负责人、大数据平台资质及安全服务能力报告和大数据平台服务合同等。

c) 测评实施包括以下内容：

1) 应访谈大数据应用建设负责人，所选择的大数据平台是否满足国家的有关规定；
2) 应查阅大数据平台相关资质及安全服务能力报告，是否大数据平台能为其所承载的大数据应用提供相应等级的安全保护能力；
3) 应核查大数据平台提供者的相关服务合同，是否大数据平台提供了其所承载的大数据应用相应等级的安全保护能力。

d) 单元判定：如果 1)～3)均为肯定，则符合本测评单元指标要求，否则不符合或部分符合本测评单元指标要求。

B.3.4.2 测评单元(BDS-L3-02)

该测评单元包括以下要求：

a) 测评指标：应以书面方式约定大数据平台提供者的权限与责任、各项服务内容和具体技术指标等，尤其是安全服务内容。
b) 测评对象：服务合同、协议或服务水平协议、安全声明等。
c) 测评实施：应核查服务合同、协议或服务水平协议、安全声明等，是否规范了大数据平台提供者的权限与责任，覆盖管理范围、职责划分、访问授权、隐私保护、行为准则、违约责任等方面的内容；是否规定了大数据平台的各项服务内容(含安全服务)和具体指标、服务期限等，并有双方签字或盖章。
d) 单元判定：如果以上测评实施内容为肯定，则符合本测评单元指标要求，否则不符合本测评单元指标要求。

B.3.4.3 测评单元(BDS-L3-03)

该测评单元包括以下要求：

a) 测评指标：应明确约束数据交换、共享的接收方对数据的保护责任，并确保接收方有足够或相当的安全防护能力。
b) 测评对象：数据交换、共享策略和数据交换、共享合同、协议等。
c) 测评实施包括以下内容：
   1) 应核查是否建立数据交换、共享的策略，确保内容覆盖对接收方安全防护能力的约束性要求；
   2) 应核查数据交换、共享的合同或协议是否明确数据交换、共享的接收方对数据的保护责任。
d) 单元判定：如果 1)和 2)均为肯定，则符合本测评单元指标要求，否则不符合或部分符合本测评单元指标要求。

B.3.5 安全运维管理

B.3.5.1 测评单元(BDS-L3-01)

该测评单元包括以下要求：

a) 测评指标：应建立数字资产安全管理策略，对数据全生命周期的操作规范、保护措施、管理人员职责等进行规定，包括并不限于数据采集、存储、处理、应用、流动、销毁等过程。
b) 测评对象：数字资产安全管理策略。
c) 测评实施包括以下内容：
   1) 应核查大数据平台和大数据应用数字资产安全管理策略是否明确资产的安全管理目标、原则和范围；

2) 应核查大数据平台和大数据应用数字资产安全管理策略是否明确各类数据全生命周期(包括并不限于数据采集、存储、处理、应用、流动、销毁等过程)的操作规范和保护措施,是否与数字资产的安全类别级别相符;

3) 应核查大数据平台和大数据应用数字资产安全管理策略是否明确管理人员的职责。

d) 单元判定:如果1)~3)均为肯定,则符合本单元测评指标要求,否则不符合或部分符合本单元测评指标要求。

B.3.5.2 测评单元(BDS-L3-02)

该测评单元包括以下要求:

a) 测评指标:应制定并执行数据分类分级保护策略,针对不同类别级别的数据制定不同的安全保护措施。

b) 测评对象:数据分类分级保护策略。

c) 测评实施包括以下内容:

1) 应核查大数据平台和大数据应用数据分类分级保护策略是否针对不同类别级别的数据制定不同的安全保护措施;

2) 应核查数据操作记录是否按照大数据平台和大数据应用数据分类分级保护策略对数据实施保护。

d) 单元判定:如果1)和2)均为肯定,则符合本单元测评指标要求,否则不符合或部分符合本单元测评指标要求。

B.3.5.3 测评单元(BDS-L3-03)

该测评单元包括以下要求:

a) 测评指标:应在数据分类分级的基础上,划分重要数字资产范围,明确重要数据进行自动脱敏或去标识的使用场景和业务处理流程。

b) 测评对象:数据安全管理相关要求和大数据平台建设方案。

c) 测评实施包括以下内容:

1) 应核查数据安全管理相关要求是否划分重要数字资产范围,是否明确重要数据自动脱敏或去标识的使用场景和业务处理流程;

2) 应核查数据自动脱敏或去标识的使用场景和业务处理流程是否和管理要求相符。

d) 单元判定:如果1)和2)均为肯定,则符合本单元测评指标要求,否则不符合或部分符合本单元测评指标要求。

B.3.5.4 测评单元(BDS-L3-04)

该测评单元包括以下要求:

a) 测评指标:应定期评审数据的类别和级别,如需要变更数据的类别或级别,应依据变更审批流程执行变更。

b) 测评对象:数据管理员,数据管理相关制度和数据变更记录表单。

c) 测评实施包括以下内容:

1) 应访谈数据管理员,是否定期评审数据的类别和级别,如需要变更数据的类别或级别时,是否依据变更审批流程执行;

2) 应核查数据管理相关制度,是否要求对数据的类别和级别进行定期评审,是否提出数据类别或级别变更的审批要求;

3) 应核查数据变更记录表单,是否依据变更审批流程执行变更。

d) 单元判定：如果1)～3)均为肯定，则符合本单元测评指标要求，否则不符合或部分符合本单元测评指标要求。

B.4 第四级安全评估方法

B.4.1 安全物理环境

B.4.1.1.1 测评单元(BDS-L4-01)

该测评单元包括以下要求：

a) 测评指标：应保证承载大数据存储、处理和分析的设备机房位于中国境内。
b) 测评对象：大数据平台管理员和大数据平台建设方案。
c) 测评实施包括以下内容：
   1) 应访谈大数据平台管理员大数据平台的存储节点、处理节点、分析节点和大数据管理平台等承载大数据业务和数据的软硬件是否均位于中国境内；
   2) 应核查大数据平台建设方案中是否明确大数据平台的存储节点、处理节点、分析节点和大数据管理平台等承载大数据业务和数据的软硬件均位于中国境内。
d) 单元判定：如果1)和2)均为肯定，则符合本单元测评指标要求，否则不符合或部分符合本单元测评指标要求。

B.4.2 安全通信网络

B.4.2.1.1 测评单元(BDS-L4-01)

该测评单元包括以下要求：

a) 测评指标：应保证大数据平台不承载高于其安全保护等级的大数据应用。
b) 测评对象：大数据平台和业务应用系统定级材料。
c) 测评实施：应核查大数据平台和大数据平台承载的大数据应用系统相关定级材料，大数据平台安全保护等级是否不低于其承载的业务应用系统。
d) 单元判定：如果以上测评实施内容为肯定，则符合本单元测评指标要求，否则不符合本单元测评指标要求。

B.4.2.1.2 测评单元(BDS-L4-02)

该测评单元包括以下要求：

a) 测评指标：应保证大数据平台的管理流量与系统业务流量分离。
b) 测评对象：网络架构和大数据平台。
c) 测评实施包括以下内容：
   1) 应核查网络架构和配置策略能否采用带外管理或策略配置等方式实现管理流量和业务流量分离；
   2) 应核查大数据平台管理流量与大数据服务业务流量是否分离，核查所采取的技术手段和流量分离手段；
   3) 应测试验证大数据平台管理流量与业务流量是否分离。
d) 单元判定：如果1)和3)或2)和3)均为肯定，则符合本测评单元指标要求，否则不符合或部分符合本测评单元指标要求。

B.4.3 安全计算环境

B.4.3.1 测评单元(BDS-L4-01)

该测评单元包括以下要求:

a) 测评指标:大数据平台应对数据采集终端、数据导入服务组件、数据导出终端、数据导出服务组件的使用实施身份鉴别。

b) 测评对象:数据采集终端、导入服务组件、业务应用系统、数据管理系统和系统管理软件等。

c) 测评实施包括以下内容:

1) 应核查数据采集终端、用户或导入服务组件、数据导出终端、数据导出服务组件在登录时是否采用了身份鉴别措施;

2) 应测试验证身份鉴别措施是否能够不被绕过。

d) 单元判定:如果1)和2)均为肯定,则符合本测评单元指标要求,否则不符合或部分符合本测评单元指标要求。

B.4.3.2 测评单元(BDS-L4-02)

该测评单元包括以下要求:

a) 测评指标:大数据平台应能对不同客户的大数据应用实施标识和鉴别。

b) 测评对象:大数据平台、大数据应用系统和系统管理软件等。

c) 测评实施包括以下内容:

1) 应核查大数据平台是否对大数据应用实施身份鉴别措施;

2) 应测试验证身份鉴别措施是否能够不被绕过。

d) 单元判定:如果1)和2)均为肯定,则符合本测评单元指标要求,否则不符合或部分符合本测评单元指标要求。

B.4.3.3 测评单元(BDS-L4-03)

该测评单元包括以下要求:

a) 测评指标:大数据平台应为大数据应用提供集中管控其计算和存储资源使用状况的能力。

b) 测评对象:大数据平台和大数据应用。

c) 测评实施包括以下内容:

1) 应核查大数据平台是否为大数据应用提供计算和存储资源集中管控的模块;

2) 应建立大数据应用测试账户,核查大数据平台是否支持计算和存储资源集中监测和集中管控功能。

d) 单元判定:如果1)和2)均为肯定,则符合本测评单元指标要求,否则不符合或部分符合本测评单元指标要求。

B.4.3.4 测评单元(BDS-L4-04)

该测评单元包括以下要求:

a) 测评指标:大数据平台应对其提供的辅助工具或服务组件,实施有效管理。

b) 测评对象:辅助工具、服务组件和大数据平台。

c) 测评实施包括以下内容:

1) 应核查提供的辅助工具或服务组件是否可以进行安装、部署、升级和卸载等;

2) 应核查提供的辅助工具或服务组件是否提供日志;

3） 应核查大数据平台是否采用技术手段或管理手段对辅助工具或服务组件进行统一管理，避免组件冲突。

d） 单元判定：如果 1)～3)均为肯定，则符合本测评单元指标要求，否则不符合或部分符合本测评单元指标要求。

B.4.3.5 测评单元(BDS-L4-05)

该测评单元包括以下要求：

a） 测评指标：大数据平台应屏蔽计算、内存、存储资源故障，保障业务正常运行。

b） 测评对象：设计文档、建设文档、计算节点和存储节点。

c） 测评实施包括以下内容：

1） 应核查设计文档或建设文档等是否具备屏蔽计算、内存、存储资源故障的措施和技术手段；

2） 应测试验证单一计算节点或存储节点关闭时，是否不影响业务正常运行。

d） 单元判定：如果 1)和 2)均为肯定，则符合本测评单元指标要求，否则不符合或部分符合本测评单元指标要求。

B.4.3.6 测评单元(BDS-L4-06)

该测评单元包括以下要求：

a） 测评指标：大数据平台应提供静态脱敏和去标识化的工具或服务组件技术。

b） 测评对象：设计或建设文档、大数据应用和大数据平台。

c） 测评实施包括以下内容：

1） 应核查大数据平台设计或建设文档是否具备数据静态脱密和去标识化措施或方案，如核查工具或服务组件是否具备配置不同的脱敏算法的能力；

2） 应核查静态脱敏和去标识化工具或服务组件是否进行了策略配置；

3） 应核查大数据平台是否为大数据应用提供静态脱敏和去标识化的工具或服务组件技术；

4） 应测试验证脱敏后的数据是否实现对敏感信息内容的屏蔽和隐藏，验证脱敏处理是否具备不可逆性。

d） 单元判定：如果 1)～4)均为肯定，则符合本测评单元指标要求，否则不符合或部分符合本测评单元指标要求。

B.4.3.7 测评单元(BDS-L4-07)

该测评单元包括以下要求：

a） 测评指标：对外提供服务的大数据平台，平台或第三方只有在大数据应用授权下才可以对大数据应用的数据资源进行访问、使用和管理。

b） 测评对象：大数据平台、大数据应用系统、数据管理系统和系统设计文档等。

c） 测评实施包括以下内容：

1） 应核查是否由授权主体负责配置访问控制策略；

2） 应核查授权主体是否依据安全策略配置了主体对客体的访问规则；

3） 应测试验证是否不存在可越权访问情形。

d） 单元判定：如果 1)～3)均为肯定，则符合本测评单元指标要求，否则不符合或部分符合本测评单元指标要求。

B.4.3.8 测评单元(BDS-L4-08)

该测评单元包括以下要求：

a） 测评指标：大数据平台应提供数据分类分级安全管理功能，供大数据应用针对不同类别级别的数据采取不同的安全保护措施。
b） 测评对象：大数据平台、大数据应用系统、数据管理系统和系统设计文档等。
c） 测评实施包括以下内容：
 1） 应访谈管理员是否依据行业相关数据分类分级规范制定数据分类分级策略；
 2） 应核查大数据平台是否具有分类分级管理功能，是否依据分类分级策略对数据进行分类和等级划分；大数据平台是否能够为大数据应用提供分类分级安全管理功能；
 3） 应核查大数据平台、大数据应用和数据管理系统等对不同类别级别的数据在标识、使用、传输和存储等方面采取何种安全防护措施，进而根据不同需要对关键数据进行重点防护。
d） 单元判定：如果 1)～3)均为肯定，则符合本测评单元指标要求，否则不符合或部分符合本测评单元指标要求。

B.4.3.9 测评单元(BDS-L4-09)

该测评单元包括以下要求：
a） 测评指标：大数据平台应提供设置数据安全标记功能，基于安全标记的授权和访问控制措施，满足细粒度授权访问控制管理能力要求。
b） 测评对象：大数据平台、数据管理系统和系统设计文档等。
c） 测评实施包括以下内容：
 1） 应核查大数据平台是否依据安全策略对数据设置安全标记；
 2） 应核查大数据平台是否为大数据应用提供基于安全标记的细粒度访问控制授权能力；
 3） 应测试验证依据安全标记是否实现主体对客体细粒度的访问控制管理功能。
d） 单元判定：如果 1)～3)均为肯定，则符合本测评单元指标要求，否则不符合或部分符合本测评单元指标要求。

B.4.3.10 测评单元(BDS-L4-10)

该测评单元包括以下要求：
a） 测评指标：大数据平台应在数据采集、存储、处理、分析等各个环节，支持对数据进行分类分级处置，并保证安全保护策略保持一致。
b） 测评对象：数据采集终端、导入服务组件、大数据应用系统、数据管理系统和系统管理软件等。
c） 测评实施包括以下内容：
 1） 应访谈管理员是否依据行业相关数据分类分级规范制定数据分类分级策略；
 2） 应核查数据是否依据分类分级策略在数据采集、处理、分析过程中进行分类和等级划分；
 3） 应核查是否采取有效措施保障机构内部数据安全保护策略的一致性。
d） 单元判定：如果 1)～3)均为肯定，则符合本测评单元指标要求，否则不符合或部分符合本测评单元指标要求。

B.4.3.11 测评单元(BDS-L4-11)

该测评单元包括以下要求：
a） 测评指标：涉及重要数据接口、重要服务接口的调用，应实施访问控制，包括但不限于数据处理、使用、分析、导出、共享、交换等相关操作。
b） 测评对象：大数据平台、大数据应用系统、数据管理系统和系统管理软件等。
c） 测评实施包括以下内容：
 1） 应核查大数据平台或大数据应用系统是否面向重要数据接口、重要服务接口的调用提供有效访问控制措施；

2） 应核查访问控制措施是否包括但不限于数据处理、使用、分析、导出、共享、交换等相关操作；

3） 应测试验证访问控制措施是否不被绕过。

d） 单元判定：如果 1）～3）均为肯定，则符合本测评单元指标要求，否则不符合或部分符合本测评单元指标要求。

B.4.3.12 测评单元（BDS-L3-12）

该测评单元包括以下要求：

a） 测评指标：应在数据清洗和转换过程中对重要数据进行保护，以保证重要数据清洗和转换后的一致性，避免数据失真，并在产生问题时能有效还原和恢复。

b） 测评对象：管理员、清洗和转换的数据、数据清洗和转换工具或脚本。

c） 测评实施包括以下内容：

1） 应访谈数据清洗转换相关管理员，询问数据清洗后是否较少出现失真或一致性破坏的情况；

2） 应核查清洗和转换的数据，重要数据清洗前后的字段或者内容是否具备一致性，能否避免数据失真；

3） 应核查数据清洗和转换工具或脚本，重要数据是否具备回滚机制等，在产生问题时可进行有效还原和恢复。

d） 单元判定：如果 1）～3）均为肯定，则符合本测评单元指标要求，否则不符合或部分符合本测评单元指标要求。

B.4.3.13 测评单元（BDS-L3-13）

该测评单元包括以下要求：

a） 测评指标：应跟踪和记录数据采集、处理、分析和挖掘等过程，保证溯源数据能重现相应过程，溯源数据满足合规审计要求。

b） 测评对象：数据溯源措施或系统和大数据系统。

c） 测评实施包括以下内容：

1） 应核查数据溯源措施或系统是否对数据采集、处理、分析和挖掘等过程进行溯源；

2） 应核查重要业务数据处理流程是否包含在数据溯源范围中；

3） 应测试验证大数据平台是否对测试产生的数据采集、处理、分析或挖掘的过程进行了记录，是否可溯源测试过程；

4） 应核查是否能支撑数据业务要求，确保重要业务数据可溯源；

5） 对于自研发溯源措施或系统，应核查溯源数据能否满足合规审计要求；

6） 对于采购的溯源措施或系统，应核查系统是否符合国家产品和服务合规审计要求，溯源数据是否符合合规审计要求。

d） 单元判定：如果 1）～6）均为肯定，则符合本测评单元指标要求，否则不符合或部分符合本测评单元指标要求。

B.4.3.14 测评单元（BDS-L4-14）

该测评单元包括以下要求：

a） 测评指标：大数据平台应保证不同客户大数据应用的审计数据隔离存放，并提供不同客户审计数据收集汇总和集中分析的能力。

b） 测评对象：大数据应用的审计数据。

c） 测评实施包括以下内容：

1） 应核查对外提供服务的大数据平台，审计数据存储方式和不同大数据应用的审计数据是否隔离存放；

2） 应核查大数据平台是否提供不同客户审计数据收集汇总和集中分析的能力。

d） 单元判定：如果1）和2）均为肯定，则符合本测评单元指标要求，否则不符合或部分符合本测评单元指标要求。

B.4.3.15 测评单元（BDS-L4-15）

该测评单元包括以下要求：

a） 测评指标：大数据平台应具备对不同类别、不同级别数据全生命周期区分处置的能力。

b） 测评对象：设计文档或建设文档和大数据平台。

c） 测评实施包括以下内容：

1） 应核查设计文档或建设文档是否具备对不同类别、不同级别数据区分处置的策略或措施；

2） 应核查大数据平台不同类别、不同级别数据是否在全生命周期区分处置。

d） 单元判定：如果1）和2）均为肯定，则符合本测评单元指标要求，否则不符合或部分符合本测评单元指标要求。

B.4.4 安全建设管理

B.4.4.1 测评单元（BDS-L4-01）

该测评单元包括以下要求：

a） 测评指标：应选择安全合规的大数据平台，其所提供的大数据平台服务应为其所承载的大数据应用提供相应等级的安全保护能力。

b） 测评对象：大数据应用建设负责人、大数据平台资质及安全服务能力报告和大数据平台服务合同等。

c） 测评实施包括以下内容：

1） 应访谈大数据应用建设负责人，所选择的大数据平台是否满足国家的有关规定；

2） 应查阅大数据平台相关资质及安全服务能力报告，是否大数据平台能为其所承载的大数据应用提供相应等级的安全保护能力；

3） 应核查大数据平台提供者的相关服务合同，是否大数据平台提供了其所承载的大数据应用相应等级的安全保护能力。

d） 单元判定：如果1）～3）均为肯定，则符合本测评单元指标要求，否则不符合或部分符合本测评单元指标要求。

B.4.4.2 测评单元（BDS-L4-02）

该测评单元包括以下要求：

a） 测评指标：应以书面方式约定大数据平台提供者的权限与责任、各项服务内容和具体技术指标等，尤其是安全服务内容。

b） 测评对象：服务合同、协议和服务水平协议、安全声明等。

c） 测评实施：应核查服务合同、协议或服务水平协议、安全声明等，是否规范了大数据平台提供者的权限与责任，覆盖管理范围、职责划分、访问授权、隐私保护、行为准则、违约责任等方面的内容；是否规定了大数据平台的各项服务内容（含安全服务）和具体指标、服务期限等，并有双方签字或盖章。

d) 单元判定：如果以上测评实施内容为肯定，则符合本测评单元指标要求，否则不符合本测评单元指标要求。

B.4.4.3 测评单元(BDS-L4-03)

该测评单元包括以下要求：

a) 测评指标：应明确约束数据交换、共享的接收方对数据的保护责任，并确保接收方有足够或相当的安全防护能力。

b) 测评对象：数据交换、共享策略和数据交换、共享合同、协议等。

c) 测评实施包括以下内容：

 1) 应核查是否建立数据交换、共享的策略，确保内容覆盖对接收方安全防护能力的约束性要求；

 2) 应核查数据交换、共享的合同或协议是否明确数据交换、共享的接收方对数据的保护责任。

d) 单元判定：如果1)和2)均为肯定，则符合本测评单元指标要求，否则不符合或部分符合本测评单元指标要求。

B.4.5 安全运维管理

B.4.5.1 测评单元(BDS-L4-01)

该测评单元包括以下要求：

a) 测评指标：应建立数字资产安全管理策略，对数据全生命周期的操作规范、保护措施、管理人员职责等进行规定，包括并不限于数据采集、存储、处理、应用、流动、销毁等过程。

b) 测评对象：数字资产安全管理策略。

c) 测评实施包括以下内容：

 1) 应核查大数据平台和大数据应用数字资产安全管理策略是否明确资产的安全管理目标、原则和范围；

 2) 应核查大数据平台和大数据应用数字资产安全管理策略是否明确各类数据全生命周期(包括并不限于数据采集、存储、处理、应用、流动、销毁等过程)的操作规范和保护措施，是否与数字资产的安全类别级别相符；

 3) 应核查大数据平台和大数据应用数字资产安全管理策略是否明确管理人员的职责。

d) 单元判定：如果1)～3)均为肯定，则符合本单元测评指标要求，否则不符合或部分符合本单元测评指标要求。

B.4.5.2 测评单元(BDS-L4-02)

该测评单元包括以下要求：

a) 测评指标：应制定并执行数据分类分级保护策略，针对不同类别级别的数据制定不同的安全保护措施。

b) 测评对象：数据分类分级保护策略。

c) 测评实施包括以下内容：

 1) 应核查大数据平台和大数据应用数据分类分级保护策略是否针对不同类别级别的数据制定不同的安全保护措施；

 2) 应核查数据操作记录是否按照大数据平台和大数据应用数据分类分级保护策略对数据实

施保护。

d) 单元判定:如果1)和2)均为肯定,则符合本单元测评指标要求,否则不符合或部分符合本单元测评指标要求。

B.4.5.3 测评单元(BDS-L4-03)

该测评单元包括以下要求:

a) 测评指标:应在数据分类分级的基础上,划分重要数字资产范围,明确重要数据进行自动脱敏或去标识的使用场景和业务处理流程。

b) 测评对象:数据安全管理相关要求和大数据平台建设方案。

c) 测评实施包括以下内容:

  1) 应核查数据安全管理相关要求是否划分重要数字资产范围,是否明确重要数据自动脱敏或去标识的使用场景和业务处理流程;

  2) 应核查数据自动脱敏或去标识的使用场景和业务处理流程是否和管理要求相符。

d) 单元判定:如果1)和2)均为肯定,则符合本单元测评指标要求,否则不符合或部分符合本单元测评指标要求。

B.4.5.4 测评单元(BDS-L4-04)

该测评单元包括以下要求:

a) 测评指标:应定期评审数据的类别和级别,如需要变更数据的类别或级别,应依据变更审批流程执行变更。

b) 测评对象:数据管理员,数据管理相关制度和数据变更记录表单。

c) 测评实施包括以下内容:

  1) 应访谈数据管理员,是否定期评审数据的类别和级别,如需要变更数据的类别或级别时,是否依据变更审批流程执行;

  2) 应核查数据管理相关制度,是否要求对数据的类别和级别进行定期评审,是否提出数据类别或级别变更的审批要求;

  3) 应核查数据变更记录表单,是否依据变更审批流程执行变更。

d) 单元判定:如果1)~3)均为肯定,则符合本单元测评指标要求,否则不符合或部分符合本单元测评指标要求。

附　录　C
（规范性附录）
测评单元编号说明

C.1　测评单元编码规则

测评单元编号为三组数据，格式为××—××××—××，各组含义和编码规则如下：

第1组由2位组成，第1位为字母L，第2位为数字，其中数字1为第一级，2为第二级，3为第三级，4为第四级，5为第五级。

第2组由4位组成，前3位为字母，第4位为数字。字母代表类：PES为安全物理环境，CNS为安全通信网络，ABS为安全区域边界，CES为安全计算环境，SMC为安全管理中心，PSS为安全管理制度，ORS为安全管理机构，HRS为安全管理人员，CMS为安全建设管理，MMS为安全运维管理。数字代表应用场景：1为安全测评通用要求部分，2为云计算安全测评扩展要求部分，3为移动互联安全测评扩展要求部分，4为物联网安全测评扩展要求部分，5为工业控制系统安全测评扩展要求部分。

第3组由2位数字组成，按类对基本要求中的要求项进行顺序编号。

示例：测评单元编号为L1-PES1-01，代表源自安全测评通用要求部分的第一级安全物理环境类的第1个指标。

C.2　大数据可参考安全评估方法编号说明

测评单元编号为三组数据，格式为XXX—XX—XXX，各组含义和编码规则如下：

第1组由3位组成，BDS代表大数据可参考安全评估方法。

第2组由2位组成，第1位为字母L，第2位为数字，其中数字1为第一级，2为第二级，3为第三级，4为第四级，5为第五级。

第3组由2位数字组成，按照基本要求中的安全控制措施进行顺序编号。

示例：测评单元编号为BDS-L1-01，代表源自大数据可参考安全评估方法的第一级的第1个指标。

C.3　专用缩略语

下列专用缩略语适用于本文件。

ABS：安全区域边界（Area Boundary Security）

BDS：大数据系统（Bigdata System）

CES：安全计算环境（Computing Environment Security）

CMS：安全建设管理（Construction Management Security）

CNS：安全通信网络（Communication Network Security）

HRS：安全管理人员（Human Resource Security）

MMS：安全运维管理（Maintenance Management Security）

ORS：安全管理机构（Organization and Resource Security）

PES：安全物理环境（Physical Environment Security）

PSS：安全管理制度（Policy and System Security）

SMC：安全管理中心（Security Management Center）

参 考 文 献

[1] GB/T 18336.1—2015 信息技术 安全技术 信息技术安全评估准则 第1部分:简介和一般模型

[2] GB/T 18336.2—2015 信息技术 安全技术 信息技术安全评估准则 第2部分:安全功能组件

[3] GB/T 18336.3—2015 信息技术 安全技术 信息技术安全评估准则 第3部分:安全保障组件

[4] GB/T 20269—2006 信息安全技术 信息系统安全管理要求

[5] GB/T 20270—2006 信息安全技术 网络基础安全技术要求

[6] GB/T 20271—2006 信息安全技术 信息系统通用安全技术要求

[7] GB/T 20272—2006 信息安全技术 操作系统安全技术要求

[8] GB/T 20273—2006 信息安全技术 数据库管理系统安全技术要求

[9] GB/T 20282—2006 信息安全技术 信息系统安全工程管理要求

[10] GB/T 30976.1—2014 工业控制系统信息安全 第1部分:评估规范

[11] GB/T 30976.2—2014 工业控制系统信息安全 第2部分:验收规范

[12] GB 50174—2017 数据中心设计规范

[13] YD/T 2437—2012 物联网总体框架与技术要求

[14] YDB 101—2012 物联网安全需求

[15] ISO/IEC 27000:2013 Information technology Security techniques—Information security management systems—Overview and vocabulary

[16] ISO/IEC 27001:2013 Information technology Security techniques—Information security management system—Requirements

[17] ISO/IEC 27002:2013 Information Technology Security Techniques—Code of practice for information security controls

[18] ISO/IEC 27003:2013 Information technology Security techniques—Information security management system implementation—Guidance

[19] IEC 62264-1 Enterprise—control system integration—Part 1: Models and terminology

[20] IEC 62443-1-1 Industrial communication networks—network and system security—Part 1-1: terminology, concepts and models

[21] IEC 62443-3-2 Industrial communication networks—Network and system security—Part 3-2: Security assurance levels for zones and conduits

[22] IEC 62443-3-3 Industrial communication networks—Network and system security—Part 3-3: System security requirements and security levels

[23] NIST Special Publication 800-53A: Assessing Security and Privacy Controls in Federal Information Systems and Organizations

[24] NIST Special Publication 800-82: Guide to Industrial Control Systems (ICS) Security

ICS 35.040
L 80

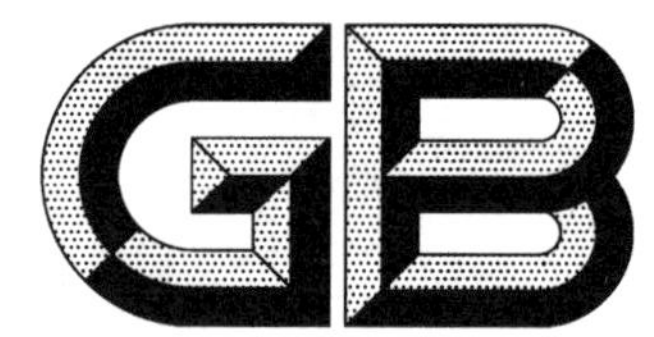

中华人民共和国国家标准

GB/T 28449—2018
代替 GB/T 28449—2012

信息安全技术
网络安全等级保护测评过程指南

**Information security technology—
Testing and evaluation process guide for classified protection of cybersecurity**

2018-12-28 发布　　　　2019-07-01 实施

国家市场监督管理总局
中国国家标准化管理委员会　发布

前　言

本标准按照 GB/T 1.1—2009 给出的规则起草。

本标准代替 GB/T 28449—2012《信息安全技术　信息系统安全等级保护测评过程指南》,与 GB/T 28449—2012 相比,除编辑性修改外,主要技术变化如下:

——标准名称由"信息安全技术　信息系统安全等级保护测评过程指南"变更为"信息安全技术　网络安全等级保护测评过程指南";

——修改了报告编制活动中的任务,由原来的 6 个任务修改为 7 个任务(见 4.1,2012 年版的 5.4);

——在测评准备活动、现场测评活动的双方职责中增加了协调多方的职责,并在一些涉及到多方的工作任务中也予以明确(见 7.4,2012 年版的 8.4);

——在信息收集和分析工作任务中增加了信息分析方法的内容(见 5.2.2);

——增加了利用云计算、物联网、移动互联网、工业控制系统、IPv6 系统等构建的等级保护对象开展安全测评需要额外重点关注的特殊任务及要求(见附录 C);

——删除了测评方案示例(见 2012 年版的附录 D);

——删除了信息系统基本情况调查表模版(见 2012 年版的附录 E)。

请注意本文件的某些内容可能涉及专利。本文件的发布机构不承担识别这些专利的责任。

本标准由全国信息安全标准化技术委员会(SAC/TC 260)提出并归口。

本标准起草单位:公安部第三研究所(公安部信息安全等级保护评估中心)、中国电子科技集团公司第十五研究所(信息产业信息安全测评中心)、北京信息安全测评中心。

本标准主要起草人:袁静、任卫红、江雷、李升、张宇翔、毕马宁、李明、张益、刘凯俊、赵泰、王然、刘海峰、曲洁、刘静、朱建平、马力、陈广勇。

本标准所代替标准的历次版本发布情况为:

——GB/T 28449—2012。

引　言

本标准中的等级测评是测评机构依据 GB/T 22239 以及 GB/T 28448 等技术标准，检测评估定级对象安全等级保护状况是否符合相应等级基本要求的过程，是落实网络安全等级保护制度的重要环节。

在定级对象建设、整改时，定级对象运营、使用单位通过等级测评进行现状分析，确定系统的安全保护现状和存在的安全问题，并在此基础上确定系统的整改安全需求。

在定级对象运维过程中，定级对象运营、使用单位定期对定级对象安全等级保护状况进行自查或委托测评机构开展等级测评，对信息安全管控能力进行考察和评价，从而判定定级对象是否具备 GB/T 22239中相应等级要求的安全保护能力。因此，等级测评活动所形成的等级测评报告是定级对象开展整改加固的重要依据，也是第三级以上定级对象备案的重要附件材料。等级测评结论为不符合或基本符合的定级对象，其运营、使用单位需根据等级测评报告，制定方案进行整改。

本标准是网络安全等级保护相关系列标准之一。

信息安全技术 网络安全等级保护测评过程指南

1 范围

本标准规范了网络安全等级保护测评(以下简称"等级测评")的工作过程,规定了测评活动及其工作任务。

本标准适用于测评机构、定级对象的主管部门及运营使用单位开展网络安全等级保护测试评价工作。

2 规范性引用文件

下列文件对于本文件的应用是必不可少的。凡是注日期的引用文件,仅注日期的版本适用于本文件。凡是不注日期的引用文件,其最新版本(包括所有的修改单)适用于本文件。

GB 17859 计算机信息系统安全保护等级划分准则

GB/T 22239 信息安全技术 信息系统安全等级保护基本要求

GB/T 25069 信息安全技术 术语

GB/T 28448 信息安全技术 信息系统安全等级保护测评要求

3 术语和定义

GB 17859、GB/T 22239、GB/T 25069 和 GB/T 28448 界定的术语和定义适用于本文件。

4 等级测评概述

4.1 等级测评过程概述

本标准中的测评工作过程及任务基于受委托测评机构对定级对象的初次等级测评给出。运营、使用单位的自查或受委托测评机构已经实施过一次以上等级测评的,测评机构和测评人员根据实际情况调整部分工作任务(见附录 A)。开展等级测评的测评机构应严格按照附录 B 中给出的等级测评工作要求开展相关工作。

等级测评过程包括四个基本测评活动:测评准备活动、方案编制活动、现场测评活动、报告编制活动。而测评相关方之间的沟通与洽谈应贯穿整个等级测评过程。每一测评活动有一组确定的工作任务。具体如表 1 所示。

表 1 等级测评过程

测评活动	主要工作任务
测评准备活动	工作启动
	信息收集和分析
	工具和表单准备

表 1（续）

测评活动	主要工作任务
方案编制活动	测评对象确定
	测评指标确定
	测评内容确定
	工具测试方法确定
	测评指导书开发
	测评方案编制
现场测评活动	现场测评准备
	现场测评和结果记录
	结果确认和资料归还
报告编制活动	单项测评结果判定
	单元测评结果判定
	整体测评
	系统安全保障评估
	安全问题风险分析
	等级测评结论形成
	测评报告编制

本标准对其中每项活动均给出相应的工作流程、主要任务、输出文档及活动中相关方的职责的规定，每项工作任务均有相应的输入、任务描述和输出产品。

4.2 等级测评风险

4.2.1 影响系统正常运行的风险

在现场测评时，需要对设备和系统进行一定的验证测试工作，部分测试内容需要上机验证并查看一些信息，这就可能对系统运行造成一定的影响，甚至存在误操作的可能。

此外，使用测试工具进行漏洞扫描测试、性能测试及渗透测试等，可能会对网络和系统的负载造成一定的影响，渗透性攻击测试还可能影响到服务器和系统正常运行，如出现重启、服务中断、渗透过程中植入的代码未完全清理等现象。

4.2.2 敏感信息泄露风险

测评人员有意或无意泄漏被测系统状态信息，如网络拓扑、IP 地址、业务流程、业务数据、安全机制、安全隐患和有关文档信息等。

4.2.3 木马植入风险

测评人员在渗透测试完成后，有意或无意将渗透测试过程中用到的测试工具未清理或清理不彻底，或者测试电脑中带有木马程序，带来在被测评系统中植入木马的风险。

4.3 等级测评风险规避

在等级测评过程中可以通过采取以下措施规避风险：

a) 签署委托测评协议

在测评工作正式开始之前，测评方和被测评单位需要以委托协议的方式明确测评工作的目标、范围、人员组成、计划安排、执行步骤和要求以及双方的责任和义务等，使得测评双方对测评过程中的基本问题达成共识。

b) 签署保密协议

测评相关方应签署合乎法律规范的保密协议，以约束测评相关方现在及将来的行为。保密协议规定了测评相关方保密方面的权利与义务。测评过程中获取的相关系统数据信息及测评工作的成果属被测评单位所有，测评方对其的引用与公开应得到相关单位的授权，否则相关单位将按照保密协议的要求追究测评单位的法律责任。

c) 现场测评工作风险的规避

现场测评之前，测评机构应与相关单位签署现场测评授权书，要求相关方对系统及数据进行备份，并对可能出现的事件制定应急处理方案。

进行验证测试和工具测试时，避开业务高峰期，在系统资源处于空闲状态时进行，或配置与生产环境一致的模拟/仿真环境，在模拟/仿真环境下开展漏洞扫描等测试工作；上机验证测试由测评人员提出需要验证的内容，系统运营、使用单位的技术人员进行实际操作。整个现场测评过程要求系统运营、使用单位全程监督。

d) 测评现场还原

测评工作完成后，测评人员应将测评过程中获取的所有特权交回，把测评过程中借阅的相关资料文档归还，并将测评环境恢复至测评前状态。

5 测评准备活动

5.1 测评准备活动工作流程

测评准备活动的目标是顺利启动测评项目，收集定级对象相关资料，准备测评所需资料，为编制测评方案打下良好的基础。

测评准备活动包括工作启动、信息收集和分析、工具和表单准备三项主要任务。这三项任务的基本工作流程见图1。

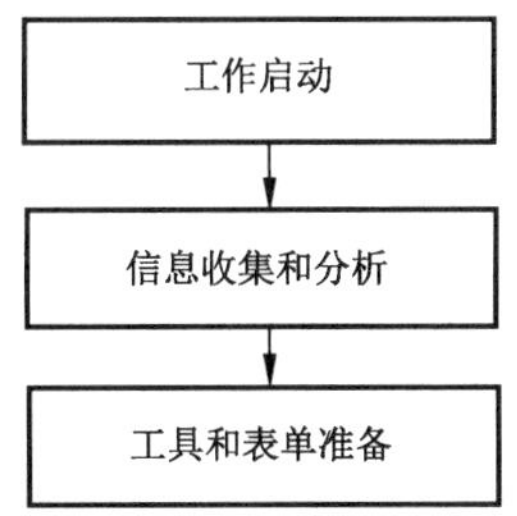

图1 测评准备活动的基本工作流程

5.2 测评准备活动主要任务

5.2.1 工作启动

在工作启动任务中，测评机构组建等级测评项目组，获取测评委托单位及定级对象的基本情况，从基本资料、人员、计划安排等方面为整个等级测评项目的实施做好充分准备。

输入：委托测评协议书。

任务描述：

a) 根据测评双方签订的委托测评协议书和系统规模，测评机构组建测评项目组，从人员方面做好准备，并编制项目计划书。
b) 测评机构要求测评委托单位提供基本资料，为全面初步了解被测定级对象准备资料。

输出/产品：项目计划书。

5.2.2 信息收集和分析

测评机构通过查阅被测定级对象已有资料或使用系统调查表格的方式，了解整个系统的构成和保护情况以及责任部门相关情况，为编写测评方案、开展现场测评和安全评估工作奠定基础。

输入：项目计划书，系统调查表格，被测定级对象相关资料。

任务描述：

a) 测评机构收集等级测评需要的相关资料，包括测评委托单位的管理架构、技术体系、运行情况、建设方案、建设过程中相关测试文档等。云计算平台、物联网、移动互联、工业控制系统的补充收集内容见附录C。
b) 测评机构将系统调查表格提交给测评委托单位，督促被测定级对象相关人员准确填写调查表格。
c) 测评机构收回填写完成的调查表格，并分析调查结果，了解和熟悉被测定级对象的实际情况。这些信息可以参考自查报告或上次等级测评报告结果。

   在对收集到的信息进行分析时，可采用如下方法：
   1) 采用系统分析方法对整体网络结构和系统组成进行分析，包括网络结构、对外边界、定级对象的数量和级别、不同安全保护等级定级对象的分布情况和承载应用情况等；
   2) 采用分解与综合分析方法对定级对象边界和系统构成组件进行分析，包括物理与逻辑边界、硬件资源、软件资源、信息资源等；
   3) 采用对比与类比分析方法对定级对象的相互关联进行分析，包括应用架构方式、应用处理流程、处理信息类型、业务数据处理流程、服务对象、用户数量等。
d) 如果调查表格信息填写存在不准确、不完善或有相互矛盾的地方，测评机构应与填表人进行沟通和确认，必要时安排一次现场调查，与相关人员进行面对面的沟通和确认，确保系统信息调查的准确性和完整性。

输出/产品：填好的调查表格，各种与被测定级对象相关的技术资料。

5.2.3 工具和表单准备

测评项目组成员在进行现场测评之前，应熟悉被测定级对象、调试测评工具、准备各种表单等。

输入：填好的调查表格，各种与被测定级对象相关的技术资料。

任务描述：

a) 测评人员调试本次测评过程中将用到的测评工具，包括漏洞扫描工具、渗透性测试工具、性能测试工具和协议分析工具等。

b) 测评人员在测评环境模拟被测定级对象架构，为开发相关的网络及主机设备等测评对象测评指导书做好准备，并进行必要的工具验证。

c) 准备和打印表单，主要包括：风险告知书、文档交接单、会议记录表单、会议签到表单等。

输出/产品：选用的测评工具清单，打印的各类表单。

5.3 测评准备活动输出文档

测评准备活动的输出文档及其内容如表 2 所示。

表 2 测评准备活动的输出文档及其内容

任务	输出文档	文档内容
工作启动	项目计划书	项目概述、工作依据、技术思路、工作内容和项目组织等
信息收集和分析	填好的调查表格，各种与被测定级对象相关的技术资料	被测定级对象的安全保护等级、业务情况、数据情况、网络情况、软硬件情况、管理模式和相关部门及角色等
工具和表单准备	选用的测评工具清单 打印的各类表单：风险告知书、文档交接单、会议记录表单、会议签到表单	风险告知、交接的文档名称、会议记录、会议签到表

5.4 测评准备活动中双方职责

测评机构职责：

a) 组建等级测评项目组。

b) 指出测评委托单位应提供的基本资料。

c) 准备被测定级对象基本情况调查表格，并提交给测评委托单位。

d) 向测评委托单位介绍安全测评工作流程和方法。

e) 向测评委托单位说明测评工作可能带来的风险和规避方法。

f) 了解测评委托单位的信息化建设以及被测定级对象的基本情况。

g) 初步分析系统的安全状况。

h) 准备测评工具和文档。

测评委托单位职责：

a) 向测评机构介绍本单位的信息化建设及发展情况。

b) 提供测评机构需要的相关资料。

c) 为测评人员的信息收集工作提供支持和协调。

d) 准确填写调查表格。

e) 根据被测定级对象的具体情况，如业务运行高峰期、网络布置情况等，为测评时间安排提供适宜的建议。

f) 制定应急预案。

6 方案编制活动

6.1 方案编制活动工作流程

方案编制活动的目标是整理测评准备活动中获取的定级对象相关资料，为现场测评活动提供最基本的文档和指导方案。

方案编制活动包括测评对象确定、测评指标确定、测评内容确定、工具测试方法确定、测评指导书开发及测评方案编制六项主要任务，基本工作流程见图 2。

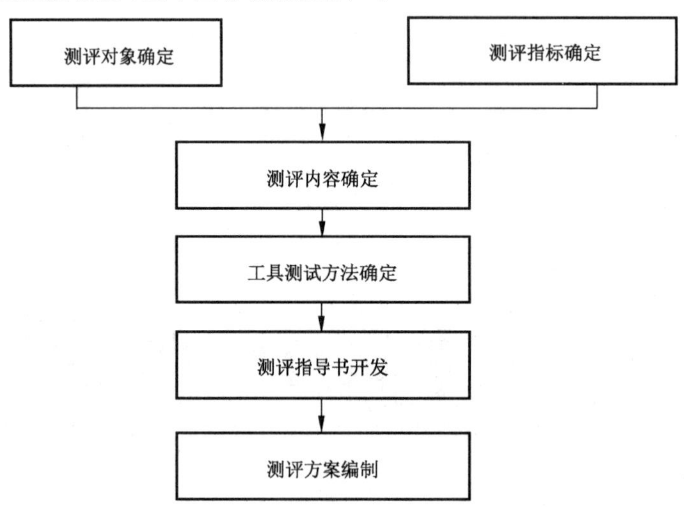

图 2 方案编制活动的基本工作流程

6.2 方案编制活动主要任务

6.2.1 测评对象确定

根据系统调查结果，分析整个被测定级对象业务流程、数据流程、范围、特点及各个设备及组件的主要功能，确定出本次测评的测评对象。

输入：填好的调查表格，各种与被测定级对象相关的技术资料。

任务描述：

a) 识别并描述被测定级对象的整体结构

   根据调查表格获得的被测定级对象基本情况，识别出被测定级对象的整体结构并加以描述。

b) 识别并描述被测定级对象的边界

   根据填好的调查表格，识别出被测定级对象边界及边界设备并加以描述。

c) 识别并描述被测定级对象的网络区域

   一般定级对象都会根据业务类型及其重要程度将定级对象划分为不同的区域。根据区域划分情况描述每个区域内的主要业务应用、业务流程、区域的边界以及它们之间的连接情况等。

d) 识别并描述被测定级对象的主要设备

   描述系统中的设备时以区域为线索，具体描述各个区域内部署的设备，并说明各个设备主要承载的业务、软件安装情况以及各个设备之间的主要连接情况等。

e) 确定测评对象

   结合被测定级对象的安全级别和重要程度，综合分析系统中各个设备和组件的功能、特点，从被测定级对象构成组件的重要性、安全性、共享性、全面性和恰当性等几方面属性确定出技术层面的测评对象，并将与被测定级对象相关的人员及管理文档确定为测评对象。测评对象确定准则和样例见附录D。

f) 描述测评对象

描述测评对象时，根据类别加以描述，包括机房、业务应用软件、主机操作系统、数据库管理系统、网络互联设备、安全设备、访谈人员及安全管理文档等。

输出/产品：测评方案的测评对象部分。

6.2.2 测评指标确定

根据被测定级对象定级结果确定出本次测评的基本测评指标，根据测评委托单位及被测定级对象业务自身需求确定出本次测评的特殊测评指标。

输入：填好的调查表格，GB 17859，GB/T 22239，行业规范，业务需求文档。

任务描述：

a) 根据被测定级对象的定级结果，包括业务信息安全保护等级和系统服务安全保护等级，得出被测定级对象的系统服务保证类(A类)基本安全要求、业务信息安全类(S类)基本安全要求以及通用安全保护类(G类)基本安全要求的组合情况。

b) 根据被测定级对象的A类、S类及G类基本安全要求的组合情况，从GB/T 22239、行业规范中选择相应等级的基本安全要求作为基本测评指标。

c) 根据被测定级对象实际情况，确定不适用测评指标。

d) 根据测评委托单位及被测定级对象业务自身需求，确定特殊测评指标。

e) 对确定的基本测评指标和特殊测评指标进行描述，并分析给出指标不适用的原因。

输出/产品：测评方案的测评指标部分。

6.2.3 测评内容确定

本条确定现场测评的具体实施内容，即单项测评内容。

输入：填好的系统调查表格，测评方案的测评对象部分，测评方案的测评指标部分。

任务描述：

依据GB/T 22239，将前面已经得到的测评指标和测评对象结合起来，将测评指标映射到各测评对象上，然后结合测评对象的特点，说明各测评对象所采取的测评方法。由此构成可以具体实施测评的单项测评内容。测评内容是测评人员开发测评指导书的基础。

输出/产品：测评方案的测评实施部分。

6.2.4 工具测试方法确定

在等级测评中，应使用测试工具进行测试，测试工具可能用到漏洞扫描器、渗透测试工具集、协议分析仪等。物联网、移动互联、工业控制系统的补充测试内容见附录C。

输入：测评方案的测评实施部分，GB/T 22239，选用的测评工具清单。

任务描述：

a) 确定工具测试环境，根据被测系统的实时性要求，可选择生产环境或与生产环境各项安全配置相同的备份环境、生产验证环境或测试环境作为工具测试环境。

b) 确定需要进行测试的测评对象。

c) 选择测试路径。测试工具的接入采取从外到内，从其他网络到本地网络的逐步逐点接入，即：

测试工具从被测定级对象边界外接入、在被测定级对象内部与测评对象不同区域网络及同一网络区域内接入等几种方式。

d) 根据测试路径，确定测试工具的接入点。

从被测定级对象边界外接入时，测试工具一般接在系统边界设备(通常为交换设备)上。在该点接入漏洞扫描器，扫描探测被测定级对象设备对外暴露的安全漏洞情况。在该接入点接入协议分析仪，捕获应用程序的网络数据包，查看其安全加密和完整性保护情况。在该接入点使用渗透测试工具集，试图利用被测定级对象设备的安全漏洞，跨过系统边界，侵入被测定级对象设备。

从系统内部与测评对象不同网络区域接入时，测试工具一般接在与被测对象不在同一网络区域的内部核心交换设备上。在该点接入扫描器，直接扫描测试内部各设备对本单位其他不同网络所暴露的安全漏洞情况。在该接入点接入网络拓扑发现工具，探测定级对象的网络拓扑情况。

在系统内部与测评对象同一网络区域内接入时，测试工具一般接在与被测对象在同一网络区域的交换设备上。在该点接入扫描器，在本地直接测试各被测设备对本地网络暴露的安全漏洞情况。一般来说，该点扫描探测出的漏洞数应该是最多的，它说明设备在没有网络安全保护措施下的安全状况。

e) 结合网络拓扑图，描述测试工具的接入点、测试目的、测试途径和测试对象等相关内容。

输出/产品：测评方案的工具测试方法及内容部分。

6.2.5 测评指导书开发

测评指导书是具体指导测评人员如何进行测评活动的文档，应尽可能详实、充分。

输入：测评方案的单项测评实施部分、工具测试内容及方法部分。

任务描述：

a) 描述单个测评对象，包括测评对象的名称、位置信息、用途、管理人员等信息。

b) 根据 GB/T 28448 的单项测评实施确定测评活动，包括测评项、测评方法、操作步骤和预期结果等四部分。

测评项是指 GB/T 22239 中对该测评对象在该用例中的要求，在 GB/T 28448 中对应每个单项测评中的“测评指标”。测评方法是指访谈、核查和测试三种方法，具体参见附录 E。核查具体到测评对象上可细化为文档审查、实地察看和配置核查，每个测评项可能对应多个测评方法。操作步骤是指在现场测评活动中应执行的命令或步骤，涉及到测试时，应描述工具测试路径及接入点等。预期结果是指按照操作步骤在正常的情况下应得到的结果和获取的证据。

c) 单项测评一般以表格形式设计和描述测评项、测评方法、操作步骤和预期结果等内容。整体测评则一般以文字描述的方式表述，以测评用例的方式进行组织。

d) 根据测评指导书，形成测评结果记录表格。

输出/产品：测评指导书，测评结果记录表格。

6.2.6 测评方案编制

测评方案是等级测评工作实施的基础，指导等级测评工作的现场实施活动。测评方案应包括但不局限于以下内容：项目概述、测评对象、测评指标、测评内容、测评方法等。

输入：委托测评协议书，填好的调研表格，各种与被测定级对象相关的技术资料，选用的测评工具清单，GB/T 22239 或行业规范中相应等级的基本要求，测评方案的测评对象、测评指标、单项测评实施部分、工具测试方法及内容部分等。

任务描述：

a) 根据委托测评协议书和填好的调研表格，提取项目来源、测评委托单位整体信息化建设情况及被测定级对象与单位其他系统之间的连接情况等。

b） 根据等级保护过程中的等级测评实施要求，将测评活动所依据的标准罗列出来。

c） 参阅委托测评协议书和被测定级对象情况，估算现场测评工作量。工作量根据测评对象的数量和工具测试的接入点及测试内容等情况进行估算。

d） 根据测评项目组成员安排，编制工作安排情况。

e） 根据以往测评经验以及被测定级对象规模，编制具体测评计划，包括现场工作人员的分工和时间安排。

f） 汇总上述内容及方案编制活动的其他任务获取的内容形成测评方案文稿。

g） 评审和提交测评方案。测评方案初稿应通过测评项目组全体成员评审，修改完成后形成提交稿。然后，测评机构将测评方案提交给测评委托单位签字认可。

h） 根据测评方案制定风险规避实施方案。

输出/产品：经过评审和确认的测评方案文本，风险规避实施方案文本。

6.3 方案编制活动输出文档

方案编制活动的输出文档及其内容如表 3 所示。

表 3 方案编制活动的输出文档及其内容

任务	输出文档	文档内容
测评对象确定	测评方案的测评对象部分	被测定级对象的整体结构、边界、网络区域、重要节点、测评对象等
测评指标确定	测评方案的测评指标部分	被测定级对象定级结果、测评指标
测评内容确定	测评方案的单项测评实施部分	单项测评实施内容
工具测试方法确定	测评方案的工具测试方法及内容部分	工具测试接入点及测试方法
测评指导书开发	测评指导书、测评结果记录表格	各测评对象的测评内容及方法 测评结果记录表格表头
测评方案编制	经过评审和确认的测评方案文本 风险规避实施方案文本	项目概述、测评对象、测评指标、测试工具接入点、单项测评实施内容等 风险规避措施等

6.4 方案编制活动中双方职责

测评机构职责：

a） 详细分析被测定级对象的整体结构、边界、网络区域、设备部署情况等。

b） 初步判断被测定级对象的安全薄弱点。

c） 分析确定测评对象、测评指标、确定测评内容和工具测试方法。

d） 编制测评方案文本，并对其进行内部评审。

e） 制定风险规避实施方案。

测评委托单位职责：

a） 为测评机构完成测评方案提供有关信息和资料。

b） 评审和确认测评方案文本。

c） 评审和确认测评机构提供的风险规避实施方案。

d) 若确定不在生产环境开展测评,则部署配置与生产环境各项安全配置相同的备份环境、生产验证环境或测试环境作为测试环境。

7 现场测评活动

7.1 现场测评活动工作流程

现场测评活动通过与测评委托单位进行沟通和协调,为现场测评的顺利开展打下良好基础,依据测评方案实施现场测评工作,将测评方案和测评方法等内容具体落实到现场测评活动中。现场测评工作应取得报告编制活动所需的、足够的证据和资料。

现场测评活动包括现场测评准备、现场测评和结果记录、结果确认和资料归还三项主要任务,基本工作流程见图 3。

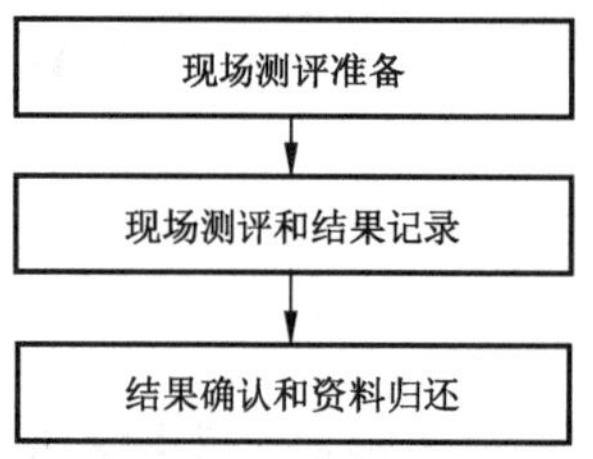

图 3 现场测评活动的基本工作流程

7.2 现场测评活动主要任务

7.2.1 现场测评准备

本任务启动现场测评,是保证测评机构能够顺利实施测评的前提。

输入:经过评审和确认的测评方案文本,风险规避实施方案文本,风险告知书,现场测评工作计划。

任务描述:

a) 测评委托单位对风险告知书签字确认,了解测评过程中存在的安全风险,做好相应的应急和备份工作。

b) 测评委托单位协助测评机构获得定级对象相关方的现场测评授权。

c) 召开测评现场首次会,测评机构介绍现场测评工作安排,相关方对测评计划和测评方案中的测评内容和方法等进行沟通。

d) 测评相关方确认现场测评需要的各种资源,包括测评配合人员和需要提供的测评环境等。

输出/产品:会议记录,测评方案,现场测评工作计划和风险告知书,现场测评授权书等。

7.2.2 现场测评和结果记录

本任务主要是测评人员按照测评指导书实施测评,并将测评过程中获取的证据源进行详细、准确记录。

输入:现场测评工作计划,现场测评授权书,测评指导书,测评结果记录表格。

任务描述:

a) 测评人员与测评配合人员确认测评对象中的关键数据已经进行了备份。

b) 测评人员确认具备测评工作开展的条件,测评对象工作正常,系统处于一个相对良好的状况。

c) 测评人员根据测评指导书实施现场测评,获取相关证据和信息。现场测评一般包括访谈、核查和测试三种测评方式,具体参见附录E。

d) 测评结束后,测评人员与测评配合人员及时确认测评工作是否对测评对象造成不良影响,测评对象及系统是否工作正常。

输出/产品:各类测评结果记录。

7.2.3 结果确认和资料归还

本任务主要是将测评过程中得到的证据源记录进行确认,并将测评过程中借阅的文档归还。

输入:各类测评结果记录,工具测试完成后的电子输出记录。

任务描述:

a) 测评人员在现场测评完成之后,应首先汇总现场测评的测评记录,对漏掉和需要进一步验证的内容实施补充测评。

b) 召开测评现场结束会,测评双方对测评过程中得到的证据源记录进行现场沟通和确认。

c) 测评机构归还测评过程中借阅的所有文档资料,并由测评委托单位文档资料提供者签字确认。

输出/产品:经过测评委托单位确认的测评证据和证据源记录。

7.3 现场测评活动输出文档

现场测评活动的输出文档及其内容如表4所示。

表4 现场测评活动的输出文档及其内容

任务	输出文档	文档内容
现场测评准备	会议记录,确认的风险告知书、测评方案和现场测评工作计划,现场测评授权书	工作计划和内容安排,双方人员的协调,测评委托单位应提供的配合
访谈	技术和管理安全测评的测评结果记录	访谈记录
文档审查	技术和管理安全测评的测评结果记录	安全策略、技术文档、管理制度和管理执行过程文档的记录
实地察看	技术安全和管理安全测评结果记录	核查内容的记录
配置核查	技术安全测评的测评结果记录	核查内容的记录
工具测试	技术安全测评的测评结果记录,工具测试完成后的电子输出记录,备份的测试结果文件	漏洞扫描、渗透性测试、性能测试、入侵检测和协议分析等内容的技术测试结果
测评结果确认和资料归还	经过测评委托单位确认的测评证据和证据源记录	测评中获取的证据和证据源

7.4 现场测评活动中双方职责

测评机构职责:

a) 测评人员开展测评前确认被测定级对象具备测评工作开展的条件,测评对象工作正常。

b) 测评人员利用访谈、文档审查、配置核查、工具测试和实地察看的方法开展现场测评工作,并获取相关证据。

测评委托单位职责(系统部署在公有云的测评委托单位职责还包括附录C中相关内容):

a) 测评前备份系统和数据,并了解测评工作基本情况。

b) 协助测评机构获得现场测评授权。

c) 安排测评配合人员，配合测评工作的开展。

d) 对风险告知书进行签字确认。

e) 配合人员如实回答测评人员的问询，对某些需要验证的内容上机进行操作。

f) 配合人员协助测评人员实施工具测试并提供有效建议，降低安全测评对系统运行的影响。

g) 配合人员协助测评人员完成业务相关内容的问询、验证和测试。

h) 配合人员对测评证据和证据源进行确认。

i) 配合人员确认测试后被测设备状态完好。

8 报告编制活动

8.1 报告编制活动工作流程

在现场测评工作结束后，测评机构应对现场测评获得的测评结果(或称测评证据)进行汇总分析，形成等级测评结论，并编制测评报告。

测评人员在初步判定单项测评结果后，还需进行单元测评结果判定、整体测评、系统安全保障评估，经过整体测评后，有的单项测评结果可能会有所变化，需进一步修订单项测评结果，而后针对安全问题进行风险评估，形成等级测评结论。分析与报告编制活动包括单项测评结果判定、单元测评结果判定、整体测评、系统安全保障评估、安全问题风险评估、等级测评结论形成及测评报告编制七项主要任务，基本工作流程见图4。

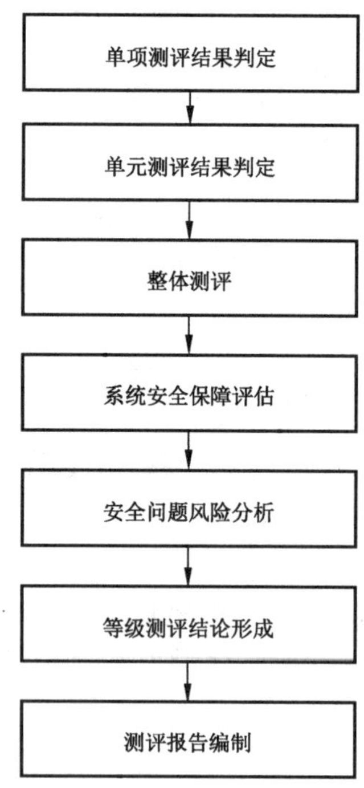

图4 报告编制活动的基本工作流程

8.2 报告编制活动主要任务

8.2.1 单项测评结果判定

本任务主要是针对单个测评项，结合具体测评对象，客观、准确地分析测评证据，形成初步单项测评结果，单项测评结果是形成等级测评结论的基础。

输入：经过测评委托单位确认的测评证据和证据源记录，测评指导书。

任务描述：

a) 针对每个测评项，分析该测评项所对抗的威胁在被测定级对象中是否存在，如果不存在，则该测评项应标为不适用项。

b) 分析单个测评项的测评证据，并与要求内容的预期测评结果相比较，给出单项测评结果和符合程度得分。

c) 如果测评证据表明所有要求内容与预期测评结果一致，则判定该测评项的单项测评结果为符合；如果测评证据表明所有要求内容与预期测评结果不一致，判定该测评项的单项测评结果为不符合；否则判定该测评项的单项测评结果为部分符合。

输出/产品：测评报告的等级测评结果记录部分。

8.2.2 单元测评结果判定

本任务主要是将单项测评结果进行汇总，分别统计不同测评对象的单项测评结果，从而判定单元测评结果。

输入：测评报告的等级测评结果记录部分。

任务描述：

a) 按层面分别汇总不同测评对象对应测评指标的单项测评结果情况，包括测评多少项，符合要求的多少项等内容。

b) 分析每个控制点下所有测评项的符合情况，给出单元测评结果。单元测评结果判定规则如下：
   ——控制点包含的所有适用测评项的单项测评结果均为符合，则对应该控制点的单元测评结果为符合；
   ——控制点包含的所有适用测评项的单项测评结果均为不符合，则对应该控制点的单元测评结果为不符合；
   ——控制点包含的所有测评项均为不适用项，则对应该控制点的单元测评结果为不适用；
   ——控制点包含的所有适用测评项的单项测评结果不全为符合或不符合，则对应该控制点的单元测评结果为部分符合。

输出/产品：测评报告的单元测评小结部分。

8.2.3 整体测评

针对单项测评结果的不符合项及部分符合项，采取逐条判定的方法，从安全控制点间、层面间出发考虑，给出整体测评的具体结果。

输入：测评报告的等级测评结果记录部分和单项测评结果。

任务描述：

a) 针对测评对象“部分符合”及“不符合”要求的单个测评项，分析与该测评项相关的其他测评项能否和它发生关联关系，发生什么样的关联关系，这些关联关系产生的作用是否可以“弥补”该测评项的不足或“削弱”该测评项实现的保护能力，以及该测评项的测评结果是否会影响与其有关联关系的其他测评项的测评结果。具体整体测评方法参见GB/T 28448。

b) 针对测评对象“部分符合”及“不符合”要求的单个测评项，分析与该测评项相关的其他层面的测评对象能否和它发生关联关系，发生什么样的关联关系，这些关联关系产生的作用是否可以“弥补”该测评项的不足或“削弱”该测评项实现的保护能力，以及该测评项的测评结果是否会影响与其有关联关系的其他测评项的测评结果。

c) 根据整体测评分析情况,修正单项测评结果符合程度得分和问题严重程度值。

输出/产品:测评报告的整体测评部分。

8.2.4 系统安全保障评估

综合单项测评和整体测评结果,计算修正后的安全控制点得分和层面得分,并根据得分情况对被测定级对象的安全保障情况进行总体评价。

输入:测评报告的等级测评结果记录部分和整体测评部分。

任务描述:

a) 根据整体测评结果,计算修正后的每个测评对象的单项测评结果和符合程度得分。

b) 根据各对象的单项符合程度得分,计算安全控制点得分。

c) 根据安全控制点得分,计算安全层面得分。

d) 根据安全控制点得分和安全层面得分,总体评价被测定级对象已采取的有效保护措施和存在的主要安全问题情况。

输出:测评报告的系统安全保障评估部分。

8.2.5 安全问题风险分析

测评人员依据等级保护的相关规范和标准,采用风险分析的方法分析等级测评结果中存在的安全问题可能对被测定级对象安全造成的影响。

输入:填好的调查表格,测评报告的单项测评结果、整体测评部分。

任务描述:

a) 针对整体测评后的单项测评结果中部分符合项或不符合项所产生的安全问题,结合关联测评对象和威胁,分析可能对定级对象、单位、社会及国家造成的安全危害。

b) 结合安全问题所影响业务的重要程度、相关系统组件的重要程度、安全问题严重程度以及安全事件影响范围等综合分析可能造成的安全危害中的最大安全危害(损失)结果。

c) 根据最大安全危害严重程度进一步确定定级对象面临的风险等级,结果为“高”“中”或“低”。

输出:测评报告的安全问题风险分析部分。

8.2.6 等级测评结论形成

测评人员在系统安全保障评估、安全问题风险评估的基础上,找出系统保护现状与 GB/T 22239 之间的差距,并形成等级测评结论。

输入:测评报告的系统安全保障评估部分、安全问题风险评估部分。

任务描述:

根据单项测评结果和风险评估结果,计算定级对象综合得分,并得出等级测评结论。

等级测评结论分为三种情况:

a) 符合:定级对象中未发现安全问题,等级测评结果中所有测评项的单项测评结果中部分符合和不符合项的统计结果全为 0,综合得分为 100 分。

b) 基本符合:定级对象中存在安全问题,部分符合和不符合项的统计结果不全为 0,但存在的安全问题不会导致定级对象面临高等级安全风险,且综合得分不低于阈值。

c) 不符合:定级对象中存在安全问题,部分符合项和不符合项的统计结果不全为 0,而且存在的安全问题会导致定级对象面临高等级安全风险,或者综合得分低于阈值。

输出/产品:测评报告的等级测评结论部分。

8.2.7 测评报告编制

根据报告编制活动各分析过程形成等级测评报告。等级测评报告格式应符合公安机关发布的《信息安全等级保护测评报告模版》(模版示例参见附录F)。

输入:测评方案,《信息系统安全等级测评报告模版》,测评结果分析内容。

任务描述:

a) 测评人员整理前面几项任务的输出/产品,按照《信息系统安全等级测评报告模版》编制测评报告相应部分。每个被测定级对象应单独出具测评报告。

b) 针对被测定级对象存在的安全隐患,从系统安全角度提出相应的改进建议,编制测评报告的问题处置建议部分。

c) 测评报告编制完成后,测评机构应根据测评协议书、测评委托单位提交的相关文档、测评原始记录和其他辅助信息,对测评报告进行评审。

d) 评审通过后,由项目负责人签字确认并提交给测评委托单位。

输出/产品:经过评审和确认的被测定级对象等级测评报告。

8.3 报告编制活动输出文档

报告编制活动的输出文档及其内容如表5所示。

表5 报告编制活动的输出文档及其内容

任务	输出文档	文档内容
单项测评结果判定	等级测评报告的等级测评结果记录部分	分析测评对象的安全现状与标准中相应等级基本要求项的符合情况,给出单项测评结果和符合程度得分
单元测评结果判定	等级测评报告的单元测评小结部分	汇总统计单项测评结果,分析计算控制点符合情况、存在的安全问题
整体测评	等级测评报告的整体测评部分	分析被测定级对象整体安全状况及对单项测评结果的影响情况,给出安全问题严重程度及对应的要求项符合程度得分修正值
系统安全保障评估	测评报告的系统安全保障评估部分	汇总被测定级对象已采取的安全保护措施情况,计算安全控制点得分及安全层面得分,并总体评价被测定级对象已采取的有效保护措施和存在的主要安全问题情况
安全问题风险分析	等级测评报告的安全问题风险评估部分	分析被测定级对象存在安全问题可能对定级对象、单位、社会及国家造成的最大安全危害(损失),并给出风险等级
等级测评结论形成	等级测评报告的等级测评结论部分	对测评结果进行分析,形成等级测评结论,并给出综合得分
测评报告编制	经过评审和确认的被测定级对象等级测评报告	等级测评结果记录,单元测评结果汇总及结果分析,整体测评过程及结果,风险分析过程及结果,等级测评结论,问题处置建议等

8.4 报告编制活动中双方职责

测评机构职责:

a） 分析并判定单项测评结果和整体测评结果。

b） 分析评价被测定级对象存在的风险情况。

c） 根据测评结果形成等级测评结论。

d） 编制等级测评报告，说明系统存在的安全隐患和缺陷，并给出改进建议。

e） 评审等级测评报告，并将评审过的等级测评报告按照分发范围进行分发。

f） 将生成的过程文档（包括电子文档）归档保存，并将测评过程中在测评用介质和测试工具中生成或存放的所有电子文档清除。

测评委托单位职责：

a） 签收测评报告。

b） 向分管公安机关备案测评报告。

附　录　A
（规范性附录）
等级测评工作流程

受委托测评机构实施的等级测评工作活动及流程与运营、使用单位的自查活动及流程会有所差异，初次等级测评和再次等级测评的工作活动及流程也不完全相同，而且针对不同等级定级对象实施的等级测评工作活动及流程也不相同。

受委托测评机构对定级对象的初次等级测评分为四项活动：测评准备活动、方案编制活动、现场测评活动、报告编制活动。具体如图 A.1 所示。

如果被测定级对象已经实施过一次（或多次）等级测评，图 A.1 中的四个活动保持不变，但具体任务内容会有所变化。测评机构和测评人员应根据上一次等级测评中存在的问题和被测定级对象的实际情况调整部分工作任务内容。例如，信息收集和分析任务中，着重收集那些自上次等级测评后有所变更的信息，其他信息可以参考上次等级测评结果；测评对象尽量选择上次等级测评中未测过或存在问题的作为测评对象；测评内容也应关注上次等级测评中发现的问题，以及自上次等级测评之后定级对象变更的内容、运维过程记录等内容。

不同等级定级对象的等级测评的基本工作活动与图 A.1 中定级对象的等级测评活动应完全一致，即：测评准备、方案编制、现场测评、报告编制四项活动。图 A.1 给出的是较为全面的工作流程和任务，较低等级定级对象的等级测评的各个活动的具体工作任务应在图 A.1 基础上删除或简化部分内容。较高等级定级对象的等级测评的工作任务则可以在此基础上增加或细化部分内容。如针对四级定级对象的等级测评，在测评对象确定任务中，不但需要确定出测评对象，还需给出选择这些测评对象的过程及理由等；整体测评需设计具体的整体测评实例等。

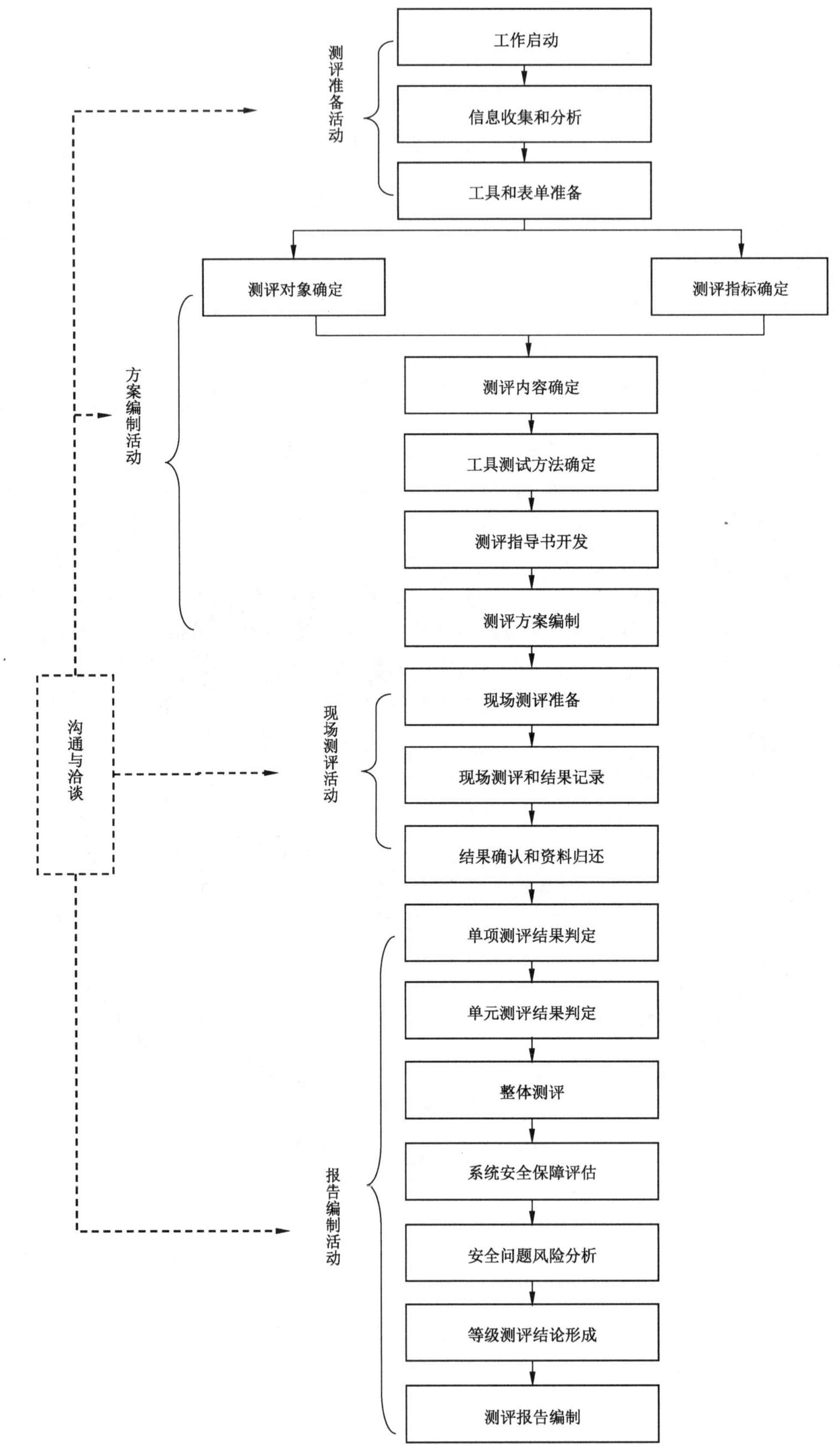

图 A.1 等级测评基本工作流程

附 录 B
（规范性附录）
等级测评工作要求

B.1 依据标准，遵循原则

等级测评实施应依据等级保护的相关技术标准进行。相关技术标准主要包括 GB/T 22239、GB/T 28448，其中等级测评目标和内容应依据 GB/T 22239，对具体测评项的测评实施方法则依据 GB/T 28448。

在等级测评实施活动中，应遵循客观性和公正性、经济性和可重用性、可重复性和可再现性、结果完善性的原则，保证测评工作公正、科学、合理和完善。

B.2 恰当选取，保证强度

恰当选取是指对具体测评对象的选择要恰当，既要避免重要的对象、可能存在安全隐患的对象没有被选择，也要避免过多选择，使得工作量增大。

保证强度是指对被测定级对象应实施与其等级相适应的测评强度。

B.3 规范行为，规避风险

测评机构实施等级测评的过程应规范，包括：制定内部保密制度；制定过程控制制度；规定相关文档评审流程；指定专人负责保管等级测评的归档文件等。

测评人员的行为应规范，包括：测评人员进入现场佩戴工作牌；使用测评专用的电脑和工具；严格按照测评指导书使用规范的测评技术进行测评；准确记录测评证据；不擅自评价测评结果；不将测评结果复制给非测评人员；涉及到测评委托单位的工作秘密或敏感信息的相关资料，只在指定场所查看，查看完成后立即归还等。

规避风险，是指要充分估计测评可能给被测定级对象带来的影响，向被测定级对象运营/使用单位揭示风险，要求其提前采取预防措施进行规避。同时，测评机构也应采取与测评委托单位签署委托测评协议、保密协议、现场测评授权书、要求测评委托单位进行系统备份、规范测评活动、及时与测评委托单位沟通等措施规避风险，尽量避免给被测定级对象和单位带来影响。

附　录　C
（规范性附录）
新技术新应用等级测评实施补充

C.1　云计算等级测评实施补充

C.1.1　测评准备活动

C.1.1.1　信息收集和分析

针对云计算平台的等级测评，测评机构收集的相关资料还应包括云计算平台运营机构的管理架构、技术实现机制及架构、运行情况、云计算平台的定级情况、云计算平台的等级测评结果等。

针对云租户系统的等级测评，测评机构收集的相关资料还应包括云计算平台运营机构与租户的关系、定级对象的相关情况等。

在云租户系统的等级测评中，测评委托单位为云租户，云租户应督促被测定级对象相关人员及云计算平台运营机构相关人员准确填写调查表格。

C.1.1.2　测评准备活动中双方职责

作为云租户的测评委托单位职责还应包括：负责与云服务商沟通与协调，为测评人员的信息收集工作提供协助。

C.1.2　现场测评活动中双方职责

作为云租户的测评委托单位职责还应包括：协助测评机构获得云计算平台现场测评授权、负责协调云服务商配合测评或提供云计算平台等级测评报告等。

C.1.3　测评对象确定样例

在 D.3 的基础上，四个级别的测评对象确定均还需考虑以下几个方面：

——虚拟设备，包括虚拟机、虚拟网络设备、虚拟安全设备等；

——云操作系统、云业务管理平台、虚拟机监视器；

——云租户网络控制器；

——云应用开发平台等。

C.2　物联网等级测评实施补充

C.2.1　信息收集和分析

测评机构收集等级测评需要的相关资料还应包括各类感知层设备的检测情况、感知层设备部署情况、感知层物理环境、感知层通信协议等。

C.2.2　工具测试方法确定

工具测试还应增加感知层渗透测试。即：应基于感知层应用场景，针对各类感知层设备（如智能卡、RFID 标签、读写器等）开展嵌入式软件安全测试以及旁路攻击、置乱攻击等方面的测试。

C.2.3 测评对象确定样例

在 D.3 的基础上，四个级别的测评对象确定均还需考虑以下几个方面：

——感知节点工作环境(包括感知节点和网关等感知层节点工作环境)；

——边界网络设备，认证网关、感知层网关等；

——对整个定级对象的安全性起决定作用的网络互联设备，感知层网关等。

C.3 移动互联等级测评实施补充

C.3.1 信息收集和分析

测评机构收集等级测评需要的相关资料还应包括各类无线接入设备部署情况、移动终端使用情况、移动应用程序、移动通信协议等。

C.3.2 工具测试方法确定

工具测试还应增加移动终端安全测试，即：应包括对移动应用程序的逆向分析测试。

C.3.3 测评对象确定样例

在 D.3 的基础上，四个级别的测评对象确定均还需考虑以下几个方面：

——无线接入设备工作环境；

——移动终端、移动应用软件、移动终端管理系统；

——对整个定级对象的安全性起决定作用的网络互联设备，无线接入设备；

——无线接入网关等。

C.4 工业控制系统等级测评实施补充

C.4.1 工业控制系统等级测评整体要求

C.4.1.1 完整性原则

现代工业控制系统是一个复杂的信息物理融合系统，除了传统的 IT 系统对象外，其特有的控制设备(如 PLC，操作员工作站，DCS 控制器等)也需要仔细保护，因为它们直接负责控制过程。所以要求测评时注意测评对象选取的完整性。

C.4.1.2 最小影响原则

工业控制系统要求响应必须是实时的，较长延迟或大幅波动的响应都是不允许的，并且工业控制系统对于可用性的严格要求也不允许重新启动之类的响应。需要从项目管理和技术应用的层面，考虑测评对目标系统的正常运行可能产生的不利影响，将风险降到最低，保证目标系统业务正常运行。

C.4.2 信息收集和分析

注意收集特有的信息，如工控设备类型、系统架构、逻辑层次结构、工艺流程、功能安全需求、业务安全保护等级、通信协议、安全组织架构、历史安全事件等。

C.4.3 方案编制活动

C.4.3.1 工具测试方法确定

测试的前提是不影响生产及系统的可用性，并通过持续性的测试来发现问题，测试点的选择需要考虑针对重点工艺、重要流程的监控。

C.4.3.2 测评对象确定

测评对象确定方法如下：

a) 识别并描述被测系统的逻辑分层

一般工业控制系统都会根据生产业务将系统划分为不同的逻辑层次。对于没有进行逻辑层次划分的系统，应首先根据被测系统实际情况进行层次划分并加以描述。描述内容主要包括逻辑层次划分、每个层次内的主要工艺流程、安全功能、层次的边界以及层次之间的连接情况等。

b) 描述测评对象

对上述描述内容进行整理，确定测评对象并加以描述。描述测评对象，一般以被测系统的网络拓扑结构为基础，采用总分式的描述方法，先说明整体架构，然后描述系统设计目标，最后介绍被测系统的逻辑层次组成、工艺流程、安全功能及重要资产等。

C.4.4 测评对象确定样例

在 D.3 的基础上，四个级别的测评对象确定均还需考虑以下几个方面：

——现场设备工作环境；

——工程师站、操作员站、OPC 服务器、实时数据库服务器和控制器嵌入式软件等；

——对整个定级对象的安全性起决定作用的网络互联设备，无线接入设备等。

C.5 IPv6 系统等级测评实施补充

在 D.3 的基础上，四个级别的测评对象确定均还需考虑以下几个方面：

——IPv4/IPv6 转换设备或隧道端设备等；

——对整个定级对象的安全性起决定作用的双栈设备等；

——承载被测定级对象主要业务或数据的双栈服务器等。

附 录 D
（规范性附录）
测评对象确定准则和样例

D.1 测评对象确定准则

测评对象是等级测评的直接工作对象，也是在被测定级对象中实现特定测评指标所对应的安全功能的具体系统组件，因此，选择测评对象是编制测评方案的必要步骤，也是整个测评工作的重要环节。恰当选择测评对象的种类和数量是整个等级测评工作能够获取足够证据、了解到被测定级对象的真实安全保护状况的重要保证。

测评对象的确定一般采用抽查的方法，即：抽查定级对象中具有代表性的组件作为测评对象。并且，在测评对象确定任务中应兼顾工作投入与结果产出两者的平衡关系。

在确定测评对象时，需遵循以下原则：

——重要性，应抽查对被测定级对象来说重要的服务器、数据库和网络设备等；

——安全性，应抽查对外暴露的网络边界；

——共享性，应抽查共享设备和数据交换平台/设备；

——全面性，抽查应尽量覆盖系统各种设备类型、操作系统类型、数据库系统类型和应用系统类型；

——符合性，选择的设备、软件系统等应能符合相应等级的测评强度要求。

D.2 测评对象确定步骤

确定测评对象时，可以将系统构成组件分类，再考虑重要性等其他属性。一般定级对象可以直接采用分层抽样方法，复杂系统建议采用多阶抽样方法。

在确定测试对象时可参考以下步骤：

a) 对系统构成组件进行分类，如可在粗粒度上分为客户端（主要考虑操作系统）、服务器（包括操作系统、数据库管理系统、应用平台和业务应用软件系统）、网络互联设备、安全设备、安全相关人员和安全管理文档，也可以在上述分类基础上继续细化；

b) 对于每一类系统构成组件，应依据调研结果进行重要性分析，选择对被测定级对象而言重要程度高的服务器操作系统、数据库系统、网络互联设备、安全设备、安全相关人员以及安全管理文档等；

c) 对于步骤 b)获得的选择结果，分别进行安全性、共享性和全面性分析，进一步完善测评对象集合；

- 考虑到网络攻击技术的自动化和获取渠道的多样化，应选择部署在系统边界的网络互联或安全设备以测评暴露的系统边界的安全性，衡量定级对象被外界攻击的可能性。
- 考虑到新技术新应用的特点和安全隐患，应选择面临威胁较大的设备或组件作为测评对象，衡量这些设备被外界攻击的可能性。
- 考虑不同等级互联的安全需求，应选择共享/互联设备作为测评对象，以测评通过共享/互联设备与被测评定级对象互连的其他系统是否会增加不安全因素，衡量外界攻击以共享/互联设备为跳板攻击被测定级对象的可能性。
- 考虑不同类型对象存在的安全问题不同，选择的测评对象结果应尽量覆盖系统中具有的网络互联设备类型、安全设备类型、主机操作系统类型、数据库系统类型和应用系统类型等。

d) 依据被测评定级对象的安全保护等级对应的测评力度进行恰当性分析，综合衡量测评投入和结果产出，恰当的确定测评对象的种类和数量。

D.3 测评对象确定样例

D.3.1 第一级定级对象

第一级定级对象的等级测评，测评对象的种类和数量比较少，重点抽查关键的设备、设施、人员和文档等。抽查的测评对象种类主要考虑以下几个方面：

——主机房（包括其环境、设备和设施等），如果某一辅机房中放置了服务于整个定级对象或对定级对象的安全性起决定作用的设备、设施，那么也应该作为测评对象；

——整个系统的网络拓扑结构；

——安全设备，包括防火墙、入侵检测设备、防病毒网关等；

——边界网络设备（可能会包含安全设备），包括路由器、防火墙和认证网关等；

——对整个定级对象的安全性起决定作用的网络互联设备，如核心交换机、路由器等；

——承载最能够代表被测定级对象使命的业务或数据的核心服务器（包括其操作系统和数据库）；

——最能够代表被测定级对象使命的重要业务应用系统；

——信息安全主管人员；

——涉及到定级对象安全的主要管理制度和记录，包括进出机房的登记记录、定级对象相关设计验收文档等。

在本级定级对象测评时，定级对象中配置相同的安全设备、边界网络设备、网络互联设备以及服务器应至少抽查一台作为测评对象。云计算平台、物联网、移动互联、工业控制系统、IPv6 系统的补充选择的测评对象见附录 C。

D.3.2 第二级定级对象

第二级定级对象的等级测评，测评对象的种类和数量都较多，重点抽查重要的设备、设施、人员和文档等。抽查的测评对象种类主要考虑以下几个方面：

——主机房（包括其环境、设备和设施等），如果某一辅机房中放置了服务于整个定级对象或对定级对象的安全性起决定作用的设备、设施，那么也应该作为测评对象；

——存储被测定级对象重要数据的介质的存放环境；

——整个系统的网络拓扑结构；

——安全设备，包括防火墙、入侵检测设备、防病毒网关等；

——边界网络设备（可能会包含安全设备），包括路由器、防火墙和认证网关等；

——对整个定级对象或其局部的安全性起决定作用的网络互联设备，如核心交换机、汇聚层交换机、核心路由器等；

——承载被测定级对象核心或重要业务、数据的服务器（包括其操作系统和数据库）；

——重要管理终端；

——能够代表被测定级对象主要使命的业务应用系统；

——信息安全主管人员、各方面的负责人员；

——涉及到定级对象安全的所有管理制度和记录。

在本级定级对象测评时，定级对象中配置相同的安全设备、边界网络设备、网络互联设备以及服务器应至少抽查两台作为测评对象。

D.3.3 第三级定级对象

第三级定级对象的等级测评，测评对象种类上基本覆盖、数量进行抽样，重点抽查主要的设备、设施、人员和文档等。抽查的测评对象种类主要考虑以下几个方面：

——主机房（包括其环境、设备和设施等）和部分辅机房，应将放置了服务于定级对象的局部（包括整体）或对定级对象的局部（包括整体）安全性起重要作用的设备、设施的辅机房选取作为测评对象；
——存储被测定级对象重要数据的介质的存放环境；
——办公场地；
——整个系统的网络拓扑结构；
——安全设备，包括防火墙、入侵检测设备和防病毒网关等；
——边界网络设备（可能会包含安全设备），包括路由器、防火墙、认证网关和边界接入设备（如楼层交换机）等；
——对整个定级对象或其局部的安全性起作用的网络互联设备，如核心交换机、汇聚层交换机、路由器等；
——承载被测定级对象主要业务或数据的服务器（包括其操作系统和数据库）；
——管理终端和主要业务应用系统终端；
——能够完成被测定级对象不同业务使命的业务应用系统；
——业务备份系统；
——信息安全主管人员、各方面的负责人员、具体负责安全管理的当事人、业务负责人；
——涉及到定级对象安全的所有管理制度和记录。

在本级定级对象测评时，定级对象中配置相同的安全设备、边界网络设备、网络互联设备、服务器、终端以及备份设备，每类应至少抽查两台作为测评对象。

D.3.4 第四级定级对象

第四级定级对象的等级测评，测评对象种类上完全覆盖，数量进行抽样，重点抽查不同种类的设备、设施、人员和文档等。抽查的测评对象种类主要考虑以下几个方面：

——主机房和全部辅机房（包括其环境、设备和设施等）；
——介质的存放环境；
——办公场地；
——整个系统的网络拓扑结构；
——安全设备，包括防火墙、入侵检测设备和防病毒网关等；
——边界网络设备（可能会包含安全设备），包括路由器、防火墙、认证网关和边界接入设备（如楼层交换机）等；
——主要网络互联设备，包括核心和汇聚层交换机；
——主要服务器（包括其操作系统和数据库）；
——管理终端和主要业务应用系统终端；
——全部应用系统；
——业务备份系统；
——信息安全主管人员、各方面的负责人员、具体负责安全管理的当事人、业务负责人；
——涉及到定级对象安全的所有管理制度和记录。

在本级定级对象测评时，定级对象中配置相同的安全设备、边界网络设备、网络互联设备、服务器、终端以及备份设备，每类应至少抽查三台作为测评对象。

附　录　E
（资料性附录）
等级测评现场测评方式及工作任务

E.1　概述

测评人员根据测评指导书实施现场测评时一般包括访谈、核查和测试三种测评方式。

E.2　访谈

输入：现场测评工作计划，测评指导书，技术和管理安全测评的测评结果记录表格。

任务描述：

测评人员与被测定级对象有关人员（个人/群体）进行交流、讨论等活动，获取相关证据，了解有关信息。在访谈范围上，不同等级定级对象在测评时有不同的要求，一般应基本覆盖所有的安全相关人员类型，在数量上抽样。具体可参照《信息安全技术　网络安全等级保护测评》要求各部分标准中的各级要求。

输出/产品：技术和管理安全测评的测评结果记录。

E.3　核查

E.3.1　概述

核查可细分为文档审查、实地察看和配置核查等几种具体方法。

E.3.2　文档审查

输入：现场测评工作计划，安全策略，安全方针文件，安全管理制度，安全管理的执行过程文档，系统设计方案，网络设备的技术资料，系统和产品的实际配置说明，系统的各种运行记录文档，机房建设相关资料，机房出入记录等过程记录文档，测评指导书，管理安全测评的测评结果记录表格。

任务描述：

a)　核查 GB/T 22239 中规定的制度、策略、操作规程等文档是否齐备。

b)　核查是否有完整的制度执行情况记录，如机房出入登记记录、电子记录、高等级系统的关键设备的使用登记记录等。

c)　核查安全策略以及技术相关文档是否明确说明相关技术要求实现方式。

d)　对上述文档进行审核与分析，核查他们的完整性和这些文件之间的内部一致性。

下面列出对不同等级定级对象在测评实施时的不同强度要求。

一级：符合 GB/T 22239 中的一级要求。

二级：符合 GB/T 22239 中的二级要求，并且所有文档之间应保持一致性，要求有执行过程记录的，过程记录文档的记录内容应与相应的管理制度和文档保持一致，与实际情况保持一致。

三级：符合 GB/T 22239 中的三级要求，所有文档应具备且完整，并且所有文档之间应保持一致性，要求有执行过程记录的，过程记录文档的记录内容应与相应的管理制度和文档保持一致，与实际情况保持一致，安全管理过程应与系统设计方案保持一致且能够有效地对系统进行管理。

四级：符合 GB/T 22239 中的四级要求，所有文档应具备且完整，并且所有文档之间应保持一致性，要求有执行过程记录的，过程记录文档的记录内容应与相应的管理制度和文档保持一致，与实际情况保持一致，安全管理过程应与系统设计方案保持一致且能够有效地对系统进行管理。

输出/产品：技术和管理安全测评的测评结果记录。

E.3.3 实地察看

输入：测评指导书，技术安全和管理安全测评结果记录表格。

任务描述：

根据被测定级对象的实际情况，测评人员到系统运行现场通过实地的观察人员行为、技术设施和物理环境状况判断人员的安全意识、业务操作、管理程序和系统物理环境等方面的安全情况，测评其是否符合相应等级的安全要求。

下面列出对不同等级定级对象在测评实施时的不同强度要求。

一级：符合 GB/T 22239 中的一级要求。

二级：符合 GB/T 22239 中的二级要求。

三级：符合 GB/T 22239 中的三级要求，判断实地观察到的情况与制度和文档中说明的情况是否一致，核查相关设备、设施的有效性和位置的正确性，与系统设计方案的一致性。

四级：符合 GB/T 22239 中的四级要求，判断实地观察到的情况与制度和文档中说明的情况是否一致，核查相关设备、设施的有效性和位置的正确性，与系统设计方案的一致性。

输出/产品：技术安全和管理安全测评结果记录。

E.3.4 配置核查

输入：测评指导书，技术安全测评结果记录表格。

任务描述：

a) 根据测评结果记录表格内容，利用上机验证的方式核查应用系统、主机系统、数据库系统以及各设备的配置是否正确，是否与文档、相关设备和部件保持一致，对文档审核的内容进行核实（包括日志审计等）。
b) 如果系统在输入无效命令时不能完成其功能，应测试其是否对无效命令进行错误处理。
c) 针对网络连接，应对连接规则进行验证。

下面列出对不同等级定级对象在测评实施时的不同强度要求。

一级：符合 GB/T 22239 中的一级要求。

二级：符合 GB/T 22239 中的二级要求，测评其实施的正确性和有效性，核查配置的完整性，测试网络连接规则的一致性。

三级：符合 GB/T 22239 中的三级要求，测评其实施的正确性和有效性，核查配置的完整性，测试网络连接规则的一致性，测试系统是否符合可用性和可靠性的要求。

四级：符合 GB/T 22239 中的四级要求，测评其实施的正确性和有效性，核查配置的完整性，测试网络连接规则的一致性，测试系统是否符合可用性和可靠性的要求。

输出/产品：技术安全测评结果记录。

E.4 测试

输入：现场测评工作计划，测评指导书，技术安全测评结果记录表格。

任务描述：

a) 根据测评指导书，利用技术工具对系统进行测试，包括基于网络探测和基于主机审计的漏洞扫描、渗透性测试、功能测试、性能测试、入侵检测和协议分析等。

b） 备份测试结果。

下面列出对不同等级定级对象在测评实施时的不同强度要求。

一级：符合 GB/T 22239 中的一级要求。

二级：符合 GB/T 22239 中的二级要求，针对服务器、数据库管理系统、关键网络设备、安全设备、应用系统等进行漏洞扫描等。

三级：符合 GB/T 22239 中的三级要求，针对服务器、数据库管理系统、网络设备、安全设备、应用系统等进行漏洞扫描；针对应用系统完整性和保密性要求进行协议分析；渗透测试应包括基于一般脆弱性的内部和外部渗透攻击；针对物理设施进行有效性测试等。

四级：符合 GB/T 22239 中的四级要求，针对服务器、数据库管理系统、网络设备、安全设备、应用系统等进行漏洞扫描；针对应用系统完整性和保密性要求进行协议分析；渗透测试应包括基于一般脆弱性的内部和外部渗透攻击；针对物理设施进行有效性测试等。

输出/产品：技术安全测评结果记录，测试完成后的电子输出记录，备份的测试结果文件。

附　录　F
（资料性附录）
等级测评报告模版示例

以下为2015年版等级测评报告模版示例，仅供参考。测评机构在开展等级测评工作出具等级测评报告时，请按照公安机关要求，依据最新发布的报告模版版本编制。

报告编号：××××××××××××-×××××-××-××××-××

说明：

一、每个备案信息系统单独出具测评报告。

二、测评报告编号为四组数据。各组含义和编码规则如下：

第一组为信息系统备案表编号，由 2 段 16 位数字组成，可以从公安机关颁发的信息系统备案证明(或备案回执)上获得。第 1 段即备案证明编号的前 11 位(前 6 位为受理备案公安机关代码，后 5 位为受理备案的公安机关给出的备案单位的顺序编号)；第 2 段即备案证明编号的后 5 位(系统编号)。

第二组为年份，由 2 位数字组成。例如 09 代表 2009 年。

第三组为测评机构代码，由四位数字组成。前两位为省级行政区划数字代码的前两位或行业主管部门编号：00 为公安部，11 为北京，12 为天津，13 为河北，14 为山西，15 为内蒙古，21 为辽宁，22 为吉林，23 为黑龙江，31 为上海，32 为江苏，33 为浙江，34 为安徽，35 为福建，36 为江西，37 为山东，41 为河南，42 为湖北，43 为湖南，44 为广东，45 为广西，46 为海南，50 为重庆，51 为四川，52 为贵州，53 为云南，54 为西藏，61 为陕西，62 为甘肃，63 为青海，64 为宁夏，65 为新疆，66 为新疆兵团。90 为国防科工局，91 为电监会，92 为教育部。后两位为公安机关或行业主管部门推荐的测评机构顺序号。

第四组为本年度信息系统测评次数，由两位构成。例如 02 表示该信息系统本年度测评 2 次。

信息系统等级测评基本信息表

<table>
<tr><th colspan="5">信息系统</th></tr>
<tr><td colspan="2">系统名称</td><td></td><td>安全保护等级</td><td></td></tr>
<tr><td colspan="2">备案证明编号</td><td></td><td>测评结论</td><td></td></tr>
<tr><th colspan="5">被测单位</th></tr>
<tr><td>单位名称</td><td colspan="4"></td></tr>
<tr><td>单位地址</td><td colspan="2"></td><td>邮政编码</td><td></td></tr>
<tr><td rowspan="3">联 系 人</td><td>姓　　名</td><td></td><td>职务/职称</td><td></td></tr>
<tr><td>所属部门</td><td></td><td>办公电话</td><td></td></tr>
<tr><td>移动电话</td><td></td><td>电子邮件</td><td></td></tr>
<tr><th colspan="5">测评单位</th></tr>
<tr><td>单位名称</td><td colspan="2"></td><td>单位代码</td><td></td></tr>
<tr><td>通信地址</td><td colspan="2"></td><td>邮政编码</td><td></td></tr>
<tr><td rowspan="3">联 系 人</td><td>姓　　名</td><td></td><td>职务/职称</td><td></td></tr>
<tr><td>所属部门</td><td></td><td>办公电话</td><td></td></tr>
<tr><td>移动电话</td><td></td><td>电子邮件</td><td></td></tr>
<tr><td rowspan="3">审核批准</td><td>编 制 人</td><td>（签名）</td><td>编制日期</td><td></td></tr>
<tr><td>审 核 人</td><td>（签名）</td><td>审核日期</td><td></td></tr>
<tr><td>批 准 人</td><td>（签名）</td><td>批准日期</td><td></td></tr>
<tr><td colspan="5">注：单位代码由受理测评机构备案的公安机关给出。</td></tr>
</table>

声　　明

（声明是测评机构对测评报告的有效性前提、测评结论的适用范围以及使用方式等有关事项的陈述。针对特殊情况下的测评工作，测评机构可在以下建议内容的基础上增加特殊声明。）

本报告是×××信息系统的等级测评报告。

本报告测评结论的有效性建立在被测评单位提供相关证据的真实性基础之上。

本报告中给出的测评结论仅对被测信息系统当时的安全状态有效。当测评工作完成后，由于信息系统发生变更而涉及到的系统构成组件（或子系统）都应重新进行等级测评，本报告不再适用。

本报告中给出的测评结论不能作为对信息系统内部署的相关系统构成组件（或产品）的测评结论。

在任何情况下，若需引用本报告中的测评结果或结论都应保持其原有的意义，不得对相关内容擅自进行增加、修改和伪造或掩盖事实。

单位名称（加盖单位公章）

年　月

等级测评结论

测评结论与综合得分			
系统名称		保护等级	
系统简介	（简要描述被测信息系统承载的业务功能等基本情况。建议不超过400字）		
测评过程简介	（简要描述测评范围和主要内容。建议不超过200字。）		
测评结论		综合得分	

总体评价

根据被测系统测评结果和测评过程中了解的相关信息，从用户角度对被测信息系统的安全保护状况进行评价。例如可以从安全责任制、管理制度体系、基础设施与网络环境、安全控制措施、数据保护、系统规划与建设、系统运维管理、应急保障等方面分别评价描述信息系统安全保护状况。

综合上述评价结果，对信息系统的安全保护状况给出总括性结论。例如：信息系统总体安全保护状况较好。

主要安全问题

描述被测信息系统存在的主要安全问题及其可能导致的后果。

问题处置建议

针对系统存在的主要安全问题提出处置建议。

目　　录

4.2.1 结果汇总

4.2.2 结果分析

4.3 主机安全

4.3.1 结果汇总

4.3.2 结果分析

4.4 应用安全

4.4.1 结果汇总

4.4.2 结果分析

4.5 数据安全及备份恢复

4.5.1 结果汇总

4.5.2 结果分析

4.6 安全管理制度

4.6.1 结果汇总

4.6.2 结果分析

4.7 安全管理机构

4.7.1 结果汇总

4.7.2 结果分析

4.8 人员安全管理

4.8.1 结果汇总

4.8.2 结果分析

4.9 系统建设管理

4.9.1 结果汇总

4.9.2 结果分析

4.10 系统运维管理

4.10.1 结果汇总

4.10.2 结果分析

4.11 ××××(特殊指标)

4.11.1 结果汇总

4.11.2 结果分析

4.12 单元测评小结

4.12.1 控制点符合情况汇总

4.12.2 安全问题汇总

5 整体测评

5.1 安全控制间安全测评

5.2 层面间安全测评

5.3 区域间安全测评

5.4 验证测试

5.5 整体测评结果汇总

6 总体安全状况分析

6.1 系统安全保障评估

6.2 安全问题风险评估

6.3 等级测评结论

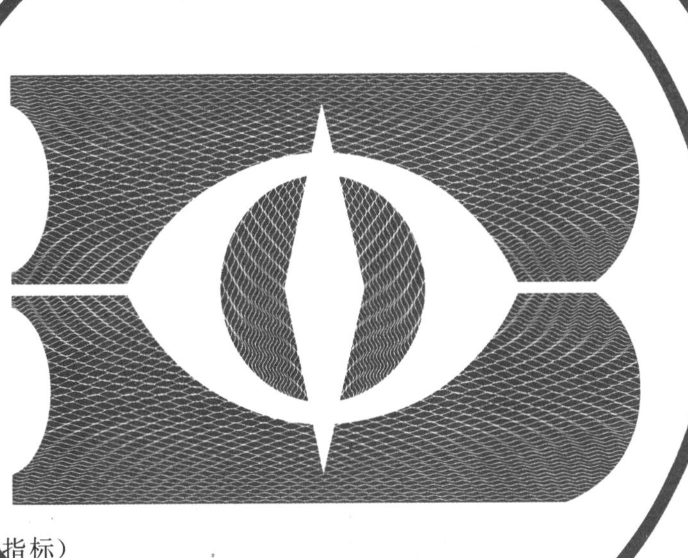

7　问题处置建议
附录 A　等级测评结果记录
A.1　物理安全
A.2　网络安全
A.3　主机安全
A.4　应用安全
A.5　数据安全及备份恢复
A.6　安全管理制度
A.7　安全管理机构
A.8　人员安全管理
A.9　系统建设管理
A.10　系统运维管理
A.11　××××(特殊指标安全层面)
A.12　验证测试
附件　第三级信息系统测评项权重赋值表

1 测评项目概述

1.1 测评目的

1.2 测评依据

列出开展测评活动所依据的文件、标准和合同等。

如果有行业标准的，行业标准的指标作为基本指标。报告中的特殊指标属于用户自愿增加的要求项。

1.3 测评过程

描述等级测评工作流程，包括测评工作流程图、各阶段完成的关键任务和工作的时间节点等内容。

1.4 报告分发范围

说明等级测评报告正本的份数与分发范围。

2 被测信息系统情况

参照备案信息简要描述信息系统。

2.1 承载的业务情况

描述信息系统承载的业务、应用等情况。

2.2 网络结构

给出被测信息系统的拓扑结构示意图，并基于示意图说明被测信息系统的网络结构基本情况，包括功能/安全区域划分、隔离与防护情况、关键网络和主机设备的部署情况和功能简介、与其他信息系统的互联情况和边界设备以及本地备份和灾备中心的情况。

2.3 系统资产

系统资产包括被测信息系统相关的所有软硬件、人员、数据及文档等。

2.3.1 机房

以列表形式给出被测信息系统的部署机房。

序号	机房名称	物理位置

2.3.2 网络设备

以列表形式给出被测信息系统中的网络设备。

序号	设备名称	操作系统	品牌	型号	用途	数量（台/套）	重要程度
…	…	…	…	…	…	…	…

2.3.3 安全设备

以列表形式给出被测信息系统中的安全设备。

序号	设备名称	操作系统	品牌	型号	用途	数量（台/套）	重要程度
…	…	…	…	…	…	…	…

2.3.4 服务器/存储设备

以列表形式给出被测信息系统中的服务器和存储设备，描述服务器和存储设备的项目包括设备名称、操作系统、数据库管理系统以及承载的业务应用软件系统。

序号	设备名称[1)]	操作系统/数据库管理系统	版本	业务应用软件	数量（台/套）	重要程度
…	…	…	…	…	…	…

2.3.5 终端

以列表形式给出被测信息系统中的终端，包括业务管理终端、业务终端和运维终端等。

序号	设备名称	操作系统	用途	数量（台/套）	重要程度
…	…	…	…	…	…

2.3.6 业务应用软件

以列表的形式给出被测信息系统中的业务应用软件（包括含中间件等应用平台软件），描述项目包括软件名称、主要功能简介。

1） 设备名称在本报告中应唯一，如××业务主数据库服务器或 xx-svr-db-1。

序号	软件名称	主要功能	开发厂商	重要程度
…	…	…	…	…

2.3.7 关键数据类别

以列表形式描述具有相近业务属性和安全需求的数据集合。

序号	数据类别[2]	所属业务应用	安全防护需求[3]	重要程度
…	…	…	…	…

2.3.8 安全相关人员

以列表形式给出与被测信息系统安全相关的人员情况。相关人员包括(但不限于)安全主管、系统建设负责人、系统运维负责人、网络(安全)管理员、主机(安全)管理员、数据库(安全)管理员、应用(安全)管理员、机房管理人员、资产管理员、业务操作员、安全审计人员等。

序号	姓名	岗位/角色	联系方式
…	…	…	…

2.3.9 安全管理文档

以列表形式给出与信息系统安全相关的文档,包括管理类文档、记录类文档和其他文档。

序号	文档名称	主要内容
…	…	…

2.4 安全服务

序号	安全服务名称[4]	安全服务商
…	…	…

2) 如鉴别数据、管理信息和业务数据等,而业务数据可从安全防护需求(保密、完整等)的角度进一步细分。

3) 保密性、完整性等。

4) 安全服务包括系统集成、安全集成、安全运维、安全测评、应急响应、安全监测等所有相关安全服务。

2.5 安全环境威胁评估

描述被测信息系统的运行环境中与安全相关的部分，并以列表形式给出被测信息系统的威胁列表。

序号	威胁分(子)类	描述
…	…	…

2.6 前次测评情况

简要描述前次等级测评发现的主要问题和测评结论。

3 等级测评范围与方法

3.1 测评指标

测评指标包括基本指标和特殊指标两部分。

3.1.1 基本指标

依据信息系统确定的业务信息安全保护等级和系统服务安全保护等级，选择《基本要求》中对应级别的安全要求作为等级测评的基本指标，以表格形式在表 3-1 中列出。

表 3-1 基本指标

安全层面[5]	安全控制点[6]	测评项数
…	…	…

3.1.2 不适用指标

鉴于信息系统的复杂性和特殊性，《基本要求》的某些要求项可能不适用于整个信息系统，对于这些不适用项应在表后给出不适用原因。

表 3-2 不适用指标

安全层面	安全控制点	不适用项	原因说明
…	…	…	

5） 安全层面对应基本要求中的物理安全、网络安全、主机安全、应用安全、数据安全与备份恢复、安全管理制度、安全管理机构、人员安全管理、系统建设管理和系统运维管理等 10 个安全要求类别。

6） 安全控制点是对安全层面的进一步细化，在《基本要求》目录级别中对应安全层面的下一级目录。

3.1.3 特殊指标

结合被测评单位要求、被测信息系统的实际安全需求以及安全最佳实践经验，以列表形式给出《基本要求》（或行业标准）未覆盖或者高于《基本要求》（或行业标准）的安全要求。

安全层面	安全控制点	特殊要求描述	测评项数
…	…		…

3.2 测评对象

3.2.1 测评对象选择方法

依据GB/T 28449—2012信息系统安全等级保护测评过程指南的测评对象确定原则和方法，结合资产重要程度赋值结果，描述本报告中测评对象的选择规则和方法。

3.2.2 测评对象选择结果

1） 机房

序号	机房名称	物理位置	重要程度

2） 网络设备

序号	设备名称	操作系统	用途	重要程度
…	…	…	…	

3） 安全设备

序号	设备名称	操作系统	用途	重要程度
…	…	…	…	

4） 服务器/存储设备

序号	设备名称[7]	操作系统 /数据库管理系统	业务应用软件	重要程度
…	…		…	

7） 设备名称在本报告中应唯一，如××业务主数据库服务器或xx-svr-db-1。

5） 终端

序号	设备名称	操作系统	用途	重要程度
…	…	…	…	

6） 数据库管理系统

序号	数据库系统名称	数据库管理系统类型	所在设备名称	重要程度
…	…	…	…	…

7） 业务应用软件

序号	软件名称	主要功能	开发厂商	重要程度
…	…	…		

8） 访谈人员

序号	姓名	岗位/职责
…	…	…

9） 安全管理文档

序号	文档名称	主要内容
…	…	…

3.3 测评方法

描述等级测评工作中采用的访谈、核查、测试和风险分析等方法。

4 单元测评

单元测评内容包括“3.1.1 基本指标”以及“3.1.3 特殊指标”中涉及的安全层面，内容由问题分析和结果汇总等两个部分构成，详细结果记录及符合程度参见报告附录 A。

4.1 物理安全

4.1.1 结果汇总

针对不同安全控制点对单个测评对象在物理安全层面的单项测评结果进行汇总和统计。

序号	测评对象	符合情况	安全控制点									
			物理位置的选择	物理访问控制	防盗窃和防破坏	防雷击	防火	防水和防潮	防静电	温湿度控制	电力供应	电磁屏蔽
1	对象1	符合										
		部分符合										
		不符合										
		不适用										
…	…	…	…	…	…	…	…	…	…			

4.1.2　结果分析

针对物理安全测评结果中存在的符合项加以分析说明，形成被测系统具备的安全保护措施描述。针对物理安全测评结果中存在的部分符合项或不符合项加以汇总和分析，形成安全问题描述。

4.2　网络安全

4.2.1　结果汇总

针对不同安全控制点对单个测评对象在网络安全层面的单项测评结果进行汇总和统计。

4.2.2　结果分析

4.3　主机安全

4.4　应用安全

4.5　数据安全及备份恢复

4.6　安全管理制度

4.7　安全管理机构

4.8　人员安全管理

4.9　系统建设管理

4.10　系统运维管理

4.11　××××(特殊指标)

4.12　单元测评小结

4.12.1　控制点符合情况汇总

根据附录A中测评项的符合程度得分，以算术平均法合并多个测评对象在同一测评项的得分，得到各测评项的多对象平均分。

根据测评项权重(参见附件《测评项权重赋值表》,其他情况的权重赋值另行发布),以加权平均合并同一安全控制点下的所有测评项的符合程度得分,并按照控制点得分计算公式得到各安全控制点的5分制得分。

$$控制点得分=\frac{\sum_{k=1}^{n}测评项的多对象平均分\times测评项权重}{\sum_{k=1}^{n}测评项权重}$$,n 为同一控制点下的测评项数,不含不适用的控制点和测评项。

以表格形式汇总测评结果,表格以不同颜色对测评结果进行区分,部分符合(安全控制点得分在0分和5分之间,不等于0分或5分)的安全控制点采用黄色标识,不符合(安全控制点得分为0分)的安全控制点采用红色标识。

序号	安全层面	安全控制点	安全控制点得分	符合情况			
				符合	部分符合	不符合	不适用
1	物理安全	物理位置的选择					
2		物理访问控制					
3		防盗窃和防破坏					
4		防雷击					
5		防火					
6		防水和防潮					
7		防静电					
8		温湿度控制					
9		电力供应					
10		电磁防护					
…	…	…		…	…	…	
统计							

4.12.2 安全问题汇总

针对单元测评结果中存在的部分符合项或不符合项加以汇总,形成安全问题列表并计算其严重程度值。依其严重程度取值为1~5,最严重的取值为5。安全问题严重程度值是基于对应的测评项权重并结合附录A中对应测评项的符合程度进行的。具体计算公式如下:

安全问题严重程度值=(5－测评项符合程度得分)×测评项权重

问题编号	安全问题	测评对象	安全层面	安全控制点	测评项	测评项权重	问题严重程度值
…		…		…			

5 整体测评

从安全控制间、层面间、区域间和验证测试等方面对单元测评的结果进行验证、分析和整体评价。

具体内容参见 GB/T 28448—2012《信息安全技术　信息系统安全等级保护测评要求》。

5.1 安全控制间安全测评

5.2 层面间安全测评

5.3 区域间安全测评

5.4 验证测试

验证测试包括漏洞扫描，渗透测试等，验证测试发现的安全问题对应到相应的测评项的结果记录中。详细验证测试报告见报告附录 A。

若由于用户原因无法开展验证测试，应将用户签章的“自愿放弃验证测试声明”作为报告附件。

5.5 整体测评结果汇总

根据整体测评结果，修改安全问题汇总表中的问题严重程度值及对应的修正后测评项符合程度得分，并形成修改后的安全问题汇总表（仅包括有所修正的安全问题）。可根据整体测评安全控制措施对安全问题的弥补程度将修正因子设为 0.5～0.9。

修正后问题严重程度值[8]＝修正前的问题严重程度值×修正因子。

修正后测评项符合程度＝5－修正后问题严重程度值/测评项权重

表 5-1　修正后的安全问题汇总表[9]

序号	问题编号[10]	安全问题描述	测评项权重	整体测评描述	修正因子	修正后问题严重程度值	修正后测评项符合程度
	…						

6 总体安全状况分析

6.1 系统安全保障评估

以表格形式汇总被测信息系统已采取的安全保护措施情况，并综合附录 A 中的测评项符合程度得分以及 5.5 中的修正后测评项符合程度得分（有修正的测评项以 5.5 中的修正后测评项符合程度得分带入计算），以算术平均法合并多个测评对象在同一测评项的得分，得到各测评项的多对象平均分。

根据测评项权重（见附件《测评项权重赋值表》，其他情况的权重赋值另行发布），以加权平均合并同一安全控制点下的所有测评项的符合程度得分，并按照控制点得分计算公式得到各安全控制点的 5 分制得分。计算公式为：

8）问题严重程度值最高为 5。

9）该处仅列出问题严重程度有所修正的安全问题。

10）该处编号与 4.12.2 安全问题汇总表中的问题编号一一对应。

$$控制点得分=\frac{\sum_{k=1}^{n}测评项的多对象平均分\times测评项权重}{\sum_{k=1}^{n}测评项权重}$$，n 为同一控制点下的测评项数，不含不适用的控制点和测评项。

以算术平均合并同一安全层面下的所有安全控制点得分，并转换为安全层面的百分制得分。根据表格内容描述被测信息系统已采取的有效保护措施和存在的主要安全问题情况。

表 6-1 系统安全保障情况得分表

序号	安全层面	安全控制点	安全控制点得分	安全层面得分
1	物理安全	物理位置的选择		
2		物理访问控制		
3		防盗窃和防破坏		
4		防雷击		
5		防火		
6		防水和防潮		
7		防静电		
8		温湿度控制		
9		电力供应		
10		电磁防护		
11	网络安全	结构安全		
12		访问控制		
13		安全审计		
14		边界完整性检查		
15		入侵防范		
16		恶意代码防范		
17		网络设备防护		
18	主机安全	身份鉴别		
19		安全标记		
20		访问控制		
21		可信路径		
22		安全审计		
23		剩余信息保护		
24		入侵防范		
25		恶意代码防范		
26		资源控制		

表 6-1（续）

序号	安全层面	安全控制点	安全控制点得分	安全层面得分
27	应用安全	身份鉴别		
28		安全标记		
29		访问控制		
30		可信路径		
31		安全审计		
32		剩余信息保护		
33		通信完整性		
34		通信保密性		
35		抗抵赖		
36		软件容错		
37		资源控制		
38	数据安全及备份恢复	数据完整性		
39		数据保密性		
40		备份和恢复		
41	安全管理制度	管理制度		
42		制定和发布		
43		评审和修订		
44	安全管理机构	岗位设置		
45		人员配备		
46		授权和审批		
47		沟通和合作		
48		审核和检查		
49	人员安全管理	人员录用		
50		人员离岗		
51		人员考核		
52		安全意识教育和培训		
53		外部人员访问管理		
54	系统建设管理	系统定级		
55		安全方案设计		
56		产品采购和使用		
57		自行软件开发		
58		外包软件开发		
59		工程实施		
60		测试验收		

表 6-1（续）

序号	安全层面	安全控制点	安全控制点得分	安全层面得分
61	系统建设管理	系统交付		
62		系统备案		
63		等级测评		
64		安全服务商选择		
65	系统运维管理	环境管理		
66		资产管理		
67		介质管理		
68		设备管理		
69		监控管理和安全管理中心		
70		网络安全管理		
71		系统安全管理		
72		恶意代码防范管理		
73		密码管理		
74		变更管理		
75		备份与恢复管理		
76		安全事件处置		
77		应急预案管理		

6.2 安全问题风险评估

依据信息安全标准规范，采用风险分析的方法进行危害分析和风险等级判定。针对等级测评结果中存在的所有安全问题，结合关联资产和威胁分别分析安全危害，找出可能对信息系统、单位、社会及国家造成的最大安全危害(损失)，并根据最大安全危害严重程度进一步确定信息系统面临的风险等级，结果为“高”“中”或“低”。并以列表形式给出等级测评发现安全问题以及风险分析和评价情况，参见表 6-2。

其中，最大安全危害(损失)结果应结合安全问题所影响业务的重要程度、相关系统组件的重要程度、安全问题严重程度以及安全事件影响范围等进行综合分析。

表 6-2 信息系统安全问题风险分析表

问题编号	安全层面	问题描述	关联资产[11)]	关联威胁[12)]	危害分析结果	风险等级

11） 如风险值和评价相同，可填写多个关联资产。

12） 对于多个威胁关联同一个问题的情况，应分别填写。

6.3 等级测评结论

综合上述几章节的测评与风险分析结果，根据符合性判别依据给出等级测评结论，并计算信息系统的综合得分。

等级测评结论应表述为“符合”“基本符合”或者“不符合”。

结论判定及综合得分计算方式见下表：

测评结论	符合性判别依据	综合得分计算公式
符合	信息系统中未发现安全问题，等级测评结果中所有测评项得分均为5分	100分
基本符合	信息系统中存在安全问题，但不会导致信息系统面临高等级安全风险	$\dfrac{\sum_{k=1}^{p}\text{测评项的多对象平均分}\times\text{测评项权重}}{\sum_{k=1}^{p}\text{测评项权重}}\times 20$，$p$ 为总测评项数，不含不适用的控制点和测评项，有修正的测评项以5.5中的修正后测评项符合程度得分代入计算
不符合	信息系统中存在安全问题，而且会导致信息系统面临高等级安全风险	$60-\dfrac{\sum_{j=1}^{l}\text{修正后问题严重程度值}}{\sum_{k=1}^{p}\text{测评项权重}}\times 12$，$l$ 为安全问题数，p 为总测评项数，不含不适用的控制点和测评项

也可根据特殊指标重要程度为其赋予权重，并参照上述方法和综合得分计算公式，得出综合基本指标与特殊指标测评结果的综合得分。

7 问题处置建议

针对系统存在的安全问题提出处置建议。

附录A 等级测评结果记录

A.1 物理安全

以表格形式给出物理安全的现场测评结果。符合程度根据被测信息系统实际保护状况进行赋值，完全符合项赋值为5，其他情况根据被测系统在该测评指标的符合程度赋值为0～4(取整数值)。

测评对象	安全控制点	测评指标	结果记录	符合程度
…	物理位置的选择	…	…	…
		…	…	…
	物理访问控制	…	…	…
	…	…	…	…
…	…	…	…	…

A.2 网络安全

A.3 主机安全

A.4 应用安全

A.5 数据安全及备份恢复

A.6 安全管理制度

A.7 安全管理机构

A.8 人员安全管理

A.9 系统建设管理

A.10 系统运维管理

A.11 ××××(特殊指标安全层面)

A.12 验证测试

附件 第三级信息系统测评项权重赋值表

（略）

参 考 文 献

[1] GB/T 30976.1—2014 工业控制系统信息安全 第1部分 评估规范

[2] GB/T 30976.2—2014 工业控制系统信息安全 第2部分 验收规范

[3] GB/T 31167—2014 信息安全技术 云计算服务安全指南

[4] GB/T 31168—2014 信息安全技术 云计算服务安全能力要求

[5] YDB 101—2012 物联网安全需求

[6] YD/T 2437—2012 物联网总体框架与技术要求

[7] YD/T 2694—2014 移动互联网联网应用安全防护要求

[8] YD/T 2695—2014 移动互联网联网应用安全防护检测要求

[9] ISA/IEC 62443 Industrial communication networks-Network and system security—2012.12

[10] NIST Special Publication 800-30 Revision 1:Guide for Conducting Risk Assessments—2012.9

[11] NIST Special Publication 800-37 Revision 1:Guide for Applying the Risk Management Framework to Federal Information Systems—2010.2

[12] NIST Special Publication 800-53 Revision 4:Security and Privacy Controls for Federal Information Systems and Organizations—2013.4

[13] NIST Special Publication 800-53A Revision 4:Assessing Security and Privacy Controls in Federal Information Systems and Organizations—2014.12

[14] NIST Special Publication 800-82 Revision 2:Guide to Industrial Control Systems (ICS) Security v2.0—2015.5

[15] NIST Special Publication 800-144:Guidelines on Security and Privacy in Public Cloud Computing—2011.12

[16] OCTAVE Method Implementation Guide v2.0

ICS 35.040
L 80

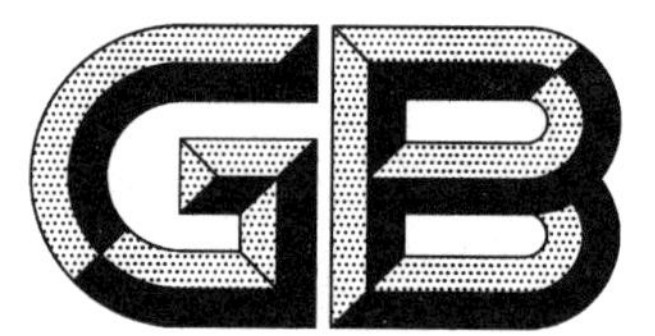

中华人民共和国国家标准

GB/T 35278—2017

信息安全技术 移动终端安全保护技术要求

Information security technology—
Technical requirements for mobile terminal security protection

2017-12-29 发布

2018-07-01 实施

中华人民共和国国家质量监督检验检疫总局
中国国家标准化管理委员会 发布

前　言

本标准按照 GB/T 1.1—2009 给出的规则起草。

请注意本文件的某些内容可能涉及专利。本文件的发布机构不承担识别这些专利的责任。

本标准由全国信息安全标准化技术委员会(SAC/TC 260)提出并归口。

本标准起草单位:中国信息通信研究院(工业和信息化部电信研究院)、北京邮电大学、中国移动通信集团公司、华为技术有限公司。

本标准主要起草人:翟世俊、宁华、潘娟、杨正军、姚一楠、焦四辈、国炜、袁琦、陈泓汲、袁捷、邱勤、黄曦、杨光华、何申、彭华熹、梁洪亮、刘书昌。

引　言

随着移动互联网技术的迅速发展，移动终端得到了广泛的应用，并且在功能上不断扩展。伴随着移动终端智能化及网络宽带化的趋势，移动互联网业务层出不穷，日益繁荣。与此同时，移动终端也面临着各种安全威胁，如网络窃听、网络攻击、物理访问、恶意应用等，移动终端的安全面临着严峻挑战。本标准根据移动终端面临的安全威胁，依据GB/T 18336的要求，提出了移动终端的安全目的，规定移动终端的安全功能要求和安全保障要求，为移动终端安全的设计、开发、测试和评估提供指导，有助于提高移动终端的安全水准，降低移动终端面临的风险，保护用户个人安全以及国家安全，防止移动终端对移动互联网安全产生的不利影响，推动整个移动互联网的健康发展。

信息安全技术 移动终端安全保护技术要求

1 范围

本标准规定了移动终端的安全保护技术要求，包括移动终端的安全目的、安全功能要求和安全保障要求。

本标准适用于移动终端的设计、开发、测试和评估。

2 规范性引用文件

下列文件对于本文件的应用是必不可少的。凡是注日期的引用文件，仅注日期的版本适用于本文件。凡是不注日期的引用文件，其最新版本(包括所有的修改单)适用于本文件。

GB/T 18336.1—2015 信息技术 安全技术 信息技术安全评估准则 第1部分：简介和一般模型

3 术语和定义、缩略语

3.1 术语和定义

GB/T 18336.1—2015界定的以及下列术语和定义适用于本文件。

3.1.1

移动终端 mobile terminal

在移动通信网络中使用的移动计算设备，包括移动智能终端及其他具有类似功能的终端设备等。

3.1.2

移动终端用户 mobile terminal user

使用移动终端，与移动终端进行交互并负责移动终端的物理控制和操作的对象。

3.1.3

用户数据 user data

移动智能终端上存储的用户个人信息，包括由用户在本地生成的数据、为用户在本地生成的数据、在用户许可后由外部进入用户数据区的数据等。

3.1.4

应用软件 application software

移动终端操作系统之上安装的，向用户提供服务功能的软件。

3.1.5

访问控制 access control

一种保证数据处理系统的资源只能由被授权主体按授权方式进行访问的手段。

3.1.6

易失性存储器 volatile memory

当电流关掉后，所储存的资料便会消失的电脑或终端存储介质。

3.1.7

授权　authorization

在用户身份经过认证后，根据预先设置的安全策略，授予用户相应权限的过程。

3.1.8

数字签名　digital signature

附在数据单元后面的数据，或对数据单元进行密码变换得到的数据。允许数据的接收者验证数据的来源和完整性，保护数据不被篡改、伪造，并保证数据的不可否认性。

3.1.9

漏洞　vulnerability

计算机信息系统在需求、设计、实现、配置、运行等过程中，有意或无意产生的缺陷。这些缺陷以不同形式存在于计算机信息系统的各个层次和环节之中，一旦被恶意主体所利用，就会对计算机信息系统的安全造成损害，从而影响计算机信息系统的正常运行。

3.2 缩略语

下列缩略语适用于本文件。

ASLR：地址空间布局随机化(Address Space Layout Randomization)

DEK：数据加密密钥(Data Encryption Key)

IPSec：互联网协议安全性(Internet Protocol Security)

KEK：密钥加密密钥(Key Encryption Key)

RBG：随机数产生(Random Bit Generation)

REK：根加密密钥(Root Encryption Key)

ST：安全目标(Security Target)

SSL：安全套接层(Secure Sockets Layer)

TLS：传输层安全协议(Transport Layer Security)

TOE：评估对象(Target of Evaluation)

TSF：TOE 安全功能(TOE Security Functionality)

TSFI：TOE 安全功能接口(TSF Interface)

VPN：虚拟专用网络(Virtual Private Network)

WLAN：无线局域网(Wireless local area network)

4 移动终端概述

移动终端可以提供无线连接、安全消息、电子邮件、网络、VPN 连接、VoIP 等软件，用于访问受保护的数据和应用，以及与其他移动终端进行通信。移动终端的网络环境如图 1 所示。在该标准中，移动终端包括移动智能终端及其他具有类似功能的终端设备。

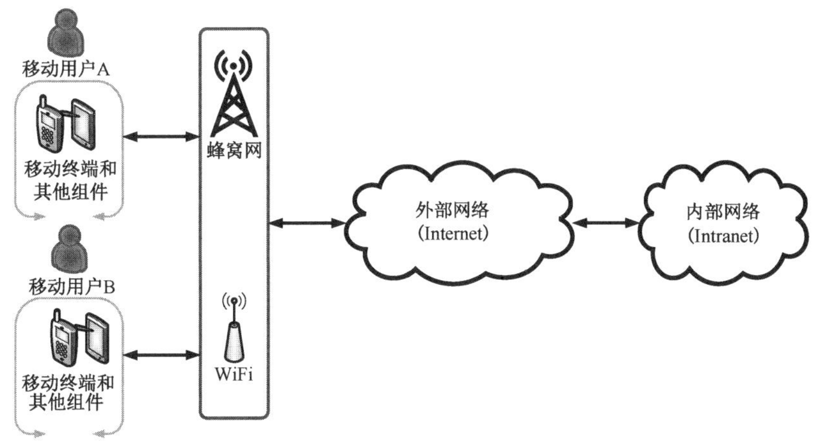

图 1　移动终端的网络环境

移动终端的架构如图2所示，包括硬件、系统软件、应用软件、接口、用户数据等，硬件包括处理器、存储芯片、输入输出等部件；系统软件包括操作系统、基础通信协议软件等；应用软件包括预置和安装的第三方应用软件；用户数据包括所有由用户产生或为用户服务的数据；接口包括蜂窝网络接口、无线外围接口、有线外围接口、外置存储设备等。移动终端应提供加密服务、静态数据保护、密钥存储、访问控制、用户认证、软件完整性保护等服务，保证移动终端的保密性、可用性和完整性，降低移动终端所面临的网络攻击、恶意软件等风险，保障用户的移动终端信息安全。

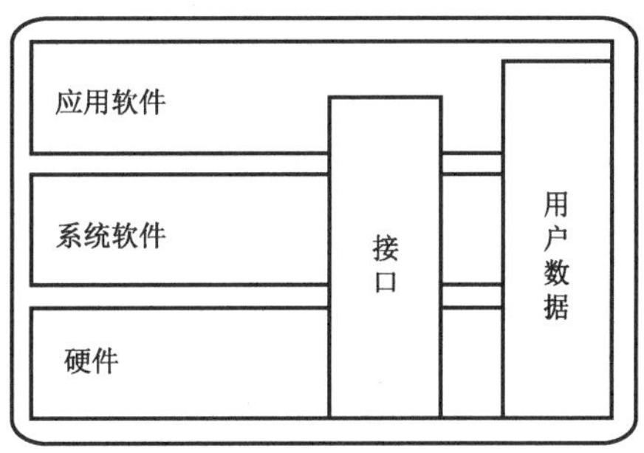

图 2　移动终端的架构

5　安全问题

5.1　假设

5.1.1　配置(A.CONFIG)

假设正确地配置了移动终端的安全功能，以确保移动终端的所有网络通信都执行了相应的安全策略。

5.1.2　预防措施(A.PRECAUTION)

假设移动用户执行了预防措施，以减少移动终端丢失或失窃后用户信息泄露的风险。

5.2 安全威胁

5.2.1 网络窃听(T.EAVESDROP)

攻击者监听或者截获移动终端与另一端点进行交互的数据。

5.2.2 网络攻击(T.NETWORK)

攻击者通过发起和移动终端的通信对其进行攻击,或者通过更改移动终端和其他端点之间的通信对其进行攻击。

5.2.3 物理访问(T.PHYSICAL)

移动终端被盗或者丢失后,攻击者可通过对移动终端的物理接入获得移动终端上的数据。通常的接入方式包括外部硬件接口、用户接口,或者直接进行破坏性接入到移动终端的存储介质。

5.2.4 恶意应用软件(T.FLAWAPP)

在移动终端上,可通过多种形式下载并安装应用软件。除了正规的应用商店外,还有很多第三方应用商店向用户提供应用软件下载,而这些第三方应用商店为恶意应用软件提供了分发渠道,恶意应用软件可盗取移动终端上的数据。恶意应用软件先攻击平台系统软件,获得额外的权限来实施进一步的恶意行为,这些恶意的行为包括控制终端的传感器,如GPS、摄像头、麦克风,以便收集用户的信息,然后将这些信息发送到网络。

5.2.5 持续攻击(T.PERSISTENT)

移动终端被攻击者持续攻击意味着该终端已经失去了完整性。移动终端被攻击者持续访问,对移动终端自身构造了持续的威胁,移动终端及其数据可以被攻击者控制或访问。

6 安全目的

6.1 TOE安全目的

6.1.1 通信保护(O.COMMS)

为了应对网络窃听和网络攻击的威胁,在移动终端和远程网络实体之间通过无线方式传输用户数据以及配置数据时,需使用可信的通信路径。移动终端应使用下面标准协议中的一个或多个进行通信:IPsec,DTLS,TLS或HTTPS,实施该要求能够在提供互通性的同时应对网络窃听和网络攻击。

6.1.2 存储保护(O.STORAGE)

为了应对移动终端丢失的情况下用户数据保密性损失的问题,移动终端应提供数据保护功能。移动终端应能够对存储在终端上的数据和密钥进行加密,并防止对这些加密数据的非授权访问。

6.1.3 移动终端安全策略配置(O.CONFIG)

移动终端应对其存储或处理的用户数据进行保护,移动终端应提供配置和应用安全策略的功能。如果移动终端配置了安全策略,应按照用户指定的安全策略的优先级应用这些安全策略。

6.1.4 授权和鉴别(O.AUTH)

为了应对移动终端丢失的情况下丧失用户数据的机密性,在访问受保护的功能和数据之前,用户需要向移动终端发起鉴权申请。一些非敏感功能(如拨打紧急电话、文字提示)可以无需鉴权直接访问。移动终端应按照用户配置的时间自动锁定,以确保移动终端丢失或被盗情况下的授权访问。通信中,网络节点应经过鉴权建立合法连接,以确保无法建立非授权的网络连接。

6.1.5 移动终端完整性(O.INTEGRITY)

为了确保移动终端的完整性,移动终端应能自检其关键功能、软件、固件和数据的完整性,自检失败的信息应能提示给用户。为应对应用程序漏洞和恶意软件攻击,对软件和固件版本升级也应在安装运行前进行完整性检测。移动终端应限制应用软件仅能访问授权的系统服务和数据。移动终端应对恶意应用软件攻击进行专门保护,防止恶意应用软件获取其非授权访问的数据。

6.2 环境安全目的

6.2.1 配置(OE.CONFIG)

移动终端管理员应正确配置移动终端安全功能,以执行预定的安全策略。

6.2.2 预防措施(OE.PRECAUTION)

移动用户应采取预防措施,以减少移动终端丢失或失窃后用户信息泄露的风险。

7 安全功能要求

7.1 概述

表1列出了移动终端安全功能要求组件,下述各条对各组件给出了详细说明。赋值及选择操作用斜体表示。

表1 安全功能要求组件

安全功能类	安全功能要求组件	编号
FAU类:安全审计	FAU_GEN.1 审计数据产生	1
	FAU_SAR.1 审计查阅	2
	FAU_SAR.2 有限审计查阅	3
	FAU_SAR.3 可选审计查阅	4
	FAU_SEL.1 选择性审计	5
	FAU_STG.1 受保护的审计迹存储	6
	FAU_STG.4 防止审计数据丢失	7
FCS类:密码支持	FCS_CKM.1.1 密钥生成	8
	FCS_CKM.2.1 密钥分发	9
	FCS_CKM_EXT.1 密钥支持	10
	FCS_CKM_EXT.2 数据加密密钥	11
	FCS_CKM_EXT.3 密钥加密密钥	12
	FCS_CKM_EXT.4 密钥销毁	13
	FCS_CKM_EXT.5 TSF 擦除	14

表 1（续）

安全功能类	安全功能要求组件	编号
FCS 类:密码支持	FCS_CKM_EXT.6 盐值生成	15
	FCS_COP.1 密码运算	16
	FCS_HTTPS_EXT.1 HTTPS 协议	17
	FCS_IV_EXT.1 初始向量生成	18
	FCS_RBG_EXT.1 随机位生成器	19
	FCS_SRV_EXT.1 密码算法服务	20
	FCS_STG_EXT.1 密钥存储	21
	FCS_STG_EXT.2 存储密钥的加密	22
	FCS_STG_EXT.3 存储密钥的完整性	23
	FCS_TLSC_EXT.1 EAP-TLS 客户端协议	24
	FCS_TLSC_EXT.2 TLS 客户端协议	25
FDP 类:用户数据保护	FDP_ACF_EXT.1 访问控制	26
	FDP_DAR_EXT.1 静态数据保护	27
	FDP_IFC_EXT.1 子集信息流控制	28
	FDP_STG_EXT.1 用户数据存储	29
	FDP_UPC_EXT.1 TSF 间用户数据传输保护	30
FIA 类:标识和鉴别	FIA_AFL_EXT.1 鉴别失败处理	31
	FIA_BLT_EXT.1 蓝牙用户鉴别	32
	FIA_PMG_EXT.1 口令管理	33
	FIA_TRT_EXT.1 鉴别限制	34
	FIA_UAU.7 受保护的鉴别反馈	35
	FIA_UAU_EXT.1 加密运算的鉴别	36
	FIA_UAU_EXT.2 鉴别的时机	37
	FIA_UAU_EXT.3 重鉴别	38
	FIA_X509_EXT.1 证书验证	39
	FIA_X509_EXT.2 证书鉴别	40
	FIA_X509_EXT.3 请求证书验证	41
FMT 类:安全管理	FMT_MOF.1 安全功能行为的管理	42
	FMT_SMF.1 管理功能规范	43
	FMT_SMF_EXT.1 补救措施规范	44
FPT 类:TSF 保护	FPT_AEX_EXT.1 地址空间布局随机化	45
	FPT_AEX_EXT.2 存储页权限	46
	FPT_AEX_EXT.3 堆栈溢出保护	47
	FPT_AEX_EXT.4 域隔离	48

表 1（续）

安全功能类	安全功能要求组件	编号
FPT 类:TSF 保护	FPT_KST_EXT.1 密钥存储	49
	FPT_KST_EXT.2 密钥传输	50
	FPT_KST_EXT.3 明文密钥导出	51
	FPT_NOT_EXT.1 自检通知	52
	FPT_STM.1 可靠的时间戳	53
	FPT_TST_EXT.1 TSF 加密功能测试	54
	FPT_TST_EXT.2 TSF 完整性测试	55
	FPT_TUD_EXT.1 可信更新:TSF 版本查询	56
	FPT_TUD_EXT.2 可信更新的验证	57
FTA 类:TOE 访问	FTA_SSL_EXT.1 TSF 和用户启动的锁定状态	58
	FTA_WSE_EXT.1 无线网络接入	59
FTP 类:可信路径/信道	FTP_ITC_EXT.1 可信通道通信	60

7.2 FAU 类:安全审计

7.2.1 审计数据产生(FAU_GEN.1)

FAU_GEN.1.1 TSF 应能为下述可审计事件产生可审计记录:

a) 审计功能的启动和关闭;

b) 可审计事件的最小集合;

c) [赋值:***其他专门定义的可审计事件***]。

FAU_GEN.1.2 TSF 应在每个审计记录中至少记录如下信息:

a) 事件的日期和事件、事件的类型、事件的主体身份、事件的结果(成功或失败);

b) 基于安全功能组件中可审计事件定义的[赋值:***其他审计相关信息***]。

7.2.2 审计查阅(FAU_SAR.1)

FAU_SAR.1.1 TSF 应为[赋值:***授权用户,审计管理员***]提供从审计记录中读取[赋值:***审计信息列表***]的能力。

FAU_SAR.1.2 TSF 应以便于用户理解的方式提供审计记录。

7.2.3 有限审计查阅(FAU_SAR.2)

FAU_SAR.2.1 除具有明确读访问权限的用户外,TSF 应禁止所有用户对审计记录的访问。

7.2.4 可选审计查阅(FAU_SAR.3)

FAU_SAR.3.1 TSF 应根据[赋值:具有逻辑关系的标准]提供对审计数据进行[赋值:***搜索、分类、排序***]的能力。

7.2.5 选择性审计(FAU_SEL.1)

FAU_SEL.1.1 TSF应能根据以下属性从审计事件集中包括或排除可审计事件:

a) [选择:***用户身份,事件类型***];

b) [赋值:***审计选择所依据的附加属性表***]。

7.2.6 受保护的审计迹存储(FAU_STG.1)

FAU_STG.1.1 TSF应保护所存储的审计记录,以避免未授权的删除。

FAU_STG.1.2 TSF应能[选择,选取一个:***防止、检测***]对审计迹中所存储审计记录的未授权修改。

7.2.7 防止审计数据丢失(FAU_STG.4)

FAU_STG.4.1 如果审计迹已满,TSF应[选择,选取一个:***"忽略可审计事件""阻止可审计事件,除具有特权的授权用户产生的""涵盖所存储的最早的审计记录"***]和[赋值:***审计存储失效时所采取的其他动作***]。

7.3 FCS类:密码支持

7.3.1 密钥生成(FCS_CKM.1.1)

FCS_CKM.1.1 移动终端的安全功能应根据符合下列标准[赋值:***标准列表***]中的特定的密钥生成算法[赋值:***密钥生成算法***]和规定的密钥长度[赋值:***密钥长度***]来生成密钥。

7.3.2 密钥分发(FCS_CKM.2.1)

FCS_CKM.2.1 移动终端的安全功能应根据符合下列标准[赋值:***标准列表***]中的一个特定的密钥分发方法[赋值:***密钥分发方法***]来分发密钥。

7.3.3 密钥支持(FCS_CKM_EXT.1)

FCS_CKM_EXT.1.1 移动终端的安全功能应支持[选择:***硬件隔离,硬件保护***]的密钥大小为[选择:***密钥长度***]的根加密密钥。

FCS_CKM_EXT.1.2 移动终端的安全功能上的系统软件应只能通过密钥请求[选择:***加密/解密,密钥分发***],不能够读取,导入,导出根加密密钥。

FCS_CKM_EXT.1.3 应按照FCS_RBG_EXT.1的随机位生成器来生成根加密密钥。

7.3.4 数据加密密钥(FCS_CKM_EXT.2)

FCS_CKM_EXT.2.1 所有的数据加密密钥应按照[选择:***密钥长度***]的[选择:***密钥生成算法***]的安全强度对应的熵来随机生成。

7.3.5 密钥加密密钥(FCS_CKM_EXT.3)

FCS_CKM_EXT.3.1 所有密钥加密密钥(KEKs)应为[赋值:***密钥长度***]密钥,至少相应于被KEK加密的密钥的安全强度。

FCS_CKM_EXT.3.2 移动终端的安全功能应使用以下方法[赋值:***方法列表***],从一个口令授权因子中导出所有密钥加密密钥。

7.3.6 密钥销毁(FCS_CKM_EXT.4)

FCS_CKM_EXT.4.1 移动终端的安全功能应按照规定的密钥销毁方法[选择:***密钥销毁方法***]销毁密钥。

FCS_CKM_EXT.4.2 移动终端的安全功能应销毁所有不再需要的明文密钥材料和关键安全参数。

7.3.7 TSF 擦除(FCS_CKM_EXT.5)

FCS_CKM_EXT.5.1 移动终端的安全功能应在擦除受保护数据时:

a) EEPROM:销毁应进行单向随机数覆盖,覆盖后应进行读取验证;

b) 闪存:销毁应进行单向全零覆盖或块擦除,覆盖或擦除后应进行读取验证;

c) 其他非易失存储器:销毁应进行三次或三次以上随机数覆盖,每次覆盖使用的随机数不同。

FCS_CKM_EXT.5.2 移动终端的安全功能应在擦拭程序结束时重新启动。

7.3.8 盐值生成(FCS_CKM_EXT.6)

FCS_CKM_EXT.6.1 移动终端的安全功能应使用满足 FCS_RBG_EXT.1 的 RBG 生成所有的盐值。

7.3.9 密码运算(FCS_COP.1)

FCS_COP.1.1(1) 移动终端的安全功能应按照满足下列标准[赋值:***标准列表***]规定的密码算法[赋值:***密码算法***]和密钥长度[赋值:***密钥长度***]执行***加密/解密***。

FCS_COP.1.1(2) 移动终端的安全功能应按照满足下列标准[赋值:***标准列表***]规定的密码算法[赋值:***密码算法***]和密钥长度[赋值:***密钥长度***]来执行[赋值:***密码散列***]。

FCS_COP.1.1(3) 移动终端的安全功能应按照规定的密码算法[赋值:***密码算法***]执行密码签名服务(生成和验证)。

FCS_COP.1.1(4) 移动终端的安全功能应按照满足下列标准[赋值:***标准列表***]规定的密码算法[赋值:***密码算法***]和密钥长度[赋值:***密钥长度***]来执行散列消息鉴别。

FCS_COP.1.1(5) 移动终端的安全功能应按照下列标准[赋值:***标准列表***]规定的密码算法[赋值:***密码算法***]和输出密钥长度[赋值:***密钥长度***]来执行基于口令的密钥导出算法。

7.3.10 HTTPS 协议(FCS_HTTPS_EXT.1)

FCS_HTTPS_EXT.1.1 移动终端的安全功能应执行符合标准的 HTTPS 协议。

FCS_HTTPS_EXT.1.2 移动终端的安全功能应执行使用 TLS 的 HTTPS 协议。

FCS_HTTPS_EXT.1.3 如果对等证书被视为无效,移动终端的安全功能应通知应用程序和[选择:***没有建立连接,请求应用程序授权建立连接,没有其他的动作***]。

7.3.11 初始向量生成(FCS_IV_EXT.1)

FCS_IV_EXT.1.1 移动终端的安全功能应按照规定的加密模式[赋值:***加密模式***]的要求来生成初始向量。

7.3.12 随机位生成器(FCS_RBG.1)

FCS_RBG_EXT.1.1 移动终端的安全功能应产生 TSF 密码功能中所使用的所有随机数,随机数产生器应符合国家标准和国家密码管理机构相关标准要求。

7.3.13 密码算法服务(FCS_SRV_EXT.1)

FCS_SRV_EXT.1.1 移动终端的安全功能应向应用提供一种机制来请求移动终端安全功能执行密码运算[赋值:***密码运算列表***]。

7.3.14 密钥存储(FCS_STG_EXT.1)

FCS_STG_EXT.1.1 移动终端的安全功能应为非对称私钥和[选择:***对称密钥,持久秘密,没有其他密钥***] 提供[选择:***硬件,硬件隔离,基于软件***]的安全密钥存储。

FCS_STG_EXT.1.2 移动终端的安全功能应能根据[选择:***用户,管理员***]和[选择:***运行在 TSF 上的应用,无其他项目***]请求,将密钥/秘密导入到安全密钥存储中。

FCS_STG_EXT.1.3 移动终端的安全功能应能根据[选择:***用户,管理员***]的请求,销毁存储在安全密钥存储中的密钥/秘密。

FCS_STG_EXT.1.4 移动终端的安全功能应只允许导入了密钥/秘密的应用才能使用密钥/秘密。例外的情况只能是被[选择:***用户,管理员,普通应用开发者***]明确授权。

FCS_STG_EXT.1.5 移动终端的安全功能应只允许导入了密钥/秘密的应用才能请求销毁密钥/秘密。例外的情况只能是被[选择:***用户,管理员,普通应用开发者***]明确授权。

7.3.15 存储密钥的加密(FCS_STG_EXT.2)

FCS_STG_EXT.2.1 移动终端的安全功能应通过 KEKs 加密所有的 DEKs 和 KEKs 和 [选择:***长期信任的信道密钥材料,所有基于软件的密钥存储,没有其他密钥***] ,即是[选择:***通过 REK 利用***[选择:***由 REK 加密,由链接到 REK 的 KEK 加密***]***来保护,通过 REK 和口令利用***[选择:***由 REK 和口令派生的 KEK 加密,由链接到 REK 的 KEK 和口令派生 KEK 加密***]***来保护***]。

FCS_STG_EXT.2.2 应使用下列标准[赋值:***标准列表***]规定的密码算法[赋值:***密码算法***]对 DEKs 和 KEKs 和 [选择:***长期信任的信道密钥材料,所有基于软件的密钥存储,没有其他密钥***]进行加密。

7.3.16 存储密钥的完整性(FCS_STG_EXT.3)

FCS_STG_EXT.3.1 移动终端的安全功能应通过以下方式[赋值:***方式列表***]来保护 DEKs 和 KEKs 和 [选择:***长期信任的信道密钥材料,所有基于软件的密钥存储,没有其他密钥***]的完整性。

FCS_STG_EXT.3.2 在使用密钥之前,移动终端的安全功能应验证存储密钥的[选择:***哈希,数字签名,MAC***]的完整性。

7.3.17 EAP-TLS 客户端协议(FCS_TLSC_EXT.1)

FCS_TLSC_EXT.1.1 移动终端的安全功能应实现支持以下套件[赋值:***密码套件列表***]的 TLS 1.0和[选择:***TLS 1.1, TLS 1.2, 没有其他 TLS 版本***]。

FCS_TLSC_EXT.1.2 移动终端的安全功能应验证为EAP-TLS提供的服务器证书[选择:***链接到指定的CAs中的一个,包括可接受的鉴别服务器证书的指定FQDN***]。

FCS_TLSC_EXT.1.3 如果对方的证书是无效的,移动终端的安全功能应不建立可信信道。

FCS_TLSC_EXT.1.4 移动终端的安全功能应支持使用规定的证书来进行相互验证。

7.3.18 TLS客户端协议(FCS_TLSC_EXT.2)

FCS_TLSC_EXT.2.1 移动终端的安全功能应实现支持以下密码套件[赋值:***密码套件列表***]的TLS 1.2。

FCS_TLSC_EXT.2.1 移动终端的安全功能应根据标准验证给出的标识与参考标识相匹配。

FCS_TLSC_EXT.2.3 如果对等证书无效,移动终端的安全功能不应建立可信信道。

FCS_TLSC_EXT.2.4 移动终端的安全功能应支持使用规定的证书来进行相互验证。

7.4 FDP类:用户数据保护

7.4.1 访问控制(FDP_ACF_EXT.1)

FDP_ACF_EXT.1.1 移动终端的安全功能应提供一种机制来限制应用程序访问系统服务。

FDP_ACF_EXT.1.2 移动终端的安全功能应提供一种访问控制策略来防止[选择:***应用程序,应用程序组***]访问[选择:***应用程序,应用程序组***]存储的[选择:***全部,隐私***]数据。例外的只能是被[选择:***用户,管理员,普通的应用程序开发者***]明确授权用于共享。

7.4.2 静态数据保护(FDP_DAR_EXT.1)

FDP_DAR_EXT.1.1 应加密所有受保护数据。

FDP_DAR_EXT.1.2 应使用密钥长度为[选择:***密钥长度***],密码算法为[赋值:***密码算法***]的DEKs来执行加密。

7.4.3 子集信息流控制(FDP_IFC_EXT.1)

FDP_IFC_EXT.1.2 移动终端的安全功能应提供VPN客户端接口,或数据流直接通过VPN客户端的方式传输,如IPsec VPN或者SSL VPN。

7.4.4 用户数据存储(FDP_STG_EXT.1)

FDP_STG_EXT.1.1 移动终端的安全功能应为信任锚数据库提供受保护的存储。

7.4.5 TSF间用户数据传输保护(FDP_UPC_EXT.1)

FDP_UPC_EXT.1.1 移动终端的安全功能应支持应用IPsec、DTLS、TLS、HTTPS、蓝牙中至少一种方式进行安全通信。

FDP_UPC_EXT.1.2 移动终端的安全功能应允许非移动终端安全功能应用通过可信信道发起通信。

7.5 FIA类:标识和鉴别

7.5.1 鉴别失败处理(FIA_AFL_EXT.1)

FIA_AFL_EXT.1.1 移动终端的安全功能应检测何时发生[赋值:***正整数***]次相对于该用户最后

成功鉴别的未成功鉴别尝试。

FIA_AFL_EXT.1.2 当超过所定义的未成功鉴别尝试的次数,移动终端的安全功能应擦除所有受保护的数据。

FIA_AFL_EXT.1.3 移动终端的安全功能应在发生断电后保持不成功的鉴别尝试次数。

7.5.2 蓝牙用户鉴别(FIA_BLT_EXT.1)

FIA_BLT_EXT.1.1 移动终端的安全功能应在与其他蓝牙设备配对前进行用户鉴别。

7.5.3 口令管理(FIA_PMG_EXT.1)

FIA_PMG_EXT.1.1 移动终端安全功能应支持以下功能:

a) 口令应可以由大写英文字母、小写英文字母、数字、特殊字符任意组合而成;

b) 口令长度不低于 6 位。

7.5.4 鉴别限制(FIA_TRT_EXT.1)

FIA_TRT_EXT.1.1 移动终端的安全功能应通过[选择:***防止通过外部端口鉴别,强制执行不正确鉴别尝试之间的时延***]对自动用户鉴别进行限制。用户认证尝试连续失败次数不超过 10 次,两次尝试间隔应不小于 500 ms。

7.5.5 受保护的鉴别反馈(FIA_UAU.7)

FIA_UAU.7.1 移动终端鉴别用户时,移动终端的安全功能应向用户提供隐式显示或提示,如显示 * 号,不允许明文显示和提示。

7.5.6 加密运算鉴别(FIA_UAU_EXT.1)

FIA_UAU_EXT.1.1 在启动时,移动终端的安全功能应要求用户在解密受保护数据和加密 DEKs、KEKs 和[选择:***长效密钥材料,软件密钥存储,无其他密钥***]之前输入身份认证因子口令。

7.5.7 鉴别的时机(FIA_UAU_EXT.2)

FIA_UAU_EXT.2.1 在用户被鉴别之前,移动终端的安全功能应允许执行代表用户的[选择:[赋值:***动作列表***],***无其他动作***]。

FIA_UAU_EXT.2.2 在允许执行代表用户的任何其他 TSF 介导之前,移动终端的安全功能应要求每个用户都已被成功鉴别。

7.5.8 重鉴别(FIA_UAU_EXT.3)

FIA_UAU_EXT.3.1 当用户更改口令鉴别因子时,移动终端的安全功能应要求用户输入正确的口令鉴别因子,并按照移动终端安全功能和用户发起的锁定过度到解锁状态,和[选择:[赋值:***其他条件***],***无其他条件***]。

7.5.9 证书验证(FIA_X509_EXT.1)

FIA_X509_EXT.1.1 TSF 应按照下面的规则验证证书:

a) 国家标准或国际标准规定的证书验证和证书路径验证。

b) 移动终端的安全功能应使用[选择:***规定的在线证书状态协议,规定的证书撤销列表***]来验证证书的吊销状态。

7.5.10 证书鉴别(FIA_X509_EXT.2)

FIA_X509_EXT.2.1 移动终端的安全功能应支持特定的认证来支持 EAP-TLS 交换,以及[选择:***IPsec, TLS, HTTPS, DTLS***]认证,和[选择:***系统软件更新代码签名,移动应用代码签名,完整性验证代码签名,***[赋值:***其他用途***],***没有其他用途***]。

FIA_X509_EXT.2.2 当移动终端的安全功能无法建立连接以确定证书的有效性时,移动终端的安全功能应[选择:***允许管理员在这些情况下选择是否接受证书,允许用户在这些情况下选择是否接受证书,接受证书,不接受证书***]。

7.5.11 请求证书验证(FIA_X509_EXT.2)

FIA_X509_EXT.3.1 移动终端的安全功能应向应用程序提供证书验证服务。

FIA_X509_EXT.3.2 移动终端的安全功能应向请求的应用程序提供验证成功或失败的回应。

7.6 FMT 类:安全管理

7.6.1 安全功能行为的管理(FMT_MOF.1)

FMT_MOF.1.1 移动终端的安全功能应限制用户执行表 2 第 3 列中功能的能力。

FMT_MOF.1.2 当设备已注册并根据管理员的配置策略,移动终端的安全功能应限制管理员执行表 2 第 5 列中功能的能力。

7.6.2 管理功能规范(FMT_SMF_EXT.1)

FMT_SMF_EXT.1.1 移动终端的安全功能应能够执行如下管理功能:

表 2 管理功能

序号	管理功能	FMT_SMF_EXT.1	FMT_MOF_EXT.1.1	管理员	FMT_MOF_EXT.1.2
1	口令配置策略: a) 最小口令长度; b) 最小口令复杂度; c) 最大口令生命周期	M	—	M	M
2	锁定配置策略: a) 屏幕锁定开启和关闭; b) 屏幕锁定启动时间; c) 最大允许解锁口令输入错误数	M	—	M	M
3	开启/关闭 VPN 保护策略: a) 基于整个设备进行配置; [选择: b) 基于每个应用进行配置; c) 无其他方法]	M	O	O	O
4	开启/关闭[赋值:无线连接列表]	M	O	O	O

表 2（续）

序号	管理功能	FMT_SMF_EXT.1	FMT_MOF_EXT.1.1	管理员	FMT_MOF_EXT.1.2
5	启用/禁用[赋值：音频或视频采集设备列表] a） 基于整个设备进行配置； [选择： b） 基于每个应用进行配置； c） 无其他方法]	M	—	M	M
6	配置安全功能允许连接的特定的无线网络（SSIDs）	M	—	M	O
7	为每个无线网络进行安全策略配置： a） 指定设备接受 WLAN 认证服务器验证的 CA(s)，或指定可接受 WLAN 认证服务器验证的 FQDN(s)； b） 指定安全类型的能力； c） 指定认证协议的能力； d） 指定认证时客户端凭证	M	—	M	O
8	进入锁定状态的策略	M	—	M	—
9	受保护数据全擦除策略配置	M	—	M	—
10	应用安装策略配置： a） 应用来源限制策略； b） 应用白名单[赋值：*应用属性*]； c） 拒绝安装应用	M	—	M	M
11	将密钥/凭证导入安全密钥存储策略	M	O	O	—
12	销毁安全密钥存储中密钥/凭证和[选择：*无其他密钥/凭证*，[赋值：*其他类密钥/凭证的列表*]]	M	O	O	—
13	将数字证书导入信任锚数据库策略	M	—	M	O
14	删除信任锚数据库中导入的数字证书和[选择：*无其他数字证书*，[赋值：*其他类数字证书的列表*]]	M	O	O	—
15	将 TOE 加入管理	M	M	O	—
16	删除应用策略	M	—	M	O
17	系统软件更新策略	M	—	M	O
18	应用安装策略	M	—	M	O
19	删除应用策略	M	—	M	—
20	配置蓝牙可信信道策略： a） 开启/关闭发现模式； b） 改变蓝牙设备名称； [选择： c） 允许/不允许其他无线技术取代蓝牙； d） 开启/关闭广播； e） 开启/关闭连接模式； f） 开启/关闭设备上可用的蓝牙服务和/或配置； g） 为每个配对指定最低的安全水平； h） 带外配对的允许方法配置策略]	M	O	O	O

表 2（续）

序号	管理功能	FMT_SMF_EXT.1	FMT_MOF_EXT.1.1	管理员	FMT_MOF_EXT.1.2
21	锁定状态下提示显示的开启/关闭策略： a) Email 提示； b) 日历事件提醒； c) 联系人来电提示； d) 短消息提示； e) 其他应用提示； f) 所有提示	M	O	O	O
22	开启/关闭所有通过[赋值：*外部可访问硬件端口列表*]的数据信令	O	O	O	O
23	开启/关闭[赋值：*终端作为服务器的协议列表*]	O	O	O	O
24	开启/关闭开发者模式	O	O	O	O
25	启动静态数据保护	O	O	O	O
26	启动可移除媒体的静态数据保护	O	O	O	O
27	开启/关闭本地用户鉴别的绕过	O	O	O	O
28	擦除用户数据	O	O	O	—
29	准许由信任锚数据库中数字证书申请的[选择：导入，*移除*]	O	O	O	O
30	配置是否建立可信通道，以及在安全功能无法建立用于验证证书合法性的连接时是否不允许建立可信通道	O	O	O	O
31	开启/关闭用于连接蜂窝网基站的蜂窝网协议	O	O	O	O
32	读取由安全功能保存的审计日志	O	O	O	—
33	配置用于验证应用程序的数字签名的[选择：*证书，公钥*]	O	O	O	O
34	批准例外的被多个应用程序共享使用的密钥/凭证	O	O	O	O
35	批准例外的由没有导入密钥/凭证的应用销毁密钥/凭证	O	O	O	O
36	配置解锁标识	O	—	O	O
37	配置审计项目	O	—	O	O
38	提取 TSF-软件的完整性校验值	O	O	O	O
39	开启/关闭 [选择： a) USB 大容量存储模式； b) 用户身份未验证下 USB 数据传输； c) 连接系统身份未验证下的 USB 数据传输]	O	O	O	O
40	开启/关闭备份到[选择：*本地连接的系统，远程系统*]	O	O	O	O
41	开启/关闭 [选择： a) 通过[选择：*预共享密钥，口令，无验证*]来认证热点功能； b) 通过[选择：*预共享密钥，口令，无验证*]来热证 USB 绑定]	O	O	O	O

表 2（续）

序号	管理功能	FMT_SMF_EXT.1	FMT_MOF_EXT.1.1	管理员	FMT_MOF_EXT.1.2
42	批准例外的用于[选择：*应用程序，应用程序簇*]之间共享数据	O	O	O	O
43	基于[赋值：*应用属性*]将应用置于应用程序组中	O	O	O	O
44	开启/关闭本地服务： a) 基于整个设备进行配置； [选择： b) 基于每个应用进行配置； c) 无其他方法]	M	O	O	O
45	[赋值：*由安全功能提供的其他管理功能列表*]	O	O	O	O
注：状态标记：M——强制性的；O——可选的。					

7.6.3 补救措施规范(FMT_SMF_EXT.1)

FMT_SMF_EXT.1 TSF 应向非注册的终端提供[选择：***擦除受保护数据，擦除敏感数据，提醒管理员，移除应用，***[赋值：***其他可用补救行动的列表***]]以及[选择：[赋值：***其他管理员配置的触发器***]，***没有其他触发器***]。

7.7 FPT 类：TSF 保护

7.7.1 地址空间布局随机化(FPT_AEX_EXT.1)

FPT_AEX_EXT.1.1 移动终端安全保护功能应向应用提供位址空间布局随机化。

FPT_AEX_EXT.1.2 任何用户空间映射的基地址将包括至少 8 个不可预测的位。

7.7.2 内存页权限(FPT_AEX_EXT.2)

FPT_AEX_EXT.2.1 移动终端安全保护功能应具有强制读取、写入和执行每个物理内存页的权限。

7.7.3 堆栈溢出保护(FPT_AEX_EXT.3)

FPT_AEX_EXT.3.1 在应用处理器上的非特权执行域执行的移动终端安全功能进程应执行基于堆栈的缓冲区溢出保护。

7.7.4 域隔离(FPT_AEX_EXT.4)

FPT_AEX_EXT.4.1 移动终端的安全功能应保护自己以免被不可信主体修改。

FPT_AEX_EXT.4.2 移动终端的安全功能应在应用之间执行地址空间隔离。

7.7.5 密钥存储(FPT_KST_EXT.1)

FPT_KST_EXT.1.1 移动终端的安全功能不应将任何明文密钥材料存储在可读非易失性存储器中。

7.7.6 密钥传输(FPT_KST_EXT.2)

FPT_KST_EXT.2.1 移动终端的安全功能不应在评估对象的安全边界外传输任何明文密钥材料。

7.7.7 明文密钥导出(FPT_KST_EXT.3)

FPT_KST_EXT.3.1 移动终端的安全功能应确保评估对象的用户不可能导出明文密钥。

7.7.8 自检通知(FPT_NOT_EXT.1)

FPT_NOT_EXT.1.1 当下述类型的错误发生时,移动终端的安全功能应转换到非操作模式,并且[选择:***将错误记录到审计日志中,通知管理员,***[赋值:***其他行动***],***没有其他行动***]:

a) 自检错误;

b) 安全功能软件完整性验证错误;

c) [选择:***无其他错误***,[赋值:***其他错误***]]。

7.7.9 可靠的时间戳(FPT_STM.1)

FPT_STM.1.1 移动终端的安全功能应能够提供可靠的时间戳供它自己使用。

7.7.10 安全功能加密功能测试(FPT_TST_EXT.1)

FPT_TST_EXT.1.1 移动终端的安全功能应在初始启动(启动电源)期间运行一套自我测试,来证明所有加密功能的正确操作。

7.7.11 安全功能完整性测试(FPT_TST_EXT.2)

FPT_TST_EXT.2.1 移动终端的安全功能应通过应用处理器操作系统内核和[选择:***存储在可变的介质中的所有的可执行代码***,[赋值:***其他执行代码的列表***],***无其他执行代码***]来验证引导链的完整性,通过使用[选择:***使用硬件保护的非对称密钥的数字签名,硬件保护的非对称密钥,硬件保护的散列***]来执行。

7.7.12 可信更新:TSF 版本查询(FPT_TUD_EXT.1)

FPT_TUD_EXT.1.1 移动终端的安全功能应向授权用户提供查询移动终端固件/软件当前版本的能力。

FPT_TUD_EXT.1.2 移动终端的安全功能应向授权用户提供查询终端硬件模式的当前版本的能力。

FPT_TUD_EXT.1.3 移动终端的安全功能应向授权用户提供查询已安装的移动应用的当前版本的能力。

7.7.13 可信更新的验证(FPT_TUD_EXT.2)

FPT_TUD_EXT.2.1 移动终端的安全功能应在安装这些更新之前使用制造商的数字签名来验证应用处理器系统软件和[选择:[赋值:***其他处理器系统软件***],***无其他处理器系统软件***]的更新。

FPT_TUD_EXT.2.2 移动终端的安全功能应[选择:***从不更新,只被验证的软件更新***]安全功能启动的完整性[选择:***密钥,散列***]。

FPT_TUD_EXT.2.3 移动终端的安全功能应验证用于移动终端安全功能更新的数字签名验证密钥[选择:*被验证为信任锚数据库中的公钥,匹配硬件保护的公钥*]。

FPT_TUD_EXT.2.4 移动终端的安全功能应在安装之前使用数字签名机制验证移动应用软件。

7.8 FTA 类:TOE 访问

7.8.1 TSF 和用户启动的锁定状态(FTA_SSL_EXT.1)

FTA_SSL_EXT.1.1 移动终端的安全功能应在一定时间间隔的不活动状态后,转变为锁定状态。

FTA_SSL_EXT.1.2 移动终端的安全功能应在用户或管理员发起后,转变为锁定状态。

FTA_SSL_EXT.1.3 移动终端的安全功能应在转换到锁定状态时执行以下操作:

a) 清除或覆盖显示终端,遮挡以前的内容;

b) [赋值:*在转换到锁定状态下执行其他动作*]。

7.8.2 无线网络接入(FTA_WSE_EXT.1)

FTA_WSE_EXT.1.1 移动终端的安全功能应能够尝试连接到按照在 **FMT_SMF_EXT.1** 中被管理员配置的指定为可接受网络的无线网络。

7.9 FTP 类:可信路径/信道

7.9.1 可信通道通信(FTP_ITC_EXT.1)

FTP_ITC_EXT.1.1 移动终端的安全功能应用 IPSec、TLS、TLS/HTTPS 或者其他安全传输协议提供其与其他受信任的 IT 产品间的一个可信安全通信通道。该通道要与其他通信通道逻辑区分,要提供对通道起点和终点的识别,确保通信数据不被泄露,监测数据不被篡改。

FTP_ITC_EXT.1.2 移动终端的安全功能应允许安全功能通过可信信道发起通信。

FTP_ITC_EXT.1.3 移动终端的安全功能应通过可信信道发起通信,用于无线接入点连接,管理通信,配置连接和[选择:*OTA 更新,无其他连接*]。

8 安全保障要求

8.1 概述

表 3 列出了安全保障要求组件。下述各条对各组件给出了详细的说明。

表 3 安全保障要求组件

安全保障类	安全保障组件	编号
ADV 类:开发	ADV_FSP.1 基本功能规范	1
AGD 类:指导性文档	AGD_OPE.1 用户操作指南	2
	AGD_PRE.1 准备过程	3
ALC 类:生命周期支持	ALC_CMC.1 TOE 标签	4
	ALC_CMS.1 TOE CM 覆盖	5
	ALC_TSU_EXT 及时的安全更新	6

表 3（续）

安全保障类	安全保障组件	编号
ASE 类：安全目标评估	ASE_CCL.1 符合性声明	7
	ASE_ECD.1 扩展组件定义	8
	ASE_INT.1 ST 引言	9
	ASE_OBJ.1 安全目的	10
	ASE_REQ.1 安全要求导出	11
	ASE_SPD.1 安全问题定义	12
	ASE_TSS.1 TOE 概要规范	13
ATE 类：测试	ATE_IND.1 独立测试——一致性	14
AVA 类：脆弱性评估	AVA_VAN.1 脆弱性评估	15

8.2 ADV 类：开发

8.2.1 基本功能规范(ADV_FSP.1)

开发者行为元素：

ADV_FSP.1.1D　开发者应提供功能规范。

ADV_FSP.1.2D　开发者应提供功能规范到安全功能要求的追溯。

内容和形式元素：

ADV_FSP.1.1C　功能规范应描述所有 TSFI 的目的和使用方法。

ADV_FSP.1.2C　功能规范应标识和描述与每个 TSFI 关联的所有参数。

ADV_FSP.1.3C　功能规范应为作为 SFR 互不干扰接口的隐分类提供基本原理。

ADV_FSP.1.4C　功能规范应论证安全功能要求到 TSFI 的追溯。

评估者行为元素：

ADV_ FSP.1.1E　评估者应确认所提供的信息满足证据的内容和形式的所有要求。

ADV_ FSP.1.2E　评估者应确定功能规范是安全功能要求的一个准确和完整的具体例证说明。

8.3 AGD 类：指导性文档

8.3.1 用户操作指南(AGD_OPE.1)

开发者行为元素：

AGD_OPE.1.1D　开发者应提供用户操作指南。

内容和形式元素：

AGD_OPE.1.1C　用户操作指南应对每个用户角色进行描述，在安全处理环境中应被控制的用户可访问的功能和特权，包含适当的警示信息。

AGD_OPE.1.2C　用户操作指南应对每个用户角色进行描述，怎样以安全的方式使用 TOE 提供的可用接口。

AGD_OPE.1.3C　用户操作指南应对每个用户角色进行描述，可用功能和接口，尤其是受用户控制的所有安全参数，适当时应指明安全值。

AGD_OPE.1.4C　用户操作指南应对每一种用户角色明确说明，与需要执行的用户可访问功能有关的每一种安全相关事件,包括改变 TSF 所控制实体的安全特性。

AGD_OPE.1.5C 用户操作指南应标示 TOE 运行的所有可能状态(包括操作导致的失败或操作性错误),它们与维持安全运行之间的因果关系和联系。

AGD_OPE.1.6C 用户操作指南应对每一种用户角色进行描述,为了充分实现 ST 中描述的运行环境安全目的所必须执行的安全策略。

AGD_OPE.1.7C 用户操作指南应是明确和合理的。

评估者行为元素:

AGD_OPE.1.1E 评估者应确认所提供的信息满足证据的内容和形式的所有要求。

8.3.2 准备程序(AGD_PRE)

开发者行为元素:

AGD_PRE.1.1D 开发者应提供 TOE,包括它的准备过程。

内容和形式元素:

AGD_ PRE.1.1C 准备过程应描述按照开发者交付程序安全接收 TOE 必要的全部步骤。

AGD_ PRE.1.2C 准备过程应描述安全安装 TOE 以及依据 ST 中描述的运行环境安全目的安全准备操作环境必要的全部步骤。

评估者行为元素:

AGD_ PRE.1.1E 评估者应确认提供的信息满足证据的内容和形式的所有要求。

AGD_ PRE.1.2E 评估者应运用准备过程确认 TOE 能为操作做好安全准备。

8.4 ALC 类:生命周期支持

8.4.1 TOE 标签(ALC_CMC.1)

开发者行为元素:

ALC_CMC.1.1D 开发者应提供 TOE 和 TOE 的参照号。

内容和形式元素:

ALC_CMC.1.1C 应给 TOE 标记唯一的参照号。

评估者行为元素:

ALC_CMC.2.1E 评估者应确认所提供的信息满足证据的内容和形式的所有要求。

8.4.2 TOE 配置管理覆盖部分(ALC_CMS.2)

开发者行为元素:

ALC_CMS.2.1D 开发者应提供 TOE 配置列表。

内容和形式元素:

ALC_CMS.2.1C 配置列表应包括下列内容:TOE 本身,安全保障要求所要求的评估证据。

ALC_CMS.2.2C 配置列表应唯一标识配置项。

评估者行为元素:

ALC_CMS.2.1E 评估者应确认所提供的信息满足证据的内容和形式的所有要求。

8.4.3 及时的安全更新(ALC_TSU_EXT)

开发者行为元素:

ALC_TSU_EXT.1.1D 开发者应提供在 TSS 中及时安全更新是如何给 TOE 的描述。

内容和形式元素：

ALC_TSU_EXT.1.1C 该描述应包括 TOE 软件/固件的安全更新的创建和部署过程。

ALC_TSU_EXT.1.2C 该描述应给出漏洞公开披露和 TOE 安全更新公开可用之间的时间窗的时间长度，以天为单位。

ALC_TSU_EXT.1.3C 该描述应包括涉及 TOE 的安全问题报告的公开可用的机制。

评估者行为元素：

ALC_TSU_EXT.2.1E 评估者应确认所提供的信息满足证据的内容和形式的所有要求。

8.5 ASE 类：安全目标评估

8.5.1 符合性声明(ASE_CCL.1)

开发者行为元素：

ASE_CCL.1.1D 开发者应提供符合性声明。

ASE_CCL.1.2D 开发者应提供符合性声明的基本原理。

内容和形式元素：

ASE_CCL.1.1C 符合性声明应说明 ST 及 TOE 所遵从的标准。

ASE_CCL.1.2C 符合性声明应论证 TOE 类型与其遵从的标准中的 TOE 类型是一致的。

ASE_CCL.1.3C 符合性声明应论证安全问题定义与其遵从的标准中安全问题定义是一致的。

ASE_CCL.1.4C 符合性声明应论证安全目的与其遵从的标准中的安全目的是一致的。

ASE_CCL.1.5C 符合性声明应论证其安全要求与其遵从的标准中的安全要求是一致的。

评估者行为元素：

ASE_CCL.1.1E 评估者应能确认所提供的信息满足证据的内容和形式的所有要求。

8.5.2 扩展组件定义(ASE_ECD.1)

开发者行为元素：

ASE_ECD.1.1D 开发者应提供安全要求的陈述。

ASE_ECD.1.2D 开发者应提供扩展组件定义。

内容和形式元素：

ASE_ECD.1.1C 安全要求的陈述应标明所有扩展的安全要求。

ASE_ECD.1.2C 扩展组件定义应为每一个扩展的安全要求定义一个扩展组件。

ASE_ECD.1.3C 扩展组件定义应为描述每一个扩展组件与标准现有组件、族、类的关系。

ASE_ECD.1.4C 扩展组件定义应使用标准现有组件、族、类及方法作为表达形式。

ASE_ECD.1.5C 扩展组件应由可度量的和客观的组件组成，以便于论证是否遵从这些组件。

评估者行为元素：

ASE_ECD.1.1E 评估者应能确认所提供的信息满足证据的内容和形式的所有要求。

ASE_ECD.1.2E 评估者应确认已有组件无法明确表示扩展组件。

8.5.3 ST 引言(ASE_INT.1)

开发者行为元素：

ASE_INT.1.1D 开发者应提供 ST 引言。

内容和形式元素：

ASE_INT.1.1C ST 引言应包含 ST 实例、TOE 实例、TOE 概述及 TOE 描述。

ASE_INT.1.2C　ST 实例应唯一标识 ST。

ASE_INT.1.3C　TOE 实例应唯一标识 TOE。

ASE_INT.1.4C　TOE 概述应简述 TOE 用途和主要安全特征。

ASE_INT.1.5C　TOE 概述应标识 TOE 类型。

ASE_INT.1.6C　TOE 概述应标识不属于 TOE 但 TOE 需要的任何硬件、软件及固件。

ASE_INT.1.7C　TOE 应陈述 TOE 的物理范围。

ASE_INT.1.8C　TOE 的描述应陈述 TOE 的逻辑范围。

评估者行为元素：

ASE_INT.1.1E　评估者应能确认所提供的信息满足证据的内容和形式的所有要求。

ASE_INT.1.2E　评估者应确认 TOE 实例、TOE 概述及 TOE 描述之间的一致性。

8.5.4　安全目的(ASE_OBJ.1)

开发者行为元素：

ASE_OBJ.1.1D　开发者应陈述安全目的。

ASE_OBJ.1.2D　开发者应提供安全目的原理。

内容和形式元素：

ASE_OBJ.1.1C　安全目的应描述 TOE 安全目的和操作环境安全目的。

ASE_OBJ.1.2C　安全目的原理应追溯每一个 TOE 的安全目的所对应的威胁和要求实施的组织安全策略。

ASE_OBJ.1.3C　安全目的原理应追溯每一个操作环境的安全目的所对应的威胁和要求实施的组织安全策略，及其支持的假设。

ASE_OBJ.1.4C　安全目的的原理应证明安全目的应对了所有的威胁。

ASE_OBJ.1.5C　安全目的原理应证明安全目的实施了所有的组织安全策略。

ASE_OBJ.1.6C　安全目的原理应证明操作环境的安全目的支持了所有的假设。

评估者行为元素：

ASE_OBJ.1.1E　评估者应能确认所提供的信息满足证据的内容和形式的所有要求。

8.5.5　安全要求导出(ASE_REQ.1)

开发者行为元素：

ASE_REQ.1.1D　开发者应陈述安全要求。

ASE_REQ.1.2D　开发者应提供安全要求原理。

内容和形式元素：

ASE_REQ.1.1C　安全要求应描述安全功能要求和安全保障要求。

ASE_REQ.1.2C　应对安全功能要求和安全保障要求中的所有主体、客体、操作、安全属性、外部实体及其他项目进行定义。

ASE_REQ.1.3C　安全要求陈述应标明安全要求的所有操作。

ASE_REQ.1.4C　应正确执行所有操作。

ASE_REQ.1.5C　应满足安全要求见的依赖关系，或者在安全要求原理中说明不满足的理由。

ASE_REQ.1.6C　安全要求原理应追溯每一安全要求到所对应的 TOE 的安全目的。

ASE_REQ.1.7C　安全要求原理应论证安全要求组件实现了所有的 TOE 安全目的。

ASE_REQ.1.8C　安全要求原理应解释选择安全保障要求组件的原因。

ASE_REQ.1.9C　安全要求的陈述应是内部一致的。

评估者行为元素：

ASE_REQ.1.1E　评估者应能确认所提供的信息满足证据的内容和形式的所有要求。

8.5.6　安全问题定义(ASE_SPD.1)

开发者行为元素：

ASE_SPD.1.1D　开发者应提供安全问题定义。

内容和形式元素：

ASE_SPD.1.1C　安全问题定义应描述威胁。

ASE_SPD.1.2C　所有威胁应按照威胁主体、资产及攻击行为进行描述。

ASE_SPD.1.3C　安全问题定义应描述组织安全策略。

ASE_SPD.1.4C　安全问题定义应描述有关 TOE 操作环境的建设。

评估者行为元素：

ASE_SPD.1.1E　评估者应能确认所提供的信息满足证据的内容和形式的所有要求。

8.5.7　TOE 概要规范(ASE_TSS.1)

开发者行为元素：

ASE_TSS.1.1D　开发者应提供 TOE 概要规范。

内容和形式元素：

ASE_TSS.1.1C　TOE 概要规范应描述 TOE 如何满足每一个安全功能要求。

评估者行为元素：

ASE_TSS.1.1E　评估者应能确认所提供的信息满足证据的内容和形式的所有要求。

ASE_TSS.1.2E　评估者应确认 TOE 概要规范与 TOE 概述和 TOE 描述一致。

8.6　ATE 类：测试

8.6.1　独立测试——一致性(ATE_IND)

开发者行为元素：

ATE_IND.1.1D　开发者应提供用于测试的 TOE。

内容和形式元素：

ATE_IND.1.1C　TOE 应适合测试。

评估者行为元素：

ATE_IND.1.1E　评估者应确认所提供的信息满足证据的内容和形式的所有要求。

ATE_IND.1.2E　评估者应测试 TSF 的一个子集以确认 TSF 按照规定运行。

8.7　AVA 类：脆弱性评估

8.7.1　脆弱性评估(AVA_VAN.1)

开发者行为元素：

AVA_VAN.1.1D　开发者应提供用于测试的 TOE。

内容和形式元素：

AVA_VAN.1.1C　TOE 应适合测试。

评估者行为元素：

AVA_VAN.1.1E　评估者应确认所提供的信息满足证据的内容和形式的所有要求。

AVA_VAN.1.2E　评估者应执行公共领域的调查以标识 TOE 的潜在脆弱性。

AVA_VAN.1.3E　评估者应基于已标识的潜在的脆弱性实施穿透性测试，确认 TOE 能抵抗具有基本攻击潜力的攻击者的攻击。

9　基本原理

9.1　安全目的基本原理

表 4 描述了移动终端的安全目的能应对所有可能的威胁、假设和组织安全策略。每一种威胁、组织安全策略和假设都至少有一个或一个以上安全目的与其对应，因此是完备的。

表 4　威胁与安全目的

序号	威胁或假设	安全目的
1	配置(A.CONFIG)	配置(OE.CONFIG)
2	预防措施(A.PRECAUTION)	预防措施(OE.PRECAUTION)
3	网络窃听(T.EAVESDROP)	通信保护(O.COMMS) 移动终端配置(O.CONFIG) 授权和鉴别(O.AUTH)
4	网络攻击(T.NETWORK)	通信保护(O.COMMS) 移动终端配置(O.CONFIG) 授权和鉴别(O.AUTH)
5	物理访问(T.PHYSICAL)	存储保护(O.STORAGE) 授权和鉴别(O.AUTH)
6	恶意或有缺陷的应用(T.FLAWAPP)	通信保护(O.COMMS) 移动终端配置(O.CONFIG) 授权和鉴别(O.AUTH) 移动终端的完整性(O.INTEGRITY)
7	持续访问(T.PERSISTENT)	移动终端的完整性(O.INTEGRITY)

9.2　安全要求基本原理

表 5 描述了针对每一个安全目的所对应的安全功能要求或安全保障要求，以说明安全目的得到正确实施。

表 5 安全要求原理表

序号	安全目的	安全功能要求(SFRs)
1	通信保护(O.COMMS)	为应对网络窃听和网络攻击的威胁,利用密码支持类(FCS类)、用户数据保护类(FDP类)、标示和鉴别类(FIA类)、TSF保护类(FPT类)、TOE访问类(FTA类)和可信路径/信道类(FTP类)相关组件建立可信的通信路径,通过可信路径在移动终端和远程网络实体之间传输用户数据和配置数据。 FCS_CKM.1(*), FCS_CKM.2(*), FCS_CKM_EXT.7, FCS_COP.1(*), FCS_DTLS_EXT.1, FCS_HTTPS_EXT.1, FCS_RBG_EXT.1, FCS_SRV_EXT.1, FCS_TLSC_EXT.1, FCS_TLSC_EXT.2, FDP_BLT_EXT.1, FDP_IFC_EXT.1, FDP_STG_EXT.1, FDP_UPC_EXT.1, FIA_BLT_EXT.1, FIA_BLT_EXT.2, FIA_PAE_EXT.1, FIA_X509_EXT.1, FIA_X509_EXT.2, FIA_X509_EXT.3, FIA_X509_EXT.4, FPT_BLT_EXT.1, FTA_WSE_EXT.1, FTP_ITC_EXT.1
2	存储保护(O.STORAGE)	移动终端利用密码支持类(FCS类)、用户数据保护类(FDP类)、标示和鉴别类(FIA类)、TSF保护类(FPT类)的相关组件对存储在终端上的数据和密钥进行加密,并防止对这些加密数据的非授权访问。 FCS_CKM_EXT.1, FCS_CKM_EXT.2, FCS_CKM_EXT.3, FCS_CKM_EXT.4, FCS_CKM_EXT.5, FCS_CKM_EXT.6, FCS_COP.1(*), FCS_IV_EXT.1, FCS_RBG_EXT.1, FCS_STG_EXT.1, FCS_STG_EXT.2, FCS_STG_EXT.3, FDP_DAR_EXT.1, FDP_DAR_EXT.2, FIA_UAU_EXT.1, FPT_KST_EXT.1, FPT_KST_EXT.2, FPT_KST_EXT.3
3	移动终端配置(O.CONFIG)	移动终端利用安全管理类(FMT类)组件提供配置和应用被用户和管理者定义的安全策略的能力,确保移动终端对存储或处理的用户数据进行保护。 FMT_MOF_EXT.1.1, FMT_MOF_EXT.1.2, FMT_SMF_EXT.1, FMT_SMF_EXT.2, FTA_TAB.1
4	授权和鉴别(O.AUTH)	移动终端利用密码支持类(FCS类)、标示和鉴别类(FIA类)、TOE访问类(FTA类)的相关组件提供授权和鉴别能力,以防止非法用户对受保护的功能和数据的非法访问。 FCS_CKM.2(1), FIA_AFL_EXT.1, FIA_BLT_EXT.1, FIA_BLT_EXT.2, FIA_PMG_EXT.1, FIA_TRT_EXT.1, FIA_UAU_EXT.1, FIA_UAU_EXT.2, FIA_UAU_EXT.3, FIA_UAU.7, FIA_X509_EXT.2, FIA_X509_EXT.4, FTA_SSL_EXT.1
5	移动终端的完整性(O.INTEGRITY)	移动终端利用安全审计类(FAU类)、密码支持类(FCS类)、用户数据保护类(FDP类)、TSF保护类(FPT类)相关组件提供自测试能力来确保关键功能、软件/固件和数据的完整性。 FAU_GEN.1, FAU_SAR, FAU_SEL.1, FAU_STG.1, FAU_STG.4, FCS_COP.1(2), FCS_COP.1(3), FDP_ACF_EXT.1, FPT_AEX_EXT.1, FPT_AEX_EXT.2, FPT_AEX_EXT.3, FPT_AEX_EXT.4, FPT_BBD_EXT.1, FPT_NOT_EXT.1, FPT_STM.1, FPT_TST_EXT.1, FPT_TST_EXT.2, FPT_TUD_EXT.1, FPT_TUD_EXT.2

参 考 文 献

[1] GB/T 18336.2—2015 信息技术 安全技术 信息技术安全评估准则 第2部分:安全功能组件

[2] GB/T 18336.3—2015 信息技术 安全技术 信息技术安全评估准则 第3部分:安全保障组件

[3] YD/T 1699—2007 移动终端信息安全技术要求

[4] YD/T 1886—2015 移动终端芯片安全技术要求和测试方法

[5] YD/T 2407—2013 移动智能终端安全能力技术要求

[6] YD/T 2408—2013 移动智能终端安全能力测试方法

[7] Protection Profile for Mobile Device Fundamentals, Version 2.0, 17.09.2014

ICS 35.040
L 80

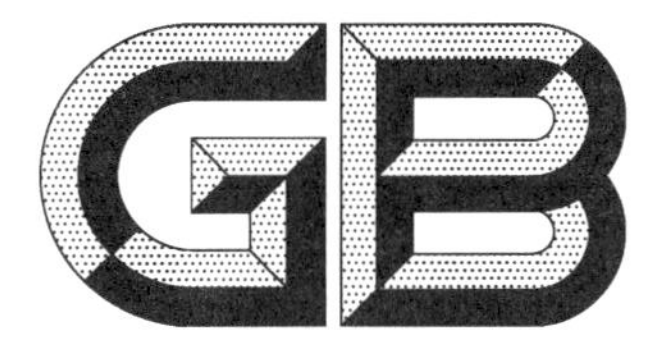

中华人民共和国国家标准

GB/T 36626—2018

信息安全技术 信息系统安全运维管理指南

Information security technology—Management guide for secure operation and maintenance of information systems

2018-09-17 发布　　2019-04-01 实施

国家市场监督管理总局
中国国家标准化管理委员会　发布

前　言

本标准按照 GB/T 1.1—2009 给出的规则起草。

请注意本文件的某些内容可能涉及专利。本文件的发布机构不承担识别这些专利的责任。

本标准由全国信息安全标准化技术委员会(SAC/TC 260)提出并归口。

本标准起草单位:浙江远望信息股份有限公司、中电长城网际系统应用有限公司、中国电子技术标准化研究院、国家信息中心、北京立思辰新技术有限公司、西安未来国际信息股份有限公司、广州赛宝认证中心服务有限公司。

本标准主要起草人:傅如毅、蒋行杰、上官晓丽、马洪军、闵京华、王惠莅、刘蓓、傅刚、白峰、邵森龙、金江焕、姚龙飞、刘京玲、赵伟、赵拓、陈盈、刘海迪。

信息安全技术
信息系统安全运维管理指南

1 范围

本标准提供了信息系统安全运维管理体系的指导和建议，给出了安全运维策略、安全运维组织的管理、安全运维规程和安全运维支撑系统等方面相关活动的目的、要求和实施指南。

本标准可用于指导各组织信息系统安全运维管理体系的建立和运行。

2 规范性引用文件

下列文件对于本文件的应用是必不可少的。凡是注日期的引用文件，仅注日期的版本适用于本文件。凡是不注日期的引用文件，其最新版本(包括所有的修改单)适用于本文件。

GB/T 22081—2016 信息技术 安全技术 信息安全控制实践指南

GB/T 29246—2017 信息技术 安全技术 信息安全管理体系 概述和词汇

GB/T 31722—2015 信息技术 安全技术 信息安全风险管理

3 术语和定义

GB/T 29246—2017 界定的以及下列术语和定义适用于本文件。

3.1

威胁 threat

对资产或组织可能导致负面结果的一个事件的潜在源。

[GB/T 25069—2010，定义 2.3.94]

3.2

信息系统安全运维 secure operation and maintenance of information systems

在信息系统经过授权投入运行之后，确保信息系统免受各种安全威胁所采取的一系列预先定义的活动。

3.3

安全策略 security policy

用于治理组织及其系统内在安全上如何管理、保护和分发资产(包括敏感信息)的一组规则、指导和实践，特别是那些对系统安全及相关元素具有影响的资产。

[GB/T 25069—2010，定义 2.3.2]

3.4

规程 procedure

对执行一个给定任务所采取动作历程的书面描述。

[GB/T 25069—2010，定义 2.1.7]

3.5

信息系统安全运维支撑系统 support system for secure operation and maintenance of information systems

用于支撑信息系统安全运维的辅助性系统工具。包括但不限于资产自动发现系统、配置管理系统、脆弱性扫描系统、补丁管理系统、入侵检测系统、异常行为监测系统、日志管理系统及大数据安全系统等。

4 缩略语

下列缩略语适用于本文件。

ITIL:信息技术基础架构库(Information Technology Infrastructure Library)

SIEM:安全信息和事件管理(Security Information and Event Management)

IPS:入侵防御系统(Intrusion Prevention System)

IDS:入侵检测系统(Intrusion Detection Systems)

WAF:Web应用防护系统(Web Application Firewall)

5 信息系统安全运维体系

5.1 安全运维模型

信息系统安全运维体系是一个以业务安全为目的的信息系统安全运行保障体系。通过该体系,能够及时发现并处置信息资产及其运行环境存在的脆弱性、入侵行为和异常行为。

信息系统安全运维模型如图1所示。

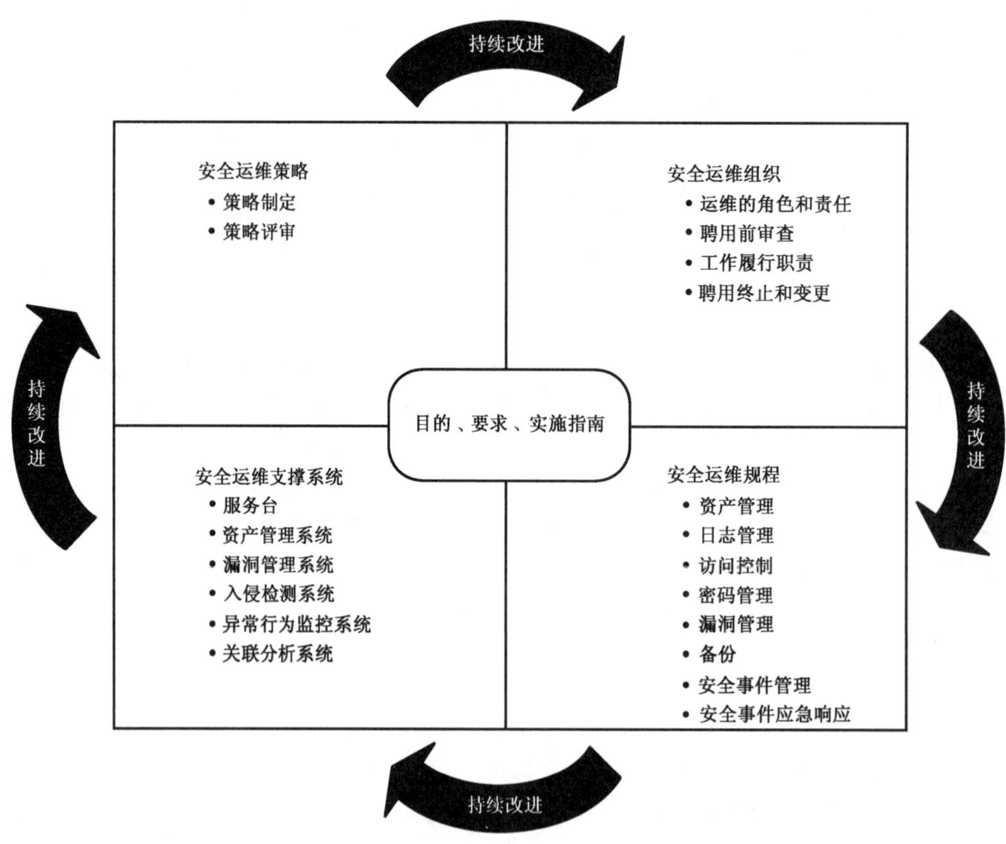

图1 信息系统安全运维模型

5.2 安全运维活动分类

安全运维体系涉及安全运维策略确定、安全运维组织管理、安全运维规程制定和安全运维支撑系统建设等四类活动。

安全运维策略明确了安全运维的目的和方法，主要包括策略制定和策略评审两个活动。

安全运维组织明确了安全运维团队的管理，包括运维的角色和责任、聘用前审查、工作履行职责、聘用终止和变更。

安全运维规程明确了安全运维的实施活动，包括资产管理、日志管理、访问控制、密码管理、漏洞管理、备份、安全事件管理、安全事件应急响应等。

安全运维支撑系统给出了主要的安全运维辅助性系统的工具。

5.3 安全运维活动要素

安全运维活动要素包含了目的、要求和实施指南三个方面。

目的部分描述了安全运维活动的意义。

要求部分描述了安全运维活动的指标要求。

实施指南描述了达成安全运维活动目标、实现安全运维要求的方法和手段。

5.4 安全运维管理原则

为了保证安全运维体系的可靠性和有效性，安全运维体系建设应遵循以下内容：

a) 基于策划、实施、检查和改进的过程进行持续完善。可以根据信息系统的安全保护等级要求，对控制实施情况进行定期评估；
b) 安全运维体系建设应兼顾成本与安全。根据业务安全需要，制定相应的安全运维策略、建立相应的安全运维组织、制定相应的安全运维规程及建设相应的安全运维支撑系统。

6 安全运维策略

6.1 安全运维策略制定

6.1.1 目的

依据业务要求和相关法律法规，为信息系统安全运维提供原则与指导。

6.1.2 要求

信息系统安全运维策略制定完成后，宜由管理者批准，并发布、传达给安全运维团队和其他相关人员。

6.1.3 实施指南

在组织层面定义“信息系统安全运维策略”，用以明确信息系统安全运维的目标和方法。该策略由管理层批准，并指定机构管理其信息系统安全运维的目标和方法。

信息系统安全运维策略主要关注来自业务安全战略、安全运维目标、法律法规和合同、当前和预期的信息系统安全威胁环境等方面产生的要求。

信息系统安全运维策略主要涉及以下内容：

a) 信息系统安全运维目标和原则的定义：
    1) 确定利益相关者的安全需求；

2） 确定组织的安全目标；

3） 进一步确定信息系统的安全目标；

4） 确定信息系统安全运维目标。

b） 根据已确定的信息系统安全运维目标，制定相应的安全运维策略，包括分层防护、最小特权、分区隔离、保护隐私和日志记录等。

c） 把信息系统安全运维管理方面的一般和特定责任分配给已定义的角色。

d） 处理偏差和意外的过程。

信息系统安全运维策略由以下相关的运维策略组成，包括但不限于：

a） 资产管理；

b） 信息系统安全分级；

c） 访问控制；

d） 物理和环境安全；

e） 备份；

f） 信息传输；

g） 恶意软件防范；

h） 脆弱性管理；

i） 入侵管理；

j） 异常行为管理；

k） 密码控制；

l） 通信安全。

这些策略采用适合的、可访问和可理解的形式传达给安全运维团队、组织内人员和外部相关方。

6.2 安全运维策略评审

6.2.1 目的

确保安全运维策略的适宜性、充分性和有效性。

6.2.2 要求

基于一定的时间间隔或当信息系统、信息系统环境或业务安全需求发生重大改变时，宜对信息系统安全运维策略进行评审。

6.2.3 实施指南

指定专人负责策略的制定、评审和评价。

评估安全策略和信息系统安全运维方法的持续改进，以适应法律法规或技术环境、组织环境及业务状况发生的变化。

策略的修订由管理层批准。

7 安全运维组织的管理

7.1 安全运维的角色和责任

7.1.1 目的

明确运维团队中的角色和责任。

7.1.2 要求

定义和分配信息系统安全运维的所有角色及其责任。

7.1.3 实施指南

信息系统安全运维组织应与信息系统安全运维策略相一致，应明确定义信息系统运行安全风险管理活动的责任，特别是可接受的残余风险的责任，还应定义信息系统保护和执行特定安全过程的责任。

明确运维人员负责的范围，包括下列工作：

a） 识别和定义信息系统面临的风险；
b） 明确信息系统安全责任主体，并形成相应责任文件；
c） 明确运维人员应具备的安全运维的能力，使其能够履行信息系统安全运维责任；
d） 参照 ITIL 提出的运维团队组织模式，建立三线安全运维组织体系。一线负责安全事件处理，快速恢复系统正常运行；二线负责安全问题查找，彻底解决存在的安全问题；三线负责修复设备存在的深层漏洞。

7.2 聘用前审查

7.2.1 目的

确保聘用人员具有符合其角色的要求和技能。

7.2.2 要求

按照岗位职责要求，宜对被任用者进行审查。

7.2.3 实施指南

审查考虑以下内容：

a） 有效的可接受的推荐材料（例如，组织出具和个人出具的文字材料等）；
b） 申请人履历的验证（针对该履历的完备性和准确性）；
c） 声称的学历、专业资质的证实；
d） 其他的验证（例如，信用核查或犯罪记录核查等）。

7.3 工作履行职责

7.3.1 目的

确保信息系统安全运维人员理解并履行信息系统安全运维职责。

7.3.2 要求

安全运维人员宜按照已建立的策略、规程和工具进行安全运维工作。

7.3.3 实施指南

建立岗位手册作为安全运维指南。岗位手册内容包括：

a） 岗位职责；
b） 工作模板；
c） 工作流程；
d） 支撑工具。

进行信息安全意识教育和培训。信息安全意识教育和培训包括：

a) 信息安全意识培训旨在使安全运维人员了解信息系统安全风险及安全运维责任；
b) 信息安全意识教育和技能培训方案按照组织的信息安全策略和相关规程建立。岗位技能培训旨在使安全运维人员和团队具备相应的岗位技能。

有正式的违规处理过程对违规的安全运维人员进行处罚。内容包括：

a) 在没有最终确定违规之前，不能开始违规处理过程；
b) 正式的违规处理过程宜确保对运维工程师给予了正确和公平的对待。无论违规是第一次或是已发生过，无论违规者是否经过适当地培训。

7.4 聘用终止和变更

7.4.1 目的

在聘用变更或终止过程中保护组织的利益。

7.4.2 要求

确定聘用终止或变更后不会引发信息系统安全事件。

7.4.3 实施指南

聘用终止或变更意味着相应人员岗位职责和法律责任的终止。为了保护双方的权益，聘用终止或变更后应及时终止或变更相关人员的相应职责、权限和内容。

终止或变更的职责、权限和内容包括但不限于以下事项：

a) 员工合同；
b) 信息系统访问权限；
c) 安全运维支撑系统访问权限。

8 安全运维规程

8.1 资产管理

8.1.1 目的

识别与信息系统相关的所有资产，构建以资产为核心的安全运维机制。

8.1.2 要求

及时识别资产及资产之间的关系。

8.1.3 实施指南

将信息系统相关软硬件资产进行登记，形成资产清单文件并持续维护。资产清单要准确，实时更新并与其他清单一致。

为每项已识别的资产指定所属关系并分级。

明确资产（包括软硬件、数据等）之间的关系，包括部署关系、支撑关系、依赖关系。

确保实现及时分配资产所属关系的过程。资产在创立或转移到组织时分配其所有权并指定责任者。资产责任者对资产的整个生命周期负有适当的管理责任。

基于资产对业务的重要性，按 GB/T 31722—2015 中附录 B 的方法计算资产的价值。

基于已发现的安全漏洞或已发生的安全事件，总结并形成每一个设备或系统的安全检查清单。安全检查清单需要动态维护。

建立介质安全处置的正式规程，减小保密信息泄露给未授权人员的风险。包含保密信息介质的安全处置规程要与信息的敏感性相一致。考虑下列条款：

a) 包含有保密信息的介质被安全地存储和处置，例如利用焚化或粉碎的方法，或者将数据擦除，供组织内其他应用使用；
b) 有规程识别可能需要安全处置的项目；
c) 将所有介质部件收集起来并进行安全处置，可能比试图分离出敏感部件更容易；
d) 许多组织提供介质收集和处置服务，注意选择具有足够控制和经验的合适的外部方；
e) 对处置的敏感项作记录，以便维护审核踪迹。

当大量处置介质时，考虑可导致大量不敏感信息成为敏感信息的集聚效应。

可能需要对包含敏感数据的已损坏设备进行风险评估以确定其部件是否可进行物理销毁，而不是被送修或废弃。

8.2 日志管理

8.2.1 目的

发现攻击线索，或用作责任追究或司法证据。

8.2.2 要求

全面收集并管理信息系统及相关设备的运行日志，包括系统日志、操作日志、错误日志等。

8.2.3 实施指南

全面收集信息系统的运行日志，并进行归一化预处理，以便后续存储和处理。

原始日志信息和归一化处理后的日志信息分别进行存储。原始日志信息存储应进行防篡改签名，以便可以作为司法证据。已归一化的日志进行结构化存储，以便检索和深度处理。

对日志信息进行多种分析：

a) 攻击线索查找分析：在系统受到攻击后，需要通过日志分析找到攻击源和攻击路径，以便清除木马和病毒，并恢复系统正常运行；
b) 日志交叉深度分析：通过定期的交叉分析，以发现并阻断潜在攻击；
c) 对攻击日志进行历史分析，发现攻击趋势，以实现早期防御。

8.3 访问控制

8.3.1 目的

按照业务要求限制对信息和信息系统的访问。

8.3.2 要求

基于业务和信息系统安全要求，应建立物理环境、设备、信息系统的访问控制策略，形成文件并进行评审。

8.3.3 实施指南

信息系统安全责任者需要为特定用户角色确定适当的访问控制规则、访问权及限制，其详细程度和控制的严格程度反映相关的信息安全风险。

访问控制包括逻辑访问控制和物理访问控制。访问控制考虑下列内容：

a） 业务应用的安全要求；
b） 信息传播和授权的策略，例如："需要知道"的原则和信息安全级别以及信息分级的需要；
c） 系统和网络的访问权限和信息分级策略之间的一致性；
d） 关于限制访问数据或服务的相关法律和合同业务；
e） 在了解各种可用的连接类型的分布式和网络化环境中，访问权的管理；
f） 访问控制角色的分离，例如访问请求、访问授权、访问管理；
g） 访问请求的正式授权要求。

制定一个有关网络和网络服务使用的策略。该策略包括：

a） 允许被访问的网络和网络服务；
b） 确定允许哪些人访问哪些网络和网络服务的授权规程；
c） 保护访问网络连接和网络服务的管理控制和规程；
d） 访问网络和网络服务使用的手段；
e） 访问各种网络服务的用户鉴别要求；
f） 监视网络服务的使用。

实现正式的用户注册及注销过程，以便分配访问权。

管理用户 ID 过程包括：

a） 使用唯一用户 ID，使得用户与其行为链接起来，并对其行为负责，在对于业务或操作而言，必要时，才允许使用共享 ID，并经过批准和形成文件；
b） 立即禁用已离开组织的用户 ID，并在禁用一段时间后视情况进行删除；
c） 定期识别并删除或禁用冗余的用户 ID；
d） 确保冗余的用户 ID 不会分发给其他用户。

用于对用户 ID 访问权进行分配或撤销的配置过程包括：

a） 针对信息系统或服务的使用，从系统或服务的责任者那里获得授权；
b） 验证所授予的访问程度是否与访问策略相适宜，是否与职责分离等要求相一致；
c） 确保授权过程完成之前，访问权未被激活；
d） 维护一份集中式的访问权记录，记载所授予的用户 ID 要访问的信息系统和服务。

对访问的限制基于各个业务应用要求，并符合已制定的组织访问控制策略。

8.4 密码管理

8.4.1 目的

使用适当的和有效的密码技术，以保护信息的保密性、真实性和完整性。

8.4.2 要求

基于信息资产的重要性，应选用不同复杂度密码。

8.4.3 实施指南

涉及密码算法的相关内容，按国家有关法规实施。涉及采用密码技术解决保密性、完整性、真实性、不可否认性需求的遵循密码相关国家标准和行业标准。

密码控制的使用策略按 GB/T 22081—2016 中 10.1.1 的要求。

8.5 漏洞管理

8.5.1 目的

防止信息系统及其支撑软硬件系统的脆弱性被利用。

8.5.2 要求

全面了解信息系统及其支撑软硬件系统存在的脆弱性，获取相关信息，评价组织对这些脆弱性的暴露状况并应采取适当的措施来应对相关风险。

8.5.3 实施指南

可通过两种方式获取信息系统及其支撑软硬件系统存在的脆弱性或漏洞：

a) 借助漏洞扫描工具对信息系统及其软硬件系统存在的漏洞进行扫描，以发现存在的脆弱性；

b) 通过官方渠道及时了解信息系统及其支撑软硬件系统存在的脆弱性。

及时更新信息系统和相应的支撑软硬件设备，以保持系统处于安全状态。

先对更新进行测试，以避免更新出现问题导致业务中断。测试成功后，再正式部署系统更新包。

8.6 备份

8.6.1 目的

防止信息丢失。

8.6.2 要求

基于信息安全策略，制定备份策略，并保证备份的有效性和可靠性。

8.6.3 实施指南

可根据业务数据的重要程度设定相应的备份策略。可选择的备份方式有完全备份、差异备份或增量备份；可选择的备份地点有同城备份或异地备份等。

对已备份的数据每月进行一次恢复演练，以保证备份的可用性和灾难恢复系统的可靠性。

8.7 安全事件管理及响应

8.7.1 目的

确保快速、有效和有序地响应信息系统安全事件。

8.7.2 要求

采用一致和有效的方法对信息系统安全事件进行管理，包括对安全事态和弱点的通告，并能对安全事件进行快速响应。

8.7.3 实施指南

信息系统安全事件管理责任和规程考虑下列因素：

a) 建立管理责任以确保以下规程被制定并在组织内得到充分的交流：

   1) 规划和准备事件响应的规程；

   2) 监视、发现、分析、处理和报告信息安全事态和事件的规程；

   3) 记录事件管理活动的规程；

   4) 处理司法证据的规程；

   5) 评估和决断信息系统安全事态以及评估安全弱点的规程；

   6) 包括升级、事件的受控恢复、与内外部人员或组织沟通在内的响应的规程。

b) 所建立的规程确保：

   1) 胜任的人员处理组织内的信息系统安全事件相关问题；
   2) 建立安全事件发现和报告的联络点。
c) 报告规程包含：
   1) 准备信息系统安全事态报告表格，以便在信息系统安全事态发生时支持报告行动和帮助人员在报告时记住所有必要的行动；
   2) 在信息安全事态发生时所采取的规程，例如立刻注意到所有细节（诸如不合规或违规的类型、发生的故障、屏幕上的消息），并立刻向联络点报告和仅采取协调行动；
   3) 根据已建立的正式纪律处罚制度处理安全违规的员工；
   4) 适宜的反馈过程，以确保信息系统安全事态报告人员在问题被处理并关闭后得到结果的通知。

运维团队有责任尽可能快地报告信息系统安全事态。熟知报告信息安全事态的规程和联络点。可进行信息系统安全事态报告的情况如下：

a) 无效的安全控制；
b) 违背信息完整性、保密性或可用性的预期；
c) 人为差错；
d) 不符合策略或指南；
e) 物理安全安排的违规；
f) 不受控的系统变更；
g) 软件或硬件的故障；
h) 非法访问。

服务台使用已商定文件化的信息系统安全事态和事件分级尺度评估每个信息系统安全事态，并决定该事态是否该归于信息系统安全事件。事件的分级和优先级有助于标识事件的影响和程度。

详细记录评估和决策的结果，供日后参考和验证。

对信息系统安全事件的严重程度予以不同的响应，甚至启动应急响应。响应包括：

a) 事件发生后尽快收集证据；
b) 按要求进行信息安全取证分析；
c) 按要求升级；
d) 确保所有涉及的响应活动被适当记录，便于日后分析；
e) 处理发现的导致或促使事件发生的信息系统安全弱点；
f) 一旦事件被成功处理，正式将其关闭并记录。

制定内部规程，并在收集与处理用于纪律和法律目的的证据时遵守。这些规程考虑：

a) 证据的安全；
b) 人员的安全；
c) 所涉及人员的角色和责任；
d) 人员的能力；
e) 文件化，并有数字签名；
f) 简报。

9 安全运维支撑系统

9.1 信息系统安全服务台

9.1.1 目的

对信息系统安全事件进行统一监控与处理。

9.1.2 要求

建立一个集中的信息系统运行状态收集、处理、显示及报警的系统，并统一收集与处理信息系统用户问题反馈。

9.1.3 实施指南

服务台具备以下功能：

a） 能够收集并处理信息系统运行信息；

b） 能够显示信息系统安全状态和安全事件；

c） 能够对信息系统安全事件进行报警。

9.2 资产管理系统

9.2.1 目的

发现、管理所有与信息系统运行相关的软硬件系统，建立资产清单和资产配置清单。

9.2.2 要求

手工或借助自动化工具发现所有与信息系统运行相关的软硬件系统。

9.2.3 实施指南

可以利用商业或开源系统自动发现资产。该系统具备以下功能：

a） 资产特征库应持续更新；

b） 应具有较高的自动发现率；

c） 支持手工录入未能自动发现的软硬件系统；

d） 能够输出资产清单及资产配置清单；

e） 能够对资产及其配置信息进行查询、增加、修改和删除；

f） 能够与其他信息化工具进行信息共享。

9.3 漏洞管理系统

9.3.1 目的

及时修补信息系统存在的漏洞。

9.3.2 要求

定时扫描信息系统相关资产脆弱性，并对发现的漏洞进行及时加固。

9.3.3 实施指南

系统具备以下功能：

a） 能够及时更新漏洞库；

b） 能够发现系统存在的 1 day 漏洞；

c） 能够发现不合规定的弱口令；

d） 能够对发现的问题进行告警提醒；

e） 能够对发现的漏洞进行补丁加固；

f） 能够对脆弱性进行查询、增加、修改和删除等操作；

g） 能够与其他系统共享信息。

9.4 入侵检测系统

9.4.1 目的

及时发现并阻断入侵攻击，降低业务损失。

9.4.2 要求

可以检测和阻断多种入侵方式。

9.4.3 实施指南

系统具备以下功能：

a） 通过防火墙、SIEM、IPS、IDS、WAF 等系统构建一个全方位入侵检测体系；

b） 应能够与网络入侵检测系统的特征库互换信息；

c） 能否有效检测并处置网络入侵、主机入侵、无线入侵等；

d） 能够对发生的入侵事件进行查询；

e） 能够与其他系统进行信息共享。

9.5 异常行为监测系统

9.5.1 目的

及时发现存在的异常行为，以降低业务损失。

9.5.2 要求

应及时发现存在的异常操作及行为。

9.5.3 实施指南

系统具备以下功能：

a） 能够及时更新异常行为特征库；

b） 能够监测异常行为，并报警提醒；

c） 能够对异常行为进行必要的阻断；

d） 能够对已发生的异常行为进行查询；

e） 能够与其他系统进行信息共享。

9.6 关联分析系统

9.6.1 目的

对安全信息与安全事件进行关联分析，以此发现单一安全设备发现不了的安全问题。

9.6.2 要求

应能够收集、管理和分析汇聚的安全相关数据。

9.6.3 实施指南

关联分析系统具备以下功能：

a) 能够对日志关联关系进行建模；
b) 能够收集各种日志、事件等信息，形成汇聚的安全相关数据；
c) 能够基于关联关系模型对安全大数据进行有效分析，以发现潜在威胁与攻击；
d) 能够定时生成信息系统安全等级保护等相关标准符合性报告；
e) 能够与其他系统共享信息。

参 考 文 献

[1] GB/T 20269—2006 信息安全技术 信息系统安全管理要求

[2] GB/T 24405.1—2009 信息技术 服务管理 第1部分:规范(ISO/IEC 20000-1:2005,IDT)

[3] GB/T 24405.2—2010 信息技术 服务管理 第2部分:实践规则(ISO/IEC 20000-2:2005,IDT)

[4] GB/T 25069—2010 信息安全技术 术语

[5] GB/T 28827.1—2012 信息技术服务 运行维护 第1部分:通用要求

[6] GB/T 28827.2—2012 信息技术服务 运行维护 第2部分:交付规范

[7] GB/T 28827.3—2012 信息技术服务 运行维护 第3部分:应急响应规范

ICS 35.040
L 80

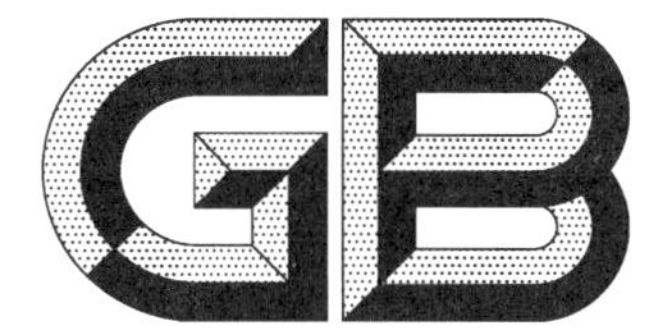

中华人民共和国国家标准

GB/T 36627—2018

信息安全技术
网络安全等级保护测试评估技术指南

Information security technology—
Testing and evaluation technical guide for classified cybersecurity protection

2018-09-17 发布 2019-04-01 实施

国家市场监督管理总局
中国国家标准化管理委员会 发布

前　　言

本标准按照 GB/T 1.1—2009 给出的规则起草。

请注意本文件的某些内容可能涉及专利。本文件的发布机构不承担识别这些专利的责任。

本标准由全国信息安全标准化技术委员会(SAC/TC 260)提出并归口。

本标准起草单位:公安部第三研究所、中国信息安全研究院有限公司、上海市信息安全测评认证中心、中国电子技术标准化研究院、中国信息安全认证中心。

本标准主要起草人:张艳、陆臻、杨晨、顾健、徐御、沈亮、俞优、张笑笑、许玉娜、金铭彦、高志新、邹春明、陈妍、胡亚兰、赵戈、毕强、何勇亮、李晨、盛璐禕。

引　言

网络安全等级保护测评过程包括测评准备活动、方案编制活动、现场测评活动、报告编制活动四个基本测评活动。本标准为方案编制活动、现场测评活动中涉及的测评技术选择与实施过程提供指导。

网络安全等级保护相关的测评标准主要有 GB/T 22239、GB/T 28448 和 GB/T 28449 等。其中 GB/T 22239 是网络安全等级保护测评的基础性标准，GB/T 28448 针对 GB/T 22239 中的要求，提出了不同网络安全等级的测评要求；GB/T 28449 主要规定了网络安全等级保护测评工作的测评过程。本标准与 GB/T 28448 和 GB/T 28449 的区别在于：GB/T 28448 主要描述了针对各级等级保护对象单元测评的具体测评要求和测评流程，GB/T 28449 则主要对网络安全等级保护测评的活动、工作任务以及每项任务的输入/输出产品等提出指导性建议，不涉及测评中具体的测试方法和技术。本标准对网络安全等级保护测评中的相关测评技术进行明确的分类和定义，系统地归纳并阐述测评的技术方法，概述技术性安全测试和评估的要素，重点关注具体技术的实现功能、原则等，并提出建议供使用，因此本标准在应用于网络安全等级保护测评时可作为对 GB/T 28448 和 GB/T 28449 的补充。

信息安全技术
网络安全等级保护测试评估技术指南

1 范围

本标准给出了网络安全等级保护测评(以下简称“等级测评”)中的相关测评技术的分类和定义，提出了技术性测试评估的要素、原则等，并对测评结果的分析和应用提出建议。

本标准适用于测评机构对网络安全等级保护对象(以下简称“等级保护对象”)开展等级测评工作，以及等级保护对象的主管部门及运营使用单位对等级保护对象安全等级保护状况开展安全评估。

2 规范性引用文件

下列文件对于本文件的应用是必不可少的。凡是注日期的引用文件，仅注日期的版本适用于本文件。凡是不注日期的引用文件，其最新版本(包括所有的修改单)适用于本文件。

GB 17859—1999 计算机信息系统安全保护等级划分准则

GB/T 25069—2010 信息安全技术 术语

3 术语和定义、缩略语

3.1 术语和定义

GB 17859—1999 及 GB/T 25069—2010 界定的以及下列术语和定义适用于本文件。

3.1.1

字典式攻击 dictionary attack

在破解口令时，逐一尝试用户自定义词典中的单词或短语的攻击方式。

3.1.2

文件完整性检查 file integrity checking

通过建立文件校验数据库，计算、存储每一个保留文件的校验，将已存储的校验重新计算以比较当前值和存储值，从而识别文件是否被修改。

3.1.3

网络嗅探 network sniffer

一种监视网络通信、解码协议，并对关注的信息头部和有效载荷进行检查的被动技术，同时也是一种目标识别和分析技术。

3.1.4

规则集 rule set

一种用于比较网络流量或系统活动以决定响应措施(如发送或拒绝一个数据包，创建一个告警，或允许一个系统事件)的规则的集合。

3.1.5

测评对象 target of testing and evaluation

等级测评过程中不同测评方法作用的对象，主要涉及相关信息系统、配套制度文档、设备设施及人员等。

3.2 缩略语

下列缩略语适用于本文件。

CNVD:国家信息安全漏洞共享平台(China National Vulnerability Database)

DNS:域名系统(Domain Name System)

DDoS:分布式拒绝服务(Distributed Denial of Service)

ICMP:Internet 控制报文协议(Internet Control Message Protocol)

IDS:入侵检测系统(Intrusion Detection Systems)

IPS:入侵防御系统(Intrusion Prevention System)

MAC:介质访问控制(Media Access Control)

SSH:安全外壳协议(Secure Shell)

SSID:服务集标识(Service Set Identifier)

SQL:结构化查询语言(Structured Query Language)

VPN:虚拟专用网络(Virtual Private Network)

4 概述

4.1 技术分类

可用于等级测评的测评技术分成以下三类:

a) 检查技术:检查信息系统、配套制度文档、设备设施,并发现相关规程和策略中安全漏洞的测评技术。通常采用手动方式,主要包括文档检查、日志检查、规则集检查、系统配置检查、文件完整性检查、密码检查等。

b) 识别和分析技术:识别系统、端口、服务以及潜在安全性漏洞的测评技术。这些技术可以手动执行,也可使用自动化的工具,主要包括网络嗅探、网络端口和服务识别、漏洞扫描、无线扫描等。

c) 漏洞验证技术:验证漏洞存在性的测评技术。基于检查、目标识别和分析结果,针对性地采取手动执行或使用自动化的工具,主要包括口令破解、渗透测试、远程访问测试等,对可能存在的安全漏洞进行验证确认,获得证据。

4.2 技术选择

当选择和确定用于等级测评活动的技术方法时,考虑的因素主要包括但不限于测评对象、测评技术适用性、测评技术对测评对象可能引入的安全风险,以选择合适的技术方法。

当所选择的技术方法在实施过程中可能对测评对象产生影响时,宜优先考虑对与测评对象的生产系统相同配置的非生产系统进行测试,在非业务运营时间进行测试或在业务运营时间仅使用风险可控的技术方法进行测试,以尽量减少对测评对象业务的影响。

实施技术测评后产生的测评结果可用于对测评对象进行威胁分析、改进建议的提出及结果报告的生成等,具体参见附录 A。

5 等级测评要求

5.1 检查技术

5.1.1 文档检查

文档检查的主要功能是基于等级保护对象运营单位提供的文档,评价其策略和规程的技术准确性

和完整性。进行文档检查时,可考虑以下评估要素:

a) 检查对象包括安全策略、体系结构和要求、标准作业程序、系统安全计划和授权许可、系统互连的技术规范、事件响应计划等,确保技术的准确性和完整性;
b) 检查安全策略、体系结构和要求、标准作业程序、系统安全计划和授权许可、系统互连的技术规范、事件响应计划等文档的完整性,通过检查执行记录和相应表单,确认被测方安全措施的实施与制度文档的一致性;
c) 发现可能导致遗漏或不恰当地实施安全控制措施的缺陷和弱点;
d) 验证测评对象的文档是否与网络安全等级保护标准、法规相符合,查找有缺陷或已过时的策略;
e) 文档检查的结果可用于调整其他的测试技术,例如,当口令管理策略规定了最小口令长度和复杂度要求的时候,该信息应可用于配置口令破解工具,以提高口令破解效率。

5.1.2 日志检查

日志检查的主要功能是验证安全控制措施是否记录了测评对象的信息系统、设备设施的使用、配置和修改的历史记录等适当信息,等级保护对象的运营使用单位是否坚持了日志管理策略,并且能够发现潜在的问题和违反安全策略的情况。进行日志检查时,可考虑以下评估要素:

a) 认证服务器或系统日志,包括成功或失败的认证尝试;
b) 操作系统日志,包括系统和服务的启动、关闭,未授权软件的安装,文件访问,安全策略变更,账户变更(例如账户创建和删除、账户权限分配)以及权限使用等信息;
c) IDS/IPS 日志,包括恶意行为和不恰当使用;
d) 防火墙、交换机和路由器日志,包括影响内部设备的出站连接(如僵尸程序、木马、间谍软件等),以及未授权连接的尝试和不恰当使用;
e) 应用日志,包括未授权的连接尝试、账号变更、权限使用,以及应用程序或数据库的使用信息等;
f) 防病毒日志,包括病毒查杀、感染日志,以及升级失败、软件过期等其他事件;
g) 其他安全日志,如补丁管理等,应记录已知漏洞的服务和应用等信息;
h) 网络运行状态、网络安全事件相关日志,留存时间不少于 6 个月。

5.1.3 规则集检查

规则集检查的主要功能是发现基于规则集的安全控制措施的漏洞,检查对象包括网络设备、安全设备、数据库、操作系统及应用系统的访问控制列表、策略集,三级及以上等级保护对象还应包括强制访问控制机制。进行规则集检查时,可考虑以下评估要素和评估原则:

a) 路由访问控制列表:
   1) 每一条规则都应是有效的(例如,因临时需求而设定的规则,在不需要的时候应立刻移除);
   2) 应只允许策略授权的流量通过,其他所有的流量默认禁止。
b) 访问控制设备策略集:
   1) 应采用默认禁止策略;
   2) 应实施最小权限访问,例如限定可信的 IP 地址或端口;
   3) 特定规则应在一般规则之前被触发;
   4) 仅开放必要的端口,以增强周边安全;
   5) 防止流量绕过测评对象的安全防御措施。
c) 强制访问控制机制:
   1) 强制访问控制策略应具有一致性,系统中各个安全子集应具有一致的主、客体安全标记和相同的访问规则；
2） 以文件形式存储和操作的用户数据，在操作系统的支持下，应实现文件级粒度的强制访问控制；
3） 以数据库形式存储和操作的用户数据，在数据库管理系统的支持下，应实现表/记录、字段级粒度的强制访问控制；
4） 检查强制访问控制的范围，应限定在已定义的主体与客体中。

5.1.4 配置检查

配置检查的主要功能是通过检查测评对象的安全策略设置和安全配置文件，评价测评对象安全策略配置的强度，以及验证测评对象安全策略配置与测评对象安全加固策略的符合程度。进行配置检查时，可考虑以下评估要素：

a） 依据安全策略进行加固或配置；
b） 仅开放必要的服务和应用；
c） 用户账号的唯一性标识和口令复杂度设置；
d） 开启必要的审计策略，设置备份策略；
e） 合理设置文件访问权限；
f） 三级及以上等级保护对象中敏感信息资源主、客体的安全标记：
   1） 由系统安全员创建主体（如用户）、客体（如数据）的安全标记；
   2） 实施相同强制访问控制安全策略的主、客体，应标以相同的安全标记；
   3） 检查标记的范围，应扩展到测评对象中的所有主体与客体。

5.1.5 文件完整性检查

文件完整性检查的主要功能是识别系统文件等重要文件的未授权变更。进行文件完整性检查时，可考虑以下评估要素：

a） 采用哈希或数字签名等手段，保证重要文件的完整性；
b） 采用基准样本与重要文件进行比对的方式，实现重要文件的完整性校验；
c） 采用部署基于主机的 IDS 设备，实现对重要文件完整性破坏的告警。

5.1.6 密码检查

密码检查的主要功能是对测评对象中采用的密码技术或产品进行安全性检查。进行密码检查时，可考虑以下评估原则：

a） 所提供的密码算法相关功能符合国家密码主管部门的有关规定；
b） 所使用的密钥长度符合等级保护对象行业主管部门的有关规定。

5.2 识别和分析技术

5.2.1 网络嗅探

网络嗅探的主要功能是通过捕捉和重放网络流量，收集、识别网络中活动的设备、操作系统和协议、未授权和不恰当的行为等信息。进行网络嗅探时，可考虑以下评估要素和评估原则：

a） 监控网络流量，记录活动主机的 IP 地址，并报告网络中发现的操作系统信息；
b） 识别主机之间的联系，包括哪些主机相互通信，其通信的频率和所产生的流量的协议类型；
c） 通过自动化工具向常用的端口发送多种类型的网络数据包（如 ICMP pings），分析网络主机的响应，并与操作系统和网络服务的数据包的已知特征相比较，识别主机所运行的操作系统、端口及端口的状态。

d) 在网络边界处部署网络嗅探器,用以评估进出网络的流量;

e) 在防火墙后端部署网络嗅探器,用以评估准确过滤流量的规则集;

f) 在 IDS/IPS 后端部署网络嗅探器,用以确定特征码是否被触发并得到适当的响应;

g) 在重要操作系统和应用程序前端部署网络嗅探器,用以评估用户活动;

h) 在具体网段上部署网络嗅探器,用以验证加密协议的有效性。

5.2.2 网络端口和服务识别

网络端口和服务识别的主要功能是识别活动设备上开放的端口、相关服务与应用程序。进行网络端口和服务识别时,可考虑以下评估要素和评估原则:

a) 对主机及存在潜在漏洞的端口进行识别,并用于确定渗透性测试的目标;

b) 在从网络边界外执行扫描时,应使用含分离、复制、重叠、乱序和定时技术的工具,并利用工具改变数据包,让数据包融入正常流量中,使数据包避开 IDS/IPS 检测的同时穿越防火墙;

c) 应尽量减少扫描工具对网络运行的干扰,如选择端口扫描的时间。

5.2.3 漏洞扫描

漏洞扫描的主要功能是针对主机和开放端口识别已知漏洞、提供建议降低漏洞风险;同时,有助于识别过时的软件版本、缺失的补丁和错误配置,并验证其与机构安全策略的一致性。进行漏洞扫描时,可考虑以下评估要素和评估原则:

a) 识别漏洞相关信息,包含漏洞名称、类型、漏洞描述、风险等级、修复建议等内容;

b) 通过工具识别结合人工分析的方式,对发现的漏洞进行关联分析,从而准确判断漏洞的风险等级;

c) 漏洞扫描前,扫描设备应更新升级至最新的漏洞库,以确保能识别最新的漏洞;

d) 依据漏洞扫描工具的漏洞分析原理(如特征库匹配、攻击探测等),谨慎选择扫描策略,防止引起测评对象故障;

e) 使用漏洞扫描设备时应对扫描线程数、流量进行限制,以降低测评对测评对象产生的风险。

5.2.4 无线扫描

无线扫描的主要功能是识别被测环境中没有物理连接(如网络电缆或外围电缆)情况下使一个或多个设备实现通信的方式,帮助机构评估、分析无线技术对扫描对象所带来的安全风险。进行无线扫描时,可考虑以下评估要素和评估原则:

a) 识别无线流量中无线设备的关键属性,包括 SSID、设备类型、频道、MAC 地址、信号强度及传送包的数目;

b) 无线扫描设备部署位置的环境要素包括:被扫描设备的位置和范围、使用无线技术进行数据传输的测评对象的安全保护等级和数据重要性,以及扫描环境中无线设备连接和断开的频繁程度以及流量规模;

c) 使用安装配置无线分析软件的移动设备,如笔记本电脑、手持设备或专业设备;

d) 基于无线安全配置要求,对无线扫描工具进行扫描策略配置,以实现差距分析;

e) 适当配置扫描工具的扫描间隔时间,既能捕获数据包,又能有效地扫描每个频段;

f) 可通过导入平面图或地图,以协助定位被发现设备的物理位置;

g) 对捕获的数据包进行分析,从而识别扫描范围内发现的潜在的恶意设备和未授权的网络连接模式;

h) 实施蓝牙扫描时,应覆盖测评对象中部署的支持蓝牙的所有基础设施(如蓝牙接入点)。

5.3 漏洞验证技术

5.3.1 口令破解

口令破解的主要功能是在评估过程中通过采用暴力猜测(密码穷举)、字典攻击等技术手段验证数据库、操作系统、应用系统、设备的管理员口令复杂度。进行口令破解时,可考虑以下评估方法和评估原则:

a) 使用字典式攻击方法或采用预先计算好的彩虹表(散列值查找表)进行口令破解尝试;

b) 使用混合攻击或暴力破解的方式进行口令破解;混合攻击以字典攻击方法为基础,在字典中增加了数字和符号字符;

c) 如测评对象采用带有盐值的加密散列函数时,不宜使用彩虹表方式进行口令破解尝试;

d) 使用暴力破解时,可采用分布式执行的方式提高破解的效率。

5.3.2 渗透测试

渗透测试的主要功能是通过模拟恶意黑客的攻击方法,攻击等级保护对象的应用程序、系统或者网络的安全功能,从而验证测评对象弱点、技术缺陷或漏洞的一种评估方法。进行渗透测试时,可考虑以下评估要素和评估原则:

a) 通过渗透测试评估确认以下漏洞的存在:

  1) 系统/服务类漏洞。由于操作系统、数据库、中间件等为应用系统提供服务或支撑的环境存在缺陷,所导致的安全漏洞,如缓冲区溢出漏洞、堆/栈溢出、内存泄露等,可能造成程序运行失败、系统宕机、重新启动等后果,更为严重的,可以导致程序执行非授权指令,甚至取得系统特权,进而进行各种非法操作。

  2) 应用代码类漏洞。由于开发人员编写代码不规范或缺少必要的校验措施,导致应用系统存在安全漏洞,包括 SQL 注入、跨站脚本、任意上传文件等漏洞;攻击者可利用这些漏洞,对应用系统发起攻击,从而获得数据库中的敏感信息,更为严重的,可以导致服务器被控制。

  3) 权限旁路类漏洞。由于对数据访问、功能模块访问控制规则不严或存在缺失,导致攻击者可非授权访问这些数据及功能模块。权限旁路类漏洞通常可分为越权访问及平行权限,越权访问是指低权限用户非授权访问高权限用户的功能模块或数据信息;平行权限是指攻击者利用自身权限的功能模块,非授权访问或操作他人的数据信息。

  4) 配置不当类漏洞。由于未对配置文件进行安全加固,仅使用默认配置或配置不合理,所导致的安全风险。如中间件配置支持 put 方法,可能导致攻击者利用 put 方法上传木马文件,从而获得服务器控制权。

  5) 信息泄露类漏洞。由于系统未对重要数据及信息进行必要的保护,导致攻击者可从泄露的内容中获得有用的信息,从而为进一步攻击提供线索。如源代码泄露、默认错误信息中含有服务器信息/SQL 语句等均属于信息泄露类漏洞。

  6) 业务逻辑缺陷类漏洞。由于程序逻辑不严或逻辑太复杂,导致一些逻辑分支不能够正常处理或处理错误。如果出现这种情况,则用户可以根据业务功能的不同进行任意密码修改、越权访问、非正常金额交易等攻击。

b) 充分考虑等级保护对象面临的安全风险,选择并模拟内部(等级保护对象所在的内部网络)攻击或外部(从互联网、第三方机构等外部网络)攻击。

c) 评估者应制定详细的渗透测试方案,内容包括渗透测试对象、渗透测试风险及规避措施等内容(相关内容参见附录 B)。

5.3.3 远程访问测试

远程访问测试的主要功能是评估远程访问方法中的漏洞,发现未授权的接入方式。进行远程访问测试时,可考虑以下评估要素和评估原则:

a) 发现除 VPN、SSH、远程桌面应用之外是否存在其他的非授权的接入方式。
b) 发现未授权的远程访问服务。通过端口扫描定位经常用于进行远程访问的公开的端口,通过查看运行的进程和安装的应用来手工检测远程访问服务。
c) 检测规则集来查找非法的远程访问路径。评估者应检测远程访问规则集,如 VPN 网关的规则集,查看其是否存在漏洞或错误的配置,从而导致非授权的访问。
d) 测试远程访问认证机制。可尝试默认的账户和密码或暴力攻击(使用社会工程学的方法重设密码来进行访问),或尝试通过密码找回功能机制来重设密码从而获得访问权限。
e) 监视远程访问通信。可以通过网络嗅探器监视远程访问通信。如果通信未被保护,则可利用这些数据作为远程访问的认证信息,或者将这些数据作为远程访问用户发送或接收的数据。

附 录 A
（资料性附录）
测评后活动

A.1 测评结果分析

测评结果分析的主要目标是确定和排除误报，对漏洞进行分类，并确定产生漏洞的原因，此外，找出在整个测评中需要立即处理的严重漏洞。以下列举了常见的造成漏洞的根本原因，包括：

a） 补丁管理不足，如未能及时应用补丁程序，或未能将补丁程序应用到所有有漏洞的系统中；
b） 威胁管理不足，如未及时更新防病毒特征库，无效的垃圾邮件过滤以及不符合系统运营单位安全策略的防火墙策略等；
c） 缺乏安全基准，同类的系统使用了不一致的安全配置策略；
d） 在系统开发中缺乏对安全性的整合，如系统开发不满足安全要求，甚至未考虑安全要求或系统应用程序代码中存在漏洞；
e） 安全体系结构存在缺陷，如安全技术未能有效地集成至系统中（例如，安全防护设施、设备放置位置不合理，覆盖面不足，或采用过时的技术）；
f） 安全事件响应措施不足，如对渗透测试活动反应迟钝；
g） 对最终用户（例如，对社会工程学、钓鱼攻击等缺乏防范意识，使用了非授权无线接入点）或对网络、系统管理员（例如，缺乏安全运维）的人员培训不足；
h） 缺乏安全策略或未执行安全策略，如开放的端口，启动的服务，不安全的协议，非授权主机以及弱口令等。

A.2 提出改进建议

针对每个测评结果中出现的安全问题，都提出相应的改进建议；改进建议中宜包括问题根源分析结果。改进建议通常包括技术性建议（例如，应用特定的补丁程序）和非技术性建议（例如，更新补丁管理制度）。改进措施的包括：制度修改、流程修改、策略修改、安全体系架构变更、应用新的安全技术以及部署操作系统和应用的补丁程序等。

A.3 报告

在测评结果分析完成之后，宜生成包括系统安全问题、漏洞及其改进建议的报告。测评结果可用于以下几个方面：

a） 作为实施改正措施的参考；
b） 制定改进措施以修补确认的漏洞；
c） 作为测评对象运营单位为使等级保护对象满足安全要求而采取改进措施的基准；
d） 用以反映等级保护对象安全要求的实现状况；
e） 为改进等级保护对象的安全而进行的成本效益分析；
f） 用来加强其他生命周期活动，如风险评估等；
g） 用来满足网络安全等级保护测评的报告要求。

附　录　B
（资料性附录）
渗透测试的有关概念说明

B.1　综述

渗透测试是一种安全性测试，在该类测试中，测试人员将模拟攻击者，利用攻击者常用的工具和技术对应用程序、信息系统或者网络的安全功能发动真实的攻击。相对于单一的漏洞，大多数渗透测试试图寻找一组安全漏洞，从而获得更多能够进入系统的机会。渗透测试也可用于确定：

a)　系统对现实世界的攻击模式的容忍度如何；

b)　攻击者需要成功破坏系统所面对的大体复杂程度；

c)　可减少系统威胁的其他对策；

d)　防御者能够检测攻击并且做出正确反应的能力。

渗透测试是一种非常重要的安全测试，测试人员需要丰富的专业知识和技能。尽管有经验的测试人员可降低这种风险，但不能完全避免风险，因此渗透测试宜经过深思熟虑和认真规划。

渗透测试通常包括非技术攻击方法。例如，一个渗透测试人员可以通过破坏物理安全控制机制的手段连接到网络，以窃取设备、捕获敏感信息(可能是通过安装键盘记录设备)或者破坏网络通信。在执行物理安全渗透测试时宜谨慎行事，明确如何验证测试人员入侵活动的有效性，如通过接入点或者文档。另一种非技术攻击手段是通过社会工程学，如伪装成客服坐席人员打电话询问用户的密码，或者伪装成用户打电话给客服坐席人员要求重置密码。更多关于物理安全测试、社会工程学技术以及其他非技术手段的渗透攻击测试，不在本标准的讨论范围。

B.2　渗透测试阶段

B.2.1　概述

渗透测试通常包括规划、发现、攻击、报告四个阶段，如图 B.1 所示。

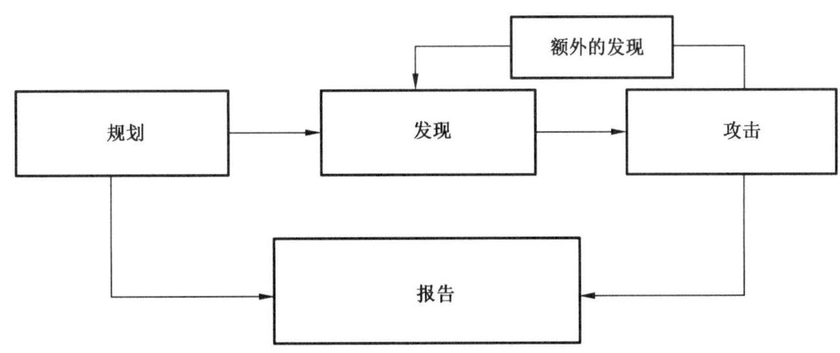

图 B.1　渗透测试的四个阶段

B.2.2　规划阶段

在规划阶段，确定规则，管理层审批定稿，记录在案，并设定测试目标。规划阶段为一个成功的渗透测试奠定基础，在该阶段不发生实际的测试。

B.2.3 发现阶段

渗透测试的发现阶段包括两个部分：

第一部分是实际测试的开始，包括信息收集和扫描。网络端口和服务标识用于进行潜在目标的确定。除端口及服务标识外，还有以下技术也被用于收集网络信息目标：

a) 通过 DNS、InterNIC(WHOIS)查询和网络监听等多种方法获取主机名和 IP 地址信息；

b) 通过搜索系统 Web 服务器或目录服务器来获得系统内部用户姓名、联系方式等；

c) 通过诸如 NetBIOS 枚举方法和网络信息系统获取系统名称、共享目录等系统信息；

d) 通过标识提取得到应用程序和服务的相关信息，如版本号。

第二部分是脆弱性分析，其中包括将被扫描主机开放的服务、应用程序、操作系统和漏洞数据库进行比对。测试人员可以使用他们自己的数据库，或者 CNVD 等公共数据库来手动找出漏洞。

B.2.4 攻击阶段

执行攻击是渗透测试的核心。攻击阶段是一个通过对原先确定的漏洞进一步探查，进而核实潜在漏洞的过程。如果攻击成功，说明漏洞得到验证，确定相应的保障措施就能够减轻相关的安全风险。在大多数情况下，执行探查并不能让攻击者获得潜在的最大入口，反而会使测试人员了解更多目标网络和其潜在漏洞的内容，或诱发对目标网络的安全状态的改变。一些漏洞可能会使测试人员能够提升对于系统或网络的权限，从而获得更多的资源；若发生上述情况，则需要额外的分析和测试来确定网络安全情况和实际的风险级别。比如说，识别可从系统上被搜集、改变或删除的信息的类型。倘若利用一个特定漏洞的攻击被证明行不通，测试人员可尝试利用另一个已发现的漏洞。如果测试人员能够利用漏洞，可在目标系统或网络中安装部署更多的工具，以方便测试。这些工具用于访问网络上的其他系统或资源，并获得有关网络或组织的信息。在进行渗透测试的过程中，需要对多个系统实施测试和分析，以确定攻击者可能获得的访问级别。虽然漏洞扫描器仅对可能存在的漏洞进行检查，但渗透测试的攻击阶段会利用这些漏洞来确认其存在性。

B.2.5 报告阶段

渗透测试的报告阶段与其他三个阶段同时进行(见图 B.1)。在规划阶段，将编写测试计划；在发现和攻击阶段，通常是保存测试记录并定期向系统管理员和/或管理部门报告。在测试结束后，报告通常是用来描述被发现的漏洞、目前的风险等级，并就如何弥补发现的薄弱环节提供建议和指导。

B.3 渗透测试方案

渗透测试方案宜侧重于在应用程序、系统或网络中的设计和实现中，定位和挖掘出可利用的漏洞缺陷。渗透测试重现最可能的和最具破坏性的攻击模式，包括最坏的情况，诸如管理员的恶意行为。由于渗透测试场景可以设计以模拟内部攻击、外部攻击，或两者兼而有之，因此外部和内部安全测试方法均要考虑到。如果内部和外部测试都要执行，则通常优先执行外部测试。

外部攻击是模拟从组织外部发起的攻击行为，可能来自于对组织内部信息一无所知的攻击者。模拟一个外部攻击，测试人员不知道任何关于目标环境以外的信息，特别是 IP 地址或地址范围情况的真实信息。测试人员可通过公共网页、新闻页面以及类似的网站收集目标信息，进行综合分析；使用端口扫描器和漏洞扫描器，以识别目标主机。由于测试人员的流量往往需要穿越防火墙，因此通过扫描获取的信息量远远少于内部角度测试所获得的信息。从外部控制该组织网络上的主机后，测试人员可尝试将其作为跳板机，并使用此访问权限去危及那些通常不能从外部网络访问的其他主机。模拟外部攻击的渗透测试是一个迭代的过程，利用最小的访问权限取得更大的访问。

内部攻击是模拟组织内部违规操作者的行为。除了测试人员位于内部网络(即防火墙后面),并已授予对网络或特定系统一定程度的访问权限(通常是作为一个用户,但有时层次更高)之外,内部渗透测试与外部测试类似。测试人员可以通过权限提升获得更大程度的网络及系统的访问权限。

渗透测试对确定一个信息系统的脆弱性以及如果网络受到破坏所可能发生的损害程度非常重要。由于渗透测试使用真正的资源并对生产系统和数据进行攻击,可能对网络和系统引入额外的风险,因此测试人员宜制订测试方案,明确测试策略,限制可能使用的特定工具或技术,在可能造成危害之前停止测试。测试人员宜重视渗透测试过程及结果的交流,帮助系统管理员和/或管理部门及时了解测试进度以及攻击者可能利用的攻击方法和攻击途径。

B.4 渗透测试风险

在渗透测试过程中,测试人员通常会利用攻击者常用的工具和技术来对被测系统和数据发动真实的攻击,必然会对被测系统带来安全风险,在极端情况或应用系统存在某些特定安全漏洞时可能会产生如下安全风险:

a) 在使用 Web 漏洞扫描工具进行漏洞扫描时,可能会对 Web 服务器及 Web 应用程序带来一定的负载,占用一定的资源,在极端情况下可能会造成 Web 服务器宕机或服务停止;
b) 如 Web 应用程序某功能模块提供对数据库、文件写操作的功能(包括执行 Insert、Delete、Update 等命令),且未对该功能模块实施数据有效性校验、验证码机制、访问控制等措施,则在进行 Web 漏洞扫描时有可能会对数据库、文件产生误操作,如在数据库中插入垃圾数据、删除记录/文件、修改数据/文件等;
c) 在进行特定漏洞验证时,可能会根据该漏洞的特性对主机或 Web 应用程序造成宕机、服务停止等风险;
d) 在对 Web 应用程序/操作系统/数据库等进行口令暴力破解时,可能触发其设置的安全机制,导致 Web 应用程序/操作系统/数据库的账号被锁定,暂时无法使用;
e) 在进行主机远程漏洞扫描及进行主机/数据库溢出类攻击测试,极端情况下可能导致被测试服务器操作系统/数据库出现死机或重启现象。

B.5 渗透测试风险规避

针对渗透测试过程中可能出现的测试风险,测评人员宜向用户详细介绍渗透测试方案中的内容,并对测试过程中可能出现的风险进行提示,并与用户就如下内容进行协商,做好渗透测试的风险管控:

a) 测试时间:为减轻渗透测试造成的压力和预备风险排除时间,宜尽可能选择访问量不大、业务不繁忙的时间窗口,测试前可在应用系统上发布相应的公告;
b) 测试策略:为了防范测试导致业务的中断,测试人员宜在进行带有渗透、破坏、不可控性质的高风险测试前(如主机/数据库溢出类验证测试、DDoS 等),与应用系统管理人员进行充分沟通,在应用系统管理人员确认后方可进行测试;宜优先考虑对与生产系统相同配置的非生产系统进行测试,在非业务运营时间进行测试或在业务运营时间使用非限制技术,以尽量减少对生产系统业务的影响;对于非常重要的生产系统,不建议进行拒绝服务等风险不可控的测试,以避免意外崩溃而造成不可挽回的损失;
c) 备份策略:为防范渗透过程中的异常问题,建议在测试前管理员对系统进行备份(包括网页文件、数据库等),以便在出现误操作时能及时恢复;如果条件允许,也可以采取对目标副本进行渗透的方式加以实施;
d) 应急策略:测试过程中,如果被测系统出现无响应、中断或者崩溃等异常情况,测试人员宜立即

中止渗透测试,并配合用户进行修复处理;在确认问题并恢复系统后,经用户同意方可继续进行其余的测试;

e) 沟通机制:在测试前,宜确定测试人员和用户配合人员的联系方式,用户方宜在测试期间安排专人职守,与测试人员保持沟通,如发生异常情况,可及时响应;测试人员宜在测试结束后要求用户检查系统是否正常,以确保系统的正常运行。

参 考 文 献

[1] GB/T 20269—2006 信息安全技术 信息系统安全管理要求
[2] GB/T 20270—2006 信息安全技术 网络基础安全技术要求
[3] GB/T 20282—2006 信息安全技术 信息系统安全工程管理要求
[4] GB/T 22239 信息安全技术 信息系统安全等级保护基本要求
[5] GB/T 28448 信息安全技术 信息系统安全等级保护测评要求
[6] GB/T 28449 信息安全技术 信息系统安全等级保护测评过程指南

ICS 35.040
L 80

中华人民共和国国家标准

GB/T 36958—2018

信息安全技术　网络安全等级保护安全管理中心技术要求

Information security technology—Technical requirements of security management center for classified protection of cybersecurity

2018-12-28 发布　　2019-07-01 实施

国家市场监督管理总局
中国国家标准化管理委员会　发布

前　言

本标准按照GB/T 1.1—2009给出的规则起草。

请注意本文件的某些内容可能涉及专利。本文件的发布机构不承担识别这些专利的责任。

本标准由全国信息安全标准化技术委员会(SAC/TC 260)提出并归口。

本标准起草单位:中国电子科技集团公司第十五研究所(信息产业信息安全测评中心)、公安部第三研究所、公安部第一研究所、网神信息技术(北京)股份有限公司。

本标准主要起草人:霍珊珊、任卫红、刘健、张益、董晶晶、刘凯明、郑国刚、陶源、陈广勇、李秋香、卢青、王刚。

引　言

本标准从安全管理中心的功能、接口、自身安全等方面，对 GB/T 25070 中提出的安全管理中心及其安全技术和机制进行了进一步规范，提出了通用的安全技术要求，指导安全厂商和用户依据本标准要求设计和建设安全管理中心。为清晰表示每一个安全级别比较低一级安全级别的安全技术要求的增加和增强，从第二级安全管理中心的技术要求开始，每一级新增部分用“黑体”表示。

安全管理中心是对网络安全等级保护对象的安全策略及安全计算环境、安全区域边界和安全通信网络上的安全机制实施统一管理的平台或区域，是网络安全等级保护对象安全防御体系的重要组成部分，涉及系统管理、安全管理、审计管理等方面。

信息安全技术　网络安全等级保护安全管理中心技术要求

1　范围

本标准规定了网络安全等级保护安全管理中心的技术要求。

本标准适用于指导安全厂商和运营使用单位依据本标准要求设计、建设和运营安全管理中心。

2　规范性引用文件

下列文件对于本文件的应用是必不可少的。凡是注日期的引用文件,仅注日期的版本适用于本文件。凡是不注日期的引用文件,其最新版本(包括所有的修改单)适用于本文件。

GB/T 5271.8　信息技术　词汇　第8部分:安全

GB 17859—1999　计算机信息系统　安全保护等级划分准则

GB/T 25069　信息安全技术　术语

GB/T 25070　信息安全技术　信息系统等级保护安全设计技术要求

3　术语和定义

GB 17859—1999、GB/T 5271.8、GB/T 25069 和 GB/T 25070 界定的以及下列术语和定义适用于本文件。

3.1

数据采集接口　data acquisition interface

采集网络环境中的主机操作系统、数据库系统、网络设备、安全设备等各监测对象上的安全事件、脆弱性以及相关配置及其状态信息的接口。

3.2

采集器　collector

从网络安全等级保护对象或其所在区域上收集网络安全源数据和事件信息的组件。

3.3

安全管理中心　security management center

对定级系统的安全策略及安全计算环境、安全区域边界和安全通信网络的安全机制实施统一管理的平台或区域。

注:修改 GB/T 25070—2010 定义 3.6。

4　缩略语

下列缩略语适用于本文件。

CPU　　中央处理器(Central Processing Unit)

CVE　　通用脆弱性及披露(Common Vulnerabilities & Exposures)

DDoS　　分布式拒绝服务(Distributed Denial of Service)

IP	互联网协议(Internet Protocol)
IPv4	互联网协议第四版(Internet Protocol version 4)
IPv6	互联网协议第六版(Internet Protocol version 6)
SNMP	简单网络管理协议(Simple Network Management Protocol)

5 安全管理中心概述

5.1 总体说明

安全管理中心作为对网络安全等级保护对象的安全策略及安全计算环境、安全区域边界和安全通信网络的安全机制实施统一管理的系统平台,实现统一管理、统一监控、统一审计、综合分析和协同防护。本标准将安全管理中心技术要求分为功能要求、接口要求和自身安全要求三个大类(如图1所示)。其中,功能要求从系统管理、安全管理和审计管理三个方面提出具体要求;接口要求对安全管理中心涉及到的接口协议和接口安全提出具体要求;自身安全要求对安全管理中心自身安全功能提出具体要求。

依据GB/T 25070的定义,第二级及第二级以上的定级系统安全保护环境需要设置安全管理中心,称为第二级安全管理中心、第三级安全管理中心、第四级安全管理中心和第五级安全管理中心。安全管理中心等级与网络安全等级保护对象等级的关系见附录A,在附录B中,以表格形式列举了第二级、第三级、第四级的差异。

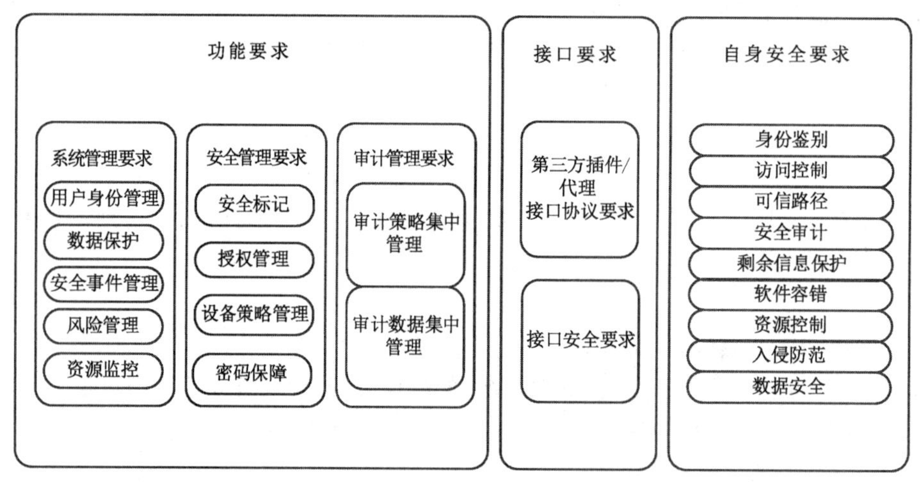

图1 安全管理中心技术要求框架图

安全管理中心作为一个系统区域(如图2所示),主要负责系统的安全运行维护管理,其边界通常为安全管理自身区域的网络边界访问控制设备,与被管理的网络设备区域、服务器区域进行安全配置数据交互,完成整个系统环境安全策略和安全运维的统一管理。

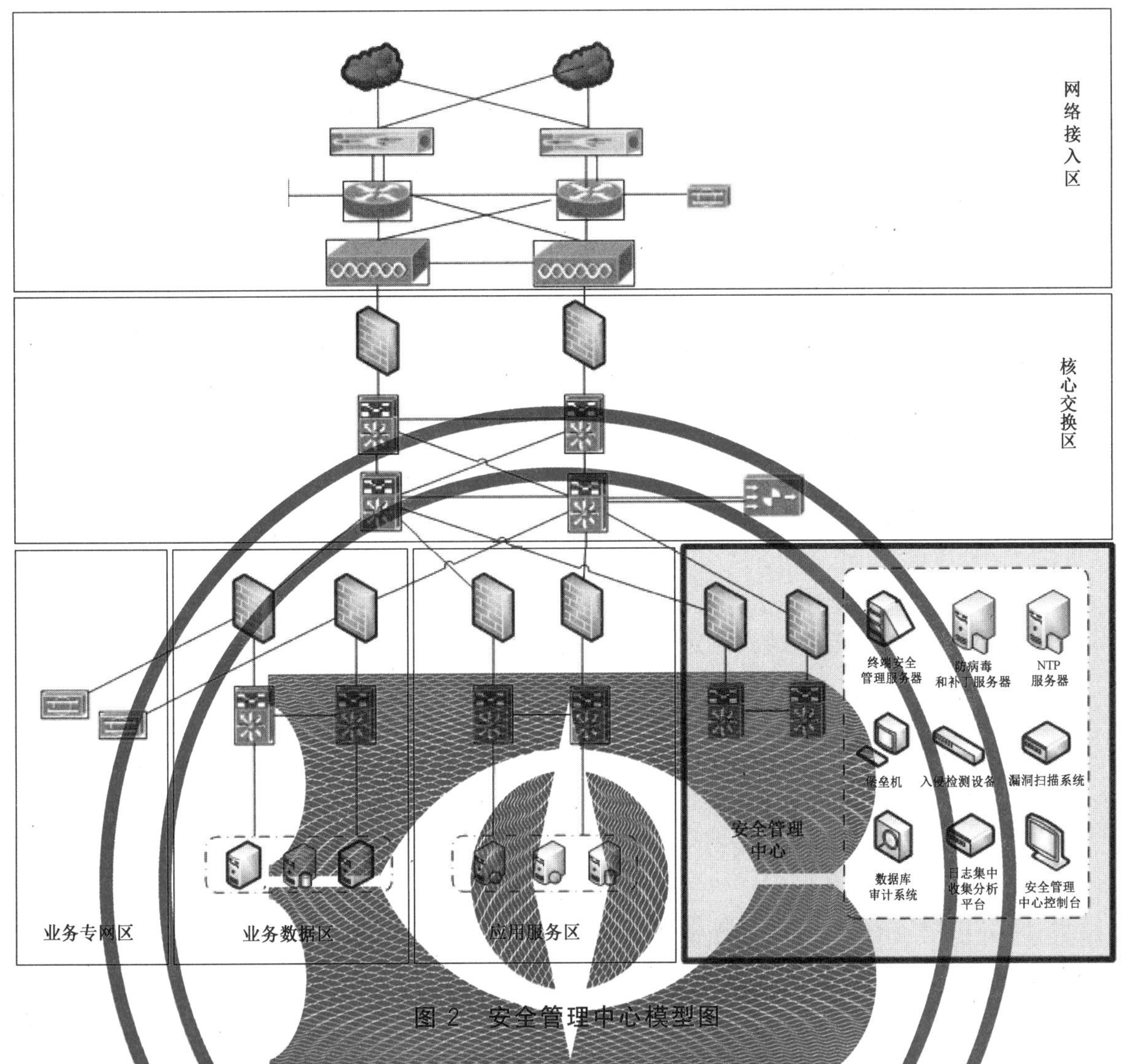

图2 安全管理中心模型图

5.2 功能描述

系统管理主要通过管理员对系统的资源和运行进行配置、控制和管理，包括用户身份管理、系统资源配置、系统加载和启动、系统运行的异常处理以及支持管理本地和异地灾难备份与恢复等。

安全管理主要通过安全管理员对系统中的主体、客体进行统一标记，对主体进行授权，配置一致的安全策略，并确保标记、授权和安全策略的数据完整性。

审计管理主要通过安全审计员对分布在系统各个组成部分的安全审计机制进行集中管理，包括根据安全审计策略对审计记录进行分类，提供按时间段开启和关闭相应类型的安全审计机制，对各类审计记录进行存储、管理和查询等。安全审计员对审计记录进行分析，并根据分析结果进行及时处理。

6 第二级安全管理中心技术要求

6.1 功能要求

6.1.1 系统管理要求

6.1.1.1 用户身份管理

用户身份管理应满足以下要求：

a） 能够对被管理对象的系统管理员进行身份鉴别，并对身份标识及鉴别信息进行复杂度检查；
b） 在物联网系统中，应通过被管理对象的系统管理员对感知设备、感知层网关等进行统一身份标识管理。

6.1.1.2 数据保护

6.1.1.2.1 数据保密性

数据保密性应满足以下要求：

a） 在安全管理中心与被管理对象之间建立连接之前，可利用密码技术进行会话初始化验证；
b） 可使用密码技术对安全管理中心与被管理对象之间通信过程中的整个报文或会话过程进行机密性保护；
c） 可采用加密或其他保护措施实现被管理对象的鉴别信息、配置管理数据的存储保密性。

6.1.1.2.2 数据完整性

数据完整性应满足以下要求：

a） 能够检测到被管理对象鉴别信息、配置管理数据在传输过程中完整性受到破坏；
b） 能够检测到被管理对象鉴别信息、配置管理数据在存储过程中完整性受到破坏。

6.1.1.2.3 数据备份与恢复

数据备份与恢复应满足以下要求：

a） 提供数据本地备份与恢复功能，增量数据备份至少每天一次，备份介质场外存放；
b） 备份数据应至少包含安全管理中心采集的原始数据、主/客体配置管理数据、安全管理中心自身审计数据等；
c） 在云计算平台中，应提供查询云服务客户数据及备份存储位置的方式。

6.1.1.3 安全事件管理

6.1.1.3.1 安全事件采集

安全事件采集应满足以下要求：

a） 支持安全事件监测采集功能，及时发现和采集发生的安全事件；
b） 能够对安全事件进行归一化处理，将不同来源、不同格式、不同内容组成的原始事件转换成标准的事件格式；
c） 安全事件的内容应包括日期、时间、主体标识、客体标识、类型、结果、IP 地址、端口等信息；
d） 安全事件采集的范围应涵盖主机设备、网络设备、数据库、安全设备、各类中间件、机房环境控制系统等；
e） 能够对采集的安全事件原始数据的集中存储。

注：安全事件的属性可参考附录 C。

6.1.1.3.2 安全事件告警

安全事件告警应具备告警功能，在发现异常时可根据预先设定的阈值产生告警。

6.1.1.3.3 安全事件响应

安全事件响应应满足以下要求：

a） 能够提供工单管理的功能，支持基于告警响应动作创建工单的流转流程；

b) 能够提供安全通告功能，可以创建或导入安全风险通告，通告中应包括通告内容、描述信息、CVE编号、影响的操作系统等；

c) 能够根据通告提示的安全风险影响的操作系统，提供受影响的被保护资产列表。

6.1.1.3.4 统计分析报表

统计分析报表应满足以下要求：

a) 能够按照时间、事件类型等条件对安全事件进行查询；

b) 能够提供统计分析和报表生成功能。

6.1.1.4 风险管理

6.1.1.4.1 资产管理

资产管理应满足以下要求：

a) 实现对被管理对象资产的管理，提供资产的添加、修改、删除、查询与统计功能；

b) 资产管理信息应包含资产名称、资产IP地址、资产类型、资产责任人、资产业务价值以及资产的机密性、完整性、可用性赋值等资产属性；

c) 支持资产属性的自定义；

d) 支持手工录入资产记录或基于指定模板的批量资产导入。

6.1.1.4.2 威胁管理

威胁管理应满足以下要求：

a) 具备预定义的安全威胁分类；

b) 支持自定义安全威胁分类，如将已发生的安全事件对应的威胁设置为资产面临的威胁。

6.1.1.4.3 脆弱性管理

脆弱性管理应允许创建并维护资产脆弱性列表，支持脆弱性列表的合并及更新。

6.1.1.4.4 风险分析

风险分析应满足以下要求：

a) 能够根据资产的业务价值、资产当前的脆弱性及资产面临的安全威胁，计算目标资产的安全风险；

b) 安全风险的计算周期和计算公式能够根据部署环境的实际需要通过修改配置的方式进行相应调整；

c) 安全管理系统能够以图形化的方式展现当前资产的风险级别、当前风险的排名统计等。

6.1.1.5 资源监控

6.1.1.5.1 可用性监测

可用性监测应满足以下要求：

a) 支持通过监测网络设备、安全设备、主机操作系统、数据库、中间件、应用系统等重要性能指标，实时了解其可用性状态；

b) 支持对关键指标(如：CPU使用率、内存使用率、磁盘使用率、进程占用资源、交换分区、网络流量等方面)设置阈值，触发阈值时产生告警。

6.1.1.5.2 网络拓扑监测

网络拓扑监测应满足以下要求：

a) 支持对网络拓扑图进行在线编辑，允许手工添加或删除监测节点或链路；

b) 能够展现当前网络环境中关键设备(包括网络设备、安全设备、服务器主机等)和链路的运行状态，如网络流量、网络协议统计分析等指标。

6.1.2 审计管理要求

6.1.2.1 审计策略集中管理

审计策略集中管理应能够查看主机操作系统、数据库系统、网络设备、安全设备的审计策略配置情况，包括策略是否开启、参数设施是否符合安全策略等。

6.1.2.2 审计数据集中管理

6.1.2.2.1 审计数据采集

审计数据采集应满足以下要求：

a) 能够实现审计数据的归一化处理，内容应涵盖日期、时间、主体标识、客体标识、类型、结果、IP 地址、端口等信息；

b) 支持设定查询条件进行审计数据查询；

c) 支持对各种审计数据按规则进行过滤处理；

d) 支持对数据采集信息按照特定规则进行合并。

6.1.2.2.2 审计数据采集对象

审计数据采集对象应满足以下要求：

a) 支持对网络设备(如交换机、路由器、流量管理、负载均衡等网络基础设备)的审计数据采集；

b) 支持对主机设备(如服务器操作系统等应用支撑平台和桌面电脑、笔记本电脑、手持终端等终端用户访问信息系统所使用的设备)的审计数据采集；

c) 支持对数据库的审计数据采集；

d) 支持对安全设备(如防火墙、入侵监测系统、抗拒绝服务攻击设备、防病毒系统、应用安全审计系统、访问控制系统等与信息系统安全防护相关的各种系统和设备)的审计数据采集；

e) 支持对各类中间件的审计数据采集；

f) 支持对机房环境控制系统(如空调、温度、湿度控制、消防设备、门禁系统等)的审计数据采集；

g) 在云计算平台中，应对云服务器、云数据库、云存储等云服务的创建、删除等操作行为进行审计；

h) 在工业控制系统中，应对工业控制现场控制设备、网络安全设备、网络设备、服务器、操作站等设备的网络安全监控和报警、网络安全日志信息进行集中管理。

6.1.2.2.3 审计数据采集方式

审计数据采集方式应满足以下要求：

a) 支持通过如 Syslog、SNMP 等协议采集各种系统或设备上的审计数据；

b) 通过统一接口，接收被管理对象的安全审计数据。

6.2 接口要求

6.2.1 第三方插件/代理接口协议要求

安全管理中心应支持 SNMP Trap、Syslog、Web Service 等常规接口和自定义接口以及第三方的插件或者代理的接口实现各组件之间、与第三方平台之间的数据交换。

6.2.2 接口安全要求

接口安全要求应满足以下要求：

a） 采用安全的接口协议，保证接口之间交互数据的完整性；

b） 采用加密技术实现接口之间交互数据的保密性。

6.3 自身安全要求

6.3.1 身份鉴别

安全管理中心控制台的管理员身份鉴别应满足以下要求：

a） 提供专用的登录控制模块对管理员进行身份标识和鉴别；

b） 提供管理员用户身份标识唯一和鉴别信息复杂度检查功能，保证不存在重复用户身份标识，身份鉴别信息不易被冒用；

c） 提供登录失败处理功能，可采取结束会话、限制非法登录次数和自动退出等措施。

6.3.2 访问控制

安全管理中心控制台的访问控制应满足以下要求：

a） 提供自主访问控制功能，依据安全策略控制管理员对各功能的访问；

b） 自主访问控制的覆盖范围应包括所有管理员、功能及它们之间的操作；

c） 由授权管理员配置访问控制策略，并禁止默认账户的访问。

6.3.3 安全审计

安全管理中心控制台的安全审计应满足以下要求：

a） 提供覆盖到每个管理员的安全审计功能，记录所有管理员对重要操作和安全事件进行审计；

b） 保证无法单独中断审计进程，无法删除、修改或覆盖审计记录；

c） 审计记录的内容至少应包括事件的日期、时间、发起者信息、类型、描述和结果等；

d） 提供对审计记录数据进行统计、查询的功能。

6.3.4 软件容错

安全管理中心控制台的软件容错应提供数据有效性检验功能，保证通过人机接口输入或通过接口输入的数据格式或长度符合系统设定要求。

6.3.5 资源控制

安全管理中心控制台的资源控制应满足以下要求：

a） 对管理员登录地址范围进行限制；

b） 当管理员在一段时间内未作任何动作，应能够自动结束会话；

c） 能够对最大并发会话连接数进行限制；

d） 提供对自身运行状态的监测，应能够对服务水平降低到预先规定的最小值进行检测和报警。

6.3.6 入侵防范

安全管理中心控制台的入侵防范应满足以下要求：

a) 能够检测到对各服务器、网络设备和安全设备进行入侵的行为；

b) 能够通过设定终端接入方式或网络地址范围对通过网络进行管理的管理终端进行限制；

c) 服务器操作系统应遵循最小安装的原则，仅安装需要的组件和应用程序，并通过设置升级服务器等方式保持各组件的补丁及时得到更新；

d) 应关闭不需要的各组件系统服务和高危端口。

6.3.7 数据安全

安全管理中心控制台的数据安全应满足以下要求：

a) 能够检测到管理数据和鉴别信息在传输和存储过程中完整性受到破坏；

b) 采用密码技术或其他保护措施实现管理数据和鉴别信息的数据传输和存储保密性。

7 第三级安全管理中心技术要求

7.1 功能要求

7.1.1 系统管理要求

7.1.1.1 用户身份管理

用户身份管理应满足以下要求：

a) **能够对被管理对象环境中的主体进行标识；**

b) **能够采用两种或两种以上组合的鉴别技术对用户进行身份鉴别；**

c) 能够对被管理对象的系统管理员进行身份鉴别，并对身份标识及鉴别信息进行复杂度检查；

d) 在物联网系统中，应通过被管理对象的系统管理员对感知设备、感知层网关等进行统一身份标识管理。

7.1.1.2 数据保护

7.1.1.2.1 数据保密性

数据保密性应满足以下要求：

a) 在安全管理中心与被管理对象之间建立连接之前，**应**利用密码技术进行会话初始化验证；

b) **应**使用密码技术对安全管理中心与被管理对象之间通信过程中的整个报文或会话过程进行机密性保护；

c) **应**采用加密或其他保护措施实现被管理对象的鉴别信息、配置管理数据的存储保密性。

7.1.1.2.2 数据完整性

数据完整性应满足以下要求：

a) 能够检测到被管理对象鉴别信息、配置管理数据在传输过程中完整性受到破坏，**并在检测到完整性错误时采取必要的恢复措施；**

b) 能够检测到被管理对象鉴别信息、配置管理数据在存储过程中完整性受到破坏，**并在检测到完整性错误时采取必要的恢复措施。**

7.1.1.2.3 数据备份与恢复

数据备份与恢复应满足以下要求：

a) 提供数据本地备份与恢复功能，完全数据备份至少每天一次，备份介质场外存放；

b) 备份数据应至少包含安全管理中心采集的原始数据、主/客身份标识数据、主/客体安全标记数据、主/客体配置管理数据、安全管理中心自身审计数据等；

c) 在云计算平台中，应提供查询云服务客户数据及备份存储位置的方式，云计算平台的运维应在中华人民共和国境内，禁止从境外对境内云计算平台的运维。

7.1.1.2.4 剩余信息保护

剩余信息保护应保证主体和客体的鉴别信息所在的存储空间被释放或再分配给其他主体前得到完全清除，无论这些信息是存放在硬盘上还是在内存中。

7.1.1.3 安全事件管理

7.1.1.3.1 安全事件采集

安全事件采集应满足以下要求：

a) 支持安全事件监测采集功能，及时发现和采集发生的安全事件；

b) 能够对安全事件进行归一化处理，将不同来源、不同格式、不同内容组成的原始事件转换成标准的事件格式；

c) 安全事件的内容应包括日期、时间、主体标识、客体标识、类型、结果、IP 地址、端口等信息；

d) 安全事件采集的范围应涵盖主机设备、网络设备、数据库、安全设备、各类中间件、机房环境控制系统等；

e) 能够对采集的安全事件原始数据的集中存储。

注：安全事件的属性可参考附录 C。

7.1.1.3.2 安全事件告警

安全事件告警应满足以下要求：

a) 具备告警功能，在发现异常时可根据预先设定的阈值产生告警；

b) 在产生告警时，应能够触发预先设定的事件分析规则，执行预定义的告警响应动作，如：控制台对话框告警、控制台告警音、电子邮件告警、手机短信告警、创建工单、通过 Syslog 或 SNMP Trap 发布告警事件等；

c) 具有对高频度发生的相同安全事件进行合并告警，避免出现告警风暴的能力。

7.1.1.3.3 安全事件响应

安全事件响应应满足以下要求：

a) 能够提供工单管理的功能，支持基于告警响应动作创建工单的流转流程；

b) 能够提供安全通告功能，可以创建或导入安全风险通告，通告中应包括通告内容、描述信息、CVE 编号、影响的操作系统等；

c) 能够根据通告提示的安全风险影响的操作系统，提供受影响的被保护资产列表。

7.1.1.3.4 事件关联分析

事件关联分析应满足以下要求：

a） 支持将来自不同事件源的事件在一个分析规则中进行分析，从而能从海量事件中过滤出有逻辑关系的事件序列，据此给出相应的告警；

b） 针对常见的攻击行为和违规访问提供相应的关联分析规则，如针对主机扫描、端口扫描、DDoS攻击、蠕虫、口令猜测、跳板攻击等的关联分析规则。

7.1.1.3.5 统计分析报表

统计分析报表应满足以下要求：

a） 能够按照时间、事件类型等条件对安全事件进行查询；

b） 能够提供统计分析和报表生成功能。

7.1.1.4 风险管理

7.1.1.4.1 资产管理

资产管理应满足以下要求：

a） 实现对被管理对象资产的管理，提供资产的添加、修改、删除、查询与统计功能；

b） 资产管理信息应包含资产名称、资产IP地址、资产类型、资产责任人、资产业务价值以及资产的机密性、完整性、可用性赋值等资产属性；

c） 支持资产属性的自定义；

d） 支持手工录入资产记录或基于指定模板的批量资产导入。

7.1.1.4.2 资产业务价值评估

资产业务价值评估应支持自定义资产业务价值评估模型，能够依据资产类型、资产重要性、损坏后造成的影响、涉及的范围等参数形成资产业务价值等级。

7.1.1.4.3 威胁管理

威胁管理应满足以下要求：

a） 具备预定义的安全威胁分类；

b） 支持自定义安全威胁分类，如将已发生的安全事件对应的威胁设置为资产面临的威胁。

7.1.1.4.4 脆弱性管理

脆弱性管理应允许创建并维护资产脆弱性列表，支持脆弱性列表的合并及更新。

7.1.1.4.5 风险分析

风险分析应满足以下要求：

a） 能够根据资产的业务价值、资产当前的脆弱性及资产面临的安全威胁，计算目标资产的安全风险；

b） 安全风险的计算周期和计算公式能够根据部署环境的实际需要通过修改配置的方式进行相应调整；

c） 安全管理系统能够以图形化的方式展现当前资产的风险级别、当前风险的排名统计等。

7.1.1.5 资源监控

7.1.1.5.1 可用性监测

可用性监测应满足以下要求：

a) 支持通过监测网络设备、安全设备、主机操作系统、数据库、中间件、应用系统等重要性能指标，实时了解其可用性状态；
b) 支持对关键指标(如:CPU 使用率、内存使用率、磁盘使用率、进程占用资源、交换分区、网络流量等方面)设置阈值，触发阈值时产生告警；
c) 在物联网系统平台，应通过系统管理员对感知设备状态(电力供应情况、是否在线、位置等)进行统一监测和处理；
d) 在工业控制系统中，应能够对工业控制系统设备的可用性和安全性进行实时监控，可以对监控指标设置告警阈值，触发告警并记录。

7.1.1.5.2 网络拓扑监测

网络拓扑监测应满足以下要求：
a) 支持对网络拓扑图进行在线编辑，允许手工添加或删除监测节点或链路；
b) 能够展现当前网络环境中关键设备(包括网络设备、安全设备、服务器主机等)和链路的运行状态，如网络流量、网络协议统计分析等指标；
c) 在网络运行出现异常时，能够展现在当前网络拓扑图中并产生告警；
d) 能够发现并阻断非授权设备的外联及接入。

7.1.2 安全管理要求

7.1.2.1 安全标记

安全标记应满足以下要求：
a) 能够对主/客体的安全标记统一管理，主体标记范围包括用户、代理进程、终端等，客体标记范围包括设备等；
b) 安全标记应具备唯一性，能够准确反映主/客体在定级系统中的安全属性，并且具有防止篡改和删除的能力；
c) 标记属性应包括安全级别、安全范围等信息，安全级别应可排序进行高低判断，安全范围应可进行是否包含判断；
d) 能够实现对不同安全级别的系统中安全标记与安全属性的单一映射关系。

7.1.2.2 授权管理

授权管理应满足以下要求：
a) 实现对每一个标记所能访问范围的统一管理；
b) 实现主体对客体访问权限的统一管理，包括主机访问权限管理、网络访问权限管理、应用访问权限管理；
c) 实现根据主体标记和客体标记安全级别的不同，制定访问控制策略，控制主体对客体的访问。

7.1.2.3 设备策略管理

7.1.2.3.1 安全配置策略

设备管理应实现对主机操作系统、数据库系统、网络设备、安全设备的安全配置策略的统一查询。

7.1.2.3.2 入侵防御

入侵防御应满足以下要求：
a) 提供统一接口，实现对网络入侵防御和主机入侵防御的事件采集、接收和指令下发；

b) 提供安全域内统一的操作系统、服务组件补丁更新服务；
c) 在云计算平台，云计算安全管理应具有对攻击行为回溯分析以及对网络安全事件进行预测和预警的能力；应具有对网络安全态势进行感知、预测和预判的能力。

7.1.2.3.3 恶意代码防范

恶意代码防范应满足以下要求：

a) 对恶意代码防范产品统一升级进行监控和管理；
b) 对恶意代码防范情况的数据采集与上报。

7.1.2.4 密码保障

密码保障应为被管理对象的密码技术、产品、服务的正确性、合规性、有效性提供保障。在物联网系统平台，应通过安全管理员对系统中所使用的密钥进行统一管理，包括密钥的生成、分发、更新、存储、备份、销毁等。

7.1.3 审计管理要求

7.1.3.1 审计策略集中管理

审计策略集中管理应能够查看主机操作系统、数据库系统、网络设备、安全设备的审计策略配置情况，包括策略是否开启、参数设施是否符合安全策略等。

7.1.3.2 审计数据集中管理

7.1.3.2.1 审计数据采集

审计数据采集应满足以下要求：

a) 能够实现审计数据的归一化处理，内容应涵盖日期、时间、主体标识、客体标识、类型、结果、IP地址、端口等信息；
b) 支持设定查询条件进行审计数据查询；
c) 严格限制审计数据的访问控制权限，限制管理用户对审计数据的访问，实现管理用户和审计用户的权限分离，避免非授权的删除、修改或覆盖；
d) 支持对各种审计数据按规则进行过滤处理；
e) 支持对数据采集信息按照特定规则进行合并。

7.1.3.2.2 审计数据采集对象

审计数据采集对象应满足以下要求：

a) 支持对网络设备(如交换机、路由器、流量管理、负载均衡等网络基础设备)的审计数据采集；
b) 支持对主机设备(如服务器操作系统等应用支撑平台和桌面电脑、笔记本电脑、手持终端等终端用户访问信息系统所使用的设备)的审计数据采集；
c) 支持对数据库的审计数据采集；
d) 支持对安全设备(如防火墙、入侵监测系统、抗拒绝服务攻击设备、防病毒系统、应用安全审计系统、访问控制系统等与信息系统安全防护相关的各种系统和设备)的审计数据采集；
e) 支持对各类中间件的审计数据采集；
f) 支持对机房环境控制系统(如空调、温度、湿度控制、消防设备、门禁系统等)的审计数据采集；
g) 支持对其他应用系统或相关平台的审计数据采集；
h) 在云计算平台中，应对云服务器、云数据库、云存储等云服务的创建、删除等操作行为进行审

计，应通过运维审计系统对管理员的运维行为进行安全审计；应通过租户隔离机制，确保审计数据隔离的有效性；

i) 在工业控制系统中，应对工业控制现场控制设备、网络安全设备、网络设备、服务器、操作站等设备的网络安全监控和报警、网络安全日志信息进行集中管理。

7.1.3.2.3 审计数据采集方式

审计数据采集方式应满足以下要求：

a) 支持通过如 Syslog、SNMP 等协议采集各种系统或设备上的审计数据；

b) 通过统一接口，接收被管理对象的安全审计数据。

7.1.3.2.4 审计数据关联分析

审计数据关联分析应支持将来自不同采集对象的审计数据在一个分析规则中进行分析。

7.2 接口要求

7.2.1 第三方插件/代理接口协议要求

接口协议要求应满足以下要求：

a) **安全管理中心应实现对 IPv4 及 IPv6 双协议环境的支持（包括 IPv4 环境、IPv6 环境及 IPv4/IPv6 混合环境）；**

b) 安全管理中心应支持 SNMP Trap、Syslog、Web Service 等常规接口和自定义接口以及第三方的插件或者代理的接口实现各组件之间、与第三方平台之间的数据交换。

7.2.2 接口安全要求

接口安全要求应满足以下要求：

a) 采用安全的接口协议，保证接口之间交互数据的完整性；

b) 采用加密技术实现接口之间交互数据的保密性。

7.3 自身安全要求

7.3.1 身份鉴别

安全管理中心控制台的管理员身份鉴别应满足以下要求：

a) 提供专用的登录控制模块对管理员进行身份标识和鉴别，**对同一管理员用户采用两种或两种以上组合的鉴别技术实现用户身份鉴别；**

b) 提供管理员用户身份标识唯一和鉴别信息复杂度检查功能，保证不存在重复用户身份标识，身份鉴别信息不易被冒用；

c) 提供登录失败处理功能，可采取结束会话、限制非法登录次数和自动退出等措施。

7.3.2 访问控制

安全管理中心控制台的访问控制应满足以下要求：

a) 提供自主访问控制功能，依据安全策略控制管理员对各功能的访问；

b) 自主访问控制的覆盖范围应包括所有管理员、功能及它们之间的操作；

c) 由授权管理员配置访问控制策略，并禁止默认账户的访问；

d) **实现特权用户的权限分离，应授予不同账户为完成各自承担任务所需的最小权限，并在它们之间形成相互制约的关系。**

7.3.3 安全审计

安全管理中心控制台的安全审计应满足以下要求：

a) 提供覆盖到每个管理员的安全审计功能，记录所有管理员对重要操作和安全事件进行审计；

b) 保证无法单独中断审计进程，无法删除、修改或覆盖审计记录；

c) 审计记录的内容至少应包括事件的日期、时间、发起者信息、类型、描述和结果等；

d) 提供对审计记录数据进行统计、查询、**分析及生成审计报表**的功能；

e) **根据统一安全策略，提供集中审计接口**。

7.3.4 剩余信息保护

安全管理中心控制台的剩余信息保护应保证管理员的鉴别信息所在的存储空间被释放或再分配给其他管理员用户前得到完全清除，无论这些信息是存放在硬盘上还是在内存中。

7.3.5 软件容错

安全管理中心控制台的软件容错应满足以下要求：

a) 提供数据有效性检验功能，保证通过人机接口输入或通过接口输入的数据格式或长度符合系统设定要求；

b) **提供自动恢复功能，当故障发生时能够恢复工作状态**。

7.3.6 资源控制

安全管理中心控制台的资源控制应满足以下要求：

a) 对管理员登录地址范围进行限制；

b) 当管理员在一段时间内未作任何动作，应能够自动结束会话；

c) 能够对最大并发会话连接数进行限制；

d) **能够对单个管理员账户的多重并发会话进行限制**；

e) 提供对自身运行状态的监测，应能够对服务水平降低到预先规定的最小值进行检测和报警。

7.3.7 入侵防范

安全管理中心控制台的入侵防范应满足以下要求：

a) 能够检测到对各服务器、网络设备和安全设备进行入侵的行为，**并在发生严重入侵事件时提供报警**；

b) 能够通过设定终端接入方式或网络地址范围对通过网络进行管理的管理终端进行限制；

c) 服务器操作系统应遵循最小安装的原则，仅安装需要的组件和应用程序，并通过设置升级服务器等方式保持各组件的补丁及时得到更新；

d) 应关闭不需要的各组件系统服务和高危端口。

7.3.8 数据安全

安全管理中心控制台的数据安全应满足以下要求：

a) 能够检测到管理数据和鉴别信息在传输和存储过程中完整性受到破坏，**并在检测到完整性错误时采取必要的恢复措施**；

b) 采用密码技术或其他保护措施实现管理数据和鉴别信息的数据传输和存储保密性。

8 第四级安全管理中心技术要求

8.1 功能要求

8.1.1 系统管理要求

8.1.1.1 用户身份管理

用户身份管理应满足以下要求：

a) 能够对被管理对象环境中的主体进行标识；

b) 能够采用两种或两种以上组合的鉴别技术对用户进行身份鉴别，**并且身份鉴别信息至少有一种是不可伪造的并采用密码技术来实现；**

c) 能够对被管理对象的系统管理员进行身份鉴别，并对身份标识及鉴别信息进行复杂度检查；

d) 在物联网系统中，应通过被管理对象的系统管理员对感知设备、感知层网关等进行统一身份标识管理。

8.1.1.2 数据保护

8.1.1.2.1 数据保密性

数据保密性应满足以下要求：

a) 在安全管理中心与被管理对象之间建立连接之前，应利用密码技术进行会话初始化验证；

b) 使用密码技术对安全管理中心与被管理对象之间通信过程中的整个报文或会话过程进行机密性保护；

c) 采用加密或其他保护措施实现被管理对象的鉴别信息、配置管理数据的存储保密性；

d) **应使用经国家密码管理主管部门批准的硬件密码设备进行密码运算和密钥管理；**

e) **对重要通信提供专用通信协议或安全通信协议服务，避免来自基于通用协议的攻击破坏数据保密性。**

8.1.1.2.2 数据完整性

数据完整性应满足以下要求：

a) 能够检测到被管理对象的鉴别信息、配置管理数据在传输过程中完整性受到破坏，并在检测到完整性错误时采取必要的恢复措施；

b) 能够检测到被管理对象的鉴别信息、配置管理数据在存储过程中完整性受到破坏，并在检测到完整性错误时采取必要的恢复措施；

c) **对重要通信提供专用通信协议或安全通信协议服务，避免来自基于通用通信协议的攻击破坏数据完整性。**

8.1.1.2.3 数据备份与恢复

数据备份与恢复应满足以下要求：

a) 提供数据本地备份与恢复功能，**完全数据备份至少每天一次**，备份介质场外存放；

b) 备份数据应至少包含安全管理中心采集的原始数据、主/客身份标识数据、主/客体安全标记数据、主/客体配置管理数据、安全管理中心自身审计数据等；

c) **提供异地实时备份功能，利用通信网络将数据实时备份至灾难备份中心；**

d) 在云计算平台中，应提供查询云服务客户数据及备份存储位置的方式，云计算平台的运维应在中华人民共和国境内,禁止从境外对境内云计算平台的运维。

8.1.1.2.4 可信路径

可信路径应满足以下要求:

a) **在对主体进行身份鉴别时,应能够建立一条安全的信息传输路径;**

b) **在主体对客体进行访问时,应保证在被访问的客体与主体之间应能够建立一条安全的信息传输路径。**

8.1.1.2.5 剩余信息保护

剩余信息保护应保证主体和客体的鉴别信息所在的存储空间被释放或再分配给其他主体前得到完全清除,无论这些信息是存放在硬盘上还是在内存中。

8.1.1.3 安全事件管理

8.1.1.3.1 安全事件采集

安全事件采集应满足以下要求:

a) 支持安全事件监测采集功能,及时发现和采集发生的安全事件;

b) **能够提供与第三方系统的数据采集接口,发送或接收安全事件;**

c) 能够对安全事件进行归一化处理,将不同来源、不同格式、不同内容组成的原始事件转换成标准的事件格式;

d) 安全事件的内容应包括日期、时间、主体标识、客体标识、类型、结果、IP 地址、端口等信息;

e) 安全事件采集的范围应涵盖主机设备、网络设备、数据库、安全设备、各类中间件、机房环境控制系统等;

f) 能够对采集的安全事件原始数据的集中存储。

注: 安全事件的属性可参考附录 C。

8.1.1.3.2 安全事件告警

安全事件告警应满足以下要求:

a) 具备告警功能,在发现异常时可根据预先设定的阈值产生告警;

b) 在产生告警时,应能够触发预先设定的事件分析规则,执行预定义的告警响应动作,如:控制台对话框告警、控制台告警音、电子邮件告警、手机短信告警、创建工单、通过 Syslog 或 SNMP Trap **向第三方系统转发**告警事件等;

c) 具有对高频度发生的相同安全事件进行合并告警,避免出现告警风暴的能力。

8.1.1.3.3 安全事件响应

安全事件响应应满足以下要求:

a) 能够提供工单管理的功能,支持基于告警响应动作创建工单的流转流程;

b) 能够提供安全通告功能,可以创建或导入安全风险通告,通告中应包括通告内容、描述信息、CVE 编号、影响的操作系统等;

c) 能够根据通告提示的安全风险影响的操作系统,提供受影响的被保护资产列表;

d) **支持向第三方系统发送和接收工单信息、安全告警、安全预警、综合风险、资产信息、安全通告等数据。**

8.1.1.3.4 事件关联分析

事件关联分析应满足以下要求：

a) 支持将来自不同事件源的事件在一个分析规则中进行分析，从而能从海量事件中过滤出有逻辑关系的事件序列，据此给出相应的告警；

b) 针对常见的攻击行为和违规访问提供相应的关联分析规则，如针对主机扫描、端口扫描、DDoS攻击、蠕虫、口令猜测、跳板攻击等的关联分析规则；

c) **提供多事件源事件关联、时序关联、统计关联以及针对长时间窗口的关联分析功能，并能够提供告警；**

d) **提供自定义关联规则编辑功能。**

8.1.1.3.5 统计分析报表

统计分析报表应满足以下要求：

a) 能够按照时间、事件类型等条件对安全事件进行查询；

b) 能够提供统计分析和报表生成功能。

8.1.1.4 风险管理

8.1.1.4.1 资产管理

资产管理应满足以下要求：

a) 实现对被管理对象资产的管理，**以安全域等方式组织资产**，提供资产的添加、修改、删除、查询与统计功能；

b) 资产管理信息应包含资产名称、资产 IP 地址、资产类型、资产责任人、资产业务价值以及资产的机密性、完整性、可用性赋值等资产属性；

c) 支持资产属性的自定义；

d) 支持手工录入资产记录或基于指定模板的批量资产导入；

e) **支持对资产的自动发现，并能够将其自动添加到资产库中。**

8.1.1.4.2 资产业务价值评估

资产业务价值评估应支持自定义资产业务价值评估模型，能够依据资产类型、资产重要性、损坏后造成的影响、涉及的范围等参数形成资产业务价值等级。

8.1.1.4.3 威胁管理

威胁管理应满足以下要求：

a) 具备预定义的安全威胁分类；

b) 支持自定义安全威胁分类，如将已发生的安全事件对应的威胁设置为资产面临的威胁。

8.1.1.4.4 脆弱性管理

脆弱性管理应满足以下要求：

a) 允许创建并维护资产脆弱性列表，支持脆弱性列表的合并及更新；

b) **支持导入特定代理程序或扫描器获取的相关设备或系统的脆弱性信息；**

c) **能够根据脆弱性信息，自动生成所涉及的信息资产清单。**

8.1.1.4.5 风险分析

风险分析应满足以下要求：

a) 能够根据资产的业务价值、资产当前的脆弱性及资产面临的安全威胁，计算目标资产的安全风险**和资产所在整个安全域**的安全风险；
b) 安全风险的计算周期和计算公式能够根据部署环境的实际需要通过修改配置的方式进行相应调整；
c) 安全管理系统能够以图形化的方式展现当前资产**和安全域**的风险级别、当前风险的排名统计等。

8.1.1.5 资源监控

8.1.1.5.1 可用性监测

可用性监测应满足以下要求：

a) 支持通过监测网络设备、安全设备、主机操作系统、数据库、中间件、应用系统等重要性能指标，实时了解其可用性状态；
b) 支持对关键指标(如:CPU 使用率、内存使用率、磁盘使用率、进程占用资源、交换分区、网络流量等方面)设置阈值，触发阈值时产生告警，**执行预定义的响应动作**；
c) 在物联网系统平台，应通过系统管理员对感知设备状态(电力供应情况、是否在线、位置等)进行统一监测和处理；
d) 在工业控制系统中，应能够对工业控制系统设备的可用性和安全性进行实时监控，可以对监控指标设置告警阈值，触发告警并记录。

8.1.1.5.2 网络拓扑监测

网络拓扑监测应满足以下要求：

a) 支持对网络拓扑图进行在线编辑，允许手工添加或删除监测节点或链路；
b) 能够展现当前网络环境中关键设备(包括网络设备、安全设备、服务器主机等)和链路的运行状态，如网络流量、网络协议统计分析等指标；
c) 在网络运行出现异常时，能够展现在当前网络拓扑图中并产生告警；
d) 能够发现并阻断非授权设备的外联及接入；
e) **支持在指定网络范围内进行拓扑发现并自动生成网络拓扑图**。

8.1.2 安全管理要求

8.1.2.1 安全标记

安全标记应满足以下要求：

a) 能够对主/客体的安全标记统一管理，主体标记范围包括用户、代理进程、终端等，客体标记范围包括设备等；
b) 安全标记应具备唯一性，能够准确反映主/客体在定级系统中的安全属性，并且具有防止篡改和删除的能力；
c) 标记属性应包括安全级别、安全范围等信息，安全级别应可排序进行高低判断，安全范围应可进行是否包含判断；
d) 能够实现对不同安全级别的系统中安全标记与安全属性的单一映射关系；
e) **能够实现安全标记的自定义**。

8.1.2.2 授权管理

授权管理应满足以下要求：

a) 实现对每一个标记所能访问范围的统一管理；

b) 实现主体对客体访问权限的统一管理，包括主机访问权限管理、网络访问权限管理、应用访问权限管理；

c) 实现根据主体标记和客体标记安全级别的不同，制定访问控制策略，控制主体对客体的访问，**针对不同安全层次、不同标记的主/客体间的访问策略进行统一管理；**

d) **在进行物联网系统平台，应通过系统管理员对下载到感知设备上的应用软件进行授权。**

8.1.2.3 设备策略管理

8.1.2.3.1 安全配置策略

设备管理应满足以下要求：

a) 实现对主机操作系统、数据库系统、网络设备、安全设备的安全配置策略的统一查询；

b) **实现对主机操作系统、数据库系统、网络设备、安全设备等安全配置策略的统一制定和下发。**

8.1.2.3.2 入侵防御

入侵防御应满足以下要求：

a) 提供统一接口，实现对网络入侵防御和主机入侵防御的事件采集、接收和指令下发；

b) 提供安全域内统一的操作系统、服务组件补丁更新服务；

c) **实现对主机操作系统、数据库、网络设备、安全设备入侵防御措施的联动和管理；**

d) 在云计算平台，云计算安全管理应具有对攻击行为回溯分析以及对网络安全事件进行预测和预警的能力；应具有对网络安全态势进行感知、预测和预判的能力；

e) **在工业控制系统中，安全管理员能够结合工业控制系统设备的资产信息、威胁信息、脆弱性信息分析工业控制设备以及工业控制系统面临的安全风险和安全态势。**

8.1.2.3.3 恶意代码防范

恶意代码防范应满足以下要求：

a) 对恶意代码防范产品统一升级进行监控和管理；

b) 对恶意代码防范情况的数据采集与上报。

8.1.2.4 密码保障

密码保障应为被管理对象的密码技术、产品、服务的正确性、合规性、有效性提供保障。在物联网系统平台，应通过安全管理员对系统中所使用的密钥进行统一管理，包括密钥的生成、分发、更新、存储、备份、销毁等，**并采取必要措施保证密钥安全。**

8.1.3 审计管理要求

8.1.3.1 审计策略集中管理

审计策略集中管理应满足以下要求：

a) 能够查看主机操作系统、数据库系统、网络设备、安全设备的审计策略配置情况，包括策略是否开启、参数设施是否符合安全策略等；

b) **能够实现对主机操作系统、数据库系统、网络设备、安全设备的审计策略的统一配置管理。**

8.1.3.2 审计数据集中管理

8.1.3.2.1 审计数据采集

审计数据采集应满足以下要求：

a) 能够实现审计数据的归一化处理，内容应涵盖日期、时间、主体标识、客体标识、类型、结果、IP地址、端口等信息；
b) 支持设定查询条件进行审计数据查询；
c) 严格限制审计数据的访问控制权限，限制管理用户对审计数据的访问，实现管理用户和审计用户的权限分离，避免非授权的删除、修改或覆盖；
d) 支持对各种审计数据按规则进行过滤处理；
e) 支持对数据采集信息按照特定规则进行合并；
f) **能够并根据设定的报表模版生成相应的审计报告。**

8.1.3.2.2 审计数据采集对象

审计数据采集对象应满足以下要求：

a) 支持对网络设备(如交换机、路由器、流量管理、负载均衡等网络基础设备)的审计数据采集；
b) 支持对主机设备(如服务器操作系统等应用支撑平台和桌面电脑、笔记本电脑、手持终端等终端用户访问信息系统所使用的设备)的审计数据采集；
c) 支持对数据库的审计数据采集；
d) 支持对安全设备(如防火墙、入侵监测系统、抗拒绝服务攻击设备、防病毒系统、应用安全审计系统、访问控制系统等与信息系统安全防护相关的各种系统和设备)的审计数据采集；
e) 支持对各类中间件的审计数据采集；
f) 支持对机房环境控制系统(如空调、温度、湿度控制、消防设备、门禁系统等)的审计数据采集；
g) 支持对其他应用系统或相关平台的审计数据采集。
h) 在云计算平台中，应对云服务器、云数据库、云存储等云服务的创建、删除等操作行为进行审计，应通过运维审计系统对管理员的运维行为进行安全审计；应通过租户隔离机制，确保审计数据隔离的有效性；
i) 在工业控制系统中，应对工业控制现场控制设备、网络安全设备、网络设备、服务器、操作站等设备的网络安全监控和报警、网络安全日志信息进行集中管理。

8.1.3.2.3 审计数据采集方式

审计数据采集方式应满足以下要求：

a) 支持通过如Syslog、SNMP等协议采集各种系统或设备上的审计数据；
b) 通过统一接口，接收被管理对象的安全审计数据；
c) **支持通过部署软件代理的方式采集特定系统的审计数据。**

8.1.3.2.4 数据采集组件要求

数据采集组件应支持本地缓存和断点续传，在网络通信发生故障时，能够在数据采集组件对数据进行本地缓存，当网络连通恢复以后，信息采集组件重新恢复向安全管理中心上报断网期间采集的数据。

8.1.3.2.5 审计数据关联分析

审计数据关联分析应满足以下要求：

a) 应支持将来自不同采集对象的审计数据在一个分析规则中进行分析；
b) 应提供审计关联规则自定义功能；
c) 在工业控制系统中，系统通过各设备安全日志信息的关联分析提取出少量的、或者是概括性的重要安全事件或发掘隐藏的攻击规律，进行重点报警和分析，并对全局存在类似风险的系统进行安全预警。

8.2 接口要求

8.2.1 第三方插件/代理接口协议要求

接口协议要求应满足以下要求：

a) 安全管理中心应实现对 IPv4 及 IPv6 双协议环境的支持（包括 IPv4 环境、IPv6 环境及 IPv4/IPv6 混合环境）；
b) 安全管理中心应支持 SNMP Trap、Syslog、Web Service 等常规接口和自定义接口以及第三方的插件或者代理的接口实现各组件之间、与第三方平台之间的数据交换；
c) 提供外部接口实现不同厂商平台之间的同步或异步的数据交互；
d) 支持通过编写并加载配置文件的方式，实现对第三方设备的接入管理。

8.2.2 接口安全要求

接口安全要求应满足以下要求：

a) 采用安全的接口协议，保证接口之间交互数据的完整性；
b) 采用加密技术实现接口之间交互数据的保密性；
c) 各接口之间进行通信时，应通过身份验证机制相互验证对方的可信性，确保可信连接。

8.3 自身安全要求

8.3.1 身份鉴别

安全管理中心控制台的管理员身份鉴别应满足以下要求：

a) 提供专用的登录控制模块对管理员进行身份标识和鉴别，对同一管理员用户采用两种或两种以上组合的鉴别技术实现用户身份鉴别，其中至少有一种是不可伪造的并采用密码技术来实现；
b) 提供管理员用户身份标识唯一和鉴别信息复杂度检查功能，保证不存在重复用户身份标识，身份鉴别信息不易被冒用；
c) 提供登录失败处理功能，可采取结束会话、限制非法登录次数和自动退出等措施。

8.3.2 访问控制

安全管理中心控制台的访问控制应满足以下要求：

a) 提供自主访问控制功能，依据安全策略控制管理员对各功能的访问；
b) 自主访问控制的覆盖范围应包括所有管理员、功能及它们之间的操作；
c) 由授权管理员配置访问控制策略，并禁止默认账户的访问；
d) 实现特权用户的权限分离，应授予不同账户为完成各自承担任务所需的最小权限，并在它们之间形成相互制约的关系。

8.3.3 可信路径

安全管理中心控制台的可信路径应满足以下要求：

a) **在安全管理中心控制台对管理员进行身份鉴别时，应能够建立一条安全的信息传输路径；**
b) **在管理员通过安全管理中心控制台对资源进行访问时，安全管理中心控制台应保证在被访问的资源与管理员之间能够建立一条安全的信息传输路径。**

8.3.4 安全审计

安全管理中心控制台的安全审计应满足以下要求：

a) 提供覆盖到每个管理员的安全审计功能，记录所有管理员对重要操作和安全事件进行审计；
b) 保证无法单独中断审计进程，无法删除、修改或覆盖审计记录；
c) 审计记录的内容至少应包括事件的日期、时间、发起者信息、类型、描述和结果等；
d) 提供对审计记录数据进行统计、查询、分析及生成审计报表的功能；
e) 根据统一安全策略，提供集中审计接口。

8.3.5 剩余信息保护

安全管理中心控制台的剩余信息保护应保证管理员的鉴别信息所在的存储空间被释放或再分配给其他管理员用户前得到完全清除，无论这些信息是存放在硬盘上还是在内存中。

8.3.6 软件容错

安全管理中心控制台的软件容错应满足以下要求：

a) 提供数据有效性检验功能，保证通过人机接口输入或通过接口输入的数据格式或长度符合系统设定要求；
b) **提供自动保护功能，当故障发生时自动保护当前所有状态；**
c) 提供自动恢复功能，当故障发生时能够恢复工作状态。

8.3.7 资源控制

安全管理中心控制台的资源控制应满足以下要求：

a) 对管理员登录地址范围进行限制；
b) 当管理员在一段时间内未作任何动作，应能够自动结束会话；
c) 能够对最大并发会话连接数进行限制；
d) 能够对单个管理员账户的多重并发会话进行限制；
e) 提供对自身运行状态的监测，应能够对服务水平降低到预先规定的最小值进行检测和报警。

8.3.8 入侵防范

安全管理中心控制台的入侵防范应满足以下要求：

a) 能够检测到对各服务器、网络设备和安全设备进行入侵的行为，并在发生严重入侵事件时提供报警；
b) 能够通过设定终端接入方式或网络地址范围对通过网络进行管理的管理终端进行限制；
c) 服务器操作系统应遵循最小安装的原则，仅安装需要的组件和应用程序，并通过设置升级服务器等方式保持各组件的补丁及时得到更新；
d) 应关闭不需要的各组件系统服务和高危端口。

8.3.9 数据安全

安全管理中心控制台的数据安全应满足以下要求：

a) 能够检测到管理数据和鉴别信息在传输和存储过程中完整性受到破坏，并在检测到完整性错误时采取必要的恢复措施；

b) 采用密码技术或其他保护措施实现管理数据和鉴别信息的数据传输和存储保密性；

c) **对重要通信提供专用通信协议或安全通信协议服务，避免来自基于通用通信协议的攻击破坏数据完整性和保密性。**

d) **应使用经国家密码管理主管部门批准的硬件密码设备进行密码运算和密钥管理。**

9 第五级安全管理中心技术要求

第五级安全管理中心技术要求另行制定。

10 跨定级系统安全管理中心技术要求

跨定级系统安全管理中心应满足以下要求：

a) 能够实施统一的安全互联策略，通过与各定级系统安全管理中心相连，保证跨定级系统中用户身份、主/客体标记、访问控制策略等安全要素的一致性；

b) 能够对跨定级系统之间的数据传输交换进行保密性与完整性保护；

c) 能够通过安全互联部件，对各定级系统中与安全互联相关的系统资源和运行进行配置和管理；

d) 能够通过安全互联部件，对各定级系统中与安全互联相关的主/客体进行标记管理，使其标记能准确反映主/客体在定级系统中的安全属性；对主体进行授权，配置统一的安全策略；

e) 能够通过安全互联部件，对各定级系统中与安全互联相关的安全审计机制、各定级系统的安全审计机制以及与跨定级系统互联有关的安全审计机制进行集中管理。包括根据安全审计策略对审计记录进行分类；提供按时间段开启和关闭相应类型的安全审计机制；对各类审计记录进行存储、管理和查询等。

附 录 A
（规范性附录）
安全管理中心与网络安全等级保护对象等级对应关系

安全管理中心与网络安全等级保护对象等级对应关系见表 A.1。

表 A.1 安全管理中心与网络安全等级保护对象等级对应表

安全管理中心级别	网络安全等级保护对象等级
第二级	第二级
第三级	第三级
第四级	第四级
第五级	第五级

附　录　B
（规范性附录）
安全管理中心技术要求分级表

安全管理中心技术要求分级表见表 B.1。

表 B.1　安全管理中心技术要求分级表

技术要求				第二级	第三级	第四级
功能要求	系统管理要求	用户身份管理		6.1.1.1	7.1.1.1+	8.1.1.1+
		数据保护	数据保密性	6.1.1.2.1	7.1.1.2.1+	8.1.1.2.1+
			数据完整性	6.1.1.2.2	7.1.1.2.2+	8.1.1.2.2+
			数据备份与恢复	6.1.1.2.3	7.1.1.2.3+	8.1.1.2.3+
			可信路径	—	—	8.1.1.2.4
			剩余信息保护	—	7.1.1.2.4	8.1.1.2.5
		安全事件管理	安全事件采集	6.1.1.3.1	7.1.1.3.1	8.1.1.3.1+
			安全事件告警	6.1.1.3.2	7.1.1.3.2+	8.1.1.3.2+
			安全事件响应	6.1.1.3.3	7.1.1.3.3	8.1.1.3.3+
			事件关联分析	—	7.1.1.3.4	8.1.1.3.4+
			统计分析报表	6.1.1.3.4	7.1.1.3.5	8.1.1.3.5
		风险管理	资产管理	6.1.1.4.1	7.1.1.4.1	8.1.1.4.1+
			资产业务价值评估	—	7.1.1.4.2	8.1.1.4.2
			威胁管理	6.1.1.4.2	7.1.1.4.3	8.1.1.4.3
			脆弱性管理	6.1.1.4.3	7.1.1.4.4	8.1.1.4.4+
			风险分析	6.1.1.4.4	7.1.1.4.5	8.1.1.4.5+
		资源监控	可用性监测	6.1.1.5.1	7.1.1.5.1+	8.1.1.5.1+
			网络拓扑监测	6.1.1.5.2	7.1.1.5.2+	8.1.1.5.2+
	安全管理要求	安全标记		—	7.1.2.1	8.1.2.1+
		授权管理		—	7.1.2.2	8.1.2.2+
		设备策略管理	安全配置策略	—	7.1.2.3.1	8.1.2.3.1+
			入侵防御	—	7.1.2.3.2	8.1.2.3.2+
			恶意代码防范	—	7.1.2.3.3	8.1.2.3.3
		密码保障		—	7.1.2.4	8.1.2.4+
	审计管理要求	审计策略集中管理		6.1.2.1	7.1.3.1	8.1.3.1+
		审计数据集中管理	审计数据采集	6.1.2.2.1	7.1.3.2.1+	8.1.3.2.1+
			审计数据采集对象	6.1.2.2.2	7.1.3.2.2+	8.1.3.2.2
			审计数据采集方式	6.1.2.2.3	7.1.3.2.3	8.1.3.2.3+
			数据采集组件要求	—	—	8.1.3.2.4
			审计数据关联分析	—	7.1.3.2.4	8.1.3.2.5+

表 B.1（续）

技术要求		第二级	第三级	第四级
接口要求	第三方插件/代理接口协议要求	6.2.1	7.2.1+	8.2.1+
	接口安全要求	6.2.2	7.2.2	8.2.2+
自身安全要求	身份鉴别	6.3.1	7.3.1+	8.3.1+
	访问控制	6.3.2	7.3.2+	8.3.2
	可信路径	—	—	8.3.3
	安全审计	6.3.3	7.3.3+	8.3.4
	剩余信息保护	—	7.3.4	8.3.5
	软件容错	6.3.4	7.3.5+	8.3.6+
	资源控制	6.3.5	7.3.6+	8.3.7
	入侵防范	6.3.6	7.3.7+	8.3.8
	数据安全	6.3.7	7.3.8+	8.3.9+
注：“—”表示不具有该项要求，“+”表示具有更高的要求。				

附 录 C
（资料性附录）
归一化安全事件属性

归一化安全事件属性见表C.1。

表C.1 归一化安全事件属性

序号	属性	描述
1	采集器IP	事件的采集器地址
2	采集器名称	事件的采集器名称
3	设备IP	产生该事件的设备地址
4	设备类型	该设备的设备类型
5	设备名称	设备名称
6	接收事件时间	事件采集时间
7	归并数量	归并事件的次数
8	事件发生时间	事件在安全设备的发生时间
9	事件类型	事件类别
10	事件名称	事件名
11	事件内容	事件原始信息
12	应用协议	事件相关的协议名
13	严重级别	事件的严重级别
14	目的IP	事件的目的地址
15	目的端口	事件的目的端口
16	目的主机名	事件目的主机名称
17	源IP	事件的源地址
18	源端口	事件的源端口
19	源主机名	事件源主机名称
20	自定义属性	用户根据需要自己定义的属性

ICS 35.040
L 80

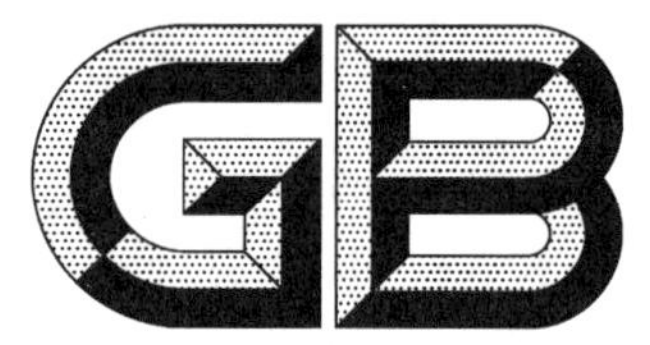

中华人民共和国国家标准

GB/T 36959—2018

信息安全技术　网络安全等级保护测评机构能力要求和评估规范

Information security technology—Capability requirements and evaluation specification for assessment organization of classified protection of cybersecurity

2018-12-28 发布　　2019-07-01 实施

国家市场监督管理总局
中国国家标准化管理委员会　发布

前　言

本标准按照 GB/T 1.1—2009 给出的规则起草。

请注意本文件的某些内容可能涉及专利。本文件的发布机构不承担识别这些专利的责任。

本标准由全国信息安全标准化技术委员会(SAC/TC 260)提出并归口。

本标准起草单位:公安部第三研究所(公安部信息安全等级保护评估中心)、公安部网络安全保卫局、中关村信息安全测评联盟。

本标准主要起草人:罗峥、李升、刘静、王宁、范春玲、马俊、张宇翔、李明、刘香、江雷、朱建平、毕马宁、沙森森。

引　言

《中华人民共和国网络安全法》第二十一条规定，国家实行网络安全等级保护制度。等级保护制度推进工作的一个重要内容是对等级保护对象开展安全测评，通过测评掌握其安全状况，为整改建设和监督管理提供依据。开展安全测评应选择符合规定条件和相应能力的测评机构，并规范化其测评活动，通过专业化技术队伍建设，最终构建起网络安全等级保护测评体系。在此背景下，为确保有效指导测评机构的能力建设，满足等级保护工作要求，特制定本标准。

网络安全等级保护测评机构能力要求参考国际、国内测评与检验检测机构能力建设与评定的相关内容，结合网络安全等级保护测评工作的特点，对网络安全等级保护测评机构的组织管理能力、测评实施能力、设施和设备安全与保障能力、质量管理能力、规范性保证能力等提出基本能力要求，为规范网络安全等级保护测评机构的建设和管理及其能力评估工作提供依据。

网络安全等级保护测评机构能力评估规范部分结合网络安全等级保护测评工作的特点，从委托受理、评估准备、文件审核、现场评估、整改验收，到评估报告提交等整个评估过程提出了规范性要求。

信息安全技术 网络安全等级保护测评机构能力要求和评估规范

1 范围

本标准规定了网络安全等级保护测评机构的能力要求和评估规范。

本标准适用于拟成为或晋级为更高级网络安全等级保护测评机构的能力建设、运营管理和资格评定等活动。

2 规范性引用文件

下列文件对于本文件的应用是必不可少的。凡是注日期的引用文件，仅注日期的版本适用于本文件。凡是不注日期的引用文件，其最新版本(包括所有的修改单)适用于本文件。

GB/T 28448 信息安全技术 信息系统安全等级保护测评要求

GB/T 28449 信息安全技术 网络安全等级保护测评过程指南

3 术语和定义

GB/T 28448 界定的以及下列术语和定义适用于本文件。

3.1

能力评估 capability evaluation

依据标准和(或)其他规范性文件，对测评机构申请单位的能力进行评审、验证和评价的过程。

3.2

评估机构 evaluation organization

对申请成为测评机构的企事业单位进行能力评估的专业技术机构。

3.3

初次评估 first-time evaluation

评估机构依据本规范和相关文件，首次对测评机构能力进行核查、验证和评价的过程。

3.4

期间评估 continuous evaluation

为已经获得推荐证书的测评机构是否持续地符合能力要求而在证书有效期内安排的定期或不定期的评估、抽查等活动。

3.5

能力复评 capability review

测评机构推荐证书有效期结束前，由评估机构对其实施全面评估以确认其是否持续符合能力要求，为延续到下一个推荐有效期提供依据的活动。

3.6

评估员 evaluator

由评估机构委派，对测评机构实施能力评估的人员。

4 测评机构能力要求

4.1 测评机构的分级

测评机构的级别代表了网络安全等级保护测评机构技术水平和业务服务能力的差异。测评机构按能力要求分为三级,级别由低到高依次是Ⅰ级、Ⅱ级和Ⅲ级,级差是通过增加新的能力要求条款或在原条款基础上提出增强要求来实现。各级能力增强要求的总结情况见附录A中表A.1。

4.2 等级测评人员的分级

测评机构从事等级测评工作的人员按能力要求分为三级,级别由低到高依次是初级、中级、高级,具体要求见附录B。

4.3 Ⅰ级测评机构能力要求

4.3.1 基本条件

测评机构应当具备以下基本条件:

a) 在中华人民共和国境内注册成立,由中国公民、法人投资或者国家投资的企事业单位;
b) 产权关系明晰,注册资金500万元以上,独立经营核算,无违法违规记录;
c) 从事网络安全服务两年以上,具备一定的网络安全检测评估能力;
d) 法定代表人、主要负责人、测评人员仅限中华人民共和国境内的中国公民,且无犯罪记录;
e) 具有网络安全相关工作经历的技术和管理人员不少于15人,专职渗透测试人员不少于2人,岗位职责清晰,且人员相对稳定;
f) 具有固定的办公场所,配备满足测评业务需要的检测评估工具、实验环境等;
g) 具有完备的安全保密管理、项目管理、质量管理、人员管理、档案管理和培训教育等规章制度;
h) 不涉及网络安全产品开发、销售或信息系统安全集成等可能影响测评结果公正性的业务(自用除外);
i) 应具备的其他条件。

4.3.2 组织管理能力

4.3.2.1 测评机构管理者应掌握等级保护政策文件,熟悉相关的标准规范。

4.3.2.2 测评机构应按一定方式组织并设立相关部门,明确其职责、权限和相互关系,保证各项工作的有序开展。

4.3.2.3 测评机构应具有胜任等级测评工作的专业技术人员和管理人员,大学本科(含)以上学历所占比例不低于70%。

4.3.2.4 测评机构应设置满足等级测评工作需要的岗位,如测评技术员、测评项目组长、技术主管、质量主管、保密安全员、设备管理员和档案管理员等,岗位职责明确,人员稳定。

4.3.2.5 测评机构应制定完善的规章制度,包括但不限于以下内容:

a) 项目管理制度

测评机构应依据GB/T 28449制定完备的、符合自身特点的测评项目管理程序,主要应包括测评工作的组织形式、工作职责,测评各阶段的工作内容和管理要求等。

b) 设备管理制度

应包括机构人员在仪器设备(含测评设备和工具)管理中的相关职责、仪器设备的购置、使用和运行维护的各项规定等。

c) 文档管理制度

应包括机构人员在测评文档(含电子文档)管理中的相关职责、档案借阅、保管直至销毁的各项规定等。

d) 人员管理制度

应包括人员录用、考核、日常管理以及离职等方面的内容和要求。

e) 培训教育制度

应包括培训计划的制定、培训工作的实施、培训的考核与上岗以及人员培训档案建立等内容和要求。

f) 申诉、投诉及争议处理制度

应明确包括测评机构各岗位人员在申诉、投诉和争议处理活动中相应的职责,建立从受理、确认到处置、答复等环节的完整程序。

4.3.3 测评实施能力

4.3.3.1 人员能力

4.3.3.1.1 测评机构从事等级测评工作的专业技术人员(以下简称测评人员)应具有把握国家政策,理解和掌握相关技术标准,熟悉等级测评的方法、流程和工作规范等方面的知识及能力,并有依据测评结果做出专业判断以及出具等级测评报告等任务的能力。

4.3.3.1.2 测评人员应参加由指定评估机构举办的专门培训、考试并取得等级测评师证书。等级测评人员需持证上岗。

4.3.3.1.3 测评技术员、测评项目组长和技术主管岗位人员应分别取得初、中、高级等级测评师证书,测评师数量不应少于 15 人。

4.3.3.1.4 测评人员除具备等级测评师资格外,每年应参加多种形式的测评业务和技术培训,测评师每年培训时长累计不少于 40 学时。

4.3.3.1.5 测评机构应指定一名技术主管,全面负责等级测评方面的技术工作。

4.3.3.2 测评能力

4.3.3.2.1 测评机构应通过提供案例、过程记录等资料,证明其具有从事网络安全相关工作 2 年以上的工作经验。

4.3.3.2.2 测评机构应保证在其能力范围内从事测评工作,并有足够的资源来满足测评工作要求,具体体现在以下方面:

a) 安全技术测评实施能力,包括物理和环境安全、网络和通信安全、设备和计算安全、应用和数据安全等方面测评指导书的开发、使用、维护及获取相关结果的专业判断;

b) 安全管理测评实施能力,包括安全策略和管理制度、安全管理机构和人员、安全建设管理、安全运维管理等方面测评指导书的开发、使用、维护及获取相关结果的专业判断;

c) 安全测试与分析能力,指根据实际测评要求,开发与测试相关的工作指导书,借助专用测评设备和工具,实现漏洞发现与问题分析等方面的能力;

d) 整体测评实施能力,指根据测评报告单元测评的结果记录部分、结果汇总部分和问题分析部分,从安全控制点间、层面间和区域间出发考虑,给出整体测评具体结果的能力;

e) 风险分析能力,指依据等级保护的相关规范和标准,采用风险分析的方法分析等级测评结果中存在的安全问题可能对被测评系统安全造成的影响的能力。

4.3.3.2.3 测评机构应依据测评工作流程,有计划、按步骤地开展测评工作,并保证测评活动的每个环节都得到有效的控制,具体要求如下:

a) 测评准备阶段,收集被测系统的相关资料信息,填写规范的系统调查表,全面掌握被测评系统的详细情况,为测评工作的开展打下基础。

b) 方案编制阶段,正确合理地确定测评对象、测评指标及测评内容等,并依据现行有效的技术标准、规范开发测评方案、测评指导书、测评结果记录表格等。测评方案应通过技术评审并有相关记录,测评指导书应进行版本有效性维护,且满足以下要求:

1) 符合相关的等级测评标准;

2) 提供足够详细的信息以确保测评数据获取过程的规范性和可操作性。

c) 现场测评阶段,严格执行测评方案和测评指导书中的内容和要求,并依据操作规程熟练地使用测评设备和工具,规范、准确、完整地填写测评结果记录,获取足够证据,客观、真实、科学地反映出系统的安全保护状况,测评过程应予以监督并记录。

d) 报告编制阶段,客观描述等级保护对象已采取的有效保护措施和存在的主要安全问题情况,指出等级保护对象安全保护现状与相应等级的保护要求之间的差距,分析差距可能导致被测评系统面临的风险,给出等级测评结论,形成测评报告,测评报告应依据公安行政主管部门统一制定的网络安全等级保护测评报告模版的格式和内容要求编写,测评报告应通过评审并有相关记录。

4.3.4 设施和设备安全与保障能力

4.3.4.1 测评机构应具备必要的办公环境、设备、设施和管理系统,使用的技术装备、设施原则上应当符合以下条件:

a) 产品研制、生产单位是由中国公民、法人投资或者国家投资或者控股的,在中华人民共和国境内具有独立的法人资格;

b) 产品的核心技术、关键部件具有我国自主知识产权;

c) 产品研制、生产单位及其主要业务、技术人员无犯罪记录;

d) 产品研制、生产单位声明没有故意留有或者设置漏洞、后门、木马等程序和功能;

e) 对国家安全、社会秩序、公共利益不构成危害;

f) 应配备经安全认证合格或者安全检测符合要求的网络关键设备和网络安全专用产品。

4.3.4.2 测评机构应配备满足等级测评工作需要的测评设备和工具,如 WEB 安全检测工具、恶意行为检测工具等,在测试过程中辅助发现安全问题。测评设备和工具应通过权威机构的检测并可提供检测报告。

4.3.4.3 测评机构应具备符合相关要求的机房以及必要的软、硬件设备,用于满足网络安全仿真、技术培训和模拟测试的需要。

4.3.4.4 测评机构应确保测评设备和工具运行状态良好,并通过持续更新、升级等手段保证其提供准确的测评数据。

4.3.4.5 测评设备和工具均应有正确的标识。

4.3.5 质量管理能力

4.3.5.1 管理体系建设

4.3.5.1.1 测评机构应建立、实施和维护符合等级测评工作需要的文件化的管理体系,并确保测评机构各级人员能够理解和执行。

4.3.5.1.2 测评机构应当制定相应的质量目标,不断提升自身的测评质量和管理水平。

4.3.5.1.3 测评机构应指定一名质量主管,明确其质量保证的职责。质量主管不应受可能有损工作质量的影响或利益冲突,并有权直接与测评机构最高管理层沟通。

4.3.5.2 管理体系维护

4.3.5.2.1 测评机构应保证管理体系的有效运行,发现问题及时反馈并采取纠正措施,确保其有效性。

4.3.5.2.2 测评机构应当严格遵守申诉、投诉及争议处理制度,并应记录采取的措施。

4.3.6 保证能力

4.3.6.1 公正性保证能力

4.3.6.1.1 测评机构及其测评人员应当严格执行有关管理规范和技术标准，开展客观、公正、安全的测评服务。

4.3.6.1.2 测评机构的人员应不受可能影响其测评结果的来自于商业、财务和其他方面的压力。

4.3.6.2 可靠与保密性保证能力

4.3.6.2.1 测评机构的单位法人及主要工作人员仅限于中华人民共和国境内的中国公民，且无犯罪记录。

4.3.6.2.2 测评机构应通过提供单位性质、股权结构、出资情况、法人及股东身份等信息的文件材料，证明其机构合规、产权关系明晰，资金注册达到要求(500 万元)。

4.3.6.2.3 测评机构应建立并保存工作人员的人员档案，包括人员基本信息、社会背景、工作经历、培训记录、专业资格、奖惩情况等，保障人员的稳定和可靠。

4.3.6.2.4 测评机构使用的测试设备和工具应具备全面的功能列表，且不存在功能列表之外的隐蔽功能。

4.3.6.2.5 测评机构应重视安全保密工作，指派安全保密工作的责任人。

4.3.6.2.6 测评机构应依据保密管理制度，定期对工作人员进行保密教育，测评机构和测评人员应当保守在测评活动中知悉的国家秘密、工作秘密、商业秘密、个人隐私等。

4.3.6.2.7 测评机构应明确岗位保密要求，与全体人员签订《保密责任书》，规定其应当履行的安全保密义务和承担的法律责任，并负责检查落实。

4.3.6.2.8 测评机构应采取技术和管理措施来确保等级测评相关信息的安全、保密和可控，这些信息包括但不限于：

a) 被测评单位提供的资料；
b) 等级测评活动生成的数据和记录；
c) 依据上述信息做出的分析与专业判断。

4.3.6.2.9 测评机构应借助有效的技术手段，确保等级测评相关信息的整个数据生命周期的安全和保密。

4.3.6.3 测评方法与程序的规范性

测评机构应保证与等级测评工作有关的所有工作程序、指导书、标准规范、工作表格、核查记录表等现行有效并便于测评人员获得。

4.3.6.4 测评记录的规范性

测评机构应保证测评记录内容和管理的规范性：

a) 测评记录应当清晰规范，并获得被测评方的书面确认；
b) 测评机构应具有安全保管记录的能力，所有的测评记录应保存 3 年以上。

4.3.6.5 测评报告的规范性

测评机构应保证测评报告内容和出具过程管理的规范性：

a) 测评机构应按照公安行政主管部门统一制订的网络安全等级保护测评报告模版格式出具测评报告；
b) 测评报告应包括所有测评结果、根据这些结果做出的专业判断以及理解和解释这些结果所需要的所有信息，以上信息均应正确、准确、清晰地表述；

c) 测评报告由测评项目组长作为第一编制人，技术主管(或质量主管)负责审核，机构管理者或其授权人员签发或批准；
d) 能力评估合格的测评机构应对出具的等级测评报告统一加盖测评机构能力合格专用标识并登记归档。

4.3.7 风险控制能力

4.3.7.1 测评机构应充分估计测评可能给被测系统带来的风险，风险包括但不限于以下方面：
a) 测评机构由于自身能力或资源不足造成的风险；
b) 测试验证活动可能对被测系统正常运行造成影响的风险；
c) 测试设备和工具接入可能对被测系统正常运行造成影响的风险；
d) 测评过程中可能发生的被测系统重要信息(如网络拓扑、IP 地址、业务流程、安全机制、安全隐患和有关文档等)泄漏的风险等。

4.3.7.2 测评机构应通过多种措施对上述被测系统可能面临的风险加以规避和控制。

4.3.8 可持续性发展能力

4.3.8.1 测评机构应根据自身情况制定战略规划，通过不断的投入保证测评机构的持续建设和发展。

4.3.8.2 测评机构应定期对管理体系进行评审并持续改进，不断提高管理要求。设定中、远期目标，通过目标的实现，逐步提升质量管理能力。

4.3.8.3 测评机构应根据培训制度做好培训工作，并保存培训和考核记录。

4.3.8.4 测评机构应投入专门的力量从事测评实践总结和测评技术研究工作，测评机构间应进行经验交流和技术研讨，保持与测评技术发展的同步性。

4.4 Ⅱ级测评机构能力要求

4.4.1 基本条件

测评机构应当具备以下基本条件：
a) 在中华人民共和国境内注册成立，由中国公民、法人投资或者国家投资的企事业单位；
b) 产权关系明晰，注册资金 1 000 万元以上，独立经营核算，无违法违规记录；
c) 从事网络安全服务两年以上，具备一定的网络安全检测评估能力；
d) 法定代表人、主要负责人、测评人员仅限中华人民共和国境内的中国公民，且无犯罪记录；
e) 具有网络安全相关工作经历的技术和管理人员不少于 30 人，专职渗透测试人员不少于 3 人，岗位职责清晰，且人员相对稳定；
f) 具有固定的办公场所，配备满足测评业务需要的检测评估工具、实验环境等；
g) 具有完备的安全保密管理、项目管理、质量管理、人员管理、档案管理和培训教育等规章制度；
h) 不涉及网络安全产品开发、销售或信息系统安全集成等可能影响测评结果公正性的业务(自用除外)；
i) 应具备的其他条件。

4.4.2 组织管理能力

4.4.2.1 测评机构管理者应掌握等级保护政策文件，熟悉相关的标准规范。

4.4.2.2 测评机构应明确设立开展等级测评业务的部门，确保测评活动的独立性。

4.4.2.3 测评机构应具有胜任等级测评工作的专业技术人员和管理人员，大学本科(含)以上学历所占比例不低于 80%。

4.4.2.4 测评机构应设置满足等级测评工作需要的岗位，如测评技术员、测评项目组长、技术主管、质量主管、保密安全员、设备管理员和档案管理员等，岗位职责明确，人员稳定，其中技术主管、质量主管应为专职人员,不得兼任。

4.4.2.5 测评机构应制定完善的规章制度,包括但不限于以下内容:

a) 保密管理制度

应根据国家有关保密规定制定保密管理制度,制度中应明确保密对象的范围、人员保密职责、测评过程保密管理各项措施与要求,以及违反保密制度的罚则等内容。

b) 项目管理制度

测评机构应依据 GB/T 28449 制定完备的、符合自身特点的测评项目管理程序,主要应包括测评工作的组织形式、工作职责,测评各阶段的工作内容和管理要求等。

c) 设备管理制度

应包括机构人员在仪器设备管理中的相关职责、仪器设备的购置、使用和维护的各项规定等。

d) 文档管理制度

应包括机构人员在文件档案管理中的相关职责、文件档案借阅、保管直至销毁的各项规定等。

e) 人员管理制度

应包括人员录用、考核、日常管理以及离职等方面的内容和要求。

f) 培训教育制度

应包括培训计划的制定、培训工作的实施、培训的考核与上岗以及人员培训档案建立等内容和要求。

g) 申诉、投诉及争议处理制度

应明确包括测评机构各岗位人员在申诉、投诉和争议处理活动中相应的职责,建立从受理、确认到处置、答复等环节的完整程序。

4.4.3 测评实施能力

4.4.3.1 人员能力

4.4.3.1.1 测评机构从事等级测评工作的专业技术人员(以下简称测评人员)应具有把握国家政策,理解和掌握相关技术标准,熟悉等级测评的方法、流程和工作规范等方面的知识及能力,并有依据测评结果做出专业判断以及出具等级测评报告等任务的能力。

4.4.3.1.2 测评人员应参加由指定评估机构举办的专门培训、考试并取得等级测评师证书。等级测评人员需持证上岗。

4.4.3.1.3 测评技术员、测评项目组长和技术主管岗位人员应分别取得初、中、高级等级测评师证书,测评师数量不应少于 30 人。

4.4.3.1.4 测评人员除具备等级测评师资格外,每年应参加多种形式的测评业务和技术培训,测评师每年培训时长累计不少于 40 学时。

4.4.3.1.5 测评机构应指定一名技术主管,全面负责等级测评方面的技术工作。测评机构技术主管应具备大学本科(含)以上学历,应在近 3 年的信息安全专业刊物上发表 2 篇及以上论文(或申请 1 项专利著作权),或主持 1 项地方(或行业)级科研课题项目。

4.4.3.2 测评能力

4.4.3.2.1 测评机构应具备每年开展等级测评的第三级(含)等级保护对象数量不应少于 30 个的实施能力。

4.4.3.2.2 测评机构应保证在其能力范围内从事测评工作,并有足够的资源来满足测评工作要求,具体体现在以下方面:

a) 安全技术测评实施能力,包括物理和环境安全、网络和通信安全、设备和计算安全、应用和数据安全等方面测评指导书的开发、使用、维护及获取相关结果的专业判断。测评指导书应覆盖目前主流产品和相关技术;

b) 安全管理测评实施能力，包括安全策略和管理制度、安全管理机构和人员、安全建设管理、安全运维管理等方面测评指导书的开发、使用、维护及获取相关结果的专业判断；
c) 安全测试与分析能力，指根据实际测评要求，开发与测试相关的工作指导书，借助专用测评设备和工具，实现漏洞发现与问题分析等方面的能力，并具备密码分析测评能力；
d) 整体测评实施能力，指根据测评报告单元测评的结果记录部分、结果汇总部分和问题分析部分，从安全控制点间、层面间和区域间出发考虑，给出整体测评的具体结果的能力；
e) 风险分析能力，指依据等级保护的相关规范和标准，建立一套统一的风险分析方法，科学合理地分析等级测评结果中存在的安全问题可能对被测评系统安全造成的影响的能力。

4.4.3.2.3 测评机构应加强信息技术在测评实施中的应用，借助自动化手段，规范测评流程，优化资源配置，减少人为因素可能造成的差错，提高测评工作的效率。

4.4.3.2.4 测评机构应建立完善的测评方法研发、维护和更新机制，持续提高自身测评技术能力。

4.4.3.2.5 测评机构应结合被测系统的行业特点和业务类型，分析普遍存在的安全问题，并提出针对性的整改建议。

4.4.3.2.6 测评机构应依据测评工作流程，有计划、按步骤地开展测评工作，并保证测评活动的每个环节都得到有效的控制，具体要求如下：

a) 测评准备阶段，收集被测系统的相关资料信息，填写规范的系统调查表，全面掌握被测评系统的详细情况，为测评工作的开展打下基础。
b) 方案编制阶段，正确合理地确定测评对象、测评指标及测评内容等，并依据现行有效的技术标准、规范开发测评方案、测评指导书、测评结果记录表格等。测评方案应通过技术评审并有相关记录，测评指导书应进行版本有效性维护，且满足以下要求：
    1) 符合相关的等级测评标准；
    2) 提供足够详细的信息以确保测评数据获取过程的规范性和可操作性。
c) 现场测评阶段，严格执行测评方案和测评指导书中的内容和要求，并依据操作规程熟练地使用测评设备和工具，规范、准确、完整地填写测评结果记录，获取足够证据，客观、真实、科学地反映出系统的安全保护状况，测评过程应予以监督并记录。
d) 报告编制阶段，客观描述等级保护对象已采取的有效保护措施和存在的主要安全问题情况，指出等级保护对象安全保护现状与相应等级的保护要求之间的差距，分析差距可能导致被测评系统面临的风险，给出等级测评结论，形成测评报告，测评报告应依据公安行政主管部门统一制定的网络安全等级保护测评报告模版的格式和内容要求编写，测评报告应通过评审并有相关记录。

4.4.4 设施和设备安全与保障能力

4.4.4.1 测评机构应具备必要的办公环境、设备、设施和管理系统，使用的技术装备、设施原则上应当符合以下条件：

a) 产品研制、生产单位是由中国公民、法人投资或者国家投资或者控股的，在中华人民共和国境内具有独立的法人资格；
b) 产品的核心技术、关键部件具有我国自主知识产权；
c) 产品研制、生产单位及其主要业务、技术人员无犯罪记录；
d) 产品研制、生产单位声明没有故意留有或者设置漏洞、后门、木马等程序和功能；
e) 对国家安全、社会秩序、公共利益不构成危害；
f) 应配备经安全认证合格或者安全检测符合要求的网络关键设备和网络安全专用产品。

4.4.4.2 测评机构应配备满足等级测评工作需要的测评设备和工具，如 WEB 安全检测工具、恶意行为检测工具、网络协议分析工具、源代码安全审计工具等，在测试过程中辅助分析并定位安全问题。测评设备和工具应通过权威机构的检测并可提供检测报告。

4.4.4.3 测评机构应具备符合相关要求的机房以及必要的软、硬件设备，应搭建由主流网络设备、安全设备、操作系统和数据库系统组成的基础环境，以满足网络仿真、技术培训和模拟测试的需要。

4.4.4.4 测评机构应确保测评设备和工具运行状态良好，并通过持续更新、升级等手段保证其提供准确的测评数据。

4.4.4.5 测评设备和工具均应有正确的标识。

4.4.4.6 测评机构应建立专门的制度，对用于测评数据处理的计算机进行有效的运行维护，并保证计算机中数据记录的完整性、可控性。

4.4.5 质量管理能力

4.4.5.1 管理体系建设

4.4.5.1.1 测评机构应建立、实施和维护符合等级测评工作需要的文件化的管理体系，并确保测评机构各级人员能够理解和执行。

4.4.5.1.2 测评机构应当制定相应的质量目标，不断提升自身的测评质量和管理水平。

4.4.5.1.3 测评机构应指定一名质量主管，明确其质量保证的职责。质量主管不应受可能有损工作质量的影响，并有权直接与测评机构最高管理层沟通。

4.4.5.2 管理体系维护

4.4.5.2.1 测评机构应保证管理体系的有效运行，发现问题及时反馈并采取纠正措施，确保其有效性。

4.4.5.2.2 测评机构应当严格遵守申诉、投诉及争议处理制度，并应记录采取的措施。

4.4.5.2.3 测评机构应建立并实施内部管理审核机制，以验证管理体系的符合性及有效性，执行审核的人员应独立于被审核部门。

4.4.5.3 质量监督能力

测评机构应指定监督员对测评活动实施质量监督。监督员应具备丰富的安全测评经验、精通安全测评技术，并能对测评结果做出权威判断。

4.4.6 保证能力

4.4.6.1 公正性保证能力

4.4.6.1.1 测评机构及其测评人员应当严格执行有关管理规范和技术标准，开展客观、公正、安全的测评服务。

4.4.6.1.2 测评机构的人员应不受可能影响其测评结果的来自于商业、财务和其他方面的压力。

4.4.6.1.3 测评机构应以公开方式，向社会公布其开展网络安全等级保护测评工作所依据的政策法规、标准和规范。

4.4.6.2 可靠与保密性保证能力

4.4.6.2.1 测评机构的单位法人及主要工作人员仅限于中华人民共和国境内的中国公民，且无犯罪记录。

4.4.6.2.2 测评机构应通过提供单位性质、股权结构、出资情况、法人及股东身份等信息的文件材料，证明其机构合规、产权关系明晰，资金注册达到要求。

4.4.6.2.3 测评机构应建立并保存工作人员的人员档案，包括人员基本信息、社会背景、工作经历、培训记录、专业资格、奖惩情况等，保障人员的稳定和可靠。

4.4.6.2.4 测评机构使用的测试设备和工具应具备全面的功能列表，且不存在功能列表之外的隐蔽功能。

4.4.6.2.5 测评机构应重视安全保密工作，指派安全保密工作的责任人。

4.4.6.2.6 测评机构应依据保密管理制度，定期对工作人员进行保密教育，测评机构和测评人员应当保守在测评活动中知悉的国家秘密、工作秘密、商业秘密、个人隐私等。

4.4.6.2.7 测评机构应明确岗位保密要求，与全体人员签订《保密责任书》，规定其应当履行的安全保密义务和承担的法律责任，并负责检查落实。

4.4.6.2.8 测评机构应采取技术和管理措施来确保等级测评相关信息的安全、保密和可控，这些信息包括但不限于：

a) 被测评单位提供的资料；

b) 等级测评活动生成的数据和记录；

c) 依据上述信息做出的分析与专业判断。

4.4.6.2.9 测评机构应借助有效的技术手段，确保等级测评相关信息的整个数据生命周期的安全和保密。

4.4.6.2.10 测评机构应建立专门的文档存储场所和数据加密环境，严格管理测评相关数据信息。

4.4.6.3 测评方法与程序的保证能力

4.4.6.3.1 测评机构应制定程序，保证与等级测评工作相关的所有工作程序、指导书、标准规范、工作表格、核查记录表等现行有效并便于测评人员获得。

4.4.6.3.2 上述文件的发布实施应履行统一的审批程序，文件的变更和修订应有授权并及时进行版本维护。

4.4.6.4 测评记录的规范性

测评机构应保证测评记录内容和管理的规范性：

a) 测评记录应当清晰规范，并获得被测评方的书面确认。

b) 应对所有通过计算机记录或生成的数据的转移、复制和传送进行核查，以确保其准确性和完整性。

c) 测评机构应具有安全保管记录的能力，所有的测评记录应保存三年以上。

4.4.6.5 测评报告的规范性

测评机构应保证测评报告内容和出具过程管理的规范性：

a) 测评机构应按照公安行政主管部门统一制定的网络安全等级保护测评报告模版格式出具测评报告。

b) 测评报告应包括所有测评结果、根据这些结果做出的专业判断以及理解和解释这些结果所需要的所有信息，以上信息均应正确、准确、清晰地表述。

c) 测评报告由测评项目组长作为第一编制人，技术主管(或质量主管)负责审核，机构管理者或其授权人员签发或批准。

d) 能力评估合格的测评机构应对出具的等级测评报告统一加盖测评机构能力合格专用标识并登记归档。

4.4.6.6 安全管理能力

测评机构应重视自身的安全，通过部署安全措施提高安全管理能力。

4.4.7 风险控制能力

4.4.7.1 测评机构应充分估计测评可能给被测系统带来的风险，风险包括但不限于以下方面：

a) 测评机构由于自身能力或资源不足造成的风险；

b) 测试验证活动可能对被测系统正常运行造成影响的风险；
c) 测试设备和工具接入可能对被测系统正常运行造成影响的风险；
d) 测评过程中可能发生的被测系统重要信息(如网络拓扑、IP 地址、业务流程、安全机制、安全隐患和有关文档等)泄漏的风险等。

4.4.7.2 测评机构应通过多种措施对上述被测系统可能面临的风险加以规避和控制。

4.4.8 可持续性发展能力

4.4.8.1 测评机构应根据自身情况制定战略规划，通过不断的投入保证测评机构的持续建设和发展。

4.4.8.2 测评机构应定期对管理体系进行评审并持续改进，不断提高管理要求。设定中、远期目标(如获得相应管理体系认定资质)，通过目标的实现，逐步提升质量管理能力。

4.4.8.3 测评机构应制定并实施完善的培训制度，以确保其人员在专业技术和管理方面持续满足等级测评工作的需要。除常规培训外，应根据人员的工作岗位需求，制定详细和有针对性的培训计划，并进行岗位培训、考核和评定。

4.4.8.4 测评机构应投入专门的力量从事测评实践总结和测评技术研究工作，测评机构间应进行经验交流和技术研讨，保持与测评技术发展的同步性。

4.5 Ⅲ级测评机构能力要求

4.5.1 基本条件

网络安全等级保护测评机构(以下简称测评机构)应具备以下基本条件：

a) 在中华人民共和国境内注册成立，由中国公民、法人投资或者国家投资的企事业单位；
b) 产权关系明晰，注册资金 1 000 万元以上，独立经营核算，无违法违规记录；
c) 从事网络安全服务两年以上，具备一定的网络安全检测评估能力；
d) 法定代表人、主要负责人、测评人员仅限中华人民共和国境内的中国公民，且无犯罪记录；
e) 具有网络安全相关工作经历的技术和管理人员不少于 50 人，专职渗透测试人员不少于 5 人，岗位职责清晰，且人员相对稳定；
f) 具有固定的办公场所，配备满足测评业务需要的检测评估工具、实验环境等；
g) 具有完备的安全保密管理、项目管理、质量管理、人员管理、档案管理和培训教育等规章制度；
h) 不涉及网络安全产品开发、销售或信息系统安全集成等可能影响测评结果公正性的业务(自用除外)；
i) 应具备的其他条件。

4.5.2 组织管理能力

4.5.2.1 测评机构管理者应掌握等级保护政策文件，熟悉相关的标准规范。

4.5.2.2 测评机构应明确设立开展等级测评业务的部门，确保测评活动的独立性。

4.5.2.3 测评机构应具有胜任等级测评工作的专业技术人员和管理人员，大学本科(含)以上学历所占比例不低于 90%。

4.5.2.4 测评机构应设置满足等级测评工作需要的岗位，如测评技术员、测评项目组长、技术主管、质量主管、保密安全员、设备管理员和档案管理员等，上述岗位应为专职人员，不得兼任。

4.5.2.5 测评机构应制定完善的规章制度，包括但不限于以下内容：

a) 保密管理制度

应根据国家有关保密规定制定保密管理制度，制度中应明确保密对象的范围、人员保密职责、测评过程保密管理各项措施与要求，以及违反保密制度的罚则等内容。

b) 项目管理制度

测评机构应依据 GB/T 28449 制定完备的、符合自身特点的测评项目管理程序，主要应包括测评工作的组织形式、工作职责，测评各阶段的工作内容和管理要求等。

c) 设备管理制度

应包括机构人员在仪器设备(含测评设备和工具)管理中的相关职责、仪器设备的购置、使用和运行维护的各项规定等。

d) 文档管理制度

应包括机构人员在测评文档(含电子文档)管理中的相关职责、档案借阅、保管直至销毁的各项规定等。

e) 人员管理制度

应包括人员录用、考核、日常管理以及离职等方面的内容和要求。

f) 培训教育制度

应包括培训计划的制定、培训工作的实施、培训的考核与上岗以及人员培训档案建立等内容和要求。

g) 申诉、投诉及争议处理制度

应明确包括测评机构各岗位人员在申诉、投诉和争议处理活动中相应的职责，建立从受理、确认到处置、答复等环节的完整程序。

4.5.3 测评实施能力

4.5.3.1 人员能力

4.5.3.1.1 测评机构从事等级测评工作的专业技术人员(以下简称测评人员)应具有把握国家政策，理解和掌握相关技术标准，熟悉等级测评的方法、流程和工作规范等方面的知识及能力，并有依据测评结果做出专业判断以及出具等级测评报告等任务的能力。

4.5.3.1.2 测评人员应参加由指定评估机构举办的专门培训、考试并取得等级测评师证书。等级测评人员需持证上岗。

4.5.3.1.3 测评技术员、测评项目组长和技术主管岗位人员应分别取得初、中、高级等级测评师证书，测评师数量不应少于 50 人。

4.5.3.1.4 测评人员除具备等级测评师资格外，每年应参加多种形式的测评业务和技术培训，测评师每年培训时长累计不少于 60 学时。

4.5.3.1.5 测评机构应指定一名技术主管，全面负责等级测评方面的技术工作。测评机构技术主管应具备大学本科(含)以上学历，应在近 3 年的信息安全专业刊物上发表 5 篇及以上论文(或申请 1 项专利著作权)，或主持 1 项国家(或部委)级科研课题项目。

4.5.3.2 测评能力

4.5.3.2.1 测评机构应具备每年开展等级测评的第三级(含)等级保护对象数量不应少于 80 个的实施能力。

4.5.3.2.2 测评机构应保证在其能力范围内从事测评工作，并有足够的资源来满足测评工作要求，具体体现在以下方面：

a) 安全技术测评实施能力，包括物理和环境安全、网络和通信安全、设备和计算安全、应用和数据安全等方面测评指导书的开发、使用、维护及获取相关结果的专业判断。测评指导书应覆盖目前主流产品和相关技术；
b) 安全管理测评实施能力，包括安全策略和管理制度、安全管理机构和人员、安全建设管理、安全运维管理等方面测评指导书的开发、使用、维护及获取相关结果的专业判断；
c) 安全测试与分析验证能力，指根据实际测评要求，开发与测试相关的工作指导书，借助专用测评设备和工具，实现漏洞发现、问题分析与验证等方面的能力，并具备密码分析测评能力；
d) 整体测评实施能力，指根据测评报告单元测评的结果记录部分、结果汇总部分和问题分析部分，从安全控制点间、层面间和区域间出发考虑，给出整体测评的具体结果的能力；

e） 风险分析能力，指依据等级保护的相关规范和标准，建立一套统一的风险分析方法，科学合理地分析等级测评结果中存在的安全问题可能对被测评系统安全造成的影响的能力。

4.5.3.2.3 测评机构应建立信息化平台，通过数据采集、处理和报告自动化生成等功能，提高测评工作效率和规模化实施能力。

4.5.3.2.4 测评机构应建立完善的测评方法研发、维护和更新机制，持续提高自身测评技术能力。

4.5.3.2.5 测评机构应针对被测系统的行业特点开展安全状况分析，通过对安全问题的深入分析，提出全面的建设整改解决方案。

4.5.3.2.6 测评机构应依据测评工作流程有计划、按步骤地开展测评工作，并保证测评活动的每个环节都得到有效的控制，具体要求如下：

a） 测评准备阶段，收集被测系统的相关资料信息，填写规范的系统调查表，全面掌握被测评系统的详细情况，为测评工作的开展打下基础；

b） 方案编制阶段，正确合理地确定测评对象、测评指标及测评内容等，并依据现行有效的技术标准、规范开发测评方案、测评指导书、测评结果记录表格等。测评方案应通过技术评审并有相关记录，测评指导书应进行版本有效性维护，且满足以下要求：

  1） 符合相关的等级测评标准；

  2） 提供足够详细的信息以确保测评数据获取过程的规范性和可操作性。

c） 现场测评阶段，严格执行测评方案和测评指导书中的内容和要求，并依据操作规程熟练地使用测评设备和工具，规范、准确、完整地填写测评结果记录，获取足够证据，客观、真实、科学地反映出系统的安全保护状况，测评过程应予以监督并记录；

d） 报告编制阶段，客观描述等级保护对象已采取的有效保护措施和存在的主要安全问题情况，指出等级保护对象安全保护现状与相应等级的保护要求之间的差距，分析差距可能导致被测评系统面临的风险，给出等级测评结论，形成测评报告，测评报告应依据公安行政主管部门统一制定的网络安全等级保护测评报告模版的格式和内容要求编写，测评报告应通过评审并有相关记录。

4.5.4 设施和设备安全与保障能力

4.5.4.1 测评机构应具备完善的办公环境、设备、设施和管理系统，使用的技术装备、设施原则上应当符合以下条件：

a） 产品研制、生产单位是由中国公民、法人投资或者国家投资或者控股的，在中华人民共和国境内具有独立的法人资格；

b） 产品的核心技术、关键部件具有我国自主知识产权；

c） 产品研制、生产单位及其主要业务、技术人员无犯罪记录；

d） 产品研制、生产单位声明没有故意留有或者设置漏洞、后门、木马等程序和功能；

e） 对国家安全、社会秩序、公共利益不构成危害；

f） 应配备经安全认证合格或者安全检测符合要求的网络关键设备和网络安全专用产品。

4.5.4.2 测评机构应配备满足等级测评工作需要的测评设备和工具，如 WEB 安全检测工具、恶意行为检测工具、网络协议分析工具、源代码安全审计工具、渗透测试工具等，在测试过程中辅助验证安全问题。测评设备和工具应通过权威机构的检测并可提供检测报告。

4.5.4.3 测评机构应具备符合相关要求的机房以及必要的软、硬件设备，应搭建由主流网络设备、安全设备、操作系统和数据库系统组成的基础环境，并能针对新技术新应用进行实验部署，以满足网络仿真、技术培训和模拟测试的需要。

4.5.4.4 测评机构应确保测评设备和工具运行状态良好，并通过持续更新、升级等手段保证其提供准确的测评数据。

4.5.4.5 测评设备和工具均应有正确的标识。

4.5.4.6 测评机构应建立专门的制度，对用于测评数据处理的计算机进行有效的运行维护，并保证计算机中数据记录的完整性、可控性。

4.5.5 质量管理能力

4.5.5.1 管理体系建设

4.5.5.1.1 测评机构应建立、实施和维护符合等级测评工作需要的文件化的管理体系，并确保测评机构各级人员能够理解和执行。必要时可申请获得相关领域管理体系认定资质。

4.5.5.1.2 测评机构应制定相应的质量目标，不断提升自身的测评质量和管理水平。

4.5.5.1.3 测评机构应指定一名质量主管，明确其质量保证的职责。质量主管不应受可能有损工作质量的影响，并有权直接与测评机构最高管理层沟通。

4.5.5.2 管理体系维护

4.5.5.2.1 测评机构应保证管理体系的有效运行，发现问题及时反馈并采取纠正措施，确保其有效性。

4.5.5.2.2 测评机构应当严格遵守申诉、投诉及争议处理制度，并应记录采取的措施。

4.5.5.2.3 测评机构应建立并实施内部管理体系审核和反馈处理机制，以验证管理体系的符合性及有效性，确保在管理体系运行过程中发现的问题及时得到解决。执行审核的人员应独立于被审核部门。

4.5.5.3 质量监督能力

测评机构应指定监督员对全体测评技术人员开展监督，监督内容包括现场测评活动、测评过程规范性和测评结论的准确性等。

4.5.6 规范性保证能力

4.5.6.1 公正性保证能力

4.5.6.1.1 测评机构及其测评人员应当严格执行有关管理规范和技术标准，开展客观、公正、安全的测评服务。

4.5.6.1.2 测评机构的人员应不受可能影响其测评结果的来自于商业、财务和其他方面的压力。

4.5.6.1.3 测评机构应以公开方式，向社会公布其开展网络安全等级保护测评工作所依据的政策法规、标准和规范。

4.5.6.2 可靠与保密性保证能力

4.5.6.2.1 测评机构的单位法人及主要工作人员仅限于中华人民共和国境内的中国公民，且无犯罪记录。

4.5.6.2.2 测评机构应通过提供单位性质、股权结构、出资情况、法人及股东身份等信息的文件材料，证明其机构合规、产权关系明晰，资金注册达到要求。

4.5.6.2.3 测评机构应建立并保存工作人员的人员档案，包括人员基本信息、社会背景、工作经历、培训记录、专业资格、奖惩情况等，保障人员的稳定和可靠。

4.5.6.2.4 测评机构使用的测试设备和工具应具备全面的功能列表，且不存在功能列表之外的隐蔽功能。

4.5.6.2.5 测评机构应重视安全保密工作，指派安全保密工作的责任人。

4.5.6.2.6 测评机构应依据保密管理制度，定期对工作人员进行保密教育，测评机构和测评人员应当保守在测评活动中知悉的国家秘密、工作秘密、商业秘密、个人隐私等。

4.5.6.2.7 测评机构应明确岗位保密要求，与全体人员签订《保密责任书》，规定其应当履行的安全保密义务和承担的法律责任，并负责检查落实。

4.5.6.2.8 测评机构应采取技术和管理措施来确保等级测评相关信息的安全、保密和可控，这些信息包括但不限于：

a) 被测评单位提供的资料；

b) 等级测评活动生成的数据和记录；

c) 依据上述信息做出的分析与专业判断。

4.5.6.2.9 测评机构应借助有效的技术手段，确保等级测评相关信息的整个数据生命周期的安全和保密。

4.5.6.2.10 测评机构应建立专门的文档存储场所和数据加密环境，严格管理测评相关数据信息。

4.5.6.3 测评方法与程序的规范性

4.5.6.3.1 测评机构应制定程序，保证与等级测评工作相关的所有工作程序、指导书、标准规范、工作表格、核查记录表等现行有效并便于测评人员获得。

4.5.6.3.2 上述文件的发布实施应履行统一的审批程序，文件的变更和修订应有授权并及时进行版本维护。

4.5.6.4 测评记录的规范性

测评机构应保证测评记录内容和管理的规范性：

a) 测评记录应当清晰规范，并获得被测评方的书面确认。

b) 应对所有通过计算机记录或生成的数据的转移、复制和传送进行核查，以确保其准确性和完整性。

c) 测评机构应具有安全保管记录的能力，所有的测评记录应保存 3 年以上。

4.5.6.5 测评报告的规范性

测评机构应保证测评报告内容和出具过程管理的规范性：

a) 测评机构应按照公安行政主管部门统一制定的网络安全等级保护测评报告模版格式出具测评报告。

b) 测评报告应包括所有测评结果、根据这些结果做出的专业判断以及理解和解释这些结果所需要的所有信息，以上信息均应正确、准确、清晰地表述。

c) 测评报告由测评项目组长作为第一编制人，技术主管(或质量主管)负责审核，机构管理者或其授权人员签发或批准。

d) 能力评估合格的测评机构应对出具的等级测评报告统一加盖测评机构能力合格专用标识并登记归档。

4.5.6.6 安全管理能力

测评机构应当制定安全方针和目标，并在其指导下建立、实施和维护符合自身等级测评工作要求的安全管理体系，并确保体系的有效运行。

4.5.7 风险控制能力

4.5.7.1 测评机构应充分估计测评可能给被测系统带来的风险，风险包括但不限于以下方面：

a) 测评机构由于自身能力或资源不足造成的风险；

b) 测试验证活动可能对被测系统正常运行造成影响的风险；

c) 测试设备和工具接入可能对被测系统正常运行造成影响的风险；

d) 测评过程中可能发生的被测系统重要信息(如网络拓扑、IP 地址、业务流程、安全机制、安全隐患和有关文档等)泄漏的风险等。

4.5.7.2 测评机构应通过多种措施对上述被测系统可能面临的风险加以规避和控制。

4.5.8 可持续性发展能力

4.5.8.1 测评机构应根据自身情况制定战略规划,通过不断的投入保证测评机构的持续建设和发展。

4.5.8.2 测评机构应定期对管理体系进行评审并持续改进,不断提高管理要求。设定中、远期目标(如获得相应管理体系认定资质),通过目标的实现,逐步提升质量管理能力。

4.5.8.3 测评机构应实施完善的培训制度,以确保其人员在专业技术和管理方面持续满足等级测评工作的需要。除常规培训外,应根据人员的工作岗位需求,制定详细和有针对性的培训计划,并进行岗位培训、考核和评定。

4.5.8.4 测评机构应跟踪国内外新技术、新应用的发展,通过专项课题研究和实践确保技术能力与当前的技术发展同步。

4.6 测评机构行为规范性要求

测评机构不得从事下列活动:

a) 影响被测评等级保护对象正常运行,危害被测评等级保护对象安全;
b) 泄露知悉的被测评单位及被测等级保护对象的国家秘密和工作秘密;
c) 故意隐瞒测评过程中发现的安全问题,或者在测评过程中弄虚作假,未如实出具等级测评报告;
d) 未按规定格式出具等级测评报告;
e) 非授权占有、使用等级测评相关资料及数据文件;
f) 分包或转包等级测评项目;
g) 信息安全产品(专用测评设备和工具以外)开发、销售和网络安全集成;
h) 限定被测评单位购买、使用其指定的信息安全产品;
i) 其他危害国家安全、社会秩序、公共利益以及被测单位利益的活动。

5 测评机构能力评估

5.1 评估流程

如图1所示,初次评估流程包括委托受理阶段、评估准备阶段、审核阶段、现场评估阶段、整改阶段和报告编制阶段。

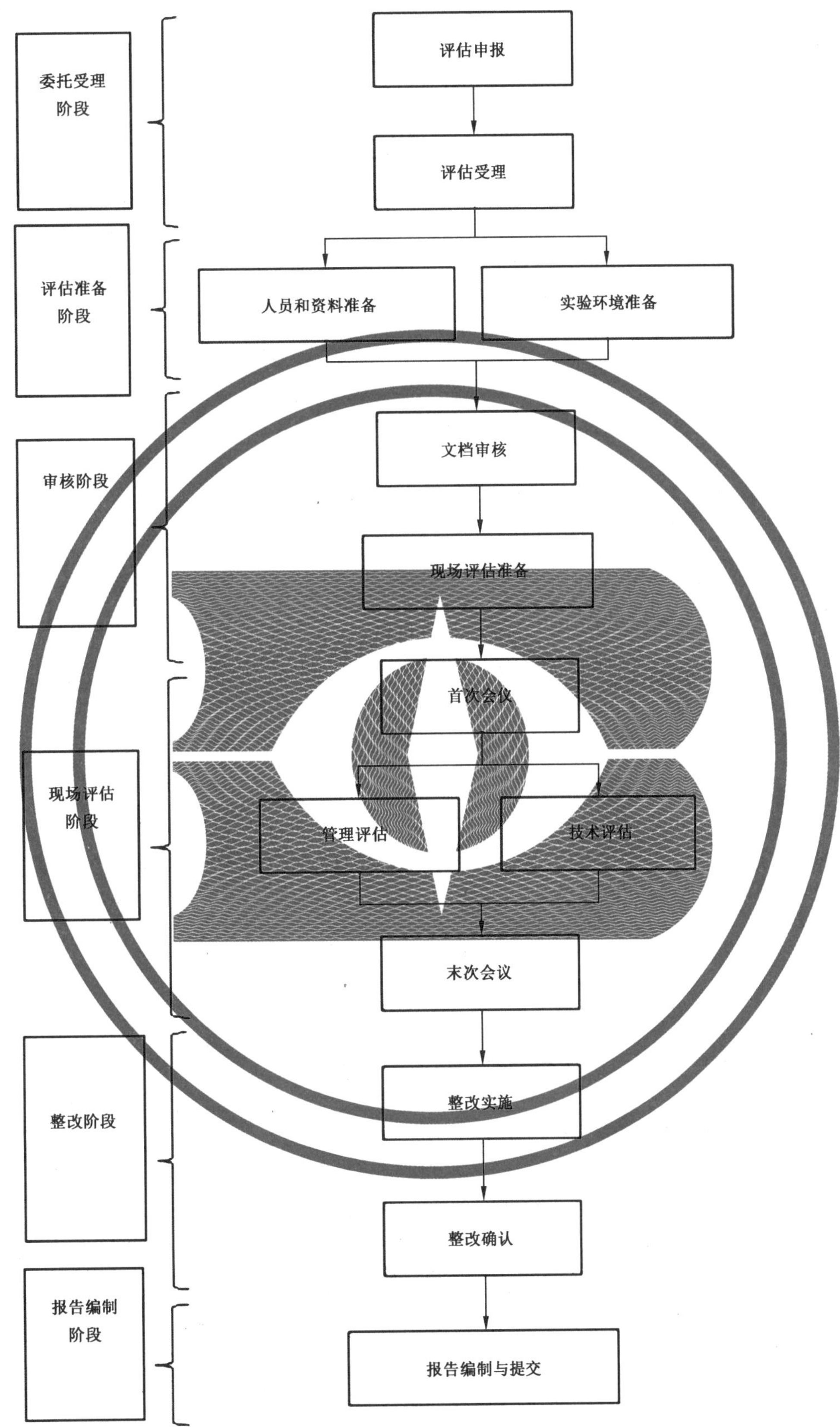
委托受理
阶段
评估申报
评估受理
评估准备
阶段
人员和资料准备
实验环境准备
审核阶段
文档审核
现场评估准备
现场评估
阶段
首次会议
管理评估
技术评估
末次会议
整改阶段
整改实施
整改确认
报告编制
阶段
报告编制与提交

图1　初次评估流程图

5.2 初次评估

5.2.1 委托受理阶段

5.2.1.1 评估申报

测评机构向评估机构提交能力评估申报材料。

5.2.1.2 评估受理

评估机构指定评估员受理测评机构的申请。评估员在确定能力评估申报材料齐全、内容符合要求后，评估机构给予受理确认。

5.2.2 评估准备阶段

5.2.2.1 人员和资料准备

测评机构根据第4章的测评机构能力要求，逐项对照，准备资料，接受现场能力评估的相关管理人员和专业技术人员做好配合准备工作。

5.2.2.2 实验环境准备

测评机构应建设测评能力见证实验环境，并依据等级保护相关技术标准，选取关键测评指标搭建模拟系统，并应制定等级测评能力见证相关的技术文档，包括系统调查表、测评指导书、现场测评记录表和测评相关监督和管理记录等。

5.2.3 审核阶段

5.2.3.1 文档审核

测评机构将管理体系、管理制度、测评指导书、模拟环境的网络拓扑图、测评方案和测评计划提交评估机构，提出现场评估申请。评估员对照本标准第4章测评机构能力要求，查看文档是否齐全，若满足，则出具能力评估通知。

5.2.3.2 现场评估准备

评估机构选择满足专业要求、数量适当的评估员组成评估组，评估组指定一名组长，总体负责评估活动。评估组根据现场评估时间和地点制定评估计划。

5.2.4 现场评估阶段

5.2.4.1 首次会议

评估组到达现场后，应以首次会议开始现场评估，首次会议上应明确评估目的、评估计划和注意事项，明确评估组人员分工和主要工作内容。

5.2.4.2 管理评估

评估员对测评机构管理能力相关的文档进行审核，对测评机构相关岗位人员进行访谈，根据审核情况填写能力评估管理核查表，并出具管理部分的不符合项记录。

5.2.4.3 技术评估

评估员对测评机构技术能力相关文档进行审核，对测评机构技术能力进行现场见证，根据审核情况填写能力评估技术核查表，并出具技术部分的不符合项记录。

5.2.4.4 末次会议

评估组应以末次会议结束现场评估，末次会议应总结现场评估情况和发现的问题，如对发现的问题有异议，测评机构可以在现场进行申诉或者补充证明材料，最终审核结果应得到双方确认。

5.2.5 整改阶段

5.2.5.1 整改实施

测评机构根据不符合项记录实施整改工作，并向评估组提交整改报告及相应证明资料作为工作有效性的证据。

5.2.5.2 整改确认

评估组应分别从管理和技术两方面对测评机构提交的整改报告进行确认，整改内容不能满足要求的，则反馈测评机构对整改报告的修改意见，如需进行现场验证时，测评机构应予以配合。

5.2.6 报告编制阶段

评估组根据能力评估管理核查表、能力评估技术核查表、现场验证记录、不符合项记录和整改报告，编制完成能力评估报告。

5.3 期间评估

为已经获得推荐证书的测评机构是否持续地符合能力要求而在证书有效期内安排的定期或不定期的评估、抽查等活动。

5.4 能力复评

测评机构获得测评机构推荐证书后，应保证测评质量和技术能力始终符合测评机构能力要求。推荐满 3 年应对测评机构进行能力复评，能力复评的工作流程应与初次评估的评估流程一致，评估内容应该是第 4 章测评机构能力要求的全部内容。

附 录 A
（规范性附录）
网络安全等级保护测评机构能力增强要求各级总结情况一览表

各级能力增强要求的总结情况见表A.1。

表A.1 网络安全等级保护测评机构能力增强要求各级总结情况一览表

序号	机构条件和能力	Ⅰ级机构要求	Ⅱ级机构要求	Ⅲ级机构要求
1	基本条件	4.3.1 b）产权关系明晰，注册资金500万元以上	4.4.1 b）产权关系明晰，注册资金1 000万元以上	4.5.1 b）同Ⅱ级机构要求
2		4.3.1 e）具有网络安全相关工作经历的技术和管理人员不少于15人，专职渗透测试人员不少于2人	4.4.1 e）具有网络安全相关工作经历的技术和管理人员不少于30人，专职渗透测试人员不少于3人	4.5.1 e）具有网络安全相关工作经历的技术和管理人员不少于50人，专职渗透测试人员不少于5人
3	组织管理能力	4.3.2.2 测评机构应按一定方式组织并设立相关部门，明确其职责、权限和相互关系，保证各项工作的有序开展	4.4.2.2 测评机构应明确设立开展等级测评业务的部门，确保测评活动的独立性	4.5.2.2 同Ⅱ级机构要求
4		4.3.2.3 测评机构应具有胜任等级测评工作的专业技术人员和管理人员，大学本科(含)以上学历所占比例不低于70%	4.4.2.3 测评机构应具有胜任等级测评工作的专业技术人员和管理人员，大学本科(含)以上学历所占比例不低于80%	4.5.2.3 测评机构应具有胜任等级测评工作的专业技术人员和管理人员，大学本科(含)以上学历所占比例不低于90%
5		4.3.2.4 测评机构应设置满足等级测评工作需要的岗位，如测评技术员、测评项目组长、技术主管、质量主管、保密安全员、设备管理员和档案管理员等，岗位职责明确，人员稳定	4.4.2.4 测评机构应设置满足等级测评工作需要的岗位，如测评技术员、测评项目组长、技术主管、质量主管、保密安全员、设备管理员和档案管理员等，岗位职责明确，人员稳定，其中技术主管、质量主管应为专职人员，不得兼任	4.5.2.4 评机构应设置满足等级测评工作需要的岗位，如测评技术员、测评项目组长、技术主管、质量主管、保密安全员、设备管理员和档案管理员等，上述岗位应为专职人员，不得兼任
6	测评实施能力	4.3.3.1.3 测评技术员、测评项目组长和技术主管岗位人员应分别取得初、中、高级等级测评师证书，测评师数量不应少于15人	4.4.3.1.3 测评技术员、测评项目组长和技术主管岗位人员应分别取得初、中、高级等级测评师证书，测评师数量不应少于30人	4.5.3.1.3 测评技术员、测评项目组长和技术主管岗位人员应分别取得初、中、高级等级测评师证书，测评师数量不应少于50人
7		4.3.3.1.4 测评人员除具备等级测评师资格外，每年应参加多种形式的测评业务和技术培训，测评师每年培训时长累计不少于40学时	4.4.3.1.4 同Ⅰ级机构要求	4.5.3.1.4 测评人员除具备等级测评师资格外，每年应参加多种形式的测评业务和技术培训，测评师每年培训时长累计不少于60学时

表 A.1（续）

序号	机构条件和能力	Ⅰ级机构要求	Ⅱ级机构要求	Ⅲ级机构要求
8		4.3.3.1.5 测评机构应指定一名技术主管，全面负责等级测评方面的技术工作	4.4.3.1.5 测评机构应指定一名技术主管，全面负责等级测评方面的技术工作。测评机构技术主管应具备大学本科（含）以上学历，应在近 3 年的信息安全专业刊物上发表 2 篇以上论文（或申请 1 项专利著作权），或主持 1 项地方（或行业）级科研课题项目	4.5.3.1.5 测评机构应指定一名技术主管，全面负责等级测评方面的技术工作。测评机构技术主管应具备大学本科（含）以上学历，应在近 3 年的信息安全专业刊物上发表 5 篇以上论文（或申请 1 项专利著作权），或主持 1 项国家（或部委）级科研课题项目
9		4.3.3.2.1 测评机构应通过提供案例、过程记录等资料，证明其具有从事网络安全检测评估相关工作 2 年以上的工作经验	4.4.3.2.1 测评机构应具备每年开展等级测评的第三级（含）等级保护对象数量不应少于 30 个的实施能力	4.5.3.2.1 测评机构应具备每年开展等级测评的第三级（含）等级保护对象数量不应少于 80 个的实施能力
10	测评实施能力	4.3.3.2.2 a) 安全技术测评实施能力，包括物理和环境安全、网络和通信安全、设备和计算安全、应用和数据安全等方面测评指导书的开发、使用、维护及获取相关结果的专业判断	4.4.3.2.2 a) 安全技术测评实施能力，包括物理和环境安全、网络和通信安全、设备和计算安全、应用和数据安全等方面测评指导书的开发、使用、维护及获取相关结果的专业判断。测评指导书应覆盖目前主流产品和相关技术	4.5.3.2.2 a) 同Ⅱ级机构要求
11		4.3.3.2.2 c) 安全测试与分析能力，指根据实际测评要求，开发与测试相关的工作指导书，借助专用测评设备和工具，实现漏洞发现与问题分析等方面能力	4.4.3.2.2 c) 安全测试与分析能力，指根据实际测评要求，开发与测试相关的工作指导书，借助专用测评设备和工具，实现漏洞发现与问题分析等方面的能力，并具备密码分析测评能力	4.5.3.2.2c) 安全测试与分析验证能力，指根据实际测评要求，开发与测试相关的工作指导书，借助专用测评设备和工具，实现漏洞发现、问题分析与验证等方面的能力，并具备密码分析测评能力
		4.3.3.2.2 e) 风险分析能力，指依据等级保护的相关规范和标准，采用风险分析的方法分析等级测评结果中存在的安全问题可能对被测评系统安全造成的影响的能力	4.4.3.2.2 e) 风险分析能力，指依据等级保护的相关规范和标准，建立一套统一的风险分析方法，科学合理地分析等级测评结果中存在的安全问题可能对被测评系统安全造成的影响的能力	4.5.3.2.2 e) 同Ⅱ级机构要求
12		无要求	4.4.3.2.3 测评机构应加强信息技术在测评实施中的应用，借助自动化手段，规范测评流程，优化资源配置，减少人为因素可能造成的差错，提高测评工作的效率	4.5.3.2.3 测评机构应建立信息化平台，通过数据采集、处理和报告自动化生成等功能，提高测评工作效率和规模化实施能力

表 A.1（续）

序号	机构条件和能力	Ⅰ级机构要求	Ⅱ级机构要求	Ⅲ级机构要求
13	测评实施能力	无要求	4.4.3.2.4 测评机构应建立完善的测评方法研发、维护和更新机制，持续提高自身测评技术能力	4.5.3.2.4 同Ⅱ级机构要求
14		无要求	4.4.3.2.5 测评机构应结合被测系统的行业特点和业务类型，分析普遍存在的安全问题，并提出针对性的整改建议	4.5.3.2.5 测评机构应针对被测系统的行业特点开展安全状况分析，通过对安全问题的深入分析，提出全面的建设整改解决方案
15	设施和设备安全与保障能力	4.3.4.2 测评机构应配备满足等级测评工作需要的测评设备和工具，如WEB安全检测工具、恶意行为检测工具等，在测试过程中辅助发现安全问题。测评设备和工具应通过权威机构的检测并可提供检测报告	4.4.4.2 测评机构应配备满足等级测评工作需要的测评设备和工具，如WEB安全检测工具、恶意行为检测工具、网络协议分析工具、源代码安全审计工具等，在测试过程中辅助分析并定位安全问题。测评设备和工具应通过权威机构的检测并可提供检测报告	4.5.4.2 测评机构应配备满足等级测评工作需要的测评设备和工具，如WEB安全检测工具、恶意行为检测工具、网络协议分析工具、源代码安全审计工具、渗透测试工具等，在测试过程中辅助验证安全问题。测评设备和工具应通过权威机构的检测并可提供检测报告
16		4.3.4.3 测评机构应具备符合相关要求的机房以及必要的软、硬件设备，用于满足网络安全仿真、技术培训和模拟测试的需要	4.4.4.3 测评机构应具备符合相关要求的机房以及必要的软、硬件设备，应搭建由主流网络设备、安全设备、操作系统和数据库系统组成的基础环境，以满足网络安全仿真、技术培训和模拟测试的需要	4.5.4.3 测评机构应具备符合相关要求的机房以及必要的软、硬件设备，应搭建由主流网络设备、安全设备、操作系统和数据库系统组成的基础环境，并能针对新技术新应用进行实验部署，以满足网络仿真、技术培训和模拟测试的需要
17		无要求	4.4.4.6 测评机构应建立专门的制度，对用于测评数据处理的计算机进行有效的运行维护，并保证计算机中数据记录的完整性、可控性	4.5.4.6 同Ⅱ级机构要求
18	质量管理能力	4.3.5.1.1 测评机构应建立、实施和维护符合等级测评工作需要的文件化的管理体系，并确保测评机构各级人员能够理解和执行	4.4.5.1.1 同Ⅰ级机构要求	4.5.5.1.1 测评机构应建立、实施和维护符合等级测评工作需要的文件化的管理体系，并确保测评机构各级人员能够理解和执行。必要时可申请获得相关领域管理体系认定资质
19		无要求	4.4.5.2.3 测评机构应建立并实施内部管理审核机制，以验证管理体系的符合性及有效性，执行审核的人员应独立于被审核部门	4.5.5.2.3 测评机构应建立并实施内部管理体系审核和反馈处理机制，以验证管理体系的符合性及有效性，确保在管理体系运行过程中发现的问题及时得到解决。执行审核的人员应独立于被审核部门

表 A.1(续)

序号	机构条件和能力	Ⅰ级机构要求	Ⅱ级机构要求	Ⅲ级机构要求
20	质量管理能力	无要求	4.4.5.3 测评机构应指定监督员对测评活动实施质量监督。监督员应具备丰富的安全测评经验、精通安全测评技术、并能对测评结果做出权威判断	4.5.5.3 测评机构应指定监督员对全体测评技术人员开展监督,监督内容包括现场测评活动、测评过程规范性和测评结论的准确性等
21	规范性保证能力	无要求	4.4.6.1.3 测评机构应以公开方式,向社会公布其开展网络安全等级保护测评工作所依据的政策法规、标准和规范	4.5.6.1.3 同Ⅱ级机构要求
22		无要求	4.4.6.2.10 测评机构应建立专门的文档存储场所和数据加密环境,严格管理测评相关数据信息	4.5.6.2.10 同Ⅱ级机构要求
23		无要求	4.4.6.3.2 上述文件的发布实施应履行统一的审批程序,文件的变更和修订应有授权并及时进行版本维护	4.5.6.3.2 同Ⅱ级机构要求
24		无要求	4.4.6.4 b)对所有通过计算机记录或生成的数据的转移、复制和传送进行核查,以确保其准确性和完整性	4.5.6.4.b)同Ⅱ级机构要求
25		无要求	4.4.6.6 安全管理能力 测评机构应重视自身的安全,通过部署安全措施提高安全管理能力	4.5.6.6 安全管理能力 测评机构应当制定安全方针和目标,并在其指导下建立、实施和维护符合自身等级测评工作要求的安全管理体系,并确保体系的有效运行
26	可持续性发展能力	4.3.8.3 测评机构应根据培训制度做好培训工作,并保存培训和考核记录	4.4.8.3 测评机构应制定并实施完善的培训制度,以确保其人员在专业技术和管理方面持续满足等级测评工作的需要。除常规培训外,应根据人员的工作岗位需求,制定详细和有针对性的培训计划,并进行岗位培训、考核和评定	4.5.8.3 同Ⅱ级机构要求
27		无要求	无要求	4.5.8.4 测评机构应跟踪国内外新技术、新应用的发展,通过专项课题研究和实践确保技术能力与当前的技术发展同步

附　录　B
（规范性附录）
网络安全等级保护测评师能力要求

B.1　初级等级测评师应具备以下条件或能力：

a）了解网络安全等级保护的相关政策、标准；

b）熟悉信息安全基础知识；

c）熟悉信息安全产品分类，了解其功能、特点和操作方法；

d）掌握等级测评方法，能够根据测评指导书客观、准确、完整地获取各项测评证据；

e）掌握测评工具的操作方法，能够合理设计测试用例获取所需测试数据；

f）能够按照报告编制要求整理测评数据。

B.2　中级等级测评师应具备以下条件或能力：

a）熟悉网络安全等级保护相关政策、法规；

b）正确理解网络安全等级保护标准体系和主要标准内容，能够跟踪国内、国际信息安全相关标准的发展；

c）掌握信息安全基础知识，熟悉信息安全测评方法，具有信息安全技术研究的基础和实践经验；

d）具有较丰富的项目管理经验，熟悉测评项目的工作流程和质量管理的方法，具有较强的组织协调和沟通能力；

e）能够独立开发测评指导书，熟悉测评指导书的开发、版本控制和评审流程；

f）能够根据等级保护对象的特点，编制测评方案，确定测评对象、测评指标和测评方法；

g）具有综合分析和判断的能力，能够依据测评报告模板要求编制测评报告，能够整体把握测评报告结论的客观性和准确性。具备较强的文字表达能力；

h）了解等级保护各个工作环节的相关要求。能够针对测评中发现的问题，提出合理化的整改建议。

B.3　高级等级测评师应具备以下条件或能力：

a）熟悉和跟踪国内、外信息安全的相关政策、法规及标准的发展；

b）对网络安全等级保护标准体系及主要标准有较为深入的理解；

c）具有信息安全理论研究的基础、实践经验和研究创新能力；

d）具有丰富的质量体系管理和项目管理经验，具有较强的组织协调和管理能力；

e）熟悉等级保护工作的全过程，熟悉定级、等级测评、建设整改各个工作环节的要求。

ICS 35.040
L 80

中华人民共和国国家标准

GB/T 38561—2020

信息安全技术
网络安全管理支撑系统技术要求

Information security technology—Technical requirements for cybersecurity management support system

2020-03-06 发布　　　　2020-10-01 实施

国家市场监督管理总局
国家标准化管理委员会 发布

前　言

本标准按照 GB/T 1.1—2009 给出的规则起草。

请注意本文件的某些内容可能涉及专利。本文件的发布机构不承担识别这些专利的责任。

本标准由全国信息安全标准化技术委员会(SAC/TC 260)提出并归口。

本标准起草单位:浙江远望信息股份有限公司、公安部第一研究所、浙江省委办公厅信息化管理中心、浙江省公安厅科技通信管理局、浙江省高级人民法院信息中心、浙江省信息化推进服务中心、杭州市公安局科技信息化局、中电长城网际系统应用有限公司、北京江南天安科技有限公司。

本标准主要起草人:傅如毅、吴文、宣以广、殷云飞、毛林斌、栗红梅、周春燕、邵森龙、蒋行杰、马洪军、陈冠直、金江焕、周征宇、姚龙飞、蒋先浩、刘京玲、王雪玲。

信息安全技术
网络安全管理支撑系统技术要求

1 范围

本标准规定了网络安全管理支撑系统的技术要求，包括系统功能要求、自身安全性要求和安全保障要求。

本标准适用于网络安全管理工作的支撑系统的规划、设计、开发和测试。

2 规范性引用文件

下列文件对于本文件的应用是必不可少的。凡是注日期的引用文件，仅注日期的版本适用于本文件。凡是不注日期的引用文件，其最新版本(包括所有的修改单)适用于本文件。

GB/Z 20986—2007 信息安全技术 信息安全事件分类分级指南

3 术语和定义

GB/Z 20986—2007 界定的以及下列术语和定义适用于本文件。

3.1

网络安全管理支撑系统 cybersecurity management support system

基于组织的安全目标、对象、流程等，支撑组织开展网络安全管理工作的系统。

3.2

对象 object

网络安全管理中的实体。

注：主要包括硬件资产、软件资产、数据资产、组织人员等。

4 缩略语

下列缩略语适用于本文件。

CPU：中央处理器(Central Processing Unit)

DB：数据库(Data Base)

FTP：文件传输协议(File Transfer Protocol)

HTTP：超文本传输协议(HyperText Transfer Protocol)

IP：互联网协议(Internet Protocol)

MAC：媒体访问控制(Media Access Control 或 Medium Access Control)

SNMP：简单网络管理协议(Simple Network Management Protocol)

5 概述

网络安全管理支撑系统(以下简称支撑系统)是支撑组织开展网络安全管理工作的系统，实现对组织的安全目标、对象、流程等进行信息化管理。本标准将支撑系统的技术要求分为系统功能要求、自身安全性要求和安全保障要求三类。

系统功能要求主要包括安全目标管理、应急预案管理、对象管理、信息安全事件监测、运行监测、流程处理、统计分析、考核管理、发布与展示、采集与处理、数据交换、备份与恢复等。

自身安全性要求主要包括身份鉴别、访问控制、权限管理、数据安全、安全审计等。

安全保障要求主要包括配置管理保障、开发、测试保障、交付与运维保障、指导性文档、脆弱性分析、生命周期支持等。

6 系统功能要求

6.1 安全目标管理

支撑系统具备组织安全目标管理功能，应满足以下要求：

a) 新增、删除、查询和修改安全目标；
b) 对安全目标进行分类管理；
c) 对安全目标进行发布与展示。

6.2 应急预案管理

支撑系统具备应急预案管理功能，应满足以下要求：

a) 新增、删除、查询和修改应急预案信息；
b) 对应急预案进行分类、分级管理。

6.3 对象管理

支撑系统具备对象管理功能，应满足以下要求：

a) 修改、删除和查询对象的信息；
b) 支持自动和人工方式采集对象的信息；
c) 对硬件资产、软件资产、数据资产、组织人员等信息进行管理，其中：
   1) 对硬件资产信息进行管理，包括但不限于IP地址、MAC地址、硬件型号等；
      注1：硬件资产主要包括计算机、网络设备、安全设备、存储设备、安防设备及办公设备等。
   2) 对软件资产信息进行管理，包括但不限于软件版本、安装位置、安装时间等；
      注2：软件资产主要包括安全系统、操作系统、工具软件、业务系统、网站等。
   3) 对数据资产信息进行管理，包括但不限于文件位置、文件发布者等；
      注3：数据资产主要包括数据库文件、文档文件、音视频文件、图片等。
   4) 对组织人员信息进行管理，包括但不限于账号、权限等。
      注4：组织人员主要包括管理人员、使用人员等。

6.4 信息安全事件监测

支撑系统具备信息安全事件监测功能，应满足以下要求：

a) 参照GB/Z 20986—2007，对信息安全事件进行分类、分级管理；
b) 具备自动和人工两种方式采集信息安全事件；
c) 对信息安全事件进行处置管理，包括事件告警和流程处置等。

6.5 运行监测

支撑系统具备运行监测管理功能，应满足以下要求：

a) 对接入的安全系统的基本信息、运维情况等进行管理；
b) 对安全系统的运行状态进行监测与日志记录，并提供异常日志的查询和导出；
c) 对安全系统的运行指标进行监测，并进行有效性评估。

6.6 流程处理

支撑系统具备流程处理功能，对信息安全事件、对象、运行监测等数据进行处置，应满足以下要求：

a) 支持告警流程处理；
b) 支持告警的自动触发功能；
c) 支持对产生的告警进行清除、确认和转换流程等处理；
d) 支持自动和人工方式发起流程；
e) 流程支持签收、反馈、审核/审批、归档等处理；
f) 配置流程模板、内容模版与回执模板等。

6.7 统计分析

支撑系统具备统计分析功能，应满足以下要求：

a) 根据组织、部门、类型、状态等，对硬件、软件、数据和人员等资产进行统计；
b) 根据组织、部门、类型、威胁级别等，对信息安全事件数据进行统计；
c) 根据组织、部门、正常率等，对运行监测数据进行统计；
d) 根据组织、部门、类型、状态、等级等，对告警数据进行统计；
e) 根据组织、部门、类型、状态等，对流程数据进行统计；
f) 对软硬件资产、信息安全事件进行关联分析；
g) 对数据进行综合性分析，提供安全报告，为决策提供数据支持。

6.8 考核管理

支撑系统具备考核管理功能，应满足以下要求：

a) 考核项的配置和修改；
b) 支持对考核项进行人工和自动评测；
c) 输出完整的考核报告，并提供报告导出。

6.9 发布与展示

支撑系统具备发布与展示功能，对应急预案、信息安全事件、运行监测等进行发布和安全态势展示，应满足以下要求：

a) 发布内容包括但不限于安全目标、通知通报及法律法规等；
b) 安全态势展示内容包括但不限于对象、信息安全事件、运行监测等，可采用地图展示、趋势图和比重图等表现形式。

6.10 采集与处理

支撑系统具备采集与处理功能，应满足以下要求：

a) 对信息安全事件数据和运行监测数据等进行采集；
b) 对第三方系统的检查结果数据、评估结果数据等进行采集，并支持多种数据采集方式和协议，包括但不仅限于DB、HTTP、FTP和SNMP等；
c) 对采集的数据进行处理和存储。

6.11 数据交换

支撑系统具备数据交换功能,应满足以下要求:

a) 支持各级支撑系统之间进行数据交换;

b) 数据交换的内容包括但不限于系统状态信息、安全策略信息和统计数据等。

6.12 备份与恢复

支撑系统具备数据备份与恢复功能,应满足以下要求:

a) 恢复六个月内所有的数据,包括但不限于信息安全事件、运行监测、告警、流程、统计和考核等数据;

b) 已存储的记录数据不被覆盖和删除,并在存储资源耗尽前告警。

7 自身安全性要求

7.1 身份鉴别

支撑系统身份鉴别应:

a) 在用户注册时,使用用户名和用户标识符标识用户身份。

b) 在用户登录时,使用受控的口令或具有相应安全强度的其他机制进行用户身份鉴别。

c) 采用至少两种身份鉴别机制,身份鉴别机制包括但不限于:“用户名+口令”鉴别方式、数字证书鉴别方式、生物特征鉴别方式。

d) 采用“用户名+口令”的鉴别方式时,保证口令复杂度;并设定用户登录尝试阈值,当用户的不成功登录尝试超过阈值时,锁定管理员账号,并生成审计日志。

7.2 访问控制

支撑系统访问控制应:

a) 根据管理员用户角色和权限允许或禁止其对系统功能及数据资产等进行访问;

b) 对于越权访问的非法操作及尝试记录并告警。

7.3 权限管理

支撑系统权限管理应:

a) 采用三权分立的管理模式,管理员角色至少分为系统管理员、安全管理员、安全审计员三种,不同角色权限不应交叉;

b) 限定不同的管理员角色仅能通过特定的命令或界面执行操作;

c) 通过系统管理员负责用户账号的管理;

d) 通过安全管理员负责对用户账号进行授权;

e) 通过安全审计员负责对管理员和用户的操作进行日志记录,并对审计记录进行备份、整理。

7.4 数据安全

支撑系统数据安全应:

a) 对支撑系统的数据传输进行通信保护,确保各组件之间传输的数据(如数据采集、策略下发等)不被泄漏或篡改;

b) 具有数据安全备份与恢复功能,并支持在数据存储空间达到阈值时能够向管理员告警;

c) 检查支撑系统内存储数据的完整性和有效性;

d) 具有纠错报警和容错保护的能力，对录入数据、相关参数等进行有效性和完整性检查，并进行损坏恢复。

7.5 安全审计

支撑系统在安全审计方面应：

a) 对用户操作行为进行日志记录，日志记录应记录用户名、操作行为发生的日期和时间、功能模块、操作内容等，能进行组合查询、排序、数据输出，系统日志由安全审计员管理；

b) 对支撑系统自身各功能模块的工作状态进行检测，工作状态异常时告警。

8 安全保障要求

8.1 配置管理保障

配置管理保障应满足以下要求：

a) 针对不同用户提供唯一的授权标识；

b) 根据不同用户提供相应的配置管理文档。

8.2 开发

支撑系统开发应满足以下要求：

a) 描述系统的安全功能；

b) 描述所有安全功能接口的目的与使用方法；

c) 描述每个安全功能接口相关的所有参数；

d) 描述安全功能接口相关的安全功能实施行为；

e) 描述由安全功能实施行为处理而引起的直接错误消息；

f) 提供系统设计文档。

8.3 测试保障

在提供支撑系统的同时，提供该系统的测试文档，测试文档应包括：

a) 确定待测系统功能，描述测试目标；

b) 测试计划、测试过程描述、测试结果以及测试预期结果与测试结果的对比；

c) 在测试过程中记录测试每一项功能的实际情况。

8.4 交付与运维保障

提供安装和运维指南，详尽描述支撑系统的安装、配置和启动运行所必需的基本步骤。

8.5 指导性文档

提供支撑系统管理员指南，应包括：

a) 管理员使用的管理功能和接口；

b) 支撑系统的安全管理方法；

c) 管理员应进行控制的功能和权限；

d) 管理员在操作过程中的安全参数，并给出合适的参数值；

e) 管理员在操作过程中的安全配置指令；

f) 管理员在操作过程中的所有配置选项。

8.6 脆弱性分析

脆弱性分析应包括：

a) 执行脆弱性分析，并提供执行脆弱性分析相关文档；

b) 对被确定的脆弱性，明确记录采取的措施。

8.7 生命周期支持

生命周期支持应满足以下要求：

a) 建立一个生命周期模型对系统的开发和维护进行必要控制，并提供生命周期定义文档描述用于开发和维护系统的模型；

b) 提供开发安全文档，并描述为实现系统的开发所采取的必要的安全措施；

c) 提供在开发和维护过程中执行安全措施的证据。

ICS 35.040
L 80

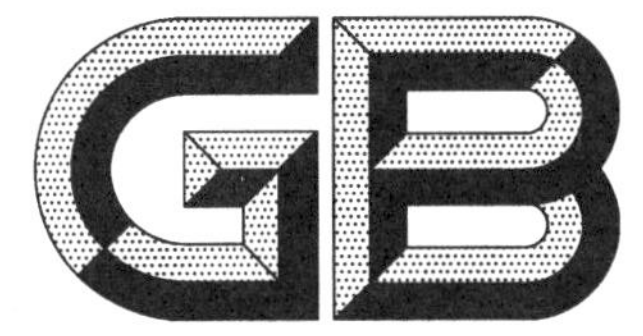

中华人民共和国国家标准

GB/T 38645—2020

信息安全技术　网络安全事件应急演练指南

Information security techniques—Guide for cybersecurity incident emergency exercises

2020-04-28 发布　　　　2020-11-01 实施

国家市场监督管理总局
国家标准化管理委员会　发布

前　言

本标准按照GB/T 1.1—2009给出的规则起草。

请注意本文件的某些内容可能涉及专利。本文件的发布机构不承担识别这些专利的责任。

本标准由全国信息安全标准化技术委员会(SAC/TC 260)提出并归口。

本标准起草单位:烽台科技(北京)有限公司、国家工业信息安全发展研究中心、国家电网有限公司、国家信息技术安全研究中心、中国证监会信息中心、中国电力科学研究院有限公司、中国电子技术标准化研究院、黑龙江省工业和信息化厅、清华大学、北京京航计算通讯研究所、北京理工大学、哈尔滨工业大学、哈尔滨工程大学、桂林电子科技大学、公安部第三研究所、中国信息安全测评中心、国家计算机网络应急技术处理协调中心、中国互联网络信息中心、中国科学院信息工程研究所、中国电子科技网络信息安全有限公司、黑龙江省电子技术研究所、北京启明星辰信息安全技术有限公司、哈尔滨工大天创电子有限公司、国网山东省电力公司电力科学研究院、北京安天网络安全技术有限公司、北京网藤科技有限公司、哈尔滨工业大学软件工程股份有限公司、黑龙江信息技术职业学院、北京市政务信息安全应急处置中心、北京网御星云信息技术有限公司、北京卓识网安技术股份有限公司。

本标准主要起草人:龚亮华、尹丽波、王磊、宫亚峰、刘莹、王东明、张格、刘迎、朱朝阳、魏钦志、周亮、李琳、张永静、张洪、李俊、于盟、王达、薛一波、祝烈煌、王佰伶、孙建国、丁勇、佟薇薇、孙立立、王启蒙、雷承霖、赵旭东、邱梓华、邹春明、贾若伦、訾立强、谢丰、杜红亮、何能强、李若愚、郝志宇、敖佳、刘慧晶、郑显生、孟雅辉、刘文跃、王文婷、李柏松、童志明、李佐民、郭宇亮、左晓英、范士喜、张涛、魏彬、杜君、刘健帅、刘韧。

引　言

建立网络安全事件应急工作机制，开展应急演练是减少和预防网络安全事件造成损失和危害的重要保证。为规范和指导网络安全事件应急演练工作，制定网络安全事件应急演练指南是必要的。

信息安全技术　网络安全事件应急演练指南

1　范围

本标准给出了网络安全事件应急演练实施的目的、原则、形式、方法及规划，并描述了应急演练的组织架构以及实施过程。

本标准适用于指导相关组织实施网络安全事件应急演练活动。

2　规范性引用文件

下列文件对于本文件的应用是必不可少的。凡是注日期的引用文件，仅注日期的版本适用于本文件。凡是不注日期的引用文件，其最新版本(包括所有的修改单)适用于本文件。

GB/T 25069　信息安全技术　术语

3　术语和定义

GB/T 25069 界定的以及下列术语和定义适用于本文件。

3.1

网络安全事件　cybersecurity incident

由于人为原因、软硬件缺陷或故障、自然灾害等，对网络和信息系统或者其中的数据和业务应用造成危害，对国家、社会、经济造成负面影响的事件。

3.2

网络安全事件应急演练　cybersecurity incident emergency exercises

有关政府部门、企事业单位、社会团体组织相关人员，针对设定的突发事件模拟情景，按照应急预案所规定的职责和程序，在特定的时间和地域，开展应急处置的活动。

4　应急演练目的

应急演练目的如下：

a)　检验预案：通过开展应急演练，查找和验证应急预案中存在的问题，完善应急预案，提高应急预案的科学性、实用性和可操作性；

b)　完善准备：通过开展应急演练，检查应对网络安全事件所需应急队伍、物资、装备、技术等方面的准备情况，发现不足及时予以调整补充，做好应急准备工作；

c)　锻炼队伍：通过开展应急演练，增强演练管理部门、指挥机构、参演机构和人员等对应急预案的熟悉程度，锻炼应急处置需要的技能，加强配合，提高其应急处置能力；

d)　磨合机制：通过开展应急演练，进一步明确相关单位和人员的职责任务，理顺工作关系，完善各关联方之间分离、阻隔、配套应急联动机制，防范网络安全风险传导；

e)　宣传教育：通过开展应急演练，普及应急知识，不断增强网络安全管理的专业化程度，提高全员网络安全风险防范意识。

5　应急演练原则

应急演练原则如下：

a) 结合实际：结合应急管理工作要求，明确演练目的，根据资源条件确定演练方式和规模；
b) 贴合实战：提高应急指挥机构的指挥协调能力和应急队伍的实操应急处置能力；
c) 提高实效：重视对演练流程及演练效果的评估、考核，总结推广经验，整改发现的问题；
d) 保证安全：围绕演练目的策划演练内容，科学制定演练方案，部署演练活动，制定并遵守有关安全措施，确保演练参与人员及演练设施安全；
e) 统筹规划：统筹规划应急演练活动，演与练有效互补，适当开展跨行业、跨地域的综合性演练，利用现有资源，提升应急演练效益。

6　应急演练形式

按照应急演练的组织形式、内容、目的和作用的不同，应急演练形式可以从多个维度进行划分：

a) 按照应急演练的组织形式，分为如下形式：
   1) 桌面推演：参演人员根据应急预案，利用流程图、计算机模拟、视频会议等辅助手段，针对事先假定的演练场景进行模拟应急决策及现场处置的过程，验证应急预案的有效性，促进相关人员明确应急预案中有关职责，掌握应急流程及应急操作，提高指挥决策和各方协同配合能力。
   2) 模拟演练：参演人员利用网络与信息系统相关软硬件或靶场技术，模拟构建接近真实环境的测试环境，模拟突发事件场景或场景片段，注重模拟演练技术操作的验证、演练过程中各方资源的协调和配合、演练过程中各类问题和风险的应对。
   3) 实操演练：参演人员利用网络与信息系统真实环境模拟突发事件场景，完成判断、决策、处置等环节的应急响应过程，检验和提高相关人员的临场组织指挥、应急处置和后勤保障能力。实操演练还可分为指定科目演练和预先不告知科目演练。
b) 按照应急演练的内容，分为如下形式：
   1) 专项演练：指涉及应急预案中特定系统或应急响应功能的演练活动。针对一个或少数几个参与部门(岗位)的特定环节和功能进行检验。
   2) 综合演练：指涉及应急预案中多项或全部应急响应功能的演练活动。对多个环节和功能进行检验。
c) 按照应急演练的目的和作用，分为如下形式：
   1) 检验性演练：为检验应急预案的可行性、应急准备的充分性、应急机制的协调性及相关人员的应急处置能力而组织的演练。
   2) 示范性演练：为向观摩人员展示应急能力或提供示范教学，按照演练方案开展的表演性演练。
   3) 研究性演练：为研究和解决突发事件应急处置的重点、难点问题，试验新方案、新技术、新装备而组织的演练。
d) 其他演练形式。

不同维度的演练相互组合，可以形成专项桌面推演、综合性桌面推演、专项实操演练、综合性实操演练、专项示范演练、综合性示范演练等常用演练形式，常用演练形式参见附录A。

7 应急演练规划

有关组织根据实际情况，依据相关法律法规、应急预案的规定和管理部门的要求，对一定时期内各类应急演练活动做出总体规划，包括应急演练的频次、规模、形式、时间、地点、预算等。一般以一年为一个周期制定演练规划。

8 应急演练组织架构

8.1 综述

演练组织架构包括管理部门、指挥机构和参演机构。根据事件等级、演练规模、演练目的、演练形式等，组织机构可对相关机构人员和职责进行归并等调整，按实际情况进行相应组织细分。

8.2 管理部门

管理部门包括上级单位、国家有关网络安全监管部门等，主要职责如下：

a） 下发应急演练要求；

b） 审批或备案下级组织单位应急演练规划；

c） 必要情况下，宣布应急演练开始、结束或终止。

8.3 指挥机构

8.3.1 指挥人员

主要职责如下：

a） 对应急演练工作的承诺和支持，包括发布正式文件、提供必要资源（人、财、物）等；

b） 审核并批准应急演练方案；

c） 审批决定应急演练重大事项；

d） 部署、检查、指导和协调应急演练各项筹备工作；

e） 负责跨组织、跨领域应急演练的各项协调工作；

f） 对外联络相关单位，协调各单位在应急演练中的职责；

g） 指挥、调度应急演练现场工作；

h） 宣布应急演练开始、结束或终止；

i） 总结应急演练效果、完成演练总结报告；

j） 跟踪演练成果运用。

8.3.2 策划人员

主要职责如下：

a） 策划、制定应急演练方案；

b） 负责应急演练过程中的解说。

8.3.3 督导人员

主要职责如下：

a） 督查演练活动是否符合应急演练规划要求；

b） 现场监督指导应急演练具体工作。

8.4 参演机构

8.4.1 顾问人员

由演练组织单位牵头相关参演机构领导及技术专家组成，在演练实施阶段赴各参演机构演练现场指导演练工作。

8.4.2 实施人员

主要职责如下：

a) 执行演练脚本；
b) 按照应急预案对模拟触发的网络安全事件进行应急响应处置；
c) 对不设场景的预案模拟触发的网络安全事件进行实战应急响应处置；
d) 运用演练成果。

8.4.3 保障人员

主要职责如下：

a) 跟踪拟定演练人员按要求参与演练活动；
b) 负责调集演练过程需要的各项器材，并准备好通信、调度等技术支撑系统；
c) 落实演练场地、物资，开展后勤保障工作；
d) 跟踪、落实演练规划中要求的经费；
e) 负责演练现场的安全保障工作。

8.4.4 技术支持人员

主要职责如下：

a) 为应急演练活动提供应急技术、演练技术咨询与支撑；
b) 调试演练过程需要的各项器材，并做好通信、调度等技术支撑系统的技术保障工作；
c) 负责应急演练各环节包括监测、处置等环节的具体技术实现；
d) 模拟触发网络安全事件。

8.4.5 评估人员

主要职责如下：

a) 记录演练过程与应急动作要领；
b) 评价演练效果、演练过程及动作要领，完成演练评估报告；
c) 发现应急演练中存在的问题，及时向相关职责人员提出意见或建议。

8.4.6 其他人员

主要职责如下：

a) 对外联络其他参演机构，协助完成应急演练工作；
b) 协调跨组织、跨领域参演人员完成应急演练工作；
c) 特邀相关单位领导及其他各类人员，观察演练过程等；
d) 负责应急演练的其他工作。

9 应急演练实施过程

9.1 准备阶段

9.1.1 制定演练计划

9.1.1.1 综述

应急指挥机构根据应急演练规划和应急预案制定演练计划，明确演练目的，分析演练要求，确定演练范围，起草日程计划，编制演练经费预算。应急演练计划模板参见附录B的B.1。

9.1.1.2 明确演练目的

明确开展应急演练的原因、演练要解决的问题和期望达到的效果。

9.1.1.3 分析演练要求

根据应急演练规划和应急预案要求，在对事先设定事件场景风险和应急预案认真分析的基础上，结合年度内发生网络安全事件的情况，发现存在的问题和薄弱环节，确定需调整的演练人员、需锻炼的技能、需检验的设备、需完善的应急处置流程、指挥调度程序以及需进一步明确的职责等，分析完成举办应急演练的要求。

9.1.1.4 确定演练范围

根据演练要求以及综合场地、资源(包括但不限于人力资源、财力资源、物力资源、技术资源、信息资源等)和时间等制约条件和因素，确定演练背景事件类型、等级、发生地域、演练组织架构(管理部门、指挥机构和参演机构)及人数、演练方式等。演练要求和演练范围往往互为影响。

9.1.1.5 起草日程计划

起草演练工作计划及日程，细化确定应急演练各阶段的主要任务和完成时限，包括各种演练文件编写与审定的期限、信息系统及技术物资准备的期限、演练实施的日期等。

9.1.1.6 编制演练经费预算

编制开展演练活动的各项经费、配套经费及保障措施。

9.1.2 制定演练方案

9.1.2.1 编制工作方案

编制应急演练工作方案的步骤如下：

a) 确定目标

演练目标是需完成的主要演练任务及其达到的效果，一般说明“由谁在什么条件下完成什么任务，依据什么标准，取得什么效果”。演练目标应明确、具体、可量化、可实现。如一次演练有若干项演练目标，每项演练目标都要在演练方案中有相应的事件和演练活动予以实现，并在演练评估中有相应的评估项目判断该目标的实现情况。

b) 设计演练场景和实施步骤

演练场景宜为演练活动提供初始条件，还要通过一系列的情景事件引导演练活动继续，直至演练完成，演练场景库参见附录C。演练场景包括如下的演练场景概述和演练场景清单：

1) 演练场景概述。每一处演练场景的概要说明，宜说明事件类别、发生的时间地点、发展速度、受影响范围、人员和物资分布、已造成的损失、后续发展预测等。

2) 演练场景(步骤)清单。要明确演练过程中各场景(各步骤)的时间顺序列表和耗时情况。演练场景之间的逻辑关联依赖于事件发展规律、控制消息和演练人员收到控制消息后应采取的行动。

c) 拟定演练人员名单

应急演练的参演机构统一成立应急演练指挥机构。由指挥机构发起演练活动的，应急演练的应急指挥机构宜向管理部门备案。根据演练的形式、内容、组织范围等实际情况，演练组织机构和职能可适当调整。

演练活动应在指挥机构的督导、指挥下开展。

d) 编写工作方案

应急演练工作方案内容宜包括：指导思想、工作原则、演练目的、演练场景、演练时间地点、指挥机构和参演机构、角色职责、演练实施过程、其他准备事项、工作要求及有关附件等，模板参见 B.2。

9.1.2.2 编制保障方案

在编制演练保障方案时，从人员保障、经费保障、场地保障、基础设施保障、通信保障、技术保障、安全保障等方面制定详细、可行的方案，理清责任归属，科学预测演练活动过程中可能发生的意外或故障，制定相应意外或故障处理流程、措施等，模板参见 B.3。

9.1.2.3 编制评估方案

演练评估是通过观察、体验和记录演练活动，比较演练实际效果与目标之间的差异，总结演练成效和不足的过程。演练评估宜以演练目标为基础。每项演练目标都要设计合理的评估项目方法、标准。根据演练目标的不同，可以用选择项(如：是/否判断，多项选择)、主观评分(如：1——差、3——合格、5——优秀)、定量测量等方法进行评估。

为便于演练评估操作，策划组通常事先设计好评估表格，包括演练目标、评估方法、评价标准和相关记录项等，也可采用专业评估软件等工具，模板参见 B.4。

9.1.2.4 编写演练脚本

根据应急演练目的、内容和形式编制应急演练脚本。应急演练脚本是应急演练工作方案的具体操作手册，控制应急演练时间进程，对应急演练场景和响应程序进行详细说明，一般采用表格形式，以应急演练流程的各关键节点为骨干，描述应急演练的场景、起止时间、执行人员、处置行动、指令与对白、适时选用的技术设备、视频画面与字幕、解说词等，模板参见 B.5。

9.1.3 评审与修订演练方案

对演练方案进行评审，确定演练方案科学可行，以确保应急演练工作的顺利进行。对涉密或不宜公开的演练内容，宜制订保密措施。

应急演练方案的制定可参考附录 D。

9.1.4 应急演练保障

9.1.4.1 人员保障

保证相关人员参与演练活动的时间，确保所有参演人员已经通过演练培训，明确职责分工。

9.1.4.2 经费保障

每年宜根据应急演练规划编制应急演练的经费预算，纳入各参演机构的年度财政(财务)预算，并按照演练需要及时拨付经费。对经费使用情况进行监督检查，确保演练经费专款专用、节约高效。

9.1.4.3 场地保障

根据演练方式和内容，在经现场勘察后选择合适的演练场地。桌面推演一般可选择会议室或应急指挥中心等；实操演练宜选择与实际情况相似的机房或地点。

9.1.4.4 基础设施保障

提供必要的基础设施保障，包括但不限于电力、设备、物资、通信器材等。

9.1.4.5 通信保障

为应急演练过程提供及时可靠的信息传递渠道。根据演练需要，可以采用多种公用或专用通信系统，必要时可组建演练专用通信与信息网络，确保演练控制信息的快速传递。

9.1.4.6 技术保障

根据应急演练方案，预先设计技术保障方案，保障应急演练所涉及的各类技术支撑系统的正常运转。当工作流程发生变化后，技术保障方案也需相应进行调整。

根据组织的网络和信息系统类型，宜储备应急演练需要的漏洞、补丁等技术资源，并对技术资源进行合理的调配和使用。在对攻防工具、脚本等危险性技术资源的储备、调配和使用中，宜进行合理的安全风险管控。

9.1.4.7 安全保障

充分考虑演练全过程的安全保障风险，尤其是大型或高风险演练，宜制定专门应急预案，采取预防措施，并对关键部位和环节可能出现的突发事件进行专项安全保障。

对可能影响公众生活、易于引起公众误解和恐慌的应急演练(特别是可能造成业务中断的演练)，宜提前向社会发布公告，告示演练内容、时间、地点和组织单位，并做好应对方案，避免造成负面影响。

演练过程中涉及敏感系统的，宜满足相关保密要求。在做好数据备份的基础上，对其中的敏感数据应事先进行脱敏处理；在演练方案设计时，宜充分考虑在演练中可能突破其原有对敏感信息访问权限的人员及由此可能造成的后果。

演练现场宜有必要的安保措施，必要时对演练现场进行封闭或管制，保证演练安全进行。演练出现意外情况时，及时报告并批准后，提前终止演练。

9.1.4.8 保障检查

演练正式启动前，组织单位宜开展如下充分的保障检查：

a) 检查参演人员到位情况；
b) 检查演练方案中各项保障资源准备情况，确保各项保障措施到位；
c) 检查参演系统配置和数据备份正确和完备，检查演练所需的工具、设备、设施、技术资料到位；
d) 应对应急演练所用各类设施、设备进行全面检查和调试，保证处于正常工作状态；
e) 其他保障检查工作。

参演机构完成保障检查后，向指挥机构确认。

9.1.5 演练动员与培训

在演练开始前宜组织演练动员和培训，确保所有参演人员已熟练掌握演练规则、演练情景，明确各自在演练中的职责分工。

9.1.6 应急演练预演

为保证正式应急演练效果，宜在前期培训的基础上，在演练正式开始前安排一次或多次预演。对于大型综合性实操演练，可按照先易后难、先分解后合练、循序渐进的原则，采取分阶段推演形式，检查验证应急演练的局部或全部工作环节，强化参演机构与人员的协同配合意识，查找问题和不足，持续改进提升应急演练方案。为演练的成功举行奠定基础。

9.2 实施阶段

9.2.1 演练启动

检查演练各环节准备到位后，由管理部门派员或指挥机构宣布演练开始，启动演练活动。

对演练实施全过程的指挥控制，随时掌握演练进展情况，按照演练方案要求对安全事件的发现及处置进展情况向指挥机构报告。

视情对演练过程进行解说。解说内容宜包括演练背景描述、进程讲解、案例介绍、环境渲染等。

各参演机构按照演练方案开始进行应急演练。

9.2.2 安全事件模拟

演练实施过程中，根据演练指令，按照演练方案开展安全事件模拟。安全事件模拟分为如下现象模拟和机理模拟：

a) 现象模拟：通过可控的方法复现出安全事件在设备、网络、服务等方面表现出的现象；

b) 机理模拟：在演练场景中通过可控的方式真实触发安全事件。

9.2.3 演练执行

9.2.3.1 综述

安全事件演练执行具体步骤分为监测预警、事件研判、事件通告、事件处置、系统确认五个阶段。

9.2.3.2 监测预警

实时监测风险信息，将有效信息上报；组织专家进行研判，根据应急预案的要求，确定预警等级，发布预警信息。

9.2.3.3 事件研判

监测或直接发现安全事件，宜对安全事件进行评估，确定安全事件的类别、级别，启动安全事件全面监测措施。

9.2.3.4 事件通告

根据演练场景要求模拟进行组织内信息通报、组织外信息通报、信息上报和信息披露。

9.2.3.5 事件处置

宜依据安全事件发展态势，快速分析评估安全事件，形成处置方案。现场处置方案宜参考安全事件应急预案,并依据具体情况做适当选择。

依据处置方案,实施现场应急处理,消除网络安全隐患及威胁,抑制安全事件影响。

依据处置方案,实施恢复操作。恢复操作宜包括建立临时业务处理能力、修复原系统的损害、在原系统或新设施中恢复运行业务能力等应急措施。实施组恢复复杂系统时,恢复顺序宜反映出系统允许的中断时间,以避免对相关系统及业务的重大影响。

9.2.3.6 系统确认

确认参演系统恢复正常并向指挥机构报告,模板参见 B.6。

9.2.4 演练记录

演练实施过程中,评估人员按照演练方案采用文字、脚本、照片和音像等手段开展评估素材采集。

文字记录宜包括演练实际开始与结束时间、演练过程控制情况、各项演练活动中参演人员的表现、意外情况及其处置等内容。脚本宜包括应急处置效果验证和处置现场数据的采集等内容。照片和音像记录应在不同现场、不同角度进行拍摄,尽可能全方位反映演练实施过程,模板参见 B.7。

9.2.5 演练结束与终止

网络安全事件处置结束后,指挥机构宣布演练执行过程结束,所有人员停止应急处置活动。在确认参演系统恢复正常后,指挥机构做简短总结,宣布演练实施阶段结束,并对演练过程进行点评。

演练实施过程中出现下列情况,经指挥机构或管理部门决定,可提前终止演练:

a) 出现真实突发事件,需要参演人员参与应急处置时,要终止演练,使参演人员迅速回归其工作岗位,履行应急处置职责;

b) 出现特殊或意外情况,短时间内不能妥善处理或解决时,可提前终止演练。

9.3 评估与总结阶段

9.3.1 演练评估

分析演练记录及相关资料,对演练活动及组织过程做出客观评价,编写演练评估报告。

演练评估通过组织评估会议、填写演练评价表和对参演人员进行访谈等方式进行,对演练效果及演练的整体流程进行评估,提出完善建议。可要求参演机构提供自我评估总结材料,收集演练组织实施的情况。

演练评估报告的主要内容包括演练执行情况、演练方案的合理性与可操作性、应急指挥人员的指挥协调能力、参演人员的处置能力、演练所用设备装备的适用性、演练目标的实现情况、演练的成本效益分析、对完善预案的建议等,模板参见 B.8。

9.3.2 演练总结

根据演练记录、演练评估、演练方案等材料,对演练进行系统和全面的总结,并形成演练总结报告。参演机构可对本单位的演练情况进行总结。

演练总结报告的内容包括:演练目的,时间和地点,参演机构和人员,演练方案概要,发现的问题与原因,经验和教训,以及改进有关工作的建议等,模板参见 B.9。

9.3.3 文件归档与备案

将演练计划、演练方案、演练评估报告、演练总结报告等资料归档保存。对于由管理部门布置或参与的演练,或者法律、法规、规章要求备案的演练,宜将相关资料报有关部门备案。

9.3.4 考核与奖惩

对演练参与人员进行考核。对在演练中表现突出的工作组和个人，可给予表彰和奖励；对不按要求参加演练，或影响演练正常开展的个人，可给予相应批评。

考核与奖惩应纳入绩效考核体系。

9.4 成果运用阶段

9.4.1 改善提升

指挥机构宜根据演练评估报告、演练总结报告提出的问题和建议对应急处置工作进行持续改进。指挥机构宜制定整改计划，明确整改目标，确定整改措施，落实整改资金。

9.4.2 监督整改

指挥机构宜指派专人监督检查整改计划执行情况，确保演练评估报告、演练总结报告提出的问题和建议得到及时整改。

附 录 A
（资料性附录）
常用演练形式对照表

常用演练形式对照表见表A.1。

表A.1 常用演练形式对照表

演练对象	专项桌面推演	专项实操演练	专项示范演练	综合性桌面推演	综合性实操演练	综合性示范演练
组织	适用范围：适用于根据各机构自身年度演练计划，由机构层面统一牵头，或某部门发起的涉及机构其他有关部门的、针对某一专项应急功能设置的演练场景	适用范围：适用于根据各机构自身年度演练计划，由机构层面统一牵头，或某部门发起的涉及机构其他有关部门的、针对某一专项应急功能设置的演练场景	适用范围：适用于根据各机构自身年度演练计划，由机构层面统一牵头，或某部门发起的涉及机构其他有关部门的、针对某一专项应急功能设置的演练场景	适用范围：适用于根据各机构自身年度演练计划，由机构层面统一牵头、覆盖机构所有部门及成员的、针对可能导致机构核心业务中断引发全局性风险事件设置的场景	适用范围：适用于根据各机构自身年度演练计划，由机构层面统一牵头、覆盖机构所有部门及成员的、针对可能导致机构核心业务中断引发全局性风险事件设置的场景	适用范围：适用于根据各机构自身年度演练计划，由机构层面统一牵头、覆盖机构所有部门及成员的、针对可能导致机构核心业务中断引发全局性风险事件设置的场景
	目的：通过桌面推演完善机构内部应急指挥、决策和应急处置机制，落实安全责任制，检验有关专项应急预案有效性，促进相关人员深入掌握应急预案，完善应急准备	目的：通过实操演练磨合机构内部应急指挥、决策和应急处置机制，检验有关专项应急预案中各项应急操作流程的有效性、可执行性，培养有关人员的临场应变能力	目的：通过示范演练提示风险，切实提升机构领导层对网络安全事件应急演练的重视程度；促进机构内部应急工作交流	目的：通过桌面推演完善机构内部应急指挥决策和应急处置机制，落实安全责任制，检验机构总体应急预案及各分预案的有效性，促进机构全员深入掌握应急预案，完善应急准备	目的：通过实操演练磨合机构内部应急指挥、决策和应急处置机制，检验机构总体应急预案及各分预案中各项应急操作流程的有效性、可执行性，培养机构全员的临场应变能力	目的：通过示范演练提示风险，提升机构领导层对网络安全事件应急演练的重视程度；促进机构内部应急工作交流

表 A.1（续）

演练对象	专项桌面推演	专项实操演练	专项示范演练	综合性桌面推演	综合性实操演练	综合性示范演练
组织	可套用模板： B.2 应急演练工作方案 B.7 应急演练记录单 B.8 应急演练评估单 B.9 应急演练总结报告	可套用模板： B.2 应急演练工作方案 B.7 应急演练记录单 B.8 应急演练评估单 B.9 应急演练总结报告 B.6 事件报告单	可套用模板： B.2 应急演练工作方案 B.5 应急演练脚本 B.7 应急演练记录单 B.8 应急演练评估单 B.9 应急演练总结报告 B.6 事件报告单	可套用模板： B.2 应急演练工作方案 B.7 应急演练记录单 B.8 应急演练评估单 B.9 应急演练总结报告	可套用模板： B.2 应急演练工作方案 B.7 应急演练记录单 B.8 应急演练评估单 B.9 应急演练总结报告 B.6 事件报告单	可套用模板： B.2 应急演练工作方案 B.5 应急演练脚本 B.7 应急演练记录单 B.8 应急演练评估单 B.9 应急演练总结报告 B.6 事件报告单
行业	适用范围：适用于根据行业年度演练计划，由行业监管/主管部门牵头行业各有关机构，或由行业某机构发起涉及行业其他业务关联机构的，针对某一专项应急功能设置的故障场景	适用范围：适用于根据行业年度演练计划，由行业监管/主管部门牵头行业各有关机构，或由行业某机构发起涉及行业其他业务关联机构的，针对某一专项应急功能设置的故障场景	适用范围：适用于根据行业年度演练计划，由行业监管/主管部门牵头行业各有关机构，或由行业某机构发起涉及行业其他业务关联机构的，针对某一专项应急功能设置的故障场景	适用范围：适用于根据行业年度演练计划，由行业监管/主管部门牵头行业各有关机构，或由行业某机构发起的、涉及行业其他业务关联机构的，针对可能引发行业全局性风险的事件设置的综合性场景	适用范围：适用于根据行业年度演练计划，由行业监管/主管部门牵头行业各有关机构，或由行业某机构发起的、涉及行业其他业务关联机构的，针对可能引发行业全局性风险的事件设置的综合性场景	适用范围：适用于根据行业年度演练计划，由行业监管/主管部门牵头行业各有关机构，或由行业某机构发起的、涉及行业其他业务关联机构的，针对可能引发行业全局性风险的事件设置的综合性场景
	目的：通过桌面推演提高行业总体应急指挥决策协调力，检验行业专项预案及各级机构有关专项应急预案有效性，促进相关人员深入掌握应急预案，完善应急准备	目的：通过实操演练提高行业总体应急指挥决策办调力，检验行业专项预案流程及各级机构有关专项应急预案中各项应急操作流程的有效性、可执行性，培养有关人员的临场应变能力	目的：通过示范演练提示风险，切实提升行业各机构领导层对网络安全事件应急演练的重视程度；促进行业机构之间应急工作交流	目的：通过桌面推演提高行业总体应急指挥决策协调力，梳理行业各业务条线上下游机构间的耦合关系，完善各机构间应急响应联动策略，落实安全责任制，检验行业总体预案及各级机构有关专项应急预案有效性，促进相关人员掌握应急预案，完善应急准备	目的：通过实操演练提高行业总体指挥决策协调力，磨合行业内各机构之间应急响应联动机制，检验行业总体预案流程及各级机构有关专项应急预案中各项应急操作流程的有效性、可执行性，培养有关人员的临场应变能力	目的：通过示范演练提示风险，切实提升行业各机构领导层对网络安全事件应急演练的重视程度；促进行业机构之间应急工作交流

表 A.1（续）

演练对象	专项桌面推演	专项实操演练	专项示范演练	综合性桌面推演	综合性实操演练	综合性示范演练
行业	可套用模板： B.2 应急演练工作方案 B.7 应急演练记录单 B.8 应急演练评估单 B.9 应急演练总结报告	可套用模板： B.2 应急演练工作方案 B.7 应急演练记录单 B.8 应急演练评估单 B.9 应急演练总结报告 B.6 事件报告单	可套用模板： B.2 应急演练工作方案 B.5 应急演练脚本 B.7 应急演练记录单 B.8 应急演练评估单 B.9 应急演练总结报告 B.6 事件报告单	可套用模板： B.2 应急演练工作方案 B.7 应急演练记录单 B.8 应急演练评估单 B.9 应急演练总结报告	可套用模板： B.2 应急演练工作方案 B.7 应急演练记录单 B.8 应急演练评估单 B.9 应急演练总结报告 B.6 事件报告单	可套用模板： B.2 应急演练工作方案 B.5 应急演练脚本 B.7 应急演练记录单 B.8 应急演练评估单 B.9 应急演练总结报告 B.6 事件报告单
跨行业	适用范围：适用于由某一行业发起的、涉及其他行业或有关业务关联机构的，针对某一专项应对功能设置的故障场景	适用范围：适用于由某一行业发起的、涉及其他行业或有关业务关联机构的，针对某一专项应对功能设置的故障场景	适用范围：适用于由某一行业发起的、涉及其他行业或有关业务关联机构的，针对某一专项应对功能设置的故障场景	适用范围：适用于由某一行业发起的、涉及其他行业或有关业务关联机构的，可能引发多行业安全风险的事件设置的综合性场景	适用范围：适用于由某一行业发起的、涉及其他行业或有关业务关联机构的，可能引发多行业安全风险的事件设置的综合性场景	适用范围：适用于由某一行业发起的、涉及其他行业或有关业务关联机构的，可能引发多行业安全风险的事件设置的综合性场景
	目的：通过桌面推演提高跨行业应急指挥协调能力，梳理各行业之间的应急联动关系，完善行业间应急响应联动机制，检验各行业有关专项应急预案有效性，促进相关人员深入掌握应急预案，完善应急准备	目的：通过实操演练提高跨行业应急指挥协调能力，磨合行业间应急响应联动策略，检验各行业有关专项应急预案中各项应急操作流程的有效性、可执行性，培养有关人员的临场应变能力	目的：通过示范演练提示风险，切实提升行业各机构领导层对网络安全事件应急演练的重视程度；促进行业之间应急工作交流	目的：通过桌面推演提高跨行业应急指挥协调能力，梳理各行业之间的应急联动关系，完善行业间应急响应联动机制，检验各行业总体应急预案及有关分预案的有效性，促进相关人员深入掌握应急预案，完善应急准备	目的：通过实操演练提高跨行业应急指挥协调能力，磨合行业间应急响应联动策略，检验各行业总体应急预案及有关分预案中各项应急操作流程的有效性、可执行性，培养有关人员的临场应变能力	目的：通过示范演练提示风险，切实提升行业各机构领导层对网络安全事件应急演练的重视程度；促进行业之间应急工作交流

表 A.1（续）

演练对象	专项桌面推演	专项实操演练	专项示范演练	综合性桌面推演	综合性实操演练	综合性示范演练
跨行业	可套用模板： B.2 应急演练工作方案 B.7 应急演练记录单 B.8 应急演练评估单 B.9 应急演练总结报告	可套用模板： B.2 应急演练工作方案 B.7 应急演练记录单 B.8 应急演练评估单 B.9 应急演练总结报告 B.6 事件报告单	可套用模板： B.2 应急演练工作方案 B.5 应急演练脚本 B.7 应急演练记录单 B.8 应急演练评估单 B.9 应急演练总结报告 B.6 事件报告单	可套用模板： B.2 应急演练工作方案 B.7 应急演练记录单 B.8 应急演练评估单 B.9 应急演练总结报告	可套用模板： B.2 应急演练工作方案 B.7 应急演练记录单 B.8 应急演练评估单 B.9 应急演练总结报告 B.6 事件报告单	可套用模板： B.2 应急演练工作方案 B.5 应急演练脚本 B.7 应急演练记录单 B.8 应急演练评估单 B.9 应急演练总结报告 B.6 事件报告单
地区				适用范围：适用于由某一地区（省市县级单位）发起的、针对可能对局部地区造成影响的事件设置的故障场景。主要为自然灾害或突发公共事件	适用范围：适用于由某一地区（省市县级单位）发起的、针对可能对局部地区造成影响的事件设置的故障场景。主要为自然灾害或突发公共事件	适用范围：适用于由某一地区（省市县级单位）发起的、针对可能对局部地区造成影响的事件设置的故障场景。主要为自然灾害或突发公共事件
				目的：通过桌面推演提高地区性应急组织机构的指挥协调能力，梳理各关联地区及有关行业应急响应联动机制，检验各地区、行业总体应急预案及有关分预案的有效性，促进相关人员深入掌握应急预案，完善应急准备	目的：通过实操演练提高地区性应急组织机构应急指挥和协调能力，磨合各关联地区及有关行业应急联动处置策略，检验地区、行业总体应急预案及有关分预案中各项应急操作流程的有效性、可执行性，培养有关人员的临场应变能力	目的：通过示范演练提升地区性应急组织机构及有关行业网络安全事件应对能力，强化安全意识宣贯；促进地区之间应急工作交流

表 A.1（续）

演练对象	专项桌面推演	专项实操演练	专项示范演练	综合性桌面推演	综合性实操演练	综合性示范演练
地区				可套用模板： B.2 应急演练工作方案 B.7 应急演练记录单 B.8 应急演练评估单 B.9 应急演练总结报告	可套用模板： B.2 应急演练工作方案 B.7 应急演练记录单 B.8 应急演练评估单 B.9 应急演练总结报告 B.6 事件报告单	可套用模板： B.2 应急演练工作方案 B.5 应急演练脚本 B.7 应急演练记录单 B.8 应急演练评估单 B.9 应急演练总结报告 B.6 事件报告单
跨地域				适用范围：适用于由某一地区（省/市/县级单位）发起的、针对可能造成跨地域影响的事件设置的故障场景。主要为自然灾害或突发公共事件	适用范围：适用于由某一地区（省/市/县级单位）发起的、针对可能造成跨地域影响的事件设置的故障场景。主要为自然灾害或突发公共事件	适用范围：适用于由某一地区（省/市/县级单位）发起的、针对可能造成跨地域影响的事件设置的故障场景。主要为自然灾害或突发公共事件
				目的：通过桌面推演提高跨地域性应急组织机构的指挥协调能力，梳理各关联地区及有关行业应急响应联动机制，检验各地区、行业总体应急预案及有关分预案的有效性，促进相关人员深入掌握应急预案，完善应急准备	目的：通过实操演练提高跨地域性应急组织机构应急指挥和协调能力，磨合各关联地区及有关行业应急联动处置策略，检验地区、行业总体应急预案及有关分预案中各项应急操作流程的有效性、可执行性，培养有关人员的临场应变能力	目的：通过示范演练提升跨地域性应急组织机构及有关行业网络安全事件应对能力，强化安全意识宣贯；促进地区之间应急工作交流

表 A.1（续）

演练对象	专项桌面推演	专项实操演练	专项示范演练	综合性桌面推演	综合性实操演练	综合性示范演练
跨地域				可套用模板： B.2 应急演练工作方案 B.7 应急演练记录单 B.8 应急演练评估单 B.9 应急演练总结报告	可套用模板： B.2 应急演练工作方案 B.7 应急演练记录单 B.8 应急演练评估单 B.9 应急演练总结报告 B.6 事件报告单	可套用模板： B.2 应急演练工作方案 B.5 应急演练脚本 B.7 应急演练记录单 B.8 应急演练评估单 B.9 应急演练总结报告 B.6 事件报告单

附　录　B
（资料性附录）
应急演练各步骤参考模板

B.1　应急演练计划

应急演练计划模板见表 B.1。

表 B.1　应急演练计划

序号	演练项目	目的/要求	演练方式	演练时间	参演机构或部门	演练过程安排	经费是否纳入预算（是/否）

注 1：目的/要求：明确开展应急演练的原因、要解决的问题和期望达到的效果（在对事先设定事件场景风险和应急预案认真分析的基础上，结合年度内发生网络安全事件的情况，分析和查找薄弱环节，确定需调整的演练人员、需锻炼的技能、需检验的设备、需完善的应急处置流程和需进一步明确的职责）。

注 2：演练方式：桌面推演/实操演练/示范演练，跨行业/跨地区/单位内部/部门内部，综合演练/专项演练。

注 3：演练时间：建议党政机关、企事业单位及社会团体每年组织一次综合演练，不定期组织专项演练或小范围演练。

注 4：演练过程安排：包括但不限于预案评审、演练通知、演练环境部署、执行演练方案、演练报告编写、更新预案等环节。

注 5：建议每年 12 月前完成下一年度的演练计划，并将有关经费纳入预算。

B.2　应急演练工作方案

应急演练工作方案模板见表 B.2。

表 B.2 应急演练工作方案

<table>
<tr><td colspan="6">演练概要</td></tr>
<tr><td>演练时间</td><td colspan="3"></td><td>演练地点</td><td></td></tr>
<tr><td>演练目的</td><td colspan="5"></td></tr>
<tr><td>场景设置</td><td colspan="5"></td></tr>
<tr><td>演练形式</td><td colspan="2">□桌面推演 □实操演练 □示范演练</td><td colspan="2">□组织内部 □行业内部 □跨行业 □地域性 □跨地区</td><td>□综合演练 □专项演练</td></tr>
<tr><td rowspan="10">参演团队构成（单位、角色、职责分工）</td><td colspan="2">管理部门</td><td colspan="3">××(人员)：×××××职责</td></tr>
<tr><td rowspan="3">指挥机构</td><td>指挥组</td><td colspan="3">××(人员)：×××××职责</td></tr>
<tr><td>策划组</td><td colspan="3">××(人员)：×××××职责</td></tr>
<tr><td>督导组</td><td colspan="3">××(人员)：×××××职责</td></tr>
<tr><td rowspan="6">参演机构</td><td>顾问组</td><td colspan="3">××(人员)：×××××职责</td></tr>
<tr><td>实施组</td><td colspan="3">××(人员)：×××××职责</td></tr>
<tr><td>保障组</td><td colspan="3">××(人员)：×××××职责</td></tr>
<tr><td>评估组</td><td colspan="3">××(人员)：×××××职责</td></tr>
<tr><td>技术支持组</td><td colspan="3">××(人员)：×××××职责</td></tr>
<tr><td>观察组</td><td colspan="3">××(人员)：×××××职责</td></tr>
<tr><td>演练内容</td><td colspan="5">指导思想：
工作原则：
演练目的：
演练场景：
演练流程：
其他准备事项：
工作要求：
其他：</td></tr>
</table>

B.3 应急演练保障方案

应急演练保障方案模板见表 B.3。

表 B.3 应急演练保障方案

演练概要			
保障对象		保障范围	
保障需求			
保障目的			
牵头单位/部门		配合单位/部门	
演练方案	人员保障：××××		
	经费保障：		
	场地保障：		
	基础设施保障：		
	通信保障：		
	技术保障		
	安全保障：		
	保障检查：		

B.4 应急演练评估方案

应急演练评估方案模板见表 B.4。

表 B.4　应急演练评估方案

<table>
<tr><td colspan="5">演练概要</td></tr>
<tr><td colspan="2">评估时间</td><td></td><td>评估地点</td><td></td></tr>
<tr><td colspan="2">评估对象</td><td></td><td>评估形式</td><td></td></tr>
<tr><td colspan="5">评估组成员</td></tr>
<tr><td colspan="2">姓名</td><td>单位</td><td>职务</td><td>专长领域</td></tr>
<tr><td colspan="2"></td><td></td><td></td><td></td></tr>
<tr><td colspan="2"></td><td></td><td></td><td></td></tr>
<tr><td colspan="5">演练评估</td></tr>
<tr><td>序号</td><td>评估项目</td><td>评估指标</td><td>评估结论
（1—差、3—合格、5—优秀）</td><td>改进建议</td></tr>
<tr><td>1</td><td>演练方案可行性</td><td>◆演练方案的合理性，可用性
◆演练方案与预案符合程度</td><td></td><td></td></tr>
<tr><td>2</td><td>监控告警能力</td><td>◆告警信息是否及时、准确</td><td></td><td></td></tr>
<tr><td>3</td><td>故障定位能力</td><td>◆是否准确定位故障点
◆是否及时根据预案提出解决方案</td><td></td><td></td></tr>
<tr><td>4</td><td>现场指挥协调能力</td><td>◆现场是否迅速建立应急指挥部
◆是否有明确的总指挥和现场指挥
◆总指挥和现场指挥命令下达是否正确
◆各主管部门是否迅速到位，每个人员标志清楚</td><td></td><td></td></tr>
<tr><td>5</td><td>参演人员处置能力</td><td>◆是否就位迅速，职责明确
◆是否处置及时
◆是否正确向指挥部反馈处置情况</td><td></td><td></td></tr>
<tr><td colspan="3">综合评价</td><td></td><td></td></tr>
</table>

B.5 应急演练脚本

应急演练脚本模板见表 B.5。

表 B.5 应急演练脚本

演练概要			
演练时间		演练地点	
演练目的			
场景设置			
演练形式	□桌面推演 □实操演练 □示范演练 □组织内部 □行业内部 □跨行业 □地域性 □跨地区		□综合演练 □专项演练
管理部门		参演机构	
参演团队构成（单位、角色、职责分工）		管理机构	××（人员）：×××××职责
	指挥机构	指挥组	××（人员）：×××××职责
		策划组	××（人员）：×××××职责
		督导组	××（人员）：×××××职责
	参演机构	顾问组	××（人员）：×××××职责
		实施组	××（人员）：×××××职责
		保障组	××（人员）：×××××职责
		评估组	××（人员）：×××××职责
		技术支持组	××（人员）：×××××职责
		观察组	××（人员）：×××××职责

表 B.5（续）

<table>
<tr><td rowspan="7">演练保障</td><td colspan="9">人员保障:××××</td></tr>
<tr><td colspan="9">经费保障:××××</td></tr>
<tr><td colspan="9">场地保障:××××</td></tr>
<tr><td colspan="9">基础设施保障:××××</td></tr>
<tr><td colspan="9">通信保障:××××</td></tr>
<tr><td colspan="9">安全保障:××××</td></tr>
<tr><td colspan="9">保障检查:××××</td></tr>
<tr><td colspan="10">演练方案剧本</td></tr>
<tr><td>演练阶段</td><td>序号</td><td>演练主线
（按方案步骤执行）</td><td>场景展示
（镜头）</td><td>角色</td><td>指令/报告/应答</td><td>动作</td><td>同步场景</td><td>角色/动作</td><td>备注</td></tr>
<tr><td></td><td></td><td></td><td></td><td></td><td></td><td></td><td></td><td></td><td></td></tr>
<tr><td></td><td></td><td></td><td></td><td></td><td></td><td></td><td></td><td></td><td></td></tr>
<tr><td></td><td></td><td></td><td></td><td></td><td></td><td></td><td></td><td></td><td></td></tr>
</table>

B.6 事件报告单

事件报告单模板见表 B.6。

表 B.6　事件报告单

报告时间：　　年　　月　　日　　时　　分　　　　　　　　　　第　　次

机构名称		报告人	
联系电话		传　真	
签发人		联系方式(含手机)	
事件发生时间、地点			
事件简要经过			
事件影响范围、影响程度、影响人数、经济损失情况			
事件导致的后果、发生原因和事件性质判断			
已采取的措施及效果			
需要有关部门和单位协助处置的有关事宜			
备注			

B.7 应急演练记录单

应急演练记录单模板见表 B.7。

表 B.7 应急演练记录单

<table>
<tr><td colspan="8">演练概要</td></tr>
<tr><td colspan="2">演练时间</td><td></td><td colspan="2">演练地点</td><td colspan="3"></td></tr>
<tr><td colspan="2">演练目的</td><td colspan="6"></td></tr>
<tr><td colspan="2">场景设置</td><td colspan="6"></td></tr>
<tr><td colspan="2">演练形式</td><td colspan="2">□桌面推演 □实操演练 □示范演练</td><td colspan="2">□跨行业 □跨地区 □机构内部 □行业内部</td><td colspan="2">□综合演练
□专项演练</td></tr>
<tr><td colspan="2">管理部门</td><td colspan="2"></td><td colspan="2">参演机构</td><td colspan="2"></td></tr>
<tr><td colspan="8">演练记录</td></tr>
<tr><td>演练阶段</td><td>序号</td><td>起止时间</td><td>演练过程控制情况</td><td>参演人员表现</td><td>意外情况及其处置（选填）</td><td>记录人</td><td>记录手段</td></tr>
<tr><td>系统准备及启动</td><td>1</td><td></td><td>□系统备份等安全控制措施
□演练前是否向指挥组确认
□指挥组是否正式宣布演练开始
□其他(请补充说明)</td><td></td><td></td><td></td><td>□文字
□照片
□音像
□其他（补充说明具体手段）</td></tr>
<tr><td>演练执行</td><td>2</td><td></td><td>□演练指挥组组长是否对演练全过程进行控制或授权协调组控制
□保障组是否按照演练预案进行事件场景模拟
□参演机构是否指定专人按预案要求将发现的问题和处置情况向协调组报告
□实施组是否将演练进展情况及时向协调组报告
□演练执行过程是否做好全演练执行过程记录
□其他(请补充说明)</td><td></td><td></td><td></td><td></td></tr>
</table>

表 B.7（续）

演练阶段	序号	起止时间	演练过程控制情况	参演人员表现	意外情况及其处置（选填）	记录人	记录手段
演练结束与终止	3		□演练结束后，是否由指挥组宣布演练结束，且所有人员停止了演练活动 □各参演机构和指挥机构是否及时总结 □各参演机构和指挥机构对演练现场是否进行清理 □演练过程中出现突发相关情形，指挥组是否提前终止演练 □其他（请补充说明）				
系统恢复	4		□各参演机构是否恢复系统 □各参演机构是否向指挥组报告系统恢复情况 □演练结束后次日是否向指挥组书面报告系统运行状态 □其他（请补充说明）				

B.8 应急演练评估单

应急演练评估单模板见表 B.8。

表 B.8　应急演练评估单

<table>
<tr><td colspan="5">演练概要</td></tr>
<tr><td colspan="2">演练时间</td><td></td><td>演练地点</td><td></td></tr>
<tr><td colspan="2">演练目的</td><td colspan="3"></td></tr>
<tr><td colspan="2">场景设置</td><td colspan="3"></td></tr>
<tr><td colspan="2">演练形式</td><td>□桌面推演　□实操演练　□示范演练</td><td>□跨行业　□跨地区　□机构内部　□行业内部</td><td>□综合演练　□专项演练</td></tr>
<tr><td colspan="2">管理部门</td><td></td><td>参演机构</td><td></td></tr>
<tr><td colspan="5">评估组成员</td></tr>
<tr><td colspan="2">姓名</td><td>单位</td><td>职务</td><td>专长领域</td></tr>
<tr><td colspan="2"></td><td></td><td></td><td></td></tr>
<tr><td colspan="2"></td><td></td><td></td><td></td></tr>
<tr><td colspan="5">演练评估</td></tr>
<tr><td>序号</td><td>评估项目</td><td>评估指标</td><td>评估结论
(1—差、3—合格、5—优秀)</td><td>改进建议</td></tr>
<tr><td>1</td><td>演练方案可行性</td><td>◆演练方案的合理性,可用性
◆演练方案与预案符合程度</td><td></td><td></td></tr>
<tr><td>2</td><td>监控告警能力</td><td>◆告警信息是否及时、准确</td><td></td><td></td></tr>
<tr><td>3</td><td>故障定位能力</td><td>◆是否准确定位故障点
◆是否及时根据预案提出解决方案</td><td></td><td></td></tr>
<tr><td>4</td><td>现场指挥协调能力</td><td>◆现场是否迅速建立应急指挥机构
◆是否有明确的指挥组组长和协调者
◆指挥组和协调组命令下达是否正确
◆各主管部门是否迅速到位,每个人员标志清楚</td><td></td><td></td></tr>
</table>

表 B.8（续）

序号	评估项目	评估指标	评估结论 （1—差、3—合格、5—优秀）	改进建议
5	参演人员处置能力	◆是否就位迅速，职责明确 ◆是否处置及时 ◆是否正确向指挥部反馈处置情况		
6	关联方应急联动能力	◆接口部门及人员是否明确 ◆是否响应及时 ◆配合是否流畅		
7	演练保障能力	◆应急人员（主备岗）是否及时就位 ◆技术备品备件是否充足 ◆应急物资及必要通信设备准备是否充足 ◆是否制定意外情况应急措施和回退方案		
8	演练目标的实现情况	◆是否通过演练发现待改进事项 ◆是否达到预期目标		
9	演练的成本效益分析	◆是否符合演练预算，厉行节约		

B.9 应急演练总结报告

应急演练总结报告模板见表 B.9。

表 B.9　应急演练总结报告

演练概要			
演练时间		演练地点	
演练目的			
场景设置			
演练形式	□桌面推演　□实操演练　□示范演练	□跨行业　□跨地区　□机构内部　□行业内部	□综合演练　□专项演练
牵头单位		参演机构	
演练评估			
演练评估时间		演练评估地点	
评估专家组成员			
评估结论			
演练总结及改进思路			
演练总结			
改进思路			

附 录 C
（资料性附录）
演练场景库

演练场景库见表 C.1。

表 C.1 演练场景库

常见风险类型	常见故障类型	故障场景描述	建议演练形式
自然灾害风险	太阳黑子活动	由于太阳黑子活动，导致技术系统遭受一定程度干扰，出现运行异常等情况	机构层面专项桌面推演/行业层面专项桌面推演
	台风	沿海地区受台风影响，可能出现电力中断、通信线路受损、水害等，影响系统正常运行，甚至导致系统中断 由台风导致的区域性电力、通信、交通瘫痪及社会公共安全等应急场景	机构层面综合性桌面推演/地区层面综合性桌面推演
	破坏性地震	由地震引发的地域性社会救援、医疗卫生、电力、通信、运输等应急场景	机构层面综合性桌面推演/地区层面综合性桌面推演/地区层面综合性示范演练
	水灾	因水灾引起的机房地下基础设施被淹、机房渗漏等，影响技术系统正常运行以及市政排水、社会救援、交通等应急场景	机构层面综合性桌面推演/地区层面综合性桌面推演
	火灾	机房火灾导致的技术系统不可用 火灾现场人员疏散、救援、消防等应急场景	机构层面综合性桌面推演/机构层面综合性实操演练
技术系统风险	计算机硬件故障	由于服务器硬件、网络设备、存储设备等故障导致的系统不可用	机构层面专项桌面推演/机构层面专项实操演练/行业层面综合性实操演练
	计算机软件故障	由于计算机软件逻辑错误、软件缺陷、变更失败等导致的系统不可用	机构层面专项桌面推演/机构层面专项实操演练/行业层面综合性实操演练
	机房基础设施故障	由于机房配电、通信线路、空调、消防系统等基础设施故障导致的系统不可用	机构层面专项桌面推演/机构层面专项实操演练/行业层面综合性实操演练
	系统容量不足	由于系统性能不够、处理能力不足导致的运行缓慢或业务中断等场景	机构层面专项桌面推演/机构层面专项实操演练/行业层面综合性实操演练

表 C.1（续）

常见风险类型	常见故障类型	故障场景描述	建议演练形式
工控系统风险	工业控制类设备故障	工业控制系统软硬件故障所导致的等业务中断	机构层面专项桌面推演/行业层面专项桌面推演/地区层面综合性桌面推演
	工业控制类设备受到攻击	攻击者利用工业控制系统漏洞、协议缺陷等对系统进行攻击渗透导致的系统运行异常或不可用	机构层面专项桌面推演/行业层面专项桌面推演/地区层面综合性桌面推演
	业务规则紧急调整	业务规则逻辑错误或调整后测试不充分导致的系统运行异常或不可用	机构层面专项桌面推演/行业层面专项桌面推演/地区层面综合性桌面推演
互联网安全风险	网络攻击事件	通过网络或其他技术手段，利用信息系统的配置缺陷、协议缺陷、程序缺陷造成系统异常或对信息系统运行造成潜在危害的互联网安全事件	机构层面专项实操演练/行业层面专项实操演练
	有害程序事件	蓄意制造、传播有害程序，或是因受到有害程序影响而导致的互联网安全事件	机构层面专项实操演练/行业层面专项实操演练
	信息破坏事件	通过网络或其他技术手段造成信息系统中信息被篡改、假冒、泄露、窃取而导致的互联网安全事件	机构层面专项实操演练/行业层面专项实操演练
	信息内容安全事件	利用信息网络发布、传播危害国家安全、社会稳定和公共利益内容的互联网安全事件	机构层面专项实操演练/行业层面专项实操演练/地区层面专项实操演练
其他行业关联风险	大面积电力故障	由于电力行业发电或传输系统故障导致的区域性事件或其他行业遭受连带影响的事件	机构层面综合性实操演练/行业层面综合性实操演练/地区层面综合性桌面推演/跨地域综合性桌面推演
	大面积通信故障	由于通信行业线路故障导致的区域性事件或其他行业遭受连带影响的事件	机构层面综合性实操演练/行业层面综合性实操演练/地区层面综合性桌面推演/跨地域综合性桌面推演
	其他行业故障	某行业故障导致其他关联行业遭受连带影响的事件	机构层面综合性实操演练/行业层面综合性实操演练
技术创新风险	云服务提供商故障	由于云服务商故障导致的业务中断或业务数据丢失、损毁等事件	机构层面综合性实操演练/行业层面综合性实操演练
	其他故障	其他	

附　录　D
（资料性附录）
参考案例

D.1　设备设施故障实操演练案例

设备设施故障实操演练案例适用于针对信息系统自身软硬件故障，电力、通信等外围保障设施故障，受关联单位故障影响及认为操作失误等导致网络安全事件的应急演练。本案例模拟某单位生产系统硬件故障切换备份系统运行的场景，演练期间各项活动所需表格可参照表 D.1～表 D.4。

表 D.1　设备设施故障实操演练方案

演练方案概要			
演练时间	YYYY-MM-DD	演练地点	××单位××系统所在机房/备份中心
演练目的	检验信息系统重大技术故障的发现、定位、指挥及协同处置能力，验证应急预案和应急处置流程，检验备份/灾备系统建设能及和可用性，锻炼团队		
场景设置	××单位生产时间××系统突发技术故障，导致系统不可用，有关业务中断。经判断为主用生产系统硬件故障，随即启动应急预案，将生产系统向备份系统切换，同时有关部门组织发布信息，开展舆论引导		
演练形式	□桌面推演　■实操演练　□示范演练	□跨行业　□跨地区　■单位内部　□部门内部	□综合演练　■专项演练
管理单位	××单位系统运行部	参演机构	××单位综合部、有关业务部
参演团队构成（单位、角色、职责分工）	指挥组：技术部门分管领导、运行部负责人、综合部负责人、有关业务部门负责人 策划组：系统运行部负责编写方案、组织策划 保障组：系统运行部（运行一线、二线人员）负责安全保障（明确到人） 评估组：系统运行部、综合部、有关业务部门派员组成评估小组		
演练保障	人员保障：演练各项工作落实到人（安排主备岗），演练准备及实施全程参与（明确到人） 经费保障：按照年度演练计划和预算落实 物资保障：技术系统备品备件等…… 场地保障：演练所在机房，灾备中心 通信保障：专线等通信链路，固定电话、手机等必要联络设备		

表 D.1（续）

演练方案							
演练阶段	序号	时间控制	演练步骤	动作	角色 （执行方）	同步执行	角色/动作
演练开始	1	T	向演练现场下达演练开始指令				
	2	T+1	模拟××系统生产主机硬件故障	（停止服务进程等方式）			
发现故障并记录	3	T+2	一线运行监控人员通过统一监控系统发现报警信息，向二线运管中心报告故障	查看监控界面	一线运行监控	与此同时，业务部门陆续接到下级单位报障电话，反映××业务出现中断	业务部门
	4	T+3	二线运管中心接到报告，对故障进行定位，经判断，××系统为生产主机硬件故障	组织进行故障研判	二线运管中心		
	5	T+4	按照预案，应立即将生产系统向备份系统切换，运管中心人员向运行负责任报告故障情况，建议立即启动预案	向运行负责人报告	二线运管中心		
	6	T+5	运行负责人同意启动预案		运行负责人		
预案启动	7	T+6	二线运管中心通知××系统管理员准备进行系统切换		二线运管中心××系统管理员		
	8	T+6	通知有关业务部门进行制定统一解释口径，通过短信、网站公告、客户电话等形式提示风险，开展舆情监控。		业务部门		
	9	T+6	通知综合部门编制《网络安全事件报告书》向有关部门报告情况。		综合部门		
	10	T+6	通知有关硬件厂商携带备件赶赴故障现场进行处置	致电硬件厂商			
	11	T+7	××系统管理员将生产系统向备份系统切换，切换完成后持续关注数据同步情况，通知一线运行监控关注下级单位链接情况	系统切换、数据同步	××系统管理员		

表 D.1（续）

演练阶段	序号	时间控制	演练步骤	动作	角色（执行方）	同步执行	角色/动作
系统恢复	12	T+16	确定数据同步完成，各方链接正常，二线运管中心向运行负责人报告系统恢复情况，告知厂商已赶到现场对故障硬件进行更换，并建议在本阶段生产运行结束后切换回主用生产系统	向运行负责人报告切换情况	二线运管中心		
	13	T+19	通知业务部门通过网站等形式发布公告通知业务恢复正常，通知综合部门向有关单位报告恢复情况		二线运管中心		
演练完成	14	T+20	宣布演练结束				

表 D.2 设备设施故障实操演练记录单

演练概要			
演练时间	YYYY-MM-DD	演练地点	××单位××系统所在机房/备份中心
演练目的	检验信息系统重大技术故障的发现、定位、指挥及协同处置能力，验证应急预案和应急处置流程，检验备份/灾备系统建设能及和可用性，锻炼团队		
场景设置	××单位生产时间××系统突发技术故障，导致系统不可用，有关业务中断。经判断为主用生产系统硬件故障，随即启动应急预案，将生产系统向备份系统切换，同时有关部门组织发布信息，开展舆论引导		
演练形式	□桌面推演 ■实操演练 □示范演练	□跨行业 □跨地区 ■单位内部 □部门内部	□综合演练 ■专项演练
管理部门	××单位系统运行部	参演机构	××单位综合部、有关业务部

表 D.2（续）

演练记录							
演练阶段	序号	起止时间	演练过程控制情况	参演人员表现	意外情况及其处置(选填)	记录人	记录手段
系统准备及启动	1	YYYY-MM-DD 9:00-9:02	■系统备份等安全控制措施 ■演练前是否向总指挥部确认 ■总指挥部是否正式宣布演练开始 □其他(请补充说明)	良好	无	× ××	■文字 □照片 □音像 □其他(补充说明具体手段)
演练执行	2	YYYY-MM-DD 9:03-9:15	■演练总指挥是否对演练全过程进行控制或授权策划组控制 ■各应急指挥中心是否按照演练预案进行事件场景模拟 ■演练单位是否指定专人按预案要求将发现的问题和处置情况向总指挥部报告 ■各应急指挥中心领导小组是否将演练进展情况及时向总指挥报告 ■演练执行过程是否做好全演练执行过程记录 □其他(请补充说明)	良好	无	× ××	■文字 □照片 □音像 □其他(补充说明具体手段)
演练结束与终止	3	YYYY-MM-DD 9:16-9:20	■演练结束后，是否由总指挥部宣布演练结束，且所有人员停止了演练活动 ■各应急指挥中心和总指挥部是否及时总结 ■各应急指挥中心和总指挥部对演练现场是否进行清理 □演练过程中出现突发相关情形，总指挥部领导小组是否提前终止演练 □其他(请补充说明)	良好	无	× ××	■文字 □照片 □音像 □其他(补充说明具体手段)
系统恢复	4	YYYY-MM-DD 9:30 之后	■各参演机构是否恢复系统 ■各参演机构是否向总指挥部报告系统恢复情况 ■演练结束后次日是否向总指挥部书面报告系统运行状态 □其他(请补充说明)	良好	无	× ××	■文字 □照片 □音像 □其他(补充说明具体手段)

表 D.3　设备设施故障实操演练评估

演练概要			
演练时间	YYYY-MM-DD	演练地点	××单位××系统所在机房/备份中心
演练目的	检验信息系统重大技术故障的发现、定位、指挥及协同处置能力，验证应急预案和应急处置流程，检验备份/灾备系统建设能及和可用性，锻炼团队		
场景设置	××单位生产时间××系统突发技术故障，导致系统不可用，有关业务中断。经判断为主用生产系统硬件故障，随即启动应急预案，将生产系统向备份系统切换，同时有关部门组织发布信息，开展舆论引导		
演练形式	□桌面推演　■实操演练　□示范演练	□跨行业　□跨地区　■单位内部　□部门内部	□综合演练　■专项演练
管理部门	××单位系统运行部	参演机构	××单位综合部、有关业务部

评估组成员			
姓名	单位	职务	专长领域
×××	××单位系统运行部	总监	………
×××	××单位××业务部	总监	………
……	……	……	……

演练评估				
序号	评估项目	评估指标	评估结论 （1—差、3—合格、5—优秀）	改进建议
1	演练方案可行性	◆演练方案的合理性，可用性 ◆演练方案与预案符合程度	演练方案合理，与预案基本符合，得分：3	建议根据演练情况进一步修订完善预案
2	监控告警能力	◆告警信息是否及时、准确	及时、准确，得分：5	
3	故障定位能力	◆是否准确定位故障点 ◆是否及时根据预案提出解决方案	能够根据告警信息及时定位故障点并按照预案确定处置方案，得分：3	建议持续丰富和细化预案场景库

表 D.3（续）

序号	评估项目	评估指标	评估结论 （1—差、3—合格、5—优秀）	改进建议
4	现场指挥协调能力	◆现场是否迅速建立应急指挥部 ◆是否有明确的总指挥和现场指挥 ◆总指挥和现场指挥命令下达是否正确 ◆各主管部门是否迅速到位，每个人员标志清楚	组织架构明确，各方响应迅速，得分：5	
5	参演人员处置能力	◆是否就位迅速，职责明确 ◆是否处置及时 ◆是否正确向指挥部反馈处置情况	应急过程中各方职责分工清晰，处置迅速且及时向指挥部反馈处置进展，得分：5	
6	关联方应急联动能力	◆接口部门及人员是否明确 ◆是否响应及时 ◆配合是否流畅	与关联方对接顺利，各关联方配合及时准确，得分：5	
7	演练保障能力	◆应急人员（主备岗）是否及时就位 ◆技术备品备件是否充足 ◆应急物资及必要通信设备准备是否充足 ◆是否制定意外情况应急措施和回退方案	制定了紧急情况回退方案，应急人员、设备、物资等充足，得分：5	
8	演练目标的实现情况	◆是否通过演练发现待改进事项 ◆是否达到预期目标	已针对需要改进事项提出有关建议，经评估，演练达到预期目标，得分：5	
9	演练的成本效益分析	◆是否符合演练预算，厉行节约	严格按照预算开展演练，得分：5	

表 D.4 设备设施故障实操演练总结

演练概要			
演练时间	YYYY-MM-DD	演练地点	××单位××系统所在机房/备份中心
演练目的	检验信息系统重大技术故障的发现、定位、指挥及协同处置能力，验证应急预案和应急处置流程，检验备份/灾备系统建设能及和可用性，锻炼团队		
场景设置	××单位生产时间××系统突发技术故障，导致系统不可用，有关业务中断，经判断为主用生产系统硬件故障，随即启动应急预案，将生产系统向备份系统切换，同时有关部门组织发布信息，开展舆论引导		
演练形式	□桌面推演 ■实操演练 □示范演练	□跨行业 □跨地区 ■单位内部 □部门内部	□综合演练 ■专项演练
管理部门	××单位系统运行部	参演机构	××单位综合部、有关业务部
演练评估			
演练评估时间	YYYY-MM-DD	演练评估地点	××单位会议室
评估专家组成员	技术、综合及有关部门负责人		
评估结论	演练方案涉及合理，与预案基本符合； 告警及时、准确，能够根据告警信息及时定位故障点并按照预案确定处置方案； 组织架构明确，各方响应迅速，职责分工清晰，处置迅速； 与关联方对接顺利，各关联方配合及时有效； 达到预期演练目标		
演练总结及改进思路			
演练总结	将于演练结束两周内编制详细演练总结及整改方案		
改进思路	将于演练结束两周内编制详细演练总结及整改方案		

D.2 灾害性事件桌面推演案例

灾害性事件桌面推演方案适用于针对台风、暴雨、洪水、火灾、地震、大面积停电、恐怖袭击、战争等不可抗力所引发网络安全事件的应急演练，演练期间各项活动所需表格可参照表 D.5～表 D.8。该案例模拟某单位大楼火灾引发停电影响技术系统运行的场景。

表 D.5 灾害性事件桌面推演方案

演练方案概要			
演练时间	YYYY-MM-DD	演练地点	××单位数据中心
演练目的	检验单位各部门针对火灾类突发事件的应对能力及灾备系统可用性，完善与各关联单位的应急响应联动机制，提高全体人员消防安全意识与应变自救能力		
场景设置	模拟××单位数据中心所在大楼突发火灾，消防部门接到报警抵达现场并准备对大楼进行封锁，××单位配合消防部门对大楼人员进行紧急疏散，同时启动应急预案，紧急将重要技术系统切换至灾备中心，技术人员撤离		
演练形式	■桌面推演 □实操演练 □示范演练	■跨行业 □跨地区 □单位内部 □部门内部	■综合演练 □专项演练
管理部门	××单位运维部门	参演机构	大楼物业、消防部门
参演团队构成（单位、角色、职责分工）	指挥组：××单位总经理、单位所有部门负责人组成指挥组（分指挥部），总经理任（分指挥部）指挥（明确到人） 策划组：运维部门牵头，会同各参演部门有关人员组成策划组，开展演练方案制定、剧本编写等（明确到人） 保障组：运维部会同大楼物业负责演练过程中的安全保障（明确到人，以及联系方式） 观察组：有关部门领导出席演练，进行观察指导 评估组：行业有关信息技术专家组成评估小组对演练情况开展评估（明确到人）		
演练保障	人员保障：演练各项工作落实到人（安排主备岗），演练准备及实施全程参与（明确到人） 经费保障：按照××年度演练计划和预算落实 物资保障：技术系统备品备件、消防设施（呼吸器等）、紧急照明设施…… 场地保障：演练所在大楼及周边区域，灾备中心 通信保障：专线等通信链路，固定电话、手机、对讲机等必要联络设备		

表 D.5（续）

演练方案							
演练阶段	序号	时间控制	演练步骤	动作	角色 （执行方）	同步执行	角色/动作
演练开始	1	T	向××单位下达演练开始指令		总指挥部		
	2	T+1	××单位接受指令，介绍参演场景及演练内容		××单位分指挥部		
	3	T+3	××单位向演练现场下达演练开始指令		××单位分指挥部		
故障发现	4	T+4	模拟数据中心所在大楼发生火灾（通过向烟雾探测器送等方式）		××单位运维保障部门		
	5	T+5	监控人员发现消防系统出现声光报警，通过监控确认告警区域，立即赶往该区域实地查看	通过监控确认告警区域，立即赶往该区域实地查看	××单位运维监控部门		
	6	T+6	实地查看确认出现大量烟雾，暂未见明火，立即与大楼物业联系，被告知为大楼管井失火，物业已报警并将立即启动火灾应急		××单位运维监控部门	与此同时物业部门电话向消防部门报警，大楼响起火灾警报	大楼物业
						接到火灾报警，立即派出消防车赶往火灾地点	消防部门
	7	T+7	××单位运维监控人员立即向部门负责人报告情况，根据单位应急预案，已达到火灾应急预案启动条件，要求立即启动应急		××单位运维监控部门	运维负责人同意启动预案	运维负责人
预案启动	8	T+8	运维监控人员立即通知有关部门启动预案	1）通知综合部门立即组织疏散 2）通知系统管理员执行系统切换 3）立即对机房内人员进行疏散，模拟启动消防系统气体释放		运维负责人紧急向单位领导报告情况，并要求按照预案服从综合部门安排立即疏散	

表 D.5（续）

演练阶段	序号	时间控制	演练步骤	动作	角色（执行方）	同步执行	角色/动作
预案启动	9	T+10	综合部门立即派出人员分头到各办公区域组织疏散，要求全体人员切断办公设备电源马上撤离		综合部门	此时消防车抵达	综合部门与消防部门配合
	10	T+15	系统管理员按照预案要求立即将重要技术系统向灾备系统切换，同时向灾备中心运行人员告知情况，请求配合，完成指定操作并撤离		系统管理员	灾备中心对有关系统进行接管，与此同时指定专人统计影响情况并草拟《网络安全事件报告书》向上级部门报告	灾备中心
						指定人员制定统一解释口径，通过短信、网站公告、客户电话等形式提示风险，开展舆情监控，对失实报道的情况要求删除或澄清	灾备中心
	11	T+25	灾备切换完成，检查重要系统运行情况，持续向××单位指挥部（已撤离大楼）报告各交易系统切换情况		灾备中心		
恢复正常	12	T+34	模拟大楼火势已被控制，灾备系统运行正常，待续统计确认受影响范围，向上级部门报告		灾备中心	有关人员赶往灾备中心临时办公场地	
	13	T+35	报告演练完成		××单位分指挥部		

表 D.6　灾害性事件桌面推演记录单

演练概要							
演练时间	YYYY-MM-DD		演练地点	××单位数据中心			
演练目的	检验单位各部门针对火灾类突发事件的应对能力及灾备系统可用性，完善与各关联单位的应急响应联动机制，提高全体人员消防安全意识与应变自救能力						
场景设置	模拟××单位数据中心所在大楼突发火灾，消防部门接到报警抵达现场并准备对大楼进行封锁，××单位配合消防部门对大楼人员进行紧急疏散，同时启动应急预案，紧急将重要技术系统切换至灾备中心，技术人员撤离						
演练形式	■桌面推演　□实操演练　□示范演练		■跨行业　□跨地区　□单位内部　□部门内部			■综合演练　□专项演练	
管理部门	××单位		参演机构	大楼物业、消防部门			
演练记录							
演练阶段	序号	起止时间	演练过程控制情况	参演人员表现	意外情况及其处置(选填)	记录人	记录手段
系统准备及启动	1	YYYY-MM-DD 9:00-9:03	■系统备份等安全控制措施 ■演练前是否向总指挥部确认 ■总指挥部是否正式宣布演练开始 □其他(请补充说明)	良好	无	×××	■文字 □照片 □音像 □其他(补充说明具体手段)
演练执行	2	YYYY-MM-DD 9:04-9:30	■演练总指挥是否对演练全过程进行控制或授权策划组控制 ■各应急指挥中心是否按照演练预案进行事件场景模拟 ■演练单位是否指定专人按预案要求将发现的问题和处置情况向总指挥部报告 ■各应急指挥中心领导小组是否将演练进展情况及时向总指挥报告 ■演练执行过程是否做好全演练执行过程记录 □其他(请补充说明)	良好	无	×××	■文字 □照片 □音像 □其他(补充说明具体手段)

表 D.6（续）

演练阶段	序号	起止时间	演练过程控制情况	参演人员表现	意外情况及其处置（选填）	记录人	记录手段
演练结束与终止	3	YYYY-MM-DD 9:31-9:35	■演练结束后，是否由总指挥部宣布演练结束，且所有人员停止了演练活动 ■各应急指挥中心和总指挥部是否及时总结 ■各应急指挥中心和总指挥部对演练现场是否进行清理 □演练过程中出现突发相关情形，总指挥部领导小组是否提前终止演练 □其他（请补充说明）	良好	无	×××	■文字 □照片 □音像 □其他（补充说明具体手段）
系统恢复	4	YYYY-MM-DD 9:35 之后	■各参演机构是否恢复系统 ■各参演机构是否向总指挥部报告系统恢复情况 ■演练结束后次日是否向总指挥部书面报告系统运行状态 □其他（请补充说明）	良好	无	×××	■文字 □照片 □音像 □其他（补充说明具体手段）

表 D.7　灾害性事件桌面推演评估

<table>
<tr><td colspan="5">演练概要</td></tr>
<tr><td colspan="2">演练时间</td><td>YYYY-MM-DD</td><td>演练地点</td><td>××单位数据中心</td></tr>
<tr><td colspan="2">演练目的</td><td colspan="3">检验单位各部门针对火灾类突发事件的应对能力及灾备系统可用性，完善与各关联单位的应急响应联动机制，提高全体人员消防安全意识与应变自救能力</td></tr>
<tr><td colspan="2">场景设置</td><td colspan="3">模拟××单位数据中心所在大楼突发火灾，消防部门接到报警抵达现场并准备对大楼进行封锁，××单位配合消防部门对大楼人员进行紧急疏散，同时启动应急预案，紧急将重要技术系统切换至灾备中心，技术人员撤离</td></tr>
<tr><td colspan="2">演练形式</td><td>■桌面推演　□实操演练　□示范演练</td><td>■跨行业　□跨地区　□单位内部　□部门内部</td><td>■综合演练　□专项演练</td></tr>
<tr><td colspan="2">管理部门</td><td>××单位</td><td>参演机构</td><td>大楼物业、消防部门</td></tr>
<tr><td colspan="5">评估组成员</td></tr>
<tr><td colspan="2">姓名</td><td>单位</td><td>职务</td><td>专长领域</td></tr>
<tr><td colspan="2">×××</td><td>××单位技术部</td><td>部门负责人</td><td>……</td></tr>
<tr><td colspan="2">×××</td><td>××单位综合部</td><td>部门负责人</td><td>……</td></tr>
<tr><td colspan="2">×××</td><td>大厦物业保障部</td><td>部门负责人</td><td>……</td></tr>
<tr><td colspan="2">×××</td><td>××区消防支队</td><td>负责人</td><td>……</td></tr>
<tr><td colspan="2">……</td><td>……</td><td>……</td><td>……</td></tr>
<tr><td colspan="5">演练评估</td></tr>
<tr><td>序号</td><td>评估项目</td><td>评估指标</td><td>评估结论
（1—差、3—合格、5—优秀）</td><td>改进建议</td></tr>
<tr><td>1</td><td>演练方案可行性</td><td>◆演练方案的合理性，可用性
◆演练方案与预案符合程度</td><td>演练方案合理，与预案基本符合，得分：3</td><td>建议根据演练情况进一步修订完善预案</td></tr>
<tr><td>2</td><td>监控告警能力</td><td>◆告警信息是否及时、准确</td><td>及时、准确，得分：5</td><td></td></tr>
<tr><td>3</td><td>故障定位能力</td><td>◆是否准确定位故障点
◆是否及时根据预案提出解决方案</td><td>能够根据告警信息及时定位故障点并按照预案确定处置方案，得分：3</td><td>建议持续丰富和细化预案场景库</td></tr>
</table>

表 D.7（续）

序号	评估项目	评估指标	评估结论 （1—差、3—合格、5—优秀）	改进建议
4	现场指挥协调能力	◆现场是否迅速建立应急指挥部 ◆是否有明确的总指挥和现场指挥 ◆总指挥和现场指挥命令下达是否正确 ◆各主管部门是否迅速到位，每个人员标志清楚	组织架构明确，各方响应迅速，得分:5	
5	参演人员处置能力	◆是否就位迅速，职责明确 ◆是否处置及时 ◆是否正确向指挥部反馈处置情况	应急过程中各方职责分工清晰，处置迅速且及时向指挥部反馈处置进展，得分:5	
6	关联方应急联动能力	◆接口部门及人员是否明确 ◆是否响应及时 ◆配合是否流畅	与关联方对接顺利，各关联方配合及时准确，得分:3	持续完善关联单位之间联络机制
7	演练保障能力	◆应急人员(主备岗)是否及时就位 ◆技术备品备件是否充足 ◆应急物资及必要通信设备准备是否充足 ◆是否制定意外情况应急措施和回退方案	制定了紧急情况回退方案，应急人员、设备、物资等充足，得分:5	
8	演练目标的实现情况	◆是否通过演练发现待改进事项 ◆是否达到预期目标	已针对需要改进事项提出有关建议，经评估，演练达到预期目标，得分:5	
9	演练的成本效益分析	◆是否符合演练预算，厉行节约	严格按照预算开展演练，得分:5	

表 D.8 灾害性事件桌面推演总结

演练概要			
演练时间	YYYY-MM-DD	演练地点	××单位数据中心
演练目的	检验单位各部门针对火灾类突发事件的应对能力及灾备系统可用性，完善与各关联单位的应急响应联动机制，提高全体人员消防安全意识与应变自救能力		
场景设置	模拟××单位数据中心所在大楼突发火灾，消防部门接到报警抵达现场并准备对大楼进行封锁，××单位配合消防部门对大楼人员进行紧急疏散，同时启动应急预案，紧急将重要技术系统切换至灾备中心，技术人员撤离		
演练形式	■桌面推演 □实操演练 □示范演练	■跨行业 □跨地区 □单位内部 □部门内部	■综合演练 □专项演练
管理部门	××单位	参演机构	大楼物业、消防部门
演练评估			
演练评估时间	YYYY-MM-DD	演练评估地点	××单位会议室
评估专家组成员	由××单位技术部、综合部及有关业务部门，大厦物业保障部，消防支队负责人等组成		
评估结论	演练方案涉及合理，与预案基本符合； 告警及时、准确，能够根据告警信息及时定位故障点并按照预案确定处置方案； 组织架构明确，各方响应迅速，职责分工清晰，处置迅速； 与关联方对接顺利，各关联方配合及时有效； 达到预期演练目标		
演练总结及改进思路			
演练总结	将于演练结束两周内编制详细演练总结及整改方案		
改进思路	将于演练结束两周内编制详细演练总结及整改方案		

D.3 网络攻击事件示范演练案例

网络攻击事件示范演练方案适用于通过网络或其他技术手段，利用信息系统的配置缺陷、协议缺陷、程序缺陷造成系统异常或对信息系统运行造成潜在危害的网络安全事件的应急演练。本样例模拟某单位门户网站遭遇 DDoS 攻击的场景，演练期间各项活动所需表格可参照表 D.9～表 D.13。

表 D.9　网络攻击事件示范演练方案

演练方案概要							
演练时间	YYYY-MM-DD			演练地点	××单位网站系统所在机房		
演练目的	检验××单位互联网安全防护能力，验证应急预案和应急处置流程，完善与各关联单位的应急响应联动机制						
场景设置	某工作日，××单位发现门户网站访问缓慢，经判断为遭遇 DDoS 攻击，紧急启动应急预案并协调网络运营商开展应急处置						
演练形式	□桌面推演　□实操演练　■示范演练			■跨行业　□跨地区　□单位内部　□部门内部		□综合演练　■专项演练	
管理部门	××单位技术部			参演机构	网络运营商、CNCERT、安全厂商		
参演团队构成（单位、角色、职责分工）	指挥组：技术部门分管领导、技术部负责人、综合部负责人 策划组：技术部负责编写方案、组织策划 保障组：技术部负责安全保障（明确到人） 观察组：行业所有单位、有关外联单位 评估组：技术部、综合部、行业信息安全专家组成评估小组						
演练保障	技术保障：演练相关网络设备数量、型号，拟使用的监控及处置相关工具。如入侵检测系统、防火墙系统、防病毒系统等 人员保障：信息安全运维人员及演练有关技术人员全员到岗 经费保障：应急演练预算 场地保障：故障模拟场地、应急指挥场地、应急处置场地等 通信保障：热线、视频会议系统、电话会议系统、其他通信设施等						
演练方案							
演练阶段	序号	时间控制	演练步骤	动作	角色（执行方）	同步执行	角色/动作
演练开始	1	T	××单位向演练现场下达演练开始指令				
	2	T+1	网络运营商向演练单位发起故障	中断通信线路			

表 D.9（续）

演练阶段	序号	时间控制	演练步骤	动作	角色（执行方）	同步执行	角色/动作
故障预警、响应及报告流程	3	T+3	××单位运维部门监控出现门户网站流量告警，运维人员对告警进行初步分析，判断为门户网站遭遇 DDoS 攻击	查看监控告警界面			
	4	T+5	监控人员向运维负责人报告故障	电话报告故障			
应急决策、指挥、处置、报告、信息发布	5	T+6	运维负责人召集应急工作小组，进一步确认故障及影响范围，研判风险，并确定启动相应应急预案	组织进行故障及风险研判			
	6	T+10	按应急预案，紧急与运营商沟通启动流量清洗服务			综合部门开展舆情监控，通过微信公众号等方式发布公告	
	7					通知网络安全厂商紧急赶来故障现场开展技术支持	
应急决策、指挥、处置、报告、信息发布	8	T+20	运营商流量清洗完成，网络流量恢复正常，门户网站恢复访问				
	9	T+25	持续跟踪门户网站运行情况，并向运维负责人报告情况	电话报告处置情况及后续工作		网络安全厂商对门户网站安全情况进行评估并提出加固方案	
	10	T+30	与 CNCERT 沟通请求提供网络攻击溯源服务	电话沟通情况，请求支援			
应急演练完毕及报告	11	T+31	对事件发生和应急处置概况等进行总结				
	12	T+35	专家点评，宣布演练结束				

表 D.10　网络攻击事件示范演练剧本

演练概要			
演练时间	YYYY-MM-DD	演练地点	××单位网站系统所在机房
演练目的	检验××单位互联网安全防护能力，验证应急预案和应急处置流程，完善与各关联单位的应急响应联动机制。		
场景设置	某工作日，××单位发现门户网站访问缓慢，经判断为遭遇 DDoS 攻击，紧急启动应急预案并协调网络运营商开展应急处置。		
演练形式	□桌面推演　□实操演练　■示范演练	■跨行业　□跨地区　□单位内部　□部门内部	□综合演练　■专项演练
管理部门	××单位	参演机构	网络运营商、CNCERT、安全厂商
参演团队构成（单位、角色、职责分工）	指挥组：技术部门分管领导、技术部负责人、综合部负责人 策划组：技术部负责编写方案、组织策划 保障组：技术部负责安全保障（明确到人） 督导组： 观察组：行业所有单位、有关外联单位 评估组：系统运行部、综合部、行业信息安全专家组成评估小组		
演练保障	技术保障：演练相关网络设备数量、型号，拟使用的监控及处置相关工具。如入侵检测系统、防火墙系统、防病毒系统等 人员保障：信息安全运维人员及演练有关技术人员全员到岗 经费保障：应急演练预算 物资保障： 场地保障：故障模拟场地、应急指挥场地、应急处置场地等 通信保障：热线、视频会议系统、电话会议系统、其他通信设施等 其他：		

表 D.10（续）

演练方案剧本									
演练阶段	序号	演练主线（按方案步骤执行）	场景展示（镜头）	角色	指令/报告/应答	动作	同步场景	角色/动作	备注
演练开始	1	××单位向演练现场下达演练开始指令	会议室（应急指挥中心）	演练总指挥	技术部请准备开始网络攻击事件应急演练		技术部收到演练开始指令	技术部负责人	
演练开始	2	网络运营商向演练单位发起故障				向演练单位发起DDoS攻击			
故障预警、响应及报告流程	3	××单位运维部门监控出现门户网站流量告警，运维人员对告警进行初步分析，判断为门户网站遭遇DDoS攻击	机房监控室	运维人员		查看告警界面			
	4	监控人员向运维负责人报告故障	机房监控室	运维人员	报告：当前监控系统出现流量告警，经初步分析，判断为我单位门户网站遭遇DDoS攻击，建议按要求立即启动应急预案	向负责人电话报告	同意启动应急预案	技术部负责人	
应急决策、指挥、处置、报告、信息发布	5	运维负责人召集应急工作小组，进一步确认故障及影响范围，研判风险，并确定启动相应应急预案	会议室（应急指挥中心）	技术、综合、业务等部门负责人	我单位门户网站遭遇DDoS攻击，技术部门已按要求启动应急预案，通知运营商开展流量清洗工作，请各部门研判风险提出有关建议				
	6	按应急预案，紧急与运营商沟通启动流量清洗服务	机房监控室	运维人员	我单位门户网站遭遇DDoS攻击，请立即启动流量清洗服务	与运营商电话沟通	立即启动流量清洗服务	运营商	

表 D.10（续）

演练阶段	序号	演练主线（按方案步骤执行）	场景展示（镜头）	角色	指令/报告/应答	动作	同步场景	角色/动作	备注
应急决策、指挥、处置、报告、信息发布	7				我单位门户网站遭遇DDoS攻击，请立即赶赴现场配合开展应急处置	与安全服务厂商电话沟通	立即派技术人员赶赴现场	安全服务厂商	
	8	运营商流量清洗完成，网络流量恢复正常，门户网站恢复访问	运营商运管中心	运营商操作人员	已完成流量清洗工作，请确认网站是否访问正常	与××单位电话沟通	通过监控确认流量正常，网站恢复正常访问，持续跟踪	××单位运维人员	
	9	持续跟踪门户网站运行情况，并向运维负责人报告情况	机房监控室	运维人员	运营商已完成流量清洗，目前监控显示流量正常，网站恢复正常访问，请指示	向负责人电话报告	要求进一步跟踪网站运行情况	技术部负责人	
	10	与CNCERT沟通请求提供网络攻击溯源服务	机房监控室	运维人员、安全服务厂商	××单位门户网站于今日×点×分遭遇DDoS攻击，经过运营商流量清洗工作目前流量已恢复正常，网站恢复正常访问，请配合开展溯源工作	与CNCERT电话沟通	开展攻击溯源（结果后续反馈）	CNCERT	
应急演练完毕及报告、点评	11	对事件发生和应急处置概况等进行总结	会议室（应急指挥中心）	演练总指挥					
	12	专家点评，宣布演练结束	会议室（应急指挥中心）	专家					

表 D.11　网络攻击事件示范演练记录单

演练概要							
演练时间	YYYY-MM-DD			演练地点	××单位网站系统所在机房		
演练目的	检验××单位互联网安全防护能力，验证应急预案和应急处置流程，完善与各关联单位的应急响应联动机制						
场景设置	某工作日，××单位发现门户网站访问缓慢，经判断为遭遇 DDoS 攻击，紧急启动应急预案并协调网络运营商开展应急处置						
演练形式	□桌面推演　□实操演练　■示范演练			■跨行业　□跨地区　□单位内部　□部门内部		□综合演练　■专项演练	
管理部门	××单位			参演机构	网络运营商、CNCERT、安全厂商		
演练记录							
演练阶段	序号	起止时间	演练过程控制情况	参演人员表现	意外情况及其处置（选填）	记录人	记录手段
系统准备及启动	1	YYYY-MM-DD 9:00-9:02	■系统备份等安全控制措施 ■演练前是否向指挥组确认 ■指挥组是否正式宣布演练开始 □其他（请补充说明）	良好	无	×××	■文字 ■照片 ■音像 □其他（补充说明具体手段）
演练执行	2	YYYY-MM-DD 9:03-9:30	■演练指挥组组长是否对演练全过程进行控制或授权策划组控制 ■各参演机构是否按照演练预案进行事件场景模拟 ■演练单位是否指定专人按预案要求将发现的问题和处置情况向总指挥部报告 ■各参演机构是否将演练进展情况及时向总指挥报告 ■演练执行过程是否做好全演练执行过程记录 □其他（请补充说明）	良好	无	×××	■文字 ■照片 ■音像 □其他（补充说明具体手段）
演练结束与终止	3	YYYY-MM-DD 9:31-9:35	■演练结束后，是否由总指挥部宣布演练结束，且所有人员停止了演练活动 ■各参演机构和指挥机构是否及时总结 ■各参演机构和指挥机构对演练现场是否进行清理 □演练过程中出现突发相关情形，指挥组是否提前终止演练 □其他（请补充说明）	良好	无	×××	■文字 ■照片 ■音像 □其他（补充说明具体手段）

表 D.11（续）

演练阶段	序号	起止时间	演练过程控制情况	参演人员表现	意外情况及其处置(选填)	记录人	记录手段
系统恢复	4	YYYY-MM-DD 9:35 之后	■各参演机构是否恢复系统 ■各参演机构是否向指挥组报告系统恢复情况 ■演练结束后次日是否向指挥组书面报告系统运行状态 □其他(请补充说明)	良好	无	×××	■文字 ■照片 ■音像 □其他(补充说明具体手段)

表 D.12 网络攻击事件示范演练评估

演练概要			
演练时间	YYYY-MM-DD	演练地点	××单位网站系统所在机房
演练目的	检验××单位互联网安全防护能力,验证应急预案和应急处置流程,完善与各关联单位的应急响应联动机制		
场景设置	某工作日,××单位发现门户网站访问缓慢,经判断为遭遇 DDoS 攻击,紧急启动应急预案并协调网络运营商开展应急处置		
演练形式	□桌面推演 □实操演练 ■示范演练	■跨行业 □跨地区 □单位内部 □部门内部	□综合演练 ■专项演练
管理部门	××单位	参演机构	网络运营商、CNCERT、安全厂商
评估组成员			
姓名	单位	职务	专长领域
×××	××单位技术部	部门负责人	……
×××	××单位综合部	部门负责人	……
×××	网络运营商	部门负责人	……
×××	CNCERT	部门负责人	……
×××	安全服务厂商	部门负责人	……
……	……	……	……

表 D.12（续）

演练评估				
序号	评估项目	评估指标	评估结论 （1—差、3—合格、5—优秀）	改进建议
1	演练方案可行性	◆演练方案的合理性，可用性 ◆演练方案与预案符合程度	演练方案合理，与预案基本符合，得分:3	建议根据演练情况进一步修订完善预案
2	监控告警能力	◆告警信息是否及时、准确	及时、准确，得分:5	
3	故障定位能力	◆是否准确定位故障点 ◆是否及时根据预案提出解决方案	能够根据告警信息及时定位故障点并按照预案确定处置方案，得分:3	建议持续丰富和细化预案场景库
4	现场指挥协调能力	◆现场是否迅速建立应急指挥部 ◆是否有明确的指挥组和协调组 ◆指挥组和协调组命令下达是否准确 ◆各主管部门是否迅速到位，每个人员标志清楚	组织架构明确，各方响应迅速，得分:5	
5	参演人员处置能力	◆是否就位迅速，职责明确 ◆是否处置及时 ◆是否正确向指挥部反馈处置情况	应急过程中各方职责分工清晰，处置迅速且及时向指挥部反馈处置进展，得分:5	
6	关联方应急联动能力	◆接口部门及人员是否明确 ◆是否响应及时 ◆配合是否流畅	与关联方对接顺利，各关联方配合及时准确，得分:5	持续完善关联单位之间联络机制
7	演练保障能力	◆应急人员（主备岗）是否及时就位 ◆技术备品备件是否充足 ◆应急物资及必要通信设备准备是否充足 ◆是否制定意外情况应急措施和回退方案	制定了紧急情况回退方案，应急人员、设备、物资等充足，得分:5	
8	演练目标的实现情况	◆是否通过演练发现待改进事项 ◆是否达到预期目标	已针对需要改进事项提出有关建议，经评估，演练达到预期目标，得分:5	
9	演练的成本效益分析	◆是否符合演练预算，厉行节约	严格按照预算开展演练，得分:5	

表 D.13 网络攻击事件示范演练总结

演练概要			
演练时间	YYYY-MM-DD	演练地点	××单位网站系统所在机房
演练目的	检验××单位互联网安全防护能力，验证应急预案和应急处置流程，完善与各关联单位的应急响应联动机制		
场景设置	某工作日，××单位发现门户网站访问缓慢，经判断为遭遇 DDoS 攻击，紧急启动应急预案并协调网络运营商开展应急处置		
演练形式	□桌面推演 □实操演练 ■示范演练	■跨行业 □跨地区 □单位内部 □部门内部	□综合演练 ■专项演练
管理部门	××单位	参演机构	网络运营商、CNCERT、安全厂商
演练评估			
演练评估时间	YYYY-MM-DD	演练评估地点	××单位会议室
评估专家组成员	××单位技术部、综合部及有关业务部门负责人、网络运营商、CNCERT、安全厂商有关负责人		
评估结论	演练方案涉及合理，与预案基本符合； 告警及时、准确，能够根据告警信息及时定位故障点并按照预案确定处置方案； 组织架构明确，各方响应迅速，职责分工清晰，处置迅速； 与关联方对接顺利，各关联方配合及时有效； 达到预期演练目标		
演练总结及改进思路			
演练总结	将于演练结束两周内编制详细演练总结及整改方案		
改进思路	将于演练结束两周内编制详细演练总结及整改方案		

参 考 文 献

[1] GB/Z 20986—2007 信息安全技术 信息安全事件分类分级指南
[2] GB/T 24363—2009 信息安全技术 信息安全应急响应计划规范
[3] 国家网络安全事件应急预案(中网办发文〔2017〕4 号)

ICS 35.40
L 80

中华人民共和国公共安全行业标准

GA/T 1389—2017

信息安全技术 网络安全等级保护定级指南

Information security technology—
Guidelines for grading of classified protection of cyber security

2017-05-08 发布　　2017-05-08 实施

中华人民共和国公安部　发布

前　言

本标准按照 GB/T 1.1—2009 给出的规则起草。

本标准由公安部网络安全保卫局提出。

本标准由公安部信息系统安全标准化技术委员会归口。

本标准起草单位:公安部信息安全等级保护评估中心、电力行业信息安全等级保护测评中心第一测评实验室、阿里云计算有限公司、杭州华三通信技术有限公司。

本标准主要起草人:李明、曲洁、任卫红、张振峰、袁静、朱建平、马力、刘韧、陈雪秀、刘鑫。

引　言

依据《中华人民共和国计算机信息系统安全保护条例》(国务院147号令)和《信息安全等级保护管理办法》(公通字〔2007〕43号)制定本标准。

与本标准相关的国家系列标准包括：

——GB/T 25058—2010　信息安全技术　信息系统安全等级保护实施指南；

——GB/T 22239—2008　信息安全技术　信息系统安全等级保护基本要求；

——GB/T 28448—2012　信息安全技术　信息系统安全等级保护测评要求。

本标准依据等级保护相关管理文件，综合考虑保护对象在国家安全、经济建设、社会生活中的重要程度，以及保护对象遭到破坏后对国家安全、社会秩序、公共利益以及公民、法人和其他组织的合法权益的危害程度等因素，提出确定保护对象安全保护等级的方法。

信息安全技术
网络安全等级保护定级指南

1 范围

本标准规定了网络安全等级保护的定级方法和定级流程。

本标准适用于为等级保护对象的定级工作提供指导。

2 规范性引用文件

下列文件对于本文件的应用是必不可少的。凡是注日期的引用文件，仅注日期的版本适用于本文件。凡是不注日期的引用文件，其最新版本(包括所有的修改单)适用于本文件。

GB 17859—1999 计算机信息系统 安全保护等级划分准则

GB/T 25069—2010 信息安全技术 术语

3 术语和定义

GB 17859—1999 和 GB/T 25069—2010 界定的以及下列术语和定义适用于本文件。

3.1

等级保护对象 target of classified protection

网络安全等级保护工作的作用对象，主要包括基础信息网络、信息系统(例如工业控制系统、云计算平台、物联网、使用移动互联技术的信息系统以及其他信息系统)和大数据等。

3.2

基础信息网络 basic information network

为信息流通、信息系统运行等起基础支撑作用的信息网络，包括电信网、广播电视传输网、互联网、业务专网等网络设备设施。

3.3

信息系统 information system

由计算机和类计算机的软硬件及其相关的和配套的设备、设施构成的，按照一定的应用目标和规则进行信息处理或过程控制的资源集合。

注：资源可以是物理设备，也可以是虚拟设备。

3.4

国家关键信息基础设施 national critical information infrastructure

公共通信和信息服务、能源、金融、交通、水利、公共服务和电子政务等重要行业和领域的基础信息网络、重要信息系统和数据资源，以及其他一旦遭到破坏、丧失功能或数据泄露，可能严重危害国家安全、国计民生和公共利益的等级保护对象。

3.5

客体 object

受法律保护的、等级保护对象受到破坏时所侵害的社会关系。

3.6

客观方面 objective aspect

对客体造成侵害的客观外在表现，包括侵害方式和侵害结果等。

4 定级原理及流程

4.1 安全保护等级

根据等级保护相关管理文件，等级保护对象的安全保护等级分为以下5级：

a) 第一级，等级保护对象受到破坏后，会对公民、法人和其他组织的合法权益造成损害，但不损害国家安全、社会秩序和公共利益；

b) 第二级，等级保护对象受到破坏后，会对公民、法人和其他组织的合法权益产生严重损害，或者对社会秩序和公共利益造成损害，但不损害国家安全；

c) 第三级，等级保护对象受到破坏后，会对公民、法人和其他组织的合法权益产生特别严重损害，或者对社会秩序和公共利益造成严重损害，或者对国家安全造成损害；

d) 第四级，等级保护对象受到破坏后，会对社会秩序和公共利益造成特别严重损害，或者对国家安全造成严重损害；

e) 第五级，等级保护对象受到破坏后，会对国家安全造成特别严重损害。

4.2 定级要素

4.2.1 定级要素概述

等级保护对象的级别由两个定级要素决定：

a) 受侵害的客体；

b) 对客体的侵害程度。

4.2.2 受侵害的客体

等级保护对象受到破坏时所侵害的客体包括以下3个方面：

a) 公民、法人和其他组织的合法权益；

b) 社会秩序、公共利益；

c) 国家安全。

侵害公民、法人和其他组织的合法权益是指由法律确认的并受法律保护的公民、法人和其他组织所享有的一定的社会权利和利益等受到损害。

侵害社会秩序的事项包括以下方面：

a) 影响国家机关社会管理和公共服务的工作秩序；

b) 影响各种类型的经济活动秩序；

c) 影响各行业的科研、生产秩序；

d) 影响公众在法律约束和道德规范下的正常生活秩序等；

e) 其他影响社会秩序的事项。

侵害公共利益的事项包括以下方面：

a) 影响社会成员使用公共设施；

b) 影响社会成员获取公开信息资源；

c) 影响社会成员接受公共服务等方面；

d) 其他影响公共利益的事项。

侵害国家安全的事项包括以下方面：

a) 影响国家政权稳固和国防实力；
b) 影响国家统一、民族团结和社会安定；
c) 影响国家对外活动中的政治、经济利益；
d) 影响国家重要的安全保卫工作；
e) 影响国家经济竞争力和科技实力；
f) 其他影响国家安全的事项。

4.2.3 对客体的侵害程度

对客体的侵害程度由客观方面的不同外在表现综合决定。由于对客体的侵害是通过对等级保护对象的破坏实现的，因此，对客体的侵害外在表现为对等级保护对象的破坏，通过危害方式、危害后果和危害程度加以描述。

等级保护对象受到破坏后对客体造成侵害的程度归结为造成一般损害、造成严重损害、造成特别严重损害3种。3种侵害程度的描述如下：

a) 一般损害：工作职能受到局部影响，业务能力有所降低但不影响主要功能的执行，出现较轻的法律问题，较低的财产损失，有限的社会不良影响，对其他组织和个人造成较低损害；
b) 严重损害：工作职能受到严重影响，业务能力显著下降且严重影响主要功能执行，出现较严重的法律问题，较高的财产损失，较大范围的社会不良影响，对其他组织和个人造成较严重损害；
c) 特别严重损害：工作职能受到特别严重影响或丧失行使能力，业务能力严重下降且或功能无法执行，出现极其严重的法律问题，极高的财产损失，大范围的社会不良影响，对其他组织和个人造成非常严重损害。

4.3 定级要素与安全保护等级的关系

定级要素与安全保护等级的关系如表1所示。

表1 定级要素与安全保护等级的关系

受侵害的客体	对客体的侵害程度		
	一般损害	严重损害	特别严重损害
公民、法人和其他组织的合法权益	第一级	第二级	第三级
社会秩序、公共利益	第二级	第三级	第四级
国家安全	第三级	第四级	第五级

4.4 定级流程

等级保护对象定级工作的一般流程如图1所示。各级等级保护对象定级工作具体要求参见附录A。

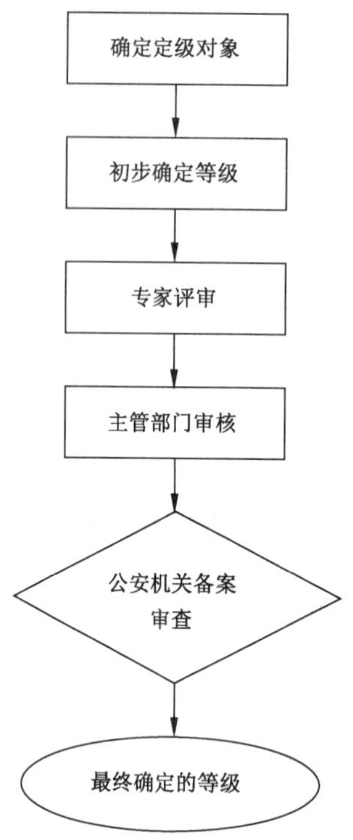

图1 等级保护对象定级工作一般流程

5 确定定级对象

5.1 基础信息网络

对于电信网、广播电视传输网、互联网等基础信息网络，应分别依据服务类型、服务地域和安全责任主体等因素将其划分为不同的定级对象。

跨省全国性业务专网可作为一个整体对象定级，也可以分区域划分为若干个定级对象。

5.2 信息系统

5.2.1 工业控制系统

工业控制系统主要由生产管理层、现场设备层、现场控制层和过程监控层构成，其中：生产管理层的定级对象确定原则见5.2.5。现场设备层、现场控制层和过程监控层应作为一个整体对象定级，各层次要素不单独定级。

对于大型工业控制系统，可以根据系统功能、控制对象和生产厂商等因素划分为多个定级对象。

5.2.2 云计算平台

在云计算环境中，应将云服务方侧的云计算平台单独作为定级对象定级，云租户侧的等级保护对象也应作为单独的定级对象定级。

对于大型云计算平台，应将云计算基础设施和有关辅助服务系统划分为不同的定级对象。

5.2.3 物联网

物联网应作为一个整体对象定级，主要包括感知层、网络传输层和处理应用层等要素。

5.2.4 采用移动互联技术的信息系统

采用移动互联技术的等级保护对象应作为一个整体对象定级，主要包括移动终端、移动应用、无线网络以及相关应用系统等。

5.2.5 其他信息系统

作为定级对象的其他信息系统应具有如下基本特征：

a) 具有确定的主要安全责任单位。作为定级对象的信息系统应能够明确其主要安全责任单位；

b) 承载相对独立的业务应用。作为定级对象的信息系统应承载相对独立的业务应用，完成不同业务目标或者支撑不同单位或不同部门职能的多个信息系统应划分为不同的定级对象；

c) 具有信息系统的基本要素。作为定级对象的信息系统应该是由相关的和配套的设备、设施按照一定的应用目标和规则组合而成的多资源集合，单一设备(如服务器、终端、网络设备等)不单独定级。

5.3 大数据

应将具有统一安全责任单位的大数据作为一个整体对象定级，或将其与责任主体相同的相关支撑平台统一定级。

6 初步确定安全保护等级

6.1 定级方法概述

定级对象的安全主要包括业务信息安全和系统服务安全，与之相关的受侵害客体和对客体的侵害程度可能不同，因此，安全保护等级也应由业务信息安全和系统服务安全两方面确定。从业务信息安全角度反映的定级对象安全保护等级称业务信息安全保护等级；从系统服务安全角度反映的定级对象安全保护等级称系统服务安全保护等级。

定级方法如下：

a) 确定受到破坏时所侵害的客体：
   1) 确定业务信息受到破坏时所侵害的客体；
   2) 确定系统服务受到侵害时所侵害的客体。

b) 确定对客体的侵害程度：
   1) 根据不同的受侵害客体，从多个方面综合评定业务信息安全被破坏对客体的侵害程度；
   2) 根据不同的受侵害客体，从多个方面综合评定系统服务安全被破坏对客体的侵害程度。

c) 确定安全保护等级：
   1) 确定业务信息安全保护等级；
   2) 确定系统服务安全保护等级；
   3) 将业务信息安全保护等级和系统服务安全保护等级的较高者初步确定为定级对象的安全保护等级。

定级方法的流程示意图参见附录B。

对于大数据等定级对象，应综合考虑数据规模、数据价值等因素，根据其在国家安全、经济建设、社会生活中的重要程度，以及数据资源遭到破坏后对国家安全、社会秩序、公共利益以及公民、法人和其他组织的合法权益的危害程度等因素确定其安全保护等级。原则上大数据安全保护等级为第三级以上。

对于基础信息网络、云计算平台等定级对象，应根据其承载或将要承载的等级保护对象的重要程度确定其安全保护等级，原则上应不低于其承载的等级保护对象的安全保护等级。

国家关键信息基础设施的安全保护等级应不低于第三级。

6.2 确定受侵害的客体

定级对象受到破坏时所侵害的客体包括国家安全、社会秩序、公众利益以及公民、法人和其他组织的合法权益。

确定受侵害的客体时，应首先判断是否侵害国家安全，然后判断是否侵害社会秩序或公众利益，最后判断是否侵害公民、法人和其他组织的合法权益。

6.3 确定对客体的侵害程度

6.3.1 侵害的客观方面

在客观方面，对客体的侵害外在表现为对定级对象的破坏，其危害方式表现为对业务信息安全的破坏和对信息系统服务的破坏，其中业务信息安全是指确保信息系统内信息的保密性、完整性和可用性等，系统服务安全是指确保定级对象可以及时、有效地提供服务，以完成预定的业务目标。由于业务信息安全和系统服务安全受到破坏所侵害的客体和对客体的侵害程度可能会有所不同，在定级过程中，需要分别处理这两种危害方式。

业务信息安全和系统服务安全受到破坏后，可能产生以下危害后果：

a） 影响行使工作职能；

b） 导致业务能力下降；

c） 引起法律纠纷；

d） 导致财产损失；

e） 造成社会不良影响；

f） 对其他组织和个人造成损失；

g） 其他影响。

6.3.2 综合判定侵害程度

侵害程度是客观方面的不同外在表现的综合体现，因此，应首先根据不同的受侵害客体、不同危害后果分别确定其危害程度。对不同危害后果确定其危害程度所采取的方法和所考虑的角度可能不同，例如系统服务安全被破坏导致业务能力下降的程度可以从定级对象服务覆盖的区域范围、用户人数或业务量等不同方面确定，业务信息安全被破坏导致的财物损失可以从直接的资金损失大小、间接的信息恢复费用等方面进行确定。

在针对不同的受侵害客体进行侵害程度的判断时，应按照以下不同的判别基准：

a） 如果受侵害客体是公民、法人或其他组织的合法权益，则以本人或本单位的总体利益作为判断侵害程度的基准；

b） 如果受侵害客体是社会秩序、公共利益或国家安全，则应以整个行业或国家的总体利益作为判断侵害程度的基准。

业务信息安全和系统服务安全被破坏后对客体的侵害程度，由对不同危害结果的危害程度进行综合评定得出。由于各行业定级对象所处理的信息种类和系统服务特点各不相同，业务信息安全和系统服务安全受到破坏后关注的危害结果、危害程度的计算方式均可能不同，各行业可根据本行业信息特点和系统服务特点，制定危害程度的综合评定方法，并给出侵害不同客体造成一般损害、严重损害、特别严重损害的具体定义。

6.4 确定安全保护等级

根据业务信息安全被破坏时所侵害的客体以及对相应客体的侵害程度，依据表 2 业务信息安全保护等级矩阵表，即可得到业务信息安全保护等级。

表2 业务信息安全保护等级矩阵表

业务信息安全被破坏时所侵害的客体	对相应客体的侵害程度		
	一般损害	严重损害	特别严重损害
公民、法人和其他组织的合法权益	第一级	第二级	第三级
社会秩序、公共利益	第二级	第三级	第四级
国家安全	第三级	第四级	第五级

根据系统服务安全被破坏时所侵害的客体以及对相应客体的侵害程度，依据表3系统服务安全保护等级矩阵表，即可得到系统服务安全保护等级。

表3 系统服务安全保护等级矩阵表

系统服务安全被破坏时所侵害的客体	对相应客体的侵害程度		
	一般损害	严重损害	特别严重损害
公民、法人和其他组织的合法权益	第一级	第二级	第三级
社会秩序、公共利益	第二级	第三级	第四级
国家安全	第三级	第四级	第五级

定级对象的安全保护等级由业务信息安全保护等级和系统服务安全保护等级的较高者决定。

7 专家评审

定级对象的运营、使用单位应组织信息安全专家和业务专家，对初步定级结果的合理性进行评审，出具专家评审意见。

8 主管部门审核

定级对象的运营、使用单位应将初步定级结果上报行业主管部门或上级主管部门进行审核。

9 公安机关备案审查

定级对象的运营、使用单位应按照相关管理规定，将初步定级结果提交公安机关进行备案审查，审查不通过，其运营使用单位应组织重新定级；审查通过后最终确定定级对象的安全保护等级。

10 等级变更

当等级保护对象所处理的信息、业务状态和系统服务范围发生变化，可能导致业务信息安全或系统服务安全受到破坏后的受侵害客体和对客体的侵害程度有较大的变化时，应根据本标准要求重新确定定级对象和安全保护等级。

附 录 A
（资料性附录）
各级等级保护对象定级工作要求

各级等级保护对象定级工作具体要求如下：

a） 安全保护等级初步确定为第一级的等级保护对象，其运营使用单位应当依据本标准进行自主定级；

b） 安全保护等级初步确定为第二级以上的等级保护对象，其运营使用单位应当依据本标准进行初步定级、专家评审、主管部门审批、公安机关备案审查，最终确定其安全保护等级；

c） 安全保护等级初步确定为第四级的等级保护对象，在开展专家评审工作时，其运营使用单位应当请国家信息安全等级保护专家评审委员会进行评审。

附　录　B
（资料性附录）
定级方法流程

等级保护对象定级方法流程如图 B.1 所示。

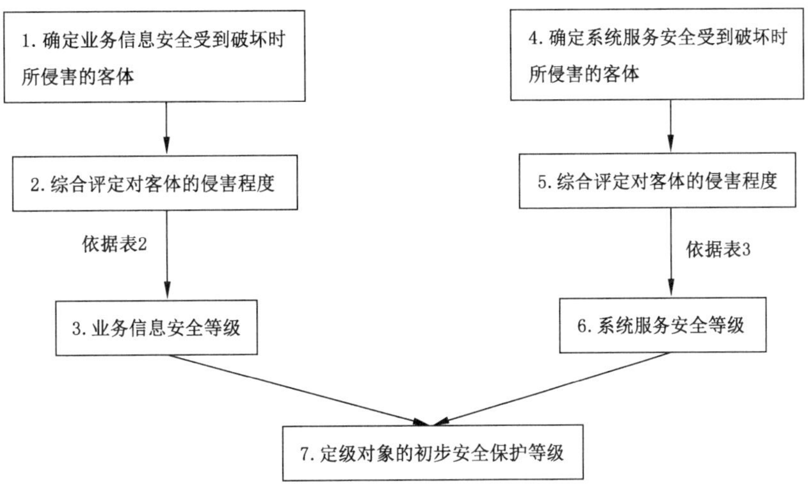

图 B.1　定级方法流程示意图

参 考 文 献

[1] GB/T 22239 信息安全技术 信息系统安全等级保护基本要求

[2] GB/T 31167—2014 信息安全技术 云计算服务安全指南

[3] GB/T 31168—2014 信息安全技术 云计算服务安全能力要求

[4] National Institute of Standards and Technology Special Publication 800-60，Revision 1，Guide for Mapping Types of Information and Information Systems to Security Categories，August 2008.